Inhaltsverzeichnis

1 Von der Menge der natürlichen zur Menge der reellen Zahlen

2 Gleichungen und Ungleichungen

3 Funktionen

4 Lineare Algebra

5 Die komplexen Zahlen

6 Folgen und Reihen

7 Grenzwert und Stetigkeit

8 Differenzialrechnung

9 Integralrechnung

10 Weiterführende Anwendungen der Differenzial- und Integralrechnung

1 Von der Menge der natürlichen zur Menge der reellen Zahlen

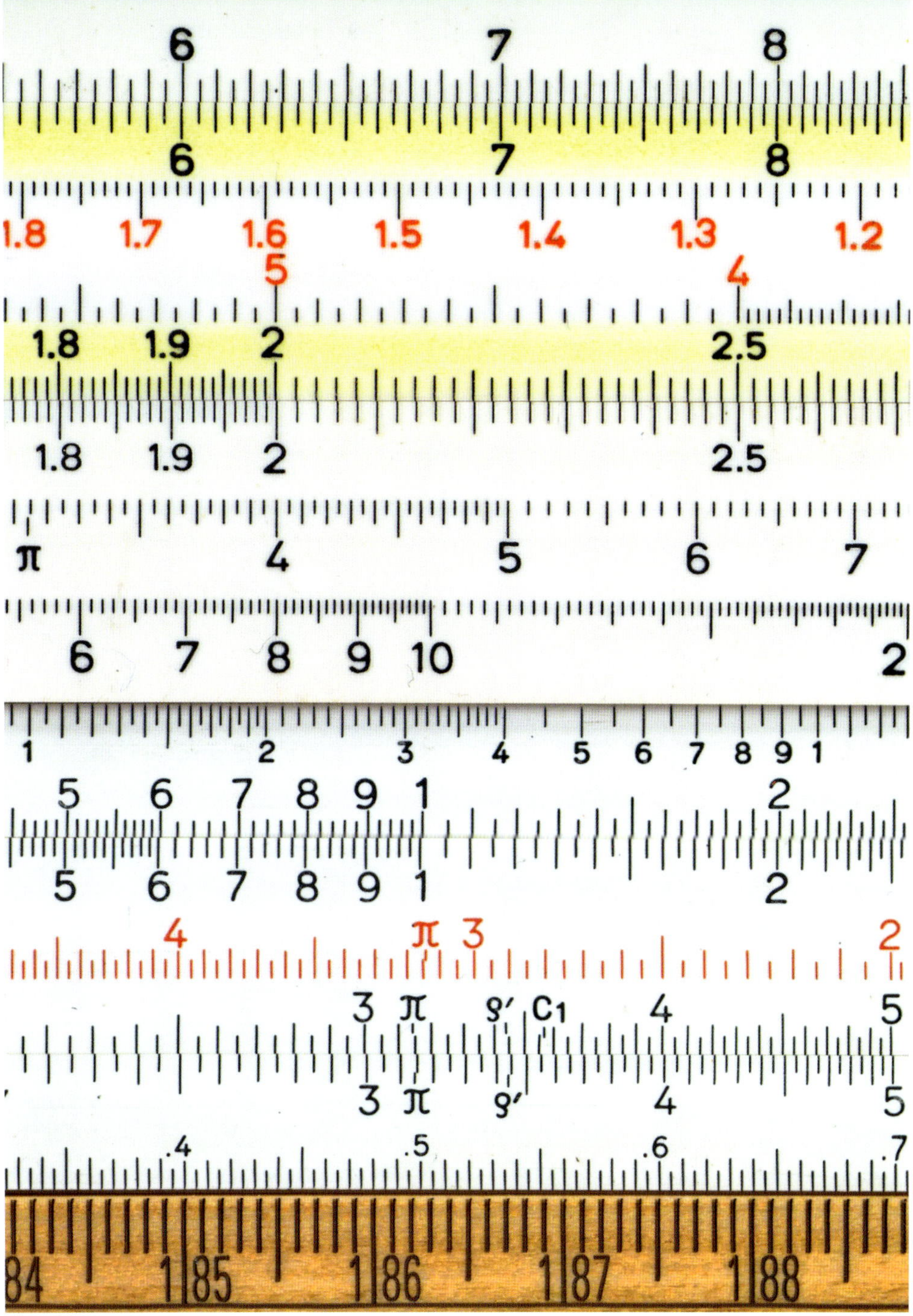

1.1 Mengen

Bezeichnung	*Kennzeichen*	*Beispiele*
Menge	Großbuchstaben	$A, B, M, M_0, M_1, M_2, M_3$
Elemente	Kleinbuchstaben	a, b, k oder x, y …
Menge und Elemente	geschweifte Klammer $\{a\}$	$M = \{a, b, c, d, e\}$
… Element von …	$\in$	$x \in M$; $3 \in M = \{1, 2, 3, 4, 5\}$
… nicht Element von …	$\notin$	$x \notin M$; $9 \notin M = \{1, 2, 3, 4, 5\}$
leere Menge	$\emptyset$ oder $\{\,\}$	$M = \{\,\}$
Äquivalenz zweier Mengen Zwei Mengen M_1 und M_2 heißen äquivalent, wenn jedem Element von M_1 eindeutig ein Element von M_2 zugeordnet werden kann und umgekehrt.	$M_1 \sim M_2$	$M_1 = \{1, 2, 3\}, M_2 = \{5, 10, 15\}$ $1 \to 5 \quad 1 \to 10 \quad 1 \to 15$ $2 \to 10 \quad 2 \to 5 \quad 2 \to 10$ $3 \to 15 \quad 3 \to 15 \quad 3 \to 5$ usw.
nicht äquivalente Mengen Zwei Mengen M_1 und M_2 heißen nicht äquivalent, wenn nicht jedem Element von M_1 ein Element von M_2 zugeordnet werden kann.	$M_1 \nsim M_2$	$M_1 = \{1, 2, 3\}, M_2 = \{d, e, f, g\}$ $1 \to d \quad 1 \to e \quad 1 \to d$ $2 \to e \quad 2 \to d \quad 2 \to f$ $3 \to f \quad 3 \to f \quad 3 \to g$ usw. $\leftarrow g \quad \leftarrow g \quad \leftarrow e$
gleichmächtige Mengen endliche Mengen haben die gleiche Anzahl von Elementen	$\|M\|$	$M_1 = \{1, 2, 3\}, M_2 = \{a, b, c\}$ $\|M_1\| = \|M_2\| = 3$
Gleichheit zweier Mengen Zwei Mengen M_1 und M_2 heißen gleich genau dann, wenn sie äquivalent sind und aus denselben Elementen bestehen.	$M_1 = M_2$	$M_1 = \{4, 9, 16\}, M_2 = \{2^2, 3^2, 4^2\}$ $M_1 = M_2$
Teilmengen	$M_1 \subseteq M_2$	
echte Teilmenge wenn $M_1 \subseteq M_2 \wedge M_1 \neq M_2$	$M_1 \subset M_2$	$M_1 = \{1, 3, 5\}$, $M_2 = \{1, 3, 5, 7, 9\} \Rightarrow M_1 \subseteq M_2$
Durchschnittsmenge Die Durchschnittsmenge von M_1 und M_2 enthält alle Elemente, die sowohl in M_1 als auch in M_2 vorhanden sind.	$M_1 \cap M_2$	$M_1 = \{a, e, f, d, g\}$, $M_2 = \{a, b, c, d\}$ $M_1 \cap M_2 = \{a, d\}$
Vereinigungsmenge Die Vereinigungsmenge von M_1 und M_2 enthält alle Elemente, die in M_1 oder in M_2 vorhanden sind.	$M_1 \cup M_2$	$M_1 = \{1, 2, 4, 6, 7, 8\}$, $M_2 = \{1, 3, 5, 7, 9\}$ $M_1 \cup M_2 = \{1, 2, 3, 4, 5, 6, 7, 8, 9\}$
Komplementmenge Die Komplementmenge M von M enthält alle Elemente aus der Grundmenge G, die nicht in M enthalten sind.	$\overline{M}$	$M = \{1, 2, 3\}$; $G = \{1, 2, 3, 4, 5, 6\}$ $\overline{M} = \{4, 5, 6\}$
Restmenge Die Restmenge $M_1 \setminus M_2$ enthält alle Elemente aus M_1, die nicht in M_2 sind.	$M_1 \setminus M_2$	$M_1 = \{1, 2, 3, 4, 5, 6\}$ $M_2 = \{2, 4, 6, 8, 19, 12\}$ $M_1 \setminus M_2 = \{1, 3, 5\}$

1.2 Die Menge der natürlichen Zahlen

Die **natürlichen Zahlen** 1, 2, 3, usw. bilden die Grundlage der Zahlentheorie.

Alle natürlichen Zahlen zusammengenommen bezeichnen wir als Menge der natürlichen Zahlen $\mathbb{N}$.
$\mathbb{N} = \{1; 2; 3; 4; 5; \ldots\}$ ist eine unendliche Menge.
Aus $\mathbb{N}$ wird $\mathbb{N}_0$, wenn die Zahl Null zur Menge $\mathbb{N}$ hinzugenommen wird.
(gesprochen: $\mathbb{N}$ – Null)

Darstellung der natürlichen Zahlen auf der **Zahlenhalbgeraden**:

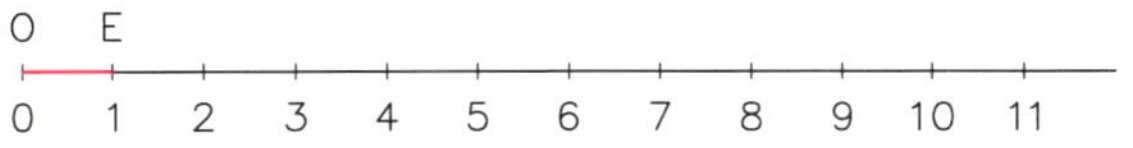

0 = Ursprung E = Einheitswertdarstellung der Eins

Teilmengen von $\mathbb{N}$:

1. Menge $\mathbb{N}_G$ der geraden Zahlen: $\mathbb{N}_G = \{2; 4; 6; 8; \ldots\}$
   andere Schreibweise: $\mathbb{N}_G = \{x \mid x = 2 \cdot k \wedge k \in \mathbb{N}\}$
   (gelesen: x ist Element der Menge $\mathbb{N}_G$, für das gilt, dass $x = 2 \cdot k$ ist und k Element der natürlichen Zahlen ist.)
2. Menge $\mathbb{N}_U$ der ungeraden Zahlen: $\mathbb{N}_U = \{1; 3; 5; 7; \ldots\}$
   andere Schreibweise: $\mathbb{N}_U = \{x \mid x = (2 \cdot k - 1) \wedge k \in \mathbb{N}\}$
3. Endliche Menge $\mathbb{N}_k$: $\mathbb{N}_k = \{x \mid x \leq k \wedge k \in \mathbb{N}\}$ oder $\mathbb{N}_k = \{x \mid x \leq k\}_{\mathbb{N}}$

Beispiel für eine endliche Menge

$\mathbb{N}_8 = \{x \mid x \leq 8\}_{\mathbb{N}}$
$\mathbb{N}_8 = \{1; 2; 3; 4; 5; 6; 7; 8\}$

In $\mathbb{N}$ gelten folgende Gesetze:

$a + b = b + a$	Kommutativgesetz der Addition
$a \cdot b = b \cdot a$	Kommutativgesetz der Multiplikation
$a + (b + c) = (a + b) + c$	Assoziativgesetz der Addition
$a \cdot (b \cdot c) = (a \cdot b) \cdot c$	Assoziativgesetz der Multiplikation
$a \cdot (b + c) = a \cdot b + a \cdot c$	Distributivgesetz

1.3 Die Menge der ganzen Zahlen

Die Gleichung $a + b = x$ ist in $\mathbb{N}$ lösbar. Denn mit $a; b \in \mathbb{N}_0$ ist auch $x \in \mathbb{N}_0$.
Die Gleichung $a + x = b$ kann unlösbar sein. Falls $a > b$, ist $x \notin \mathbb{N}_0$.

Beispiel für den Fall, dass $a > b$ ist

$8 + x = 3$ Dürfen für x nur natürliche Zahlen eingesetzt werden, ist diese Gleichung in $\mathbb{N}$ nicht lösbar.

Soll die zweite Gleichung uneingeschränkt lösbar sein, ist es notwendig den Zahlenbereich zu erweitern.
Mit $\mathbb{Z}$ wird die Menge der **ganzen Zahlen** bezeichnet.
$\mathbb{Z} = \{\ldots -4; -3; -2; -1; \pm 0; 1; 2; 3; 4; \ldots\}$ „+" und „−" sind Vorzeichen von $n \in \mathbb{N}_0$.
Darstellung der ganzen Zahlen auf der **Zahlengeraden**:

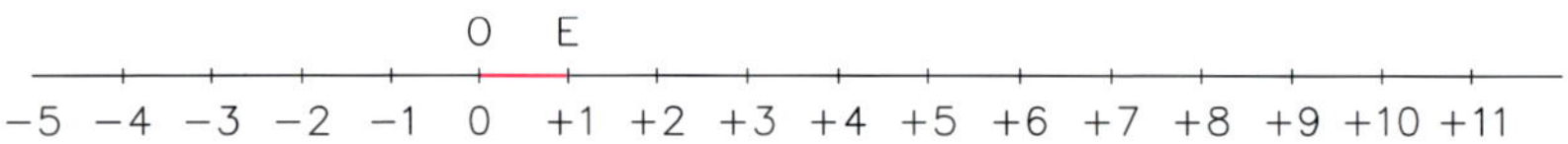

Zu jeder Zahl existiert eine Gegenzahl mit der Eigenschaft gleich weit von 0 entfernt zu sein.

Teilmengen von $\mathbb{Z}$:

Menge $\mathbb{Z}^+$ der positiven ganzen Zahlen: $\mathbb{Z}^+ = \{+1; +2; +3; +4; \ldots\}$
Menge $\mathbb{Z}^-$ der negativen ganzen Zahlen: $\mathbb{Z}^- = \{\ldots -4; -3; -2; -1\}$
Menge $\{0\}$ des Elementes Null.

Mit $\mathbb{N} \subset \mathbb{Z}^+$ und $\mathbb{Z} = \mathbb{Z}^+ \cup \{0\} \cup \mathbb{Z}^- = \mathbb{Z}$, ist $\mathbb{Z}$ eine unendliche Menge.

Innerhalb der Menge $\mathbb{Z}$ ist die Addition, die Subtraktion und die Multiplikation uneingeschränkt durchführbar.

Beispiele für Rechenoperationen in $\mathbb{Z}$

$(+1) + (-3) = (-2)$
$(-3) - (+7) - (-4) = (-6)$
$(-4) \cdot (+3) = (-12)$
$(-3) \cdot (-5) = (+15)$

1.4 Die Menge der rationalen Zahlen (Brüche)

1.4.1 Rationale Zahlen

Die Gleichung $a \cdot b = x$ ist in $\mathbb{Z}$ lösbar.
Die Gleichung $a \cdot x = b$ ist jedoch nur in Sonderfällen in $\mathbb{Z}$ lösbar, nämlich genau dann, wenn a ein Teiler von b ist. Außerdem muss $a \neq 0$ sein.

Beispiel für den Fall, dass *a* nicht Teiler von *b* ist

$4 \cdot x = 9$ Darf für x nur eine ganze Zahl eingesetzt werden, ist die Gleichung nicht lösbar.

Wird der Zahlenbereich durch Brüche erweitert, ist die zweite Gleichung lösbar.

Mit $\mathbb{Q}$ wird die Menge der **rationalen Zahlen** bezeichnet.

$$\mathbb{Q} = \left\{\ldots, -1, \ldots, -\frac{3}{4}, \ldots, -\frac{1}{2}, \ldots, -\frac{1}{4}, \ldots, 0, \ldots, \frac{1}{4}, \ldots, \frac{3}{8}, \ldots, \frac{1}{2}, \ldots, 1, \ldots, \frac{5}{4}, \ldots, \frac{3}{2}, \ldots\right\}$$

Auf der Zahlengeraden kommt jedem Element von $\mathbb{Q}$ eine bestimmte Stelle zu:

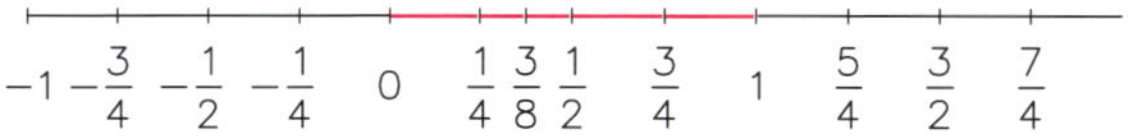

Die rationalen Zahlen liegen so dicht beieinander, dass sie auf der Zahlengeraden nicht alle zusammen darstellbar sind.

Eine eindeutige Darstellung bietet die Bezeichnungsform:

$$\mathbb{Q} = \left\{ x \,\middle|\, x = \frac{a}{b};\ \text{mit } a, b \in \mathbb{Z} \wedge b \neq 0 \right\}$$

Es gilt: $\mathbb{N} \subset \mathbb{Z} \subset \mathbb{Q}$

In $\mathbb{Q}$ sind wie in $\mathbb{Z}$ alle Rechenoperationen durchführbar, darüber hinaus uneingeschränkt auch die Division, wenn der Nenner von Null verschieden ist.

Beachte:

Das Teilen durch 0 ist nicht zulässig.

1.4.2 Die Potenzgesetze

Definition der Potenz

$$\underbrace{a \cdot a \cdot a \cdot a \cdot \ldots \cdot a}_{n \text{ Faktoren}} = a^n \qquad a \in \mathbb{Q}, n \in \mathbb{N}$$

$a^n = c$ $\quad$ a = Basis; n = Exponent (Hochzahl); a^n = Potenz; c = Potenzwert

Das Vorzeichen des Potenzwertes

$(-a)^{2n} = a^{2n}$ negative Basis und gerader Exponent $\Rightarrow$ Potenzwert positiv

$(-a)^{2n-1} = -a^{2n-1}$ negative Basis und ungerader Exponent $\Rightarrow$ Potenzwert negativ

Beispiele für Vorzeichen von Potenzwerten

$2^5 = 2 \cdot 2 \cdot 2 \cdot 2 \cdot 2 = 32$

$(-3)^2 = (-3) \cdot (-3) = +9$

$(-3)^3 = (-3) \cdot (-3) \cdot (-3) = -27$

$\left(\frac{2}{3}\right)^4 = \frac{2}{3} \cdot \frac{2}{3} \cdot \frac{2}{3} \cdot \frac{2}{3} = \frac{16}{81}$

Die Addition von Potenzen

Potenzen können nur dann addiert oder subtrahiert werden, wenn sie in Basis und Exponent übereinstimmen.

Beispiele für die Addition und Subtraktion von Potenzen

$2 \cdot 3^4 + 3 \cdot 3^4 - 3^4 = 4 \cdot 3^4$

$2 \cdot a^b - 3 \cdot c^d + 4 \cdot a^b + 7 \cdot c^d - 3 \cdot a^b = 3 \cdot a^b + 4 \cdot c^d$

Die Multiplikation und Division von Potenzen

1. *Potenzen mit gleichem Exponenten*

$$a^n \cdot b^n = (a \cdot b)^n \qquad \frac{a^n}{b^n} = \left(\frac{a}{b}\right)^n \qquad a, b \in \mathbb{Z}, n \in \mathbb{N}$$

Beispiele für Potenzen mit gleichem Exponenten

$$2^3 \cdot 3^3 = (2 \cdot 2 \cdot 2) \cdot (3 \cdot 3 \cdot 3) = (2 \cdot 3) \cdot (2 \cdot 3) \cdot (2 \cdot 3) = (2 \cdot 3)^3 = 216$$

$$\frac{6^3}{2^3} = \frac{6 \cdot 6 \cdot 6}{2 \cdot 2 \cdot 2} = \frac{6}{2} \cdot \frac{6}{2} \cdot \frac{6}{2} = \left(\frac{6}{2}\right)^3 = 3^3 = 27$$

2. *Potenzen mit gleicher Basis*

$$a^n \cdot a^m = a^{n+m} \qquad \frac{a^n}{a^m} = a^{n-m} \qquad a \in \mathbb{Z},\ n, m \in \mathbb{N}$$

Sonderfall: $a^0 = 1$, da $\frac{a^n}{a^n} = a^{n-n}$ $\qquad a \neq 0$

$\frac{1}{a^m} = a^{-m}$ $\qquad$ da $\frac{a^0}{a^m} = a^{0-m}$

Beispiele für Potenzen mit gleicher Basis

$$\frac{2^7}{2^4} = \frac{2 \cdot 2 \cdot 2 \cdot 2 \cdot 2 \cdot 2 \cdot 2}{2 \cdot 2 \cdot 2 \cdot 2} = \frac{2 \cdot 2 \cdot 2}{1} = 2^3 \qquad \frac{3^2}{3^4} = \frac{3 \cdot 3}{3 \cdot 3 \cdot 3 \cdot 3} = \frac{1}{3 \cdot 3} = \frac{1}{3^2} = 3^{-2} = \frac{1}{9}$$

$$\frac{2^3}{2^3} = \frac{2 \cdot 2 \cdot 2}{2 \cdot 2 \cdot 2} = 1 \qquad \frac{1}{10^3} = 10^{-3} = \frac{1}{1\,000}$$

Das Potenzieren von Potenzen

$$(a^n)^m = a^{n \cdot m}$$

Achtung: Klammern setzen hilft, uneindeutige Ausdrücke zu vermeiden!

Beispiele für das Potenzieren von Potenzen

$(a^n)^m$	$(2^3)^2 = (2^3) \cdot (2^3) = (2 \cdot 2 \cdot 2) \cdot (2 \cdot 2 \cdot 2) = 2^6 = 64$ $(10^2)^5 = 10^{10} = 10\,000\,000\,000$
$a^{(n^m)}$	$10^{(2^5)} = 10^{32} = 100\,000\,000\,000\,000\,000\,000\,000\,000\,000\,000$

Das Potenzieren von Summen

Die algebraische Summe (Differenz) zweier Glieder a und b wird **Binom**[1] genannt.

$(a \pm b)^2 = a^2 \pm 2 \cdot ab + b^2$

$(a \pm b)^3 = a^3 \pm 3 \cdot a^2 b + 3 \cdot ab^2 \pm b^3$

Höhere Potenzen des Binoms werden in 3.3.8 behandelt.

Beispiele für die Anwendung der binomischen Formeln

$(2x - 3y)^2 = 4x^2 - 12xy + 9y^2$

$(3u + 2v)^3 = 27u^2 + 54u^2 v + 36uv^2 + 8v^3$

$49^2 = (50 - 1)^2 = 50^2 - 2 \cdot 50 \cdot 1 + 1^2 = 2500 - 100 + 1 = 2401$

$49^3 = (50 - 1)^3 = 50^3 - 3 \cdot 50^2 \cdot 1 + 3 \cdot 50 \cdot 1^2 - 1^3$
$\quad = 125000 - 7500 + 150 - 1 = 117649$

AUFGABEN

1 Vergleichen Sie:

a) $2^1, 1^2$ b) $2^3, 3^2$ c) $0^4, 4^0$ d) $2^{10}, 10^2$

2 Berechnen Sie folgende Potenzen und merken Sie sich das Ergebnis:

a) $2^0, 2^1, 2^2, 2^3, \dots 2^{12}$ b) $0^2, 1^2, 2^2, 3^2, \dots 20^2$

3 Berechnen Sie folgende Potenzen:

a) $(-3)^3 + (-2)^4$
b) $(-4a)^2 - (-3a)^3$
c) $(-15x)^2 + (-5x)^3$
d) $(-2a)^5 + (-3a)^3$
e) $(-ab)^3 + (-ab)^2 - (-2ab)^3$
f) $(-8a)^4 + (16a)^3$

4 Fassen Sie so weit wie möglich zusammen:

a) $5a^3 + 11a^3 - 10a^3$
b) $6a^2b + 3n^2x^2 + 3a^2b + 2n^2x^2$
c) $b^3 + b^3 + b^3 + b^3$
d) $4m^2x - m^2x + 2m^2x$
e) $4a^4 + 2a^2 - 4a^4 - 2a^2$
f) $3x^2y - 3xy^2 - 4x^2y + 3xy^2$
g) $ab^2c^3 - 3a^3bc^3 - 4a^3b^2c + 2ab^2c^3 + 4a^2bc^3 - 3a^3b^2c$

5 Fassen Sie folgende Potenzen zusammen:

a) $2^3 \cdot 3^3$
b) $4^3 \cdot 5^3$
c) $1^3 : 3^3$
d) $12^8 : 6^8$
h) $a^4 \cdot b^4$
i) $(ax)^3 \cdot \left(\frac{a}{x}\right)^3$
k) $a^5 \cdot b^5 \cdot 2^5$
l) $\frac{a^2b^2}{7^2} \cdot \left(\frac{7}{ab}\right)^2$
p) $\frac{12^4}{3^4}$
q) $\frac{28^5}{14^5}$
r) $\frac{9^3}{3^3}$
s) $\frac{(a+b)^5}{(a-b)^5}$

[1] *binominis (lat.): zweinamig (a und b)*

e) $\left(\frac{2}{3}\right)^4 \cdot \left(\frac{3}{4}\right)^4$ m) $x^n \cdot y^n$ t) $\frac{(x+y)^2}{x^2}$

f) $\left(\frac{7}{6}\right)^3 \cdot \left(\frac{12}{7}\right)^3$ n) $a^{t+v} : b^{t+v}$ u) $\frac{18^n}{6^n}$

g) $24^3 \cdot \left(\frac{1}{12}\right)^3 \cdot \left(\frac{3}{2}\right)^3$ o) $\frac{a^4}{b^4}$ v) $\frac{(a+b)^{x+y}}{(b+a)^{y+x}}$

6 a) $2^3 \cdot 2^2$ h) $y^{n+1} \cdot y^2$ p) $2 \cdot a^2 \cdot 4a^3$

b) $a^4 \cdot a^5$ i) $b^{n+1} \cdot b^{n-1}$ q) $2a^2b^3 \cdot 3a^3b^2$

c) $a \cdot a^3$ k) $c^0 \cdot c^{t-3} \cdot c^{3-t}$ r) $(a+b)^n \cdot (a+b)^{1-2n}$

d) $b \cdot b^2 \cdot b^3$ l) $r^{a+1} \cdot r^{2a-2}$ s) $(a-b)^{2m+1} \cdot (a-b)^{m-2}$

e) $x^2 \cdot x^3 \cdot x^n$ m) $x^t \cdot x^{2t} \cdot x^{2-3t}$ t) $(u+v)^u \cdot (u+v)^v$

f) $u^n \cdot u^m \cdot u^3$ n) $a^{6x+y} \cdot a^{2x-3y}$ u) $15(xy)^2 \cdot 3x^2y^3 \cdot (2xy)^3$

g) $v^2 \cdot v^{t-2}$ o) $b^{x-y-z} \cdot b^{x+y-z}$

7 a) $7^8 : 7^6$ e) $\frac{(a+b)^5}{(a+b)^3}$ i) $\frac{14a^4b^5x}{24ab^7x^2}$

b) $2a^3 : 2a$ f) $\frac{15x^3n^2b}{5xn^0b}$ k) $\frac{a^3b(a+b)^7}{ab^3(a+b)^6}$

c) $3a^4b : 2a^3b^0$ g) $\frac{3a^4b^3c}{5a^3b^4c^2}$ l) $\frac{x^2y(a-b)^2}{xy(a-b)^3}$

d) $\frac{(abx)^x}{a^x}$ h) $\frac{5a^2bc^4}{10ab^2c^7}$ m) $\frac{4^7a^2(a+3b)^4}{4^5a^3(a+3b)^7}$

8 Schreiben Sie folgende Potenzen mit positivem Exponenten und rechnen Sie dann so weit wie möglich aus:

a) 3^{-1} g) 10^{-6} n) $\frac{1}{2^{-3}}$ t) $\frac{6^{-1}}{6}$

b) 2^{-4} h) 9^{-1} o) $\frac{1}{3^{-2}}$ u) $\frac{10^{-2}}{10^1}$

c) 4^{-2} i) $2^3 \cdot 2^{-1}$ p) $\frac{1}{10^{-6}}$ v) $\frac{3^{-4}}{3^{-2}}$

d) 3^{-4} k) $3^{-4} \cdot 3^6$ q) $\frac{1}{5^{-4}}$ w) $\frac{2^{-7}}{2^{-12}}$

e) 7^{-2} l) $4^6 \cdot 4^{-8}$ r) $\frac{4}{2^{-3}}$ x) $\frac{10^{-5}}{10^{-2}}$

f) 10^{-3} m) $10^{-3} \cdot 10^{-6}$ s) $\frac{4}{5^{-2}}$ y) $\frac{7^{-1} \cdot a^{-3}}{7^{-3} \cdot a^{-1}}$

9 Formen Sie die gegebenen Ausdrücke in einfache Potenzen um und rechnen Sie diese dann soweit wie möglich aus:

a) $(2^2)^2$
b) $(2^2)^3$
c) $(2^3)^2$
d) $(2^3)^4$
e) $(3^2)^2$
f) $(3^3)^2$
g) $(4^2)^3$
h) $(4^4)^0$
i) $(n^x)^2$
k) $(a^3)^b$
l) $(b^3)^{x-1}$
m) $(a^{x+1})^2$
n) $(2^{a+b})^{a-b}$
o) $(3^{2+x})^4$
p) $(3x^2)^4$
q) $(2x^2y^3)^3$
r) $(2^{-3})^4$
s) $(3^{-2})^{-1}$
t) $[(-5)^{-2}]^{-3}$
u) $(-5^{-2})^{-3}$
v) $(2a^4)^{-3}$
w) $[(2a)^4]^{-3}$
x) $(3a^2b^{-3})^{-4}$
y) $\left(\frac{5a^{-2}b^4}{3c^{-2}b^{-4}}\right)^{-1}$

10 Lösen Sie die Binome auf:

a) $(2x+4y)^2$
b) $(6x-5y)^2$
c) $(2{,}5a+b)^2$
d) $\left(\frac{1}{3}ab-\frac{3}{4}mn\right)^2$
e) $\left(2\frac{1}{2}x^2y-1\frac{1}{2}ab^2\right)^2$
f) $(3a^2b^3-2xy^3)^2$
g) $(2x+3y)^3$
h) $(x^2-2y^2)^3$
i) $(2a^3-3b^2)^3$
k) $(3a+7b)^{-2}$
l) $(x^2-3y^{-2})^{-2}$
m) $(3x^{-4}-2a^{-2})^{-2}$
n) 39^2
o) $(-98)^2$
p) 999^{-2}

11 Vereinfachen Sie so weit wie möglich:

a) $\frac{x^{n-1}\cdot y^{3n+2}\cdot z^{2n+1}}{x^{2n+1}\cdot y^{n-3}\cdot z^{n-3}}\cdot\frac{x^2\cdot y^{1-n}\cdot z^{-n-1}}{x^{-n+2}\cdot y^{n-3}\cdot z^{-3}}$

b) $\frac{a^{x-3}\cdot b^{2x-5}\cdot c^{-3x-4}}{a^{1-x}\cdot b^{-2x+5}\cdot c^{x+1}}:\frac{a^{3x+1}\cdot b^{1\cdot x}\cdot c^{-3}}{a^{x-1}\cdot b^{2x+1}\cdot c^{-x}}$

c) $\left(\frac{u^{y+1}\cdot v^{2y+3}\cdot w^{-y-4}}{u^{-2v-1}\cdot v^{y+1}\cdot w^{1-y}}:\frac{u^{3y-1}\cdot v^{-y+1}\cdot w^{y-3}}{u^{2y}\cdot v^{-3}\cdot w^{3-2y}}\right)^2$

d) $\left(\frac{x^{k-1}\cdot y^{2k+1}\cdot z^{-3}}{x^{-k}\cdot y^{k-4}\cdot z^{-2k-2}}:\frac{x^{-k-1}\cdot y^{k+1}\cdot z^{2k}}{x^{2k}\cdot y^{-3}\cdot z^{1-k}}\right)^{-3}$

e) $\left(\frac{a^{n+1}\cdot b^{n-1}\cdot c^{2n-3}}{a^{2n-5}\cdot b^{1-2n}\cdot c^{n-1}}:\frac{a^{-3}\cdot b^{n-1}\cdot c^{2n}}{a^{-n}\cdot b^{1-2n}\cdot c^{-3}}\right)^{-2}:\left(\frac{a^{2n-1}\cdot b^n\cdot c^2}{a^{-n}\cdot b^{-2}\cdot c^n}:\frac{a^n\cdot b^2\cdot c^{3n+1}}{a^{-3}\cdot b^{n+1}\cdot c^2}\right)^{-3}$

12 Rechnen Sie aus:

a) $6\cdot 2^{2n-1}+3\cdot 2^{2n+1}-16\cdot 2^{2n-4}+24\cdot 2^{2n-3}$

b) $54\cdot 3^{k-3}+2\cdot 3^{k+2}-24\cdot 3^{k-1}-4\cdot 3^{k+1}$

c) $3\cdot 5^{3x+1}-15\cdot 5^{3x-1}-4\cdot 5^{3x+2}+2\,500\cdot 5^{3x-2}$

1.5 Die Menge der reellen Zahlen

1.5.1 Die Notwendigkeit der Zahlenbereichserweiterung

Die Gleichung $a^m = x$ mit $a \in \mathbb{Q}$, $m \in \mathbb{Z}$ ist in $\mathbb{Q}$ uneingeschränkt lösbar. (Basis a und Exponent m sind bekannt. Der Potenzwert x wird gesucht.)

Für die Gleichung $x^m = c$ existiert nur dann eine Lösung, wenn c eine Potenz von x ist. (Potenzwert c und Exponent m sind bekannt Die Basis x wird gesucht.)

Diese Gleichung lässt sich **nach x auflösen**, wenn wir zur Darstellung das **Wurzelzeichen** verwenden:

$x = \sqrt[m]{c}$ $\quad c$ = Radikand[1)]
m = Wurzelexponent
x = Wurzelwert

Der Wurzelexponent gibt an, in wie viele gleiche Faktoren der Radikand c zerlegt werden soll (s. Definition der Potenz Kap. 1.4.2). x ist der gesuchte Faktor.

Bei der Quadratwurzel wird der Wurzelexponent 2 im Allgemeinen weggelassen: $\sqrt[2]{\cdot} = \sqrt{\cdot}$

Die Berechnung eines Wurzelwertes aus einer Zahl kann zweideutig sein.

Beispiel einer Zweideutigkeit bei Quadratwurzeln

$\sqrt{4} = \sqrt{2 \cdot 2} = 2$ oder $\sqrt{4} = \sqrt{(-2) \cdot (-2)} = -2$

Um Eindeutigkeit zu erzielen, wird daher Folgendes vereinbart:

Definition der Quadratwurzel

$\sqrt{a^2} = |a|$ gelesen: „Wurzel a^2 gleich Betrag von a“

$|a|$ ist der Absolutbetrag von a, d. h.: $|a| = a$, wenn $a \geq 0$
$|a| = -a$, wenn $a < 0$

Beispiele für Absolutbeträge

$|5| = 5$	$\sqrt{2^2} = |2| = 2$
$|-3| = -(-3) = 3$	$\sqrt{(-2)^2} = |-2| = 2$
$|-7| = -(-7) = 7$	$\sqrt{1} = |1| = 1$

Ist der Radikand c keine Quadratzahl, dann sind die Quadratwurzelwerte Zahlen, die nicht zur Menge der rationalen Zahlen gehören, d. h., sie sind nicht als Bruch darstellbar.

1) *Radikand, von radix (lat.): Wurzel*

Sie lassen sich aber durch rationale Zahlen beiderseitig eingrenzen. Dieses Verfahren nennen wir **Intervallschachtelung**[1].

Beispiele für nicht-rationale Zahlen

$x = \sqrt{2}$: $\quad \sqrt{1^2} < x < \sqrt{2^2}$

$1 < x < 2 \qquad \mathbf{x = 1{,}414213\ldots}$

$x = \sqrt{5}$: $\quad \sqrt{2^2} < x < \sqrt{3^2}$

genauer: $\quad \sqrt{\left(\frac{11}{5}\right)^2} < x < \sqrt{\left(\frac{12}{5}\right)^2}$

$2{,}2 < x < 2{,}4 \qquad \mathbf{x = 2{,}23606\ldots}$

1.5.2 Intervall und Umgebung

Definition des Intervalls

Ein Intervall ist eine Teilmenge der rationalen Zahlen (oder der reellen Zahlen), die sich wie folgt darstellen lässt:

$[a; b] = \{x \mid a \leq x \leq b\}$ geschlossenes Intervall
$]a; b[= \{x \mid a < x < b\}$ offenes Intervall
$[a; b[= \{x \mid a \leq x < b\}$ und $]a; b] = \{x \mid a < x \leq b\}$ halboffene Intervalle

Beispiele und Veranschaulichung von Intervallen

$[2; 4] = \{x \mid 2 \leq x \leq 4\}$:

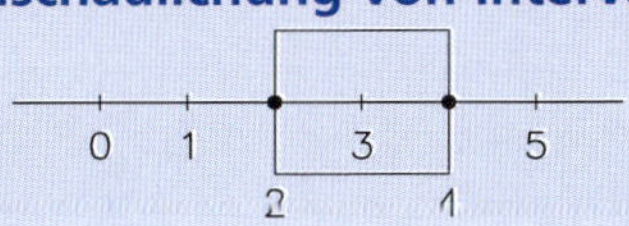

2 und 4 gehören zum Intervall

$]1; 3[= \{x \mid 1 < x < 3\}$:

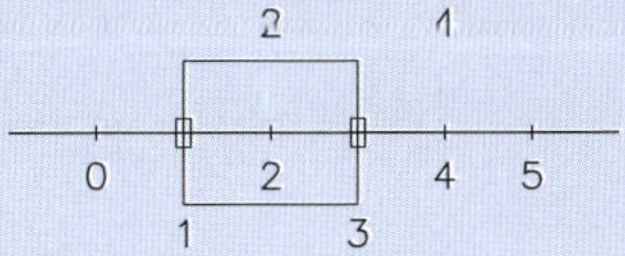

1 und 3 gehören nicht zum Intervall

$[1; 2[= \{x \mid 1 \leq x < 2\}$:

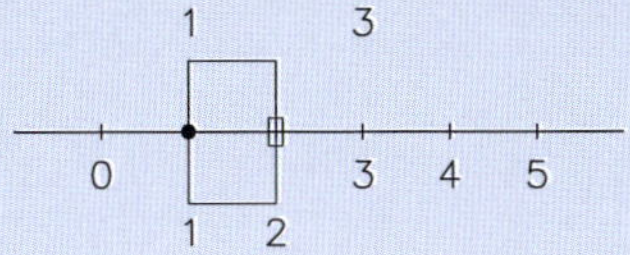

1 gehört zum Intervall, 2 nicht

$]1; 5] = \{x \mid 1 < x \leq 5\}$:

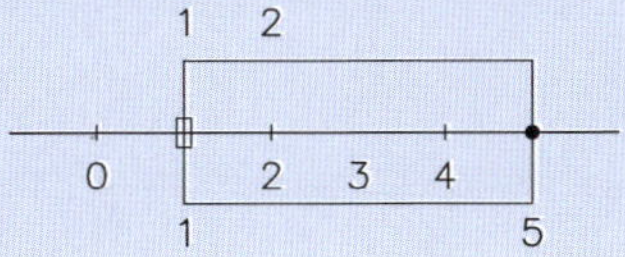

1 gehört nicht zum Intervall, aber 5

Intervalle werden oft auf eine in ihnen liegende Zahl x_0 bezogen. Wir betrachten das Intervall dann als eine **Umgebung** von x_0.

---

[1] *intervallum (lat.): Zwischenraum*

Definition der Umgebung von x_0

Die Umgebung einer Zahl x_0 ist ein offenes Intervall, das die Zahl x_0 enthält.

Beispiel für die Umgebung einer Zahl x_0

$x_0 = 4$ dann ist]3; 5[eine Umgebung der Zahl 4.
Das Intervall]3; 5[ist aber keine Umgebung der Zahl $x_0 = 5$.

Der Begriff der Umgebung spielt später bei der Differenzialrechnung (Kap. 8.1.2) eine Rolle.

AUFGABEN

1 Stellen Sie folgende Mengen als Intervalle dar und veranschaulichen Sie diese.

a) $I_1 = \{x \mid 0 \leq x \leq 2\}$
b) $I_2 = \{x \mid 1 \leq x \leq 2\}$
c) $I_3 = \{x \mid -1 < x < +1\}$
d) $I_4 = \{x \mid 3 < x \leq 5\}$

2 Welche Intervalle werden durch folgende Ungleichung beschrieben?

a) $|x| \leq 1$
b) $|5 - x| < 2$
c) $-1 < x \leq +4$
d) $|5 - x| \leq \frac{1}{10}$
e) $|2 - x| \leq 0{,}5$
f) $5{,}3 \leq x < 7{,}\overline{3}$

1.5.3 Die Menge der reellen Zahlen als Intervallschachtelung

Definition der reellen Zahl

Eine reelle Zahl ist eine Intervallschachtelung in der Menge der rationalen Zahlen.

Die Bedeutung der Definition soll an einem Beispiel gezeigt werden.

Beispiel für eine Intervallschachtelung

Der Zahlenwert für $\sqrt{2}$ liegt in einem Intervall, das durch Dezimalzahlen eingegrenzt ist.

Die Intervalle werden immer weiter verkleinert, so dass es zu einer Intervallschachtelung kommt.

Die Intervalle sind jeweils Teilmengen der vorangehenden Intervalle.

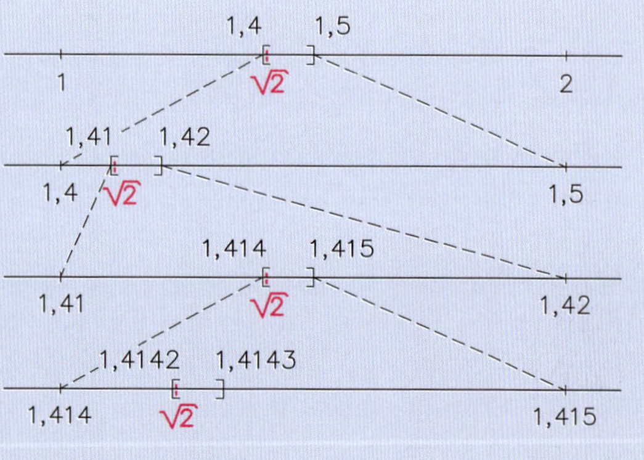

$[1{,}4;\ 1{,}5] \supset [1{,}41;\ 1{,}42] \supset [1{,}414;\ 1{,}415] \supset [1{,}4142;\ 1{,}4143] \ldots$

Auch rationale Zahlen können durch Intervallschachtelung festgelegt werden, d. h. durch unendliche Dezimalzahlen, die jedoch periodisch sind.

Beispiele für periodische Dezimalzahlen

$\frac{2}{3} = 0{,}\overline{6}$ $\frac{11}{7} = 1{,}\overline{571428}$ $\frac{1}{2} = 0{,}4\overline{9}$ $2 = 1{,}\overline{9}$

Zahlen, die nicht als Bruch dargestellt werden können, heißen **irrationale Zahlen**.

Beispiele für irrationale Zahlen

$\sqrt{7} = 2{,}6457\ \ldots;\ -\sqrt{3} = -1{,}7320\ \ldots;\ -\sqrt[3]{9} = -2{,}08008;\ \sqrt[4]{3} = 1{,}3160\ \ldots;$
$\mathbf{e = 2{,}7182\ \ldots;\ \pi = 3{,}1415\ \ldots}$

Die Vereinigungsmenge der Menge der rationalen und der irrationalen Zahlen heißt Menge der **reellen Zahlen** $\mathbb{R}$.

1.5.4 Rechenoperationen in $\mathbb{R}$

Für die Menge der reellen Zahlen sind Addition, Subtraktion, Multiplikation und Division mithilfe der Intervallschachtelung durchführbar.

Beispiele für das Rechnen mit Intervallen

Intervall für $\sqrt{2}$:	$1{,}414 < \sqrt{2} < 1{,}415$	für $\sqrt{3}$:	$1{,}732 < \sqrt{3} < 1{,}733$
Addition:	$3{,}146 < \sqrt{3} + \sqrt{2} < 3{,}148$		$\sqrt{3} + \sqrt{2} = 3{,}1462644\ldots$
Subtraktion:	$0{,}317 < \sqrt{3} - \sqrt{2} < 0{,}319$		$\sqrt{3} - \sqrt{2} = 0{,}3178372\ldots$
Multiplikation:	$2{,}449 < \sqrt{3} \cdot \sqrt{2} < 2{,}453$		$\sqrt{3} \cdot \sqrt{2} = 2{,}4494897\ldots$
Division:	$1{,}224 < \frac{\sqrt{3}}{\sqrt{2}} < 1{,}226$		$\frac{\sqrt{3}}{\sqrt{2}} = 1{,}2247449\ldots$

1.5.5 Die Wurzel als Potenz mit gebrochenem Exponenten

Bisher war die Basis a bei der Potenzrechnung nur eine rationale Zahl. Nun sollen auch reelle Zahlen als Basis zugelassen werden.

Beispiele für Potenzrechnungen mit rationalen Zahlen als Basis

$(\sqrt{4})^2 = \sqrt{4} \cdot \sqrt{4} = 2 \cdot 2 = 4$
$(\sqrt[3]{a})^3 = \sqrt[3]{a} \cdot \sqrt[3]{a} \cdot \sqrt[3]{a} = a$

Radizieren und Potenzieren heben sich auf, wenn Potenzexponent m und Wurzelexponent n übereinstimmen.

Ist $m, n \in \mathbb{Z}$ und $m \neq n$, so ist es sinnvoll, einen gebrochenen Exponenten zu definieren, denn $(\sqrt[n]{a})^m$ kann folgendermaßen dargestellt werden:

$$(\sqrt[n]{a})^m = \underbrace{\sqrt[n]{a} \cdot \sqrt[n]{a} \cdot \sqrt[n]{a} \cdot \sqrt[n]{a} \cdot \sqrt[n]{a} \cdot \ldots \cdot \sqrt[n]{a}}_{m \text{ Faktoren}}$$

$$= \underbrace{(\sqrt[n]{a} \cdot \sqrt[n]{a} \cdot \ldots \cdot \sqrt[n]{a})}_{n \text{ Faktoren}} \cdot \underbrace{(\sqrt[n]{a} \cdot \sqrt[n]{a} \cdot \ldots \cdot \sqrt[n]{a})}_{n \text{ Faktoren}} \cdot \ldots \cdot \underbrace{(\sqrt[n]{a} \cdot \sqrt[n]{a} \cdot \ldots \cdot \sqrt[n]{a})}_{n \text{ Faktoren}}$$

$$= \underbrace{a \quad \cdot \quad a \quad \cdot \quad a}_{m : n \text{ Faktoren}}$$

$$(\sqrt[n]{a})^m = a^{\frac{m}{n}}$$

Ist m ein Vielfaches von n, so ist $\frac{m}{n}$ eine ganze Zahl.

Definition

Wird eine Wurzel potenziert, so ist der Potenzwert gleich dem Radikanden (a) potenziert mit dem Quotienten aus Potenzexponent (m) und Wurzelexponent (n):

$(\sqrt[n]{a})^m = a^{\frac{m}{n}}$ $\qquad a \in \mathbb{R}^+; m, n \in \mathbb{Z}; n \neq 0$

Ein Sonderfall tritt ein, wenn $m = 1$ ist: $(\sqrt[n]{a})^1 = a^{\frac{1}{n}}$.

Die obige Definition ist sinnvoll, da sie keinen Widerspruch ergibt. Sie gilt uneingeschränkt für positive Radikanden. Bei ungeraden Wurzelexponenten n kann im Unterschied zu früher kein negativer Radikand a zugelassen werden, da dies zu Widersprüchen führen würde.

Beispiele

$(\sqrt[2]{3})^4 = (\sqrt{3} \cdot \sqrt{3}) \cdot (\sqrt{3} \cdot \sqrt{3}) = 3 \cdot 3 = 3^2$ $\qquad$ oder $(\sqrt[2]{3})^4 = 3^{\frac{4}{2}}$

$(\sqrt[3]{4})^6 = (\sqrt[3]{4} \cdot \sqrt[3]{4} \cdot \sqrt[3]{4}) \cdot (\sqrt[3]{4} \cdot \sqrt[3]{4} \cdot \sqrt[3]{4}) = 4 \cdot 4 = 4^2$ $\qquad$ oder $(\sqrt[3]{4})^6 = 4^{\frac{6}{3}}$

$\sqrt{3} = 3^{\frac{1}{2}}$ denn $3^{\frac{1}{2}} \cdot 3^{\frac{1}{2}} = 3^1$

$\sqrt[4]{-16}$ nicht lösbar in $\mathbb{R}$ (aber in $\mathbb{C}$: s. Kap. 5)

Da Wurzeln als Potenzen geschrieben werden können, gelten für sie alle Potenzregeln. Die Rechenregeln können daher ohne Herleitung zusammengestellt werden.

Rechenregeln

$\sqrt[n]{a} \cdot \sqrt[n]{b} = \sqrt[n]{a \cdot b}$	oder	$a^{\frac{1}{n}} \cdot b^{\frac{1}{n}} = (a \cdot b)^{\frac{1}{n}}$
$\sqrt[n]{a} : \sqrt[n]{b} = \sqrt[n]{a \cdot b}$		$a^{\frac{1}{n}} : b^{\frac{1}{n}} = (a : b)^{\frac{1}{n}}$
$\sqrt[n]{a} \cdot \sqrt[m]{a} = \sqrt[n \cdot m]{a^{n+m}}$		$a^{\frac{1}{n}} \cdot a^{\frac{1}{m}} = a^{\frac{1}{n} + \frac{1}{m}} = a^{\frac{(n+m)}{n \cdot m}}$
$(\sqrt[n]{a})^m = \sqrt[n]{a^m}$		$(a^{\frac{1}{n}})^m = a^{\frac{m}{n}}$
$\sqrt[n]{\sqrt[m]{a}} = \sqrt[m \cdot n]{a}$		$(a^{\frac{1}{n}})^{\frac{1}{n}} = a^{\frac{1}{m \cdot n}}$

AUFGABEN

1 Fassen Sie so weit wie möglich zusammen:

a) $2\sqrt{a} + 3\sqrt{a} - \sqrt{a}$

b) $\sqrt[3]{b} - 2\sqrt[3]{b} + 3\sqrt{b}$

c) $5\sqrt{x} - 3\sqrt{x} + 4\sqrt[3]{x}$

d) $\sqrt[a]{b} + 2 \cdot \sqrt[a]{b} + 4 \cdot \sqrt[a]{b^2}$

e) $n\sqrt{x^3} + m\sqrt{x^3}$

f) $a\sqrt[x]{y} + b\sqrt[x]{y} - c\sqrt[y]{x}$

2 Fassen Sie zusammen und berechnen Sie dann:

a) $\sqrt{8} \cdot \sqrt{2}$

b) $\sqrt[3]{9} \cdot \sqrt[3]{3}$

c) $\sqrt{125} \cdot \sqrt{20}$

d) $\sqrt[3]{4} \cdot \sqrt[3]{16}$

e) $\sqrt[5]{8} \cdot \sqrt[5]{128}$

f) $\sqrt[3]{12a} \cdot \sqrt[3]{18a^2}$

g) $2 \cdot \sqrt{\frac{5x^3}{2}} \cdot 3 \cdot \sqrt{\frac{5x}{2}}$

h) $\frac{1}{2}\sqrt[7]{2} \cdot 8\sqrt[7]{4} \cdot \frac{1}{16}\sqrt[7]{16}$

i) $2\sqrt{\frac{3}{4}} \cdot 4\sqrt{\frac{1}{15}} \cdot 5\sqrt{80}$

k) $\frac{1}{2}\sqrt{\frac{3}{5}} \cdot \frac{4}{3}\sqrt{\frac{7}{8}} \cdot \frac{7}{4}\sqrt{\frac{5}{6}} \cdot 2\sqrt{\frac{6}{7}} \cdot \frac{1}{7}\sqrt{24}$

l) $3\sqrt{128} : 6\sqrt{32}$

m) $\frac{1}{2}\sqrt[3]{49} : \frac{1}{4}\sqrt[3]{\frac{1}{7}}$

n) $\sqrt[4]{\frac{a^5 b^2 c}{d^3}} : \sqrt[4]{\frac{ad}{b^2 c^3}}$

o) $4\sqrt[3]{\frac{x^7 y^5 z}{a^2 b^4 c^5}} : \left(\sqrt[3]{\frac{xy^2}{z^2}} \cdot \sqrt[3]{\frac{c}{a^5 b^2}}\right)$

3 Vereinfachen Sie durch geeignete Zerlegung in Faktoren:

a) $\sqrt{18}$

b) $\sqrt{32}$

c) $\sqrt{20}$

d) $\sqrt{150}$

e) $\sqrt{72}$

f) $\sqrt{200}$

g) $\sqrt[3]{16}$

h) $\sqrt[3]{54}$

i) $\sqrt[3]{250a^4}$

k) $\sqrt[3]{128a^4b^5}$

l) $\sqrt[4]{32x^5}$

m) $\sqrt[5]{64x^6y^8z^{11}}$

4 Machen Sie den Nenner rational:

a) $\frac{1}{\sqrt{3}}$

b) $\frac{1}{\sqrt{5}}$

c) $\frac{2}{\sqrt{2}}$

d) $\frac{3}{\sqrt{3}}$

e) $\frac{x}{\sqrt{x}}$

f) $\frac{1}{\sqrt[3]{2}}$

g) $\sqrt{\frac{2}{3}}$

h) $\sqrt{\frac{3}{5}}$

i) $\sqrt[3]{\frac{2}{3}}$

k) $\sqrt[3]{\frac{3}{4}}$

l) $\sqrt{\frac{a}{b}}$

m) $\sqrt[3]{\frac{x}{y^2}}$

n) $\frac{1}{2+\sqrt{2}}$

o) $\frac{2}{3+\sqrt{5}}$

p) $\frac{\sqrt{3}}{2-\sqrt{3}}$

q) $\frac{\sqrt{2}}{2+\sqrt{8}}$

r) $\frac{\sqrt{2}}{\sqrt{3}-\sqrt{2}}$

s) $\frac{\sqrt{5}+\sqrt{3}}{\sqrt{5}-\sqrt{3}}$

5 Benutzen Sie die Potenzschreibweise und fassen Sie dann zusammen:

a) $\sqrt{2} \cdot \sqrt[3]{2}$
b) $\sqrt[3]{4} \cdot \sqrt[4]{4}$
c) $\sqrt[3]{a} \cdot \sqrt[5]{a}$
d) $\sqrt[4]{x} \cdot \sqrt[6]{x}$
e) $\sqrt[5]{a} \cdot \sqrt[10]{a}$
f) $\sqrt[3]{b} \cdot \sqrt[9]{b}$
g) $\sqrt{2} \cdot \sqrt[3]{2^2}$
h) $\sqrt[3]{2} \cdot \sqrt[4]{8}$
i) $\sqrt[3]{a^2} \cdot \sqrt[5]{a^3}$
k) $\sqrt[3]{x} \cdot \sqrt[4]{x^3} \cdot \sqrt[6]{x^5}$
l) $\sqrt{a} \cdot \sqrt[3]{a^2} \cdot \sqrt[4]{a^3}$
m) $\sqrt[3]{y} \cdot \sqrt[6]{y^5} \cdot \sqrt[9]{y^4}$
n) $\sqrt[4]{a^n} \cdot \sqrt[5]{a^m} \cdot \sqrt[10]{a^{m+n}}$
o) $\sqrt[x]{b^2} \cdot \sqrt[2x]{b^2} \cdot \sqrt[4x]{b^5}$

6 Vereinfachen Sie folgende Wurzeln. (Benutzen Sie dabei die Potenzschreibweise)

a) $\sqrt[3]{\dfrac{x^{-8}}{x^{-3}}}$
b) $\left(\sqrt{\dfrac{5}{2}}\right)^4$
c) $(\sqrt[6]{ab^2})^3$
d) $\left(\sqrt{\dfrac{x^2 y}{z^3}}\right)^{2a}$
e) $\sqrt[a]{x^{a+2}}$
f) $\sqrt[a+b]{x^{a^2-b^2}}$
g) $(\sqrt[a-b]{x^2})^{(a-b)^2}$
h) $\sqrt[5]{b^{n+5}}$
i) $\sqrt[a+b]{y^{3a+3b}}$
k) $(\sqrt{a^3})^{\frac{2}{3}}$
l) $(\sqrt[4]{b^{-3}})^{\frac{2}{3}}$
m) $\left(\sqrt[n]{x^{2n^2}}\right)^{-\frac{1}{n}}$

7 Vereinfachen Sie folgende Wurzeln unter Verwendung der Potenzschreibweise:

a) $\sqrt{\sqrt[3]{64}}$
b) $\sqrt[3]{\sqrt[2]{8}}$
c) $\sqrt[n]{\sqrt{x^n}}$
d) $\sqrt[x]{\sqrt[2x]{a^{4x}}}$
e) $\sqrt[3]{\sqrt[4]{a^3 b^6 c^9}}$
f) $\sqrt[4]{a^3 \cdot \sqrt{a^3}}$
g) $\sqrt{a^5 \cdot \sqrt{a}}$
h) $\sqrt[n]{x^{n+1} \cdot \sqrt{x^n}}$
i) $\sqrt{3\sqrt{3 \cdot \sqrt{3}}}$
k) $\sqrt[3]{2\sqrt[3]{2 \cdot \sqrt[3]{2}}}$
l) $\sqrt{\sqrt{\sqrt{\sqrt{256}}}}$

1.5.6 Der Logarithmus

$a^b = x \Rightarrow \boldsymbol{x = a^b}$ — **Der Potenzwert wird ermittelt.**
Basis a und Exponent b sind gegeben.

$x^b = c \Rightarrow \boldsymbol{x = \sqrt[b]{c}}$ — **Der Basiswert wird ermittelt.**
Potenzwert c und Exponent b sind gegeben.

$a^x = c \Rightarrow \boldsymbol{x = \log_a c}$ — Der Exponent wird ermittelt.
Basis a und Potenzwert c sind gegeben.
x = Logarithmus (Exponent = Hochzahl)
a = Basis
c = Numerus (Potenzwert)
(gesprochen: x ist der Logarithmus von c zur Basis a)

Definition des Logarithmus

Der Logarithmus c zur Basis a ist der Exponent x, mit dem die positive Zahl a zu potenzieren ist, um den positiven Potenzwert c zu erhalten.

$x = \log_a c \Leftrightarrow a^x = c \quad a \in \mathbb{R}^+ \setminus \{1\};\ c \in \mathbb{R}^+$

Beispiele zum Logarithmieren

$\log_2 16 = 4$	denn $2^4 = 16$
$\log_3 27 = 3$	denn $3^3 = 27$
$\log_5 625 = 4$	denn $5^4 = 625$
$\log_{10} 100\,000 = 5$	denn $10^5 = 100\,000$
$\log_8 2 = \frac{1}{3}$	denn $8^{\frac{1}{3}} = 2$
$\log_2 \frac{1}{32} = -5$	denn $2^{-5} = \frac{1}{32}$
$\log_7 1 = 0$	denn $7^0 = 1$

Logarithmen müssen immer durch ihre Basis gekennzeichnet werden. Unter allen möglichen Basen werden folgende bevorzugt verwendet:

Basis 10	$\log_{10} = \mathbf{lg}$	Zehnerlogarithmus oder „dekadischer Logarithmus" oder „Brigg'scher Logarithmus"
Basis e[1]	$\log_e = \mathbf{ln}$	natürlicher Logarithmus
Basis 2	$\log_2 = \mathbf{ld} = \mathbf{lb}$	Zweierlogarithmus oder „Logarithmus dualis" oder „binärer Logarithmus"

Rechenregeln fürs Logarithmieren

1. $\log_a(b \cdot c) = \log_a b + \log_a c$	$a \in \mathbb{R}^+\backslash\{1\};\ b, c \in \mathbb{R}^+$	Produkt
2. $\log_a \frac{b}{c} = \log_a b - \log_a c$	$a \in \mathbb{R}^+\backslash\{1\};\ b, c \in \mathbb{R}^+$	Quotient
3. $\log_a b^n = n \cdot \log_a b$	$a \in \mathbb{R}^+\backslash\{1\};\ b \in \mathbb{R}^+;\ n \in \mathbb{Q}$	Potenz
4. $\log_a c = \frac{\log_b c}{\log_b a}$	$a, b \in \mathbb{R}^+\backslash\{1\};\ c \in \mathbb{R}^+$	Umrechnung der Logarithmensysteme

Merke:
Logarithmen von positiven Zahlen können negativ sein, Logarithmen von negativen Zahlen existieren nicht.

---

[1] *Die Zahl* e $= 2{,}718281828459\ldots$ *ist eine irrationale Zahl, die Wachstumszahl oder manchmal auch „natürliche Zahl" genannt wird.*

Herleitung der Rechenregeln

1. Wir formen zwei Potenzgleichungen in logarithmische Gleichungen um:
$a^x = b \Leftrightarrow x = \log_a b$ und $a^y = c \Leftrightarrow y = \log_a c$

Auch das Produkt der beiden Potenzgleichungen wird umgeformt:
$a^x \cdot a^y = b \cdot c$
$a^{(x+y)} = b \cdot c \Leftrightarrow x + y = \log_a(b \cdot c)$ eingesetzt gilt dann: $\mathbf{\log_a b + \log_a c = \log_a (b \cdot c)}$

2. Die zwei Potenzgleichungen werden in logarithmische Gleichungen umgeformt:
$a^x = b \Leftrightarrow x = \log_a b$ und $a^y = c \Leftrightarrow y = \log_a c$
$\frac{a^x}{a^y} = \frac{b}{c}$ Die Umformung erfolgt ähnlich wie bei 1.
$a^{(x-y)} = \frac{b}{c} \Leftrightarrow x - y = \log_a \frac{b}{c}$ und somit gilt: $\mathbf{\log_a b - \log_a c = \log_a \frac{b}{c}}$

3. Die Gültigkeit der Rechenregel wird gezeigt, wenn die Potenz in ein Produkt umgeschrieben wird.

$$\log_a b^n = \underbrace{\log_a(b \cdot b \cdot b \cdot \ldots \cdot b)}_{n \text{ Faktoren}}$$
$$= \underbrace{\log_a b + \log_a b + \log_a b + \log_a b + \ldots + \log_a b}_{n \text{ Summanden}}$$
$$\log_a b^n = n \cdot \log_a b$$

Die Rechenregel gilt auch für negative (1) und gebrochene (2) Exponenten:

(1) $b^{-n} = \frac{1}{b^n}$: $\log_a b^{-n} = -n \cdot \log_a b = 0 - n \cdot \log_a b$
Da jede Zahl mit Null potenziert 1 ergibt ($a^0 = 1$), gilt: $\log_a 1 = 0$
Also gilt: $\log_a b^{-n} = \log_a 1 - n \cdot \log_a b \Leftrightarrow \mathbf{\log_a b^{-n} = \log_a\left(\frac{1}{b^n}\right)}$

(2) $b^{\frac{1}{n}} = \sqrt[n]{b}$: $\log_a b = \underbrace{\log_a(b^{\frac{1}{n}} \cdot b^{\frac{1}{n}} \cdot b^{\frac{1}{n}} \cdot \ldots \cdot b^{\frac{1}{n}})}_{n \text{ Faktoren}}$
$$= \underbrace{\log_a b^{\frac{1}{n}} + \log_a b^{\frac{1}{n}} + \log_a b^{\frac{1}{n}} + \log_a b^{\frac{1}{n}} + \ldots + \log_a b^{\frac{1}{n}}}_{n \text{ Summanden}}$$
$\log_a b = n \cdot \log_a b^{\frac{1}{n}}$
Also gilt: $\frac{1}{n} \cdot \log_a b = \log_a b^{\frac{1}{n}} \Leftrightarrow \mathbf{\frac{1}{n} \cdot \log_a b = \log_a \sqrt[n]{b}}$

4. Die meisten Taschenrechner ermitteln die Logarithmen für die Basen 10 (log) und e (ln). Logarithmen mit einer anderen Basis müssen umgerechnet werden.

Gesucht ist $\mathbf{x = \log_a c}$, der Logarithmus von c zur Basis a. ($a \neq 10$ bzw. $a \neq$ e)
$x = \log_a c \Leftrightarrow a^x = c$ beide Seiten werden zur Basis b logarithmiert. ($b = 10$ bzw. $b =$ e)
$x \cdot \log_b a = \log_b c$ wird $x = \log_a c$ in die Gleichung eingesetzt, folgt:
$\log_a c \cdot \log_b a = \log_b c$
also gilt: $\mathbf{\log_a c = \frac{\log_b c}{\log_b a}}$

Beispiele zu den Rechenregeln

1. Produktregel:

$\lg(100 \cdot 1\,000) = \lg 100 + \lg 1\,000 = 5$; $\quad \mathrm{ld}(32 \cdot 256) = \mathrm{ld}\,32 + \mathrm{ld}\,256 = 13$

2. Quotientenregel:

$\lg \frac{1\,000}{100} = \lg 1\,000 - \lg 100 = 1$; $\quad \mathrm{ld}\frac{256}{32} = \mathrm{ld}\,256 - \mathrm{ld}\,32 = 3$

3. Potenzregel:

$\lg 144 = 2 \cdot \lg 12 = 2 \cdot 1{,}0791812\ldots$ $\quad \lg\sqrt{100} = 0{,}5 \cdot \lg 100 = 1$

$\mathrm{ld}\,10 = \frac{\lg 10}{\lg 2} = 3{,}3219281\ldots$ $\quad \log_3 100 = \frac{\lg 100}{\lg 3} = 4{,}1918065\ldots$

4. Umrechnung der Logarithmensysteme:

$\mathrm{ld}\,10 = \frac{\lg 10}{\lg 2} = 3{,}3219281\ldots$ $\quad \lg 6 = \frac{\ln 6}{\ln 10} = 0{,}7781512\ldots$

$\log_3 100 = \frac{\lg 100}{\lg 3} = 4{,}1918065\ldots$ $\quad \log_3 0{,}2 = \frac{\ln 0{,}2}{\ln 3} = -1{,}4649735\ldots$

AUFGABEN

Geben Sie die Logarithmen an und überprüfen Sie die Ergebnisse durch die entsprechenden Potenzen:

1
a) $\log_2 64$;
b) $\log_2 32$;
c) $\log_2 4\,096$;
d) $\log_2 4$;
e) $\log_2 2$;
f) $\log_2 1$;
g) $\log_2 0{,}5$;
h) $\log_2 0{,}25$;
i) $\log_2 \frac{1}{512}$;
k) $\log_2 \frac{1}{128}$;
l) $\log_3 81$;
m) $\log_3 9$;
n) $\log_3 \frac{1}{27}$;
o) $\log_4 \frac{1}{4}$;
p) $\log_5 0{,}04$;
q) $\log_5 \frac{1}{625}$;
r) $\log_{10} 10$;
s) $\log_{10} 1$;
t) $\log_{10} 0{,}01$;
u) $\log_{10} 0{,}001$

2
a) $\log_2 \sqrt{2}$;
b) $\log_2 \sqrt{16}$;
c) $\log_2 \sqrt{32}$;
d) $\log_2 \sqrt[3]{64}$;
e) $\log_2 \sqrt{\frac{1}{2}}$;
f) $\log_2 \sqrt{\frac{1}{32}}$;
g) $\log_{\frac{1}{2}} \frac{1}{2}$;
h) $\log_{\frac{1}{2}} \frac{1}{8}$;
i) $\log_{\frac{1}{2}} 4$;
k) $\log_{\frac{1}{2}} \sqrt{\frac{1}{2}}$;
l) $\log_{\frac{1}{2}} \sqrt{\frac{1}{32}}$;
m) $\log_{\frac{1}{2}} \sqrt{2}$;

n) $\log_{10}\sqrt{1000}$; p) $\log_{\frac{1}{10}}\sqrt{1000}$; q) $\log_{\frac{1}{10}}\sqrt{\frac{1}{1000}}$

o) $\log_{10}\sqrt{\frac{1}{1000}}$;

3 a) $\log_2(64 \cdot 1024)$; d) $\log_2(8^3 \cdot 4^4)$; g) $\log_3(81^7)$;

b) $\log_2(512 \cdot 32 \cdot 128)$; e) $\log_2(512^3 \cdot 128^6)$; h) $\log_3\left(\frac{1}{27}\right)^4$;

c) $\log_2\frac{4096 \cdot 64}{256}$; f) $\log_2\frac{2048^7 \cdot 32^5}{128^9}$; i) $\log_3\sqrt[5]{\left(\frac{1}{243}\right)^4}$

4 Zeigen Sie, dass als Basis die Zahl 1 ungeeignet ist.

5 Zeigen Sie, dass eine negative Basis für die Logarithmen ungeeignet ist.

2 Gleichungen und Ungleichungen

2.1 Gleichungen und Ungleichungen als Aussageformen

Gleichungen und Ungleichungen sind Aussageformen. Sie enthalten Leerstellen, sogenannte Variablen. Durch geeignete Einsetzungen für die Variablen erhält man Aussagen, die wahr (W) oder falsch (F) sein können.

Die Einsetzungen, die zu wahren Aussagen führen, nennt man Lösungen der Gleichung bzw. Ungleichung. Die Lösungen werden zusammengefasst unter dem Namen **Lösungsmenge** L. Die Menge der Zahlen, die für die Variable eingesetzt werden dürfen, heißt **Grundmenge** G.

Beispiele für Gleichungen und Ungleichungen

1. **Gleichung:** $x^2 + 2 = 3x$
   Grundmenge: $G = \{0; 1; 2; 3\}$
   $x = 0$: $0^2 + 2 = 3 \cdot 0$ (F)
   $x = 1$: $1^2 + 2 = 3 \cdot 1$ (W)
   $x = 2$: $2^2 + 2 = 3 \cdot 2$ (W)
   $x = 3$: $3^2 + 2 = 3 \cdot 3$ (F)
   Lösungsmenge: $L = \mathbf{\{1; 2\}}$

2. **Ungleichung:** $3x > 2$
   Grundmenge: $G = 1; 2; 3; 4$
   $x = 1$: $3 \cdot 1 > 2$ (W)
   $x = 2$: $3 \cdot 2 > 2$ (W)
   $x = 3$: $3 \cdot 3 > 2$ (W)
   $x = 4$: $3 \cdot 4 > 2$ (W)
   Lösungsmenge: $L = \mathbf{\{1; 2; 3; 4\}}$

3. **Ungleichung:** $2x - 1 < 1$
   Grundmenge: $G = \{1; 2; 3; 4\}$
   $x = 1$: $2 \cdot 1 - 1 < 1$ (F)
   $x = 2$: $2 \cdot 2 - 1 < 1$ (F)
   $x = 3$: $2 \cdot 3 - 1 < 1$ (F)
   $x = 4$: $2 \cdot 4 - 1 < 1$ (F)
   Lösungsmenge: $L = \{\}$

In Beispiel 1 ist die Lösungsmenge L echte Teilmenge der Grundmenge G. Man sagt: Die Gleichung bzw. Ungleichung ist in der Grundmenge **erfüllbar**. ($L \subset G$)

In Beispiel 2 ist die Lösungsmenge L gleich der Grundmenge G. Man sagt: Die Gleichung bzw. Ungleichung ist in der Grundmenge **allgemeingültig**. ($L = G$)

In Beispiel 3 ist die Lösungsmenge leer. Man sagt: Die Gleichung bzw. Ungleichung ist in der Grundmenge G **unerfüllbar**. ($L = \{\,\}$)

AUFGABEN

Ermitteln Sie die Lösungsmengen folgender Gleichungen bzw. Ungleichungen durch Einsetzen der Elemente der jeweiligen Grundmenge:

a) $2x + 3 = 5x \quad G = \{0; 1; 2; 3\}$
b) $x + 2 < x + 3 \quad G = \{0; 1; 2; 3\}$
c) $3x - 2 = 4x \quad G = \{0; 1; 2; 3\}$
d) $x^2 = 1 \quad G = \{-1; 0; +1\}$
e) $x^2 + 1 > 3 \quad G = \{0; 1; 2; 3; 4\}$
f) $x^2 + 20 < 10 \quad G = \{0; 1; 2; 3; 4\}$

Welche der Aussageformen (Gleichungen bzw. Ungleichungen) sind bezüglich ihrer Grundmenge G erfüllbar, allgemeingültig oder unerfüllbar?

2.2 Terme und Äquivalenzumformungen

Wenn die Grundmenge sehr viele oder gar unendlich viele Elemente hat, ist das Einsetzen der einzelnen Elemente in die Gleichung oder Ungleichung unmöglich. Dann muss man die Gleichung oder Ungleichung solange umformen, bis die Lösungsmenge leicht ersichtlich ist. Bei den Umformungen ist darauf zu achten, dass die Lösungsmenge sich nicht ändert. Solche Umformungen heißen **Äquivalenzumformungen**.

Beispiele für Äquivalenzumformungen

1. $G = \mathbb{N}$

$4 + 3x = 7$	$L = \{1\}$
$\Leftrightarrow 4 + 3x - 4 = 7 - 4$	$L = \{1\}$
$\Leftrightarrow 3x = 3$	$L = \{1\}$
$\Leftrightarrow \frac{3x}{3} = \frac{3}{3}$	$L = \{1\}$
$\Leftrightarrow x = 1$	$L = \mathbf{\{1\}}$

2. $G = \mathbb{R}$

$2x - 3 = 1{,}5x + 2{,}5$	$L = \mathbf{\{11\}}$
$\Leftrightarrow 2x - 3 + 3 = 1{,}5x + 2{,}5 + 3$	$L = \{11\}$
$\Leftrightarrow 2x = 1{,}5x + 5{,}5$	$L = \{11\}$
$\Leftrightarrow 2x - 1{,}5x = 1{,}5x + 5{,}5 - 1{,}5x$	$L = \{11\}$
$\Leftrightarrow 0{,}5x = 5{,}5$	$L = \{11\}$
$\Leftrightarrow 0{,}5x \cdot 2 = 5{,}5 \cdot 2$	$L = \{11\}$
$\Leftrightarrow x = 11$	$L = \mathbf{\{11\}}$

Die Lösungsmengen haben sich **nicht** geändert!

Beispiele für nicht äquivalente Umformungen

1. $G = \mathbb{R}$

$x + 2 = 3$	$L = \mathbf{\{1\}}$
$\Rightarrow (x + 2)^2 = 3^2$	$L = \mathbf{\{1; -5\}}$

2. $G = \mathbb{R}$

$x + 2 = 3$	$L = \mathbf{\{1\}}$
$\Rightarrow (x + 2) \cdot x = 3 \cdot x$	$L = \mathbf{\{0; 1\}}$

Die Lösungsmengen haben sich geändert!

Um Äquivalenzumformungen besser beschreiben zu können, erweist sich der Begriff **Term** als sehr nützlich.

Definition des Begriffs Term

Zahlen, Variable und mithilfe von Rechenzeichen und Rechenregeln gebildete Zusammensetzungen von Zahlen und Variablen nennt man Terme.

Beispiele für Terme

$T_1 = 5 \qquad T_2(y) = 3y + 4 \qquad T_3(x) = \dfrac{3x^2 + 2}{4x - 8} \qquad T_4(z) = z + \dfrac{1}{\sqrt{z}}$

Damit kann nun zusammengestellt werden, welche Umformungen äquivalent sind und welche nicht äquivalent sind:

Umformungen sind Äquivalenzumformungen, wenn auf beiden Seiten der Gleichung (oder Ungleichung)
- derselbe Term addiert oder subtrahiert wird,
- mit demselben Term $T (T \neq 0)$ multipliziert wird,
- durch denselben Term $T (T \neq 0)$ dividiert wird,
- logarithmiert wird.

Bei Ungleichungen kehrt sich das Ungleichheitszeichen um, wenn mit einem negativen Term multipliziert oder durch einen negativen Term dividiert wird!

Umformungen sind nicht immer äquivalent, wenn auf beiden Seiten der Gleichung (oder Ungleichung)
- mit demselben Term $T(x) \neq 0$, der die Variable enthält, multipliziert wird (s. Beispiel 4),
- durch denselben Term $T(x) \neq 0$, der die Variable enthält, dividiert wird,
- quadriert wird (s. Beispiel 3),
- die Wurzel gezogen wird.

AUFGABEN

Entscheiden Sie, ob ein Term vorliegt:

a) 45 c) $3 + 2$ e) $24+$ g) $3 + 2 : 5$ i) $32x + : 8$

b) $x + 3y$ d) $+ :$ f) $\dfrac{2x - 17}{5x^2 + 1}$ h) $\sqrt{\dfrac{x - 12}{3y + 4}}$ k) $\dfrac{25 - x^2}{4}$

2.3 Lineare Gleichungen und Ungleichungen

Lineare Gleichungen und Ungleichungen erkennt man daran, dass die **Variable nur in der 1. Potenz vorkommt**.

Beispiele für lineare Gleichungen und Ungleichungen

1. $x + 4 = 7$

2. $5x - 2{,}3 = 3{,}5x + 4$

3. $3x + 2{,}5 < 5x$

4. $3 - 4{,}4x > -6{,}2x + 2{,}1$

In Technik und Wirtschaft trifft man häufig auf **Formeln**, die die Abhängigkeiten verschiedener Größen beschreiben. Eine Formel ist eine Aussageform mit mehreren Variablen. Die Variable, deren Lösungsmenge gesucht ist, heißt **Lösungsvariable**, die übrigen Variablen heißen **Formvariablen**.

Beispiele für Formeln

1. $s = v \cdot t$ **2.** $F_1 \cdot l_1 = F_2 \cdot l_2$ **3.** $Z = \frac{K \cdot i \cdot p}{100}$ **4.** $l_\vartheta = l_0 + l_0 \cdot \alpha \cdot \Delta\vartheta$

Zur Lösung von Textaufgaben stellt man normalerweise eine Formel auf und bestimmt dann durch Äquivalenzumformungen die Lösungsvariable.
Lineare Gleichungen (und Ungleichungen) werden so umgeformt, dass die Variable alleine links vom Gleichheitszeichen (oder Ungleichheitszeichen) steht und rechts nur noch eine Zahl (auf keinen Fall die Lösungsvariable) steht.
Die notwendigen Termumformungen sind alle Äquivalenzumformungen. (s. oben)

Beispiele für die Lösung einer linearen Gleichung

$$4x - 7 = 3 + \frac{3}{4}x \quad \text{mit } G = \mathbb{R}$$

$$\Leftrightarrow \quad 4x - 7 - \frac{3}{4}x = 3 + \frac{3}{4}x - \frac{3}{4}x \quad \text{(Termsubtraktion)}$$

$$\Leftrightarrow \quad \frac{13}{4}x - 7 = 3 \quad \text{(Termvereinfachung)}$$

$$\Leftrightarrow \quad \frac{13}{4}x - 7 + 7 = 3 + 7 \quad \text{(Termaddition)}$$

$$\Leftrightarrow \quad \frac{13}{4}x = 10 \quad \text{(Termvereinfachung)}$$

$$\Leftrightarrow \quad \frac{13}{4}x \cdot \frac{4}{13} = 10 \cdot \frac{4}{13} \quad \left(\text{Termmultiplikation mit dem Kehrbruch von } \frac{13}{4}\right)$$

$$\Leftrightarrow \quad x = \frac{40}{13} \quad \text{(Termvereinfachung)}$$

Lösungsmenge: $L = \left\{\mathbf{\frac{40}{13}}\right\}$

Zur Vereinfachung des Lösungsweges kann man Terme für die Termumformung zu neuen Termen zusammenfassen und rechts neben der Gleichung notieren:

$$4x - 7 = 3 + \frac{3}{4}x \qquad \Big| -\frac{3}{4}x + 7$$

$$\Leftrightarrow 4x - \frac{3}{4}x = 3 + 7$$

$$\Leftrightarrow \frac{13}{4}x = 10 \qquad \Big| \cdot \frac{4}{13}$$

$$\Leftrightarrow x = \frac{40}{13}$$

Lösungsmenge: $L = \left\{\mathbf{\frac{40}{13}}\right\}$

Beispiel für die Lösung einer linearen Ungleichung

$$\frac{2}{3}x - \frac{2}{9} < 2x + \frac{2}{3} \quad \text{mit } G = \mathbb{R}.$$

$$\frac{2}{3}x - \frac{2}{9} < 2x + \frac{2}{3} \qquad \Big| + \frac{2}{9} - 2x$$

$$\Leftrightarrow \quad -\frac{4}{3}x < \frac{8}{9} \qquad \Big| \cdot \left(-\frac{3}{4}\right)$$ Multiplikation mit einer negativen Zahl!

$$\Leftrightarrow \quad x > \frac{8}{9} \cdot \left(-\frac{3}{4}\right)$$ Das Ungleichheitszeichen muss umgedreht werden!

$$\Leftrightarrow \quad x > -\frac{2}{3}$$

Lösungsmenge: $L = \left\{x \in \mathbb{R} \,\middle|\, x > -\frac{2}{3}\right\}$

Beispiel für die Lösung einer Textaufgabe

Ein Kaufmann hat für den Einkauf eines Artikels einen bestimmten Betrag zur Verfügung. Kauft er 45 Stück, behält er einen Betrag von 25 EUR übrig; kauft er 50 Stück, fehlen ihm 1950 EUR. Berechnen Sie den Preis für einen Artikel und die Höhe des zur Verfügung stehenden Betrags.

Lösung:

Der Preis für einen Artikel sei x EUR.

Der zur Verfügung stehende Betrag ist dann: $(45 \cdot x + 25)$ EUR
oder: $(50 \cdot x - 1950)$ EUR

Die Gleichung heißt also: $45x + 25 = 50x - 1950 \quad | - 50x - 25$

$$-5 = -1975 \quad |:(-5)$$

$$x = 395$$

Ergebnis: **Ein Artikel kostet 395 EUR.**

Der zur Verfügung stehende Betrag ist $45 \cdot 395$ EUR + 25 EUR = **17800 EUR**
bzw. $50 \cdot 395$ EUR − 1950 EUR = 17800 EUR

AUFGABEN

1 Berechnen Sie die Lösungsmengen folgender Gleichungen und Ungleichungen ($G = \mathbb{R}$)

a) $7x - 2 = 2x + 13$
b) $\frac{3x + 2}{4} = \frac{2x - 1}{2}$
c) $5x < 3x + 13$
d) $3(5x + 2) = 7(x - 3)$
e) $1{,}3y - 4 < 7{,}6y$
f) $\frac{5x - 1}{3} < 6x$
g) $3(2x + 6) = 20x - 10$
h) $4(x - 1) > 3(x + 1)$
i) $-12x + 4 < 5(x + 3)$
k) $\frac{2x - 3}{4} > \frac{7x + 2}{6}$
l) $2(3x + 5) < 3(2x - 1)$
m) $2(4 - x) > 5 - 2x$

2 In welchem Rechteck mit dem Umfang 20 cm ist die eine Seite
a) um 3 cm größer,
b) um 4 cm kleiner als die andere?

3 Eine Erbschaft von 5000,00 EUR wird unter drei Familien A, B und C so verteilt, dass B 800,00 EUR weniger als A erhält und C doppelt so viel wie A.
Welchen Betrag bekommen die einzelnen Familien?

4 Von einer Erbschaft erhält Anton $\frac{1}{4}$, Erna $\frac{2}{3}$ und Irmgard den Rest in Höhe von 5250,00 EUR. Berechnen Sie die Höhe der Erbschaft und die Anteile von Anton und Erna.

5 An einem Unternehmen ist A mit 2500,00 EUR, B mit 1700,00 EUR und C mit 3500,00 EUR beteiligt. Wie muss ein Gewinn von 1000,00 EUR auf die drei Teilhaber verteilt werden?

6 Welche Kraft muss an einer Kurbel ($l = 50$ cm) wirken, wenn eine Last mit der Gewichtskraft von 1200 N gehoben werden soll? Der Durchmesser der Trommel beträgt 30 cm.

7 Eine Eisenbahnschiene, die 20 m lang ist, wird im Winter bei 5 °C verlegt. Wie lang ist sie im Sommer bei einer Temperatur von 45 °C? ($\alpha = 1{,}2 \cdot 10^{-5}$ 1/°C)

8 Wie viel Wasser pro Stunde liefert eine Kolbenpumpe mit einem Wirkungsgrad $\eta = 0{,}75$, die einen Kolbendurchmesser von 100 mm und einen Hub von 500 mm hat bei einer Drehzahl von 25 U/min?

9 Wie groß ist ein Kredit, für den man bei einem Zinssatz von 8,25 % pro Jahr nach einem halben Jahr 2640,00 EUR Zinsen zahlen muss?

10 Nach Abzug von 15 % Lohnsteuer beträgt das Gehalt eines Arbeitnehmers 2911,59 EUR. Wie hoch ist sein Bruttogehalt?

11 Beim Rösten von Kaffee kommt, es zu einem Gewichtsverlust von 7,5 %. Wie viel kosten 100 kg gerösteter Kaffee, wenn Rohkaffee zu 1944,50 EUR/t eingesetzt wird?

12 Nach einer Preiserhöhung von 8 % am Anfang dieses Jahres senkte ein Automobilunternehmen auf Grund des großen Nachfragerückgangs den neuen Preis im August dieses Jahres um 5 % auf 25644,87 EUR.
Berechnen Sie den ursprünglichen Preis am Ende des letzten Jahres,

13 Ein Darlehen von 23400,00 EUR wird nach 8 Monaten mit 24414,00 EUR einschließlich Zinsen zurückgezahlt. Berechnen Sie den Zinssatz.

14 Ein Darlehen wird mit 8 % verzinst und nach 282 Tagen einschließlich Zinsen mit 35705,60 EUR zurückgezahlt. Berechnen Sie den Darlehensbetrag und die Zinsen.

2.4 Bruchgleichungen und Bruchungleichungen

Bei Bruchgleichungen und Bruchungleichungen tritt die **Lösungsvariable im Nenner** auf.

Beispiele für Bruchgleichungen und Bruchungleichungen

1. $\frac{x-3}{x-5} = 3$ **2.** $\frac{2}{3x+4} = 5$ **3.** $\frac{x-4}{x} > 5$ **4.** $\frac{x}{x-5} < \frac{x+2}{x-1}$

Da hier durch Einsetzen bestimmter Elemente der Grundmenge der Nenner Null werden kann (in Beispiel 1. für $x = 5$, in Beispiel 2. für $x = -\frac{4}{3}$, in Beispiel 3. für $x = 0$ und in Beispiel 4. für $x = 5$ und für $x = 1$) und somit ein nicht definierter Ausdruck entsteht, ist die Grundmenge einzuschränken. Die Menge der Zahlen, die für die Variable eingesetzt werden dürfen, so dass definierte Ausdrücke entstehen, nennt man **Definitionsmenge** D.

Als Lösungselemente können also nur Elemente der Definitionsmenge vorkommen.
Die Bruchgleichung wird mit dem Hauptnenner multipliziert. Nach dem Kürzen ist der Nenner 1: Man hat also keine Bruchgleichung mehr.

Beispiel für die Lösung einer Bruchgleichung

$\frac{x+2}{x-3} = \frac{x-4}{x+1}$ mit $G = \mathbb{R}$

1. **Bestimmung der Definitionsmenge D der Gleichung:**

   Der Nenner wird Null, wenn $x - 3 = 0$ oder $x + 1 = 0$ ist, also für $x = 3$ oder $x = -1$. Die Definitionsmenge darf also diese beiden Zahlen **nicht** enthalten:

   $D = \mathbb{R}\backslash\{3; -1\}$

2. **Aufsuchen des Hauptnenners:**

   $\text{HN} = (x-3)(x+1)$

3. **Multiplikation mit dem Hauptnenner:**

   $$\frac{(x+2)(x-3)(x+1)}{(x-3)} = \frac{(x-4)(x-3)(x+1)}{(x+1)}$$

4. **Kürzen:** $(x+2)(x+1) = (x-4)(x-3)$

5. **Weitere Äquivalenzumformungen:**

   $$\begin{aligned} & x^2 + 2x + x + 2 = x^2 - 4x - 3x + 12 & \\ \Leftrightarrow \quad & x^2 + 3x + 2 = x^2 - 7x + 12 & \quad | - x^2 + 7x - 2 \\ \Leftrightarrow \quad & 10x = 10 & \quad |: 10 \\ \Leftrightarrow \quad & x = 1 & \end{aligned}$$

6. **Überprüfung, ob die Lösung auch Element der Definitionsmenge ist:** $1 \in D$

7. **Lösungsmenge:** $L = \{1\}$

Beispiel für die Lösung einer Bruchungleichung

$\frac{x+3}{x-1} < \frac{3}{2}$ mit $G = \mathbb{R}$

1. Bestimmung der Definitionsmenge der Ungleichung:

Der Nenner wird Null, wenn $x - 1 = 0$ ist, also für $x = 1$.
Die Definitionsmenge darf also die Zahl 1 nicht enthalten:

$D = \mathbb{R}\backslash\{1\}$

2. Aufsuchen des Hauptnenners:

$\text{HN} = (x - 1) \cdot 2$

3. Fallunterscheidung:

Bei einer Ungleichung ist zunächst zu klären, ob der Hauptnenner positiv oder negativ ist.

1. Fall: Der Hauptnenner ist positiv. Das bedeutet $x - 1 > 0 \Leftrightarrow x > 1$
Dann bleibt das Ungleichheitszeichen so stehen:

$$\begin{aligned}
&\frac{(x+3)(x-1)\cdot 2}{(x-1)} < \frac{3\cdot(x-1)\cdot 2}{2} && \\
&(x+3)\cdot 2 < 3\cdot(x-1) && \\
\Leftrightarrow\quad & 2x + 6 < 3x - 3 && \\
\Leftrightarrow\quad & -x < -9 && |-3x-6 \\
\Leftrightarrow\quad & x > 9 && |\cdot(-1)
\end{aligned}$$

Zur Lösungsmenge L_1 gehören also Zahlen x für die gilt: $x > 9 \wedge x > 1$ (Bedingung für den 1. Fall). Das trifft zu für alle Zahlen, die größer sind als 9:

$L_1 = \{x \in \mathbb{R} | x > 9\}$

2. Fall: Der Hauptnenner ist negativ. Das bedeutet: $x - 1 < 0 \Leftrightarrow x < 1$.
Dann muss das Ungleichheitszeichen bei der Multiplikation umgedreht werden:

$$\begin{aligned}
&\frac{(x+3)(x-1)\cdot 2}{(x-1)} > \frac{3\cdot(x-1)\cdot 2}{2} && \\
&2x + 6 > 3x - 3 && \\
\Leftrightarrow\quad & -x > -9 && |-3x-3 \\
\Leftrightarrow\quad & x < 9 && |\cdot(-1)
\end{aligned}$$

Zur Lösungsmenge L_2 gehören also Zahlen x, für die gilt: $x < 9 \wedge x < 1$ (Bedingung für den 2. Fall). Das trifft für alle Zahlen zu, die kleiner sind als 1:

$L_2 = \{x \in \mathbb{R} | x < 1\}$

4. Lösungsmenge:

Zur Gesamtlösungsmenge gehören alle Elemente, die zu L_1 oder zu L_2 gehören:
$L = L_1 \cup L_2$

Also: $\boldsymbol{L = \{x \in \mathbb{R} | x > 9 \vee x < 1\}}$

AUFGABEN

1 Bestimmen Sie die Definitionsmenge und die Lösungsmenge folgender Bruchgleichungen. Grundmenge $G = \mathbb{R}$.

a) $\frac{1}{x+1} = 5$

b) $\frac{3}{2-x} = 1$

c) $\frac{x+2}{x-3} = 5$

d) $\frac{x-3}{4-3x} = 3$

e) $\frac{3-2x}{7-4x} = \frac{3}{4}$

f) $\frac{1}{x+3} = \frac{1}{x-4}$

g) $\frac{x+1}{x-3} = \frac{x+4}{x-1}$

h) $\frac{1}{x-3} - \frac{2x}{x+2} = -2$

i) $\frac{3x}{2x-3} - \frac{2}{2x+1} = \frac{3}{2}$

k) $\frac{x}{2x+3} = \frac{3x+1}{6x-1}$

l) $\frac{1}{x} + \frac{1}{x-1} = \frac{2}{x+1}$

m) $\frac{x+2}{x-1} - \frac{x-3}{x+1} = \frac{6}{x^2-1}$

n) $\frac{x+1}{x-2} - \frac{x-1}{x+3} = \frac{7x+1}{x^2+x-6}$

o) $\frac{2}{x} - \frac{1}{2x-1} = \frac{3}{2x+1}$

p) $\frac{x+3}{2x-4} + \frac{3x-1}{2x+2} = \frac{2x^2-2x+6}{x^2-x-2}$

2 Bestimmen Sie die Definitionsmenge und die Lösungsmenge folgender Bruchungleichungen. $G = \mathbb{R}$

a) $\frac{1}{x} > 3$

b) $\frac{2}{x} > -4$

c) $\frac{10}{x+2} < 4$

d) $\frac{1}{x} < -\frac{1}{2}$

e) $\frac{x}{x-2} < \frac{2}{3}$

f) $\frac{x+2}{x-4} > -\frac{5}{4}$

g) $\frac{4}{3} - \frac{3}{x-2} > 0$

h) $\frac{2}{x+1} - 3 > 0$

i) $\frac{1}{x-1} > \frac{2}{x+1}$

k) $\frac{2}{2x+3} < \frac{3}{3x+2}$

l) $\frac{x-2}{x+2} - \frac{x+4}{x+1} > 0$

m) $\frac{3x}{x+3} - \frac{1}{x-3} < 3$

3 Warum sind beim Lösen von Bruchungleichungen Fallunterscheidungen nötig?

4 Welchen Querschnitt hat eine Kupferleitung mit dem spezifischen Widerstand $\rho = 0{,}0178 \frac{\Omega\,\text{mm}^2}{\text{m}}$, die 50 m lang ist und einen Widerstand von 0,356 Ω hat?

5 Eine Tageszeitung wird durch eine Rotationspresse in 8 Stunden gedruckt. Da die Zeitung schneller gedruckt werden soll, wird eine neue Rotationspresse gekauft, die die Auflage in 6 Stunden drucken kann.

a) In welcher Zeit können beide Pressen zusammen eine um 20 % erhöhte Auflage drucken?

b) Um wieviel Prozent kann die Auflage gesteigert werden, wenn beide Pressen zusammen 6 Stunden lang eingesetzt werden?

6 Ein Warmwasserbehälter wird von einer Pumpe in 40 Minuten gefüllt, von einer anderen in 60 Minuten. Wie lange benötigen beide Pumpen zusammen?

7 Ein Schwimmbecken kann durch zwei Zuflussrohre gefüllt werden. Rohr 1 benötigt alleine 4 Stunden, Rohr 2 benötigt alleine 5 Stunden. Wie lange brauchen beide Zuflussrohre zusammen für eine Füllung?

8 Ein Behälter besitzt eine Pumpe, die ihn in 60 Minuten füllt und eine Abflussröhre, die ihn in 90 Minuten leert.

a) Wie lange dauert es, bis der zu Anfang leere Behälter voll wird, wenn die Abflussröhre während der ganzen Zeit offen ist?

b) Wie lange dauert es, bis der Behälter gefüllt ist, wenn die Abflussröhre nach 45 Minuten versehentlich geöffnet wird?

9 Drei Widerstände mit 3 Ω, 5 Ω und 6,5 Ω sind parallel geschaltet. Wie groß ist der Gesamtwiderstand?

10 Zeigen Sie durch Äquivalenzumformung:
Bei der Parallelschaltung von 2 Widerständen ist der Gesamtwiderstand kleiner als der kleinste der beiden Einzelwiderstände.

Setzen Sie: $R_1 > \dfrac{R_1 \cdot R_2}{R_1 + R_2} \wedge R_2 > \dfrac{R_1 \cdot R_2}{R_1 + R_2}$

2.5 Betragsgleichungen und Betragsungleichungen

Aussageformen, bei denen die **Variable zwischen Betragsstrichen** auftritt, heißen Betragsgleichungen bzw. Betragsungleichungen.

Beispiele für Betragsgleichungen und Betragsungleichungen

$|x - 2| = 5$; $7 - |x - 6| = 1$; $|3 - 2x| > 5$; $|x - 4| < 6$

Für die Lösung müssen zunächst die Beträge aufgelöst werden. Dazu gelten folgende beiden Regeln:

1. $|a| = a$, wenn $a \geq 0$
2. $|a| = -a$, wenn $a < 0$

Da von vornherein nicht bekannt ist, ob $a \geq 0$ oder $a < 0$ ist, werden Betragsgleichungen so aufgelöst: $|x + 1| = 4 \Leftrightarrow x + 1 = 4$ oder $-(x + 1) = 4$.

Satz 1

Die Betragsgleichung $|\boldsymbol{T(x)}| = c$ mit $c \in \mathbb{R}_0^+$ wird äquivalent umgeformt in $T(x) = c$ oder $-T(x) = c$: $|T(x)| = c \Leftrightarrow T(x) = c \vee T(x) = -c$

Beispiele für die Lösung einer Betragsgleichung

1. Gleichung: $|x - 3| = 5 \quad G = \mathbb{R}$

$\Leftrightarrow x - 3 = 5 \vee -(x - 3) = 5 \Leftrightarrow x - 3 = 5 \vee x - 3 = -5$

$\Leftrightarrow \quad x = 8 \vee x = -2$

Lösungsmenge: $L = \{\mathbf{8; -2}\}$

2. Gleichung: $7 - |x - 6| = 1 \quad G = \mathbb{R}$

$\Leftrightarrow -|x - 6| = -6$

$\Leftrightarrow \quad |x - 6| = 6$

$\Leftrightarrow \quad x - 6 = 6 \vee -(x - 6) = 6 \Leftrightarrow x - 6 = 6 \vee x - 6 = -6$

$\Leftrightarrow \quad x = 12 \vee x = 0$

Lösungsmenge: $L = \{\mathbf{12; 0}\}$

Bei Betragsungleichungen muss unterschieden werden in $|T(x)| > c$ und $|T(x)| < c$:

Satz 2

Die Betragsungleichung $|T(x)| > c$ mit $c \in \mathbb{R}_0^+$ wird äquivalent umgeformt in $T(x) > c$ **oder** $-T(x) > c$: $\quad |T(x)| > c \Leftrightarrow T(x) > c \vee T(x) < -c$

Satz 3

Die Betragsungleichung $|T(x)| < c$ mit $c \in \mathbb{R}_0^+$ wird äquivalent umgeformt in $T(x) < c$ **und** $-T(x) < c$: $\quad |T(x)| < c \Leftrightarrow T(x) < c \wedge T(x) > -c$

Beispiele für die Lösung von Betragsungleichungen

1. Ungleichung: $|3 + 2x| > 5 \quad G = \mathbb{R}$

$\Leftrightarrow \quad 3 + 2x > 5 \vee 3 + 2x < -5$

$\Leftrightarrow \quad 2x > 2 \vee 2x < -8$

$\Leftrightarrow \quad x > 1 \vee x < -4$

üösungsmenge: $L = \{\boldsymbol{x} \in \mathbb{R} | \boldsymbol{x} > \mathbf{1} \vee \boldsymbol{x} < \mathbf{-4}\}$

2. Ungleichung: $|x - 4| < 6 \quad G = \mathbb{R}$

$\Leftrightarrow \quad x - 4 < 6 \wedge x - 4 > -6$

$\Leftrightarrow \quad x < 10 \wedge x > -2$

Lösungsmenge: $L = \{\boldsymbol{x} \in \mathbb{R} | \boldsymbol{x} < \mathbf{10} \wedge \boldsymbol{x} > \mathbf{-2}\} = \{\boldsymbol{x} \in \mathbb{R} | \mathbf{-2} < \boldsymbol{x} < \mathbf{10}\}$

AUFGABEN

1 Lösen Sie folgende Betragsgleichungen:

a) $|5x - 2| = 12$ c) $|3x + 5| = x - 4$ e) $3 - |5x + 2| = 0$ g) $\left|\frac{x+3}{x+2}\right| = 1$

b) $|x - 7| = 10$ d) $|x + 2| + 5 = 3$ f) $\left|\frac{x+2}{x-3}\right| = 7$ h) $\left|\frac{x-1}{x+1}\right| = 5$

2 Ermitteln Sie die Lösungsmengen für die folgenden Betragsungleichungen:

a) $|x + 4| > 6$ b) $|2x - 4| > 10$ c) $|3 - x| \leq 4$ d) $|x + 3| - 2 \geq 6$

2.6 Quadratische Gleichungen und Ungleichungen

Aussageformen, bei denen die **Variable in der zweiten Potenz** auftritt, heißen quadratische Gleichungen (oder Ungleichungen).

Beispiele für quadratische Gleichungen und Ungleichungen

$x^2 = 4 \qquad x^2 + 4 = 0 \qquad 2x^2 + 8x - 24 = 0 \qquad x^2 < 9 \qquad 2x^2 + 4x - 6 > 0$

Die allgemeine Form der quadratischen Gleichung (oder Ungleichung) lautet:

$ax^2 + bx + c = 0$ oder $ax^2 + bx + c < 0$ bzw. $ax^2 + bx + c > 0$

Die Definitionsmenge ist $D = \mathbb{R}$; $\quad a, b, c \in \mathbb{R} \wedge a \neq 0$

2.6.1 Lösung der quadratischen Gleichung

Beispiel für die Lösung einer quadratischen Gleichung

Gleichung:		$2x^2 + 8x - 24 = 0 \quad D = \mathbb{R}$
Dividieren durch 2:		$x^2 + 4x - 12 = 0$
	$\Leftrightarrow$	$x^2 + 4x = 12$
Quadratische Ergänzung:	$\Leftrightarrow$	$x^2 + 4x + 2^2 = 12 + 2^2 \quad \left[2^2 \text{ aus } \left(\frac{4}{2}\right)^2\right]$
Binom:	$\Leftrightarrow$	$(x + 2)^2 = 16$
Wurzel ziehen:	$\Leftrightarrow$	$\lvert x + 2\rvert = 4$
Betragsgleichung lösen:	$\Leftrightarrow$	$x + 2 = 4 \vee x + 2 = -4$
	$\Leftrightarrow$	$x = 2 \vee x = -6$
Lösungsmenge:		$L = \{2; -6\}$

Quadratische Gleichungen lassen sich schnell und sicher lösen. Dazu geht man aus von einer Gleichung, in der x^2 allein steht: $x^2 + px + q = 0$ (Normalform)

Jede quadratische Gleichung lässt sich durch Äquivalenzumformungen auf diese Form bringen.

Termaddition:	$\Leftrightarrow$	$x^2 + px = -q$
Quadratische Ergänzung:	$\Leftrightarrow$	$x^2 + px + \left(\frac{p}{2}\right)^2 = -q + \left(\frac{p}{2}\right)^2$
Binom:	$\Leftrightarrow$	$\left(x + \frac{p}{2}\right)^2 = \left(\frac{p}{2}\right)^2 - q$
Wurzel ziehen:	$\Leftrightarrow$	$\sqrt{\left(x + \frac{p}{2}\right)^2} = \sqrt{\left(\frac{p}{2}\right)^2 - q}$
	$\Leftrightarrow$	$\left\lvert x + \frac{p}{2}\right\rvert = \sqrt{\left(\frac{p}{2}\right)^2 - q}$
Betragsgleichung lösen:	$\Leftrightarrow$	$x + \frac{p}{2} = \sqrt{\left(\frac{p}{2}\right)^2 - q} \vee x + \frac{p}{2} = -\sqrt{\left(\frac{p}{2}\right)^2 - q}$
Umformung nach x:	$\Leftrightarrow$	$x = -\frac{p}{2} + \sqrt{\left(\frac{p}{2}\right)^2 - q} \vee x = -\frac{p}{2} - \sqrt{\left(\frac{p}{2}\right)^2 - q}$
Lösungsmenge:		$L = \left\{-\frac{p}{2} + \sqrt{\left(\frac{p}{2}\right)^2 - q};\ -\frac{p}{2} - \sqrt{\left(\frac{p}{2}\right)^2 - q}\right\}$

Lösungsformel der quadratischen Gleichung

Die quadratische Gleichung $\boldsymbol{x^2 + px + q = 0}$

hat die Lösungen: $\boldsymbol{x = -\frac{p}{2} + \sqrt{\left(\frac{p}{2}\right)^2 - q} \vee x = -\frac{p}{2} - \sqrt{\left(\frac{p}{2}\right)^2 - q}}$

Es gibt **2 Lösungen** für $\left(\frac{p}{2}\right)^2 - q > 0$

Es gibt **1 Lösung** für $\left(\frac{p}{2}\right)^2 - q = 0$

Es gibt **keine Lösung** für $\left(\frac{p}{2}\right)^2 - q < 0$

Beispiel für die Lösung einer quadratischen Gleichung mit der Lösungsformel

Gleichung: $2x^2 + 8x - 24 \Leftrightarrow x^2 + 4x - 12$ mit $p = 4$ und $q = -12$

Lösungen: $x = -\frac{4}{2} + \sqrt{\left(\frac{4}{2}\right)^2 - (-12)} \vee x = -\frac{4}{2} - \sqrt{\left(\frac{4}{2}\right)^2 - (-12)}$

Vereinfachung: $x = -2 + \sqrt{4 + 12} \vee x = -2 - \sqrt{4 + 12}$

Lösungen: $x = -2 + 4 \vee x = -2 - 4 \Leftrightarrow x = 2 \vee x = -6$

Lösungsmenge: $L = \mathbf{\{2; -6\}}$

Sonderfälle bei quadratischen Gleichungen:

1. $\boldsymbol{p = 0}$ **Gleichung:** $x^2 + q = 0 \Leftrightarrow x^2 = -q \Leftrightarrow \boldsymbol{x = \sqrt{-q} \vee x = -\sqrt{-q}}$

2. $\boldsymbol{q = 0}$ **Gleichung:** $x^2 + px = 0 \Leftrightarrow x \cdot (x + p) = 0 \Leftrightarrow \boldsymbol{x = 0 \vee x = -p}$

Zur Erinnerung: Ein Produkt wird genau dann Null, wenn einer der Faktoren Null ist!

AUFGABEN

1 Berechnen Sie die Lösungsmengen folgender Gleichungen. $G = \mathbb{R}$

a) $x^2 = 625$
b) $x^2 - 57 = 0$
c) $x^2 + 225 = 0$
d) $x^2 + 12x = 0$
e) $3x^2 - 9x = 0$
f) $7x^2 = 19x$
g) $7x^2 + 42x - 14 = 0$
h) $2x^2 + 4x = -6$
i) $x^2 + 2x - 16 = 0$
k) $x^2 + 3x + 2{,}25 = 0$
l) $4x^2 = 20x - 25$
m) $4x^2 - 2x + 1 = 0$
n) $16x - 24 = 2x^2$
o) $-0{,}5x^2 - 1{,}5x = 1{,}5$
p) $3x^2 + 8x = 3$
q) $3x^2 + 9x + 8 = 0$
r) $10x^2 - 110x + 70 = 2x^2 - x + 5$
s) $2x^2 - 139x + 524 = 0$
t) $4x^2 + 2 = 3x^2 + 7x + 5$
u) $3x^2 + 2x + 1 = 2 + 3x - 3x^2$
v) $30x^2 + 10x = 3x^2 + 30$
w) $\frac{1}{x} + 2 = \frac{1}{x + 3}$
x) $\frac{1}{x} + \frac{1}{x + 1} = \frac{1}{x - 1}$
y) $\frac{x + 2}{x - 2} + \frac{x - 3}{x + 1} = \frac{32 - 4x}{x^2 - x - 2}$

2 Ein Baugrundstück hat eine Fläche von $675\ \text{m}^2$ Flächeninhalt. Es hat die Form eines Rechtecks und ist dreimal so lang wie breit. Berechnen Sie Länge und Breite des Grundstücks.

3 Ein Grundstück hat eine Fläche von $1\,012\ \text{m}^2$ Flächeninhalt. Es hat die Form eines Rechtecks. Der Umfang beträgt 136 m. Berechnen Sie die Seitenlängen des Grundstücks.

4 Eine quadratische Platte mit $a = 80$ mm wird in der Mitte quadratisch ausgestanzt. Die Restfläche beträgt noch 24 cm². Wie breit ist der Steg?

5 Um die Tiefe eines Schachtes zu ermitteln, lässt man einen Stein hinunterfallen. Nach 6 s hört man den Aufprall.

a) Berechnen Sie zunächst die Tiefe des Schachtes für 6 s Fallzeit nach der Gleichung $h = g/2 \cdot t^2$ und $g = 9{,}81$ m/s².

b) Berechnen Sie nun die Tiefe des Schachtes für den Fall, dass der Aufprall nach 6 s oben gehört wird. Dabei müssen Sie berücksichtigen, dass der Schall mit konstanter Geschwindigkeit von 330 m/s sich nach oben ausbreitet.

6 Ein Flugzeug braucht bei einem Rückenwind von 20 km/h für eine Strecke von 520 km 5 Minuten weniger als bei Windstille. Wie groß ist die Geschwindigkeit des Flugzeugs?

7 Zwei Röhren füllen einen Behälter in 14 Minuten. Die eine Röhre braucht zum Füllen 10 Minuten länger als die andere. Wie lange benötigt jede Röhre alleine?

8 Durch zwei Zuflussrohre wird ein Schwimmbecken in 3 Stunden gefüllt. Das eine Rohr braucht alleine 20 Minuten länger als das andere.
Wie lange braucht jedes Zuflussrohr alleine zum Füllen des Schwimmbeckens?

9 Welcher Strom darf durch einen Widerstand von 25 Ω und 4 W Leistung fließen?

10 a) Wie groß sind die Widerstände zweier Drähte, die sich um 0,5 Ω unterscheiden, wenn ihr Gesamtwiderstand bei Parallelschaltung 0,6 Ω beträgt?

b) Wie groß sind die Widerstände zweier Drähte, wenn sie hintereinandergeschaltet 8 Ω und parallelgeschaltet 2 Ω Gesamtwiderstand haben?

11 Um einen Graben auszuschachten braucht der eine Bagger 3 Stunden mehr als der andere. Zusammen benötigen sie 9 Stunden. Wie lange braucht jeder Bagger alleine?

12 Zu Beginn des Jahres werden 8 000,00 EUR auf ein Sparkonto eingezahlt. Im zweiten Jahr senkt die Bank den Zinssatz um 0,5 % und zahlt am Ende des zweiten Jahres das gesamte Guthaben in Höhe von 8 694,40 EUR aus.
Berechnen Sie, wie hoch die Verzinsung im ersten und im zweiten Jahr war.

13 Der Preis eines Pkw betrug im Vorjahr 24 950,00 EUR. Im Rahmen einer Sonderaktion wurde der Preis um p % gesenkt. Danach wurde der Preis um $(p/2)$ % wieder erhöht. Der Verkaufspreis beträgt heute 23 872,16 EUR. Berechnen Sie p.

14 Ein Fernsehgerät kostete im Jahr 2000 600 EUR. Der Preis wurde 2001 und 2002 um den gleichen Prozentsatz gesenkt und beträgt nun 547,22 EUR. Um welchen Prozentsatz wurde der Preis jeweils gesenkt?

15 Ein Auto kostete 18 900,00 EUR. Der Preis wurde in den darauf folgenden beiden Jahren jeweils um den gleichen Prozentsatz erhöht und beträgt nun 22 869,00 EUR. Um welchen Prozentsatz wurde der Preis jeweils erhöht?

16 Ein Kaufmann zahlt zu Beginn des Jahres auf sein Sparkonto 8 000,00 EUR ein. Am Ende des Jahres erhält er eine Zinsgutschrift; gleichzeitig nimmt er eine weitere Einlage in Höhe von 10 000,00 EUR vor. Der Zinssatz im zweiten Jahr ist unverändert. Am Ende des zweiten Jahres löst er das Konto auf und bekommt 19 588,80 EUR ausbezahlt. Mit welchem Zinssatz wurden seine Einlagen verzinst?

2.6.2 Lösung der quadratischen Ungleichung

Man geht aus von der Normalform $x^2 + px + q > 0$ bzw. $x^2 + px + q > 0$. Die Ungleichungen müssen also immer zuerst auf diese Form umgeformt werden. Genau wie bei den quadratischen Gleichungen gelangt man durch Äquivalenzumformungen zu:

$$\left|x + \frac{p}{2}\right| > \sqrt{\left(\frac{p}{2}\right)^2 - q} \quad \text{bzw.} \quad \left|x + \frac{p}{2}\right| < \sqrt{\left(\frac{p}{2}\right)^2 - q}$$

Daraus folgt nach Umformung nach der Lösungsvariablen x:

$$\mathbf{x > -\frac{p}{2} + \sqrt{\left(\frac{p}{2}\right)^2} - q \vee x < -\frac{p}{2} - \sqrt{\left(\frac{p}{2}\right)^2 - q}} \qquad \text{für } \mathbf{x^2 + px + q > 0}$$

$$\text{bzw.} \quad \mathbf{x < -\frac{p}{2} + \sqrt{\left(\frac{p}{2}\right)^2} - q \wedge x > -\frac{p}{2} - \sqrt{\left(\frac{p}{2}\right)^2 - q}} \qquad \text{für } \mathbf{x^2 + px + q < 0}$$

Beispiele für die Lösung von quadratischen Ungleichungen

1. $x^2 + 2x - 3 > 0$ mit $G = \mathbb{R}$

$\Leftrightarrow x > -1 + \sqrt{1^2 + 3} \quad \vee \quad x < -1 - \sqrt{1^2 + 3}$

$\Leftrightarrow x > -1 + 2 \quad \vee \quad x < -1 - 2$

$\Leftrightarrow x > 1 \quad \vee \quad x < -3$

Lösungsmenge: $L = \{\mathbf{x} \in \mathbb{R} | > 1 \vee \mathbf{x} < \mathbf{-3}\}$

2. $x^2 - x - 6 < 0$ mit $G = \mathbb{R}$

$\Leftrightarrow x < 0{,}5 + \sqrt{0{,}5^2 + 6} \quad \wedge \quad x > 0{,}5 - \sqrt{0{,}5^2 + 6}$

$\Leftrightarrow x < 0{,}5 + 2{,}5 \quad \wedge \quad x > 0{,}5 - 2{,}5$

$\Leftrightarrow x < 3 \quad \wedge \quad x > -2$

Lösungsmenge: $L = \{\mathbf{x} \in \mathbb{R} | \mathbf{x} < \mathbf{3} \wedge \mathbf{x} > \mathbf{-2}\} = \{\mathbf{x} \in \mathbb{R} - \mathbf{2} < \mathbf{x} < \mathbf{3}\}$

AUFGABEN

Berechnen Sie die Lösungsmenge folgender quadratischer Ungleichungen. $G = \mathbb{R}$

a) $x^2 > 25$

b) $x^2 + 16 > 0$

c) $x^2 + 3x < 0$

d) $x^2 - x > 2$

e) $2x^2 - 4x < 6$

f) $3x^2 - 15x + 18 > 0$

g) $4x^2 + 20x > -25$

h) $3x^2 + 7x + 3 > 4$

i) $x^2 - 4x + 5 < 0$

2.7 Wurzelgleichungen

Gleichungen, bei denen die **Variable unter dem Wurzelzeichen** auftritt, heißen Wurzelgleichungen.

Beispiele für Wurzelgleichungen

$\sqrt{x - 1} = 3 \qquad 1 + \sqrt{2x + 1} = x \qquad \sqrt{2x - 4} = \sqrt{4x - 1} - 2$

Es ist zunächst darauf zu achten, dass nur definierte Terme entstehen. Das heißt in diesem Fall: Es muss der Term unter dem Wurzelzeichen, der Radikand, größer oder gleich Null sein. Alle Einsetzungen für x, bei denen der Radikand negativ wird, werden aus der Grundmenge ausgeschlossen.

Zur Lösungsmenge gelangt man, indem man beide Seiten der Gleichung quadriert. Das Quadrieren ist aber nicht immer eine Äquivalenzumformung. Es können dadurch Elemente zur Lösungsmenge hinzukommen, die die ursprüngliche Gleichung nicht erfüllen. **Eine Probe ist daher unbedingt notwendig:** Die gefundenen Lösungselemente werden in die Wurzelgleichung eingesetzt und es wird überprüft, ob sie die Wurzelgleichung erfüllen. Die Elemente, die die Wurzelgleichung nicht erfüllen, sind durch das Quadrieren hinzugekommen und werden nun ausgeschlossen.

Beispiele zur Lösung von Wurzelgleichungen

1. Gleichung: $1 + \sqrt{2x + 1} = x \Leftrightarrow \sqrt{2x + 1} = x - 1$ mit $G = \mathbb{R}$

Definitionsmenge: $D = \{x \in \mathbb{R} | 2x + 1 \geq 0\} \Leftrightarrow D = \{x \in \mathbb{R} | x \geq -0{,}5\}$

Quadrieren: $(\sqrt{2x + 1})^2 = (x - 1)^2 \Leftrightarrow 2x + 1 = x^2 - 2x + 1$

$\Leftrightarrow x^2 - 4x = 0 \qquad \Leftrightarrow x \cdot (x - 4) = 0$

Lösungen: $x = 0 \in D \vee x = 4 \in D$

Probe: $x = 0$: $1 + \sqrt{2 \cdot 0 + 1} = 0$

$1 + 1 = 0$ falsche Aussage

$x = 4$: $1 + \sqrt{2 \cdot 4 + 1} = 4$

$1 + 3 = 4$ wahre Aussage

Lösungsmenge: $L = \{4\}$

2. Gleichung: $\sqrt{2x - 4} = \sqrt{4x - 1} - 2$ mit $G = \mathbb{R}$

Definitionsmenge: $D = \{x \in \mathbb{R} | 2x - 4 \geq 0 \wedge 4x - 1 \geq 0\}$

$\Leftrightarrow D = \{x \in \mathbb{R} | x \geq 2 \wedge x \geq 0{,}25\} \Leftrightarrow D = \{x \in \mathbb{R} | x \geq 2\}$

Quadrieren: $(\sqrt{2x - 4})^2 = (\sqrt{4x - 1} - 2)^2$

$2x - 4 = 4x - 1 - 4 \cdot \sqrt{4x - 1} + 4 \Leftrightarrow 4 \cdot \sqrt{4x - 1} = 2x + 7$

Quadrieren: $(4 \cdot \sqrt{4x - 1})^2 = (2x + 7)^2$

$16 \cdot (4x - 1) = 4x^2 + 28x + 49 \Leftrightarrow 64x^2 - 16 = 4x^2 + 28x + 49$

$\Leftrightarrow -4x^2 + 36x - 65 = 0 \qquad \Leftrightarrow x^2 - 9x + 16{,}25 = 0$

$\Leftrightarrow x = 4{,}5 + \sqrt{4{,}5^2 - 16{,}25} \vee x = 4{,}5 - \sqrt{4{,}5^2 - 16{,}25}$

$\Leftrightarrow x = 4{,}5 + 2 \vee x = 4{,}5 - 2 \Leftrightarrow \boldsymbol{x = 6{,}5 \in D \vee x = 2{,}5 \in D}$

Probe: $x = 6{,}5$: $\sqrt{2 \cdot 6{,}5 - 4} = \sqrt{4 \cdot 6{,}5 - 1} - 2$

$3 = 5 - 2$ wahre Aussage

$x = 2{,}5$: $\sqrt{2 \cdot 2{,}5 - 4} = \sqrt{4 \cdot 2{,}5 - 1} - 2$

$1 = 3 - 2$ wahre Aussage

Lösungsmenge: $L = \{6{,}5; 2{,}5\}$

AUFGABEN

1 Ermitteln Sie die Definitionsmenge und die Lösungsmenge der Wurzelgleichungen. $G = \mathbb{R}$

a) $\sqrt{x} = 25$

b) $\sqrt{4x} = 30$

c) $3 \cdot \sqrt{x} - 6 = 0$

d) $\sqrt{x - 1} = 3$

e) $\sqrt{x - 15} = 4$

f) $2 \cdot \sqrt{x - 8} = 2$

g) $\sqrt{x + 5} = 2{,}5$

h) $\sqrt{x + 5} = 2 \cdot \sqrt{x - 1}$

i) $3 \cdot \sqrt{x} - 2 = \sqrt{x + 40}$

k) $\sqrt{x} + \sqrt{x + 5} = 5$

l) $6 - \sqrt{x + 9} = \sqrt{2x - 10}$

m) $\sqrt{x - 2} + \sqrt{2x + 3} = \sqrt{3x + 7}$

n) $\sqrt{2x - 8} = x - \sqrt{4x - 8}$

o) $10 - \sqrt{2x + 4} = \sqrt{8x + 5} + 2$

p) $\dfrac{4}{\sqrt{x + 1}} = \dfrac{1}{2 \cdot \sqrt{x + 7}}$

2 Zeigen Sie am Beispiel $x + 2 = 5$, dass das Quadrieren einer Gleichung nicht immer eine Äquivalenzumformung ist.

3 Welche Länge muss ein Pendel haben, das eine Schwingungsdauer von 2 s haben soll?

4 Ein Schwingkreis mit einem Kondensator von 22 nF hat die Resonanzfrequenz 34 kHz. Wie groß ist seine Induktivität?

2.8 Exponentialgleichungen

Gleichungen, bei denen die **Variable im Exponenten** steht, heißen Exponentialgleichungen.

Beispiele

$2^x = 18$; $\quad 6^{x+1} = 3^{2x+1}$; $\quad 1000 \cdot \dfrac{1{,}08^x - 1}{1{,}08 - 1} = 21\,495{,}30 \qquad G = \mathbb{R}$

Exponentialgleichungen werden gelöst, indem auf beiden Seiten der Gleichung logarithmiert wird. Dabei handelt es sich um eine Äquivalenzumformung. Es ist zweckmäßig, die Gleichung durch geeignete Termumformungen so weit wie möglich zu vereinfachen.

Beachte:

Es können nur positive reelle Zahlen logarithmiert werden!

Beispiele für die Lösung von Exponentialgleichungen

1. Gleichung: $6^{x+1} = 3^{2x+1} \quad G = \mathbb{R}$

Logarithmieren:	$\Leftrightarrow \lg 6^{x+1} = \lg 3^{2x+1}$	
Anwenden der Logarithmengesetze:	$\Leftrightarrow (x + 1) \cdot \lg 6 = (2x + 1) \cdot \lg 3$	
Ausmultiplizieren:	$\Leftrightarrow x \cdot \lg 6 + \lg 6 = 2x \cdot \lg 3 + \lg 3$	$\vert - \lg 6 - 2x \cdot \lg 3$
Termumformung:	$\Leftrightarrow x \cdot \lg 6 - 2x \cdot \lg 3 - \lg 6$	
Ausklammern:	$\Leftrightarrow x \cdot (\lg 6 - 2 \cdot \lg 3) = \lg 3 - \lg 6$	$\vert : (\lg 6 - 2 \cdot \lg 3)$
Termdivision:	$\Leftrightarrow x = \dfrac{\lg 3 - \lg 6}{\lg 6 - 2 \cdot \lg 3}$ ($\approx 1{,}7095$)	
Lösungsmenge:	$L = \{\mathbf{1{,}7095}\}$	

2. Gleichung:	$1000 \cdot \dfrac{1{,}08^x - 1}{1{,}08 - 1} = 21\,495{,}30$ $\quad G = \mathbb{R}$	
Termvereinfachung:	$\Leftrightarrow 1000 \cdot \dfrac{1{,}08^x - 1}{0{,}08} = 21\,495{,}3$	$\left\vert \cdot \dfrac{0{,}08}{1000}\right.$
Termmultiplikation:	$\Leftrightarrow 1{,}08^x - 1 = 1{,}719624$	$\vert + 1$
Termaddition:	$\Leftrightarrow 1{,}08^x = 2{,}719624$	
Logarithmieren:	$\Leftrightarrow \lg 1{,}08^x = \lg 2{,}719624$	
Anwenden der Logarithmengesetze:	$\Leftrightarrow x \cdot \lg 1{,}08 = \lg 2{,}719624$	$\vert : \lg 1{,}08$
Termdivision:	$\Leftrightarrow x = \dfrac{\lg 2{,}719624}{\lg 1{,}08}$ (≈ 13)	
Lösungsmenge:	$L = \{\mathbf{13}\}$	

AUFGABEN

1 Berechnen Sie die Lösungsmenge folgender Gleichungen. $G = \mathbb{R}$

a) $4{,}7x = 425{,}6$

b) $2{,}3^{x+4} = 22{,}8$

c) $10 \cdot 1{,}2^x = 560$

d) $5^{x+1} = 8 \cdot 3^{x+1}$

e) $2 \cdot 3^x = 3 \cdot 2^x$

f) $7 \cdot 2^{x+6} = 4 \cdot 3^{x+7}$

g) $12000 \cdot 0{,}84^x = 619{,}34$

h) $4000 \cdot 0{,}9^x = 1913{,}19$

i) $3000 \cdot 1{,}045^x = 5316{,}59$

k) $624 \cdot \dfrac{1{,}045^x - 1}{0{,}045} = 15\,438{,}83$

l) $5000 \cdot 0{,}75^x \cdot 0{,}95^{2x} = 480{,}86$

m) $5800 \cdot 1{,}085^x \cdot 1{,}05^x = 14\,446{,}45$

n) $12000 \cdot \dfrac{1{,}06^x - 1}{0{,}06} = 441\,427{,}1$

o) $\dfrac{800}{1{,}05^x} \cdot \dfrac{1{,}05^x - 1}{0{,}05} = 5\,170{,}57$

p) $\dfrac{1200}{1{,}04^x} \cdot \dfrac{1{,}04^x - 1}{0{,}04} = 11\,982{,}78$

2 Ein radioaktives Element zerfällt nach dem Gesetz $m(t) = m_0 e^{-\lambda t}$. λ ist die Zerfallskonstante und hängt mit der Halbwertszeit T zusammen über die Gleichung $\lambda = \ln 2/T$.

a) Wie groß ist die Halbwertszeit, wenn $\lambda = 0{,}3\ \text{min}^{-1}$ beträgt?

b) Nach welcher Zeit sind noch 0,1 % der ursprünglichen Masse m_0 vorhanden?

3 Radium hat eine Halbwertszeit von 1 560 Jahren.

a) Berechnen Sie die Größe der Zerfallskonstanten λ.

b) Wie lange dauert es, bis von 2 g noch 0,2 g übrig sind?

4 Die Spannung an einem Kondensator nimmt nach dem Gesetz $u(t) = U_0(1 - e^{-t/\tau})$ zu. Nach 2 s ist die Spannung auf den halben Endwert angestiegen. Wie groß ist die Zeitkonstante τ?

2.9 Gleichungssysteme mit 2 Variablen

Sind **zwei Gleichungen mit zwei Variablen** gegeben, so spricht man von einem Gleichungssystem mit zwei Variablen. Die Variablen sollen hier nur in der ersten Potenz vorkommen. Man spricht dann von einem **System linearer Gleichungen**.

Beispiele für Gleichungssysteme mit zwei Variablen

$x + 3y = 5$	$x + 4y = 23$	$y = 3x - 12$
$\wedge\ 2x + y = 4$	$\wedge\ 5x - 6y = 11$	$\wedge\ y = -4x + 9$

Von den möglichen Lösungsverfahren sollen hier nur zwei vorgestellt werden, das **Additionsverfahren** und das **Einsetzungsverfahren**.

2.9.1 Das Additionsverfahren

Beim Additionsverfahren geht man davon aus, dass die Summe der linken Seiten der beiden Gleichungen gleich der Summe der rechten Seiten ist. Es muss nun bei der Additon der beiden Gleichungen darauf geachtet werden, dass eine der bei den Variablen wegfällt. Dazu müssen gegebenenfalls die bei den Gleichungen geeignet umgeformt werden.

Beispiele zur Lösung eines Gleichungssystems mit dem Additionsverfahren

1. Gleichungssystem:

$$\begin{array}{rl} x + 3y = 5 & |\cdot(-2) \\ \wedge\ 2x + y = 4 & | \end{array}$$

umgeformtes Gleichungssystem:

$$\begin{array}{rl} -2x - 6y = -10 & |+ \\ \wedge\ 2x + y = 4 & \end{array}$$

Die Addition ergibt: $-5y = -6$

Umformung nach y: $y = 1{,}2$

Einsetzen dieser Zahl für y in eine der beiden Gleichungen:

Einsetzen in 1. Gleichung: $x + 3 \cdot 1{,}2 = 5 \Leftrightarrow x + 3{,}6 = 5 \Leftrightarrow x = 1{,}4$

Lösungsmenge: $L(\boldsymbol{x}|\boldsymbol{y}) = \{(\mathbf{1{,}4}|\mathbf{1{,}2})\}$

2. Gleichungssystem:

$$\begin{array}{rl} x + 4y = 23 & |\cdot 3 \\ \wedge\ 5x - 6y = 11 & |\cdot 2 \end{array}$$

umgeformtes Gleichungssystem:

$$\begin{array}{rl} 3x + 12y = 69 & | \\ \wedge\ 10x - 12y = 22 & |+ \end{array}$$

Addition der Gleichungen: $13x = 91$

Umformung nach x: $x = 7$

Einsetzen dieser Zahl für x in eine der beiden Gleichungen:

Einsetzen in 1. Gleichung: $7 + 4y = 23 \Leftrightarrow 4y = 16 \Leftrightarrow y = 4$

Lösungsmenge: $L(\boldsymbol{x}|\boldsymbol{y}) = \{(\mathbf{7}|\mathbf{4})\}$

2.9.2 Das Einsetzungsverfahren

Beim Einsetzungsverfahren wird eine der beiden Gleichungen nach einer Variablen umgeformt und der entstandene Term wird dann in die andere Gleichung eingesetzt. Dadurch erhält man eine Gleichung, in der nur noch eine Variable vorkommt.

Beispiele für die Lösung eines Gleichungssystems mit dem Einsetzungsverfahren

1. Gleichungssystem: $x + 3y = 5$
$\wedge\ 2x + y = 4$

Umformen der zweiten Gleichung nach y: $y = 4 - 2x$

Einsetzen in die erste Gleichung: $x + 3 \cdot (4 - 2x) = 5 \Leftrightarrow x + 12 - 6x = 5$

Einsetzen in $y = 4 - 2x$ ergibt: $\Leftrightarrow -5x = -7 \Leftrightarrow x = 1{,}4$

$y = 4 - 2 \cdot 1{,}4 \Leftrightarrow y = 1{,}2$

Lösungsmenge: $L(\boldsymbol{x}|\boldsymbol{y}) = \{(\mathbf{1{,}4}|\mathbf{1{,}2})\}$

2. Gleichungssystem: $x + 4y = 23$
$\wedge\ 5x - 6y = 11$

Umformen der ersten Gleichung nach x: $x = 23 - 4y$

Einsetzen in die zweite Gleichung: $5 \cdot (23 - 4y) - 6y = 11 \Leftrightarrow 115 - 20y - 6y = 11$

Einsetzen in $x = 23 - 4y$ ergibt: $\Leftrightarrow -26y = -104 \Leftrightarrow y = 4$

$x = 23 - 4 \cdot 4 \Leftrightarrow x = 7$

Lösungsmenge: $L(\boldsymbol{x}|\boldsymbol{y}) = \{(\mathbf{7}|\mathbf{4})\}$

Beide Lösungsverfahren führen zur Lösungsmenge. Man wählt also das Verfahren aus, das bei geringstem Rechenaufwand zum Ziel führt.
Das Lösungselement ist ein Wertepaar, bei dem der erste Wert für x und der zweite Wert für y steht. Das Wertepaar ist also Element der Lösungsmenge.
Es kann vorkommen, dass es keine Lösung gibt, zum Beispiel bei dem Gleichungssystem
$x + y = 2 \wedge 3x + 3y = 4$ (Prüfen Sie das nach!)
Und es kann vorkommen, dass es unendlich viele Lösungselemente (Wertepaare) gibt, zum

Beispiel

$x + y = 2 \wedge 3x + 3y = 6$

Wertepaare, die zur Lösungsmenge gehören:
$(-1|3)$; $(0|2)$; $(1|1)$; $(2|0)$; $(3|-1)$; $(4|-2)$ usw.

Lösungsmenge: $L(\boldsymbol{x}|\boldsymbol{y}) = \{(\boldsymbol{x}|2 - \boldsymbol{x})\}$ mit $\boldsymbol{x} \in \mathbb{R}$

AUFGABEN

1 Ermitteln Sie die Lösungsmengen folgender Gleichungssysteme:

a) $x + 4y = 13 \wedge 4x - y = 1$

b) $2x + 2y = 3 \wedge 4x + 4y = 9$

c) $2{,}1x + 10y = 19{,}2 \wedge 0{,}6x + 4y = 19{,}2$

c) $3x + y + 3 = 0 \wedge 5x + y - 3 = 0$

g) $x + y = 3 \wedge x + 5y = 7$

h) $2x + 3y = 0 \wedge 4x + y = 1$

l) $2x + 5y = 22 \wedge 5x - 2y = 5{,}7$

m) $5x - y = 1{,}25 \wedge 3x + 5y = 4{,}25$

n) $\frac{x}{6} - \frac{y}{3} = -2 \wedge \frac{x}{3} - \frac{y}{6} = 5$

d) $x + y = -8$
$\wedge\ x + 2y = 5$

e) $5x + 8y + 7 = 0$
$\wedge\ 7x - 2y - 10 = 0$

i) $3x - 2y + 1 = 0$
$\wedge\ 4x - 5y + 2 = 0$

k) $4x - y + 1 = 0$
$\wedge\ 3x - y - 1 = 0$

o) $2{,}5x + 3y - 18{,}6 = 0$
$\wedge\ 5x - 2y - 3{,}6 = 0$

p) $3{,}8x - 5{,}7y - 17{,}1 = 0$
$\wedge\ 11{,}4x + 7{,}5y + 71{,}7 = 0$

2 Die Summe zweier Zahlen ist 25. Subtrahiert man vom Dreifachen der ersten Zahl das Doppelte der zweiten Zahl, so erhält man ebenfalls 25. Bestimmen Sie die Zahlen.

3 Addiert man zum vierten Teil einer Zahl den achten Teil einer zweiten Zahl, erhält man 28. Subtrahiert man vom Doppelten der ersten Zahl den vierten Teil der zweiten Zahl, erhält man 84. Bestimmen Sie die Zahlen.

4 Bei einer Kommunalwahl wurden insgesamt 178 560 Stimmen abgegeben. Davon entfielen auf den Kandidaten *A* 24 768 Stimmen mehr als auf den Kandidaten *B*. 5232 Stimmen waren ungültig. Wie viel Stimmen wurden für die Kandidaten *A* und *B* abgegeben?

5 Alle 359 Sitzplätze eines Kinos waren besetzt. Es wurden Karten zu 5,00 EUR und zu 6,00 EUR verkauft. Die Gesamteinnahme betrug 1 915,00 EUR.
Wie viele Karten der beiden Preiskategorien wurden verkauft?

6 Ein Schiff braucht für die Strecke von 60 km Bergfahrt 6 Stunden und bei Talfahrt 4 Stunden. Wie groß sind die Geschwindigkeiten von Schiff und Fluss?

7 Wenn man in einem Rechteck die kürzere Seite um 3 cm verlängert und die längere Seite um 2 cm verkürzt, so erhält man ein Quadrat, dessen Flächeninhalt um 24 cm^2 größer ist als die Fläche des Rechtecks. Wie lang sind die Seiten des Rechtecks?

8 Wenn man bei einem Rechteck mit qem Flächeninhalt 500 cm^2 die eine Seite um 2 cm verkürzt und die andere Seite um 2 cm verlängert, so vergrößert sich der Flächeninhalt um 6 cm^2. Wie lang sind die Seiten des Rechtecks?

9 An den Enden eines zweiarmigen Hebels von 120 cm Länge hängen zwei Massen mit $m_1 = 90$ g und $m_2 = 170$ g. Wo liegt der Drehpunkt, wenn Gleichgewicht herrscht?

10 Wie muss man 70%igen und 20%igen Alkohol mischen, um 120 l 30%igen Alkohol zu erhalten?

11 Wie viel Kupfer von der Dichte 8,93 kg/dm^3 und wie viel Zinn von der Dichte 7,29 kg/dm^3 ergeben 24 kg Bronze von der Dichte 8,5 kg/dm^3?

12 Wie viel Kupfer von der Dichte 8,93 kg/dm^3 und wie viel Zink von der Dichte 7,13 kg/dm^3 ergeben 18 kg Messing von der Dichte 8,6 kg/dm^3?

13 In einem Getriebe greifen zwei Zahnräder ineinander. Wenn das kleinere 9 Umdrehungen macht, macht das größere 5 Umdrehungen. Das größere Zahnrad hat 16 Zähne mehr als das kleinere. Wie viel Zähne hat jedes der Räder?

14 Aus Wasser von 15 °C und 92 °C sollen durch Mischen 150 l Wasser von 47 °C hergestellt werden. Wie viel l Wasser von 92 °C werden benötigt?

15 Wir bestellen bei einem Großhändler 800 Videokassetten der Marke A zum Preis von 3,75 EUR je Stück. Der Großhändler kann nicht die gesamte Menge liefern; ersatzweise liefert er Kassetten der Marke B zum Preis von 5,00 EUR je Stück. Welche Mengen der einzelnen Sorten werden geliefert, wenn die Auftragssumme nicht verändert werden soll und 80 % der gelieferten Kassetten von der Marke A sein sollen?

16 Ein Kaufmann hat für den Einkauf eines Artikels einen bestimmten Etat zur Verfügung. Kauft er 45 Stück, behält er einen Betrag von 25,00 EUR übrig; kauft er 50 Stück, fehlen ihm 1950,00 EUR. Berechnen Sie die Höhe des Betrags und den Preis des Artikels.

17 Der Autoverleih A bietet einen Pkw an für 0,45 EUR je gefahrenen km bei einem Grundpreis von 96,00 EUR pro Tag. Der Verleih B bietet einen gleichen Pkw an für 0,95 EUR je gefahrenen km ohne Grundpreis. Bei welcher Fahrleistung pro Tag sind die Kosten bei bei den Firmen gleich und wie hoch sind dann die Kosten?

18 Ein Elektrizitätswerk bietet zwei Tarife an:
Tarif A: Grundgebühr 12,00 EUR pro Monat und 0,10 EUR/kWh,
Tarif B: Grundgebühr 30,00 EUR pro Monat und 0,07 EUR/kWh.
Berechnen Sie, bei welchem monatlichen Verbrauch die Kosten bei beiden Tarifen gleich sind und wie hoch dann die Kosten sind.

19 Laut Preisliste kosten 50 Radios und 30 CD-Spieler zusammen 18 340,00 EUR. Auf die Radios werden 10 % und auf die CD-Spieler werden 5 % Rabatt gegeben. Der Rabatt beträgt insgesamt 1 537,00 EUR. Wie hoch sind die Listenpreise der bei den Geräte?

20 Ein Kaufmann zahlt für 80 Taschenrechner A und 60 Taschenrechner B zusammen 3 910,00 EUR. Er kalkuliert den Taschenrechner A mit 35 % und den Taschenrechner B mit 32 % Zuschlag. Der Verkaufspreis betrug zusammen 5 220,00 EUR.
Berechnen Sie die Einkaufspreise für je einen Taschenrechner A und B.

21 Mischt ein Einzelhändler 25 kg Kaffee Sorte 1 mit 35 kg der Sorte 2, so kostet ein Kilogramm der Mischung 11,60 EUR. Mischt er 20 kg der Sorte 1 mit 40 kg der Sorte 2, so kostet ein Kilogramm der Mischung 11,80 EUR.
Wie viel kostet ein Kilogramm jeder Sorte?

3 Funktionen

3.1 Erläuterung des Funktionsbegriffs

Der umfassende Begriff der Funktion kann aus der Mengentheorie abgeleitet werden. Die Funktion stellt eine *Vorschrift* dar, wie bestimmte Objekte bestimmten anderen Objekten *zuzuordnen* sind. **Zuordnungsvorschriften** können in sprachlicher Formulierung, eventuell auch in mathematischer Form gegeben werden. Eine Funktion liegt allerdings nur dann vor, wenn die Zuordnung **eindeutig** ist.

Beispiele für Funktionen

1. Alle Frauen eines Marathonlaufes bekommen beim Erreichen des Ziels eine Rose überreicht.
(Die Funktionsvorschrift ist eindeutig formuliert: Nur die Frauen erhalten eine Rose, die den Marathonlauf durchgestanden haben. Eine mathematische Gleichung kann aber nicht aufgestellt werden, wie z. B. Frauen = Rosen.)

2. Heizöl wird für 0,52 EUR/l (a) angeboten. Bestimmen Sie den Gesamtpreis (y) für eine beliebige Ölmenge (x).
Gesamtpreis: $y = a \cdot x$ in diesem Falle: $y = 0{,}52 \cdot x$
(Diese Funktionsvorschrift lässt sich mithilfe einer Funktionsgleichung darstellen.)

Da wir praktische Anwendungen, wie sie in Natur-, Wirtschafts- und Sozialwissenschaften vorkommen, betrachten wollen, soll im weiteren Verlauf der Begriff der Funktion als eine *veränderliche Größe, die von einer anderen veränderlichen Größe abhängt*, erklärt sein.

Definition der Funktion

Eine Funktion ist dann gegeben, wenn jeder reellen Zahl x einer Menge D durch eine Vorschrift f genau eine reelle Zahl y zugeordnet wird.

Die **Funktionsvorschrift** lautet: $x \mapsto f(x)$
Die **Funktionsgleichung** lautet: $y = f(x)$ y ist der Funktionswert an der Stelle x

Die Menge D aller reellen Zahlen x, für die die Funktion erklärt ist, heißt **Definitionsbereich**, und die Menge W aller reellen Zahlen, die y als Wert annehmen kann, heißt **Wertebereich** der Funktion.
x ist die **unabhängige**, y die **abhängige Variable** der Funktion.

Anmerkung

Die reellen Zahlen stellen zwar die „Definitionsmenge" von x dar, die Funktion f kann aber auch nur für eine Teilmenge von $\mathbb{R}$ definiert sein, dem „Definitionsbereich D".

Aus dem obigen Beispiel 2 erkennen Sie, dass für x eine beliebige Zahl eingesetzt werden kann. x ist deshalb die unabhängige Variable.
(Ausnahme: Negative Zahlen ergeben für das Beispiel keinen Sinn, denn der Öltank soll aufgefüllt werden. $\Rightarrow$ Der Definitionsbereich ist eingeschränkt. $x \in \mathbb{R}^+$)
Der Gesamtpreis dagegen ist von der Zahl x abhängig.
y ist deshalb die abhängige Variable.

Darstellungsarten einer Funktion

Üblich und geeignet sind drei verschiedene Darstellungsarten für eine Funktion:

1. die Darstellung durch eine **Wertetabelle**
2. die Darstellung durch einen **Graph**
3. die Darstellung durch eine **Funktionsgleichung**

Anmerkung
Nicht für jede Funktion (Zuordnungsvorschrift) kann eine Funktionsgleichung angegeben werden.

Beispiel für die drei Darstellungsarten einer Funktion

Heizöl kostet 0,52 EUR/l. Da es eingekauft wird, gilt für den Definitionsbereich:

$D = \{x \mid x \geq 0\}_{\mathbb{R}}$

1. Darstellung als **Wertetabelle**:
In dieser Darstellungsart kann nur eine begrenzte Anzahl von Wertepaaren $(x; y)$ in einer Tabelle übersichtlich dargestellt werden.

	P_1	P_2	P_3	P_4
$x \in D$	100	500	1 000	3 000
$y \in W$	52	260	520	1 560

2. Darstellung als **Graph**:

$f: x \mapsto 0{,}52 \cdot x$ (Funktionsvorschrift)

G_f (Graph der Funktion f)

Die Darstellung ist meistens auf einen Ausschnitt des Definitionsbereiches (Intervall) begrenzt.

Das Ablesen der Wertepaare (Punkte $P(x/y)$ im Diagramm) wird oft ungenau.

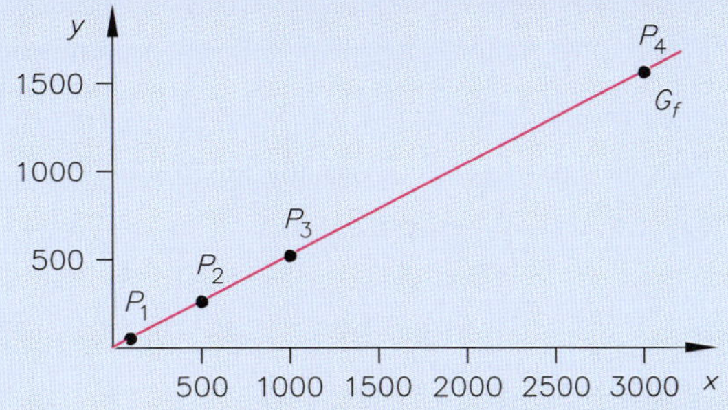

Abb. 3.1

3. Darstellung als **Funktionsgleichung:** $\boldsymbol{y = 0{,}52 \cdot x}$

Die Gleichung (Formel) wird zur Darstellung einer Funktion meistens gewählt, da alle Werte exakt ermittelt werden können.

Beispiel für nur zwei Darstellungsmöglichkeiten einer Funktion

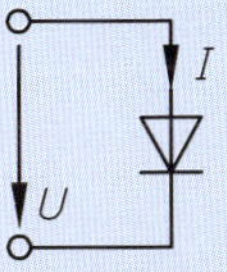

Der Strom I, der durch eine Diode fließt, ist abhängig von der angelegten Spannung U. (U darf einen bestimmten Wert U_{max} nicht überschreiten, da sonst die Diode zerstört wird.)

Zu jedem Spannungswert U in $D = \{U \mid 0 \leq U < U_{max}\}$ gibt es genau einen Strom I: $U \mapsto I(U)$. Der genaue Zusammenhang zwischen U und I wird in einer Wertetabelle oder einer graphischen Darstellung ersichtlich.

1. Darstellung als **Wertetabelle**:

U in V	U_1	U_2	U_3	…	U_n
I in A	I_1	I_2	I_3	…	I_n

2. Darstellung als **Graph**:

$f: U \mapsto I(U)$ (Funktionsvorschrift)

Die Kennlinie einer Diode, die üblicherweise durch das Eintragen der Messwerte in das Diagramm gezeichnet wird.

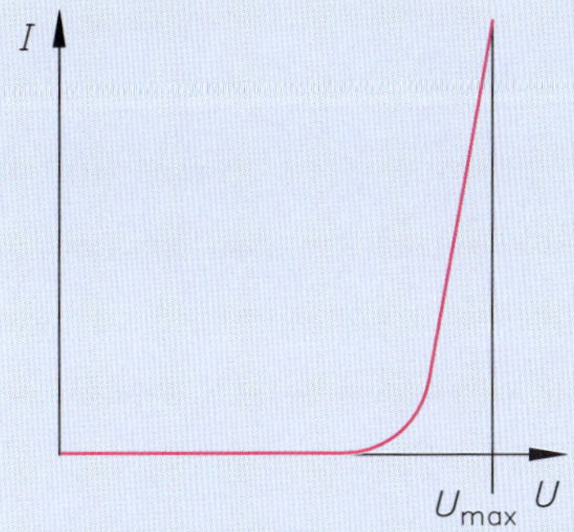

Abb. 3.2

3. Darstellung als **Funktionsgleichung**: Eine Funktionsgleichung kann für diesen Zusammenhang nicht angegeben werden.

AUFGABEN

1 Einer natürlichen Zahl werde ihre Quersumme zugeordnet. Stellt diese Zuordnung eine Funktion dar, wenn $D = \{n \mid 1 \leq n \leq 100\}$ ist?

2 Welche der folgenden Wertetabellen stellen eine Funktion dar?

a)

x	1	2	3	4	5	6
y	a	b	c	a	b	c

b)

x	1	3	5	7	9
y	2	6	10	14	18

c)

x	2	3	4	1	3	6
y	3	4	5	0	3	7

d)

x	−1	0	1	2	3
y	3	3	3	3	3

e)

x	2	2	2	2	2	2
y	2	3	4	5	6	7

f)

x	1	2	3	1	2	3
y	2	4	6	−2	−4	−6

3 Welche der dargestellten Kurven stellen eine bzw. keine Funktion dar? Begründen Sie Ihre Aussage!

a)
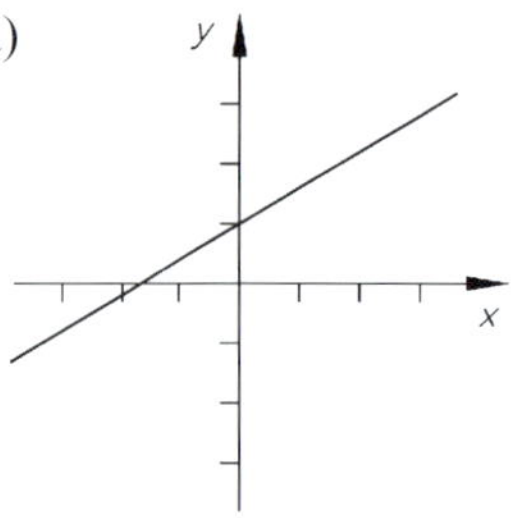

b)
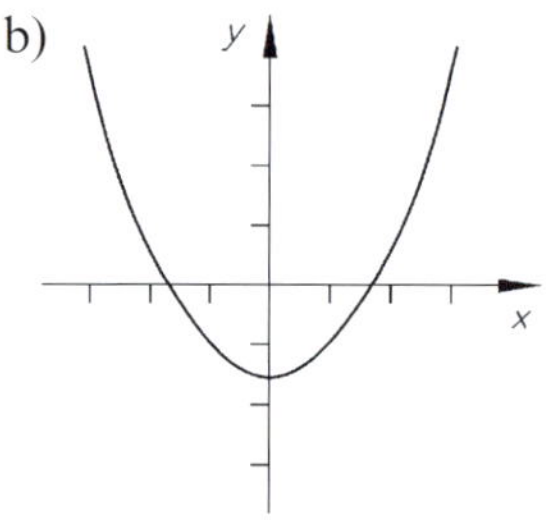

c)
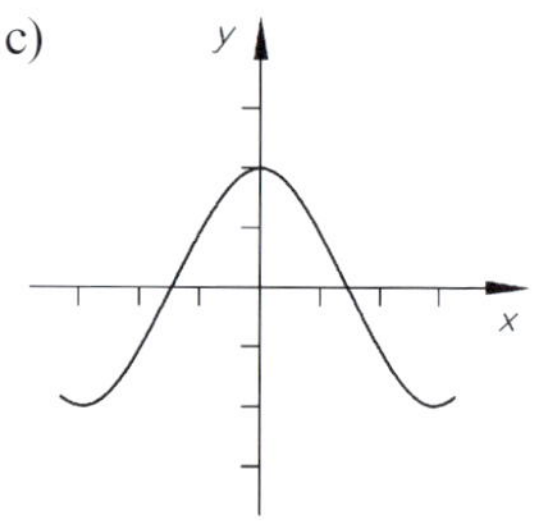

d)
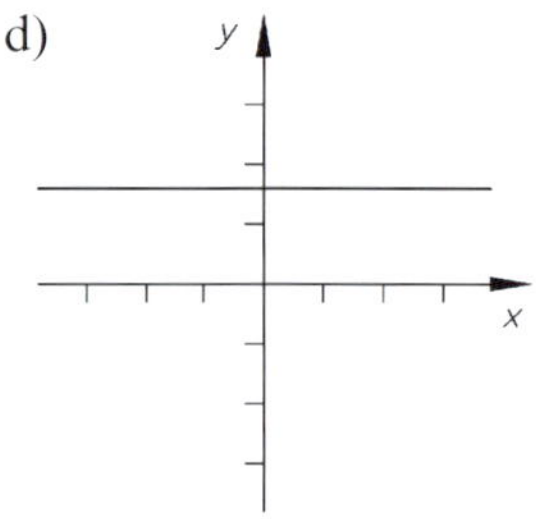

e)
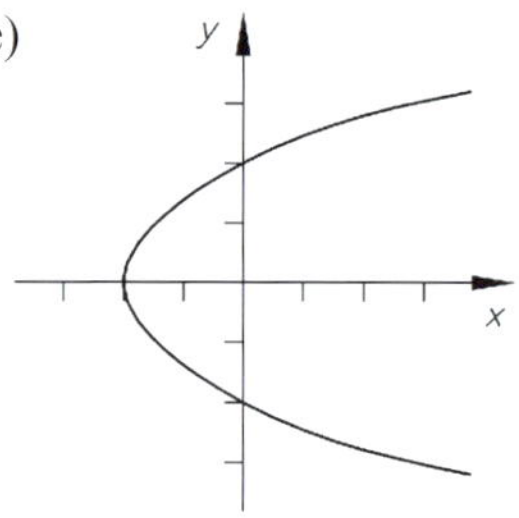

f)
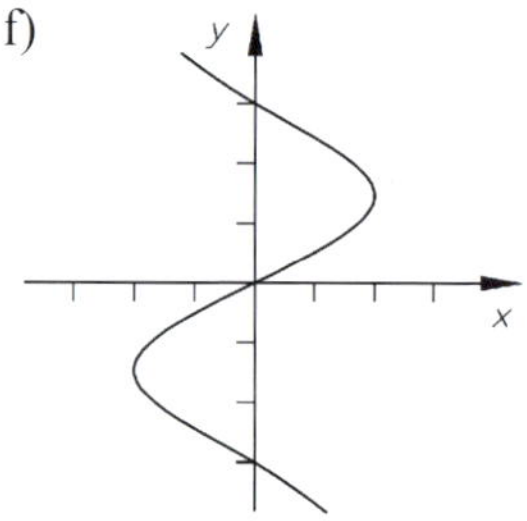

g)
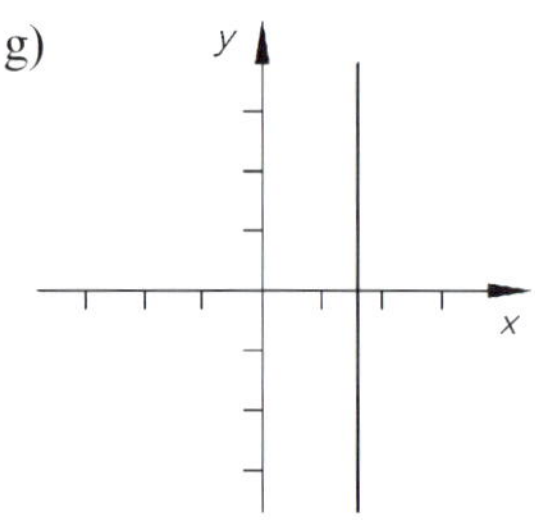

h)
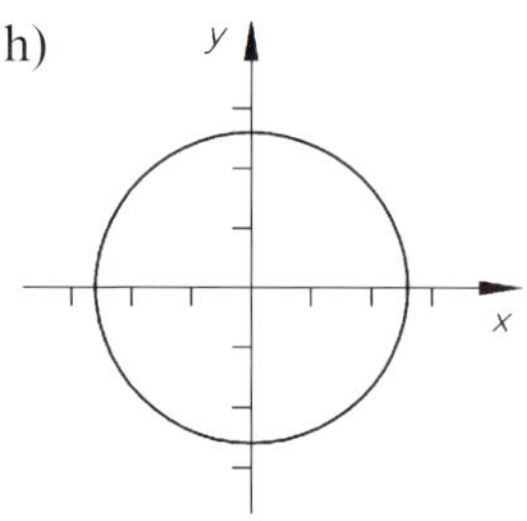

i)
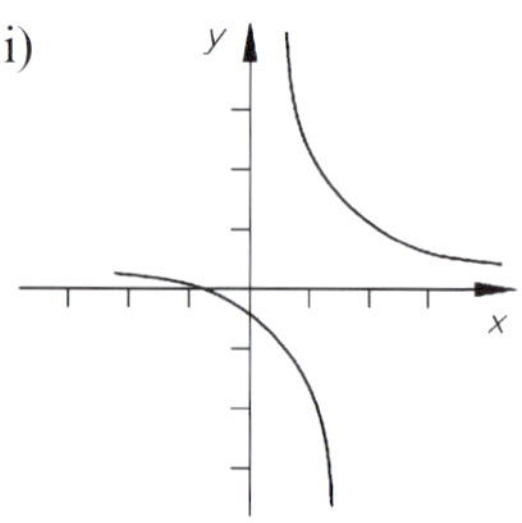

4 Bestimmen Sie den Wertebereich folgender Funktionen und zeichnen Sie ihre Graphen:

a) $y = \frac{1}{3}x - 3;\ D = \mathbb{R}$

b) $y = \frac{1}{x};\ D = \left\{x \,\middle|\, x \geq \frac{1}{5}\right\}_{\mathbb{R}}$

c) $y = \begin{cases} x^2 & \text{für } x \leq 0 \\ x & \text{für } x > 0 \end{cases}$

d) $y = \begin{cases} 1 & \text{für } x \in \mathbb{N} \\ -2 & \text{für } x \in \mathbb{R} \setminus \mathbb{N} \end{cases}$

3.2 Die Umkehrfunktion

Beispiel für eine Umkehrfunktion

Beim Einkauf von Heizöl für 0,52 EUR/l kann aus dem geleisteten Gesamtpreis (y) *zurückgerechnet* werden, wieviel Liter Öl eingekauft wurden.

Aus der Zuordnung: $y = 0{,}52 \cdot x$ (Wie viel EUR sind für x Liter Öl zu bezahlen)

wird: $x = \frac{1}{0{,}52} \cdot y$ (Wie viel Liter Öl kann für x EUR gekauft werden)

Da die Schreibweise $y = f(x)$ üblich ist, machen wir aus $x = \frac{1}{0{,}52} \cdot y$: $\mathbf{y = \frac{1}{0{,}52} \cdot x}$

Definition

Existiert bei einer Funktion $y = f(x)$ zu jedem y aus W genau ein x aus D, dann ist die Funktion eine **umkehrbare** Funktion. Es ist also auch die Größe x als Funktion der Größe y erklärt.

Die Umkehrfunktion wird gebildet, wenn der Definitionsbereich D und der Wertebereich W miteinander vertauscht werden. Aus dem geordneten Paar $(x; y)$ wird $(y; x)$ und damit werden die unabhängigen und abhängigen Variablen vertauscht.

$x \mapsto y$ Funktion

$y \mapsto x$ Umkehrfunktion, geschrieben: $x = f^{-1}(y)$. Die Variablen werden umbenannt, somit ist:

$\mathbf{y = f^{-1}(x)}$ die **Umkehrfunktion** der Funktion $y = f(x)$.

Den Graphen der Umkehrfunktion f^{-1} gewinnen wir durch Spiegelung des Graphen der Ausgangsfunktion f an der Geraden $\mathbf{y = x}$ (= Winkelhalbierende des Koordinatensystems).

Beispiel für die Darstellungsarten einer Umkehrfunktion

G_f (Graph der Funktion f)

Aus der Funktion f: $x \rightarrow 0{,}52 \cdot x$ wird die Umkehrfunktion:

$$\mathbf{f^{-1}: x \mapsto \frac{1}{0{,}52} \cdot x}$$

1. Wertetabelle:

	P_1^{-1}	P_2^{-1}	P_3^{-1}	P_4^{-1}
$x \in D$	52	260	520	1 560
$y \in W$	100	500	1 000	3 000

Aus den Wertepaaren $(x; y)$ werden $(y; x)$. Vergleichen Sie mit der Tabelle in der Abb. 3.1.

2. Graph:

$f^{-1}\colon x \mapsto \frac{1}{0{,}52} \cdot x$ (Funktionsvorschrift)

$G_{f^{-1}}$ (Graph der Umkehrfunktion)

Der Graph der Umkehrfunktion f^{-1} wird durch Spiegelung des Graphen der Funktion f an der Winkelhalbierenden ermittelt.

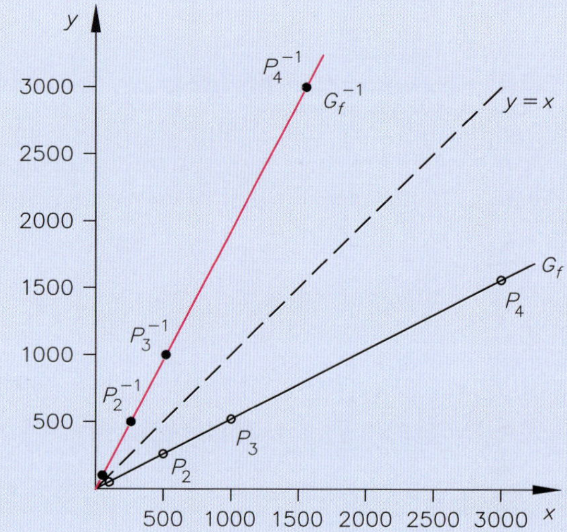

Abb. 3.3

3. Funktionsgleichung: $\boldsymbol{y = \frac{1}{0{,}52} \cdot x}$

Sie entsteht durch Umstellung der Gleichung $y = 0{,}52 \cdot x$ nach x und anschließendem Vertauschen von x und y.

AUFGABEN

1 Geben Sie die Umkehrfunktion und ihre Graphen an.

a) $f\colon f(x) = 3x - 1;\ D = \mathbb{R}$

b) $f\colon f(x) = -2x + 5;\ D = \mathbb{R}$

c) $f\colon f(x) = 4x^2 + 1;\ D = \mathbb{R}_0^+$

d) $f\colon f(x) = \frac{1}{3}x^3 + 2;\ D = \mathbb{R}$

2 Stellen Sie auf drei Arten (Wertetabelle, Umformung der Gleichung und Spiegelung des Graphen an der Winkelhalbierenden) zu den gegebenen Funktionen die Umkehrfunktionen dar.

a) $f\colon x \mapsto 4 + \frac{1}{x};\ D = \mathbb{R}^+$

b) $f\colon x \mapsto 5 - \frac{1}{x^2};\ D = \mathbb{R}^+$

c) $f\colon x \mapsto \sqrt{3x + 6};\ D = \{x \mid x \leq -2\}_{\mathbb{R}}$

d) $f\colon x \mapsto \sqrt[4]{2x + 3};\ D = \left\{x \,\middle|\, x \geq -\frac{3}{2}\right\}_{\mathbb{R}}$

3 Gegeben sei die Wertetabelle der Eichung einer Federwaage:

F	0	5	10	12,5	15	20	25
s	0	4	8	10	12	16	20

F = Gewicht in N

s = Auslenkung in cm

Zeichnen Sie den Graphen der Funktion $F = f(s)$. Bestimmen Sie die Umkehrfunktion und ihren Graphen. Welche Bedeutung kommt der Umkehrfunktion für die Eichung zu?

4

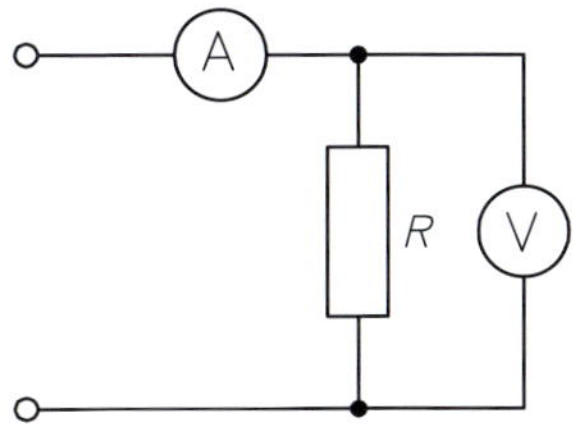

Bei Strom- und Spannungsmessungen wurden die in den Tabellen dargestellten Werte aufgenommen.

a) Zeichnen Sie die Kennlinien und geben Sie den Definitionsbereich an.

b) Welche physikalische Größe wird durch die Kennlinie dargestellt?

c) Existiert zu den Funktionen eine Umkehrfunktion? Wenn ja: Zeichnen Sie die Graphen!

d) Geben Sie die Funktionsgleichungen an.

A)

U in V	0	5	10	15	20	30	40	50
I in A	0	0,083	0,167	0,250	0,333	0,500	0,667	0,833

B)

U in V	0	5	10	15	20	30	40	50
I in A	0	0,227	0,455	0,682	0,909	1,364	1,818	2,273

C)

U in V	0	5	10	15	20	30	40	50
I in A	–	0,134	0,190	0,232	0,268	0,329	0,379	0,424

3.3 Die ganzrationalen Funktionen

Zu den ganzrationalen Funktionen gehören:

$\boldsymbol{y = 2 \cdot x}$ allgemein: $y = a_1 x$ $(a_1 = 2)$ oder
$\boldsymbol{y = 4 \cdot x^2 - 5 \cdot x + 1}$ allgemein: $y = a_2 x^2 + a_1 x + a_0$ $(a_2 = 4;\ a_1 = -5;\ a_0 = 1)$

Damit keine Verständigungsprobleme aufkommen, sollen einige Begriffe geklärt werden.

Definition der Potenzfunktion

Funktionen der Form $y = x^n$ mit $n \in \mathbb{Z}$, heißen Potenzfunktionen.

$\boldsymbol{y = x^n}$ Gleichung der **ganzrationalen** Potenzfunktion, wenn n eine **positive** ganze Zahl ist.

$\boldsymbol{y = x^{-n}}$ Gleichung der **gebrochenrationalen** Potenzfunktion, wenn n eine **positive** ganze Zahl ist.

andere Schreibweise für $y = x^{-n}$: $y = \dfrac{1}{x^n}$ (vgl. Kapitel 3.4)

Beispiele für ganzrationale Potenzfunktionen

1. Gerade ganzrationale Potenzfunktionen:

f: $x \mapsto x^{2n}$ mit $n \in \mathbb{N}_0$

$y = x^0$ ist für $x = 0$ nicht definiert.

Der Graph dieser Funktion verläuft symmetrisch zur y-Achse. (Punkte P und Q)

$f(+x) = f(-x)$ **Achsensymmetrie**

Definitionsbereich: $D = \mathbb{R}$

Wertebereich: $W = \mathbb{R}^+$

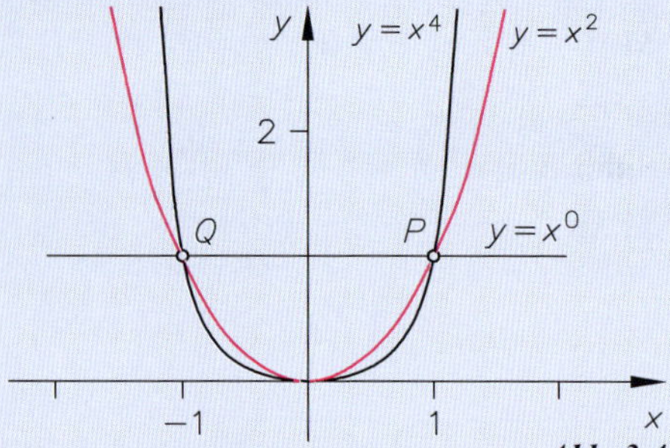

Abb. 3.4

2. Ungerade ganzrationale Potenzfunktionen

f: $x \mapsto x^{2n+1}$ mit $n \in \mathbb{N}_0$

Der Graph der Funktion verläuft durch Punkte, die symmetrisch zum Koordinatenursprung liegen. (P und Q)

f: $(+x) = -f(-x)$ **Punktsymmetrie**

Definitionsbereich: $D = \mathbb{R}$

Wertebereich: $W = \mathbb{R}$

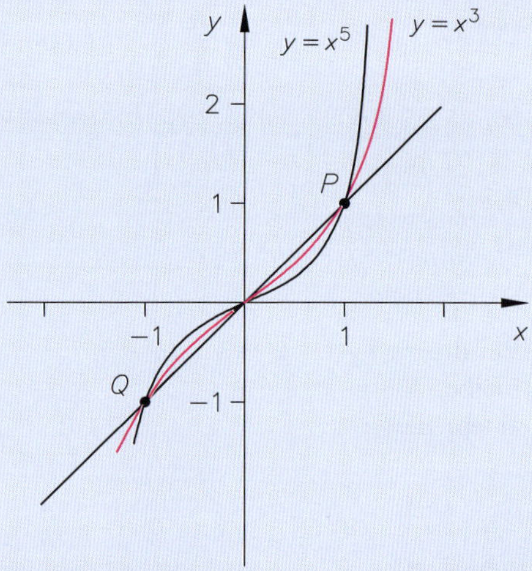

Abb. 3.5

Definition des Polynoms

Der Ausdruck $a_n x^n + a_{n-1e} x^{n-1} + \ldots + a_2 x^2 + a_1 x + a_0$, mit $a_n \neq 0$; $a_i \in \mathbb{R}$; $i = 1; 2; \ldots n$; $n \in \mathbb{N}$ heißt **Polynom vom Grade *n*.**

Eine Funktion, die sich als Polynom darstellen lässt, wird ganzrationale Funktion genannt.

Definition der ganzrationalen Funktion

Funktionen der Form $y = f(x) = a_n x^n + a_{n-1} x^{n-1} + \ldots + a_2 x_2 + a_1 x + a_0$ heißen **ganzrationale** Funktionen n-ten Grades.

Satz

Die Summe, die Differenz und das Produkt von ganzrationalen Funktionen ergeben wieder ganzrationale Funktionen.

Beispiele für Rechenoperationen mit ganzrationalen Funktionen

Mit $y_1 = 2x^2 + 3$ und $y_2 = 4x - 1$ entstehen folgende Ausdrücke bei der

Addition:	$y_1 + y_2 = 2x^2 + 4x + 2$
Subtraktion:	$y_1 - y_2 = 2x^2 - 4x + 4$
Multiplikation:	$y_1 \cdot y_2 = 8x^3 - 2x^2 + 12x - 3$

3.3.1 Die Grundfunktionen

Die **Grundfunktionen** sind Sonderfälle der ganzrationalen Funktionen.
Es gilt dann, dass $\boldsymbol{a_i} = \mathbf{0}$ und $\boldsymbol{a_n} \neq \mathbf{0}$ sind. $i = 1; 2; \ldots n; n \in \mathbb{N}$
Die **Normalform** einer Grundfunktion liegt vor, wenn $\boldsymbol{a_n} = \mathbf{1}$ ist.

$\boldsymbol{y = a_0}$; $a_0 \in \mathbb{R}$ Gleichung der **konstanten Funktion**

Definitionsbereich: $D = \mathbb{R}$
Wertebereich: $W = \{a_0\}$

Bei dieser einfachsten Funktion wird jedem Element des Definitionsbereiches ein gleichbleibendes Element der reellen Zahlen zugeordnet. Der Wertebereich besteht nur aus **einem** Element.

Beispiele für Graphen konstanter Funktionen

$f: x \mapsto 2$

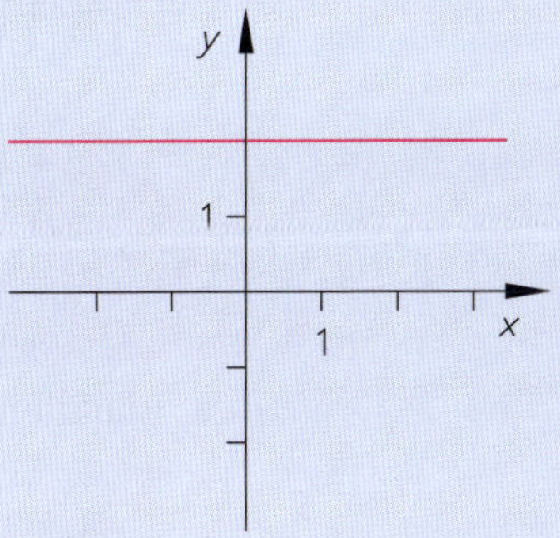

Abb. 3.6

$f: x \mapsto -1{,}5$

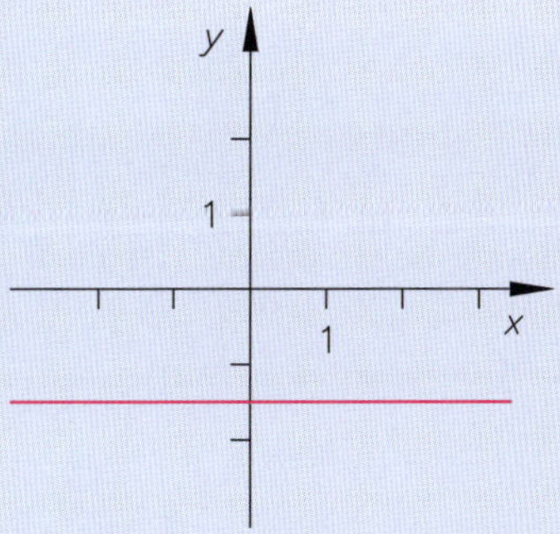

Abb. 3.7

Der Graph dieser Funktion ist eine zur x-Achse parallele **Gerade**. Bei dem Sonderfall $a_0 = 0$, liegt der Graph der Funktion auf der x-Achse.

$\boldsymbol{y = a_1 \cdot x}$; $\boldsymbol{a_1} \in \mathbb{R}$ Gleichung der **linearen Funktion**

Definitionsbereich: $D = \mathbb{R}$
Wertebereich: $W = \mathbb{R}$

Jedem Element x des Definitionsbereiches wird genau ein Element des Wertebereiches zugeordnet, das um den Faktor a_1 größer (kleiner) ist.
Es besteht also eine direkte Proportionalität zwischen x und y.

Beispiele für Graphen linearer Funktionen

$f\colon x \mapsto 1 \cdot x$

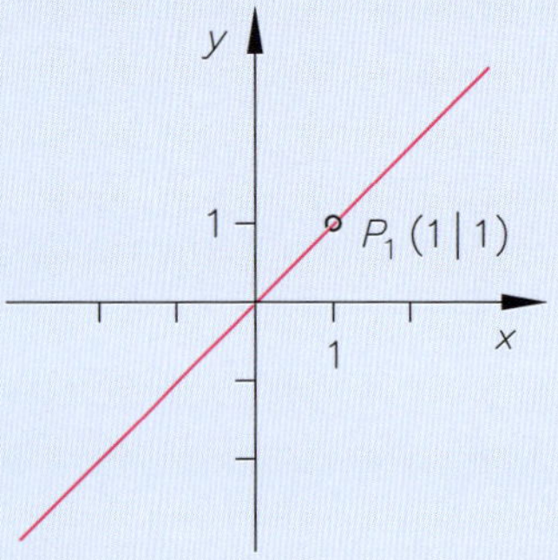

Abb. 3.8

$f\colon x \mapsto 3x$

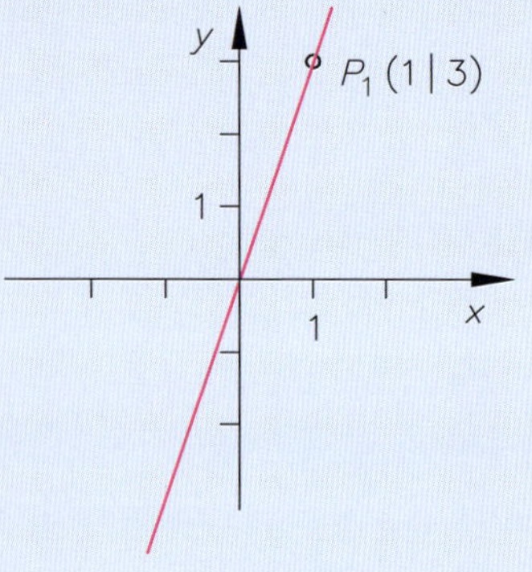

Abb. 3.9

$f\colon x \mapsto -\frac{1}{3}x$

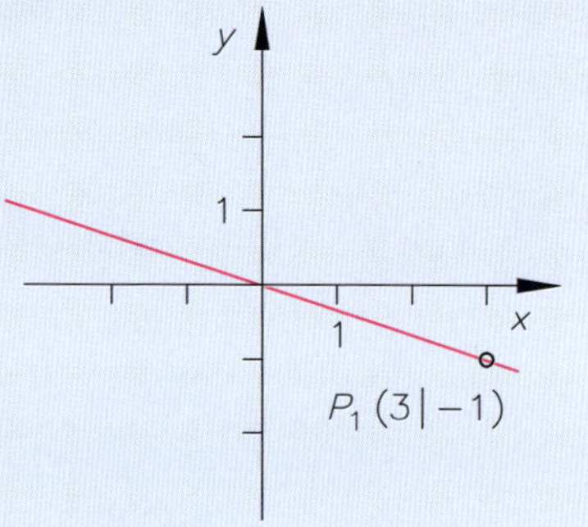

Abb. 3.10

Der Graph dieser Funktion ist eine **Gerade** mit einer bestimmten **Steigung**.

Die Steigung ist festgelegt durch den Quotienten $\frac{y}{x} = a_1$.

$\boldsymbol{a_1 = m}$ Für den Steigungswert der Geraden wird meist der Buchstabe $\boldsymbol{m}$ verwendet. Ist m negativ, so fällt die Gerade (= negative Steigung).

Der Graph der linearen Funktion f mit der Gleichung $y = m \cdot x$ kann gezeichnet werden, wenn ein Wertepaar oder die Steigung m bekannt ist.

$\boldsymbol{y = a_2x^2;\quad a_2 \in \mathbb{R}}$ Gleichung der **quadratischen Funktion**

Der Graph dieser Funktion heißt **Parabel**. Wird $a_2 = 1$, heißt er **Normalparabel**.

Beispiele für Graphen quadratischer Funktionen

$f_1\colon x \mapsto x^2$	$a_2 = 1$	G_{f_1}: Normalparabel
$f_2\colon x \mapsto 3x^2$	$a_2 = 3$	G_{f_2}
$f_3\colon x \mapsto \frac{1}{4}x^2$	$a_2 = \frac{1}{4}$	G_{f_3}

Definitionsbereich: $D = \mathbb{R}$
Wertebereich: $W = \mathbb{R}_0^+$

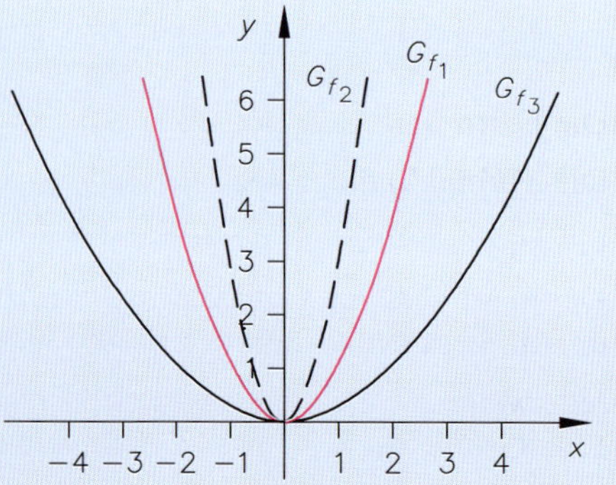

Abb. 3.11

f_4: $x \mapsto -x^2$ $\quad a_2 = -1 \quad G_{f_4}$

f_5: $x \mapsto -3x^2$ $\quad a_2 = -3 \quad G_{f_5}$

f_6: $x \mapsto -\frac{1}{4}x^2$ $\quad a_2 = -\frac{1}{4} \quad G_{f_6}$

Definitionsbereich: $D = \mathbb{R}$
Wertebereich: $W = \mathbb{R}_0^-$

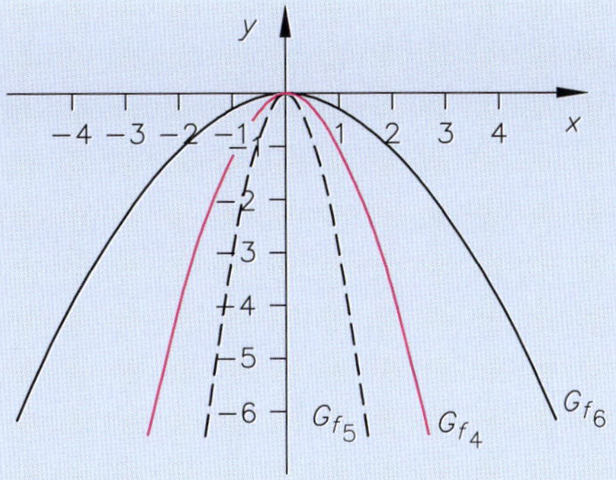

Abb. 3.12

Die Beispiele zeigen, dass der Koeffizient a_2 die Öffnung der Parabel beeinflusst.
So haben die Parabeln folgende Form und Lage:

$|a_2| > 1$ Die Parabel ist gestreckt. $\quad a_2 > 0$ Sie ist nach oben geöffnet, also ist $W = \mathbb{R}_0^+$.
$|a_2| < 1$ Die Parabel ist gestaucht. $\quad a_2 > 0$ Sie ist nach unten geöffnet, also ist $W = \mathbb{R}_0^-$.

$y = a_3 \cdot x^3$; $a \in \mathbb{R}$ $\qquad$ Gleichung der **kubischen Funktion**

Der Graph der Funktion heißt **Parabel 3. Grades**.

Beispiele für Graphen kubischer Funktionen

f_1: $x \mapsto x^3$ $\quad a_3 = 1 \quad G_{f_1}$ Normalparabel

f_2: $x \mapsto \frac{1}{5}x^3$ $\quad a_3 = \frac{1}{5} \quad G_{f_2}$

f_3: $x \mapsto -\frac{1}{2}x^3$ $\quad a_3 = -\frac{1}{2} \quad G_{f_3}$

Definitionsbereich: $D = \mathbb{R}$
Wertebereich: $W = \mathbb{R}$

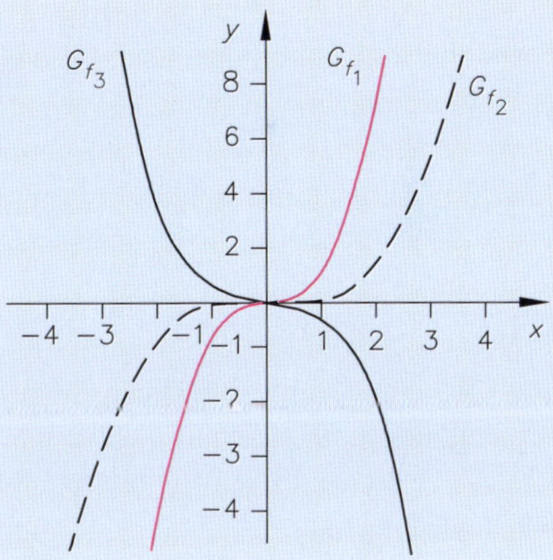

Abb. 3.13

Die Form und Lage der Parabel ist von a_3 abhängig. $W \in \mathbb{R}$

Die <u>**Multiplikation**</u> zweier Grundfunktionen ergibt eine neue Grundfunktion:

$y = a_1x \cdot a_2x^2 \Rightarrow y = a_3x^3;\ a_3 = a_1 \cdot a_2$

$y = a_1x \cdot a_3x^3 \Rightarrow y = a_4x^4;\ a_4 = a_1 \cdot a_3$

$y = a_2x^2 \cdot a_3x^3 \Rightarrow y = a_5x^5;\ a_5 = a_2 \cdot a_3$ usw.

Jede weitere Erhöhung des Exponenten um 1 führt zu einer weiteren Grundfunktion.
Eine Grundfunktion n-ten Grades hat also die Gleichung:

$y = a_nx^n$; $\quad a_n \in \mathbb{R},\ n \in \mathbb{N}$ $\qquad$ Die Graphen heißen **Parabeln n-ten Grades**.

AUFGABEN

1 Zeichnen Sie den Graphen der Funktion mit der Gleichung:

a) $y = x$ e) $y = -0{,}7x$ i) $y = x^2$ n) $y = x^3$

b) $y = -x$ f) $y = -0{,}1x$ k) $y = \frac{1}{2}x^2$ o) $y = -x^3$

c) $y = \frac{1}{2}x$ g) $y = 10x$ l) $y = \frac{1}{4}x^2$ p) $y = -\frac{1}{10}x^3$

d) $y = \frac{2}{4}x$ h) $y = \frac{5}{6}x$ m) $y = 4x^2$ q) $y = -\frac{1}{10}x^4$

2 Der Graph einer Grundfunktion n-ten Grades geht durch einen bestimmten Punkt P. Bestimmen Sie die Funktionsgleichung der Funktion!

a) Gerade durch $P(4|6)$
b) Gerade durch $P(3|-5)$
c) Parabel 2. Grades durch $P(2|9)$
d) Parabel 2. Grades durch $P(-3|12)$
e) Parabel 2. Grades durch $P(5|-32)$
f) Parabel 3. Grades durch $P(-3|42)$
g) Parabel 3. Grades durch $P(5|-5)$
h) Parabel 4. Grades durch $P(-4|-16)$
i) Parabel 4. Grades durch $P(8|32)$
k) Parabel 5. Grades durch $P(-2|64)$

3 Geben Sie den Wertebereich folgender Funktionen an und machen Sie eine Aussage über Form und Lage des Graphen der Funktion:

a) $y = \frac{1}{5}x^2$ d) $y = 12x^2$ g) $y = 7x^4$ k) $y = -10x^6$

b) $y = -\frac{1}{10}x^2$ e) $y = 4x^3$ h) $y = 8x^{10}$ o) $y = -10x^7$

c) $y = \frac{1}{100}x^2$ f) $y = -\frac{1}{4}x^3$ i) $y = \frac{1}{10}x^5$ p) $y = 6x^5$

3.3.2 Ganzrationale Funktionen 1. Grades

Ihre Gleichung gibt die einfachste Form einer durch die Addition zweier Grundfunktionen entstandenen ganzrationalen Funktion wieder:

$\boldsymbol{y = a_1 x + a_0}$ a_0; $a_1 \neq 0$; andere Schreibweise: $\boldsymbol{y = mx + b}$ $m = a_1$ und $b = a_0$

$\boldsymbol{f(x) = a_1 x + a_0}$ eine weitere vorteilhafte Schreibweise der Funktionsgleichung[1)]

Graph der Geraden:

$f\colon x \mapsto a_1 x + a_0$

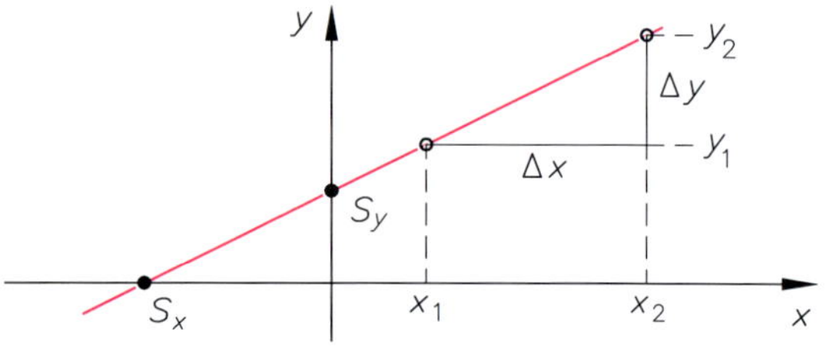

Abb. 3.14

---

1) *Für z. B. $f(x) = 3x + 2$ heißt $f(2) = 8$ (gelesen f an der Stelle 2 ist gleich 8), dass für $x = 2$ der Funktionswert $y = 8$ ist. Bei z. B. $f(x) = mx + b$ kommen in der Gleichung mehrere „Variable" vor. Die Schreibweise $f(x)$ zeigt, dass x die unabhängige Variable ist. m und b könnten als sog. „Formvariable" angesehen werden, die Form und Lage der Graphen verändern.*

Die Graphen der Funktionen sind Geraden, die nicht durch den Koordinatenursprung gehen.

$\boldsymbol{S_y(0\,|\,b)}$	oder $S_y(0\,|\,a_0)$	Schnittpunkt mit der y-Achse
$\boldsymbol{S_x\left(-\frac{b}{m}\,\middle|\,0\right)}$	oder $S_x\left(-\frac{a_0}{a_1}\,\middle|\,0\right)$	Schnittpunkt mit der x-Achse
$\boldsymbol{m = \frac{\Delta y}{\Delta x}}$	oder $a_1 = \frac{y_2 - y_1}{x_2 - x_1} = \frac{\Delta y}{\Delta x}$	Steigung der Geraden

Beispiel für eine Gerade

$f\colon x \mapsto \frac{1}{2}x + 1$

Zur Ermittlung der Funktionsgleichung reichen zwei Punkte der Geraden:

$y = \frac{1}{2}x + 1$

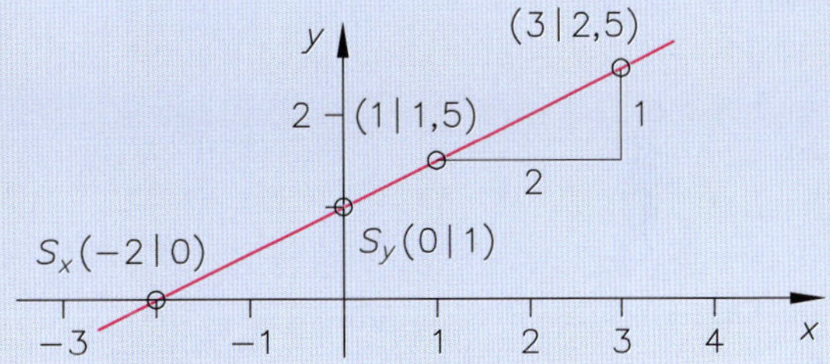

Abb. 3.15

Beispiel, um den Schnittpunkt von Geraden zu ermitteln

Funktionsgleichungen der Geraden:

$y_1 = \frac{7}{4}x - 2$ und $y_2 = -\frac{1}{3}x + \frac{10}{3}$

Der Schnittpunkt S ist Punkt der Geraden G_1 und gleichzeitig ein Punkt der Geraden G_2.

Somit ist: $y_1 = y_2 \wedge x_1 = x_2$

$$y_1 = y_2$$

$$\frac{7}{4}x - 2 = -\frac{1}{3}x + \frac{10}{3}$$

$$x = \frac{64}{25} \Rightarrow S(2{,}56\,|\,2{,}48)$$

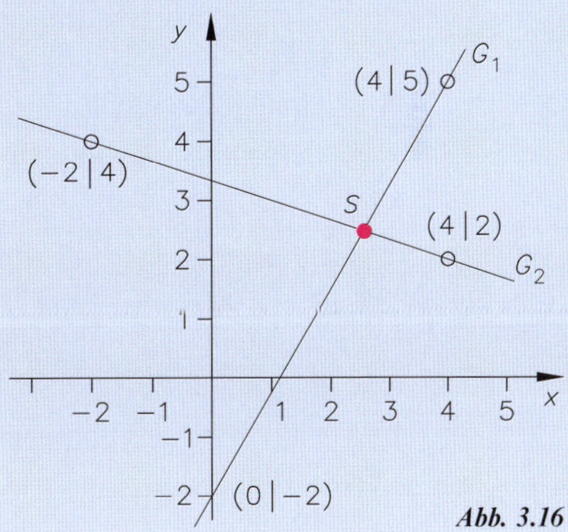

Abb. 3.16

AUFGABEN

1 Zeichnen Sie den Graphen der Funktion für das Intervall I. $I = \{x\,|\,-5 \leq x \leq 5\}_{\mathbb{R}}$

a) $y = \frac{1}{2}x - 2$ c) $y = \frac{1}{2}x + 3$ e) $y = -\frac{3}{2}x - \frac{1}{2}$ g) $y = -2{,}5 - 0{,}8x$

b) $y = \frac{1}{2}x + 1$ d) $y = 2x + 3$ f) $y = \frac{2}{5}x + \frac{3}{2}$ h) $y = 1{,}25x - 3$

2 Geben Sie die Steigung und die Schnittpunkte mit der x- und der y-Achse der Geraden aus Aufgabe 1 an!

3 Geben Sie die Funktionsgleichung der Geraden an, die durch die Punkte P_1 und P_2 festgelegt sind. Zeichnen Sie den Graphen!

a) $P_1(1 \mid 3)$; $P_2(2 \mid 5)$ d) $P_1(-4 \mid -2)$; $P_2(-2 \mid -6)$ g) $P_1(0{,}5 \mid 0)$ $P_2(-2 \mid -6)$
b) $P_1(-1 \mid 1)$; $P_2(0 \mid -4)$ e) $P_1(-12 \mid -18)$; $P_2(-8 \mid 8)$ h) $P_1(-4{,}5 \mid -8)$ $P_2(5 \mid 3)$
c) $P_1(-2 \mid -1)$; $P_2(1 \mid 1)$ f) $P_1(1 \mid 6)$; $P_2(0 \mid 0)$ i) $P_1(5 \mid 6{,}2)$ $P_2(1 \mid 2)$

4 Geben Sie die Funktionsgleichung der Geraden an, deren Schnittpunkte S_x und S_y bekannt sind.

a) $S_x\left(-\frac{1}{2} \middle| 0\right)$; $S_y(0 \mid 1)$ c) $S_x\left(-\frac{1}{3} \middle| 0\right)$; $S_y\left(0 \middle| -\frac{1}{2}\right)$ e) $S_x(-12 \mid 0)$; $S_y(0 \mid 6)$

b) $S_x(-4 \mid 0)$; $S_y\left(0 \middle| \frac{1}{2}\right)$ d) $S_x\left(\frac{2}{5} \middle| 0\right)$; $S_y(0 \mid 2)$ f) $S_x\left(\frac{2}{3} \middle| 0\right)$; $S_y(0 \mid -2)$

5 Errechnen Sie die Schnittpunkte der Geraden g, die die Gleichung $g(x) = x + 1$ hat, mit den Geraden der Aufgabe 4.

6 Geben Sie die Funktionsgleichung der im Diagramm dargestellten Geraden G_1 an; zeichnen Sie zusätzlich die Gerade der Funktion f_2 ein und bestimmen Sie rechnerisch den Schnittpunkt der beiden Geraden

a)

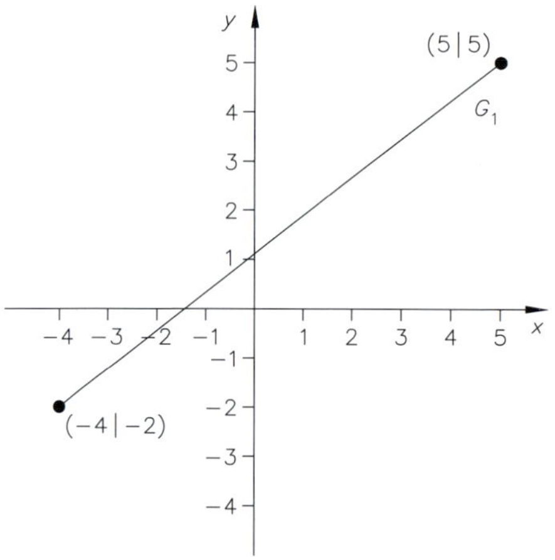

f_2: $y_s = -\frac{3}{2}x + 4$

b)

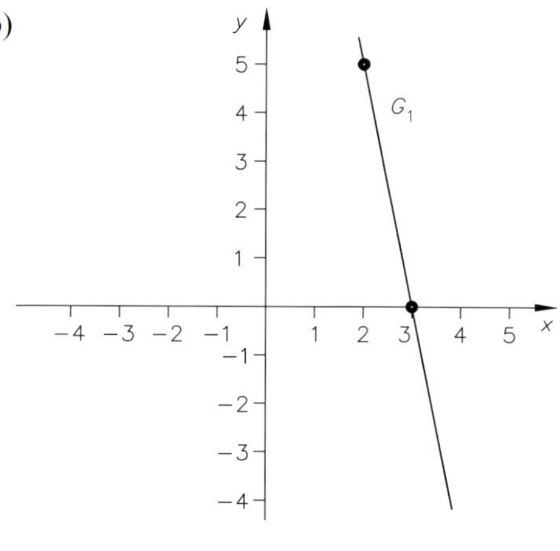

f_2: $y_2 = 2x - 4$

7 Ein Motorradfahrer fährt um 9 Uhr von einem Ort ab und hält eine Durchschnittsgeschwindigkeit von 45 km/h. 75 Minuten später fährt ein zweiter Motorradfahrer mit 60 km/h vom selben Ort in gleicher Richtung los.

a) Stellen Sie die Funktionsgleichungen $s_1 = f(t)$ und $s_2 = g(t)$ auf.

b) Zeichnen Sie ein Weg-Zeit-Diagramm und zeichnen Sie die Graphen ein.

c) Wo und wann treffen sich die beiden Motorradfahrer?

8 Zwei Pkw-Fahrer fahren von zwei Orten, deren Entfernung 150 km beträgt, einander entgegen. Der erste legt 60 km/h zurück, der zweite 75 km/h.

a) Stellen Sie die Funktionsgleichungen $s_1 = f(t)$ und $s_2 = g(t)$ auf.

b) Zeichnen Sie ein Weg-Zeit-Diagramm und zeichnen Sie die Graphen ein.

c) Wo treffen sich die beiden Wagen?

9 Ein Radrennen wird in zwei Gruppen gestartet. Die Gruppe A wird 10 Minuten vor der Gruppe B in das Rennen geschickt.

a) Nach wie viel Kilometern wird der langsamste Fahrer der Gruppe A, der eine durchschnittliche Geschwindigkeit von 32 km/h fährt, von dem schnellsten der Gruppe B, der mit einer mittleren Geschwindigkeit von 41 km/h fährt, eingeholt?

b) Das Rennen führt über eine Strecke von 50 km. Kann der schnellste Fahrer der Gruppe B den schnellsten der Gruppe A ($v = 39{,}5$ km/h) noch vor dem Ziel einholen? Wie viel Meter liegen sie am Ende des Rennens auseinander?

10 Ein Auto verbraucht durchschnittlich 11,5 l Benzin auf 100 km. Zeichnen Sie einen Graphen, der den Verbrauch y in Abhängigkeit vom zurückgelegten Weg x darstellt (Intervall: $0 \leq x \leq 800$ km). Lesen Sie am Graphen ab, bei welcher Kilometerzahl 69 l verbraucht sind. Wieviel l wurden nach 250 km verbraucht?

11 Der elektrische Widerstandswert metallischer Leiter ist von der Temperatur ϑ abhängig.
Der Temperaturbeiwert α wird bei einer Ausgangstemperatur von 20 °C bestimmt. Der Widerstand hat den Wert R_{20}.
Bei einer Temperaturänderung $\Delta\vartheta$ nimmt der Widerstand den Wert R_ϑ an.
$\boldsymbol{R_\vartheta = R_{20} + \alpha \cdot R_{20} \cdot \Delta\vartheta}$
Die nebenstehende Tabelle zeigt die Temperaturbeiwerte einiger Werkstoffe.

Werkstoff	α in $\frac{1}{\text{K}}$
Eisen	0,005
Gold	0,00398
Silber	0,0041
Kupfer	0,0039
Aluminium	0,0036
Messing	0,0015
Konstantan	0,00004

a) Zu welchem Werkstoff gehört die nebenstehende Kennlinie?

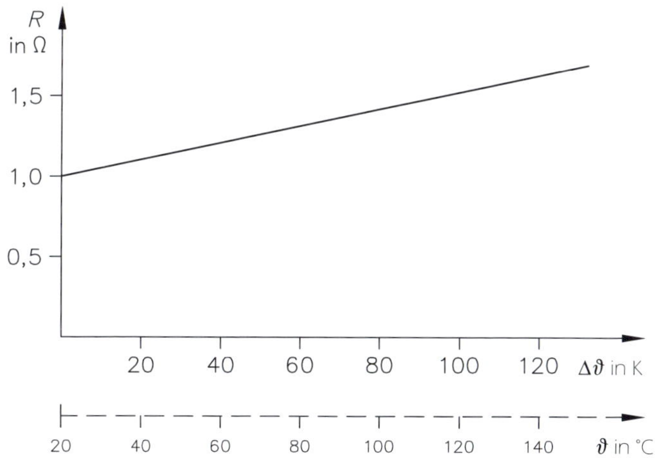

b) Zeichnen Sie die Kennlinie eines Widerstandes aus Konstantan, der bei 20 °C einen Widerstandswert von 1 200 Ω hat, für den Bereich:
$0\,°\text{C} \leq \vartheta \leq 300\,°\text{C}$
Wie groß ist der Widerstandswert bei einer Temperatur von 240 °C?

c) Welchen Wert nimmt ein Widerstand aus Kupfer bei einer Temperatur von 80 °C an, der bei einer Temperatur von −30 °C einen Widerstandswert von 50 Ω hat?
Zeichnen Sie die Kennlinie!

12 Für eine Reihenschaltung zweier Widerstände kann ein zeichnerisches Lösungsverfahren angewandt werden. (Dies ist dann unumgänglich, wenn ein Verbraucher eine nichtlineare Kennlinie aufweist.)

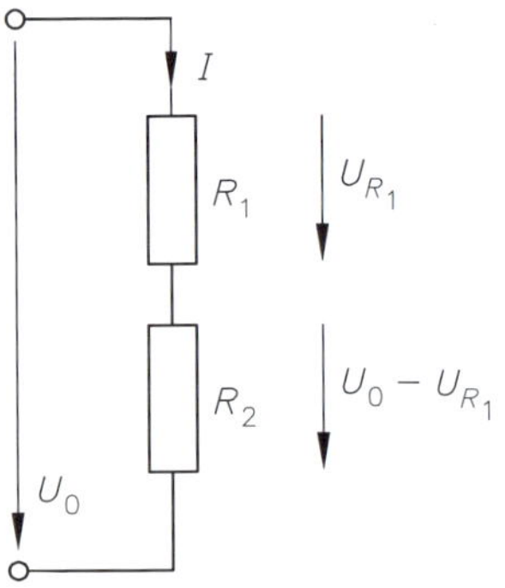

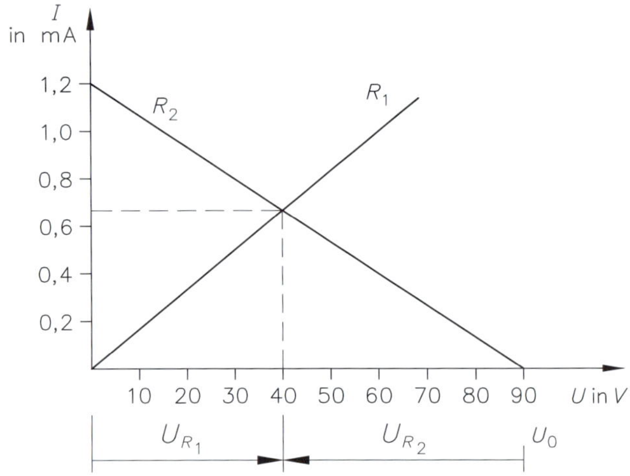

R_1 und R_2 heißen zwar Widerstandskennlinien, sie sind aber eigentlich Leitwerte, da für die Steigung der Kennlinie gilt:

$$\frac{\Delta I}{\Delta U} = \frac{1}{R}$$

a) Bestimmen Sie anhand der Kennlinien die Widerstandswerte für R_1 und R_2.

b) Geben Sie die Funktionsgleichungen der beiden Kennlinien an und errechnen Sie danach den Schnittpunkt, um die Spannungen und den Strom angeben zu können.

c) Erstellen Sie das Diagramm für $U_0 = 60\ V$, $R_1 = 56\ \Omega$ und $R_2 = 33\ \Omega$. Errechnen Sie mithilfe der Funktionsgleichungen die Spannungen und den Strom.

13 Nach dem Hook'schen Gesetz ist die Ausdehnung s einer Zugfeder der Belastung F proportional. Die Feder hat ohne Belastung eine Länge von l_0.

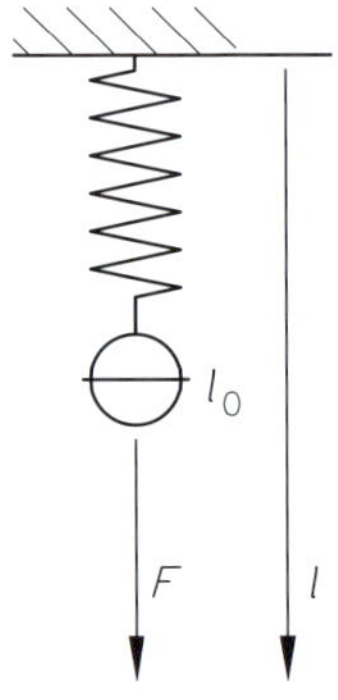

a) Ermitteln Sie die Gleichung für $F = f(s)$ und geben Sie den Definitionsbereich an.

b) Zeichnen Sie die Graphen zweier Federn mit den Federkonstanten $D_1 = 1$ N/cm und $D_2 = 3$ N/cm, wenn $l_0 = 20$ cm ist.

c) Ermitteln Sie die Federkonstante D, wenn bei einer Belastung von 25 N die Feder von 16 cm auf 22 cm ausgelenkt wird.

14 Materialien verändern ihre Länge bei Erwärmung. Die Tabelle gibt die Längenausdehnungskoeffizienten α einiger Werkstoffe an.

$\Delta l = l_1 \cdot \alpha \cdot \Delta \vartheta$

l_1 = Anfangslänge des Körpers bei 20 °C

l_2 = Endlänge des Körpers nach der Temperaturänderung

$\Delta l = l_2 - l_1$ Längenänderung

Werkstoff	α in $\frac{1}{K} 10^{-6}$
Aluminium	23,8
Beton	12
Eisen	12,2
Kupfer	16,5
Polyamid	110

a) Zeichnen Sie die Graphen der Längenänderung $\Delta l = f(\Delta \vartheta)$ für Beton und Eisen. Die Längen betragen bei 20 °C 10 m. Die Temperatur ändert sich im Bereich von 20 °C bis 200 °C.

b) Geben Sie die Funktionsgleichung für $l_2 = f(\Delta \vartheta)$ an.

c) Welchen Spielraum muss ein 2 m breiter Aluminiumrahmen mindestens haben, wenn von einer Temperaturänderung von 120 °C ausgegangen wird?

15 Wir benötigen einen Mietwagen für einen Tag. Er wird uns zu einem Tagesgrundpreis von 86,00 EUR angeboten; jeder gefahrene Kilometer wird zusätzlich mit 0,12 EUR in Rechnung gestellt.

a) Stellen Sie die Funktionsgleichung auf, die die Gesamtkosten in Abhängigkeit von den gefahrenen Kilometern wiedergibt.

b) Wir werden voraussichtlich 685 km fahren. Bestimmen Sie die Gesamtkosten zeichnerisch und rechnerisch.

c) Ein anderer Vermieter verleiht den Pkw ohne Grundgebühr, berechnet aber je Kilometer 0,28 EUR. Vergleichen Sie die Angebote zeichnerisch und rechnerisch unter der Annahme, dass wir voraussichtlich 685 km fahren werden. Welches Angebot würden Sie annehmen?

16 Ein Mitarbeiter im Außendienst bekommt ein monatliches Grundgehalt (Fixum) von 2 800 EUR. Zusätzlich erhält er 1,25 % Provision für die von ihm getätigten Umsätze.

a) Stellen Sie die Funktionsgleichung auf, die sein Gesamteinkommen in Abhängigkeit von dem von ihm erzielten Umsatz wiedergibt.

b) Zeichnen Sie den Graphen der Funktion in ein Koordinatensystem ein.

c) Der Leiter der Personalabteilung möchte die Entlohnung im Außendienst umstellen und bietet ein festes Gehalt in Höhe von 4 350 EUR ohne Provisionszahlungen an. Würden Sie dieses Angebot annehmen, obwohl Sie damit rechnen, langfristig Ihren Umsatz von bisher 128 000 EUR je Monat, beträchtlich steigern zu können? Stellen Sie die Entscheidungssituation graphisch dar.

17 Ein Kapital von 6 000 EUR wird zu 7,5 % verzinst.

a) Stellen Sie die Funktionsgleichung auf, die das Kapital einschließlich Zinsen in Abhängigkeit von der Laufzeit angibt (Laufzeit in Tagen).

b) Stellen Sie das Kapital einschließlich Zinsen in Abhängigkeit von der Laufzeit in einem Koordinatensystem dar.

c) Bestimmen Sie rechnerisch und anhand des Graphen die Laufzeit, nach der das Kapital auf 6 175 EUR angewachsen ist.

18 In welchem Zeitraum (in Tagen) ist ein zu 6 % verzinstes Kapital in Höhe von 60 000 EUR auf einen ebenso hohen Betrag (Kapital plus Zinsen) angewachsen wie ein zu 8 % verzinstes Kapital in Höhe von 58 500 EUR? Lösen Sie das Problem graphisch und rechnerisch.

19 Ein Kapital wird zu 7,5 % verzinst und einschließlich Zinsen nach 210 Tagen mit 50 100 EUR zurückgezahlt. Bestimmen Sie die Höhe des aufgenommenen Kapitals.

20 Bei der Produktion von 132250 Einheiten entstehen Gesamtkosten in Höhe von 1000182,50 EUR. Die variablen Kosten je Stück betragen 5,61 EUR.

a) Bestimmen Sie den Anteil der Kosten, die unabhängig von der Ausbringungsmenge anfallen (fixe Kosten).

b) Bestimmen Sie die Funktion, die die gesamten Kosten in Abhängigkeit von der Produktionsmenge wiedergibt (Kostenfunktion).

c) Zeichnen Sie in ein Diagramm die momentane Produktions- und Kostensituation ein.

21 Einem Kaufmann wird der Betrag von 1485 EUR für eine Lieferung erst 50 Tage nach Fälligkeit gutgeschrieben. Wie hoch ist der Zinssatz, der bei Zahlungsverzug zur Anwendung kommt, wenn nachträglich 8,25 EUR Verzugszinsen berechnet werden?

22 In einem Produktionsprozess der chemischen Industrie fallen fixe Kosten (Abschreibungen, Miete usw.) in Höhe von 45000 EUR an. Je Tonne des herzustellenden Endproduktes werden 185 kg des Rohstoffes A eingesetzt; für diesen Rohstoff wurden im letzten Jahr durchschnittlich 75 EUR je kg bezahlt.
Da am Markt mit einer Steigerung des Preises für diesen Rohstoff zu rechnen ist, soll eine neue Produktionstechnologie verwendet werden. Dazu ist eine neue Produktionsanlage erforderlich. Die fixen Kosten der Anlage betragen 60000 EUR; dafür werden von dem Rohstoff A 40 kg weniger je Tonne Endprodukt benötigt.
Für welche Produktionsmenge ist die neue Anlage beim derzeitigen Marktpreis von Rohstoff A günstiger, wenn wir die Kosten anderer Rohstoffe außer Betracht lassen?

23 Wir gehen davon aus eine Maschine mit dem Anschaffungswert von 338450 EUR acht Jahre nutzen zu können. Die Abschreibung der Maschine soll gleichmäßig über diesen Zeitraum verteilt werden (lineare Abschreibung).

a) Berechnen Sie den jährlichen Abschreibungsbetrag.

b) Bestimmen Sie den Prozentsatz, mit dem abgeschrieben wird.

c) Welchen Restwert hat die Anlage nach 5 Jahren?

d) Zeichnen Sie in ein Diagramm die Entwicklung des Restwertes in Abhängigkeit von der Zeit ein.

24 Eine Anlage wird mit gleich hohen jährlichen Abschreibungsbeträgen von 19500 EUR in 15 Jahren auf einen Schrottwert von 7500 EUR abgeschrieben.

a) Bestimmen Sie den Anschaffungswert.

b) Mit welchem Prozentsatz wird abgeschrieben?

c) Bestimmen Sie die Funktionsgleichung, die den Restwert in Abhängigkeit von Anschaffungswert und Abschreibungsdauer wiedergibt.

25 Ein Lkw soll nach Ablauf der Nutzungszeit auf 10 % seines Anschaffungswertes abgeschrieben sein. Bei einer linearen Abschreibung mit dem Prozentsatz 15 % ergibt sich ein jährlicher Abschreibungsbetrag von 8400 EUR.

a) Berechnen Sie den Anschaffungs- und den Restwert.

b) Wie lange wird der Lkw genutzt?

26 Die gesamtwirtschaftliche Sparquote s lässt sich unter Gleichgewichtsbedingungen (Sparquote = Investitionsquote) als Funktion der Gewinnquote g angeben:

$s = (S_G - S_L) \cdot g + S_L$ $\quad S_G$ = partielle Sparquote der Gewinnempfänger
S_L = partielle Sparquote der Lohnempfänger

Für die Gewinnquote g gilt die Gleichung: $g = \dfrac{i - S_L}{S_G - S_L}$; $\quad i$ = Investitionsquote

a) Verdeutlichen Sie die Zusammenhänge zwischen den angegebenen Größen durch eine Graphik, wobei auf der Ordinate die Größen i und s und auf der Abszisse die Größe g abgetragen wird ($0 \leq g \leq 1$).

b) Was folgt für die graphische Darstellung aus der Annahme, dass die Investitionsquote von der Gewinnquote unabhängig ist?

c) Welche Gestalt nimmt die Gewinnquotengleichung unter der extremen Bedingung an, dass die Lohnempfänger ihr gesamtes Einkommen konsumieren müssen und nur die Unternehmer sparen und investieren können?

27 Eine AG erhöht ihr Kapital durch Ausgabe junger Aktien zum Nennwert von 100 EUR von 8 Mill. auf 10 Mill. EUR. Das Bezugsrecht für die neuen Aktien wird folgendermaßen berechnet:

$B = \dfrac{K_1 - K_2}{a + b} \cdot b$ $\quad K_1$ = Kurs der alten Aktien, $\quad K_2$ = Kurs der neuen Aktien
a = Zahl der alten Aktien, $\quad b$ = Zahl der neuen Aktien

Berechnen Sie das Bezugsrecht für einen momentanen Kurswert von 165,00 EUR bis 185,00 EUR im Abstand von 2,00 EUR.

28 Gilt zwischen Ersparnissen (S) und Investitionen (I) in einer Periode t die Gleichgewichtsbedingung $S_t = i_t$, lässt sich die befriedigende Wachstumsrate (W) des Volkseinkommens (E) wie folgt berechnen:

$W_{E,b} = \dfrac{E_{t+1} - E_t}{E_t} = \dfrac{s}{u}$ $\quad s$ = Sparquote
u = Investitionskoeffizient

Für die Investition gilt: $I_t = (E_{t+1} - E_t)$

a) Geben Sie unter Benutzung der Gleichgewichtsvorausselzung den Zusammenhang zwischen S und E an.

b) Berechnen Sie $W_{E,b}$, S_{t-1} und I_{t-1} für $s = 0{,}2$ und $u = 2$, $E_t = 110$ und $E_{t-1} = 100$

c) Nehmen wir an, dass das geplante tatsächliche Wachstum nicht 10, sondern 4 beträgt ($E_t - E_{t-1} = 104 - 100$). Berechnen Sie S_{t-1}, I_{t-1}, W_E (= tatsächliche Wachstumsrate).

d) Erläutern Sie die ökonomischen Folgen dieser Abweichung, wenn sich der Konsum C nach der Formel $C_{t-1} = E_{t-1} - S_{t-1}$ berechnen lässt.

3.3.3 Ganzrationale Funktionen 2. Grades

Ganzrationale Funktionen 2. Grades entstehen durch Addition von zwei oder drei Grundfunktionen.

1. $\boldsymbol{y = f(x) = a_2 x^2 + a_0}$

   Die Parabel wird um a_0 in die y-Richtung verschoben. Der Scheitelpunkt S liegt auf der y-Achse: $\boldsymbol{S(0|a_0)}$

   G_1: $y_2 = x^2$ $\quad a_2 = 1, a_0 = 0 \quad S_1(0|0)$

   G_2: $y_2 = x^2 + 2$ $\quad a_2 = 1, a_0 = 2 \quad S_2(0|2)$

   G_3: $y_3 = x^2 - 1$ $\quad a_2 = 1, a_0 = -1 \quad S_3(0|-1)$

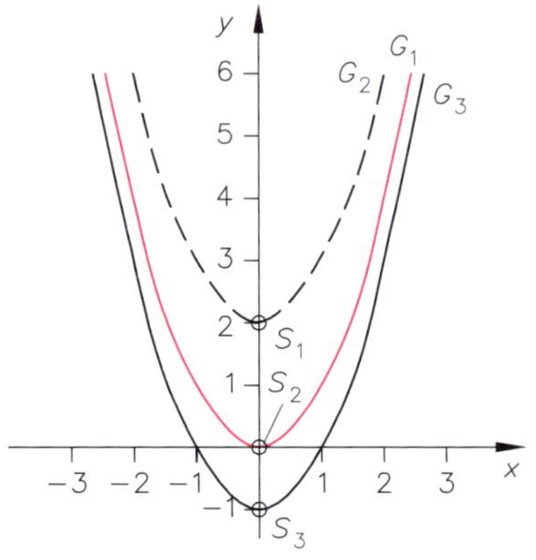

Abb. 3.17

2. $\boldsymbol{y = f(x) = a_2 (x - c)^2 \quad c \in \mathbb{R}}$

   Die Zahl c bewirkt eine Verschiebung der Parabel in die x-Richtung.

   Der Scheitelpunkt S liegt auf der x-Achse: $\boldsymbol{S(c|0)}$

   G_1: $y_1 = (x - 0)^2 \quad a_2 = 1, c = 0 \quad S_1(0|0)$

   G_2: $y_2 = (x - 2)^2 \quad a_2 = 1, c = 2 \quad S(2|0)$

   Die Umformung der Gleichung zeigt, dass die Funktion aus 3 Grundfunktionen zusammengesetzt ist:

   $y = a_2 (x - c)^2 \Leftrightarrow y = a_2 x^2 - (2 a_2 c) x + a_2 c^2$

   mit $a_1 = -2 a_2 c$ und $a_0 = a_2 c^2$ wird

   $y = a_2 x^2 + a_1 x + a_0$

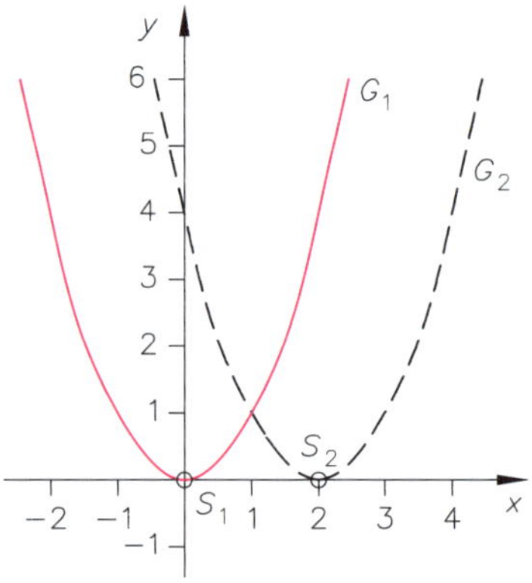

Abb. 3.18

3. $\boldsymbol{y = f(x) = a_2 (x - c)^2 + d} \quad c, d \in \mathbb{R}$

   Scheitelpunktform

   Der Scheitelpunkt S ist um c in x-Richtung und um d in y-Richtung verschoben.

   Der Scheitelpunkt S hat die Koordinaten: $\boldsymbol{S(c|d)}$

   G_1: $y_1 = (x - 0)^2 \quad a_2 = 1,$

   $c = 0, \; d = 0 \quad S_1(0|0)$

   G_2: $y_2 = (x - 2)^2 - 3 \quad a_2 = 1,$

   $c = 2, \; d = -3 \quad S_2(2|-3)$

   Auch hier zeigt die Umformung der Gleichung, dass die Funktion aus 3 Grundfunktionen zusammengesetzt ist:

   $y = a_2 (x - c)^2 + d \Leftrightarrow y$

   $= a_2 x^2 - (2 a_2 c) x + (a_2 c^2 + d)$

   mit $a_1 = -2 a_2 c$ und $a_0 = (a_2 c^2 + d)$ wird

   $y = a_2 x^2 + a_1 x + a_0$

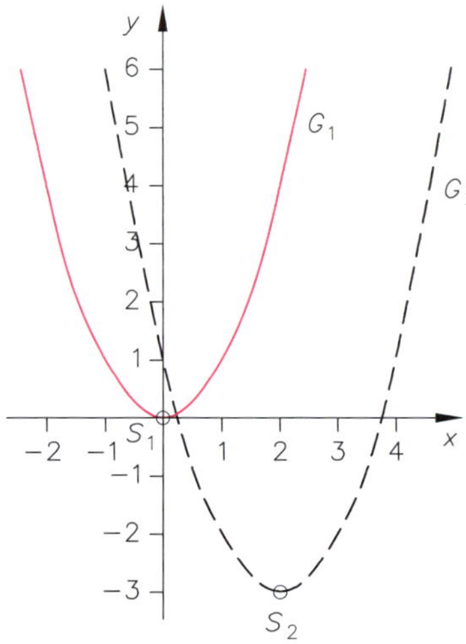

Abb. 3.19

4. $y = f(x) = a_2 x^2 + a_1 x + a_0$

Der Graph der Funktion f ist eine Parabel mit dem Scheitel S, die durch Verschieben des Graphen der Grundfunktion f_G: $f_G(x) = a_2 x^2$ in x- und y-Richtung entsteht.

$$S\left(-\frac{a_1}{2a_2} \middle| \frac{4a_0 a_2 - a_1^2}{4a_2}\right)$$

Verschiebung des Graphen von f_G mit $f_G(x) = a_2 x^2$ in:

x-Richtung: $c = -\frac{a_1}{2a_2}$ y-Richtung: $d = \frac{4a_0 a_2 - a_1^2}{4a_2}$

Beispiel für eine Parabel, die von einer Geraden geschnitten wird

Eine Gerade g schneidet eine Parabel f. Es sollen die beiden Graphen gezeichnet und rechnerisch die Schnittpunkte mit der x-Achse und der beiden Graphen ermittelt werden.

g: $g(x) = \frac{1}{2}x + 2$ und f: $f(x) = -\frac{1}{2}x^2 - 2x + 3$

Mithilfe der Scheitelpunktform wird das Einzeichnen der Parabel in ein Diagramm erleichtert. Umwandlung der Gleichung in die Scheitelpunktform:

$f(x) = -\frac{1}{2}x^2 - 2x + 3$ ausklammern von $-\frac{1}{2}$

$f(x) = -\frac{1}{2}(x^2 + 4x - 6)$ quadratische Ergänzung

$f(x) = -\frac{1}{2}[(x + 2)^2 - 4 - 6]$

$\boldsymbol{f(x) = -\frac{1}{2}(x + 2)^2 + 5 \Rightarrow S(-2|5)}$ = Scheitelpunkt der Parabel

An der Stelle $x = -2$ ist der Funktionswert maximal: $y_{max} = 5$. Wird für x ein Wert eingesetzt, der verschieden von $x = -2$ ist, so wird y kleiner als y_{max}.

Wird zusätzlich ein Diagramm mit dem Koordinatenursprung in S eingezeichnet (Abb. 3.20), lässt sich die Parabel einfacher skizzieren:

$\boldsymbol{f_G(x) = -\frac{1}{2}x^2}$ ist die Gleichung der Grundfunktion. Punkte für das zusätzliche Diagramm werden mit dieser Gleichung errechnet. Diese Punkte sind gleichzeitig Punkte des Graphen der Funktion f.

Schnittpunkt der Geraden mit der x-Achse:

$$g(x) = 0$$

$$\frac{1}{2}x + 2 = 0$$

$$x = -4 \Rightarrow S_{x_1}(-4|0)$$

Schnittpunkte der Parabel mit der x-Achse:

$$f(x) = 0$$

$$-\frac{1}{2}[(x+2)^2 - 10] = 0$$

$$x_0 = \pm\sqrt{10} - 2$$

$$x_{01} = 1{,}162 \Rightarrow S_{x_2}(1{,}162|0)$$

$$x_{02} = 5{,}162 \Rightarrow S_{x_3}(-5{,}162|0)$$

Schnittpunkte der Geraden mit der Parabel:

$$g(x) = f(x)$$

$$\frac{1}{2}x + 2 = -\frac{1}{2}x^2 - 2x + 3$$

$$\frac{1}{2}x^2 + \frac{5}{2}x = 1$$

$$x = \pm\frac{1}{2}\sqrt{33} - \frac{5}{2}$$

$$x_1 = 0{,}372 \Rightarrow S_1(0{,}372|2{,}186)$$

$$x_2 = -5{,}372 \Rightarrow S_2(-5{,}372|-0{,}686)$$

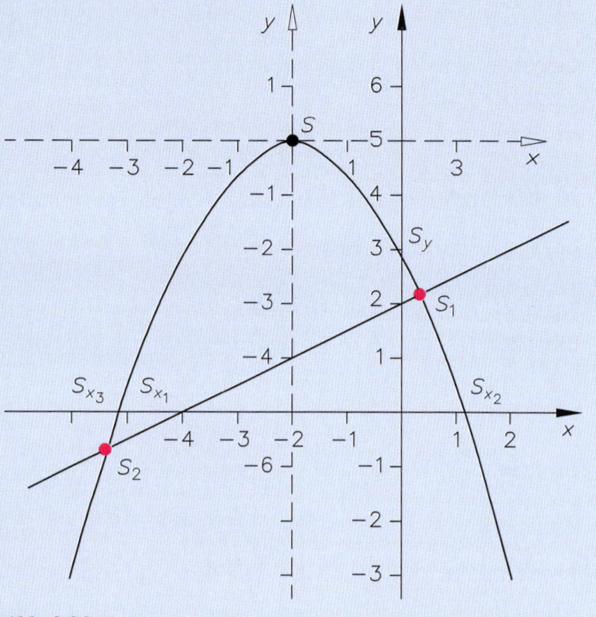

Abb. 3.20

AUFGABEN

1 Zeichnen Sie den Graphen der Funktion mit der Gleichung:

a) $y = x^2 + 1$	e) $y = (x-2)^2$	i) $y = -\frac{1}{4}(x-3)^2$
b) $y = x^2 - 3$	f) $y = (x+3)^2$	k) $y = (x-1)^2 - 1$
c) $y = x^2 + 2$	g) $y = -2(x-1)^2$	l) $y = -\frac{1}{2}(x+2)^2 + 3$
d) $y = 2x^2 + 2$	h) $y = -\frac{1}{2}(x+2)^2$	m) $y = -2(x+3)^2 - 2$

2 Für welchen Definitionsbereich lassen sich Umkehrfunktionen zu den Funktionen der Aufgabe 1 angeben?

a) Geben Sie die Gleichungen der Umkehrfunktionen an.

b) Zeichnen Sie den Graphen der Umkehrfunktion durch Spiegelung des Graphen der Funktion an der Winkelhalbierenden.

3 Formen Sie die Gleichungen in die Scheitelpunktform um. Bestimmen Sie die Nullstellen und den Scheitelpunkt der Parabel und zeichnen Sie dann die Parabel:

a) $y = x^2 - 6x + 8$	e) $y = 2x^2 - 8x + 9$	i) $y = 0{,}4x^2 - 1{,}6x - 3{,}3$
b) $y = x^2 - 4x + 9$	f) $y = -3x^2 + 12x - 9$	k) $y = 0{,}35x^2 + 0{,}7x + 1{,}05$
c) $y = x^2 + 2x + 3$	g) $y = 4x^2 - 2x - 6$	l) $y = 12{,}5x^2 + 75x + 62{,}5$
d) $y = x^2 + 6x + 4$	h) $y = 6{,}5x^2 - 16{,}25x$	m) $y = 0{,}5x - 0{,}8x + 0{,}32$

4 Gegeben sind Ihnen drei Punkte, die auf der Parabel liegen. Bestimmen Sie daraus die Funktionsgleichung.

a) $P_1(1\|14)$;	$P_2(4\|-4)$;	$P_3(3\|-2)$	d) $P_1(-4\|2)$;	$P_2(2\|-5{,}2)$;	$P_3(6\|-18)$
b) $P_1(0\|-4)$;	$P_2(1\|0)$;	$P_3(2\|6)$	e) $P_1(-6\|-6)$;	$P_2\left(2\,\middle\|\,-\frac{2}{3}\right)$;	$P_3\left(4\,\middle\|\,\frac{22}{3}\right)$
c) $P_1(2\|3)$;	$P_2(4\|4)$;	$P_3(6\|7)$	f) $P_1(2\|10)$;	$P_2(6\|-6)$;	$P_3(10\|10)$

5 Errechnen Sie die Schnittpunkte zwischen der Geraden g und der Parabel t. Zeichnen Sie die Graphen der Funktionen.

a) $f(x) = -\frac{1}{2}(x+2)^3 + 3$;	$g(x) = \frac{1}{2}x$	d) $f(x) = x^2 + 6x + 4$;	$g(x) = \frac{1}{4}x - 2$
b) $f(x) = x^2 - 4x + 1$;	$g(x) = -x + 5$	e) $f(x) = 2x^2 - 8x + 9$;	$g(x) = 2x - 5$
c) $f(x) = 0{,}4x^2 - 1{,}6x - 3{,}3$;	$g(x) = -0{,}2x + 2$	f) $f(x) = 0{,}5x^2 - 0{,}8x + 0{,}32$;	$g(x) = x - 4$

6 Die Katheten eines rechtwinkligen Dreiecks sind zusammen l cm lang. Die Länge c der Hypotenuse ist davon abhängig, wie lang die Kathete x gemacht wird.

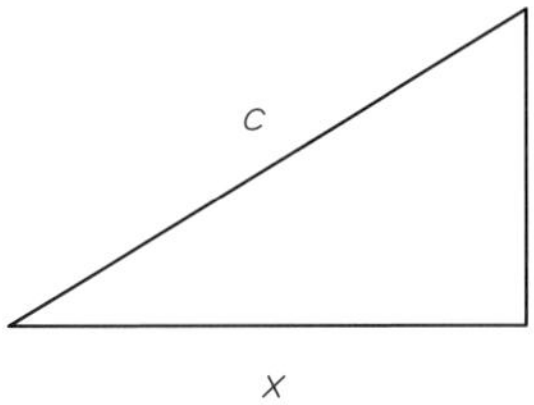

a) Stellen Sie die Funktionsgleichung auf, die c^2 in Abhängigkeit von x darstellt. Geben Sie den Definitionsbereich an.

b) Zeichnen Sie den Graphen von f für eine Länge l von 10 cm.

c) Für welchen Wert von x ist c am kürzesten?

7 Für einen Sportplatz mit rechteckiger Spielfläche und halbrunden Seitenflächen ist das Umfangsmaß U vorgegeben.
Die Rechteckfläche habe die Seiten a und b.

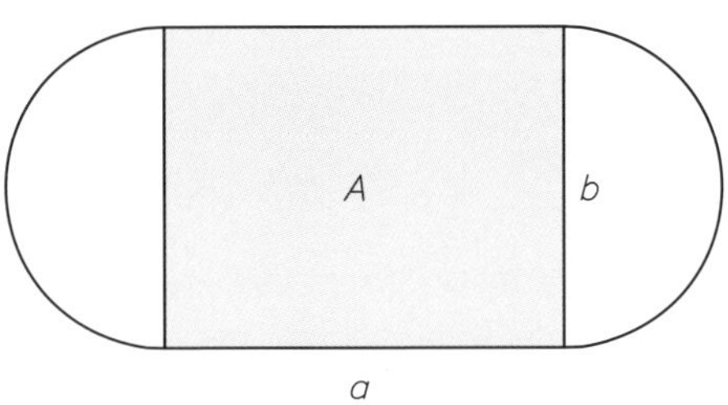

a) Geben Sie die Funktionsgleichung an, die den Zusammenhang zwischen der Spielfläche A und der Seitenlänge a beschreibt. Wie lautet der Definitionsbereich?

b) Zeichnen Sie den Graphen der Funktion für einen Umfangswert $U = 400$ m.

c) Für welche Seitenlänge a ist der Flächenwert A maximal?

8 Mit einem l m langen Zaun soll an einer Mauer entlang ein rechteckiges Rasenstück abgetrennt werden. Die Größe der Rechteckfläche A ist von dem Maß x abhängig.

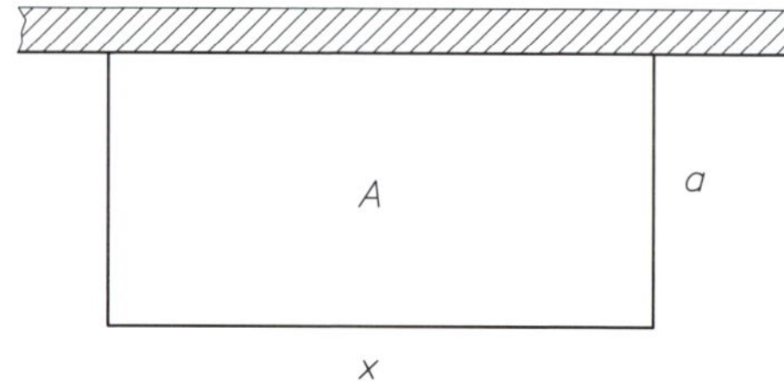

a) Stellen Sie die Funktionsgleichung $A = f(x)$ auf und geben Sie den Definitionsbereich an.

b) Zeichnen Sie den Graphen für $l = 20$ m.

c) Für welches x wird der Flächenwert maximal?

9 Aus einem rechtwinkligem Dreiecksstück mit den Katheten a und b kann ein Rechteck geschnitten werden. Die Größe der Fläche A des Rechtecks ist davon abhängig, wie lang die Seite x gewählt wird.

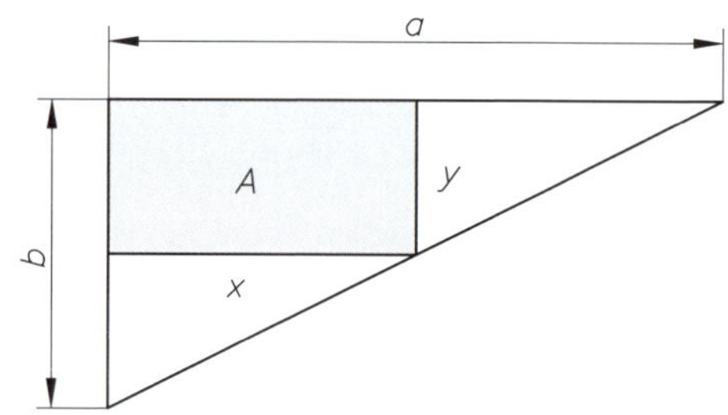

a) Stellen Sie die Funktionsgleichung $A = f(x)$ auf. Geben Sie den Definitionsbereich an.

b) Zeichnen Sie den Graphen der Funktion für die Werte $a = 20$ cm und $b = 14$ cm.

c) Für welchen Wert von x wird die Fläche maximal?

10 Geben Sie für den parabelförmigen Torbogen zuerst eine Funktionsgleichung an und errechnen Sie dann die fehlende Größe, wenn folgende Werte bekannt sind:

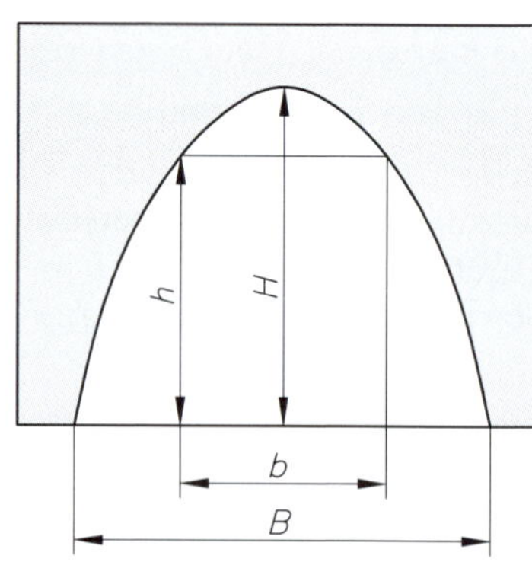

a) B und H ($B = 10$ m, $H = 12$ m und $b = 6$ m)

b) B, b und h ($B = 8$ m, $b = 4$ m und $h = 5$ m)

c) H, h und b ($H = 9$ m, $h = 7{,}5$ m und $b = 3$ m)

11 a) Welche Breite B hat der skizzierte parabelförmige Graben, wenn folgende Abmessungen bekannt sind: $h_1 = 0{,}5$ m, $h_2 = 0{,}6$ m und $b = 2$ m

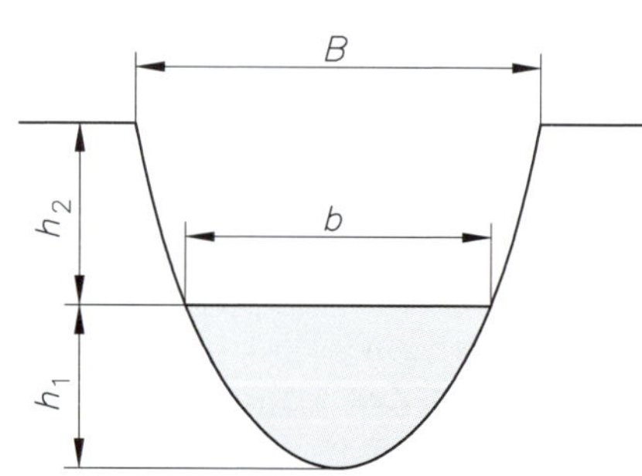

b) Wie tief ist ein 4 m breiter Graben, wenn 30 cm unterhalb der Oberkante die Wasserbreite 3,60 m ist?

12 Eine Dachkonstruktion besteht aus sichelförmigen Trägern, deren Begrenzungslinien Parabeln sind.

a) Stellen Sie die Funktionsgleichungen der Parabeln auf.

b) Welche Breite hat der Träger 6 m vom Rand entfernt?

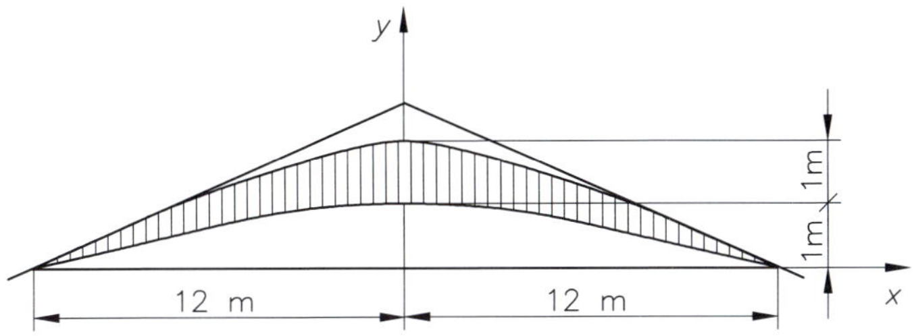

13 Der Durchhang eines Stahlseiles hat annähernd die Form einer Parabel. Der Abstand der beiden Masten beträgt $l = 200$ m, der Höhenunterschied $h = 40$ m.

a) Bestimmen Sie die Funktionsgleichung der Parabel, wenn der Scheitelpunkt S 50 m vom Mast A entfernt und 5 m unterhalb der Aufhängung des Seiles liegt.

b) Wo befindet sich der Scheitelpunkt, wenn bei $\frac{l}{2}$ der Durchhang $d = 15$ m beträgt?

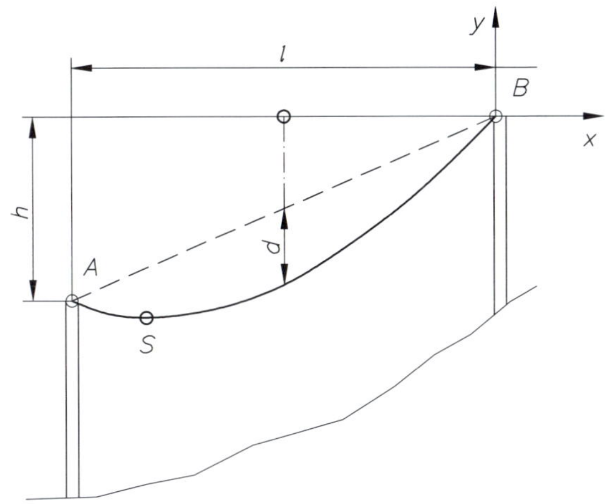

14 Beim Öffnen von Kühl- oder Gerfrierschränken dringt Außenluft in das Gerät und das sich niederschlagende Kondenswasser bildet eine Eisschicht. Der Energieverbrauch des Gerätes nimmt quadratisch mit der Dicke der Eisschicht zu.
So wurden folgende Werte gemessen:

d in mm	0	2	5	10
E in kWh/24 h	0,6	0,66	0,78	1,06

a) Stellen Sie die Funktionsgleichung auf, die den Zusammenhang zwischen dem Energieverbrauch E und der Eisdicke d darstellt. $E = f(d)$

b) Wie hoch liegt der Energieverbrauch, wenn die Eisschicht 2 cm dick ist?

15 Ein Lkw, der konstant mit einer Geschwindigkeit von 75 km/h fährt, kommt an einem Polizeiwagen vorbei, der am Straßenrand steht. Die Polizisten sind angewiesen gewisse Fahrzeuge zu überprüfen. Deshalb starten sie in dem Augenblick, in dem der Lkw neben ihnen ist um ihn zu stoppen.
Der Polizeiwagen beschleunigt mit $a = 2{,}5$ m/s^2.
Nach welcher Zeit haben die Polizisten den Lastwagen eingeholt?

16 Ein Körper wird aus 40 m Höhe mit einer Anfangsgeschwindigkeit von 3,5 m/s senkrecht nach unten geworfen.

a) Stellen Sie den Weg als Funktion der Zeit dar.

b) Nach welcher Zeit berührt der Körper den Boden?

17 Die Wurfbahn eines Steins verläuft parabelförmig. Folgende Werte sind bekannt:
$H = 18$ m; $h = 8$ m und $a = 10$ m

a) Zeichnen Sie ein geeignetes Koordinatenkreuz ein und geben Sie die Funktionsgleichung an!

b) Bestimmen Sie die Entfernung w von der Abwurfkante bis zum Aufschlagpunkt!

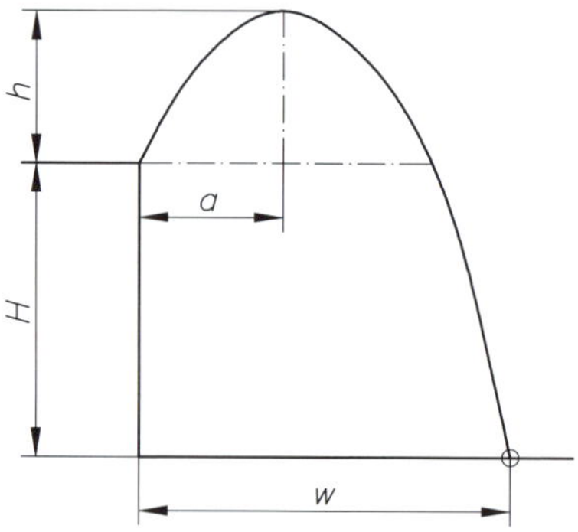

18 Ein ohmscher Widerstand $R = 22\ \Omega$ (10 W) ist gegeben.

a) Stellen Sie die Leistung P, die er aufnimmt, als Funktion des Stromes dar.

b) Geben Sie den Definitionsbereich an.

c) Zeichnen Sie den Funktionsgraphen.

19 Für eine Glühlampe gilt nicht das Ohm'sche Gesetz. Wegen der starken Erwärmung des Glühfadens hat er ein nichtlineares Widerstandsverhalten Das nebenstehende Diagramm zeigt die Kennlinie einer 10 V/1 W Glühlampe.

a) Zeichnen Sie den Graphen für $R_L = f(U)$ in ein Diagramm ein. (Entnehmen Sie die Werte der Wertetabelle.)

Was muss über den Definitionsbereich gesagt werden?

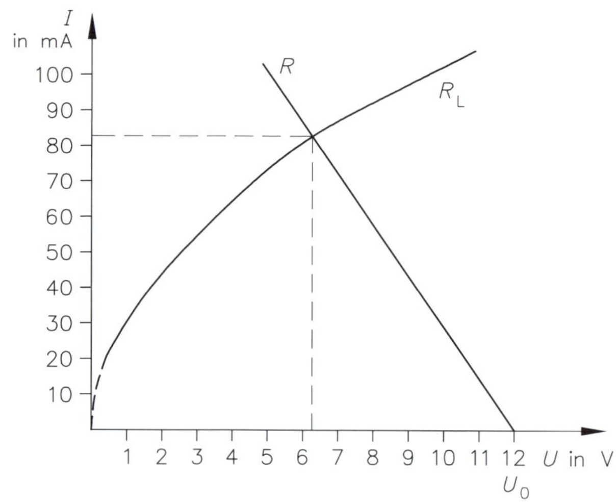

U in V	0,5	1,5	2,5	3,5	4,5	5,5	6,5	8,0	10,0	11,0
I in mA	22	39	50	59	67	74	81	89	100	105

b) Zeichnen Sie den Graphen der Umkehrfunktion der Kennlinie. (Er stellt eine Parabel dar.) Geben Sie die Gleichung der Umkehrfunktion $U = f(I)$ an.

c) Geben Sie die Funktionsgleichung der Kennlinie $I = f(U)$ an, indem Sie die Gleichung der Funktion $U = f(I)$ umstellen.

d) Wie groß ist die Leistungsaufnahme der Glühlampe, wenn an der Gesamtspannung von $U_1 = 12$ V ein ohmscher Widerstand von $R = 68\ \Omega$ in Reihe mit der Lampe R_L liegt. (Anmerkung: Das zeichnerische Verfahren ist in dem obigen Diagramm gezeigt.)

e) Errechnen Sie die Leistungsaufnahme der Glühlampe, wenn an der Gesamtspannung von 24 V ein ohmscher Widerstand von $R = 150\ \Omega$ in Reihe liegt.

20 Ein Monopolist stellt lediglich ein Produkt her und sieht sich am Markt folgender Preisabsatzfunktion gegenüber: $p(x) = -0{,}2x + 10$
Er produziert das Gut entsprechend folgender Kostenfunktion: $K(x) = 1{,}2x + 68$
Für die Erlösfunktion gilt: Erlös = Preis · Menge $E(x) = p(x) \cdot x$
Für den Gewinn gilt: Gewinn = Erlöse − Kosten $G(x) = E(x) - K(x)$

a) Bestimmen Sie das Erlösmaximum.
b) Geben Sie die Gewinnfunktion an.
c) Bestimmen Sie den Bereich, innerhalb dessen mit Gewinn produziert wird.
d) Ermitteln Sie die Produktionsmenge, die den maximaien Gewinn erbringt. Wie groß ist dieser Gewinn? (vgl. die ausführlichere Behandlung der ökonomischen Funktion. in Kap. 8.2.6)

21 Die Preisabsatzfunktion eines Ein-Produkt-Herstellers, der Monopolist am Markt ist, lautet: $p(x) = 4{,}2 - 0{,}2x$
Er produziert sein Gut entsprechend der Kostenfunktion: $K(x) = 0{,}6x + 11{,}2$

a) Bestimmen Sie die Erlösfunktion und die Gewinnfunktion.
b) Zeichnen Sie die Graphen der Preisabsatz-, Erlös- und Gewinnfunktion in ein Koordinatensystem ein.
c) Bestimmen Sie die Ausbringungs- und Produktionsmengen und die maximalen Erlöse.
d) In welchem Bereich kann der Monopolist mit Gewinn produzieren?
e) Aufgrund unternehmensinterner Umstrukturierung verändert sich die Kostensituation. Der Fixkostenblock erhöht sich auf 12,0 GE, die Kosten pro Stück sinken auf 0,45 GE.
Verdeutlichen Sie die veränderte Situation durch eine graphische Darstellung. Wie verändert sich die Gewinnzone?

22 Ein Monopolist kann sein Produkt entsprechend folgender Preisabsatzfunktion absetzen: $p(x) = 6 - 0{,}5x$
Die Produktion seines Gutes verursacht Kosten, die sich zum einen aus einem Fixkostenblock in Höhe von 9 GE und zum anderen aus Kosten pro Stück in Höhe von 0,02 GE zusammensetzen.

a) Bestimmen Sie die Kosten-, die Erlös- und die Gewinnfunktion.
b) Zeichnen Sie die Graphen dieser Funktionen.
c) Errechnen Sie das Erlösmaximum.
d) Bestimmen Sie den Bereich, innerhalb dessen mit Gewinn produziert wird.
e) Berechnen Sie die gewinnmaximale Ausbringungsmenge.

23 Die Anbieter am Markt verhalten sich entsprechend der Angebotskurve:
$P_A(x) = 0{,}15x^2 + 0{,}25x + 0{,}4;\ 0 \leq x \leq 15$
Die Nachfrage kann durch folgende Nachfragekurve beschrieben werden:
$P_N(x) = 0{,}05x^2 - 1{,}75x + 16;\ 0 \leq x \leq 15$

a) Zeichnen Sie den Graphen der Angebots- und Nachfragefunktion.
b) Bestimmen Sie das Marktgleichgewicht.
c) Geben Sie den Angebotsüberhang bei einem Preis von 12 GE an.
d) Bestimmen Sie den Nachfrageüberhang bei einem Preis von 5 GE.

24 Das Verhalten von Anbietern unp Nachfragern am Markt sei durch folgende Funktionen beschrieben: $P_A(x) = 0{,}28x + 2{,}2; 0 \leq x \leq 15$ $\quad P_N(x) = 0{,}05x^2 - 1{,}8x + 18; 0 \leq x \leq 15$

a) Zeichnen Sie die Graphen der Funktionen.

b) Bestimmen Sie das Marktgleichgewicht.

c) Erläutern Sie die Marktsituation bei einem Preis von 3 GE bzw. 6 GE.

3.3.4 Linearfaktoren und Polynomdivision

Die Berechnung der Nullstellen ganzrationaler Funktionen 1. und 2. Grades ist direkt möglich. Schwieriger wird es für die Funktionen, deren Grad $n \geq 3$ ist; es sei denn, die Gleichung ist als Produkt von **Linearfaktoren** geschrieben. Linearfaktor heißt das Polynom 1. Grades.

Beispiele für Funktionsgleichungen mit Linearfaktoren

1. $\boldsymbol{f(x) = (x + 2) \cdot (x - 1) \cdot (x - 3)} \Leftrightarrow f(x) = x^3 - 2x^2 - 5x + 6$

Linearfaktoren $\qquad$ Polynom 3. Grades

Bei der Berechnung von Nullstellen ist die Bestimmungsgleichung 3. Grades zu lösen. (Kapitel 3.3.5)

Der Funktionswert y ist dann Null, wenn einer der Faktoren der linken Darstellung Null ist.

Nullstellen: $x_{01} = -2;\ x_{02} = 1;\ x_{03} = 3$

2. $\boldsymbol{f(x) = (x - 2) \cdot (x^2 + 4)} \Leftrightarrow f(x) = x^3 + 4x^2 - 2x - 8$

Linearfaktor $\qquad$ Polynom 3. Grades

+ Restpolynom 2. Grades

Die Funktion hat nur eine Nullstelle: $x_0 = 2$ $\qquad$ Für $(x^2 + 4) = 0$ gibt es keine Lösung in $\mathbb{R}$.

$f(x) = \boldsymbol{a_n x^n + a_{n-1} x^{n-1} \ldots a_2 x^2 + a_1 x + a_0}$ $\qquad$ Gleichung der ganzrationalen Funktion n-ten Grades.

Sollen die Nullstellen dieser Gleichung berechnet werden, muss das Polynom:
$\boldsymbol{p_n(x) = a_n x^n + a_{n-1} x^{n-1} \ldots a_2 x^2 + a_1 x + a_0}$ den Wert 0 annehmen.

Das bedeutet, dass für x nur einige Werte eingesetzt werden können, und zwar die Lösungen $x_{01}, x_{02}, x_{03}, \ldots x_{0n}$ der entsprechenden Bestimmungsgleichung.

Bestimmungsgleichung A: $\qquad$ mit der Lösungsmenge:

$\boldsymbol{a_n x^n + a_{n-1} x^{n-1} \ldots a_2 x^2 + a_1 x + a_0 = 0}$ $\qquad$ $\boldsymbol{L = \{x_{01}, x_{02}, x_{03}, \ldots x_{0n}\}}$

Bestimmungsgleichung B: $\qquad$ mit der Lösungsmenge:

$\boldsymbol{a_n \cdot (x - x_{01}) \cdot (x - x_{02}) \cdot (x - x_{03}) \cdot \ldots \cdot (x - x_{0n}) = 0}$ $\qquad$ $\boldsymbol{L = \{x_{01}, x_{02}, x_{03}, \ldots x_{0n}\}}$

Offensichtlich sind also die beiden Gleichungen A und B identisch. Der Unterschied liegt lediglich in der Schreibweise.

Die Terme $(x - x_{01})$, $(x - x_{02})$ usw. sind Polynome 1. Grades, die **Linearfaktoren** genannt werden.

Ein Polynom n-ten Grades kann als Produkt von n Linearfaktoren geschrieben werden[1)].

Das obige Beispiel 2 zeigt folgenden Zusammenhang für Polynome n-ten Grades ($n \geq 3$).

[1)] *Allgemein gültig nur in der Menge der komplexen Zahlen* $\mathbb{C}$ (s. Kapitel 5).

$(x-2)\cdot(x^2+4)=0 \Leftrightarrow x^3+4x^2-2x-8=0$
$(x-2)\cdot p_2=0 \qquad \Leftrightarrow p_3=0$
Für $x=2$ wird die Bestimmungsgleichung 0, denn $0\cdot p_2=0$

Ist x_{01} eine Nullstelle des Polynoms $p_n(x)$, dann kann das Polynom dargestellt werden durch das Produkt des Linearfaktors $(x-x_{01})$ mit einem Restpolynom, das um einen Grad niedriger ist als das ursprüngliche Polynom[1].

Satz

Das Polynom $p_n = a_n x^n \ldots a_{n-1}x^{n-1} + a_2x^2 + a_1x + a_0$ lässt sich schreiben als Produkt eines Linearfaktors und eines Restpolynoms vom Grad $(n-1)$:

$\boldsymbol{p_n(x) = a_n(x - x_{01})\cdot p_{n-1}(x)}$ falls $p_n(x_{01})=0$ gilt.

Ist eine Lösung x_{01} des Polynoms $p_n(x)$ bekannt, wird das Restpolynom $p_{n-1}(x)$ mithilfe der **Polynomdivision** ermittelt: $\boldsymbol{p_{n-1}(x) = p_n(x) : (x - x_{01})}$

Beispiel für eine Polynomdivision

$p_3(x) = x^3 - 6x^2 + 11x - 6$ Ist für das Polynom 3. Grades eine Lösung bekannt (z. B. aus der Wertetabelle), so kann ein Linearfaktor abgespalten werden.

Nullstelle: $x_{01} = 1$ (aus der Wertetabelle) $\Rightarrow$ Linearfaktor: $(x-1)$

$\boldsymbol{p_3(x) = (x-1)\cdot p_2(x)}$ Schreibweise mit Linearfaktor und Restpolynom p_2.

Polynomdivision:

$$p_2(x) = p_3(x) : (x-1)$$

$$\begin{aligned}
&(x^3 - 6x^2 + 11x - 6) : (x-1) = x^2 - 5x + 6\\
&\underline{-(x^3 - x^2)}\\
&\qquad -5x^2 + 11x - 6\\
&\qquad \underline{-(-5x^2 + 5x)}\\
&\qquad\qquad 6x - 6\\
&\qquad\qquad \underline{-(6x - 6)}\\
&\qquad\qquad\qquad 0
\end{aligned}$$

Dies ist die übersichtliche Form für die Durchführung einer Polynomdivision. Wegen ihrer Wichtigkeit wird sie unten ausführlicher erläutert.

$\boldsymbol{p_3(x) = (x-1)\cdot(x^2 - 5x + 6)}$ Das Polynom mit Linearfaktor und Restpolynom.

Weitere Nullstellen aus der quadratischen Gleichung des Restpolynoms
$(x^2 - 5x + 6 = 0)$:
$x_{02} = 2;\ x_{03} = 3$

$\boldsymbol{p_3(x) = (x-1)\cdot(x-2)\cdot(x-3)}$ Das Polynom in vollständiger Linearfaktorenschreibweise.

[1] *Unbeschränkt ist das Abspalten eines Linearfaktors nur möglich in* $\mathbb{C}$.

Erläuterung zur Durchführung der Polynomdivision:

$p_2(x) = p_3(x) : (x - 1)$	$p_3(x) = x^3 - 6x^2 + 11x - 6$ somit ist $p_2(x)$:
$\frac{p_3(x)}{x-1} = \frac{x^3 - 6x^2 + 11x - 6}{x-1}$	kann aber auch so geschrieben werden:
1. Schritt: $= \frac{x^3}{x-1} + \frac{-6x^2 + 11x - 6}{x-1}$	$\frac{x^3}{x-1}$ kann nicht gekürzt werden, wohl aber $\frac{x^3 - x^2}{x-1} = \frac{x^2(x-1)}{x-1} = x^2$
$= \frac{x^3 - x^2}{x-1} + \frac{-5x^2 + 11x - 6}{x-1}$	Im Zähler des ersten Bruches kommt jetzt ein x^2 vor. Der Zähler des zweiten Bruches wird somit: $(x^3 - 6x^2 + 11x - 6) - (x^3 - x^2) = -5x^2 + 11x - 6$
2. Schritt: $= x^2 + \frac{-5x^2}{x-1} + \frac{11x - 6}{x-1}$	$\frac{-5x^2}{x-1} \Rightarrow \frac{-5x^2 + 5x}{x-1} = \frac{-5x(x-1)}{x-1} = -5x$
$= x^2 + \frac{-5x^2 + 5x}{x-1} + \frac{6x - 6}{x-1}$	Der Zähler des letzten Bruches wird somit: $(5x^2 + 11x - 6) - (-5x^2 + 5x) = 6x - 6$
3. Schritt: $= x^2 - 5x + \frac{6x - 6}{x-1}$	$\frac{6x - 6}{x-1} = \frac{6(x-1)}{x-1} = 6$
$\frac{p_3(x)}{x-1} = x^2 - 5x + 6$	Da $x_{01} = 1$ Lösung von $p_3(x)$ ist, muss die Polynomdivision aufgehen.

AUFGABEN

1 Bestimmen Sie die Lösungsmenge folgender Bestimmungsgleichungen.

a) $0{,}2x^2 + 2x - 2{,}2 = 0$ d) $2{,}5x^2 - 4x + 1{,}6 = 0$ g) $\frac{1}{x-1} - 2x + 3 = 0$

b) $-2x^2 - 2x + 4 = 0$ e) $\frac{1}{2x+1} = \frac{5}{6x+3} - \frac{1}{x}$ h) $3x + \frac{57}{x} - 60 = 0$

c) $-0{,}5x^2 + 0{,}8x - 1{,}2 = 0$ f) $4x - \frac{6}{x} = 3x + 5$ i) $\frac{80}{x} + \frac{80}{x-6} = 28$

2 Wie lautet die quadratische Gleichung in Normalform, für die folgende Lösungselemente bekannt sind?

a) $x_1 = 4;\ x_2 = -2$ c) $x_1 = 5{,}2; x_2 = 0$ e) $x_1 = -1;\ x_2 = -1$

b) $x_1 = 13;\ x_2 = -13$ d) $x_1 = -1; x_2 = -5$ f) $x_1 = -\frac{1}{3} + \frac{1}{3}\sqrt{2};\ x_2 = -\frac{1}{3} - \frac{1}{3}\sqrt{2}$

3 Bestimmen Sie die Linearfaktoren.

a) $x^2 - 17x + 66 = 0$ c) $x^2 + 4x - 320 = 0$ e) $\frac{1}{4}x^2 - x - 8{,}5 = 0$

b) $x^2 - 5x - 24 = 0$ d) $3x^2 - 27x + 54 = 0$ f) $x^2 - 5x + 6{,}25 = 0$

4 Spalten Sie von den folgenden Polynomen einen Linearfaktor ab und schreiben Sie als Produkt:

a) $p(x) = x^5 - 32$ b) $p(x) = x^8 - 256$ c) $p(x) = x^6 - 729$ d) $p(x) = x^4 - 625$

5 Geben Sie das Restpolynom an, wenn Ihnen eine Nullstelle vorgegeben ist.

a) $y = x^4 - 5x^2 + 6x - 8;$ $x_{01} = 2$

b) $y = x^5 + 9x^4 + 17x^3 - 3x^2 + 10x + 30;$ $x_{01} = -3$

c) $y = \frac{1}{2}x^5 + \frac{1}{4}x^4 - 2x^3 - x^2 - \frac{3}{2}x - \frac{3}{4};$ $x_{01} = -\frac{1}{2}$

d) $y = \frac{1}{4}x^6 - \frac{3}{4}x^5 - \frac{1}{16}x^4 + \frac{3}{16}x^3 + x^2 - 3x;$ $x_{01} = 3$

e) $y = x^3 + x^2 - 14 + \frac{4}{x};$ $x_{01} = 2$

6 Stellen Sie folgende Polynome als Produkt von Linearfaktoren dar.

a) $p(x) = x^3 - 3x^2 - 6x + 8$ e) $p(x) = x^3 - 2{,}5x^2 - 2x + 1{,}5$ i) $p(x) = x^4 - 20x^2 + 64$

b) $p(x) = 3x^3 - 9x^2 - 18x + 24$ f) $p(x) = x^3 + 9x^2 + 23x + 15$ k) $p(x) = x^4 - 2x^2 - 8$

c) $p(x) = x^3 - 13x + 12$ g) $p(x) = x^3 + 2x^2 - 5x - 6$ l) $p(x) = x^4 - 5x^3 + 8x^2 - 4x$

d) $p(x) = \frac{1}{2}x^3 - x^2 - \frac{5}{2}x + 3$ h) $p(x) = x^3 + 4x^2 - 320x$ m) $p(x) = -2x^5 + 10x^3 - 8x$

7 Wie heißt die Gleichung der Funktion n-ten Grades, bei welcher die n Nullstellen und ein Koeffizient gegeben sind?

a) 1; −2; 3; $a_3 = 5$ d) 2; −2; 4; $a_1 = 1$ g) 1; 3; 5; 7; $a_2 = 4$

b) 1; 2; −2; $a_3 = -1$ e) −5; −3; 2; $a_1 = -1$ h) −2; 0; 2; 4; 8; $a_3 = -7$

c) 2; 3; 5; $a_2 = 1$ f) 1; 3; 5; $a_0 = 2$ i) −2; 1; 3; $a_3 = 0{,}1$

8 Der Graph einer Funktion 3. Grades wird von einer Geraden g an den Stellen x_1; x_2 und x_3 geschnitten. Bestimmen Sie die Gleichung der Funktion. ($a_3 = 1$)

a) $x_1 = 1;$ $x_2 = 2;$ $x_3 = 3;$ $g\colon y = 2x + 1$

b) $x_1 = -2;$ $x_2 = -1;$ $x_3 = 0;$ $g\colon y = \frac{1}{2}x - 2$

c) $x_1 = \frac{1}{2};$ $x_2 = 1;$ $x_3 = 4;$ $g\colon y = -x + \frac{1}{3}$

3.3.5 Ganzrationale Funktionen 3. Grades

Beschränken wir uns zunächst auf die Eigenschaften ihrer Grundfunktion: $x \rightarrow a_3 x^3$

Beispiele zur Grundfunktion $x \rightarrow a_3 x^3$

G_1: $f_1(x) = x^3$ $a_3 = 1$ Normalparabel

G_2: $f_2(x) = 6 \cdot x^3$ $a_3 = 6$

G_3: $f_3(x) = \frac{1}{6} \cdot x^3$ $a_3 = \frac{1}{6}$

$|a_3| > 1$ die Parabel ist gestreckt

$|a_3| < 1$ die Parabel ist gestaucht

$a_3 > 0$ die Parabel verläuft von $-\infty$ nach $+\infty$.

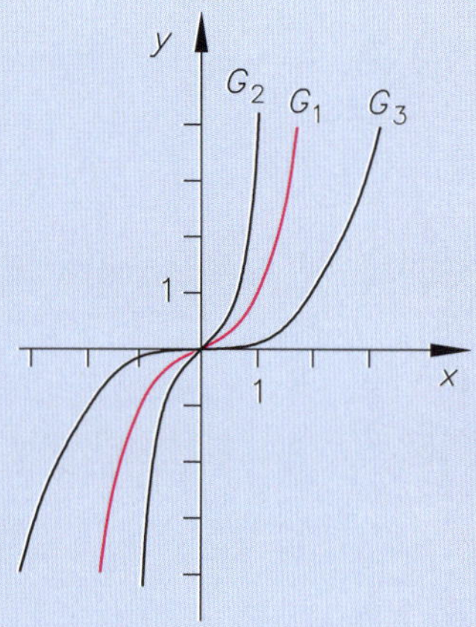

Abb. 3.21

G_1: $f_1(x) = -x^3$ $a_3 = -1$

G_2: $f_2(x) = -6 \cdot x^3$ $a_3 = -6$

G_3: $f_3(x) = -\frac{1}{6}x^3$ $a_3 = -\frac{1}{6}$

$|a_3| > 1$ die Parabel ist gestreckt

$|a_3| < 1$ die Parabel ist gestaucht

$a < 0$ die Parabel verläuft von $+\infty$ nach $-\infty$.

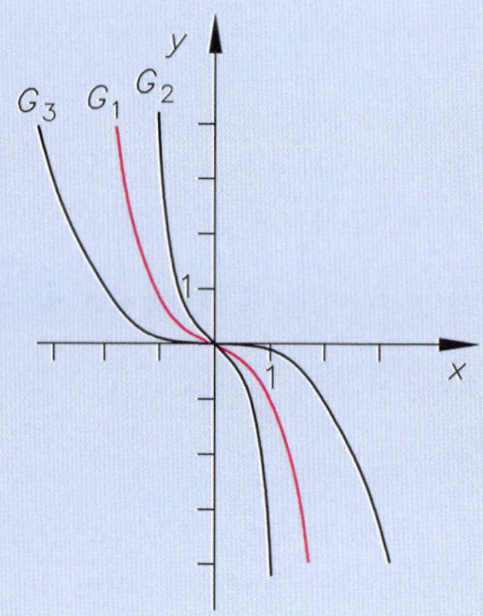

Abb. 3.22

$f(x) = a_3 x^3 + a_2 x^2 + a_1 x + a_0$ ist die Gleichung der ganzrationalen Funktion 3. Grades. Sie hat mindestens 1 Nullstelle, höchstens jedoch 3 Nullstellen.

Beispiel für eine ganzrationale Funktion 3. Grades

$f(x) = 0{,}1x^3 - 0{,}2x^2 - 0{,}5x + 0{,}6$
sei die Funktionsgleichung der gegebenen Funktion f.
Errechnen Sie die Nullstellen der Funktion.

Eine Nullstelle muss bekannt sein. Sie kann der Wertetabelle entnommen bzw. aus dem Diagramm abgelesen werden. Falls der Wert nicht exakt zu bestimmen ist, muss dies mithilfe eines Näherungsverfahrens erfolgen. (vgl. Kapitel 8.2.4)

Bekannt sei die Nullstelle $x_{01} = 1$, somit auch ein Linearfaktor $(x - 1)$ und es kann das Restpolynom $p_2(x)$ ermittelt werden (vgl. Kapitel 3.3.4):

$$\begin{array}{l} (0{,}1x^3 - 0{,}2x^2 - 0{,}5x + 0{,}6) : (x - 1) = 0{,}1x^2 - 0{,}1x - 0{,}6 \\ \underline{-(0{,}1x^3 - 0{,}1x^2)} \\ \quad -0{,}1x^2 - 0{,}5x + 0{,}6 \\ \quad \underline{-(-0{,}1x^2 + 0{,}1x)} \\ \qquad -0{,}6x + 0{,}6 \\ \qquad \underline{-(-0{,}6x + 0{,}6)} \\ \qquad\qquad 0 \end{array}$$

Das Restpolynom $p_2(x)$ wird 0 gesetzt. Nun können aus der quadratischen Gleichung weitere Nullstellen ermittelt werden.

Nullstellen:

$\boldsymbol{x_{01} = 1;\ x_{02} = 3}$ **und** $\boldsymbol{x_{03} = -2}$

Funktionsgleichung mit Linearfaktoren:

$$\boldsymbol{f(x) = 0{,}1 \cdot (x + 2) \cdot (x - 1) \cdot (x - 3)}$$

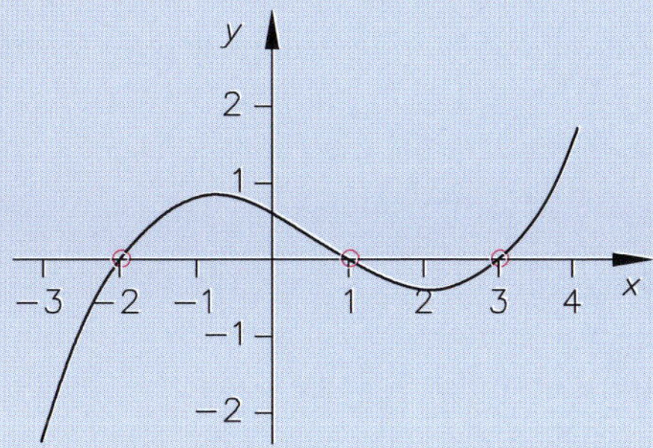

Abb. 3.23

AUFGABEN

1 Berechnen Sie die Nullstellen der Funktion mit der Gleichung:

a) $y = \frac{1}{2}x^3 - x^2 - \frac{5}{2}x + 3$

b) $y = x^3 - 12x^2 + 41x - 30$

c) $y = 3x^3 - 18x^2 + 33x - 18$

d) $y = x^3 - x$

e) $y = 4x^3 - 25x + 18$

f) $y = 5x^3 + 10x^2 - 5x - 10$

2 Bestimmen Sie die Gleichung der kubischen Funktion in Normalform, für die folgende Nullstellen bekannt sind.

a) $1;\ -2;\ 3$

b) $2;\ -2;\ 4$

c) $-5;\ -3;\ 2$

d) $3;\ \sqrt{3};\ -\sqrt{3}$

e) $-4;\ -\frac{1}{3};\ \frac{1}{2}$

f) $2;\ -\sqrt{2};\ -\frac{1}{2}$

g) $0;\ (2 - \sqrt{2});\ (2 + \sqrt{2})$

h) $1;\ 3;\ 5$

i) $-6;\ 0;\ 6$

3 Gegeben sind nachfolgend aufgeführte Gleichungen kubischer Funktionen. Erstellen Sie eine Wertetabelle für ganzzahlige x-Werte zwischen -5 und $+5$. Zeichnen Sie den Graphen der Funktion und bestimmen Sie die Nullstellen.

a) $f(x) = 2x^2(x + 1)$

b) $f(x) = 3x(x - 1)(x + 2)$

c) $f(x) = (x^2 + 1)(x - 2)$

d) $f(x) = (x + 1)(x^2 - 2)$

e) $f(x) = x(x^2 + 1)$

f) $f(x) = -2x^3 + 3x^2$

4 Eine kubische Parabel verläuft durch die Punkte $P_1(-1|0)$; $P_2(0|4)$; $P_3(2|0)$ und $P_4(1|2)$.

a) Bestimmen Sie die Gleichung der Funktion.

b) Zeichnen Sie den Graphen der Funktion.

5 Eine zum Koordinatenursprung punktsymmetrische Parabel 3. Grades geht durch die Punkte $P_1(-1|2)$ und $P_2(\sqrt{3}|0)$.

a) Bestimmen Sie die Gleichung der Funktion.

b) Zeichnen Sie den Graphen der Funktion.

6 Eine Parabel 3. Ordnung ist punktsymmetrisch zu dem Punkt $P_0(0|3)$. Sie schneidet die x-Achse bei $x_1 = -4$ und berührt sie im Punkt $P_2(2|0)$.

a) Ermitteln Sie die Funktionsgleichung der Parabel.

b) Zeichnen Sie den Graphen der Funktion.

7 Von einem Kegel ist die Mantellinie s bekannt.
Das Volumen des Kegels ist von seiner Höhe h abhängig.

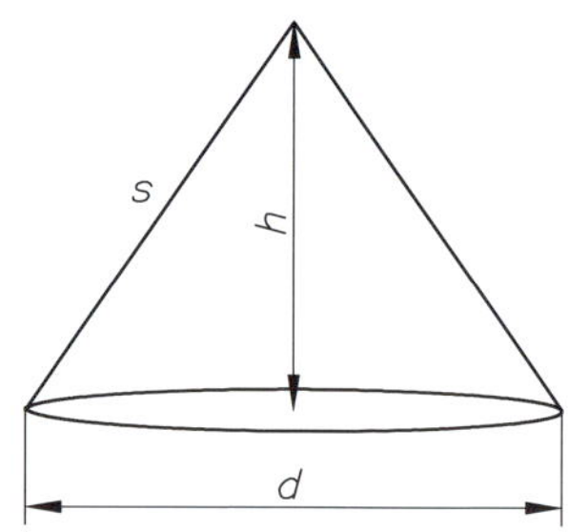

a) Bestimmen Sie die Funktionsgleichung $V = f(h)$ und geben Sie den Definitionsbereich an.

b) Zeichnen Sie den Graphen der Funktion, wenn $s = 2$ m ist.

c) Für welche Höhe h wird das Volumen maximal?

8 Aus einer rechteckigen Pappe soll ein nach oben offenes Kästchen gefertigt werden. Dazu werden an den Ecken Quadrate mit der Kantenlänge x herausgeschnitten.

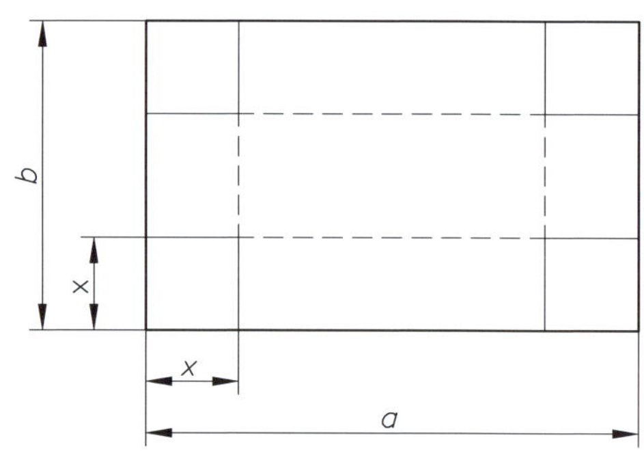

a) Geben Sie die Funktion an, die das Volumen des Kästchens in Abhängigkeit des Maßes x angibt. $V = f(x)$

b) Bestimmen Sie den Definitionsbereich und zeichnen Sie den Graphen, wenn $a = 20$ cm und $b = 12$ cm ist.

c) Für welchen x-Wert wird das Volumen maximal?

9 Eine Strecke a soll so aufgeteilt werden, dass ein gleichschenkliges Dreieck entsteht. Der Flächeninhalt des Dreiecks ist abhängig von der Grundseite x bzw. von der Höhe h.

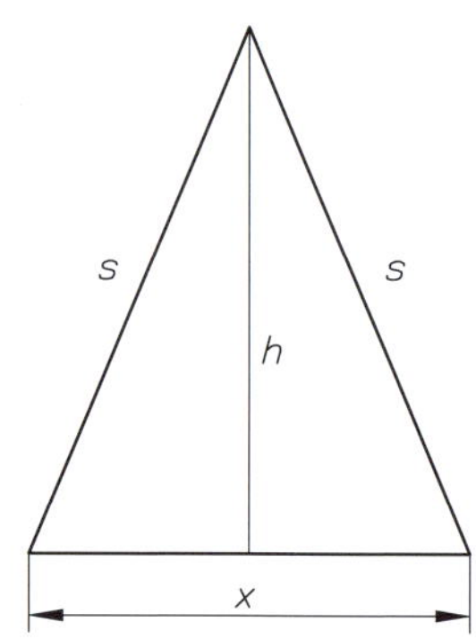

a) Bestimmen Sie die Funktionsgleichung für $A = f(h)$. Wie lautet der Definitionsbereich?

b) Zeichnen Sie den Graphen der Funktion, wenn $a = 2$ m beträgt.

c) Für welche Höhe wird der Flächeninhalt ein Maximum?

10 Aus 4 Stäben s soll ein pyramidenförmiges Zelt mit quadratischer Grundfläche errichtet werden. Der Rauminhalt V des Zeltes ist von der Höhe h abhängig.

a) Geben Sie die Funktionsgleichung an, die den Zusammenhang zwischen V und h angibt.

b) Ein Stab soll die Länge von 5 m haben. Zeichnen Sie den Graphen der Funktion.

c) Welche Höhe muss das Zelt haben, damit der Rauminhalt größtmöglich ist?

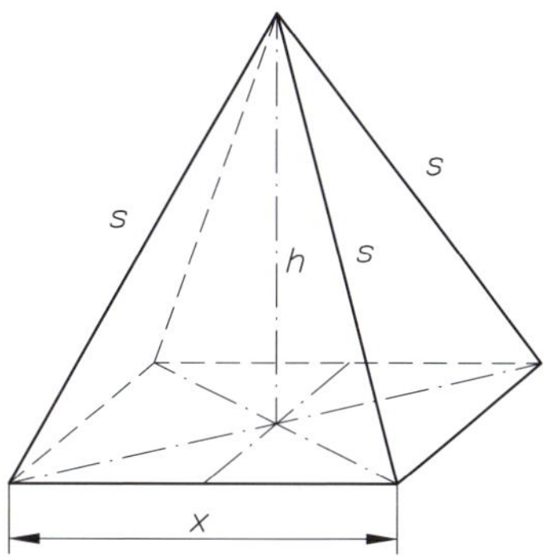

11 Bei Erkältungskrankheiten gibt es einen typischen Ausbreitungsverlauf, der mit guter Näherung durch die Funktionsgleichung $f(x) = a_3x^3 + a_2x^2$ beschrieben werden kann. Nach 10 Tagen (x) ist der Höhepunkt der Erkrankungsfälle erreicht und nach 15 Tagen wird keiner mehr angesteckt.

a) Bestimmen Sie die Funktionsgleichung und zeichnen Sie den Graphen, wenn nach 10 Tagen 3 000 Personen erkrankt sind.

b) Wie lautet die Funktionsgleichung, wenn nach 10 Tagen 5 000 Personen erkrankt sind? Zeichnen Sie hierfür den Graphen.

12 Beim Öffnen von Kühl- oder Gerfrierschränken dringt Außenluft in das Gerät und das sich niederschlagende Kondenswasser bildet eine Eisschicht. Der Energieverbrauch des Gerätes nimmt in dritter Potenz mit der Dicke der Eisschicht zu.
So wurden folgende Werte gemessen:

d in mm	0	2	5	10
E in kWh/24 h	0,6	0,66	0,78	1,05

a) Stellen Sie die Funktionsgleichung auf, die den Zusammenhang zwischen dem Energieverbrauch E und der Eisdicke d darstellt. $E = f(d)$

b) Zeichnen Sie den Graph der Funktion für $0 \leq d \leq 40$ mm.

c) Vergleichen Sie den Graphen der ganzrationalen Funktion 3. Grades mit dem Graphen aus Aufgabe 14 des Kapitels 3.3.3. (Wählen Sie eventuell einen größeren Definitionsbereich)

13 Die Kosten eines Anbieters in vollständiger Konkurrenz können mit folgender Funktion beschrieben werden:

$K(x) = 0{,}5x^3 - 40x^2 + 1600x + 3000$

Die Erlöse betragen 1 032,50 EUR pro Stück.

a) Stellen Sie die Erlös- und die Gewinnfunktion auf.

b) Erstellen Sie für alle Funktionen geeignete Wertetabellen für x-Werte zwischen 0 und 80.

c) Zeichnen Sie die Graphen der Erlös-, Kosten- und Gewinnfunktion.

d) Bestimmen Sie den Bereich, innerhalb dessen der Unternehmer mit Gewinn produzieren kann.

14 Am Markt mit vollständiger Konkurrenz bietet ein Unternehmer sein Produkt zu einem Preis von 312 EUR an. Er produziert das Gut entsprechend der nachfolgend aufgeführten Kostenfunktion:

$K(x) = 0{,}3x^3 - 4{,}2x^2 + 11x + 5\,300;\ 10 \leq x \leq 30$

a) Stellen Sie die Erlös- und die Kostenfunktion auf.

b) Erstellen Sie eine geeignete Wertetabelle für alle Funktionen.

c) Zeichnen Sie die Graphen der Erlös-, Kosten- und Gewinnfunktion.

d) Bestimmen Sie den Bereich, innerhalb dessen der Unternehmer mit Gewinn produzieren kann.

3.3.6 Ganzrationale Funktionen 4. Grades

$\boldsymbol{f(x) = a_4x^4 + a_3x^3 + a_2x^2 + a_1x + a_0}$ Gleichung der ganzrationalen Funktion 4. Grades. Sie hat höchstens 4 Nullstellen. Es kann sein, dass keine Nullstelle vorliegt.

Um die Nullstellen der ganzrationalen Funktion 4. Grades zu berechnen, müssen 2 Nullstellen bekannt sein (oder „erraten“ werden). Nach zweimaliger Polynomdivision können mögliche weitere Nullstellen ermittelt werden.

Die Nullstellen sind einfach zu errechnen, wenn die Gleichung der Funktion folgende Form hat:

$\boldsymbol{f(x) = a_4x^4 + a_2x^2 + a_0}$ In der Gleichung kommen nur gerade Exponenten vor.

Beispiel für die Berechnung von Nullstellen

$f(x) = 0{,}5x^4 - 2{,}5x^2 + 2$ sei die gegebene sei die Funktionsgleichung f.

$0{,}5x^4 - 2{,}5x^2 + 2 = 0$ Da bei dieser Gleichung nur gerade Exponenten vorkommen, kann eine **Substitution** vorgenommen werden. $\Rightarrow z = x^2$
x^2 wird durch z ersetzt und die Gleichung nach z aufgelöst:

$0{,}5z^2 - 2{,}5z + 2 = 0$

$z \quad - 5z + 4 = 0$

$z_{1/2} = +\frac{5}{2} \pm \sqrt{\frac{9}{4}}$

Für z_1 gilt: $x^2 = 4$

$x_{01} = 2$

$x_{02} = -2$

Für z_2 gilt: $x^2 = 1$

$x_{03} = 1$

$x_{04} = -1$

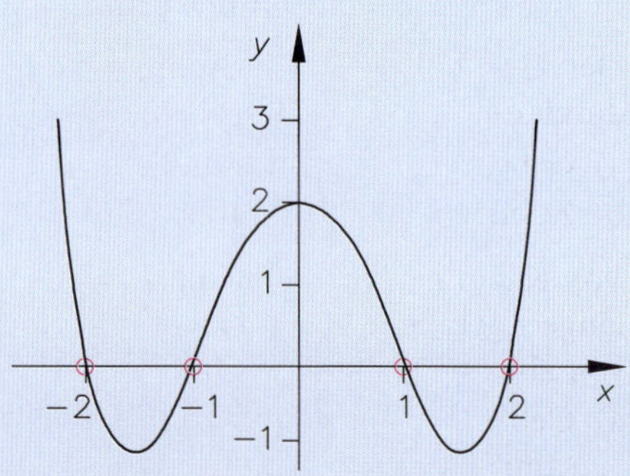

Abb. 3.24

$\boldsymbol{f(x) = 0{,}5 \cdot (x - 2) \cdot (x - 1) \cdot (x + 2) \cdot (x + 1)}$ Die Funktionsgleichung mit Linearfaktoren.

AUFGABEN

1 Gegeben sind Ihnen Funktionen mit ihren Funktionsgleichungen. Errechnen Sie jeweils die Achsenschnittpunkte.

a) $y = x^4 - 5x^2 + 4$
b) $y = x^4 - 2x^2 - 8$
c) $y = x^4 - 5x^3 + 8x^2 - 4x$
d) $y = x^4 - 20x^2 + 64$
e) $y = x^4 + x^3 - 18x^2 - 16x + 32$
f) $y = x^4 + x^3 - 7x^2 - x + 6$
g) $y = 0{,}25x^4 - 2x^3 - 3{,}25x^2 + 29x - 24$
h) $y = \frac{3}{2}x^4 - 3x^3 - \frac{15}{2}x^2 + 9x$

2 Bestimmen Sie die Gleichung der ganzrationalen Funktion 4. Grades in Normalform, deren Nullstellen gegeben sind.

a) $x_1 = 1;\ x_2 = -1;\ x_3 = -2;\ x_4 = 2$
b) $x_1 = 1;\ x^2 = 3;\ x_3 = 5;\ x_4 = 7$
c) $x_1 = -4;\ x_2 = -1;\ x_3 = 2;\ x_4 = 5$
d) $x_1 = -2;\ x_2 = -2;\ x_3 = 3;\ x_4 = 3$

3 Bestimmen Sie die Schnittpunkte der Graphen von f und g.

a) $f(x) = 4x^4 + 12x^2 - 50;$ $\quad g(x) = 16x^3 - 16x^2 + 24x + 22$
b) $f(x) = 2x^4 + 2x^3 - 36x^2 + 54;$ $\quad g(x) = 32x - 10$
c) $f(x) = 16x^4 - 12x^3 + 25x^2 - 3x + 5;$ $\quad g(x) = 84x^3 + 281x^2 - 3x + 5$
d) $f(x) = 0{,}25x^4 + x^3 - 7x^2;$ $\quad g(x) = 16x - 48$

4 Stellen Sie zu den folgenden Funktionen jeweils die Wertetabelle auf und zeichnen Sie den Graph:

a) $f(x) = x^4 - 5x^2 + 4$
b) $f(x) = x^4 - 2x^2 - 8$
c) $f(x) = x^4 - 3x^2 + \frac{1}{2}x + 2$
d) $f(x) = \frac{1}{2}x^4 - \frac{3}{2}x^2 - 5x + \frac{1}{2}$
e) $f(x) = -3x^5 + 6x^3 - 24x$
f) $f(x) = -\frac{1}{9}x^6 + \frac{14}{9}x^4 - \frac{49}{9}x^2 + 4$

5 Eine Parabel 4. Ordnung verläuft symmetrisch zur y-Achse und geht durch die Punkte $P_1(0|0)$ und $P_2(2|0)$. $a_4 = 1$

a) Geben Sie die Funktionsgleichung der Parabel an.
b) Zeichnen Sie den Graphen der Funktion.

6 Der Graph einer zur y-Achse symmetrischen ganzrationalen Funktion 4. Grades geht durch die Punkte $P_1(0|-4)$ und $P_2(2|0)$. $a_4 = 1$

a) Geben Sie die Funktionsgleichung der Parabel an.
b) Zeichnen Sie den Graphen der Funktion.

7 Von einem gleichschenkligen Dreieck ist die Schenkellänge s gegeben. Der Flächenwert des Dreiecks ist davon abhängig, wie lang die Grundseite x wird.

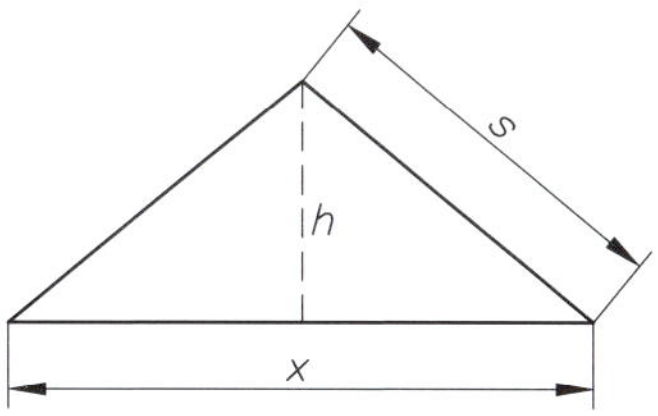

a) Geben Sie die Funktionsgleichung an, die den Zusammenhang zwischen der Fläche A und der Seite x beschreibt. Geben Sie den Definitionsbereich an.
b) Zeichnen Sie den Graphen der Funktion g mit $g(x) = f^2(x)$, wenn $s = 20$ cm ist.
c) Für welches x wird die Fläche maximal?

8 Aus einem Kreis mit dem Durchmesser d kann ein Rechteck ausgeschnitten werden. Die Größe der Fläche wird dabei von der Länge der Seite x bestimmt.

a) Stellen Sie die Funktionsgleichung $A = f(x)$ auf und geben Sie den Definitionsbereich an.

b) Zeichnen Sie den Graphen der Funktion g mit $g(x) = f^2(x)$, wenn der Durchmesser des Kreises $d = 16$ cm beträgt.

c) Für welche Länge x wird der Flächenwert am größten?

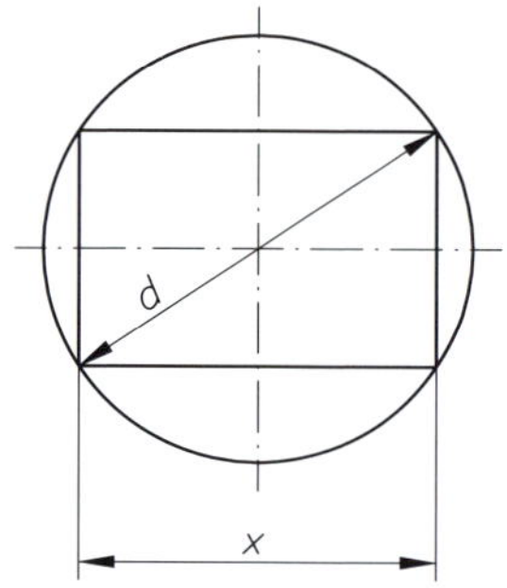

3.3.7 Allgemeine Kriterien des Kurvenverlaufs ganzrationaler Funktionen

Oft ist es wichtig aus der Funktionsgleichung direkt auf den Verlauf des Graphen (Kurvenverlauf) zu schließen. Deshalb sollen folgende Kriterien untersucht werden:

1. Schnittpunkt des Graphen mit der y-Achse (Ordinate)
2. Schnittpunkte des Graphen mit der x-Achse (Abszisse)
3. Verlauf des Graphen für sehr große $|x|$-Werte
4. Symmetrie des Graphen

1. Schnittpunkt S_y des Graphen mit der y-Achse

Beispiel zur Schnittpunktbestimmung

Die y-Achse hat den Abszissenwert Null. ($x = 0$)
$x = 0$ wird in die Funktionsgleichung eingesetzt:

G_g: $g(x) = x - 1{,}5 \quad \Rightarrow g(0) = -1{,}5 \Rightarrow \boldsymbol{S_y(0|-1{,}5)}$
(gelesen: g an der Stelle 0)

G_f: $f(x) = 0{,}5x^2 + 1 \Rightarrow f(0) = 1 \quad \Rightarrow \boldsymbol{S_y(0|1)}$

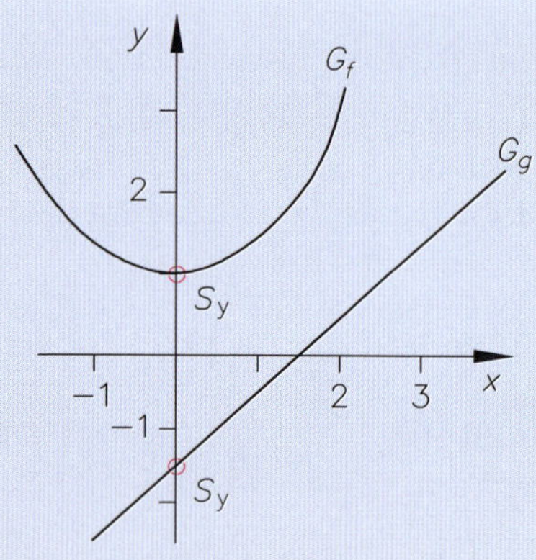

Abb. 3.25

Satz

$\boldsymbol{f(0) = a_0}$ gilt für die ganzrationalen Funktionen
$x \mapsto a_n x_0^n + a_{n-1} x_0^{n-1} + \ldots + a_2 x_0^2 + a_1 x_0 + a_0$

$\boldsymbol{S_y(0|a_0)}$ ist der Schnittpunkt mit der y-Achse.
Sonderfall: Ist $a_0 = 0$ verläuft der Graph von f durch den Koordinatenursprung.

2. Schnittpunkte S_x des Graphen mit der x-Achse (= Nullstellen x_0)

Beispiel zur Schnittpunktbestimmung

Die x-Achse schneidet die Ordinate bei Null. Also muss $f(x) = 0$ gesetzt werden:

G_1: $f_1(x) = x^2 + 2x - 0{,}5 \Rightarrow 0 = x^2 + 2x - 0{,}5$

$$x_0 = -1 \pm \sqrt{1{,}5}$$

$$x_{01} = -1 - \sqrt{1{,}5} \Rightarrow \boldsymbol{S_{x_1}(-2{,}225\,|\,0)}$$

$$x_{02} = -1 + \sqrt{1{,}5} \Rightarrow \boldsymbol{S_{x_2}(2{,}225\,|\,0)}$$

G_2: $f_2(x) = x^2 - 4x + 4 \quad \Rightarrow 0 = x^2 - 4x + 4$

$$x_0 = 2 \pm \sqrt{0}$$

$x_0 = 2$ (doppelte Nullstelle) $\boldsymbol{S_x(2\,|\,0)}$

G_3: $f_3(x) = x^2 + 2x + 1{,}5 \Rightarrow 0 = x^2 + 2x + 1{,}5$

$$x_0 = -1 \pm \sqrt{-0{,}5}$$

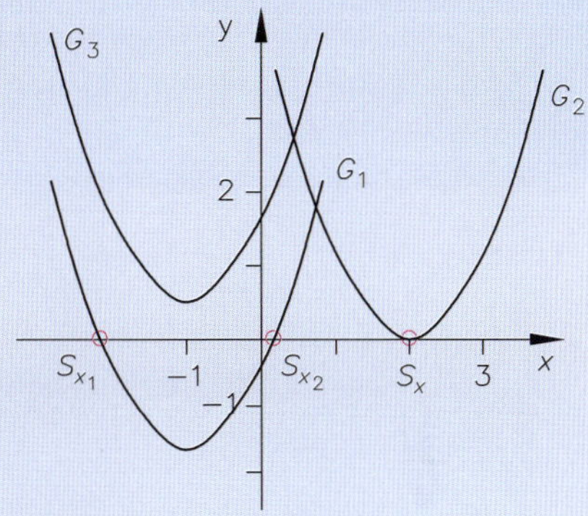

Abb. 3.26

für $\sqrt{-0{,}5}$ gibt es keine Lösung in $\mathbb{R} \Leftrightarrow$ **kein Schnittpunkt mit der x-Achse**

In die Gleichung der ganzrationalen Funktionen wird für die Variable x der Wert x_0 und der Funktionswert $y = 0$ eingesetzt. Somit erhalten wir die

Bestimmungsgleichung: $\boldsymbol{0 = a_n x_0^n + a_n - 1\, x_0^n - 1 + \ldots + a_2 x_0^2 + a_1 x_0 + a_0}$

aus der die Nullstellen errechnet werden. (vgl. Kapitel 3.3.4) Allgemein können wir festhalten[1]:

Satz

Eine ganzrationale Funktion n-ten Grades hat höchstens n Nullstellen.
Ist n ungerade, hat die Funktion mindestens eine Nullstelle.
Ist n gerade, kann es vorkommen, dass keine Nullstelle vorhanden ist.

3. Verlauf des Graphen für sehr große $|x|$-Werte

Beispiele, um den Verlauf des Graphen für sehr große $|x|$-Werte zu erkennen

1. Durch Ausklammern von x^2 wird die Gleichung umgeformt:

$$f(x) = x^2 - 4x + 3 \qquad \Leftrightarrow \boldsymbol{f(x) = x^2\left(1 - \frac{4}{x} + \frac{3}{x^2}\right)} \quad x \neq 0$$

Wenn der Betrag von x größer wird, werden die Glieder in der Klammer, die x im Nenner enthalten, immer kleiner. Der Funktionswert nähert sich immer mehr dem Funktionswert der Normalparabel.

$$\boldsymbol{g(x) = x^2.}$$

1) *Der Beweis kann mit den hier eingeführten elementaren Hilfsmitteln nicht geführt werden.*

2. Umformung der Funktionsgleichung, in dem $4x^3$ ausgeklammert wird:

$$f(x) = 4x^3 + 5x^2 - x + 2 \Leftrightarrow \boldsymbol{f(x) = 4x^3\left(1 + \frac{5}{4x} - \frac{1}{4x^2} + \frac{1}{2x^3}\right)} \quad x \neq 0$$

$\boldsymbol{g(x) = 4x^3}$ ist dann die Grundfunktion, von der der Verlauf des Graphen von f für große $|x|$-Werte bestimmt wird.

Allgemein kann die Gleichung der ganzrationalen Funktion n-ten Grades so geschrieben werden:

$$\boldsymbol{f(x) = a_n xn\left(^1 + \frac{a_n - 1}{a_n x} + \ldots + \frac{a_2}{a_n x^n - 2} + \frac{a_1}{a_n x^n - 1} + \frac{a_1}{a_n x^n}\right)} \quad x \neq 0$$

$\boldsymbol{g(x) = a_n x^n}$ ist die Grundfunktion, deren Grad $\boldsymbol{n}$ und Faktor $\boldsymbol{a_n}$ den Verlauf des Graphen von f für große $|x|$-Werte bestimmt.

Fallunterscheidung:

n gerade: $a_n > 0$ die Kurve kommt aus $+\infty$ und geht nach $+\infty$.
$a_n < 0$ die Kurve kommt aus $-\infty$ und geht nach $-\infty$.
n ungerade: $a_n > 0$ die Kurve kommt aus $-\infty$ und geht nach $+\infty$.
$a_n < 0$ die Kurve kommt aus $+\infty$ und geht nach $-\infty$.

4. Symmetrie des Graphen

Beispiel 1 für eine Achsensymmetrie

x	0	$\frac{1}{2}$	$-\frac{1}{2}$	1	−1	$\frac{3}{2}$	$-\frac{3}{2}$	2	−2	$\frac{5}{2}$	$-\frac{5}{2}$
$f(x) = -x^4 + 5x^2 - 4$	−4	$-\frac{45}{16}$	$-\frac{45}{16}$	0	0	$\frac{35}{16}$	$\frac{35}{16}$	0	0	$-\frac{189}{16}$	$-\frac{189}{16}$

$f\colon x \mapsto -x^4 + 5x^2 - 4$

Wertetabelle und Graph der Funktion zeigen, dass der Funktionswert y gleich bleibt, wenn x durch $(-x)$ ersetzt wird.

$\Rightarrow \boldsymbol{f(x) = f(-x)}$

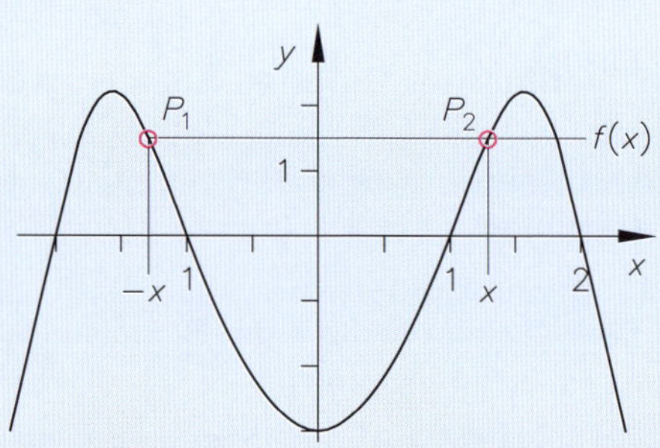

Abb. 3.27

Satz

Kommen in der Gleichung einer ganzrationalen Funktion nur gerade Exponenten vor, so gilt: $f(x) = f(-x)$. Der Graph der Funktion ist symmetrisch zur y-Achse.

Beispiel 2 für eine Punktsymmetrie

x	0	$\frac{1}{2}$	$-\frac{1}{2}$	1	−1	$\frac{3}{2}$	$-\frac{3}{2}$	2	−2	$\frac{5}{2}$	$-\frac{5}{2}$
$f(x) = x^3 - 4x$	0	$-\frac{15}{8}$	$\frac{15}{8}$	−3	3	$-\frac{21}{8}$	$\frac{21}{8}$	0	0	$\frac{45}{8}$	$-\frac{45}{8}$

$f\colon x \mapsto x^3 - 4x$

Wertetabelle und Graph der Funktion zeigen, dass der Funktionswert y sein Vorzeichen ändert, wenn x durch $(-x)$ ersetzt wird.

$\Rightarrow \boldsymbol{f(x) = -f(-x)}$

bzw. $\boldsymbol{f(-x) = -f(x)}$

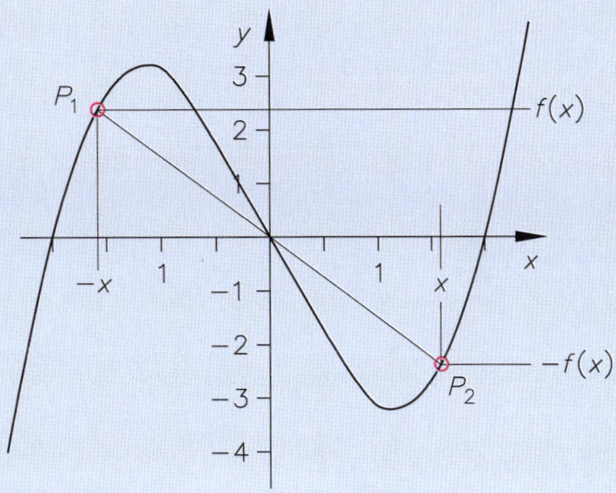

Abb. 3.28

Satz

Kommen in der Gleichung einer ganzrationalen Funktion nur ungerade Exponenten vor, so gilt: $f(x) = -f(-x)$. Der Graph der Funktion ist punktsymmetrisch zum Koordinatenursprung.

3.3.8 Binome hoherer Ordnung

Ein **Binom** ist die algebraische Summe zweier Glieder $(a + b)$.

Oft verwendete Binome sind die Binome 2. Ordnung (vgl. 1.4.2):

$(a + b)^2 = (a + b) \cdot (a + b) \Leftrightarrow \boldsymbol{(a + b)^2 = a^2 + 2ab + b^2}$

$(a - b)^2 = (a - b) \cdot (a - b) \Leftrightarrow \boldsymbol{(a - b)^2 = a^2 - 2ab + b^2}$

Statt $(a - b)^2$ wird auch $[a + (-b)]^2$ geschrieben.

Bei höheren Potenzen des Binoms $(a + b)$ wird das Ausrechnen durch Multiplikation der Summen langwierig.

Beispiele für Binome höherer Ordnung:

$n = 0 \quad (a + b)^0 = 1$

$n = 1 \quad (a + b)^1 = 1a + 1b$

$n = 2 \quad (a + b)^2 = 1a^2 + 2ab + 1b^2$

$n = 3 \quad (a + b)^3 = 1a^3 + 3a^2b + 3ab^2 + 1b^3$

$n = 4 \quad (a + b)^4 = 1a^4 + 4a^3b + 6a^2b^2 + 4ab^3 + 1b^4$

$n = 5 \quad (a + b)^5 = 1a^5 + 5a^4b + 10a^3b^2 + 10a^2b^3 + 5ab^4 + 1b^5$

Folgende Gesetzmäßigkeit wird ersichtlich:

1. Der Exponent des ersten Summanden entspricht dem Exponenten des Binoms.
2. Der Exponent von a wird von Summand zu Summand jeweils um 1 verringert, beginnend bei 0, endend mit n.
3. Der Exponent von b wird von Summand zu Summand jeweils um 1 erhöht, beginnend bei 0, endend mit n.
4. Die Koeffizienten der Summanden können mithilfe des Pascal-Dreiecks bestimmt werden.

Pascal-Dreieck um die Koeffizienten der Potenzwerte zu bestimmen:

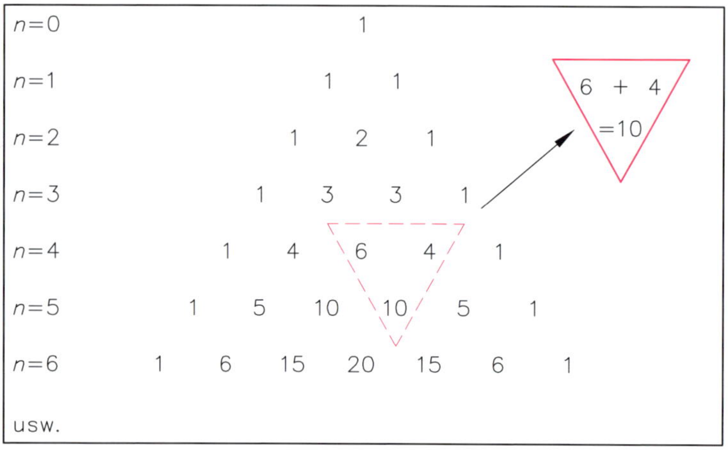

Für jede neue Zeile werden die Zahlen aus der Summe der Zahlen berechnet, die unmittelbar über ihr stehen.

Z. B. $6 + 4 = 10$

AUFGABEN

Bestimmen Sie die Potenzwerte:

a) $(1 + a)^5$

b) $(2 + b)^5$

c) $(2 + 3a)^5$

d) $(2 - x)^5$

e) $\left(x + \frac{1}{2}\right)^6$

f) $\left(\frac{1}{2}x - x^2\right)^4$

g) $\left(2x + \frac{1}{2}\right)^5$

h) $\left(2x + \frac{2}{x}\right)^6$

i) $[(1 - x) + a]^3$

k) $\left(\frac{x + 3}{2}\right)^3$

l) $\left(\frac{1 - x}{3} + \frac{1}{2}\right)^4$

m) $\left(2x + \frac{1}{2x}\right)^5$

n) $(x^2 + 3y^{-2})^4$

o) $(2x - 2x^{-1})^5$

p) $(3a^2 - 2b^3)^4$

q) $[(2x)^2 + 3x]^3$

3.4 Die gebrochenrationalen Funktionen

Gebrochenrationale Funktionen sind Funktionen, bei denen die Variable x auch im Nenner vorkommt. Für den Fall, dass der Nenner 0 wird, ist ihr Definitionsbereich eingeschränkt.

Beispiele für gebrochenrationale Funktionen

1. $y = \frac{1}{x-2} \quad D = \mathbb{R}\setminus\{2\}$

2. $y = \frac{3x+5}{4-x} \quad D = \mathbb{R}\setminus\{4\}$

3. $y = \frac{x^2+x-6}{x+3} \quad D = \mathbb{R}\setminus\{-3\}$

4. $y = \frac{x-5}{x^2+2} \quad D = \mathbb{R}$

3.4.1 Die Hyperbeln *n*-ter Ordnung

Hyperbel *n*-ter Ordnung heißt der Graph der **gebrochenrationalen Potenzfunktion.**

$y = \frac{1}{x^n} \quad x \neq 0$ **Gleichung der gebrochenrationalen Potenzfunktion (vgl. Kap. 3.3)**

Einteilung der Potenzfunktionen:

$y = x^n$	$n \in \mathbb{Z}$		
G_1: $y = x^0$	$n = 0$	**Gerade**	$(x^0 = 1)$
G_2: $y = x^1$	$n = 1$	**Gerade**	
$y = x^n$	$n \in \mathbb{Z}^+$	**Parabel**	
G_3: $y = x^2$	$n = 2$		
$y = \frac{1}{x^n} \quad x \neq 0$	$n \in \mathbb{Z}^-$	**Hyperbel**	
G_4: $y = \frac{1}{x}$	$n = -1$		

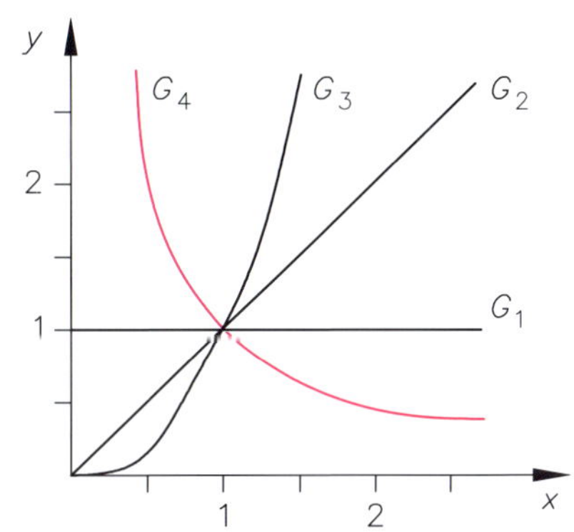

Abb. 3.29

Zwei Beispiele für Potenzfunktionen mit negativen Exponenten

Beispiel 1

$f\colon x \mapsto \frac{1}{x} \quad D = \mathbb{R}\setminus\{0\}$ Die Funktion ist bei $x = 0$ nicht definiert.

1. Wertetabelle:

x	-4	-3	-1	$-\frac{1}{2}$	$-\frac{1}{4}$	$\frac{1}{4}$	$\frac{1}{2}$	1	3	4
$y = \frac{1}{x}$	$-\frac{1}{4}$	$-\frac{1}{3}$	-1	-2	-4	4	2	1	$\frac{1}{3}$	$\frac{1}{4}$

2. Graph der Funktion:
Der Graph hat bei $x = 0$ einen Pol.
(vgl. Kapitel 3.4.2)

3. Funktionsgleichung: $y = \frac{1}{x} \quad x \neq 0$

Rechts von der Polstelle geht y gegen $+\infty$.
Links von der Polstelle geht y gegen $-\infty$.

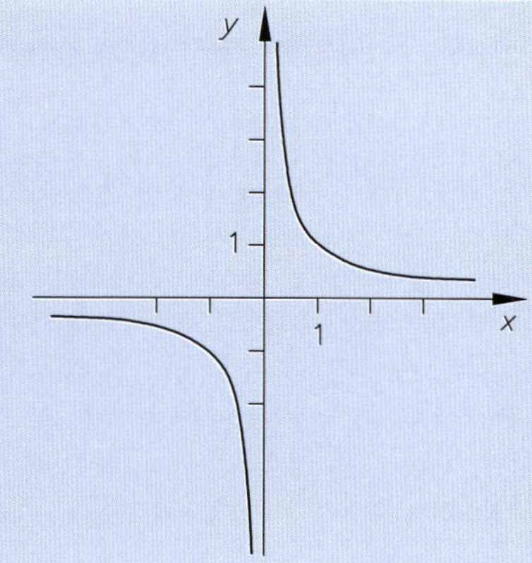

Abb. 3.30

Beispiel 2

f: $x \mapsto \frac{1}{x} \quad D = \mathbb{R}\setminus\{0\}$ Die Funktion ist bei $x = 0$ nicht definiert.

1. Wertetabelle:

x	-4	-3	-1	$-\frac{1}{2}$	$-\frac{1}{4}$	$\frac{1}{4}$	$\frac{1}{2}$	1	3	4
$y = \frac{1}{x^2}$	$\frac{1}{16}$	$\frac{1}{9}$	1	4	16	16	4	1	$\frac{1}{9}$	$\frac{1}{16}$

2. Graph der Funktion:

Der Graph hat bei $x = 0$ einen Pol.

3. Funktionsgleichung: $y = \frac{1}{x^2} \quad x \neq 0$

Rechts von der Polstelle geht y gegen $+\infty$.
Links von der Polstelle geht y auch gegen $+\infty$.

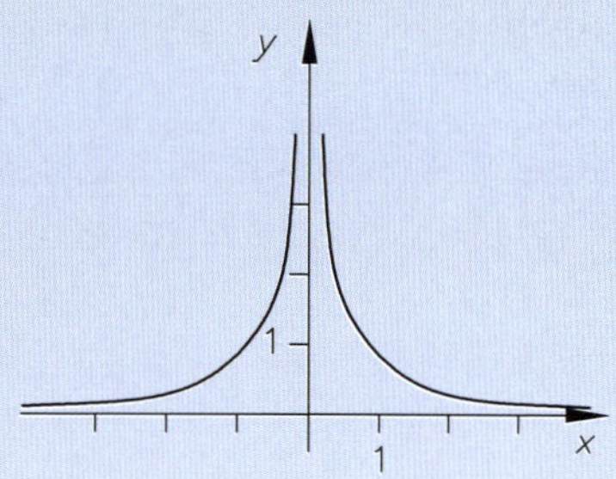

Abb. 3.31

3.4.2 Die gebrochenrationalen Funktionen als Quotient zweier ganzrationaler Funktionen

Definition

Die Funktion f, die dargestellt wird als Quotient zweier ganzrationaler Funktionen, heißt **gebrochenrationale Funktion**.

$$f(x) = \frac{Z(x)}{N(x)} = \frac{a_n x^n + a_{n-1} x^{n-1} + \ldots + a_2 x^2 + a_1 x + a_0}{b_m x^m + {}_m - 1 x^{m-1} + \ldots + b_2 x^2 + b_1 x + b_0} \quad N(x) \neq 0 \text{ Funktionsgleichung}$$

$Z(x)$ = ganzrationale Funktion des Zählers
$N(x)$ = ganzrationale Funktion des Nenners

Zwei Beispiele für gebrochenrationale Funktionen

Beispiel 1 für eine Verschiebung in *y*-Richtung

$y = \frac{2x+1}{x}$ anders geschrieben:

$y = 2 + \frac{1}{x} \quad D = \mathbb{R}\setminus\{0\}.$

Wenn $|x|$ **gegen** ∞ strebt, nähert sich der Graph der Funktion der Geraden g mit $g(x) = 2$.
Die Funktion ist an der Stelle $x_p = 0$ nicht definiert.
Die Stelle an der **nur** der Nenner 0 wird, heißt **Pol**.

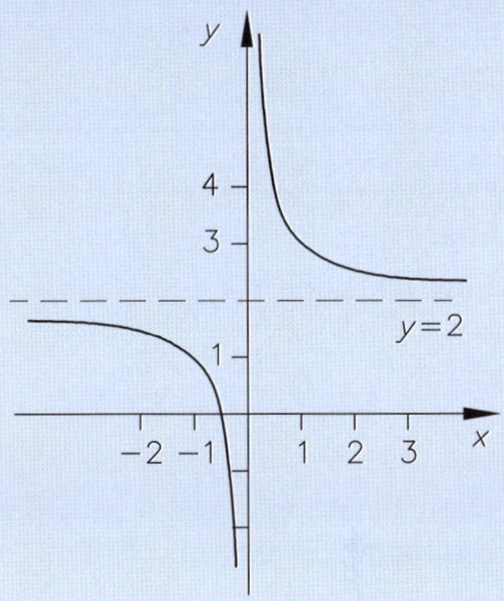

Abb. 3.32

Beispiel 2 für eine Verschiebung in *x*-Richtung

$y = \frac{1}{x-1} \quad D = \mathbb{R}\setminus\{1\}.$

Strebt $|x|$ gegen ∞, nähert sich der Graph der Funktion der x-Achse. Die x-Achse ist **Asymptote**.
Die Funktion ist an der Stelle $x_p = 1$ nicht definiert. Sie hat an dieser Stelle einen Pol. Die senkrechte Gerade durch den Pol heißt **Polgerade**.

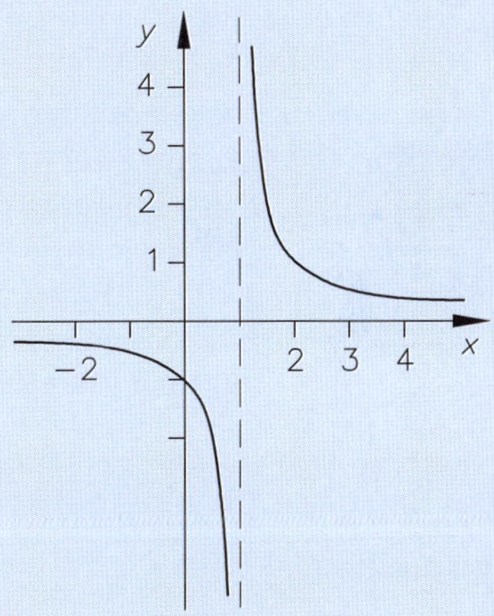

Abb. 3.33

Definition

Die Gerade, der sich der Graph nähert, wenn $|x|$ gegen ∞ strebt, heißt **Asymptote**.

Definition

Die Nullstelle des Nenners heißt **Pol** der Funktion, wenn der Zähler nicht gleichzeitig Null wird. Ist $x = x_p$ ein Pol der Funktion $x \to f(x)$, dann wird die Gerade $x = x_p$ **Polgerade** genannt.

Satz

Eine Funktion $y = \frac{Z(x)}{N(x)}$ hat eine Nullstelle an der Stelle $x = x_0$, wenn gilt:

$Z(x_0) = 0 \wedge N(x_0) \neq 0$.

Satz

Eine Funktion $y = \frac{Z(x)}{N(x)}$ hat einen Pol an der Stelle $x = x_p$, wenn gilt:

$N(x_p) = 0 \wedge Z(x_p) \neq 0$.

Die Bedeutung dieser beiden Sätze soll an Beispielen deutlich werden. Zuvor aber eine Zusammenfassung und Erläuterung:

$$f(x) = \frac{Z(x)}{N(x)} = \frac{a_n x^n + a_{n-1} x^{n-1} + \ldots + a_2 x^2 + a_1 x + a_0}{b_m x^m + b_{m-1} x^{m-1} + \ldots + b_2 x^2 + b_1 x + b_0}$$

1. $Z(x)$ kann auf das Glied a_0 beschränkt sein. Die Funktion f hat dann keine Nullstelle.
2. $N(x)$ muss wenigstens ein Glied mit der Variablen x aufweisen. Wird nämlich $N(x)$ auf das Glied b_0 beschränkt, ist f eine ganzrationale Funktion.
3. Die Hyperbel ist ein Sonderfall der gebrochenrationalen Funktion.
4. $m > n$, Die x-Achse ist Asymptote.
   $m = n$, Die Asymptote ist eine zur x-Achse parallele Gerade.
   $m = n - 1$, Die Asymptote ist eine gegen die x-Achse geneigte Gerade.
   $m = (n - c) \wedge c > 1$, Eine Parabel c-ter Ordnung ist die asymptotische Kurve[1].
   $m < n$ Eine unecht gebrochen rationale Funktion, die als ganzrationale Funktion mit einer gebrochenrationalen Restfunktion dargestellt werden kann.

Drei Beispiele für eine gebrochenrationale Funktion

Beispiel 1

$y = f(x) = \frac{2x^2 + 2x - 4}{x^2 + x - 6}$ sei die Gleichung der Funktion f, die untersucht werden soll.

1. Definitionsbereich:

Wir untersuchen, für welche x-Werte der Nenner 0 wird:

$N(x) = 0$: $x^2 + x - 6 = 0$

$$\left(x + \frac{1}{2}\right)^2 = 6 + \frac{1}{4}$$

$$x_{1/2} = -\frac{1}{2} \pm \frac{5}{2} \Rightarrow D = \mathbb{R}\setminus\{\mathbf{-3; 2}\}$$

[1] *Da der Ausdruck Asymptote allgemein für den Fall der Geraden benutzt wird, führen wir hier den Ausdruck asymptotische Kurve ein.*

2. Nullstellen:

Wir untersuchen, für welche x-Werte der Zähler 0 wird:

$$Z(x) = 0: \quad 2x^2 + 2x - 4 = 0$$
$$x^2 + x - 2 = 0$$
$$\left(x + \frac{1}{2}\right)^2 = 2 + \frac{1}{4}$$
$$x_{1/2} = -\frac{1}{2} \pm \frac{3}{2} \Rightarrow \mathbf{x_{01} = 1 \vee x_{02} = -2}$$

$$y = \frac{\mathbf{2(x-1)(x+2)}}{\mathbf{(x-2)(x+3)}}$$ Darstellung der Funktionsgleichung mit Linearfaktoren.

3. Pole:

Für $\mathbf{x_{p_1} = 2}$ und $\mathbf{x_{p_2} = -3}$ ist die Funktion nicht definiert. Da an diesen beiden Stellen der Zähler von Null verschieden ist, handelt es sich um Pole (s. **Polgeraden im Diagramm**).

4. Asymptote:

Im Zähler und im Nenner der Gleichung wird x^2 ausgeklammert:

$$y = \frac{x^2\left(2 + \frac{2}{x} - \frac{4}{x^2}\right)}{x^2\left(1 + \frac{1}{x} - \frac{6}{x^2}\right)} \Leftrightarrow y = \frac{2x^2}{x^2}$$

Strebt $|x|$ gegen ∞, so streben alle Summanden, die die Variable x im Nenner enthalten, gegen 0 und y wird 2.

$$\mathbf{y_A = 2}$$

Wertetabelle:

x	-5	-4	$-\frac{7}{2}$	$-\frac{5}{2}$	-2	-1	0	1	$\frac{3}{2}$	$\frac{5}{2}$	3	4	5
y	$\frac{18}{7}$	$\frac{10}{3}$	$\frac{54}{11}$	$-\frac{14}{9}$	0	$\frac{2}{3}$	$\frac{2}{3}$	0	$-\frac{14}{9}$	$-\frac{54}{11}$	$\frac{10}{3}$	$\frac{18}{7}$	$\frac{7}{3}$

5. Graph der Funktion:

$$x \mapsto \frac{2x^2 + 2x - 4}{x^2 - x - 6}$$

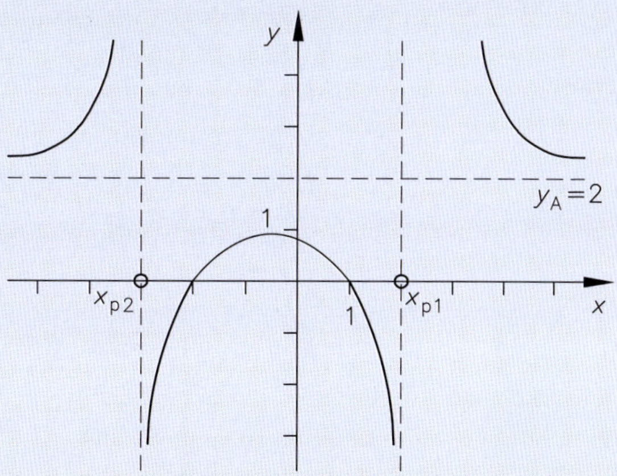

Abb. 3.34

Beispiel 2

$y = f(x) = \dfrac{x^3 - 3x^2 - x + 3}{x - 2}$ sei die Gleichung der Funktion f, die untersucht werden soll.

1. Definitionsbereich:

$N(x) = 0: \quad x - 2 = 0$

$x = 2 \Rightarrow D = \mathbb{R}\backslash\{\mathbf{2}\}$

2. Nullstellen:

$Z(x) = 0: \quad x^3 - 3x^2 - x + 3 = 0 \Rightarrow \mathbf{x_{01} = 1}, \mathbf{x_{02} = 3}$ und $\mathbf{x_{03} = -1}$

$y = \dfrac{\mathbf{(x-1)(x-3)(x+1)}}{\mathbf{x-2}}$ Darstellung der Funktionsgleichung mit Linearfaktoren.

3. Pole:

Für $\mathbf{x_p = 2}$ ist $Z(x_p) \neq N(x_p) = 0$, somit hat die Funktion an dieser Stelle einen Pol.

4. Asymptote:

Wir formen die Gleichung mithilfe der Polynomdivision um:

$$(x^3 - 3x^2 - x + 3) : (x - 2) = x^2 - x - 3 - \frac{3}{x-2}$$ (vgl. Kapitel 3.3.4)

$$\begin{array}{l} \underline{-(x^3 - 2x^2)} \\ \quad x^2 - x + 3 \\ \quad \underline{-(-x^2 + 2x)} \\ \qquad -3x + 3 \\ \qquad \underline{-(-3x + 6)} \\ \qquad\qquad -3 \end{array}$$

$\dfrac{3}{x-2}$ ist der Restbruch der umgewandelten Funktionsgleichung, der immer kleiner wird, je größer die $|x|$-Werte werden.

$\mathbf{yA = x^2 - x - 3}$ ist die asymptotische Kurve, eine Parabel, der sich der Graph der Funktion für größer werdende x-Werte immer mehr nähert.

Wertetabelle:

x	-4	-3	-2	-1	0	1	$\frac{3}{2}$	$\frac{7}{4}$	$\frac{9}{4}$	$\frac{5}{2}$	3	4	5
y	$\frac{35}{2}$	$\frac{48}{5}$	$\frac{15}{4}$	0	$-\frac{3}{2}$	0	$\frac{15}{4}$	$\frac{165}{16}$	$-\frac{195}{16}$	$-\frac{21}{4}$	0	$\frac{15}{2}$	16

5. Graph der Funktion:

$$x \mapsto \frac{x^3 - 3x^2 - x + 3}{x - 2}$$

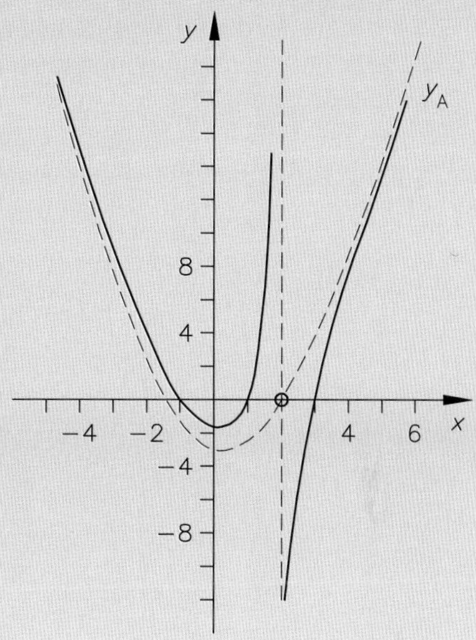

Abb. 3.35

Beispiel 3

$y = f(x) = \dfrac{x^3 - x^2 - x - 2}{x^2 - 4}$ sei die Gleichung der Funktion f, die untersucht werden soll.

1. Definitionsbereich:

$N(x) = 0$: $\quad x^2 - 4 = 0$

$x_{1/2} = \pm 2 \Rightarrow D = \mathbb{R}\setminus\{\mathbf{-2; 2}\}$

2. Nullstellen:

$Z(x) = 0$: $x^3 - x^2 - x - 2 = 0 \Rightarrow \boldsymbol{x_{01} = 2}$; Restpolynom: $\boldsymbol{p_2(x) = x^2 + x + 1}$

$y = \dfrac{\mathbf{(x-2)(x^2+x+1)}}{\mathbf{(x-2)(x+2)}}$ Gleichung der Funktion mit Linearfaktoren und Restpolynom.

An der Stelle $\boldsymbol{x_{01} = 2}$ hat die Funktion **keine Nullstelle**, obwohl $Z(2) = 0$ ist. Gleichzeitig ist aber auch $N(2) = 0$ und somit ist f bei $x = 2$ nicht definiert.
Eine genauere Untersuchung dieses Sachverhalts erfolgt im Kapitel 7.3.

3. Pole, Lücken:

An der Stelle $\boldsymbol{x_{p_1} = -2}$ hat die Funktion einen Pol.
Dagegen hat sie bei $\boldsymbol{x_{p_2} = 2}$ keine Polstelle, da $N(2) = 0$ ist. (vgl. Satz 3.4.2)
Im Zähler und im Nenner kann der Linearfaktor $(x - 2)$ abgespalten werden. Für alle x-Werte, die verschieden von 2 sind, kann die Gleichung y gekürzt werden:

$\boldsymbol{y^*} = \dfrac{\mathbf{x^2 + x + 1}}{\mathbf{x + 2}}$ ist die mit $(x - 2)$ gekürzte Gleichung y.

Die Funktion $x \mapsto y^*$ unterscheidet sich von der Ausgangsfunktion $x \mapsto y$ nur darin, dass sie an der Stelle $x_{p_2} = 2$ definiert ist. Diese Stelle darf nicht zum Definitionsbereich der Ausgangsfunktion gerechnet werden. Wir dürfen lediglich nahe genug an diese Stelle herangehen und können dann die Funktion an der Stelle $x = 2$ durch den Funktionswert 7/4 ergänzen.

Es handelt sich hier um eine **hebbare Lücke** und für die Funktion gilt dann:

$$f(x) = \begin{cases} \dfrac{x^2 + x + 1}{x + 2} & \text{für } x \neq 2 \\[2ex] \dfrac{7}{4} & \text{für } x_L = 2 \textbf{ Lücke} \text{ (vgl. Kapitel 7.3)} \end{cases}$$

4. Asymptote: $yA = x - 1$

Wertetabelle:

x	-6	-5	-4	-3	$-\frac{5}{2}$	$-\frac{7}{4}$	$-\frac{3}{2}$	-1	0	1	3	4	5	6
y	$-\frac{31}{4}$	-7	$-\frac{13}{2}$	-7	$-\frac{19}{2}$	$\frac{37}{4}$	$\frac{7}{2}$	1	$\frac{1}{2}$	1	$\frac{13}{5}$	$\frac{7}{2}$	$\frac{31}{7}$	$\frac{43}{8}$

5. Graph der Funktion:

$$x \mapsto \frac{x^3 - x^2 - x - 2}{x^2 - 4}$$

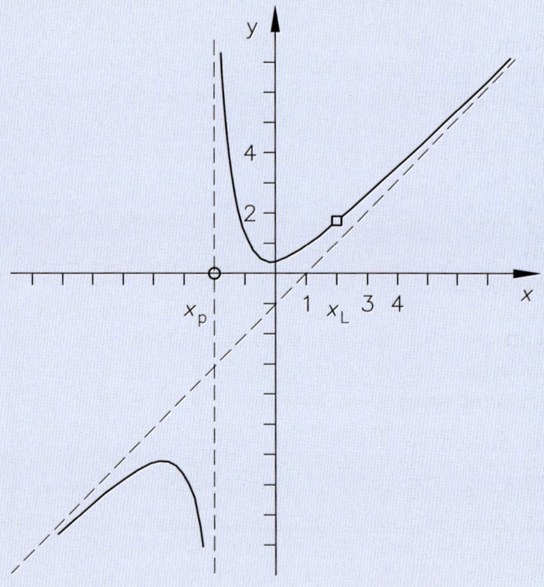

Abb. 3.36

AUFGABEN

1 Zeichnen Sie den Graphen der Funktion mit der Gleichung:

a) $y = \dfrac{x^2 + 5}{x - 3}$ e) $y = \dfrac{x^2 + x + 1}{x + 2}$ i) $y = \dfrac{x - 5}{x^2 - 9}$

b) $y = \dfrac{x^2 - 9}{x - 5}$ f) $y = \dfrac{x^2 + 5x + 4}{x + 3}$ k) $y = \dfrac{x + 1}{x^2 + 1}$

c) $y = \dfrac{x^2 - 36}{x - 7}$ g) $y = \dfrac{x^2 - 2x - 3}{x - 1}$ l) $y = \dfrac{x + 2}{x^2 + 5x + 4}$

d) $y = \dfrac{x^2 + 1}{x + 1}$ h) $\dfrac{x^2 - 3x + 3}{x + 1}$ m) $y = \dfrac{x - 1}{x^2 - 3x + 3}$

2 Berechnen Sie die Asymptote, die Pole und die Nullstellen. Skizzieren Sie den Verlauf des Funktionsgraphen.

a) $y = \dfrac{x^3 - 8}{4x}$ c) $\dfrac{x^3 - 3x^2 - x + 3}{x^2 - 4}$ e) $y = \dfrac{2x^3 - 14x + 12}{3x^2 - 3x + 18}$

b) $y = \dfrac{x^3 - 1}{2x^2}$ d) $y = \dfrac{x^2 + x + 14}{x + 2}$ f) $y = \dfrac{x^4 + 2x^3 - 3x^2 - 8x - 4}{2x^2 + 4x - 6}$

3 Untersuchen Sie folgende Funktionen auf Pole, Nullstellen und Lücken. Bestimmen Sie die Asymptote und skizzieren Sie dann den Verlauf des Funktionsgraphen.

a) $y = \dfrac{2x^2 - 2}{x^2 + x - 2}$ c) $y = \dfrac{x^3 - 7x + 6}{3x^2 + 12x + 9}$ e) $y = \dfrac{x^3 - 6x^2 - 27x + 140}{8x^2 - 48x - 56}$

b) $y = \dfrac{x^2 + 3x - 10}{x^2 + 7x + 10}$ d) $y = \dfrac{2x^3 - 8x^2 + 2x + 12}{3x^2 - 27}$ f) $y = \dfrac{x^4 - 2x^3 - 9x^2 + 2x + 8}{x^4 - x^3 - 19x^2 - 11x + 30}$

4 Vom Graphen einer gebrochenrationalen Funktion seien alle Nullstellen (x_0), alle Stellen für x, an denen Pole (x_p) und Lücken (x_L) vorkommen, gegeben. Außerdem ist jeweils ein Punkt des Graphen bekannt Stellen Sie die Gleichung der Funktion auf.

a) $x_{01} = 2$; $x_{02} = 3$; $x_p = 4$; $P_1(0|-3)$

b) $x_{01} = 1$; $x_{02} = -2$; $x_{p1} = -1$; $x_{p2} = 2$; $P_1(0|0{,}5)$

c) $x_{01} = -3$; $x_{02} = 3$; $x_{p1} = 1$; $x_{p2} = -1$; $x_L = 2$; $P_1(0|3)$

d) $x_{01} = 1$; $x_{02} = 2$; $x_{03} = 3$; $x_{p1} = -2$; $x_{p2} = -1$; $x_L = -3$; $P_1(0|-6)$

e) $x_{01} = -1$; $x_{02} = 1$; $x_{03} = 3$; $x_{p1} = -2$; $x_{p2} = 2$; $x_L = 0$; $P_1(4|-5)$

5 Um eine Baugrube auszuheben, braucht ein Bagger 30 Tage. Welche Funktion besteht zwischen der Arbeitsdauer t in Tagen und der Anzahl n der Bagger, wenn gleiche Arbeitsleistung vorausgesetzt wird?

a) Stellen Sie die Funktionsgleichung $t = f(n)$ auf.

b) Geben Sie den Definitionsbereich an.

c) Zeichnen Sie den Funktionsgraphen.

6 Die Herstellung eines Produktes ist in 14 Arbeitstagen mit 9 Arbeitern möglich. Ein Sonderauftrag soll schneller erledigt werden. Welche Zeit wird benötigt für die Herstellung eines Produktes, wenn 2, 3, 4 oder 5 Arbeiter aus einer Kolonne hinzugezogen werden?

a) Stellen Sie die Funktionsgleichung auf (x Arbeiter schaffen in y Tagen).

b) Grenzen Sie den Definitionsbereich sinnvoll ein.

c) Erstellen Sie eine Wertetabelle und zeichnen Sie den Graphen.

d) Entnehmen Sie die Lösung dem Graphen. Vergleichen Sie diese mit den Werten der Wertetabelle.

7 Um ein Quadrat mit der Kantenlänge a soll ein gleichschenkliges Dreieck gezeichnet werden. Der Flächenwert des Dreiecks ist abhängig von der Höhe x.

a) Geben Sie die Funktionsgleichung an, die den Zusammenhang zwischen dem Flächenwert A und der Höhe x wiedergibt.

b) Zeichnen Sie den Graphen der Funktion A für $a = 10$ cm. Geben Sie den Definitionsbereich an.

c) Für welchen x-Wert wird der Flächenwert am kleinsten?

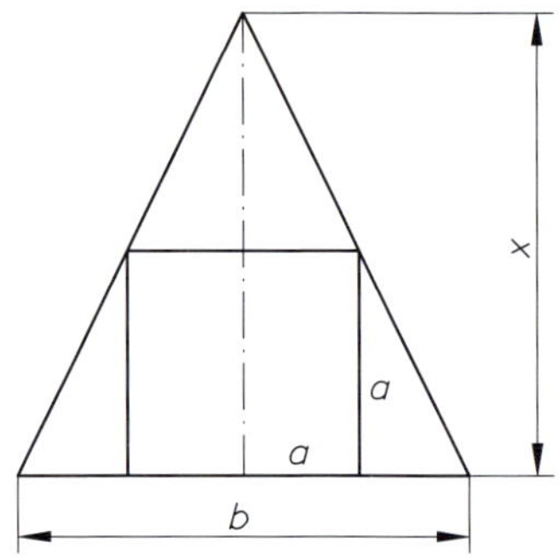

8 Die Fläche eines Rechteckfensters mit aufgesetztem Rundbogen ist mit einem bestimmten Wert A vorgegeben.

Das Umfangsmaß U des Fensters hängt von a und b ab.

a) Ermitteln Sie die Funktion $U = f(a)$. Geben Sie den Definitionsbereich an.

b) Zeichnen Sie den Graphen für $A = 1\ \text{m}^2$.

c) Für welche Maße ist die Umrahmung minimal?

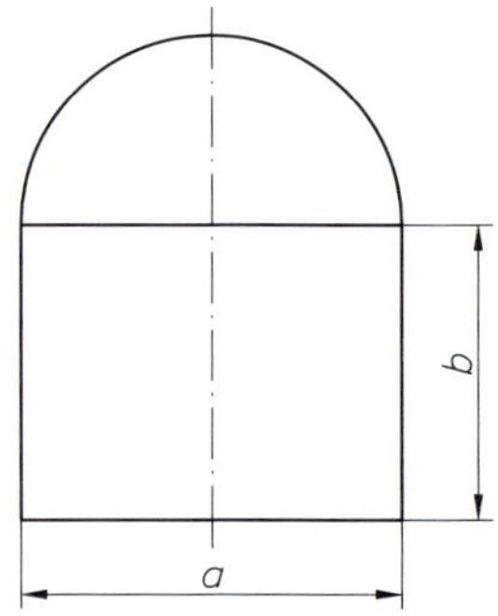

9 Die Querschnittsfläche einer Rinne ist mit dem Wert A vorgegeben. Die zur Herstellung notwendige Materialmenge für die Rinne ist von den Abmessungen b und h abhängig. ($A = b \cdot h$)
($O = U \cdot l$; $U = b + 2h$; l = Länge der Rinne; O = Fläche des Materials)

a) Geben Sie den Definitionsbereich der Funktion U und die Gleichung $U = f(\text{b})$ an.

b) Zeichnen Sie den Graphen für $A = 2\ \text{m}^2$.

c) Welche Maße müssen b und h haben, wenn der Umfang möglichst klein sein soll?

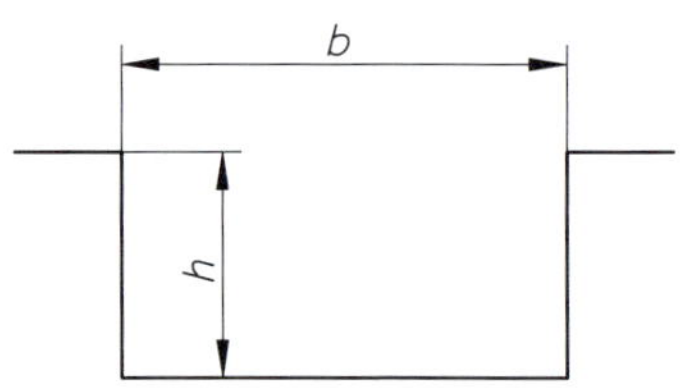

10 Eine nach oben offene zylindrische Dose soll 10 l Flüssigkeit aufnehmen. Die Blechmenge (Oberfläche der Dose), die zur Herstellung benötigt wird, ist von der Größe des Radius r abhängig.

a) Ermitteln Sie die Funktion $O = f(r)$ und geben Sie den Definitionsbereich an.

b) Zeichnen Sie den Graphen von O für $V = 10\ \text{dm}^3$.

c) Für welche Abmessungen wird das wenigste Material verbraucht?

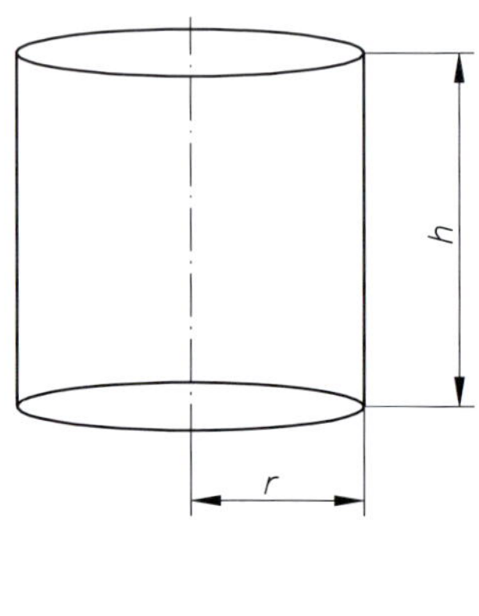

11 Ein Hebel hat einen Lastarm von 30 cm und eine Last von 250 N. Wie ändert sich die Kraft F mit dem Hebelarm l, wenn Gleichgewicht herrschen soll?

a) Stellen Sie die FunktIonsgleichung $F = f(l)$ auf.

b) Geben Sie den Definitionsbereich an.

c) Zeichnen Sie den Funktionsgraphen.

12

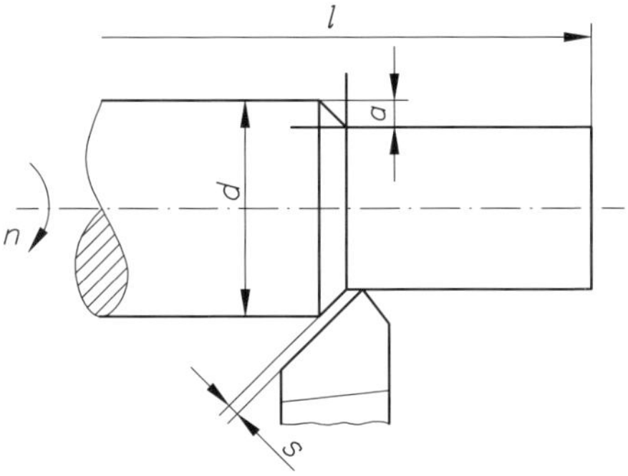

Beim Bearbeiten von Werkstücken sollten Arbeitszeiten planbar sein. Die Hauptzeit für das Langdrehen eines Werkstücks ist eine Berechnungsgrundlage:

$$t_h = \frac{l}{s \cdot n} \cdot i$$

d = Durchmesser des Werkstücks in mm
l = Länge des Werkstücks in mm
n = Drehzahl in 1/min
s = Spanbreite in mm, bzw. Drehmeißelvorschub
a = Spantiefe in mm
i = Anzahl der Schnitte

a) Die Hauptzeit der Arbeitsmaschine ist sowohl von der Drehzahl, wie auch vom Vorschub abhängig. Was muss über den jeweiligen Definitionsbereich gesagt werden?

b) Zeichnen Sie den Graphen von $t_h = f(n)$ für $n \leq 1000$ 1/min und einem Arbeitsgang ($i = 1$), wenn $l = 500$ mm und $s = 2$ mm sind.

c) Zeichnen Sie zusätzlich in das Diagramm von Aufgabe b) Kurven für $s_2 = 1$ mm und $s_3 = 2{,}5$ mm ein.
Welche Auswirkung haben die unterschiedlichen Spanbreiten auf die Hauptzeit, wenn die Drehzahl z. B. $n = 360$ 1/min beträgt?

d) Zeichnen Sie den Graphen von $t_h = f(s)$ für $s \leq 3$ mm und einen Arbeitsgang ($i = 1$), wenn $l = 500$ mm und $n = 400$ 1/min sind.

e) Zeichnen Sie zusätzlich in das Diagramm von Aufgabe d) Kurven für $n_2 = 100$ 1/min und $n_3 = 600$ 1/min ein.
Welche Auswirkung haben die unterschiedlichen Drehzahlen auf die Hauptzeit, wenn der Vorschub z. B. $s = 1{,}8$ mm beträgt?

13 Der elektrische Widerstand eines Drahtes ist vom Material, der Länge und dem Querschnitt abhängig.

a) Stellen Sie die Funktionsgleichung für die Abhängigkeit des Drahtwiderstandes R von seinem Durchmesser d auf, wenn der spezifische Widerstand p und die Länge l konstant sind.

b) Zeichnen Sie den Graphen für einen Kupferdraht von $l = 20$ m $\left(= 0{,}0179 \frac{\Omega\text{mm}^2}{\text{m}} \right)$.

14 Tragen Sie in ein Diagramm die Funktionen $I = f(U)$ im Bereich $0\ \text{V} \leq U \leq 20\ \text{V}$ ein:

a) für die Widerstandsgerade $R = 33\ \Omega$ und die Leistungshyperbel $P = 3\ \text{W}$.
Wie groß ist der Wert der Spannung, die am Widerstand abfällt? Ermitteln Sie den Wert rechnerisch und aus dem Diagramm.

b) für die Widerstandsgeraden $R_1 = 10\ \Omega$, $R_2 = 50\ \Omega$ und die Leistungshyperbel $P = 5\ \text{W}$.
Geben Sie die Spannungsfälle an den Widerständen an.

15 Für eine Glühlampe gilt nicht das Ohm'sche Gesetz. Wegen der starken Erwärmung des Glühfadens hat er ein nichtlineares Widerstandsverhalten. Das nebenstehende Diagramm zeigt die Kennlinie einer 10 V/10 W Glühlampe.

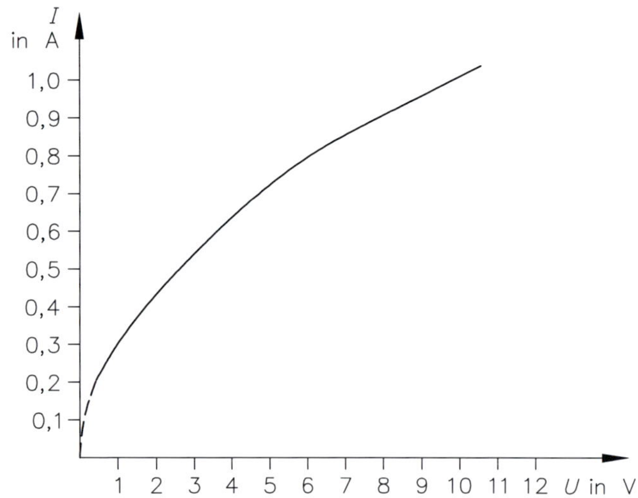

a) Wie hoch darf der Spannungswert sein, wenn die Leistungsaufnahme 6 W nicht übersteigen darf? (Lösung zeichnerisch)

b) Zeichnen Sie zusätzlich die Leistungshyperbel für $P = 3\ \text{W}$ ein und geben Sie auch hierfür den Spannungswert der Glühlampe an.

16

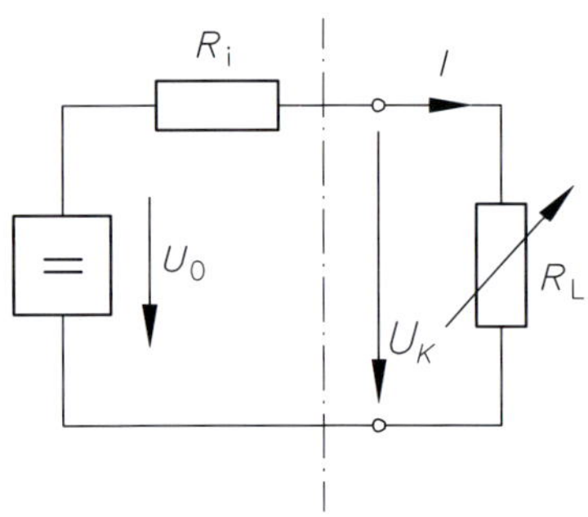

Die Schaltung zeigt eine Spannungsquelle mit Innenwiderstand und einem veränderlichem Lastwiderstand.

U_0 = Leerlaufspannung
R_i = Innenwiderstand
R_L = veränderlicher Lastwiderstand
U_K = Klemmenspannung
P = Leistungsaufnahme von R_L $P = U_K \cdot I$

a) Geben Sie die Funktiongleichung an, die P in Abhängigkeit vom Lastwiderstand R_L beschreibt.

b) Zeichnen Sie den Graphen der Funktion im Bereich $0\ \Omega \leq R_L \leq 100\ \Omega$, wenn $U_0 = 100\ \text{V}$ und $R_i = 12\ \Omega$ sind.

c) Für welchen Wert von R_L wird die Leistung maximal?

17 Ein Unternehmen produziert das Gut A mit fixen Kosten in Höhe von 300 GE und mit variablen Kosten von 0,1 GE. Der Verkaufspreis am Markt beträgt 1,6 GE.
Berechnen Sie die Produktionsmenge, ab der der Preis höher als die Stückkosten (= gesamte Kosten/produzierte Menge) ist.

18 Das Verhalten der Nachfrager am Markt sei durch eine Funktion mit der Funktionsgleichung $y = \frac{440}{x}$ beschrieben. Die Angebotsfunktion ist mit der Gleichung $y = 0{,}004\,x^3 + 4\,x$ gegeben.
Berechnen Sie:
a) das Marktgleichgewicht (Angebot = Nachfrage),
b) den Angebotsüberhang bei einem Preis von $p = 55$,
c) den Nachfrageüberhang bei einem Preis von $p = 35$.

3.5 Die Wurzelfunktion

Wurzelfunktionen sind Umkehrfunktionen der Potenzfunktionen.
$\boldsymbol{f^{-1}}$ mit $\boldsymbol{y = \sqrt[n]{x}}$ ist die Gleichung der Umkehrfunktion der Funktion $\boldsymbol{f}$ mit $\boldsymbol{y = x^n}$.
Der Wurzelexponent ist eine ganze Zahl: $n \in \mathbb{Z}$ (vgl. 1.5.1).
$\boldsymbol{f^{-1}}$ mit $\boldsymbol{y = \sqrt[n]{x^m}}$ ist die Gleichung der Umkehrfunktion der Funktion $\boldsymbol{f}$ mit $\boldsymbol{y = \sqrt[m]{x^n}}$

$y = x^{\frac{m}{n}}$ ist die Gleichung der Wurzelfunktion in der Potenzschreibweise.

Der Exponent $q = \frac{m}{n}$ ist eine rationale Zahl mit $q \in \mathbb{Q}\setminus\mathbb{Z}$. m = Potenzexponent
n = Wurzelexponent

Einige Beispiele sollen die Besonderheiten von Wurzelfunktionen verdeutlichen:

1. Der Wurzelexponent *n* ist eine positive und gerade ganze Zahl:

$y = \sqrt[n]{x}$ $n = 2k;\ k \in \mathbb{N}$ Gleichung der Wurzelfunktion

Beispiele

$y = \sqrt{x};\ y = \sqrt[4]{x};\ y = \sqrt[6]{x}$ usw.

Der Definitionsbereich dieser Funktionen ist eingeschränkt. Der Radikand darf nicht negativ werden $\Rightarrow D = \mathbb{R}_0^+$
Wird die Wurzelfunktion als Umkehrfunktion der quadratischen Funktion gebildet, muss eine weitere Eigenart beachtet werden.

Beispiel $x \mapsto \sqrt{x}$ als Umkehrfunktion von $x \mapsto x^2$

G_1: **Normalparabel** mit der Gleichung $y = x^2$
Die Spiegelung des Graphen an der Winkelhalbierenden $y = x$ zeigt, dass für $x \mapsto x^2$ zwei Umkehrfunktionen existieren.
G_2: mit der Gleichung $y = +\sqrt{x}$
G_3: mit der Gleichung $y = -\sqrt{x}$

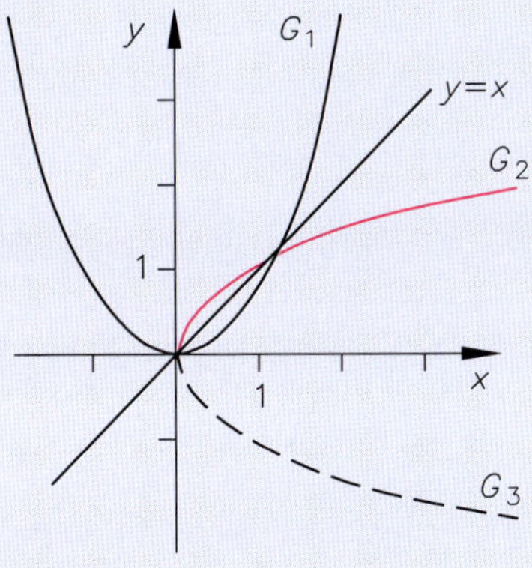

Abb. 3.37

Allgemein gilt also für die Umkehrfunktion der Funktion $x \mapsto x^n$ mit $n = 2k$ und $k \in \mathbb{N}$:

$x \mapsto = +\sqrt[n]{x}$ mit dem Definitionsbereich $D = \mathbb{R}_0^+$ und dem Wertebereich $W = \mathbb{R}_0^+$

$x \mapsto = -\sqrt[n]{x}$ mit dem Definitionsbereich $D = \mathbb{R}_0^+$ und dem Wertebereich $W = \mathbb{R}_0^-$

2. Der Wurzelexponent n ist eine positive und ungerade ganze Zahl:

$y = \sqrt[n]{x}$ $n = 2k - 1;\ k \in \mathbb{N}$ Gleichung der Wurzelfunktion

Beispiele

$y = \sqrt[3]{x};\ y = \sqrt[5]{x};\ y = \sqrt[7]{x}$ usw.

Der Definitionsbereich dieser Funktionen ist nicht eingeschränkt. Für negative Radikanden gibt es eine Lösung. (vgl. 1.5.5) $\Rightarrow D = \mathbb{R}$

Beispiel

$x \mapsto \sqrt[3]{x}$ als Umkehrfunktion von $x \mapsto x^3$

G_1: **Parabel** mit der Gleichung $y = x^3$
Die Spiegelung des Graphen an $y = x$ zeigt, dass es für $x \mapsto x^3$ eine Umkehrfunktion gibt. Wegen der Definition der Wurzel und des Verbots negativer Radikanden erhält die zugehörige Gleichung die Form:

G_2: mit $y = +\sqrt[3]{x}$ für $x \geq 0$
mit $y = -\sqrt[3]{|x|}$ für $x < 0$

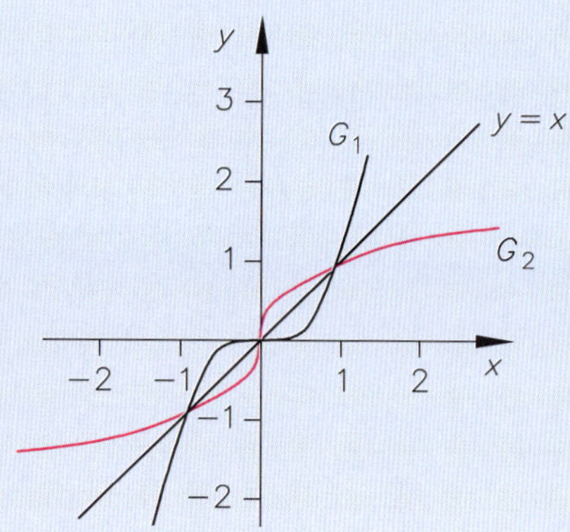

Abb. 3.38

Allgemein gilt also für die Umkehrfunktion der Funktion $x \mapsto x^n$ mit n = $2k - 1$ und $k \in \mathbb{N}$:

$$x \mapsto \begin{cases} +\sqrt[n]{x} & \text{für } x \geq 0 \\ -\sqrt[n]{|x|} & \text{für } x < 0 \end{cases}$$ Definitionsbereich: $D = \mathbb{R}$; Wertebereich: $W = \mathbb{R}$

3. Der Wurzelexponent n ist eine negative ganze Zahl:

$y = \dfrac{1}{\sqrt[n]{x}}$ $n \in \mathbb{Z}^-$ Gleichung der Wurzelfunktion

Beispiele

$y = x^{-\frac{1}{2}}$ oder $y = \frac{1}{\sqrt{x}}$; $y = \frac{1}{\sqrt[3]{x}}$; $y = \frac{1}{\sqrt[4]{x}}$; $y = \frac{1}{\sqrt[5]{x}}$; $y = \frac{1}{\sqrt[6]{x}}$ usw.

Die Graphen dieser Funktionen ähneln im Verlauf den Hyperbeln n-ter Ordnung. (vgl. 3.4.1)

Beispiel

$x \mapsto \frac{1}{\sqrt{x}}$ als Umkehrfunktion von $x \mapsto \frac{1}{x^2}$

G_1: **Hyperbel** mit der Gleichung $y = \frac{1}{x^2}$

Ähnlich wie bei der Funktion $x \mapsto x^2$ gibt es zwei Umkehrfunktionen. (Der Graph im 4. Quadranten ist nicht abgebildet.)

G_2: mit der Gleichung $y = +\frac{1}{\sqrt{x}}$

$y = -\frac{1}{\sqrt{x}}$ ist die Gleichung der 2. Umkehrfunktion.

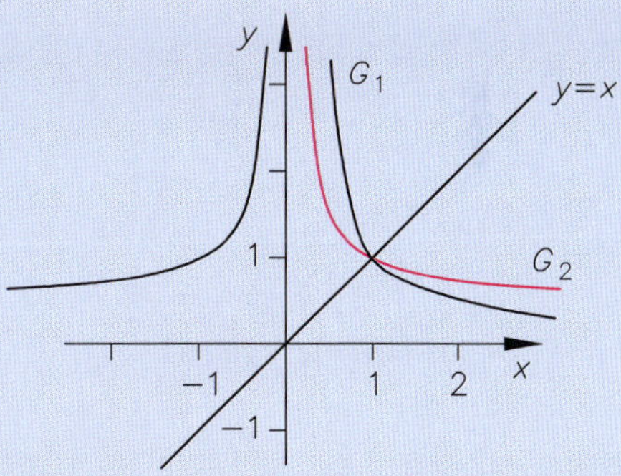

Abb. 3.39

Bei den Hyperbelfunktionen ist der Exponent eine negative ganze Zahl und es gilt:

n gerade:	2 Umkehrfunktionen (wie bei **1.**)	$D = \mathbb{R}^+$ und $W = \mathbb{R}^+$
	bzw.	$D = \mathbb{R}^+$ und $W = \mathbb{R}^-$
n ungerade:	1 Umkehrfunktion (Einschränkung wie bei **2.**)	$D = \mathbb{R}$ und $W = \mathbb{R}$

Nun werden noch die Funktionen untersucht, deren Wurzelexponent die Form $\frac{m}{n}$ hat. m und n sind ganze Zahlen, der Quotient daraus soll aber keine ganze Zahl ergeben.

Beispiele

$y = \sqrt[4]{x^3}$; $y = \sqrt[3]{x^4}$; $= \frac{1}{\sqrt[5]{x^8}}$; $y = \frac{1}{\sqrt[8]{x^5}}$ *usw.*

4. Der Wurzelexponent ist eine rationale Zahl:

$y = \sqrt[n]{x^m}$ $m, n \in \mathbb{Z} \setminus \{0, 1, -1\} \land m \neq n$ Gleichung der Funktion

Beispiel 1

$x \mapsto \sqrt[3]{x^4}$ als Umkehrfunktion
von $x \mapsto \sqrt[4]{x^3}$

G_1: mit der Gleichung $y = x^{\frac{3}{4}} \Leftrightarrow y = \sqrt[4]{x^3}$

Durch Spiegelung des Graphen G_1 an der Winkelhalbierenden bekommen wir den Graphen der Umkehrfunktion.

G_2: mit der Gleichung $y = x^{\frac{4}{3}} \Leftrightarrow y = \sqrt[3]{x^4}$

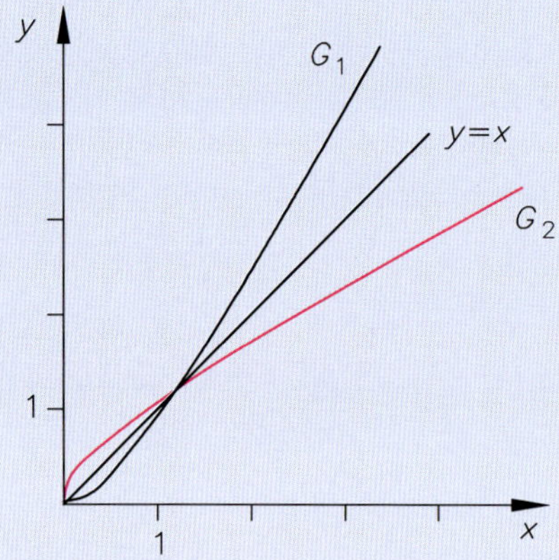

Abb. 3.40

Beispiel 2

$x \mapsto \frac{1}{\sqrt[5]{x^8}}$ als Umkehrfunktion

von $x \mapsto \frac{1}{\sqrt[8]{x^5}}$

G_1: mit der Gleichung

$y = x^{-\frac{8}{5}} \Leftrightarrow y = \frac{1}{\sqrt[5]{x^8}}$

G_1 an der Winkelhalbierenden gespiegelt, gibt den Graphen G_2.

G_2: mit der Gleichung

$y = x^{-\frac{8}{5}} \Leftrightarrow y = \frac{1}{\sqrt[8]{x^5}}$

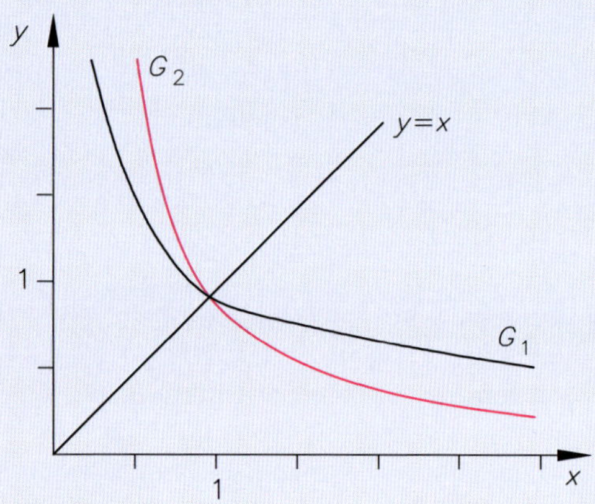

Abb. 3.41

Bei diesen Funktionen ist der Definitionsbereich eingeschränkt, wenn:

$\frac{m}{n} > 0$ und n eine gerade Zahl, so gilt: $D = \mathbb{R}_0^+$

$\frac{m}{n} < 0$ und n eine gerade Zahl, so gilt: $D = \mathbb{R}^+$

Beispiele zur Einschränkung des Definitionsbereichs

$y = \sqrt[3]{x^4}$ mit $D = \mathbb{R}$ aber $y = \sqrt[4]{x^3}$ mit $D = \mathbb{R}_0{}^+$

$y = \frac{1}{\sqrt[5]{x^8}}$ mit $D = \mathbb{R}\setminus\{0\}$ aber $y = \frac{1}{\sqrt[8]{x^5}}$ mit $D = \mathbb{R}^+$

AUFGABEN

1 Zeichnen Sie die Graphen folgender Funktionen und ihrer Umkehrfunktionen: Geben Sie jeweils die Definitionsmenge an.

a) $y = \sqrt{x}$ c) $y = \sqrt[3]{x^5}$ e) $y = \frac{1}{\sqrt{x}}$ g) $y = \frac{1}{\sqrt[4]{x^5}}$

b) $y = \sqrt[3]{x^2}$ d) $y = \sqrt[4]{x^3}$ f) $y = \frac{1}{\sqrt[3]{x}}$ h) $y = \frac{1}{\sqrt[5]{x^6}}$

2 Geben Sie den Definitionsbereich der Funktionen an und zeichnen Sie den Graphen für:

a) $y = \sqrt{x-2}$ d) $y = \sqrt{4-x}$ g) $y = \sqrt{1-x^2}$ k) $y = -\sqrt{4-x^2}$

b) $y = \sqrt{x+3}$ e) $y = \sqrt{x^2+1}$ h) $y = -\sqrt{1-x^2}$ l) $y = \sqrt{4-(x-1)^2}$

c) $y = -\sqrt{x+1{,}5}$ f) $y = \sqrt{x^2-1}$ i) $y = \sqrt{4-x^2}$ m) $y = \frac{2}{3} \cdot \sqrt{9-x^2}$

3 In einen Kreis mit dem Radius r wird ein Rechteck mit den Seiten a und b eingezeichnet.
Der Umfangswert U des Rechtecks ist davon abhängig, wie lang die Seite a gezeichnet wird.

a) Ermitteln Sie die Funktion $U = f(a)$. Geben Sie den Definitionsbereich an.

b) Zeichnen Sie den Graphen der Funktion, wenn $r = 10$ cm ist.

c) Wann wird der Umfangswert maximal?

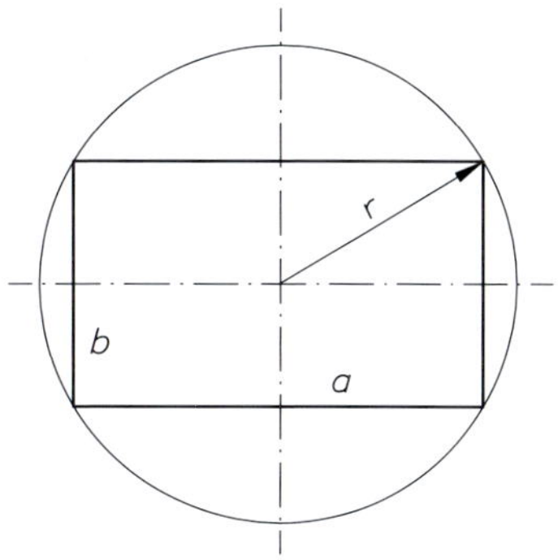

4 Von einem gleichschenkligen Dreieck ist die Schenkellänge s gegeben. Der Flächenwert des Dreiecks ist davon abhängig, wie lang die Grundseite x wird.

a) Geben Sie die Funktionsgleichung an, die den Zusammenhang zwischen der Fläche A und der Seite x beschreibt. Geben Sie den Definitionsbereich an.

b) Zeichnen Sie den Graphen für $s = 30$ cm.

c) Für welches x wird die Fläche maximal?

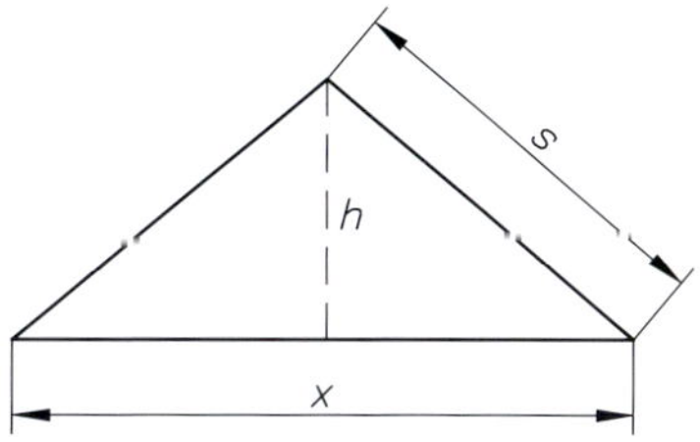

5 In einer rechtwinkligen Mauerecke soll ein l-Meter langer Drahtzaun gespannt werden.

a) Stellen Sie die Funktionsgleichung auf, die die Abhängigkeit der Fläche A vom Abstand x darstellt!

b) Zeichnen Sie den Graphen der Funktion für eine Länge von $l = 20$ m.
x-Achse: 1 cm = 2 (2 m); $0 \leq x \leq 20$
y-Achse: 1 cm = 10 (10 m²); $0 \leq y \leq 100$

c) Für welchen Wert von x wird die Fläche maximal?

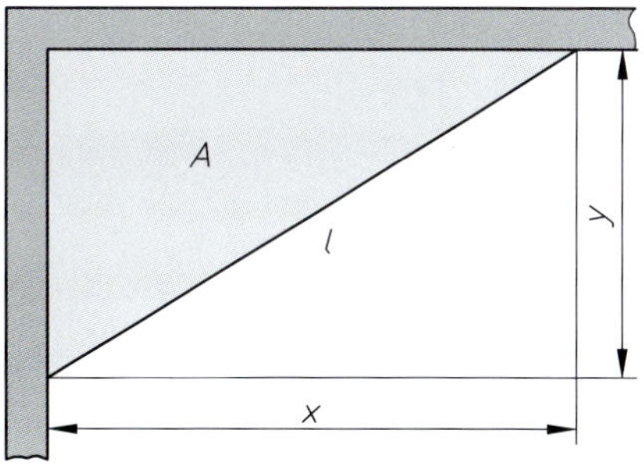

6 Zwei Läufer machen einen Wettlauf zum Strand. Dabei können sie 400 m auf einem befestigten Weg laufen, der parallel zum Strand führt, und dann 100 m durch den Sand ans Meer. Durch den Sand können sie nur halb so schnell wie auf dem Weg laufen. Da beide gleich schnell sind, stellt sich die Frage, ob einer durch den Sand abkürzen sollte, um zu gewinnen.

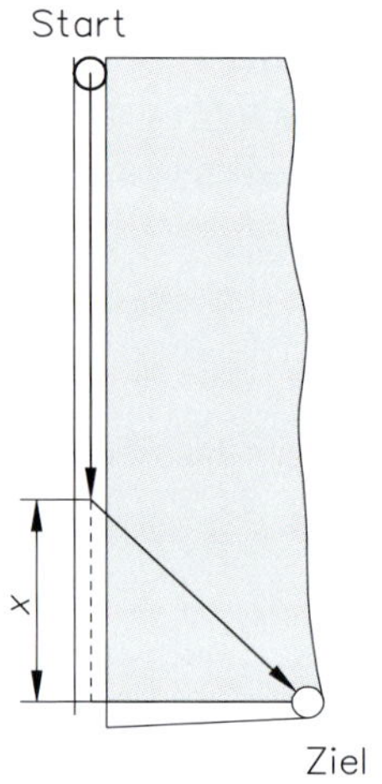

a) Stellen Sie eine Funktion auf, die die Zeit t in Abhängigkeit von der Wegstrecke x darstellt. Der befestigte Weg wird um x Meter eher verlassen. Geben Sie den Definitionsbereich an.

b) Zeichnen Sie den Graphen für $t = f(x)$, wenn beide Läufer mit $v = 3{,}5$ m/s auf dem befestigten Weg laufen.

c) An welcher Stelle müsste der eine Läufer abkürzen, um zu gewinnen?

7 Nebenstehend sind Ihnen die Kennlinie und die Wertetabelle einer Glühlampe gegeben.

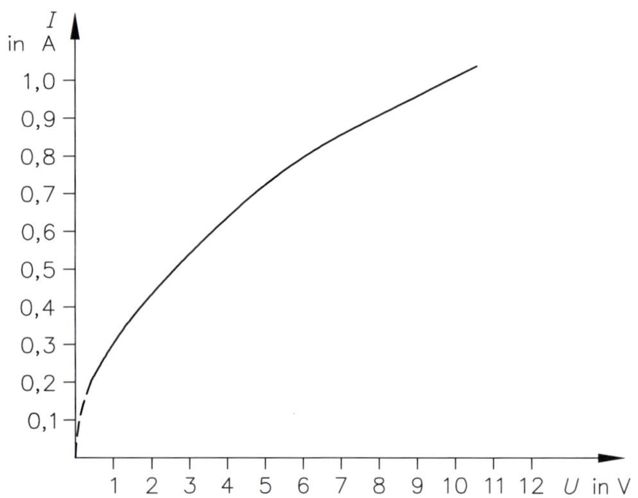

a) Ermitteln Sie die Funktionsgleichung der Kennlinie. Die Funktion hat die Form $y = a \cdot \sqrt{x}$.

b) Zeichnen Sie zusätzlich die Funktion $I(U) = \frac{U_0}{R} - \frac{1}{R}U$ in das Diagramm ein.
$U_0 = 12$ V; $R = 10\ \Omega$

c) Ermitteln Sie rechnerisch den Schnittpunkt der beiden Funktionen und vergleichen Sie das Ergebnis mit dem abgelesenen Wert.

U in V	0,5	2,5	4,5	6,5	8,0	10,0	11,0
I in A	0,22	0,5	0,67	0,81	0,89	1	1,05

d) Zeichnen Sie die Verlusthyperbel für $P = 6$ W in das Diagramm ein.

e) Ermitteln Sie rechnerisch den Schnittpunkt der Hyperbel mit der Kennlinie der Lampe.
Vergleichen Sie ihr Ergebnis mit den Werten des Diagramms.

3.6 Exponential- und Logarithmusfunktion

3.6.1 Die allgemeine Exponentialfunktion

$\boldsymbol{y = b^x}$ **mit** $\boldsymbol{b > 0}$. ist die Gleichung der Exponentialfunktionen. Die unabhängige Variable x steht im Exponenten.

Definition

Die Funktion $f\colon x \mapsto b^x$ heißt Exponentialfunktion mit der Variablen x und der Basis b.
$x \in \mathbb{R}$; $b \in \mathbb{R}^+$; $b \neq 1$
Definitionsbereich: $D = \mathbb{R}$
Wertebereich: $W = \mathbb{R}^+$, falls $b \in \mathbb{R}^+ \setminus \{1\}$. (Für $b = 1$ ist $W = \{1\}$).

Beispiele für Exponentialfunktionen

$f\colon x \mapsto b^x$

G_1: mit $y = 1^x$	$b = 1$	Gerade
G_2: mit $y = 2^x$	$b = 2$	G_2 und G_3 sind symmetrisch zur y-Achse.
G_3: mit $y = \left(\frac{1}{2}\right)^x$	$b = \frac{1}{2}$	
G_4: mit $y = 3^x$	$b = 3$	G_4 und G_5 sind symmetrisch zur y-Achse.
G_5: mit $y = \left(\frac{1}{3}\right)^x$	$b = \frac{1}{3}$	

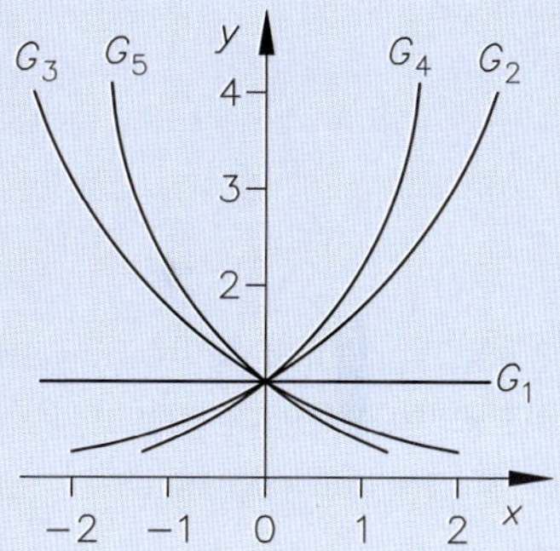

Abb. 3.42

Eigenschaften:

1. Der Graph der Funktion $f\colon x \mapsto b^x$ ist für $0 \leq b \leq 1$ fallend; für $b > 1$ steigend.
2. Alle Graphen nähern sich asymptotisch der x-Achse.
3. Alle Graphen der Funktion $f\colon x \mapsto b^x$ schneiden die y-Achse bei 1, da $b^0 = 1$ ist.

3.6.2 Die e-Funktion

Sie ist eine spezielle Exponentialfunktion mit der Basis **e = 2,7182818 …** der Euler'schen Zahl[1)].

[1)] *Diese Zahl wurde schon unter dem Namen „natürliche Zahl" als Basis der natürlichen Logarithmen erwähnt (s. 1.5.6). Sie geht auf Leonard Euler (1707–1783) zurück.*

Die Zahl e ist Grenzwert einer unendlichen Zahlenfolge $\lim\limits_{n \to \infty} \left(1 + \frac{1}{n}\right)^n = \mathrm{e}$ (s. 7.2).

Die Zahl e lässt sich durch zwei Folgen einschachteln. Es gilt: $\left(1 + \frac{1}{n}\right)^n < \mathrm{e} < \left(1 + \frac{1}{n}\right)^{n+1}$; $n \in \mathbb{N}$.

n	1	2	4	10	100	1000	10000	1000000
$\left(1 + \frac{1}{n}\right)^n$	2	2,250	2,441	2,594	2,7048	2,7169	2,7181	2,7182805
$\left(1 + \frac{1}{n}\right)^{n+1}$	4	3,375	3,052	2,853	2,7319	2,7196	2,7184	2,7182832

$y = \mathrm{e}^x$ ist die Gleichung der e-Funktion.

Graph der Funktion:

f: $x \mapsto \mathrm{e}^x$

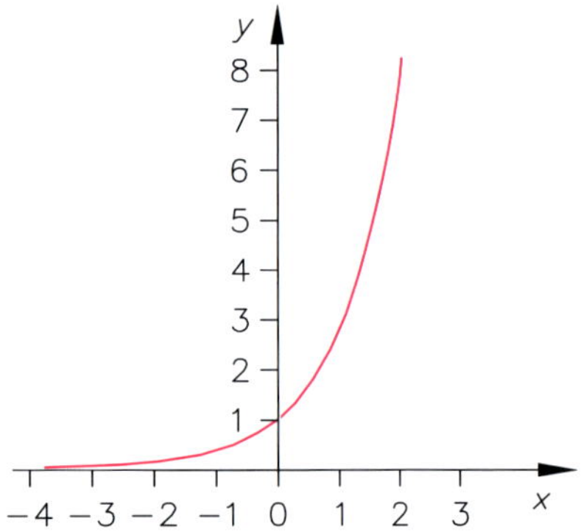

Abb. 3.43

Viele Vorgänge in Natur und Technik können mithilfe von e-Funktionen beschrieben werden. Wir unterscheiden: Wachstumsvorgänge; Zerfallsvorgänge; Sättigungsvorgänge.

1. Wachstumsvorgänge:

Es wird z. B. das Wachstum einer Bakterienkultur untersucht.

$f(x) = a \cdot \mathrm{e}^{kx}$ $a, k \in \mathbb{R}^+$ ist die Gleichung, die Wachstumsprozesse beschreibt.

Beispiel für den Kurvenverlauf

$y = 3 \cdot \mathrm{e}^{0,5x}$ Gleichung der Funktion

$a = 3$ die y-Achse wird bei $y = 3$ geschnitten. (vgl. Abb. 3.44)

$k = 0,5$ beeinflusst den Anstieg der Kurve. (vgl. Abb. 3.44)

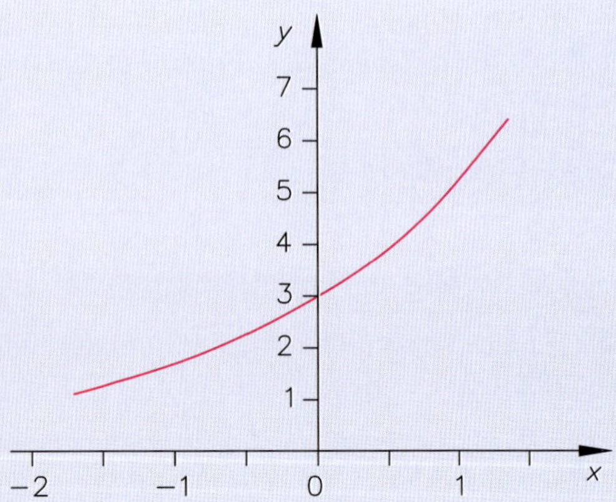

Abb. 3.44

2. Zerfallsvorgänge:

Es werden z. B. Zerfallsvorgänge radioaktiven Materials oder Abkühlungsvorgänge untersucht.

$\boldsymbol{f(x) = a \cdot e^{-kx}}$ $a, k \in \mathbb{R}^+$ ist die Gleichung, die Zerfallsvorgänge beschreibt.

Beispiel für den Kurvenverlauf

$y = 6 \cdot e^{-0,4x}$ Gleichung der Funktion

$a = 6$ die y-Achse wird bei $y = 6$ geschnitten.

$k = 0,4$ beeinflusst den Abfall der Kurve.

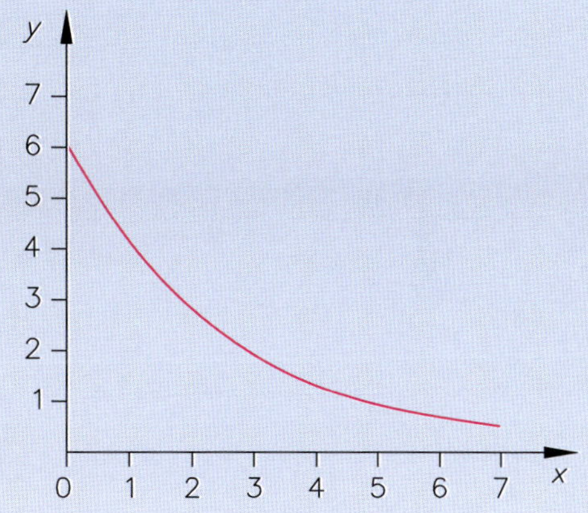

Abb. 3.45

3. Sättigungsvorgänge:

Ein Kondensator z. B. kann nur eine bestimmte Ladungsmenge aufnehmen. Zuerst erfolgt eine rasche Ladungszunahme, die dann immer schwächer wird.

$\boldsymbol{f(x) = a \cdot (1 - e^{-kx})}$ $a, k \in \mathbb{R}^+$ ist die Gleichung, die Sättigungsvorgänge beschreibt.

Beispiel für den Kurvenverlauf

$y = 6 \cdot (1 - e^{-0,4x})$ Gleichung der Funktion

$a = 6$ die Kurve nähert sich der Geraden $y = 6$ asymptotisch.

$k = 0,4$ beeinflusst den Anstieg der Kurve.

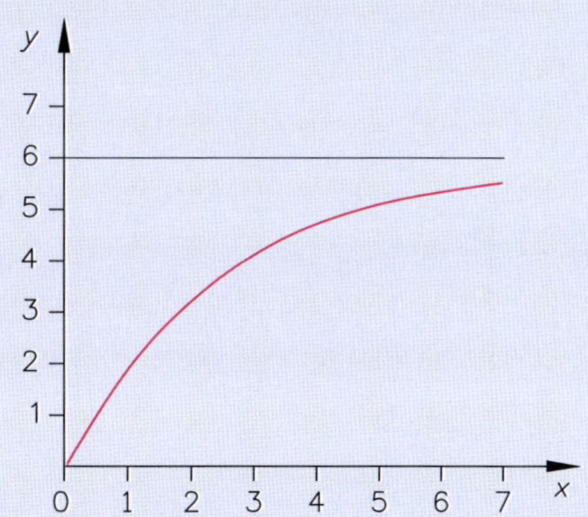

Abb. 3.46

AUFGABEN

1 Zeichnen Sie die Graphen und bestimmen Sie die Definitions- und die Wertebereiche von:

a) $y = 2^x$

b) $y = \left(\frac{3}{2}\right)^x$

c) $y = \left(\frac{2}{3}\right)^x$

d) $y = 3^{-x}$

e) $y = e^{-0{,}5x}$

f) $y = e^{\frac{x}{2}}$

g) $y = e^x - 1$

h) $y = 8 \cdot e^{-0{,}4x}$

i) $y = (5(1 - e^{-0{,}1x})$

k) $y = 10(1 - e^{-0{,}005x})$

l) $y = 2 + 5 \cdot e^{-0{,}01x}$

m) $y = x - e^x$

2 Ermitteln Sie die Gleichungen der dargestellten Graphen (e-Funktionen).

a)

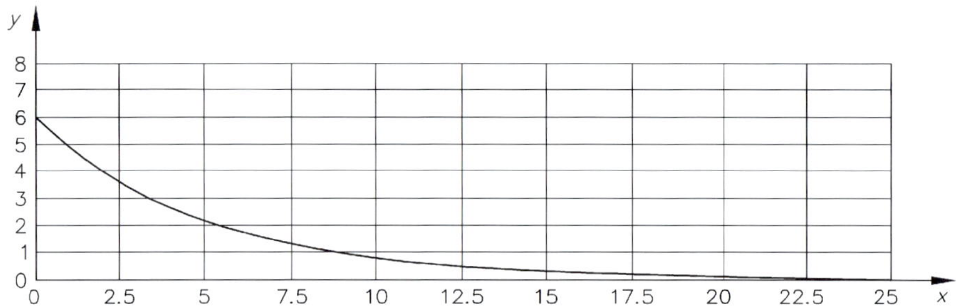

b)

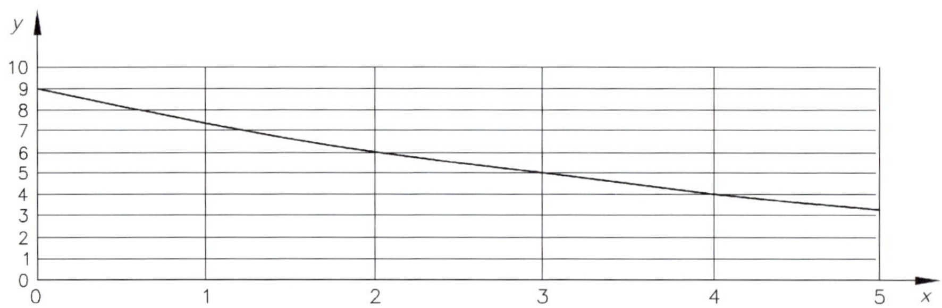

c)

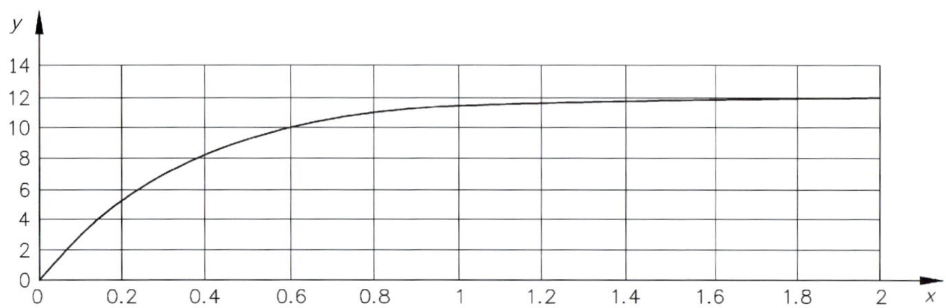

3 Ein Waldbestand, der auf $2 \cdot 10^6$ Festmeter geschätzt wird, hat eine jährliche Wachstumsrate von etwa 3 %.

a) Stellen Sie die Abhängigkeit der Anzahl der Festmeter von der Zeit dar. Geben Sie die Funktionsgleichung an und zeichnen Sie den Graphen.

b) In wie viel Jahren wächst der Waldbestand auf $3 \cdot 10^6$ Festmeter an?

c) Wann hat sich der Bestand verdoppelt?

4

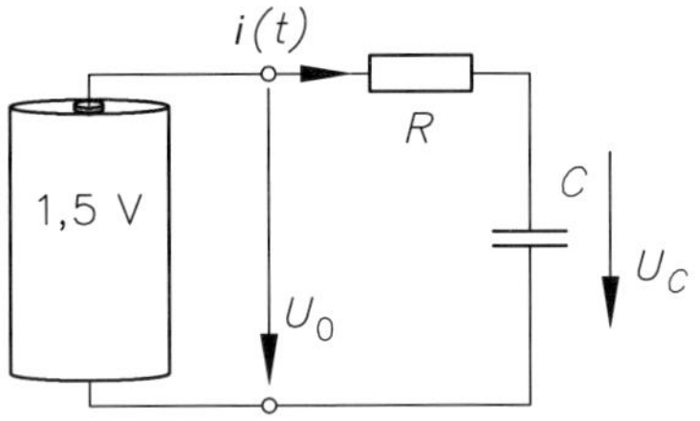

Ein Kondensator C wird über einen Widerstand R an einer Batterie mit der Leerlaufspannung U_0 aufgeladen.

$U_0 = 1{,}5$ V
$R = 20$ kΩ
$C = 1$ µF
$\tau = R \cdot C$ ist die Zeitkonstante

a) Stellen Sie den Strom i als Funktion der Zeit dar: $i = f(t)$.

b) Wie groß ist der Anfangsstrom i_0?

c) Auf wie viel Prozent des Anfangswertes ist der Strom nach $t = \tau$ Sekunden abgesunken?

d) Stellen Sie die Spannung des Kondensators U_C ebenfalls als Funktion der Zeit dar. Der Kondensator ist zur Zeit $t = 0$ vollständig entladen.

e) Nach welcher Zeit hat der Kondensator einen Spannungswert von 1 V erreicht?

5 Für heißes Wasser, das in kälterer Umgebung abkühlt, gilt das Newton'sche Abkühlungsgesetz:

$\vartheta(t) = C \cdot e^{-k \cdot t} + \vartheta_R$

Hierbei sind: $\vartheta(t)$ = Temperatur zur Zeit t; $\vartheta_R = 20\,°C$ (= Raumtemperatur)
C = Übertemperatur; k = Abkühlungskonstante

a) Errechnen Sie die Konstante C mithilfe der sogenannten Anfangsbedingung, dass nämlich zur Zeit $t_0 = 0$ min das Wasser eine Temperatur von $\vartheta_0 = 100\,°C$ hat.

b) Errechnen Sie nun die Konstante k aus einer zweiten Vorgabe. Nach der Zeit $t_1 = 10$ min ist die Flüssigkeit auf eine Temperatur von $\vartheta_1 = 60\,°C$ abgekühlt.

c) Welche Temperatur hat das Wasser nach einer Zeit von 15 Minuten, wenn zu Beginn der Abkühlung zu dem 100 °C heißem Wasser die gleiche Menge Eiswasser mit einer Temperatur von 0 °C gemischt wird?

d) Welche Temperatur hat das Wasser, wenn das heiße Wasser (100 °C) 15 Minuten abkühlt und erst dann die gleiche Menge Eiswasser (0 °C) zugemischt wird?

e) Zeichnen Sie die Abkühlungskurven der Aufgabe c) und der Aufgabe d) in einem Diagramm für eine Zeit von 0 bis 30 Minuten! Kennzeichnen Sie die Graphen und geben Sie die zugehörigen Funktionsgleichungen an! Zeitachse: 1 cm $\mathrel{\hat{=}}$ 2,5 min

6 Die Bevölkerung der Erde nimmt jährlich um ca. 1,8 % zu.

a) Geben Sie die Funktion an, die den Zusammenhang zwischen der Erdbevölkerungszahl und der Zeit wiedergibt.

b) Stellen Sie den Zusammenhang in einem Diagramm für die nächsten 30 Jahre dar, wenn wir von unveränderten Zuwachsraten und einer jetzigen Bevölkerungszahl von $6 \cdot 10^9$ Menschen ausgehen.

7 Ein Kapital von 20000 EUR wird zu 5 % verzinst.

a) Stellen Sie $K_n = f(n)$ dar, wenn K_0 das Anfangskapital ist, K_n das Kapital nach n Jahren, n die Anzahl der Jahre und p der Zinssatz.

b) Zeichnen Sie den Graphen.

c) Nach wie viel Jahren hat sich das Kapital verdoppelt?

8 Dass ein Pkw jährlich an Wert verliert, ist bekannt.

a) Welchen Wert hat ein 40000 EUR teures Autos nach 5 Jahren, wenn ein Wertverlust von jährlich 20 % kalkuliert wird? Stellen Sie den Zusammenhang grafisch dar.

b) Nach welcher Zeit hat ein Fahrzeug nur noch den halben Anschaffungswert, wenn mit einem jährlichen Verlust von 17 % gerechnet wird?

3.6.3 Die allgemeine Logarithmusfunktion

Logarithmusfunktionen sind Umkehrfunktionen der Exponentialfunktionen.

$\boldsymbol{f^{-1}}$ mit $\boldsymbol{y = \log_b x}$ ist die Gleichung der Umkehrfunktion der Funktion $\boldsymbol{f}$ mit $\boldsymbol{y = b^x}$

Die Gleichung $y = b^x$ wird nach x aufgelöst.

(Es wird also der Exponent ermittelt: vgl. 1.5.6).

Beispiel

$x \mapsto \log_2 x$ als Umkehrfunktion von $x \mapsto 2^x$

Wertetabelle:

x	−2	−1	0	0,2	0,5	1	2	3	4	8
2^x	0,25	0,5	1	1,15	1,41	2	4	8	16	256
$\log 2^x$	–	–	–	−2,3	−1	0	1	1,6	2	3

Graphen der Funktionen:

G_1: mit $y = 2^x$ $D = \mathbb{R}$, $W = \mathbb{R}^+$

Die Spiegelung des Graphen an der Winkelhalbierenden ergibt den Graphen der Umkehrfunktion.

G_2: mit $y = \log_2 x$ $D = \mathbb{R}^+$, $W = \mathbb{R}$

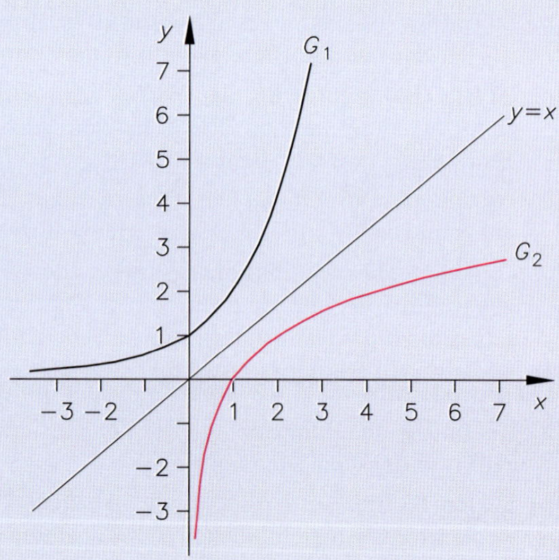

Abb. 3.47

Für die Logarithmusfunktionen gilt:

1. Alle Logarithmuskurven gehen durch den Punkt $S_x(1|0)$.

2. Die Definitionsmenge von $y = \log_b x$ ist $D = \mathbb{R}^+$, der Wertebereich $W = \mathbb{R}$.

Fallunterscheidung: $b > 1$: $\log_b x > 0$ für $x > 1$
$\log_b x = 0$ für $x = 1$
$\log_b x < 0$ für $0 < x < 1$

$0 < b < 1$: $\log_b x > 0$ für $0 < x < 1$
$\log_b x = 0$ für $x = 1$
$\log_b x < 0$ für $x > 1$

3. Monotonieverhalten: Ist $b > 1$, so ist $y = \log_b x$ streng monoton steigend.
Ist $0 < b < 1$, so ist $y = \log_b x$ streng monoton fallend.

Wichtige Logarithmusfunktionen mit entsprechender Basis sind:

1. Basis e: $y = \log_e x \Leftrightarrow y = \ln x$ natürlicher Logarithmus

2. Basis 10: $y = \log_{10} x \Leftrightarrow y = \lg x$ dekadischer oder Brigg'scher Logarithmus

3. Basis 2: $y = \log_2 x \Leftrightarrow y = \text{lb}\, x$ binärer Logarithmus oder
$y = \text{ld}\, x$ dualer Logarithmus (vgl. 1.5.6)

Die Darstellung einer Funktion als Graph wird in der Praxis viel verwendet, weil sie übersichtlich ist und sich jeder gesuchte Wert schnell ermitteln lässt. Meist wird dazu ein Koordinatensystem mit linearer Aufteilung der Achsen verwendet. Das haben Sie bisher kennengelernt.

Für besondere Fälle gibt es aber auch eine andere Aufteilung der Achsen:

1. Einfach-logarithmische Aufteilung:
$x \mapsto b^x$ y-Achse logarithmisch x-Achse linear – Exponentialfunktion
$x \mapsto \log_b x$ x-Achse logarithmisch y-Achse linear – Logarithmusfunktion

2. Doppelt-logarithmische Aufteilung:
$x \mapsto x^n$ x- und y-Achse logarithmisch – Potenzfunktion

Beispiel für eine einfach-logarithmische Achsenaufteilung

$\boldsymbol{y = 3 \cdot 5^x + 2}$ ist die gegebene Funktionsgleichung der Funktion f, die als Graph dargestellt werden soll.

Wertetabelle:

x	-1	0	1	2	3	4
$y = 3 \cdot 5^x + 2$	2,6	5	17	77	377	1877

Graph der Funktion in einem Diagramm mit linearer Achsenaufteilung.

Funktionswerte für z. B. $x = -1$ oder $x = 2$ sind in diesem Diagramm nicht ablesbar.

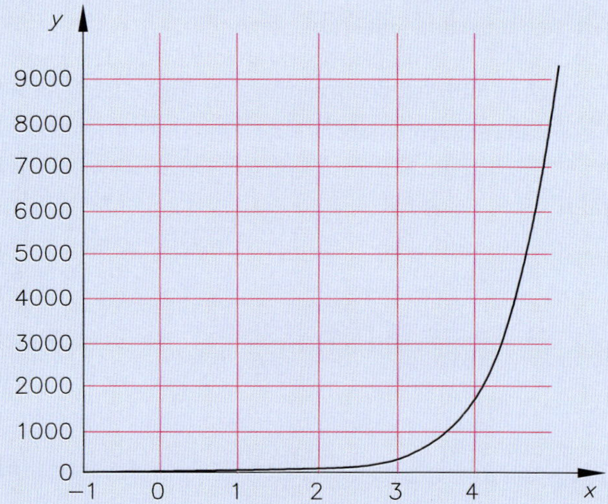

Abb. 3.48

Graph der Funktion in einem Diagramm mit einfach-logarithmischer Achsenaufteilung.

Funktionswerte, für z. B. $x = -1$ oder $x = 2$, sind in diesem Diagramm ablesbar.

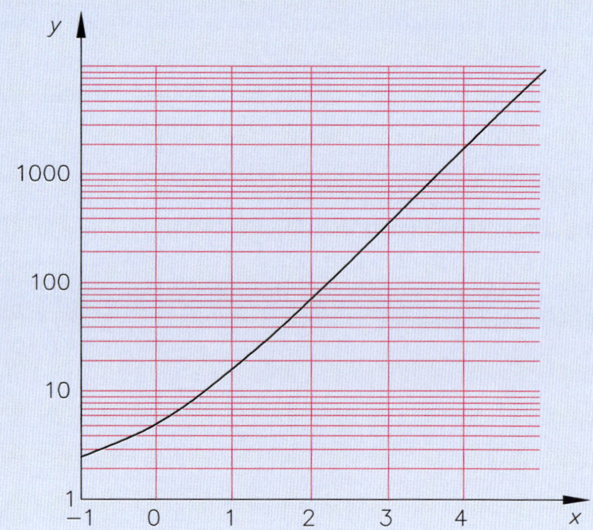

Abb. 3.49

AUFGABEN

1 Zeichnen Sie die Schaubilder für:

a) $y = \log_2 x$; $D = \{x \,|\, x > 0 \wedge x \leq 5\}$

b) $y = \log_e x$; $D = \{x \,|\, x > 0 \wedge x < 5\}$

c) $y = \log_{10} x$; $D = \{x \,|\, x > 2 \wedge x < 5\}$

d) $y = \ln(x + 1)$; $D = \{x \,|\, -1 < x \leq 5\}$

e) $y = 2 + \lg(x - 2)$; $D = \{x \,|\, 2 < x \leq 20\}$

f) $y = x + \log_3 x$; $D = \{x \,|\, 0 < x \leq 10\}$

2 Ist die Funktion $y = \log_2 x$ streng monoton fallend? (Beweis)

3 Warum ist die Logarithmusfunktion für $x \leq 0$ nicht definiert?

4 Zeichnen Sie die Graphen der folgenden Funktionen in einem Diagramm mit linearer Achsenaufteilung und in einem mit einfach-logarithmischer Aufteilung.
Lesen Sie den Wert an der Stelle x_0 ab.

a) $y = 2^x$ für $-2 \leq x \leq 5$ $x_0 = 1{,}5$
b) $y = 3^{-x}$ für $-2 \leq x \leq 5$ $x_0 = 4$
c) $y = 2 \cdot 1{,}5^x$ für $-5 \leq x \leq 5$ $x_0 = -4$
d) $y = \ln x$ für $0 < x \leq 5$ $x_0 = 0{,}15$
e) $y = 2 \cdot \lg x$ für $0 < x \leq 5$ $x_0 = 0{,}22$

5 Zeichnen Sie die Graphen der folgenden Funktionen in einem Diagramm mit linearer Achsenaufteilung und in einem mit doppelt-logarithmischer Aufteilung.
Lesen Sie den Wert an der Stelle x_0 ab.

a) $y = \frac{1}{x}$ für $0 < x \leq 6$ $x_0 = 5{,}8$
b) $y = \sqrt[4]{x}$ für $0 \leq x \leq 6$ $x_0 = 0{,}1$
c) $y = \frac{5}{x^3}$ für $0 < x \leq 1$ $x_0 = 0{,}5$

6 Für den Schallpegel L_p in dB gilt der Zusammenhang $L_p = 20 \cdot \lg \frac{p}{p_0}$, wobei p der Schalldruck und $p_0 = 20\,\mu\text{Nm}^{-2}$ der Bezugsschalldruck ist.
Stellen Sie den Graphen für $L_p = f(p)$ dar.

7 Für das Dämpfungsmaß zweier elektrischer Leistungen in dB gilt: $a_p = 10 \cdot \lg \frac{P_1}{P_2}$.

Für das Dämpfungsmaß zweier elektrischer Spannungen in dB gilt: $a_U = 20 \cdot \lg \frac{U_1}{U_2}$.

Zeichnen Sie die Graphen für $a_P = f(P_1)$ mit $P_2 = 1\,\text{mW}$ und für $a_U = f(U_1)$ mit $U_2 = 0{,}775\,\text{V}$.

3.7 Die trigonometrischen Funktionen

3.7.1 Die trigonometrischen Funktionen im rechtwinkligen Dreieck

Trigonometrische Funktionen oder Winkelfunktionen stellen die Beziehungen zwischen Winkeln und Seitenverhältnissen im rechtwinkligen Dreieck dar.
Zuerst sollen einige wichtige Begriffe am rechtwinkligen Dreieck erklärt werden.

Rechtwinkliges Dreieck

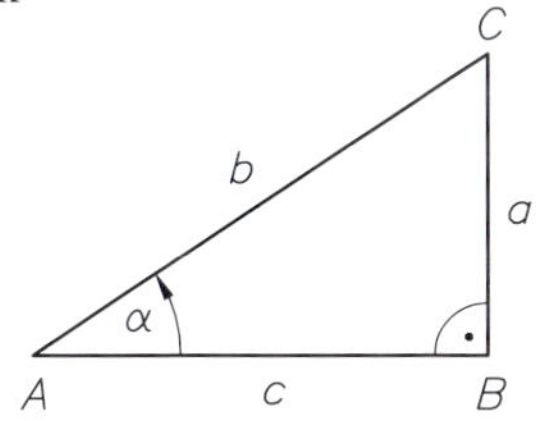

Abb. 3.50

$b = \overline{AC}$ = Hypotenuse

$a = \overline{BC}$ = Gegenkathete

$c = \overline{AB}$ = Ankathete

Allgemein gilt:

$$\sin\alpha = \frac{a}{b} = \frac{\text{Gegenkathete}}{\text{Hypotenuse}} \quad \text{(Sinus von } \alpha)$$

$$\cos\alpha = \frac{c}{b} = \frac{\text{Ankathete}}{\text{Hypotenuse}} \quad \text{(Kosinus von } \alpha)$$

$$\tan\alpha = \frac{a}{c} = \frac{\text{Gegenkathete}}{\text{Ankathete}} \quad \text{(Tangens von } \alpha)$$

$$\cot\alpha = \frac{c}{a} = \frac{\text{Ankathete}}{\text{Gegenkathete}} \quad \text{(Kotangens von } \alpha)$$

Definition

Die Abbildung $\alpha \mapsto \sin\alpha$ heißt Sinusfunktion, $\alpha \mapsto \cos\alpha$ heißt Kosinusfunktion, $\alpha \mapsto \tan\alpha$ heißt Tangensfunktion, $\alpha \mapsto \cot\alpha$ heißt Kotangensfunktion.

$D = \{\alpha \mid 0 \leq \alpha \leq 90°\}$
$W = \{y \mid 0 \leq y \leq 1\}_{\mathbb{R}}$

Der Definitionsbereich ist eingeschränkt, da der Winkel im rechtwinkligen Dreieck nicht größer als 90° werden kann.

Beispiele für die Berechnung einiger Werte der Sinusfunktion

$\sin 30° = 0{,}5$

Das Dreieck ADC ist gleichseitig: $a = \frac{b}{2}$

$$\sin 30° = \frac{b}{2b} \Leftrightarrow \mathbf{\sin 30° = \frac{1}{2}}$$

$\sin 45° = 0{,}707$

Das Dreieck ABC ist gleichschenklig: $c = a$ und da $a^2 + c^2 = b^2$ ist, wird:

$$a = \frac{1}{\sqrt{2}}b$$

$$\sin 45° = \frac{b}{\sqrt{2}\,b} \Leftrightarrow \mathbf{\sin 45° = \frac{1}{\sqrt{2}}} \text{ (o. Abb.)}$$

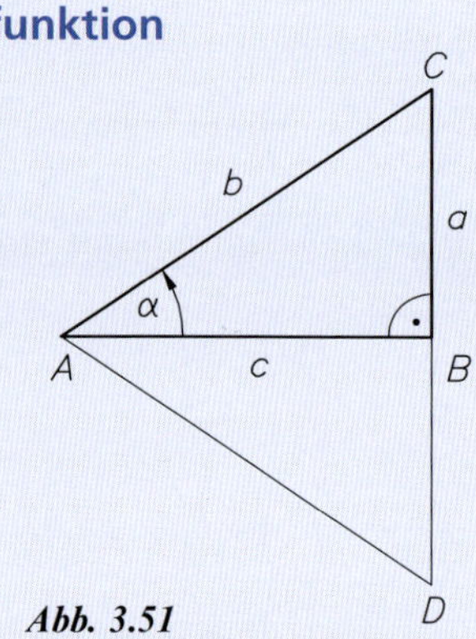

Abb. 3.51

$\sin 60° = 0{,}866$

Das Dreieck ADC ist gleichseitig: $c = \frac{b}{2}$

und da $a^2 + c^2 = b^2$ ist, wird: $a = \sqrt{\frac{3}{4}}b$

$$\sin 60° = \sqrt{\frac{3b}{4b}} \Leftrightarrow \mathbf{\sin 60° = \sqrt{\frac{3}{4}}}$$

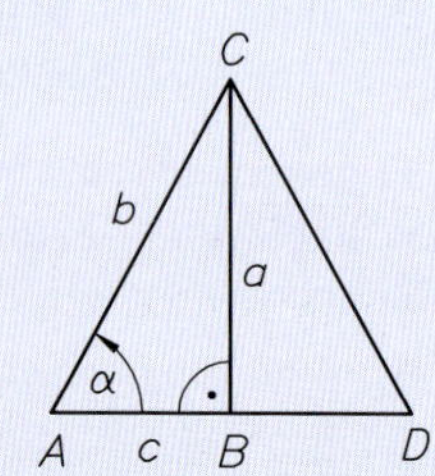

Abb. 3.52

$\sin 90° = 1$

Das Dreieck ABC wird eine Gerade: $a = b$

$$\sin 90° = \frac{b}{b} \Leftrightarrow \mathbf{\sin 90° = 1}$$

Gradmaß und Bogenmaß

Der Winkel α wird im Gradmaß (1 Grad = 1°) oder im Bogenmaß (1 Radiand = 1 rad) gemessen.

Das **Bogenmaß** des Winkels ist der zum Winkel α gehörige Bogen ***b*** im Einheitskreis. Der Einheitskreis hat den Radius $r = 1$. Somit gilt:

$$\frac{\alpha}{360^\circ} = \frac{b}{2\pi\ \mathrm{rad}}$$

$$b = \frac{\alpha \cdot 2\pi\ \mathrm{rad}}{360^\circ}$$ Winkel im **Bogenmaß** in rad[1].

$$\alpha = \frac{b \cdot 360^\circ}{2\pi\ \mathrm{rad}}$$ Winkel im **Gradmaß** in Grad.

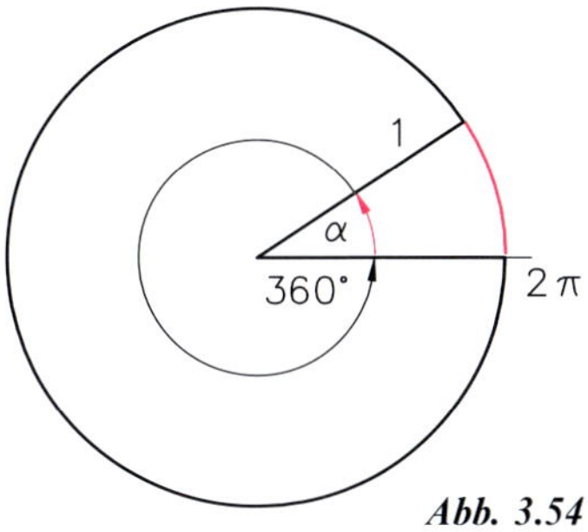

Abb. 3.54

Beispiele für Winkelumrechnungen

$$\alpha = 42^\circ \Rightarrow b = \frac{42^\circ \cdot 2\pi\ \mathrm{rad}}{360^\circ} \Leftrightarrow b = 0{,}733\ \mathrm{rad}$$

$$b = 1{,}571\ \mathrm{rad} \Rightarrow \alpha = \frac{1{,}571\ \mathrm{rad} \cdot 360^\circ}{2\pi\ \mathrm{rad}} \Leftrightarrow \alpha = 90^\circ$$

$$b = 1\ \mathrm{rad} \Rightarrow \alpha = \frac{1\ \mathrm{rad} \cdot 360^\circ}{2\pi\ \mathrm{rad}} \Leftrightarrow \alpha = 57^\circ 17' 45''$$

Grad-Teilung:

$1' = \frac{1^\circ}{60}$ **Minute**

$1'' = \frac{1'}{60}$ **Sekunde**

3.7.2 Die Sinusfunktion

Die am rechtwinkligen Dreieck eingeführte Sinusfunktion ist für Winkel zwischen 0° und 90° definiert. Wir wollen die Winkel zwischen 0° und 360° erfassen und definieren daher die Sinusfunktion am Einheitskreis.

Definition der Sinusfunktion

Unter der Sinusfunktion $\alpha \mapsto \sin\alpha$ wird die Zuordnung des Winkels α zur Ordinate des Punktes P auf dem Einheitskreis verstanden.

---

[1] *Der Radiand ist eine SI-Einheit mit der Abkürzung **rad**. 1 rad ist der Winkel, für den das Verhältnis der Längen von Kreisbogen und Radius gleich 1 ist. (1 rad ≈ 57°) Bei Angaben des Winkels im Bogenmaß wird die Einheit meistens nicht mitgeschrieben.*

Am Einheitskreis gilt: $\sin\alpha = \frac{y}{r} = \frac{y}{1} = y$

$y = \sin\alpha$ **Gleichung der Sinusfunktion**

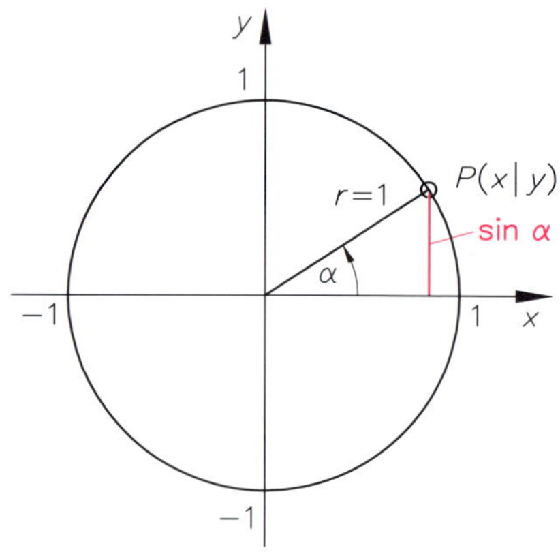

Abb. 3.55

Wertetabelle:

α in °	0	30	45	60	90	120	135	150	180	270	360
α in rad	0	$\frac{1}{6}\pi$	$\frac{1}{4}\pi$	$\frac{1}{3}\pi$	$\frac{1}{2}\pi$	$\frac{2}{3}\pi$	$\frac{3}{4}\pi$	$\frac{5}{6}\pi$	π	$\frac{3}{2}\pi$	2π
$y = \sin\alpha$	0	0,5	0,707	0,866	1	0,866	0,707	0,5	0	−1	0

Graph der Sinusfunktion:

$\alpha \mapsto \sin\alpha$

$\boldsymbol{W = \{y \mid -1 \leq y \leq 1\}_{\mathbb{R}}}$ d.h. die größte Schwingungsweite ist 1, sie wird **Amplitude** genannt.

$\boldsymbol{D_1 = \{\alpha \mid 0 \leq \alpha \leq 2\pi\}_{\mathbb{R}}}$ ist der Definitionsbereich für einen Umlauf im Einheitskreis.

Durch beliebig viele Umläufe in beiden Richtungen erweitert sich der Definitionsbereich der Sinusfunktion von D_1 auf $D = \mathbb{R}$.

Die Sinusfunktion ist **periodisch**, nach **2π oder 360°** kehren alle Werte gleichmäßig wieder.

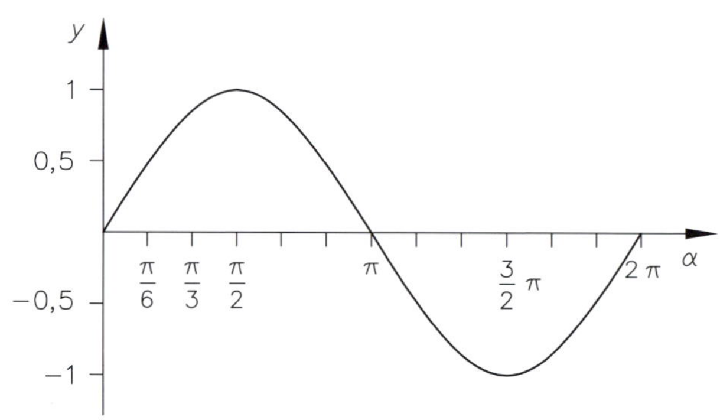

Abb. 3.56

3.7.3 Die Kosinusfunktion

Definition

Die Kosinusfunktion $\alpha \mapsto \cos\alpha$ stellt die Zuordnung des Winkels α zur Abszisse des Punktes P auf dem Einheitskreis dar.

Am Einheitskreis gilt: $\cos\alpha = \frac{x}{r} = \frac{x}{1} = x$

$y = \cos\alpha$ Gleichung der **Kosinusfunktion**

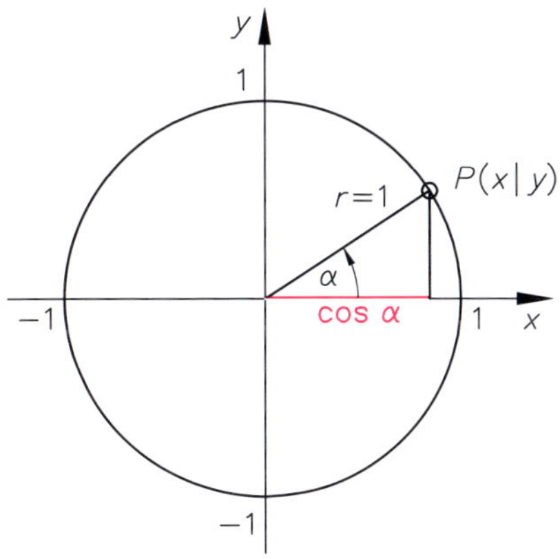

Abb. 3.57

Wertetabelle:

α in °	0	30	45	60	90	120	135	150	180	270	360
α in rad	0	$\frac{1}{6}\pi$	$\frac{1}{4}\pi$	$\frac{1}{3}\pi$	$\frac{1}{2}\pi$	$\frac{2}{3}\pi$	$\frac{3}{4}\pi$	$\frac{5}{6}\pi$	π	$\frac{3}{2}\pi$	2π
$y = \cos\alpha$	1	0,866	0,707	0,5	0	−0,5	−0,707	−0,866	−1	0	1

Graph der Kosinusfunktion:

$\alpha \mapsto \cos\alpha$

$W = \{y \mid -1 \leq y \leq 1\}_{\mathbb{R}}$
$D = \mathbb{R}$

Die Kosinusfunktion ist periodisch mit 2π oder 360°. Sie hat die **Amplitude** 1.

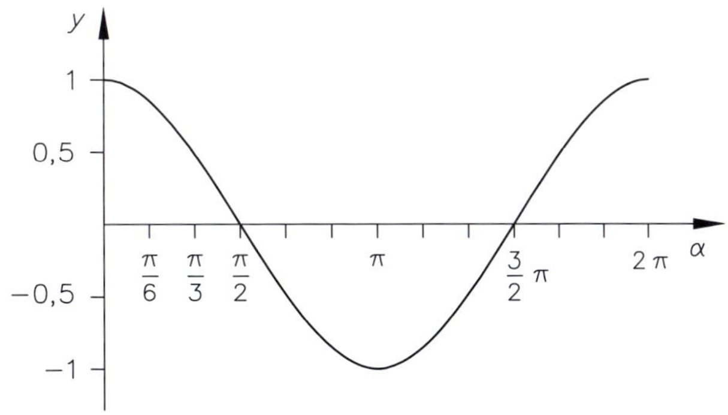

Abb. 3.58

3.7.4 Die Tangensfunktion

Definition

Die Tangensfunktion $\alpha \mapsto \tan\alpha$ stellt die Zuordnung des Winkels α zum Quotienten aus Ordinate und Abszisse des Punktes P auf dem Einheitskreis dar.

Am Einheitskreis gilt für Winkel von $0° \leq \alpha < 90° \vee 270° < \alpha \leq 360°$:

$$\tan\alpha = \frac{y}{x} = \frac{y^*}{x^*} = \frac{y^*}{+1}$$

und für Winkel von $90° < \alpha < 270$:

$$\tan\alpha = \frac{y}{x} = \frac{y^*}{x^*} = \frac{y^*}{-1}$$

$\boldsymbol{y = \tan\alpha}$ Gleichung der **Tangensfunktion**

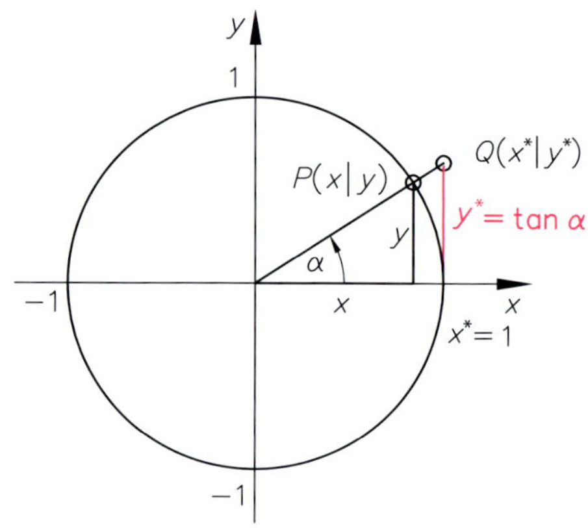

Abb. 3.59

Wertetabelle:

α in °	0	30	45	60	90	120	135	150	180	270	360
α in rad	0	$\frac{1}{6}\pi$	$\frac{1}{4}\pi$	$\frac{1}{3}\pi$	$\frac{1}{2}\pi$	$\frac{2}{3}\pi$	$\frac{3}{4}\pi$	$\frac{5}{6}\pi$	π	$\frac{3}{2}\pi$	2π
$y = \tan\alpha$	0	0,577	1	1,732	$\pm\infty$	−1,732	−1	−0,577	0	$\pm\infty$	0

Graph der Tangensfunktion:

$\alpha \mapsto \tan\alpha$

$W = \mathbb{R}$

$$D = \mathbb{R}\setminus\left\{\pm\frac{\pi}{2}, \pm\frac{3\pi}{2}, \pm\frac{5\pi}{2}, \ldots\right\}$$

$$D = \mathbb{R}\setminus\left\{\frac{2k-1}{2}\pi\right\} \text{ mit } k \in \mathbb{Z}$$

Die Tangensfunktion ist periodisch mit π oder 180°.

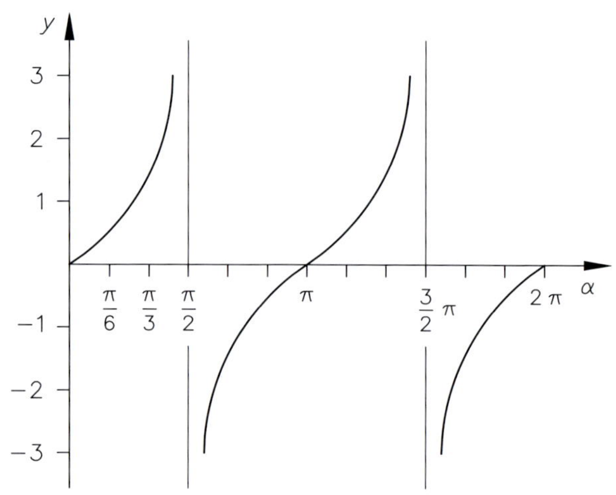

Abb. 3.60

3.7.5 Die Kotangensfunktion

Definition

Die Kotangensfunktion $\alpha \mapsto \cot\alpha$ stellt die Zuordnung des Winkels α zum Quotienten aus Abszisse und Ordinate des Punktes P auf dem Einheitskreis dar.

Am Einheitskreis gilt für Winkel von $0° < \alpha < 180°$:

$$\cot\alpha = \frac{x}{y} = \frac{x^*}{y^*} = \frac{x^*}{+1}$$

und für Winkel von $180° < \alpha < 360°$:

$$\cot\alpha = \frac{x}{y} = \frac{x^*}{y^*} = \frac{x^*}{-1}$$

$\boldsymbol{y = \cot\alpha}$ Gleichung der **Kotangensfunktion**

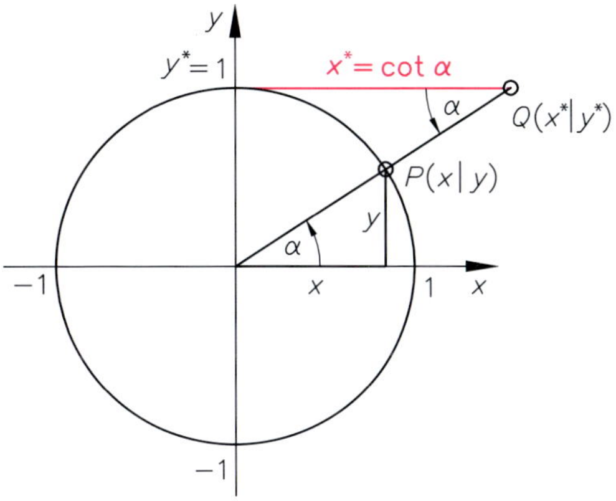

Abb. 3.61

Wertetabelle:

α in °	0	30	45	60	90	120	135	150	180	270	360
α in rad	0	$\frac{1}{6}\pi$	$\frac{1}{4}\pi$	$\frac{1}{3}\pi$	$\frac{1}{2}\pi$	$\frac{2}{3}\pi$	$\frac{3}{4}\pi$	$\frac{5}{6}\pi$	π	$\frac{3}{2}\pi$	2π
$y = \cot\alpha$	$\pm\infty$	1,732	1	0,577	0	−0,577	−1	−1,732	$\pm\infty$	0	$\pm\infty$

Graph der Kotangensfunktion:

$\alpha \mapsto \cot\alpha$

$W = \mathbb{R}$

$D = \mathbb{R}\backslash\{\mathbf{0}, \pm\boldsymbol{\pi}, \pm\mathbf{2}\boldsymbol{\pi}, \pm\mathbf{3}\boldsymbol{\pi}, \ldots\}$

$D = \mathbb{R}\backslash\{k\pi\}$ mit $k \in \mathbb{Z}$

Die Kotangensfunktion ist periodisch mit π oder 180°.

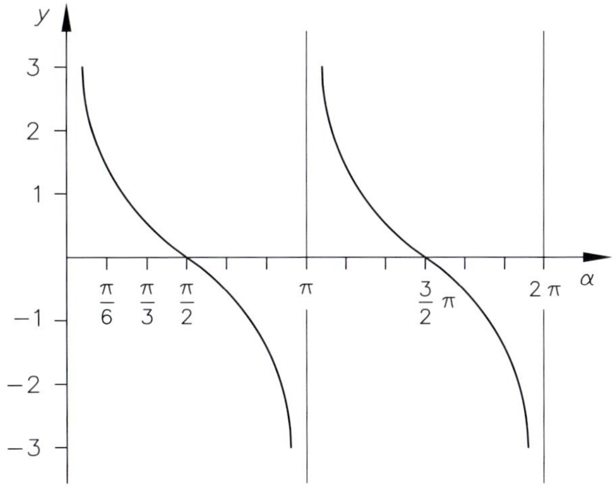

Abb. 3.62

3.7.6 Beziehungen zwischen den trigonometrischen Funktionen

1. Beziehungen zwischen Sinus und Kosinus

Beispiel für die Phasenverschiebung zwischen Sinus und Kosinus

$\frac{\pi}{2}$ beträgt die Phasenverschiebung zwischen den beiden Kurven. (vgl. 3.7.9 Abb. 3.70)

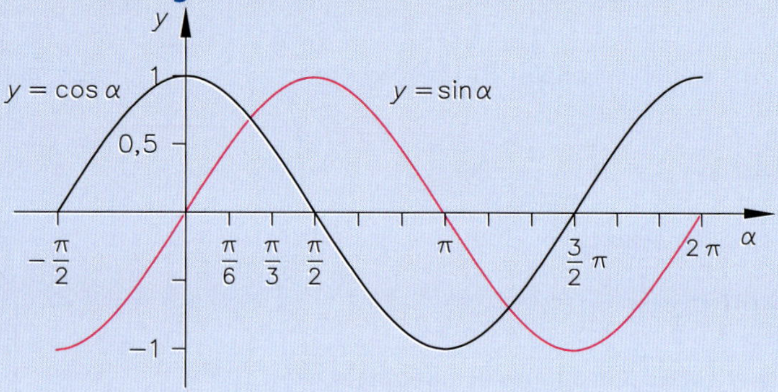

Abb. 3.63

Allgemein gilt:

Die trigonometrische Funktion $y = f(\alpha)$ unterscheidet sich von der Funktion $y = f(\alpha \pm \varphi)$, $\varphi \in \mathbb{R}$ durch eine Phasenverschiebung der Kurve von $y = f(\alpha)$ in Richtung von φ.

1. $\cos\alpha = \sin\left(\alpha + \frac{\pi}{2}\right)$ $D = \mathbb{R}$

2. $\sin\alpha = \cos\left(\alpha - \frac{\pi}{2}\right)$ $D = \mathbb{R}$ (s. Abb. 3.63)

3. $\sin(-\alpha) = -\sin\alpha$ $D = \mathbb{R}$

4. $\cos(-\alpha) = -\cos\alpha$ $D = \mathbb{R}$

5. $\sin^2\alpha + \cos^2\alpha = 1$
(Satz des Pythagoras s. Abb. 3.64)

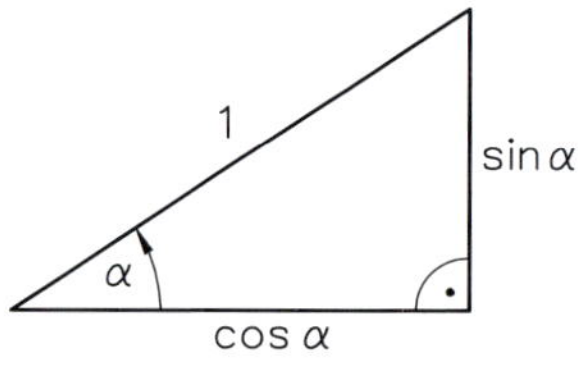

Abb. 3.64

2. Beziehungen zwischen Tangens und Kotangens

1. $\tan\alpha = -\cot\left(\alpha + \frac{\pi}{2}\right)$ $D = \mathbb{R}\setminus\left\{\pm\frac{\pi}{2}, \pm\frac{3\pi}{2}, \pm\frac{5\pi}{2}, \ldots\right\}$ oder $D = \mathbb{R}\setminus\left\{\frac{2k-1}{2}\pi\right\}$

2. $\cot\alpha = -\tan\left(\alpha - \frac{\pi}{2}\right)$ $D = \mathbb{R}\setminus\{0, \pm\pi, \pm2\pi, \ldots\}$ oder $D = \mathbb{R}\setminus\{k\pi\}$

3. $\tan\alpha = \frac{1}{\cot\alpha}$ $D = \mathbb{R}\setminus\left\{0, \pm\frac{\pi}{2}, \pm\pi, \pm\frac{3\pi}{2}, \pm2\pi, \ldots\right\}$

oder $D = \mathbb{R}\setminus\left\{\frac{k}{2}\pi\right\}$ mit $k \in \mathbb{Z}$

3. Beziehungen zwischen Tangens, Sinus, Kosinus und Kotangens

	sin α	**cos α**	**tan α**	**cot α**
$\sin\alpha$	$\sin\alpha$	$\pm\sqrt{1-\cos^2\alpha}$	$\dfrac{\tan\alpha}{\pm\sqrt{1+\tan^2\alpha}}$	$\dfrac{1}{\pm\sqrt{1+\cot^2\alpha}}$
$\cos\alpha$	$\pm\sqrt{1-\sin^2\alpha}$	$\cos\alpha$	$\dfrac{1}{\pm\sqrt{1+\tan^2\alpha}}$	$\dfrac{\cot\alpha}{\pm\sqrt{1+\cot^2\alpha}}$
$\tan\alpha$	$\dfrac{\sin\alpha}{\pm\sqrt{1-\sin^2\alpha}}$	$\dfrac{\pm\sqrt{1-\cos^2\alpha}}{\cos\alpha}$	$\tan\alpha$	$\dfrac{1}{\cot\alpha}$
$\cot\alpha$	$\dfrac{\pm\sqrt{1-\sin^2\alpha}}{\sin\alpha}$	$\dfrac{\cos\alpha}{\pm\sqrt{1-\cos^2\alpha}}$	$\dfrac{1}{\tan\alpha}$	$\cot\alpha$

3.7.7 Die Additionstheoreme

Die Additionstheoreme gestatten es, die Funktionswerte von Winkelsummen zu berechnen:

1. Additionstheorem

$$\sin(\alpha \pm \beta) = \sin\alpha \cdot \cos\beta \pm \cos\alpha \cdot \sin\beta$$

Nachweis am Einheitskreis:

$\sin(\alpha + \beta) = \overline{AC} = \overline{AB} + \overline{BC}$

da $\overline{AB} = \overline{ED}$ ist, wird:

$$\frac{\sin\alpha}{1} = \frac{\overline{AB}}{\cos\beta} \quad \Leftrightarrow \overline{AB} = \sin\alpha \cdot \cos\beta$$

und

$$\cos\alpha = \frac{\overline{BC}}{\overline{EC}} = \frac{\overline{BC}}{\sin\beta} \Leftrightarrow \overline{BC} = \cos\alpha \cdot \sin\beta$$

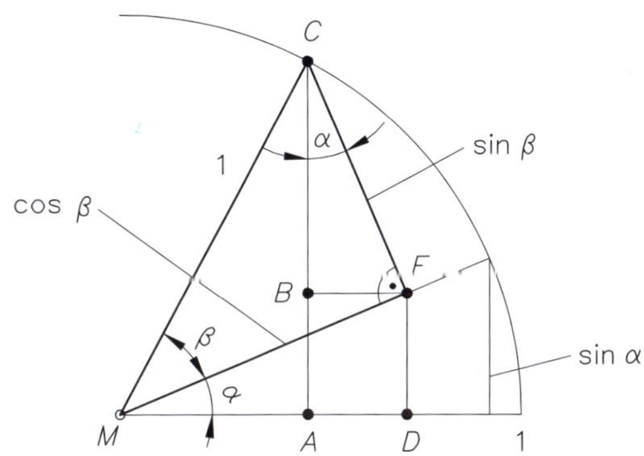

Abb. 3.65

2. Additionstheorem

$$\cos(\alpha \pm \beta) = \cos\alpha \cdot \cos\beta \mp \sin\alpha \cdot \sin\beta$$

Der Beweis kann ähnlich wie bei dem 1. Additionstheorem am Einheitskreis geführt werden.

3. Additionstheorem

$$\tan(\alpha \pm \beta) = \frac{\tan\alpha \pm \tan\beta}{1 \mp \tan\alpha \cdot \tan\beta}$$

4. Additionstheorem

$$\cot(\alpha \pm \beta) = \frac{\cot\alpha \cdot \cot\beta \mp 1}{\cot\beta \pm \cot\alpha}$$

Aus den Additionstheoremen ergeben sich folgende Zusammenhänge:

a) $\sin 2\alpha = 2 \cdot \sin\alpha \cdot \cos\alpha$ — Funktionen des doppelten Winkels, wenn $\beta = \alpha$ in 1) bzw. 2) eingesetzt wird.

b) $\cos 2\alpha = 1 - 2 \cdot \sin^2\alpha$
$\cos 2\alpha = 2\cos^2\alpha - 1$ — (aus b) mit $\sin^2\alpha + \cos^2\alpha = 1$)

c) $\sin\alpha \cdot \sin\beta = \frac{1}{2}[\cos(\alpha - \beta) - \cos(\alpha + \beta)]$ — Umwandlung von Produkt in Summen.

d) $\sin\alpha \cdot \cos\beta = \frac{1}{2}[\sin(\alpha - \beta) + \sin(\alpha + \beta)]$ — Die Winkelsummen und -differenzen von 1) bzw. 2) werden addiert bzw. subtrahiert.

e) $\sin\alpha + \sin\beta = 2 \cdot \sin\left(\frac{\alpha + \beta}{2}\right) \cdot \cos\left(\frac{\alpha - \beta}{2}\right)$ — Umwandlung von Summen in Produkte.

f) $\sin\alpha - \sin\beta = 2 \cdot \cos\left(\frac{\alpha + \beta}{2}\right) \cdot \sin\left(\frac{\alpha - \beta}{2}\right)$ — z. B. wird c) umgestellt und α durch $\frac{\alpha + \beta}{2}$, β durch $\frac{\alpha - \beta}{2}$ ersetzt.

g) $\cos\alpha + \cos\beta = 2 \cdot \cos\left(\frac{\alpha + \beta}{2}\right) \cdot \cos\left(\frac{\alpha - \beta}{2}\right)$

h) $\cos\alpha - \cos\beta = -2 \cdot \sin\left(\frac{\alpha + \beta}{2}\right) \cdot \sin\left(\frac{\alpha - \beta}{2}\right)$

3.7.8 Die Arkusfunktionen

Arkusfunktionen sind Umkehrfunktionen der trigonometrischen Funktionen.

Im Kapitel 3.2 haben wir gelernt, dass eine Umkehrfunktion gebildet wird, wenn die unabhängigen und abhängigen Variablen vertauscht werden. Aus $y = f(x)$ wird die Umkehrfunktion $y = f^{-1}(x)$. Bei den trigonometrischen Funktionen ist die unabhängige Variable der Winkel. Wenn wir eine Umbenennung des Winkels vornehmen, also statt α x schreiben, so gilt

$\boldsymbol{f^{-1}}$ mit $\boldsymbol{y = \arcsin x}$ ist die Umkehrfunktion der Funktion $\boldsymbol{f}$ mit $\boldsymbol{y = \sin x}$
$\boldsymbol{f^{-1}}$ mit $\boldsymbol{y = \arccos x}$ ist die Umkehrfunktion der Funktion $\boldsymbol{f}$ mit $\boldsymbol{y = \cos x}$
$\boldsymbol{f^{-1}}$ mit $\boldsymbol{y = \arctan x}$ ist die Umkehrfunktion der Funktion $\boldsymbol{f}$ mit $\boldsymbol{y = \tan x}$
$\boldsymbol{f^{-1}}$ mit $\boldsymbol{y = \mathrm{arc\,cot}\, x}$ ist die Umkehrfunktion der Funktion $\boldsymbol{f}$ mit $\boldsymbol{y = \cot x}$

Da die trigonometrischen Funktionen periodisch sind, haben sie nur in dem Intervall eine Umkehrfunktion, in dem sie monoton sind.

Beispiel $x \mapsto \arcsin x$ als Umkehrfunktion von $x \mapsto \sin x$

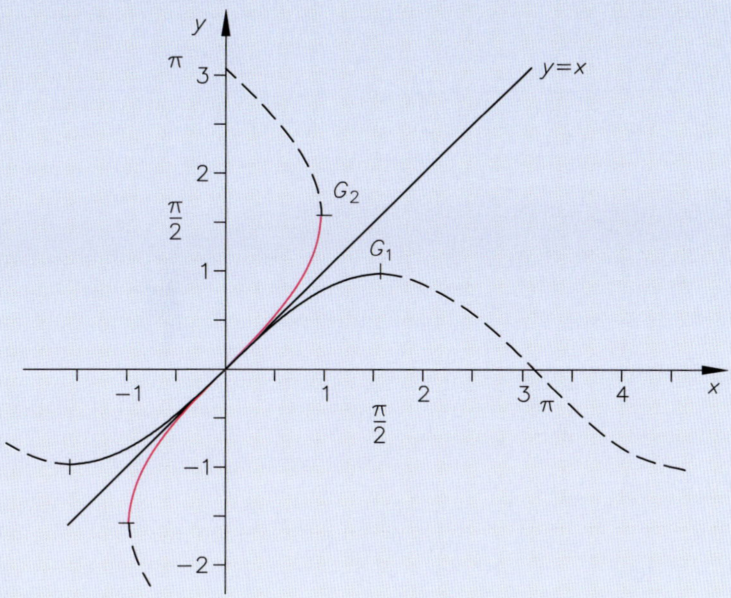

Abb. 3.66

Graphen der Funktionen:

G_1: mit $y = \sin x$ $\quad D = \left[-\frac{\pi}{2}; \frac{\pi}{2}\right]$

$W = [-1; 1]$

Die Werte des Intervalls, in dem der Koordinatenursprung liegt, werden Hauptwerte genannt.

G_2: mit $y = \arcsin x$ $\quad D = [-1; 1]$

$W = \left[-\frac{\pi}{2}; \frac{\pi}{2}\right]$

Zusätzlich zu den Hauptwerten gibt es unendlich viele Nebenwerte, da die Sinusfunktion periodisch ist.

Für welche x-Werte ist $\sin x = 0{,}8$?

$x = \arcsin 0{,}8 \quad x_1 = 0{,}927 \quad$ in $\left[-\frac{\pi}{2}; \frac{\pi}{2}\right]$

$x_2 = \pi - x_1 = 2{,}214 \quad$ in $\left[\frac{\pi}{2}; \frac{3}{2}\pi\right]$

$x_3 = 2\pi + x_1 = 7{,}210 \quad$ in $\left[\frac{3}{2}\pi; \frac{5}{2}\right]$ usw.

Haupt- und Nebenwerte der trigonometrischen Funktionen:

D	*W*	Hauptwert	Nebenwerte mit $k \in \mathbb{Z}$
$[-1; 1]$	$\left[-\frac{\pi}{2}; \frac{\pi}{2}\right]$	$y = \arcsin x$	$y_k = 2\pi \cdot k + \arcsin x \vee \pi(2k + 1) - \arcsin x$
$[-1; 1]$	$[0; \pi]$	$y = \arccos x$	$y_k = 2\pi \cdot k \pm \arccos x$
$\mathbb{R}$	$\left]-\frac{\pi}{2}; \frac{\pi}{2}\right[$	$y = \arctan x$	$y_k = \pi \cdot k + \arctan x$
$\mathbb{R}$	$]0; \pi[$	$y = \text{arc cot}\, x$	$y_k = \pi \cdot k + \text{arc cot}\, x$

3.7.9 Die allgemeine Sinusfunktion

Mithilfe der Sinusfunktion lassen sich bestimmte Schwingungsvorgänge, wie sie in der Physik zu beobachten sind, mathematisch erfassen. Wir müssen allerdings die Grundfunktion erweitern und die Zeit t als unabhängige Variable einsetzen.

$\boldsymbol{f(t) = a \cdot \sin(\omega \cdot t + \varphi)}$ Gleichung der allgemeinen Sinusfunktion.

a = Amplitude mit der Einheit der physikalischen Größe

$\omega = \frac{2\pi}{T}$; $\omega > 0$ Kreisfrequenz (Winkelgeschwindigkeit) $\left[\frac{1}{s}\right]$

T = Periodenzeit [s]

φ = Phasenverschiebung

Der Einfluss der verschiedenen Größen soll an drei Beispielen gezeigt werden:

Beispiel 1 für den Einfluss der Amplitude

f mit $\boldsymbol{f(t) = a \cdot \sin t}$

G_1: $f_1(t) = 1 \cdot \sin t \quad a = 1$

G_2: $f_2(t) = 2{,}5 \cdot \sin t \quad a = 2{,}5$

G_3: $f_3(t) = -2 \cdot \sin t \quad a = -2$

Die Schwingungsweite der Kurven ändert sich.

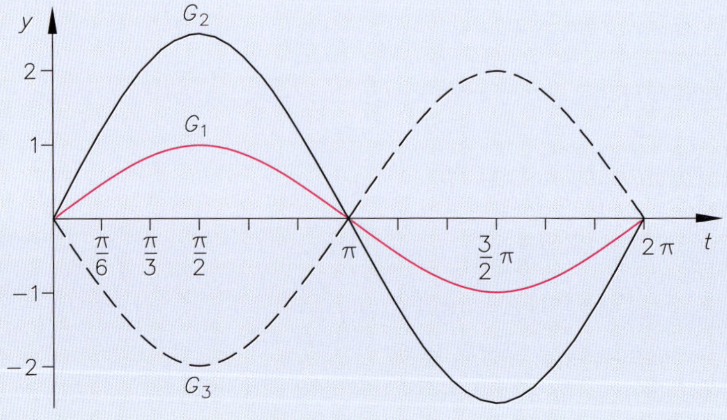

Abb. 3.67

Beispiel 2 für den Einfluss der Periodenzeit:

Die Lage des Punktes P ist von der Zeit t abhängig. T = Periodenzeit ist die Zeit, die der Punkt P für einen Umlauf benötigt.

Da die Änderung des Winkels von der Zeit abhängt, ist:

$\omega = \dfrac{2\pi}{T}$ eine Winkelgeschwindigkeit.

ω ist zudem ein Maß dafür, wie oft ein Vollkreis in einer Zeiteinheit entsteht (= Kreisfrequenz).

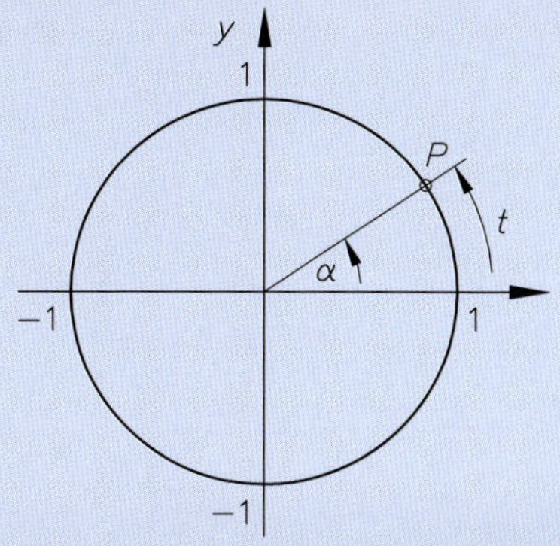

Abb. 3.68

f mit $f(t) = \sin(\omega \cdot t)$

G_1: $f_1(t) = \sin t \quad \omega = 1 \quad$ mit $T = 2\pi$

G_2: $f_2(t) = \sin(\pi \cdot t) \quad \omega = \dfrac{2\pi}{2} \quad$ mit $T = 2$

G_3: $f_3(t) = \sin\left(\dfrac{\pi}{6} \cdot t\right) \quad \omega = \dfrac{2\pi}{12} \quad$ mit $T = 12 \quad$ Frequenz $f = \dfrac{1}{T}$

Die Frequenz ändert sich, d. h. die Anzahl der Schwingungen pro Zeiteinheit.

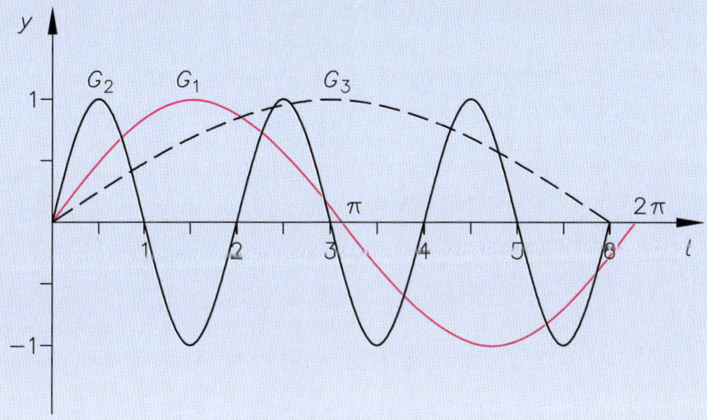

Abb. 3.69

Beispiel 3 für Phasenverschiebungen

f mit $f(t) = 2 \cdot \sin(\omega t + \varphi)$

G_1: $f_1(t) = 2\sin\left(\dfrac{\pi}{6}t\right) \quad \varphi_1 = 0°$

$T = 12$ ist die Periodenzeit.

Die Kurve von G_1 geht durch den Ursprung des Diagramms. Die Phasenverschiebung ist gleich 0. (vgl. 3.7.6)

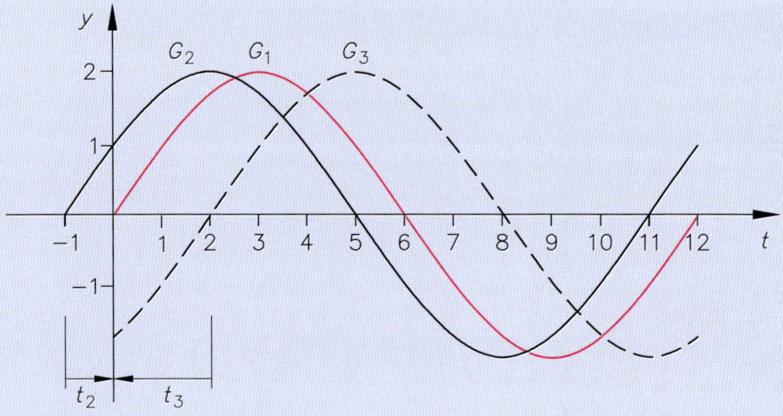

Abb. 3.70

G_2: $f_2(t) = 2\sin\left(\frac{\pi}{6}t + 30°\right)$; $\quad \varphi_2 = 30°$

$T = 12$ In dieser Zeit wird der Winkel im Einheitskreis 360°.
$t_2 = 1$ um diesen Wert ist der Graph nach links aus dem Koordinatenursprung verschoben.

$\varphi_2 = \frac{1}{12} \cdot 360° = 30°$ Der Winkel für die Phasenverschiebung wird im Gradmaß angegeben.
Der Graph von G_2 eilt dem Graphen von G_1 um 30° voraus.

G_3: $f_3(t) = 2\sin\left(\frac{\pi}{6}t - 60°\right)$; $\quad \varphi_3 = -60°$

$T = 12$ Periodenzeit
$\mathbf{t_3 = -2}$ um diesen Wert ist der Graph nach rechts aus dem Koordinatenursprung verschoben.

$\varphi_3 = \frac{-2}{12} \cdot 360° = -60°$ Der Graph von G_3 eilt dem Graphen von G_1 um 60° hinterher.

AUFGABEN

1 Rechnen Sie jeweils in das andere Winkelmaß um!

α in °	22°	108°12′	432°				80°35′	
α in rad				3	−2	1,2		24,5

2 Weisen Sie mithilfe des Satzes von Pythagoras am Einheitskreis nach, dass

a) $\sin 45° = \frac{1}{2}\sqrt{2}$ b) $\sin\frac{\pi}{6} = \frac{1}{2}$ c) $\sin 60° = \frac{1}{2}\sqrt{3}$.

3 Geben Sie die fehlenden Werte an!

α in °	29°				743°			
α in rad		1,08				20		
$\sin\alpha$			0,65				0,99	
$\cos\alpha$				−0,3				−0,96

4 Zeigen Sie, inwiefern die folgenden trigonometrischen Funktionen ersetzt werden können durch:

a) $\sin\alpha$ durch $\cos\alpha$; $\tan\alpha$ und $\cot\alpha$

b) $\cos\alpha$ durch $\sin\alpha$; $\tan\alpha$ und $\cot\alpha$

c) $\tan\alpha$ durch $\sin\alpha$; $\cos\alpha$ und $\cot\alpha$

d) $\cot\alpha$ durch $\sin\alpha$; $\cos\alpha$ und $\tan\alpha$

5 Geben Sie die Ergebnisse an!

a) $y = \sin 49°$

b) $y = 4{,}8 \cdot \sin 304°$

c) $y = \dfrac{\sin 4}{4}$

d) $y = 4 \cdot \sin^2 50°$

e) $y = \dfrac{8 \cdot \sin 8}{\cos^2 30°}$

f) $y = \sin^2 1 - 1$

g) $y = \dfrac{6 \cdot \cos\frac{1}{3}\pi}{(\sin 6) + 2}$

h) $y = \dfrac{4 \cdot \sin 2 \cdot \cos 2}{8}$

6 Weisen Sie folgende Zusammenhänge nach!

a) $\sin 2\alpha = 2 \cdot \sin\alpha \cdot \cos\alpha$

b) $\sin\alpha \cdot \sin\beta = \frac{1}{2}[\cos(\alpha - \beta) - \cos(\alpha + \beta)]$

c) $\sin\alpha + \sin\beta = 2 \cdot \sin\dfrac{\alpha + \beta}{2} \cdot \cos\dfrac{\alpha - \beta}{2}$

d) $\cos\alpha + \cos\beta = 2 \cdot \cos\dfrac{\alpha + \beta}{2} \cdot \cos\dfrac{\alpha - \beta}{2}$

e) $\cos 2\alpha = 1 - 2 \cdot \sin^2\alpha$

f) $\sin\alpha \cdot \cos\beta = \frac{1}{2}[\sin(\alpha - \beta) + \sin(\alpha + \beta)]$

g) $\sin\alpha - \sin\beta = 2 \cdot \cos\dfrac{\alpha + \beta}{2} \cdot \sin\dfrac{\alpha - \beta}{2}$

h) $\cos\alpha - \cos\beta = -2 \cdot \sin\dfrac{\alpha + \beta}{2} \cdot \sin\dfrac{\alpha - \beta}{2}$

7 Geben Sie alle Nullstellen der Funktion f im Intervall $[-5; 10]$ an!

a) $f(x) = 2 \cdot \sin(2x)$

b) $f(x) = 1{,}2 + 2 \cdot \sin x$

c) $f(x) = -0{,}8 + \cos\left(\dfrac{\pi}{3} \cdot x\right)$

d) $f(x) = 0{,}6 - \sin\left(\dfrac{\pi}{4} \cdot x - 45°\right)$

e) $f(x) = 2 + 0{,}5 \cdot \tan(0{,}5x)$

f) $f(x) = 2 + 5 \cdot \cos(0{,}2x + 30°)$

8 Zeichnen Sie zusätzlich zum Graphen der Funktion f mit $f(x) = \sin x$ die Graphen der Funktionen:

a) $g(x) = 2 \cdot \sin x$

b) $h(x) = 1{,}5 \cdot \sin\frac{\pi}{6}x$

c) $p(x) = 2{,}5 \cdot \cos 2x$

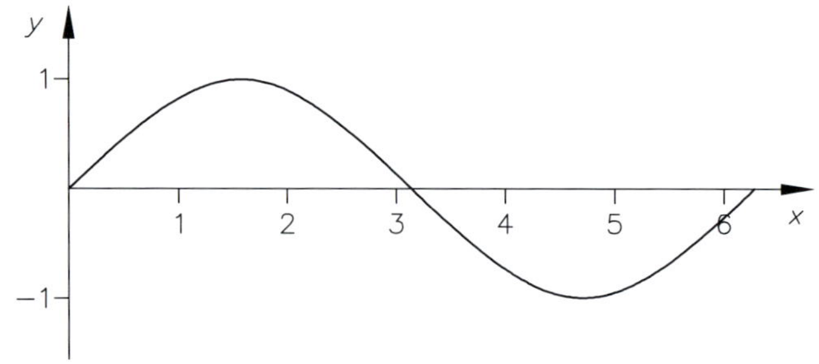

9 Zeichnen Sie die Graphen der Funktionen!

a) $f(x) = 2 \cdot \sin\frac{\pi}{3}x$

b) $f(x) = 3 \cdot \sin\left(\frac{\pi}{4}x - 45°\right)$

c) $f(x) = -4 \cdot \cos(5x + 30°)$

d) $f(x) = 6 \cdot \cos\left(\frac{x}{4} - \frac{\pi}{4}\right)$

10

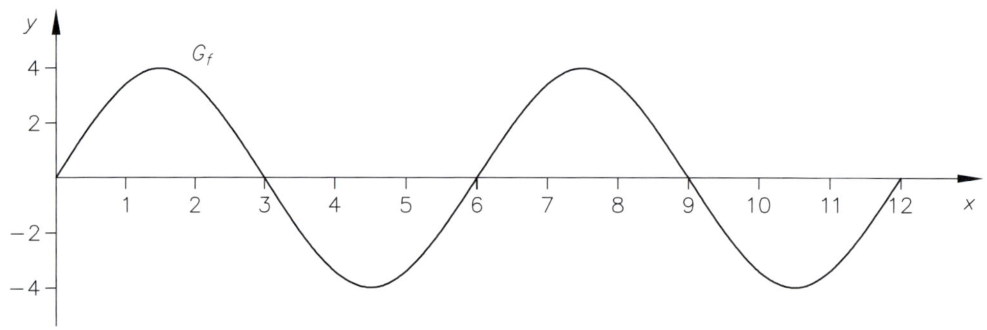

a) Geben Sie die Funktionsgleichung des dargestellten Graphen G_f an!

b) Zeichnen Sie zusätzlich den Graphen der Funktion g mit $g(x) = 4 \cdot \sin\frac{\pi}{4}x$ ein!

c) In ein zweites Diagramm soll der Graph der Funktion h mit $h(x) = f(x) + g(x)$ gezeichnet werden!

11 a) Geben Sie die Funktionsgleichungen der skizzierten Graphen an!

b) Zeichnen Sie den Graphen, der sich ergibt, wenn y_1 und y_2 multipliziert werden!

c) Geben Sie nach Zeichengenauigkeit die Funktionsgleichung für $y = y_1 \cdot y_2$ an!

d) Errechnen Sie $y = y_1 \cdot y_2$ mithilfe der Additionstheoreme!

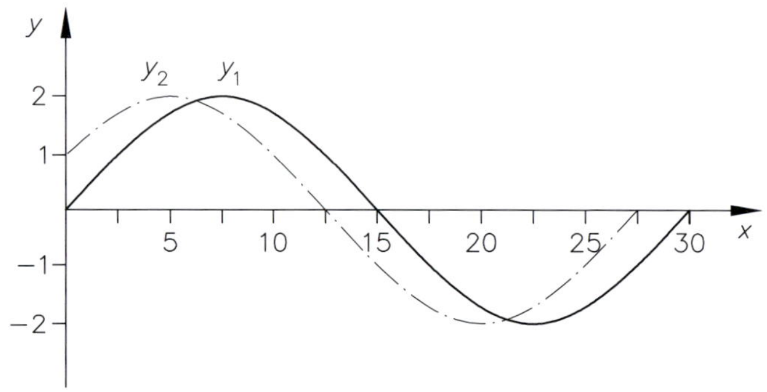

12 Errechnen Sie die Nullstellen der Funktionen und zeichnen Sie die Graphen G_g, G_h und G_f in ein gemeinsames Diagramm ein, wenn:

a) g: $g(x) = \sin x$, h: $h(x) = \sin(2x)$ und f: $f(x) = g(x) + h(x)$.

b) g: $g(x) = 2 \cdot \sin x$, h: $h(x) = \sin(2x)$ und f: $f(x) = g(x) + h(x)$.

c) g: $g(x) = \sin(2x)$, h: $h(x) = \cos(3x)$ und f: $f(x) = g(x) + h(x)$.

d) g: $g(x) = 2 \cdot \cos x$, h: $h(x) = \sin(2x)$ und f: $f(x) = g(x) + h(x)$.

13 Errechnen Sie die Augenblickswerte für:

a) $l(t) = 8\text{ cm} \cdot \sin(\omega t - 20°)$; $\omega = 4\frac{1}{\text{s}}$; $t = 0{,}2\text{ s}$

b) $u(t) = 100\text{ V} \cdot \sin(\omega t + 30°)$; $T = 20\text{ ms}$; $t = 4\text{ ms}$

c) $i(t) = 1{,}2\text{ A} \cdot \sin(\omega t - 45°)$; $\omega = 400\frac{1}{\text{s}}$; $t = 6\text{ ms}$

d) $u(t) = 230\text{ V} \cdot \sin(\omega t - 50°)$; $f = 50\text{ Hz}$; $t = 2\text{ ms}$

14 Ein Federpendel schwingt 12 mal in 10 Sekunden. Die Schwingungsweite beträgt 5 cm.

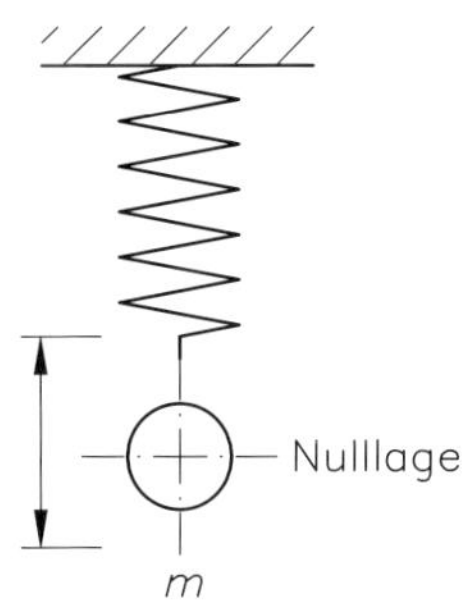

a) Ermitteln Sie die Zeit t für eine Schwingung und die Frequenz f, mit der die Masse schwingt!

b) Zeichnen Sie den ungedämpften Schwingungsvorgang ab dem Zeitpunkt, für den die gedehnte Feder mit der Masse losgelassen wird!

c) Welchen Abstand zur Nulllage hat die Masse nach $t = 1$ Sekunde?

d) Nach welcher Zeit beträgt der Abstand zur Nulllage 2 cm?

15 Die Darstellung zeigt den Weg-Zeit-Zusammenhang einer harmonisch schwingenden Masse.

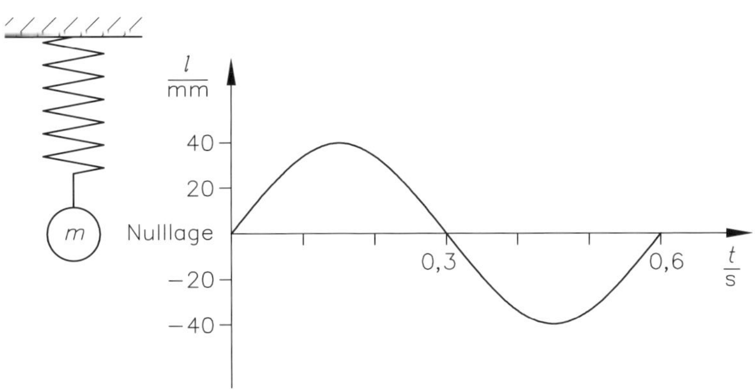

a) Geben Sie anhand der grafischen Darstellung die Periodenzeit T und die Amplitude L der Schwingung an!

b) Geben Sie die Funktionsgleichung $l(t)$ an!

c) Wie groß ist die Auslenkung der Masse nach 100 ms (und nach 4 s)?

16 Bei einem Fadenpendel (mathematischem Pendel) gilt für die Schwingungsdauer:

$$T = 2\pi \sqrt{\frac{l}{g}}$$

l = Länge des Fadenpendels
g = Erdbeschleunigung = 9,81 m/s²

a) Errechnen Sie die Periodendauer des Fadenpendels, wenn der Faden 50 cm lang ist!

b) Wie lang muss der Faden sein, wenn das Pendel mit einer Frequenz von 1 Hz schwingen soll?

c) Geben Sie für die Aufgaben a) und b) die Funktionsgleichungen der Schwingungsvorgänge an. Die Schwingungsweite soll jeweils x = 5 cm betragen.

d) Zeichnen Sie zwei Perioden der beiden Funktionen in einem Diagramm!

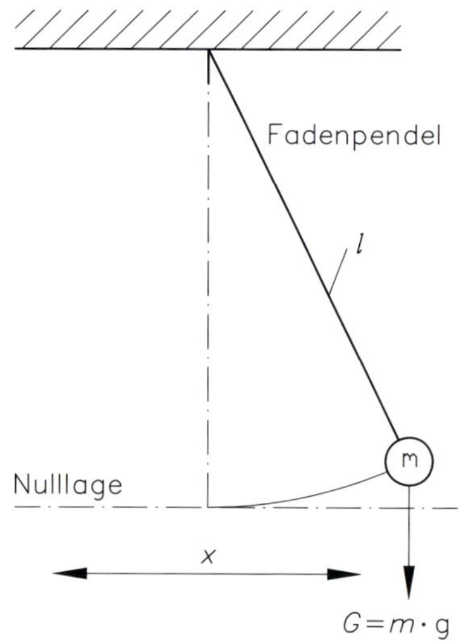

17 Ein ohmscher Widerstand R ist an eine Spannungsquelle angeschlossen. Die Spannung und der Strom sind in einem Oszillogramm dargestellt.

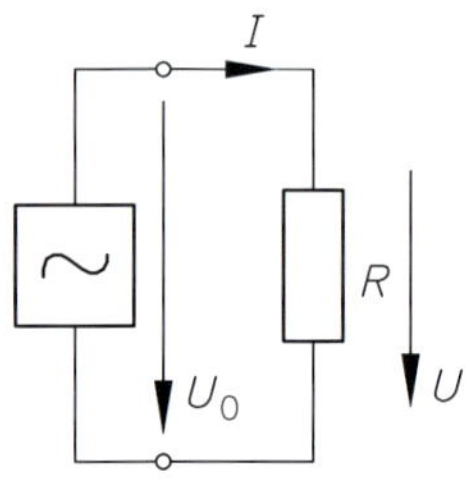

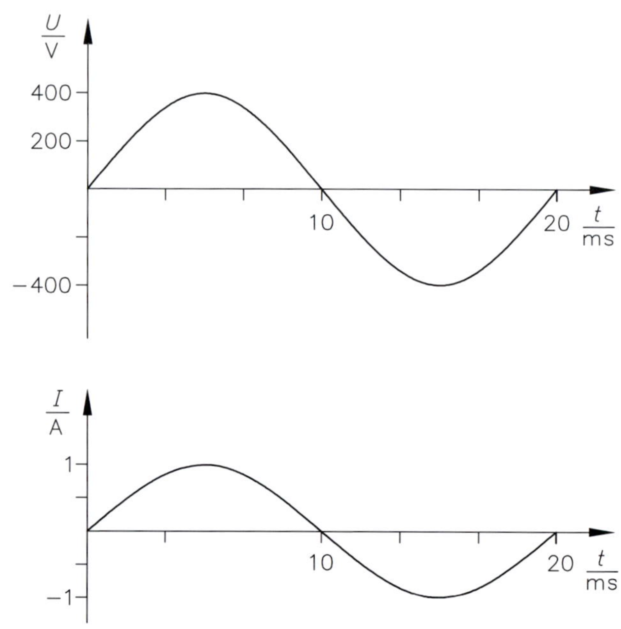

a) Geben Sie die Funktionsgleichungen der sinusförmigen Spannung $u(t)$ und des Stromes $i(t)$ an!

b) Zeichnen Sie in einem dritten Diagramm den Leistungsverlauf $p(t) = u(t) \cdot i(t)$!

c) Geben Sie die Funktionsgleichung $p(t)$ anhand des Graphen aus der Aufgabe b) an!

d) Ermitteln Sie $p(t) = u(t) \cdot i(t)$ mithilfe der Additionstheoreme!

18 Bei der Reihenschaltung eines ohmschen Widerstandes R mit einem Kondensator C wurden die Spannung und der Strom mit einem Oszilloskop aufgenommen.

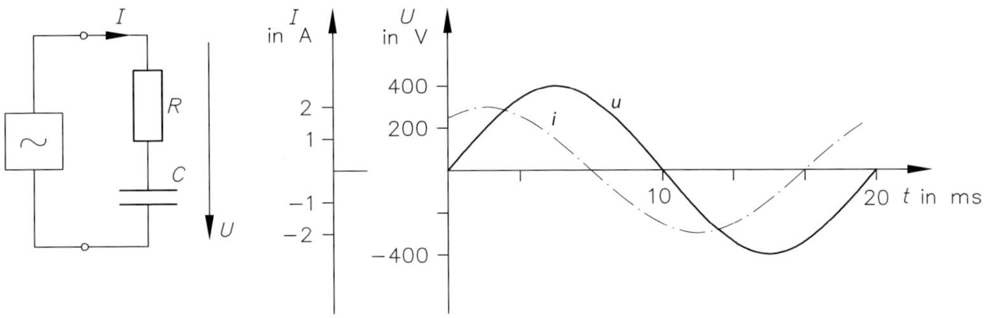

Bearbeiten Sie wie bei Aufgabe 11 die Unterpunkte a) bis d)!

19 Sind eine Spule und ein ohmscher Widerstand in Reihe geschaltet, werden die folgenden Strom- und Spannungsverläufe gemessen:

$$i(t) = 0{,}8\ \text{A} \cdot \sin\left(\frac{2\pi}{20\ \text{ms}} t - 30°\right);\ u(t) = 100\ \text{V} \cdot \sin\left(\frac{2\pi}{20\ \text{ms}} t\right)$$

a) Zeichnen Sie die Diagramme mit den Graphen G_I und G_U und ermitteln Sie zeichnerisch den Graphen von G_P, wenn $p(t) = u(t) \cdot i(t)$!

b) Ermitteln Sie rechnerisch die Funktionsgleichung von p, wenn $p = u \cdot i$ ist!

20 Eine sinusförmige Spannung am Eingang eines Verstärkers hat die Frequenz $f = 100$ Hz. Wird der Verstärkungsfaktor auf $V = 80$ eingestellt, hat die Ausgangsspannung U_2 den dargestellten Verlauf. Das Signal ist übersteuert.

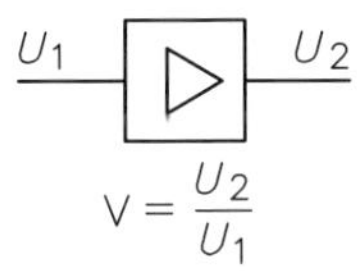

a) Welcher Verstärkungswert darf maximal eingestellt sein, damit U_2 nicht verzerrt wird?

b) Zeichnen Sie den Spannungsverlauf für U_2, wenn die Amplitude der Ausgangsspannung 15 V bei $f = 100$ Hz betragen würde, der Verstärker aber auf ±10 V begrenzt!

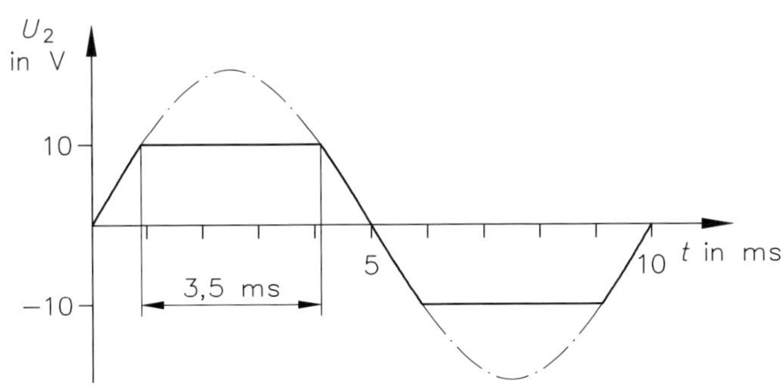

21 In der nebenstehenden Schaltung wird einer Gleichspannung U_1 eine Wechselspannung U_2 überlagert.
Die Diode D lässt nur einen Strom in positiver Richtung fließen. $(i(t) > 0)$
$R = 100\,\Omega$
(Die Schleusenspannung der Diode ist zu vernachlässigen.)
Geben Sie die Zeitintervalle an, in denen Strom durch den Widerstand fließt und zeichnen Sie die Stromkurve für zwei Perioden!

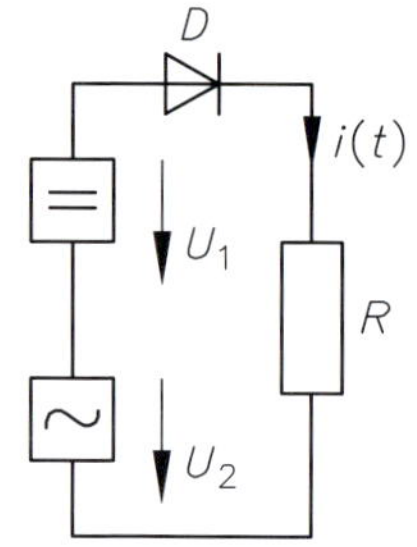

a) $u_2(t) = 20\text{ V} \cdot \sin\left(100\pi \frac{1}{\text{s}} \cdot t\right)$ und $U_1 = 10\text{ V}$

b) $u_2(t)$: $U_2 = 50\text{ V}$; $f = 100\text{ Hz}$ und $U_1 = 20\text{ V}$

c) $u_2(t)$: $U_2 = 120\text{ V}$; $T = 100\text{ ms}$ und $U_1 = 50\text{ V}$

3.8 Spezielle Funktionen

3.8.1 Die Betragsfunktion

Wird jeder Variablen x ihr Betrag zugeordnet, heißt die Funktion Betragsfunktion.

Zur Erinnerung:

Für den absoluten Betrag $|a|$ der Zahl a gilt: $|a| = \begin{cases} a, & \text{wenn } a \geq 0 \\ -a, & \text{wenn } a < 0 \end{cases}$

Anschaulich auf der Zahlengeraden gezeigt, haben $-a$ und a den gleichen Abstand von 0.
$|a|$ stellt die „Länge" von $-a$ bzw. a dar.

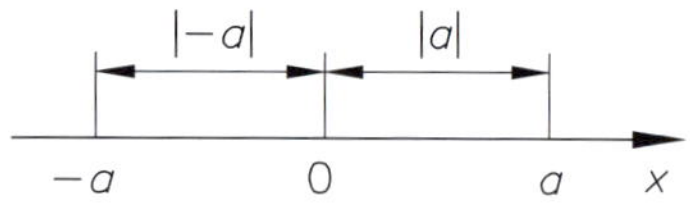

Abb. 3.71

Definition der Betragsfunktion

Die Funktion $x \mapsto |x|$ heißt Betragsfunktion

Wertetabelle:

x	-3	-2	-1	0	1	2	3
$y = \lvert x \rvert$	3	2	1	0	1	2	3

Graph der Funktion:

$x \mapsto \lvert x \rvert$	Definitionsbereich: $D = \mathbb{R}$ Wertebereich: $W = \mathbb{R}_0^+$

Gleichung: $y = |x|$

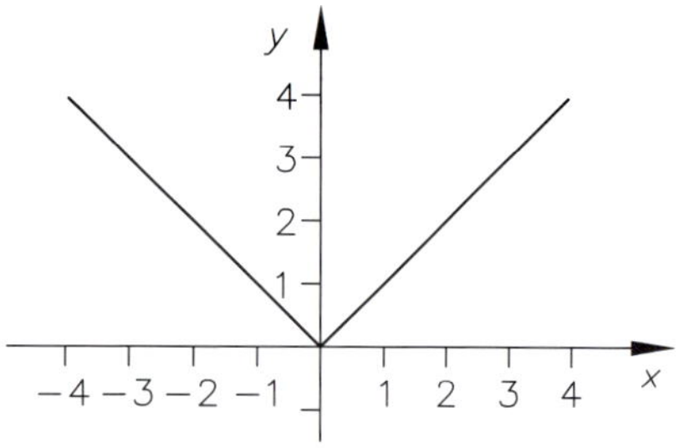

Abb. 3.72

Gleichung: $y = |x|$

Beispiel für eine Betragsfunktion

Eine Diodenbrückenschaltung macht aus einer Wechselspannung eine pulsierende Gleichspannung.

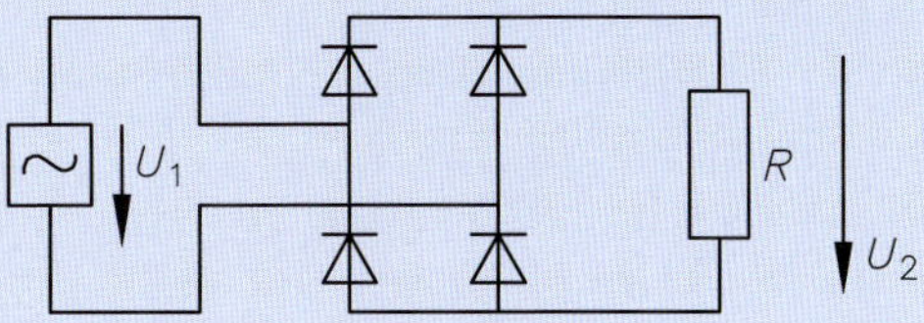

Abb. 3.73

aus U_1: $u_1(t) = 10\text{ V} \cdot \sin\omega t$ wird U_2: $u_2(t) = |10\text{ V} \cdot \sin\omega t|$

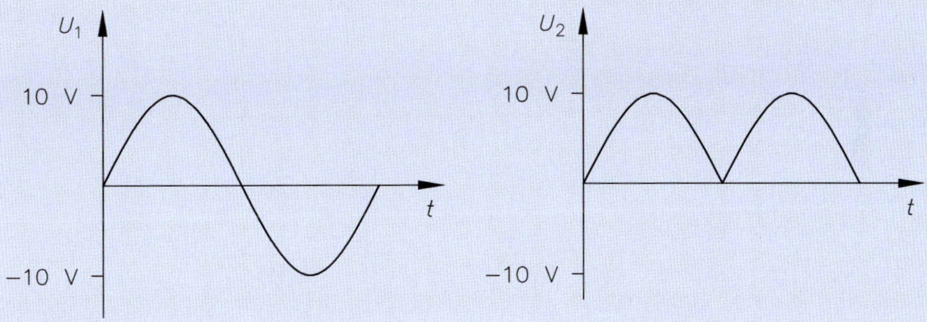

Abb. 3.74

3.8.2 Die Gaußfunktion

Mit der Gauß'schen Klammer $[x]$ lassen sich Treppenfunktionen erzeugen.

Definition

$[x]$ steht für die größte ganze Zahl, die kleiner oder gleich x ist.

$[x] = k$ für $k \leq x < k + 1$ und $k \in \mathbb{Z}$

Beispiele für Gaußklammerwerte

$[4{,}2] = 4$ gelesen: 4,2 in Gaußklammer ist gleich 4

$[-2{,}7] = -3$; $[-0{,}1] = -1$; $[0{,}25] = 0$; $[2{,}99] = 2$ $[3] = 3$

$x \mapsto [x]$ ordnet jeder Zahl $x \in \mathbb{R}$ die größte ganze Zahl, die kleiner oder gleich x ist.

Definition

Die Funktion $x \mapsto [x]$ heißt **Gaußfunktion**.

Graph der Funktion:

$x \mapsto [x]$

$\mathbf{y = [x]}$ Funktionsgleichung
Definitionsbereich: $D = \mathbb{R}$
Wertebereich: $W = \mathbb{Z}$

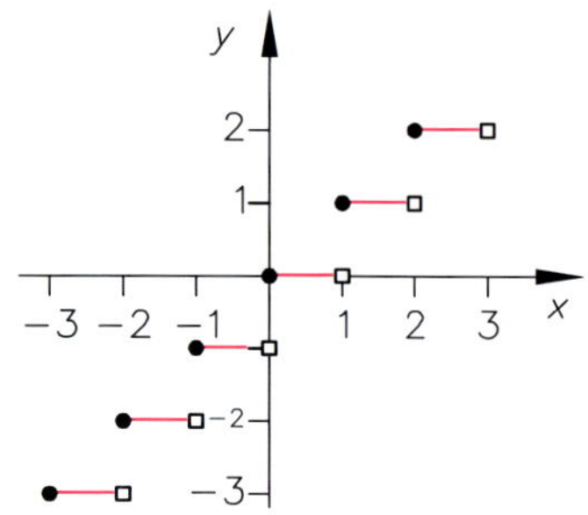

Abb. 3.75

Beispiel für eine Gaußfunktion

G_1: **Parabel** mit der Funktionsgleichung:
$f(x) = -0{,}5x^2 + 3x$

G_2: **Gaußfunktion** mit der Gleichung:
$t(x) = [-0{,}5x^2 + 3x]$

Der Unterschied zwischen den beiden Funktionen ist ebenfalls in einer Wertetabelle zu sehen:

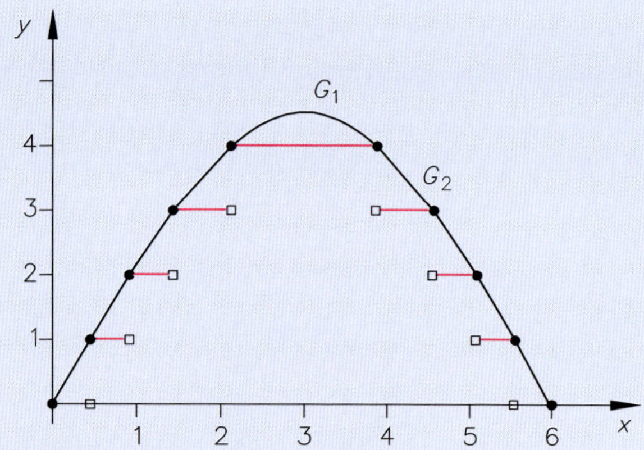

Abb. 3.76

Wertetabelle:

x	0	0,5	1	1,5	2	2,5	3	4	5
$f(x)$	0	1,375	2,5	3,375	4	4,375	4,5	4	2,5
$t(x)$	0	1	2	3	4	4	4	4	2

3.8.3 Die Vorzeichenfunktion

Für den Term sign x (gelesen: signum x) gilt:

$$\operatorname{sign} x = \begin{cases} 1, & \text{falls } x > 0 \\ 0, & \text{falls } x = 0 \\ -1, & \text{falls } x < 0 \end{cases}$$

Definition

Die Abbildung $x \mapsto \operatorname{sign} x$ heißt **Vorzeichenfunktion**.

$y = \mathbf{sign}\,x$ ist die Gleichung der Vorzeichenfunktion.
Definitionsbereich: $D = \mathbb{R}$
Wertebereich: $W = \{-1;\ 0;\ +1\}$

Graph der Funktion:

$x \mapsto \operatorname{sign} x$

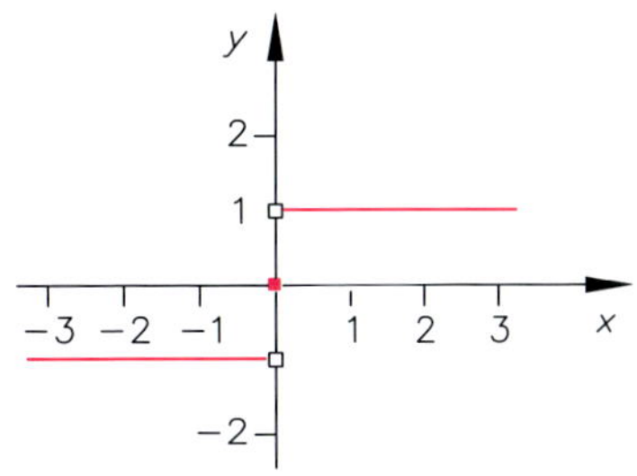

Abb. 3.77

Beispiel für eine Vorzeichenfunktion

G_1: **Parabel** mit der Funktionsgleichung:
$f(x) = -0{,}3x^2 + 2x - 1$

G_2: **Vorzeichenfunktion** mit der Gleichung:
$s(x) = \operatorname{sign}(-0{,}3x^2 + 2x - 1)$

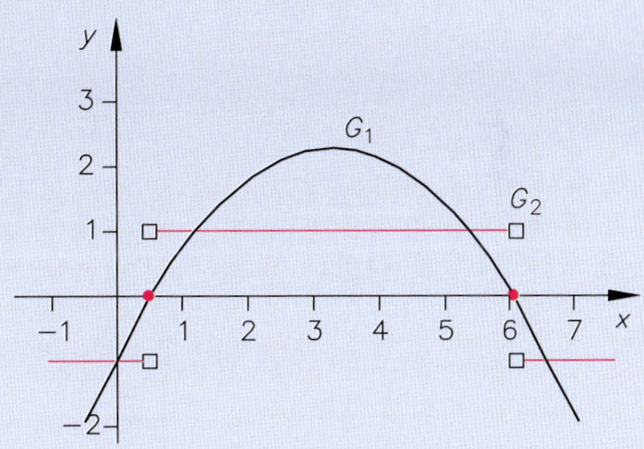

Abb. 3.78

AUFGABEN

1 Zeichnen Sie die Graphen folgender Funktionen:

a) $x \mapsto |x-2|$ $\quad D = \{x \mid -4 < x < 4\}_{\mathbb{R}}$

b) $x \mapsto |x| \cdot x$ $\quad D = \{x \mid -2 < x < 2_{\mathbb{R}}$

c) $x \mapsto ||x| - 4|$ $\quad D = \{x \mid -10 < x < 10_{\mathbb{R}}$

d) $x \mapsto |x+1| - 2x$ $\quad D = \{x \mid -3 < x < 5_{\mathbb{R}}$

e) $x \mapsto |x^2 - 4|$ $\quad D = \{x \mid -3 < x < 3_{\mathbb{R}}$

f) $x \mapsto |1 - x^2|$ $\quad D = \{x \mid -3 < x < 3_{\mathbb{R}}$

2 Welcher Spannungsverlauf wird durch folgende Funktion dargestellt?

$x \mapsto ||x| - 6| \qquad D = \{x \mid -12 < x < 12_{\mathbb{R}}$

3 Bei einer Gleichrichterschaltung fließt der Strom I nur in eine Richtung durch den Widerstand R und daher gilt für die Spannung, dass $U_2 > 0$ V ist.
Zeichnen Sie die Graphen der Funktionen u_1 und u_2, wenn $u_2 = |u_1|$.

a) $u_1 = 20\ \text{V} \cdot \sin \omega t$ $\quad$ mit $f = 50$ Hz

b) $u_1 = 20\ \text{V} \cdot \sin(2\pi f \cdot t + 30°)$ $\quad$ mit $f = 100$ Hz

c) $u_1 = (20 + 100 \cdot \sin(2\pi f \cdot t))\,\text{V}$ $\quad$ mit $f = 16\frac{2}{3}$ Hz

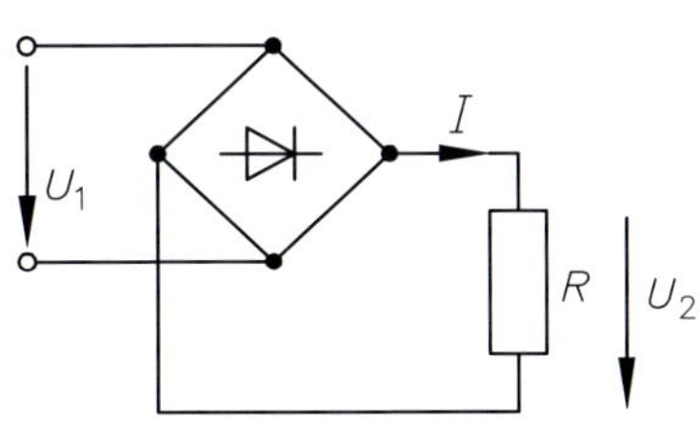

4 Zeichnen Sie die Graphen der Funktionen, für die die folgenden Gleichungen gegeben sind:

a) $f(x) = [0{,}5x + 1]$ in $D = \{x \mid -8 \leq x \leq 8\}$

b) $f(x) = [0{,}25 \cdot x^2 + 1]$ in $D = \{x \mid -5 \leq x \leq 5\}$

c) $f(x) = [10(1 - e^{-0{,}2x})]$ in $D = \{x \mid 0 \leq x \leq 10\}$

d) $f(x) = [6 \sin(0{,}2\pi x)]$ für eine Periode

5 Zeichnen Sie in einem Diagramm die Graphen der Funktionen f und g, deren Gleichungen Ihnen gegeben sind!

a) $f(x) = 3x$; $g(x) = [3x]$ und zum Vergleich $f(x) = 3x$; $g(x) = [3x] + 0{,}5$

b) $f(x) = 2x + 1$; $g(x) = [2x] + 1$

c) $f(x) = e^{-x}$; $g(x) = [e^{-x}]$ $D = \{x \mid -2 \leq x \leq 4\}$

d) $f(x) = e^{-x}$; $g(x) = 0{,}1\,[10\,e^{-x}]$ $D = \{x \mid -2 \leq x \leq 4\}$

6 Gegeben ist Ihnen die Spannung U: $u(t) = 10\text{ V} \cdot \sin 2\pi f$ mit $f = 50\text{ Hz}$ Der Spannungsverlauf soll durch Gleichspannungsblöcke nachgebildet werden. Zeichnen Sie die Graphen zu folgenden Funktionsgleichungen!

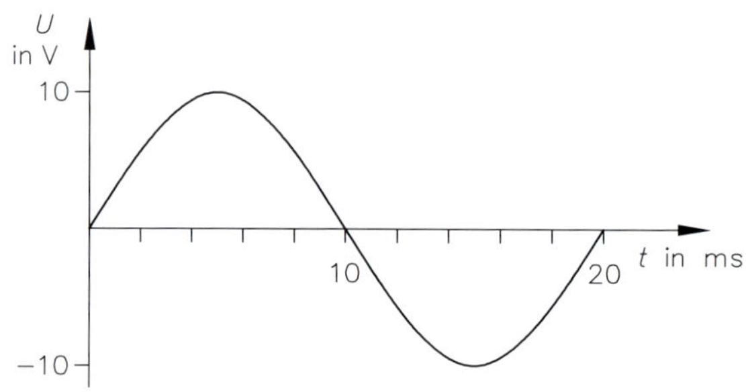

a) $u(t) = [10\text{ V} \cdot \sin(2\pi f \cdot t)]$

b) $u(t) = [10\text{ V} \cdot \sin(2\pi f \cdot t)] + 0{,}5$ Welcher Unterschied ergibt sich hier zu der Aufgabe *a* für die Nachbildung des Signals?

c) $u(t) = 0{,}5([20\text{ V} \cdot \sin(2\pi f \cdot t)] + 1)$ Inwieweit wird die Nachbildung des Signals gegenüber der Aufgabe b) verbessert?

d) Geben Sie eine Funktionsgleichung an, die die Nachbildung des analogen Spannungsverlaufes gegenüber der Lösung bei Aufgabe c) weiter verbessert.

7 Zeichnen Sie die Graphen folgender Funktionen!

a) $f(x) = \text{sign}(x - 3)$ $D = \{x \mid -2 < x < 5_{\mathbb{R}}$

b) $f(x) = |x| + \text{sign}\,x$ $D = \{x \mid -3 < x < 2_{\mathbb{R}}$

c) $f(x) = 3 \cdot \text{sign}\,x$ $D = \{x \mid -3 < x < 3_{\mathbb{R}}$

d) $f(x) = 2x + \text{sign}\,x$ $D = \{x \mid -2 < x < 2_{\mathbb{R}}$

e) $f(x) = 10 \cdot \text{sign}(x - 5)$ $D = \{x \mid -1 < x < 7_{\mathbb{R}}$

f) $f(x) = x \cdot \text{sign}(x - 1)$ $D = \{x \mid -3 < x < 3_{\mathbb{R}}$

8 Für die Spannung an einem Verbraucher gilt die Funktionsgleichung: $u(t) = 5\text{ V} \cdot \text{sign}(t)$

a) Zeichnen Sie den Graphen. $D = \{t \mid -3 < t < 3_{\mathbb{R}}$

b) Skizzieren Sie eine Schaltung, mit der dieser Spannungsverlauf verwirklicht werden kann.

4 Lineare Algebra

4.1 Der Begriff des Vektors

Definition des Vektors

Der n-dimensionale Vektor $\vec{a}$ stellt ein „n-Tupel reeller Zahlen" dar (reelle Zahlen bekommen einen fest zugewiesenen Platz).

Der Vektor $\vec{a}$ wird dargestellt als:
Zeilenvektor: $\vec{a} = (a_1;\ a_2\colon\ a_3\colon\ \dots\ a_i;\ \dots;\ a_n)$

oder als Spaltenvektor: $$\vec{a} = \begin{pmatrix} a_1 \\ a_2 \\ a_3 \\ \vdots \\ a_i \\ \vdots \\ a_n \end{pmatrix} \quad a_i \in \mathbb{R}$$

4.2 Rechnen mit Vektoren

Rechenregeln:

Gleichheit von Vektoren	R1: $\vec{a} = \vec{b}$	$\Leftrightarrow a_i = b_i$ für $i = 1; 2; \ldots; n$	
Vektoraddition	R2: $\vec{a} + \vec{b} = \vec{c}$	$\Leftrightarrow c_i = a_i + b_i$	
S-Multiplikation (skalare Multiplikation)	R3: $\lambda \cdot \vec{a} = \vec{b}$	$\Leftrightarrow b_i = \lambda \cdot a_i$;	$\lambda \in \mathbb{R} \wedge \vec{a}; \vec{b}$ Vektoren

3.1: $(-1) \cdot \vec{a} = -\vec{a}$ Gegenvektor
3.2: $0 \cdot \vec{a} = \vec{0} = (0; 0; \ldots; 0)$ Nullvektor

Skalares Produkt R4: $\vec{a}, \vec{b} = \sum_{k=1}^{n} a_k \cdot b_k$ (andere Schreibweisen: $\vec{a} \cdot \vec{b}$ oder $\vec{a}\,\vec{b}$)

Ein Beispiel für das Rechnen mit Vektoren

Ein Elektro-Fachgeschäft mit drei Filialen A, B und C bietet unter anderem Taschenrechner an. Die unterschiedlichen Modelle bekommen einen festen Platz in einer Liste.

Bezeichnung	Solar A	Solar B	Solar C	Solar PB	Techno S
Anzahl	100	60	120	50	20
Preis in EUR/St.	29,00	59,00	39,00	69,00	151,00
	1	2	3	4	5

Vektor: $\vec{a} = (a_1; a_2; a_3; a_4; a_5)$
also $= (100; 60; 120; 50; 20)$

a_i gibt die Anzahl der vorhandenen Taschenrechner eines Modells in der Filiale A an.

Vektor: $\vec{p} = (29; 59; 39; 69; 151)$ EUR — gibt den Einzelpreis der Artikel an.

mit $\vec{b} = (40; 30; 80; 30; 5)$
$\vec{c} = (30; 20; 20; 0; 0)$ — wird die Anzahl der Rechner in den Filialen B und C erfasst.

Mithilfe der Vektoraddition kann ermittelt werden, wie viele Taschenrechner der einzelnen Modelle insgesamt in allen drei Filialen vorhanden sind.

R2
$$\vec{a} + \vec{b} + \vec{c} = \begin{pmatrix} 100 \\ 60 \\ 120 \\ 50 \\ 20 \end{pmatrix} + \begin{pmatrix} 40 \\ 30 \\ 80 \\ 30 \\ 5 \end{pmatrix} + \begin{pmatrix} 30 \\ 20 \\ 20 \\ 0 \\ 0 \end{pmatrix} = \begin{pmatrix} 170 \\ 110 \\ 220 \\ 80 \\ 25 \end{pmatrix}$$

Sollte auf alle Artikel ein Preisnachlass von 10 % gewährt werden, wird die neue Preisliste mithilfe der skalaren Multiplikation erstellt. (Faktor $r = 0{,}9$)

R3
$$r \cdot \vec{p} = 0{,}9 \cdot \begin{pmatrix} 29{,}00 \\ 59{,}00 \\ 39{,}00 \\ 69{,}00 \\ 151{,}00 \end{pmatrix} \text{EUR} = \begin{pmatrix} 26{,}10 \\ 53{,}10 \\ 35{,}10 \\ 62{,}10 \\ 135{,}90 \end{pmatrix} \text{EUR}$$

Soll z. B. der Gesamtwert der Taschenrechner in der Filiale A errechnet werden, kann dies mithilfe des Skalarprodukts geschehen:

R4
$$\vec{a}, \vec{p} = \left(\begin{pmatrix} 100 \\ 60 \\ 120 \\ 50 \\ 20 \end{pmatrix} \cdot \begin{pmatrix} 29{,}00 \\ 59{,}00 \\ 39{,}00 \\ 69{,}00 \\ 151{,}00 \end{pmatrix} \right) = 17\,590 \text{ EUR}$$

4.2.1 Der dreidimensionale Vektor und seine geometrische Deutung

Aus Physik und Technik ist der Vektorbegriff bekannt. Zur Bestimmung der Masse m genügt eine reelle Zahl und ihre Einheit. Die Masse ist eine *skalare Größe* (z. B. $m = 100$ kg).
Die Kraft F ist eine *vektorielle Größe*, zu deren eindeutiger Bestimmung ihr Betrag und ihre Wirkrichtung (evtl. auch die Lage ihrer Wirkrichtung) angegeben werden muss.

Wirkt eine Kraft F auf einen Körper ein, kann das grundverschiedene Auswirkungen haben.

z. B. Druckkraft — Zugkraft — Schubkraft

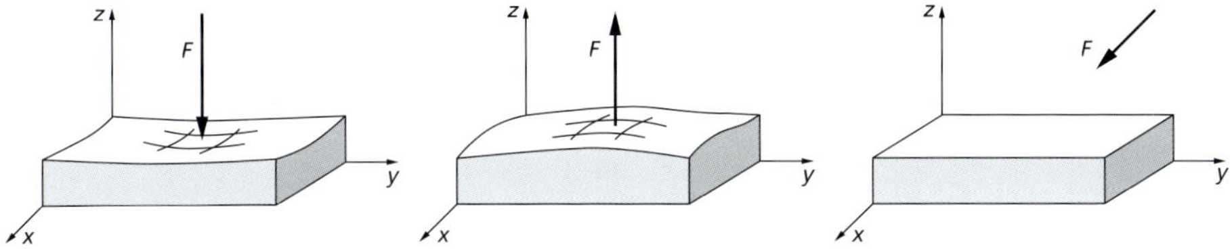

$\vec{F} = (F_x; F_y; F_z)$

$\vec{F} = (0; 0; -100)$ N — $\vec{F} = (0; 0; 100)$ N — $\vec{F} = (100; 0; 0)$ N

Zur Angabe des Betrages der Kraft $\vec{F}$ (z. B. $|\vec{F}| = 100$ N) kommt eine zusätzliche Aussage über ihre Lage im Raum.
F_x; F_y und F_z sind die Wirkungen der Kraft $\vec{F}$ in x-, y- und z-Richtung (Komponenten von $\vec{F}$).

Definition eines Vektors im Raum

Der Vektor $\vec{a}$ stellt eine gerichtete Strecke im Raum dar. Zwei Vektoren heißen gleich, wenn sie gleiche Länge haben, parallel und gleichgerichtet sind.

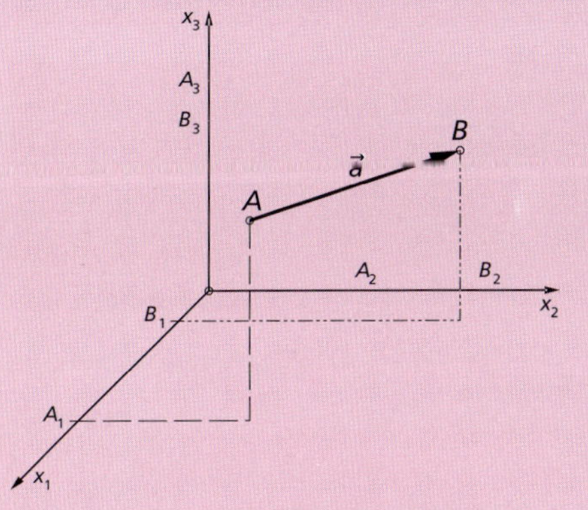

Anfangspunkt	$A\,(A_1 \mid A_2 \mid A_3)$
Endpunkt	$B\,(B_1 \mid B_2 \mid B_3)$
$a_i = B_i - A_i$	$i = 1; 2; 3$

$\vec{a} = (a_1; a_2; a_3)$

a_i = i-te Komponente des Vektors $\vec{a}$

$|\vec{a}| = \sqrt{a_1^2 + a_2^2 + a_3^2}$ Betrag von $\vec{a}$

$|\vec{a}|$ stellt die Länge von $\vec{a}$ dar.

$x_1 = x;\ x_2 = y;\ x_3 = z$

Folgerungen aus den Rechenregeln R1 bis R4:

Vektoraddition
1. $\vec{a} + \vec{b} = \vec{b} + \vec{a}$
2. $\vec{a} + (\vec{b} + \vec{c}) = (\vec{a} + \vec{b}) + \vec{c}$
3. $\vec{a} + 0 = \vec{a}$
4. $\vec{a} + (-\vec{a}) = \vec{0}$ $\quad \vec{0} = (0; 0; \ldots; 0)$ Nullvektor

S-Multiplikation

5. $\lambda \cdot (\vec{a} + \vec{b}) = \lambda \cdot \vec{a} + \lambda \cdot \vec{b}$ $\qquad \lambda \in \mathbb{R}$
6. $(\lambda + \mu) \cdot \vec{a} = \lambda \cdot \vec{a} + \mu \cdot \vec{a}$ $\qquad \lambda; \mu \in \mathbb{R}$
7. $0 \cdot \vec{a} = \vec{0}$

Betrag des Vektors

8. $|\lambda \cdot \vec{a}| = |\lambda| \cdot |\vec{a}|$ $\qquad \lambda \in \mathbb{R}$
9. $\vec{a} = \vec{0} \Leftrightarrow |\vec{a}| = 0$

Skalarprodukt

10. $\vec{a} \cdot \vec{b} = \vec{b} \cdot \vec{a}$
11. $(\vec{a} \cdot \vec{b}) + \vec{c} = \vec{a} \cdot \vec{b} + \vec{a} \cdot \vec{c}$
12. $(\lambda \cdot \vec{a}) \cdot \vec{b} = \lambda \cdot (\vec{a} \cdot \vec{b})$
13. $|\vec{a}| = \sqrt{\vec{a} \cdot \vec{a}}$
14. $\vec{a} \cdot \vec{b} = |\vec{a}| \cdot |\vec{b}| \cdot \cos\varphi$ $\qquad \varphi$ ist der von $\vec{a}$ und $\vec{b}$ eingeschlossene Winkel mit $0 \leq \varphi \leq \pi$

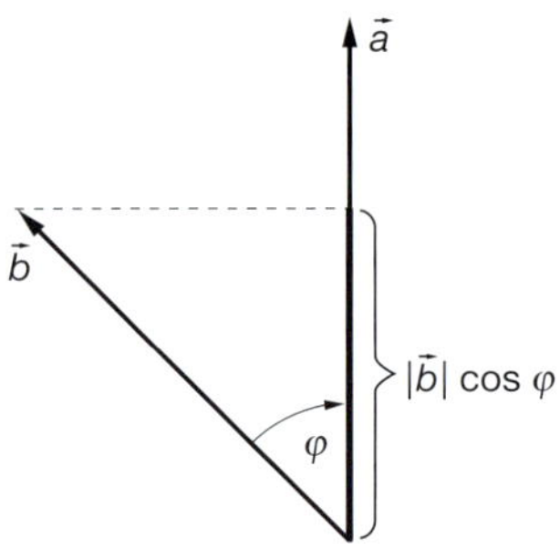

$\vec{a} \cdot \vec{b} = |\vec{a}| \cdot$ (Projektion von $|\vec{b}|$ auf $|\vec{a}|$)

$\vec{a} \cdot \vec{b} = 0$, wenn $\vec{a}$ und $\vec{b}$ orthogonal sind (senkrecht zueinander stehen).

$\vec{a} \cdot \vec{b} = |\vec{a}| \cdot |\vec{b}|$, wenn $\vec{a} \uparrow\uparrow \vec{b}$

$\vec{a} \cdot \vec{b} = -|\vec{a}| \cdot |\vec{b}|$, wenn $\vec{a} \uparrow\downarrow \vec{b}$

Definition des Einheitsvektors

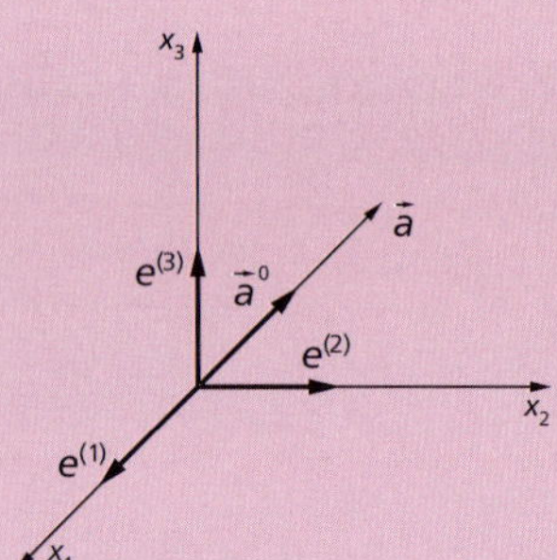

Einheitsvektoren der *Basis*: (Achsen)

$e^{(1)} = (1; 0; 0)$
$e^{(2)} = (0; 1; 0)$
$e^{(3)} = (0; 0; 1)$ $\qquad |e^{(n)}| = 1$

Einheitsvektor eines Vektors: $\vec{a}^0 = \dfrac{\vec{a}}{|\vec{a}|}$ $\qquad |\vec{a}^0| = 1$

Jeder Einheitsvektor hat die Länge 1.

Beispiel für eine vektorielle Addition von Kräften

Ein 200 kg schwerer Balken lässt sich wie abgebildet an einem 4 m langen Seil anheben.
Wie groß sind die Zugkräfte, die das Seil aufnehmen muss?

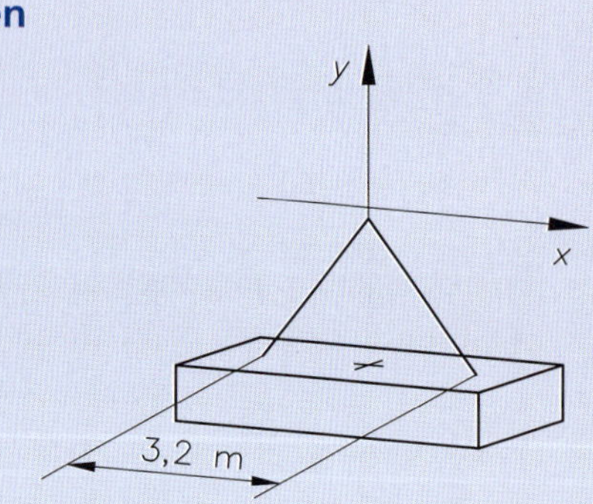

Zeichnerische Lösung mithilfe des Kräfteparallelogramms

Der Balken übt eine Gewichtskraft von $|\vec{G}| \approx 2000$ N aus;
$\vec{F}$ ist die Gegenkraft. $\vec{F}_1$ und $\vec{F}_2$ sind die Kräfte, die in die Richtung der gespannten Seile wirken.
Bei diesem Beispiel werden die Seile und Kräfte mit entsprechenden Maßstäben in der x-y-Ebene dargestellt.
Die Längen $\vec{l}$ der Seile und die Kräfte $\vec{F}$ haben dann eine x- und eine y-Komponente.

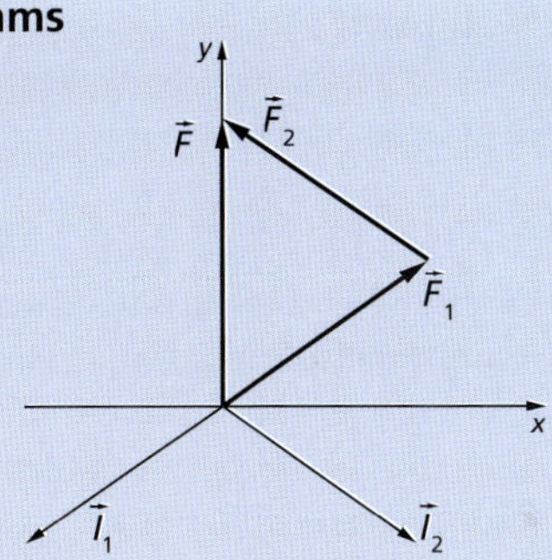

Lösung mithilfe der Vektorrechnung

$\vec{F} = (0; 2000)$ N $\qquad \vec{F} = -\vec{G}; \quad \vec{G} = (0; -2000)$ N

$$\vec{l}_1 = (-1{,}6; -1{,}2)\text{ m} \quad \Rightarrow \quad \vec{l}_1^{\,0} = \frac{(-1{,}6; -1{,}2)\text{ m}}{\sqrt{1{,}6^2 + 1{,}2^2}\text{ m}} = (-0{,}8; -0{,}6)$$

$$\vec{l}_2 = (+1{,}6; -1{,}2)\text{ m} \quad \Rightarrow \quad \vec{l}_2^{\,0} = \frac{(+1{,}6; -1{,}2)-}{\sqrt{1{,}6^2 + 1{,}2^2}\text{ m}} = (+0{,}8; -0{,}6)$$

$\vec{F}_1 + \vec{F}_2 = \vec{F}$ da $\vec{F}_1^{\,0} = -\vec{l}_1^{\,0}$ und $\vec{F}_2^{\,0} = -\vec{l}_2^{\,0}$, gilt $\vec{F}_1 = |\vec{F}_1| \cdot \vec{F}_1^{\,0}$ und $\vec{F}_2 = |\vec{F}_2| \cdot \vec{F}_2^{\,0}$

$$|\vec{F}_1| \cdot (0{,}8; 0{,}6) + |\vec{F}_2| \cdot (-0{,}8; 0{,}6) = (0; 2000)\text{ N oder } \vec{F}_1 \cdot \begin{pmatrix} 0{,}8 \\ 0{,}6 \end{pmatrix} + \vec{F}_2 \cdot \begin{pmatrix} -0{,}8 \\ 0{,}6 \end{pmatrix} = \begin{pmatrix} 0 \\ 2000 \end{pmatrix}\text{ N}$$

$\lvert\vec{F}_1\rvert$	$\lvert\vec{F}_2\rvert$	
0,8 0,6	−0,8 0,6	0 N 2000 N
0	0,96	1600 N

einsetzen von $|\vec{F}_1|$ ergibt $|\vec{F}_2| = 1667$ N

$\Rightarrow |\vec{F}_1| = 1667$ N

4.2.2 Das Vektorprodukt

Definition des Vektorproduktes im $\mathbb{R}^3$

Das Vektorprodukt der Vektoren $\vec{a}$ und $\vec{b}$ (Bezeichnung $\vec{c} = \vec{a} \times \vec{b}$) ist ein Vektor $\vec{c}$ mit dem Betrag $|\vec{a}| \cdot |\vec{b}| \cdot \sin\varphi$ (mit φ als Winkel zwischen $\vec{a}$ und $\vec{b}$), der senkrecht auf den beiden Vektoren $\vec{a}$ und $\vec{b}$ steht; $\vec{a}$, $\vec{b}$ und $\vec{c}$ bilden ein Rechtssystem.

Die Verknüpfung zweier Vektoren $\vec{a}$ und $\vec{b}$ stellt ein Vektorprodukt (Kreuzprodukt) dar, wenn nach der folgenden Vorschrift der Vektor $\vec{c}$ bestimmt wird:

Vektorprodukt R5 $\qquad \vec{c} = \vec{a} \times \vec{b} \quad \Leftrightarrow \quad \vec{a} \times \vec{b} = \begin{pmatrix} a_2 \cdot b_3 - a_3 \cdot b_2 \\ a_3 \cdot b_1 - a_1 \cdot b_3 \\ a_1 \cdot b_2 - a_2 \cdot b_1 \end{pmatrix}$

Merkregel:

Regel von Sarrus

Hinter die drei Komponenten der Vektoren $\vec{a}$, $\vec{b}$ und $\vec{c}$ wird jeweils die erste und zweite Komponente angefügt. Dann werden die Komponenten c_i aus den Produkten der Rechts- und der Linksdiagonalen gebildet. Die Rechtsdiagonale ist positiv, die Linksdiagonale negativ.

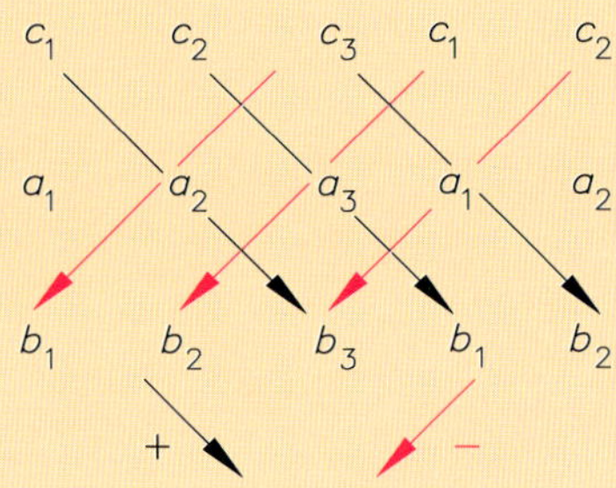

$c_1 = a_2 \cdot b_3 - a_3 \cdot b_2$
$c_2 = a_3 \cdot b_1 - a_1 \cdot b_3$
$c_3 = a_1 \cdot b_2 - a_2 \cdot b_1$

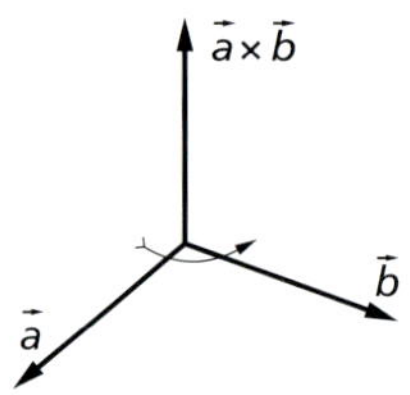

Die Vektoren $\vec{a}$, $\vec{b}$ und $\vec{c}$ bilden in dieser Reihenfolge ein Rechtssystem, d. h. in Richtung des Vektors $\vec{c}$ gesehen, ist eine Rechtsdrehung von weniger als 180° notwendig, um Vektor $\vec{a}$ in Vektor $\vec{b}$ zu überführen.

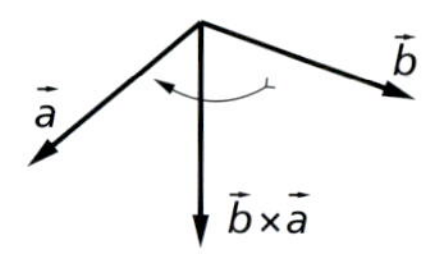

Folgerung aus der Rechenregel R5:

Vektorprodukt

15. $\vec{a} \times \vec{b} = -\vec{b} \times \vec{a}$ $\qquad \vec{a} \times \vec{b} = \vec{0} \Rightarrow \vec{a} \parallel \vec{b}$
$\qquad |\vec{a} \times \vec{b}| = |\vec{a}| \cdot |\vec{b}| \Rightarrow \vec{a} \perp \vec{b}$
16. $\lambda \cdot \vec{a} \times \vec{b} = \lambda \cdot (\vec{a} \times \vec{b})$
17. $|\vec{a} \times \vec{b}| = |\vec{a}| \cdot |\vec{b}| \cdot \sin\varphi$ mit $0 \leq \varphi \leq \pi$
18. $\vec{a} \times (\vec{b} + \vec{c}) = \vec{a} \times \vec{b} + \vec{a} \times \vec{c}$
19. $(\vec{a} \times \vec{b}) \cdot \vec{a} = 0$; $(\vec{a} \times \vec{b}) \cdot \vec{b} = 0$

Eigenschaften des Vektorprodukts

Flächeninhalt eines Parallelogramms:

$A = |\vec{a} \times \vec{b}| = |\vec{a}| \cdot |\vec{b}| \cdot \sin\varphi$ Der Betrag von $\vec{a} \times \vec{b}$ ist gleich dem Flächeninhalt des von $\vec{a}$ und $\vec{b}$ aufgespannten Parallelogramms.

Volumenberechnung eines Spats:

$V = |(\vec{a} \times \vec{b}) \cdot \vec{c}|$ (Spatprodukt) Mithilfe des Spatprodukts wird das Volumen des von den Vektoren $\vec{a}$, $\vec{b}$ und $\vec{c}$ aufgespannten Spats errechnet.

Der Flächeninhalt der Grundfläche des Spats ist: $A = |\vec{a} \times \vec{b}|$

Für die Höhe gilt: $h = \vec{c} \cdot \cos\beta$

Somit ist: $V = A \cdot h$
$= |\vec{a} \times \vec{b}| \cdot \vec{c} \cdot \cos\beta$

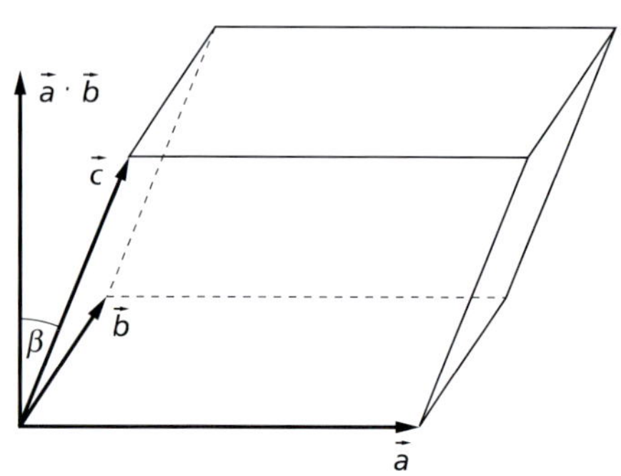

4.2.3 Darstellung von Geraden und Ebenen im $\mathbb{R}^3$

Vektorielle Darstellung einer Geraden im Raum:

Eine Gerade g ist durch zwei Punkte eindeutig bestimmt.

Mit dem Stützvektor $\vec{p}$, einer reellen Zahl r und ihrem Richtungsvektor $\vec{v}$ kann folgende Gleichung geschrieben werden:

$g\colon \vec{x} = \vec{p} + r \cdot \vec{v};\ r \in \mathbb{R}$

(Parameterform)

$\vec{p}$ und $\vec{q}$ sind die Ortsvektoren der Punkte P und Q, dann ist $\vec{v} = \vec{q} - \vec{p}$ ein Richtungsvektor der Geraden g.

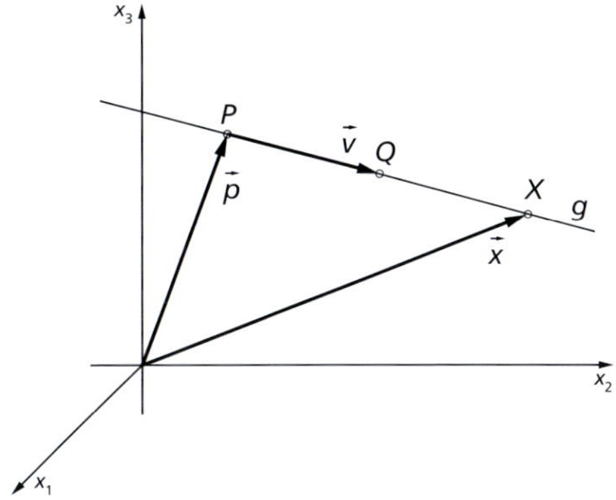

Vektorielle Darstellung einer Ebene im Raum:

Eine Ebene E ist durch drei nicht auf einer Geraden liegende Punkte bestimmt.

Mit einem Stützvektor $\vec{p}$, zwei in der Ebene liegenden Richtungsvektoren $\vec{u}$ und $\vec{v}$ und den reellen Zahlen s und t kann folgende Gleichung angegeben werden:

$E\colon \vec{x} = \vec{p} + s \cdot \vec{u} + t \cdot \vec{v};\ s, t \in \mathrm{R}$

Die Punkte P, Q_1 und Q_2 haben die Ortsvektoren $\vec{p}$, $\vec{q_1}$ und $\vec{q_2}$
$\vec{u} = \vec{q_1} - \vec{p}$; $\vec{v} = \vec{q_2} - \vec{p}$ (Richtungsvektoren)

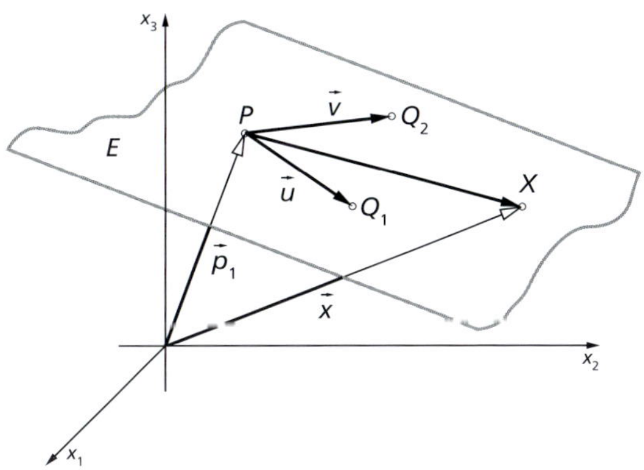

Koordinatengleichung einer Ebene:

Diese Darstellungsform hat den Vorteil, dass durch einfache Rechnung die Durchstoßpunkte der Achsen bestimmt werden können und mit a_1, a_2 und a_3 der Normalenvektor der Ebene $\vec{n} = (a_1; a_2; a_3)$ gegeben ist.

Koordinatenform:

$a_1 \cdot x_1 + a_2 \cdot x_2 + a_3 \cdot x_3 = b$

$a_1;\ a_2;\ a_3;\ b \in \mathbb{R}$

$A\left(\frac{b}{a_1}\middle|0\middle|0\right);\ B\left(0\middle|\frac{b}{a_2}\middle|0\right);\ C\left(0\middle|0\middle|\frac{b}{a_3}\right)$

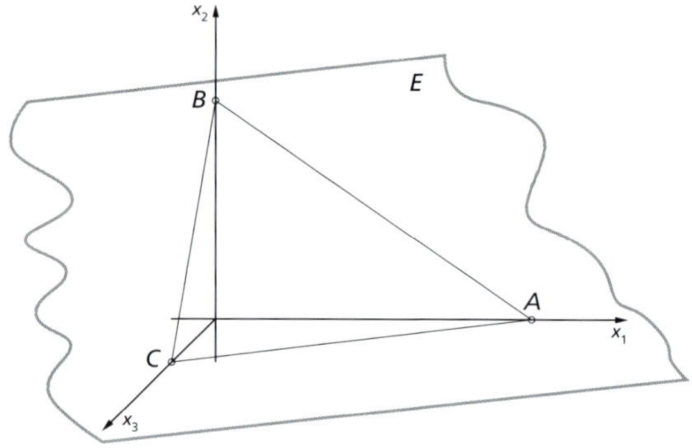

Ein Beispiel für die Umrechnung der Parameter- in die Koordinatenform

$$E: \vec{x} = \begin{pmatrix} 6 \\ 0 \\ 0 \end{pmatrix} + r \cdot \begin{pmatrix} 3 \\ -2 \\ 0 \end{pmatrix} + s \cdot \begin{pmatrix} 2 \\ 0 \\ -1 \end{pmatrix}$$

$$\begin{aligned} x_1 &= 6 + 3 \cdot r + 2 \cdot s \\ x_2 &= 0 - 2 \cdot r + 0 \cdot s \quad &\Rightarrow r = -0{,}5 \cdot x_2 \\ x_3 &= 0 + 0 \cdot r - 1 \cdot s \quad &\Rightarrow s = -x_3 \\ x_1 &= 6 + 3 \cdot (-0{,}5 \cdot x_2) + 2 \cdot (-x_3) \\ x_1 &+ 1{,}5 \cdot x_2 + 2 \cdot x_3 = 6 \quad &| \cdot 2 \end{aligned}$$

$E: 2 \cdot x_1 + 3 \cdot x_2 + 4 \cdot x_3 = 12 \Rightarrow$ $A(6|0|0)$; $B(0|4|0)$ und $C(0|0|3)$

Normalenform einer Ebene

Eine Ebene lässt sich eindeutig bestimmen, wenn ein Punkt P und der Normalenvektor $\vec{n}$ der Ebene gegeben sind,

$E: (\vec{x} - \vec{p}) \cdot \vec{n} = 0$ Normalenform

$E: (\vec{x} - \vec{p}) \cdot \vec{n}_0 = 0$ Hesse'sche Normalenform mit $\vec{n}_0 = \frac{\vec{n}}{|\vec{n}|}$

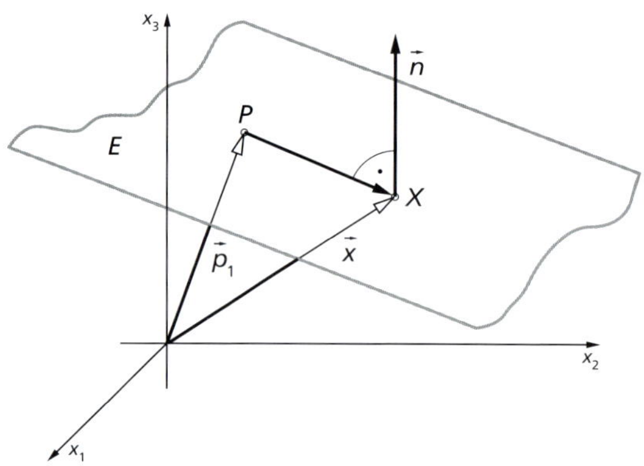

Mit der Koordinatenform

$a_1 \cdot x_1 + a_2 \cdot x_2 + a_3 \cdot x_3 = b$

wird die Hesse'sche Normalenform:

$$E: \frac{a_1 \cdot x_1 + a_2 \cdot x_2 + a_3 - b}{\sqrt{a_1^2 + a_2^2 + a_3^2}} = 0$$

Auf einfache Weise kann mithilfe der Hesse'schen Normalenform der Abstand d eines Punktes Q zur Ebene E bestimmt werden

$d = |(\vec{q} - \vec{p}) \cdot \vec{n}_0|$ oder

$$d = \left| \frac{a_1 \cdot x_1 + a_2 + x_2 + a_3 \cdot x_3 - b}{\sqrt{a_1^2 + a_2^2 + a_3^2}} \right|$$

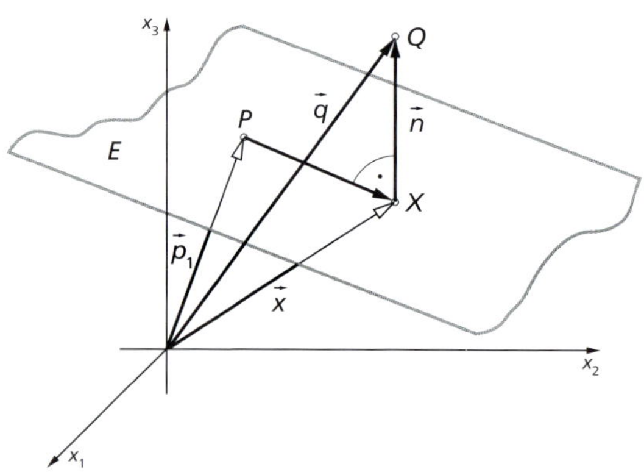

Ein Beispiel für die Berechnung des kürzesten Abstands eines Punktes zu einer Ebene

Bestimmung der Ebenengleichung in der Koordinatenform:

$b = \text{kgV}\{4; 5; 6\} = 60$

$\Rightarrow E\colon 15 \cdot x_1 + 12 \cdot x_2 + 10 \cdot x_3 = 60$

somit ist $d = \left| \dfrac{15 \cdot 2 + 12 \cdot 5 + 10 \cdot 6 - 60}{\sqrt{15^2 + 12^2 + 10^2}} \right|$

$= \dfrac{90}{\sqrt{469}} = 4{,}156 \text{ LE}$

der kürzeste Abstand zur Ebene E.

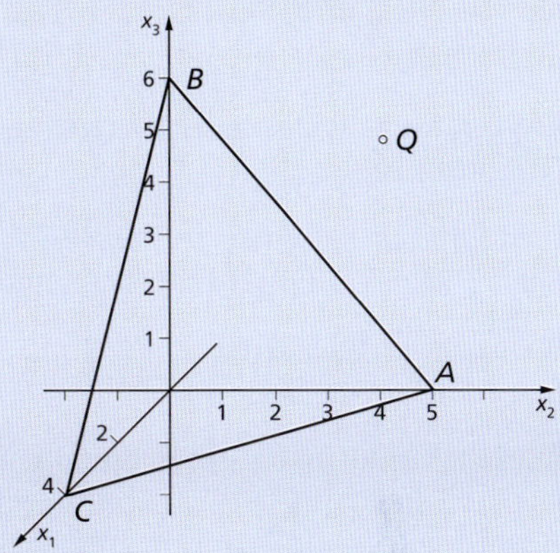

Es soll nun noch ermittelt werden, über welchem Punkt S der Ebene der Punkt Q liegt. Für die Gleichung der Geraden g, die durch Q verläuft, wird die Normale der Ebene benötigt:

$\vec{n} = (15; 12; 10)$

$g\colon \vec{x} = \begin{pmatrix} 2 \\ 5 \\ 6 \end{pmatrix} + r \cdot \begin{pmatrix} 15 \\ 12 \\ 10 \end{pmatrix}$

Die einzelnen Komponenten in die Koordinatengleichung einsetzen:

$15 \cdot (15 \cdot r + 2) + 12 \cdot (12 \cdot r + 5) + 10 \cdot (10 \cdot r + 6) = 60$

somit ist $r = -\dfrac{90}{469} \quad \Rightarrow \quad \vec{s} = \begin{pmatrix} 2 \\ 5 \\ 5 \end{pmatrix} - \dfrac{90}{469} \cdot \begin{pmatrix} 15 \\ 12 \\ 10 \end{pmatrix} = \begin{pmatrix} 2{,}122 \\ 3{,}697 \\ 0{,}081 \end{pmatrix}$

$S(2{,}122 \,|\, 3{,}697 \,|\, 0{,}081)$

AUFGABEN

1 Bestimmen Sie $\vec{a} + \vec{b}$, $|\vec{a} - \vec{b}|$, $(\vec{a}, \vec{b})$, den Winkel α zwischen $\vec{a}$ und $\vec{b}$ und ihre Richtungsvektoren.

a) $\vec{a} = (1; 2; 3)$; $\vec{b} = (-5; 1; 0)$

b) $\vec{a} = (10; -2; -5)$; $\vec{b} = (5{,}3; 0{,}9; -3{,}5)$

c) $\vec{a} = (0{,}34; -0{,}2; 0{,}53)$; $\vec{b} = (-1{,}1; 0{,}91; 0{,}2)$

d) $\vec{a} = (0; 2{,}5; -3{,}5)$; $\vec{b} = (5{,}3; 0{,}9; -3{,}5)$

2 Ein 200 kg schwerer Balken wird wie abgebildet mit einem Seil angehoben.

a) Wie groß sind die Zugkräfte, die das Seil aufnehmen muss, wenn das Seil 5 m lang ist?

b) Wie groß sind die Zugkräfte, die das Seil aufnehmen muss, wenn das Seil 3,4 m lang ist?

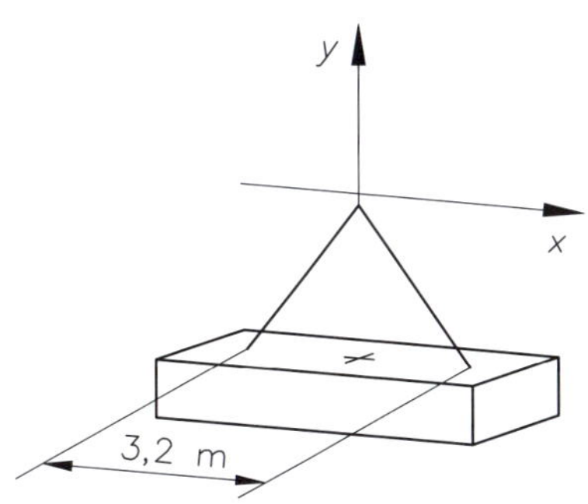

3 Zeigen Sie mithilfe des Skalarproduktes, dass das Dreieck ABC rechtwinklig ist.

a) $A(1|4)$, $B(6|4)$, $C(6|8)$

b) $A(-9|3)$, $B(3|-6)$, $C(15|10)$

c) $A(20|0|-25)$, $B(25|13|4)$, $C(11|5|10)$

4 Zeigen Sie, ob das Viereck $PQRS$ mit $P(1|4|3)$, $Q(2|1|1)$, $R(11|4|3)$ und $S(10|7|5)$ ein Rechteck ist.

5 Ein Dreieck hat einen rechten Winkel im Ursprung $O(0|0)$. Die beiden anderen Punkte sind $P(2|-3)$ und $R(4|y)$. Berechnen Sie die y-Koordinate von R.

6 Gegeben sei das Dreieck PQR mit $P(5|7|-3)$, $Q(2|6|1)$ und $R(5|9|8)$. Berechnen Sie die Längen der Dreiecksseiten.

7 Gegeben sind Ihnen die Eckpunkte einer Fläche:
$A(3|1|3)$; $B(6|3|3)$; $C(3|3|-2)$ und $D(-1|4|2)$.
Errechnen Sie die Länge der Flächendiagonalen und die Winkel zwischen den Seiten.

8 Zeichnen Sie das Viereck mit den Eckpunkten $A(2|-1|3)$; $B(4|0|-3)$; $C(-1|4|-2)$ und $D(5|5|-1)$ in das Koordinatensystem ein. Bestimmen Sie die Flächendiagonalen und Winkel zwischen den Seiten.

9 Beweisen Sie die folgenden Rechenregeln:

a) $(\lambda + \mu)\cdot\vec{a} = \lambda\cdot\vec{a} + \mu\cdot\vec{b} \quad \lambda, \mu \in \mathbb{R}$

b) $|\lambda\cdot\vec{a}| = |\lambda|\cdot|\vec{a}|$

c) $\vec{a}\cdot(\vec{b} + \vec{c}) = \vec{a} + \vec{b} + \vec{a}\cdot\vec{c}$

d) $|\vec{a}| = |\vec{a}| \quad \vec{a} = \sqrt{\vec{a}\cdot\vec{a}}$

e) $\vec{a}\cdot\vec{b} = |\vec{a}|\cdot|\vec{b}|\cdot\cos\varphi$ Erbringen Sie den Beweis mithilfe des Kosinussatzes.

10 Die Vektoraddition $\vec{a} + \vec{b} = \vec{c}$ ergibt für den Vektor $\vec{c} = (4;\ 3;\ 13)$. Außerdem sind die Richtungsvektoren von $\vec{a}$ und $\vec{b}$ mit $\vec{a}^0 = (0;\ 0{,}515;\ 0{,}857)$ und $\vec{b}^0 = (0{,}446;\ 0;\ 0{,}895)$ gegeben. Ermitteln Sie die Vektoren $\vec{a}$ und $\vec{b}$.

11 Der Vektor $\vec{c} = (10;\ -2;\ 8)$ ist durch die Vektoraddition $\vec{a} + \vec{b}$ entstanden. Ermitteln Sie den Vektor $\vec{a}$, wenn $\vec{a}^0 = (0{,}889;\ 0{,}381;\ -0{,}254)$ und $\vec{b}^0 = (0{,}259;\ -0{,}432;\ 0{,}864)$ ist.

12 Die Addition dreier Kräfte $\vec{F}_1$, $\vec{F}_2$ und $\vec{F}_3$ ergibt die Kraft $\vec{F} = (0;\ 0;\ 1700)$ N. Ermitteln Sie die Kräfte, wenn ihre Richtungsvektoren gegeben sind:
$\vec{F}_1{}^0 = (0{,}2540;\ 0{,}3810;\ 0{,}8890)$; $\quad \vec{F}_2{}^0 = (0{,}0995;\ 0{,}5970;\ 0{,}7960)$ und
$\vec{F}_3{}^0 = (0{,}2673;\ 0{,}8018;\ 0{,}5345)$

13 Eine 10 kg schwere Lampe ist wie in der Zeichnung dargestellt, aufgehängt.

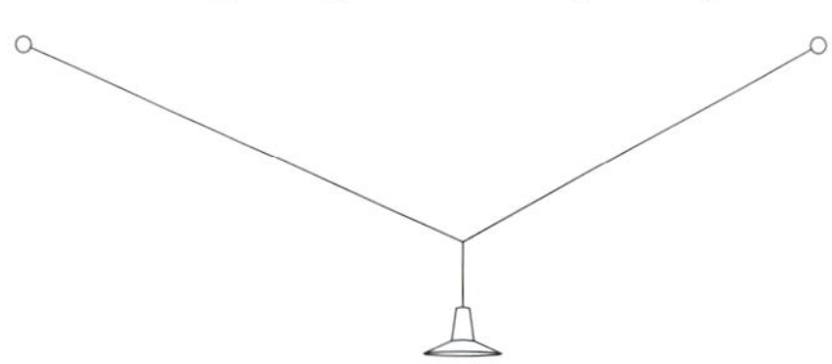

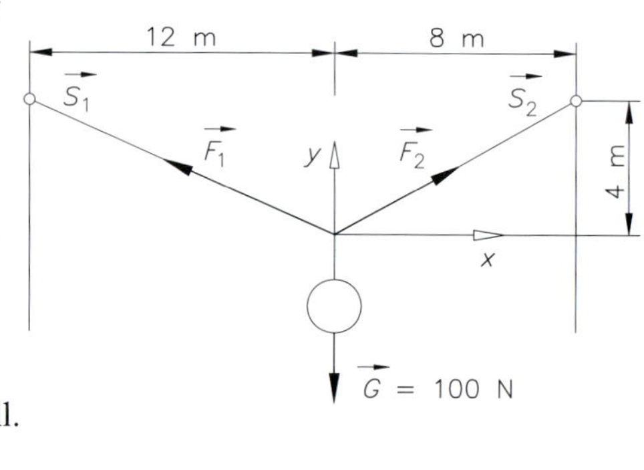

Errechnen Sie die Kräfte $\vec{F}_1$ und $\vec{F}_2$ vektoriell.

14 Wie groß sind die Kräfte in den Seilen, wenn eine 10 kg ($\vec{G} = (0|-100)$ N) schwere Lampe folgendermaßen aufgehängt ist: $\vec{S}_1 = (-12; 0{,}5)$ m und $\vec{S}_2 = (8; 0{,}4)$ m?

15 Eine Masse ist wie in der Skizze (mit Vorderansicht und Draufsicht) abgebildet an Seilen aufgehängt.

a) Geben Sie die Vektoren der Seile S_1, S_2 und S_3 an.

b) Errechnen Sie die Kräfte, die in den Seilen wirken.

16 Wie groß ist die Kraft, die das Seil S_1 aufnehmen muss, wenn der Befestigungspunkt in gleicher Höhe wie der Aufhängepunkt der Masse liegt?

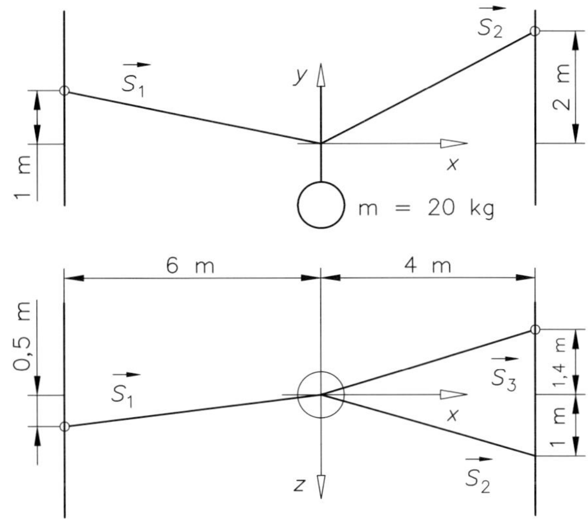

17 Berechnen Sie das Vektorprodukt von $\vec{a}$ und $\vec{b}$ und den Betrag von $\vec{c}$.

a) $\vec{a} = (1; 2; -3)$; $\vec{b} = (-5; 4; 2)$ b) $\vec{a} = (-2; 4; 5)$; $\vec{b} = (6; -8; 10)$

c) $\vec{a} = (5; -2; 4)$; $\vec{b} = (-2{,}5; -12; 3)$ d) $\vec{a} = (-2; 1; 5)$; $\vec{b} = (7; 2{,}5; -0{,}5)$

18 Untersuchen Sie, welche Punkte auf der Geraden g liegen.

a) $P(3|6)$ b) $P(5|13)$ c) $P(-4|-8)$ d) $P(15|32)$

$$g\colon x = \begin{pmatrix}1\\2\end{pmatrix} + t \cdot \begin{pmatrix}2\\4\end{pmatrix}$$

19 Berechnen Sie die unbekannten Koordinaten des Punktes R, sodass R auf der Geraden PQ liegt.

a) $R(x|y|12)$; $P(6|0|2)$; $Q(4|5|-3)$

b) $R(x|8|z)$; $P(1|2|5)$; $Q(2|4|8)$

c) $R(-1|y|z)$; $P(7|7|20)$; $Q(4|-2|5)$

20 Geben Sie die Parameterform der Geraden an, die durch den Punkt R verläuft und parallel zur Geraden PQ ist.

a) $R(2|5)$; $P(0|2)$; $Q(0|8)$

b) $R(0|1)$; $P(2|1)$; $Q(4|3)$

c) $R(-3|6)$; $P(8|2)$; $Q(10|6)$

d) $R(2|4|5)$; $P(1|1|2)$; $Q(5|9|6)$

e) $R(5|2|-1)$; $P(-3|5|11)$; $Q(-4|2{,}5|0{,}4)$

21 Eine Gerade ist Ihnen in der Koordinatenform gegeben. Geben Sie die Gerade in der Parameterforman.

a) $x + 2y - 6 = 0$ b) $-3x + 4{,}5y - 15 = 0$

c) $12x - 9y + 3 = 0$ d) $x - 0{,}5y + 14 = 0$

22 Zeigen Sie: Durch die Gleichung $\begin{pmatrix} x \\ y \end{pmatrix} = \begin{pmatrix} 2 \\ 3 \end{pmatrix} + a \cdot \begin{pmatrix} -1 \\ 4 \end{pmatrix}$ wird die Gerade mit der Koordinatengleichung $4x + y - 11 = 0$ dargestellt.

23 Durch die drei Punkte P, Q und R wird eine Ebene E bestimmt. Geben Sie die Parameter- und die Koordinatenform der Ebene an.

a) $P(1|2|3)$; $Q(0|2|4)$; $R(-2|1|5)$

b) $P(-5|2|-9)$; $Q(7|-2|5)$; $R(0|0|-1)$

c) $P(-1|-5|-3)$; $Q(2|0|-3)$; $R(2|-11|1)$

d) $P(1|1|2)$; $Q(0|-1|0)$; $R(1|0|-3)$

24 Ein Tetraeder ist durch folgende Punkte bestimmt:
$A(-2|0|1)$; $B(8|-2|4)$; $C(2|1|-3)$ und $D(4|8|2)$
Errechnen Sie den Oberflächenwert des Tetraeders.
Wie groß ist der Volumenwert?

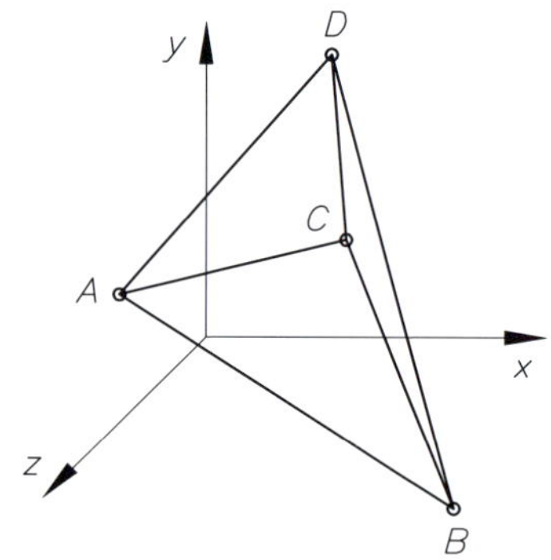

25 Bestimmen Sie den Oberflächen- und Volumenwert des Tetraeders, wenn die folgenden Eckpunkte gegeben sind:
$A(2|2|3)$; $B(2|2|-4)$; $C(5|-2|4)$ und $D(6|10|-2)$

26 Untersuchen Sie, ob die Punkte $A(1|1|1)$ und $B(-8|2|3)$ in der Ebene liegen, die durch die Punkte $P(5|0|0)$, $Q(0|1|1)$ und $R(-2|2|1)$ bestimmt wird.

27 Eine Ebene im Raum werde durch die Punkte $P(3|-1|2)$, $Q(3|5|7)$ und $R(7|1|3)$ bestimmt. Der Punkt $A(11|-3|z)$ soll in der Ebene liegen. Bestimmen Sie z.

28 Die Geraden PQ mit $P(2|0|3)$ und $Q(2|3|4)$ sowie RS mit $R(4|1|-1)$ und $S(4|10|2)$ liegen in der Ebene E. Geben Sie die Ebene in der Parameter- und der Koordinatenform an.

29 Wie lautet die Gleichung der Ebene E_1, in der das Dreieck ABC liegt?

In welchem Punkt wird die Ebene E_1 von einer Geraden g, die durch die Punkte $P_1(0|0|0)$ und $P_2(6|3|5)$ geht, durchstoßen?
Bestimmen Sie die Schnittgerade g_s der Ebene E_1 mit einer zweiten Ebene E_2.

$$E_2\colon \vec{x} = \begin{pmatrix} -5 \\ 0 \\ 0 \end{pmatrix} + r \cdot \begin{pmatrix} 5 \\ 3 \\ 0 \end{pmatrix} + s \cdot \begin{pmatrix} 0 \\ 0 \\ 1 \end{pmatrix}$$

Wie lautet die Koordinatenform von E_2?
Geben Sie den Raumwinkel α zwischen den beiden Ebenen E_1 und E_2 an.

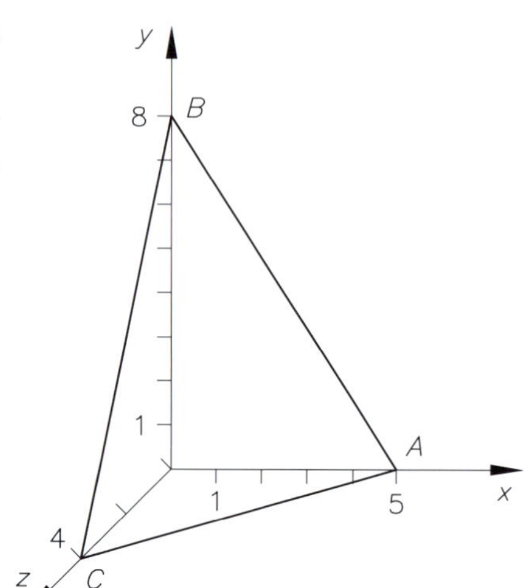

30 Gegeben sind Ihnen zwei Ebenen:

$$E_1: \vec{x} = \begin{pmatrix}3\\2\\1\end{pmatrix} + r_1 \cdot \begin{pmatrix}0\\1\\0\end{pmatrix} + s_1 \cdot \begin{pmatrix}1\\0\\1\end{pmatrix} \text{ und } E_2: \vec{x} = \begin{pmatrix}4\\-4\\5\end{pmatrix} + r_2 \cdot \begin{pmatrix}-3\\2\\6\end{pmatrix} + s_2 \cdot \begin{pmatrix}1\\4\\0\end{pmatrix}$$

a) In welchen Punkten werden die Ebenen von den Achsen geschnitten?

b) Ermitteln Sie die Schnittgerade der beiden Ebenen.

c) Bestimmen Sie den Winkel zwischen den beiden Ebenen.

31 Bestimmen Sie die Koordinatengleichungen folgender Ebenen:

a) $\vec{x} = \begin{pmatrix}4\\0\\0\end{pmatrix} + r \cdot \begin{pmatrix}-5\\1\\0\end{pmatrix} + s \cdot \begin{pmatrix}3\\0\\1\end{pmatrix}$

b) $\vec{x} = \begin{pmatrix}4\\3\\2\end{pmatrix} + r \cdot \begin{pmatrix}-4\\5\\-3\end{pmatrix} + s \cdot \begin{pmatrix}2\\5\\7\end{pmatrix}$

c) $\vec{x} = \begin{pmatrix}10\\2{,}5\\-4\end{pmatrix} + r \cdot \begin{pmatrix}4\\-2\\15\end{pmatrix} + s \cdot \begin{pmatrix}-5\\-2\\-3\end{pmatrix}$

d) $\vec{x} = \begin{pmatrix}4\\4\\8\end{pmatrix} + r \cdot \begin{pmatrix}-3\\3\\6\end{pmatrix} + s \cdot \begin{pmatrix}9\\2\\-2\end{pmatrix}$

32 Durch die Gleichung $\begin{pmatrix}x\\y\\z\end{pmatrix} = \begin{pmatrix}4\\0\\0\end{pmatrix} + r \cdot \begin{pmatrix}-5\\1\\0\end{pmatrix} + s \cdot \begin{pmatrix}3\\0\\1\end{pmatrix}$ wird die Ebene mit der Koordinatenform $0{,}5x + 2{,}5y - 1{,}5z - 2 = 0$ dargestellt.
Bestimmen Sie die Koordinatenform, die der Parameterform der Ebene entspricht.

a) $(1;\ 2;\ 3) + r(1;\ -1;\ 1) + s(3;\ 0;\ -2)$

b) $(2;\ 0;\ -3) + r(2;\ -1;\ -8) + s(14;\ -4;\ -3)$

c) $(-1;\ 5;\ -2) + r(4;\ 5;\ -10) + s(6;\ 16;\ -1)$

33 Gegeben seien die beiden Ebenen E_1 und E_2. Bestimmen Sie die Gleichung der Schnittgeraden in vektorieller Darstellung.

a) E_1: $x + y + 2z = 0$ E_2: $-x + 2y - 3z = 0$

b) E_1: $-2x + 1{,}5y - 4z = 1$ E_2: $2x + 3y - 6z = 2$

c) E_1: $-x + 2y + 0{,}5z = 2$ E_2: $x - 4y + 2z = -6$

34 Das nebenstehende Dreieck ist Ihnen gegeben.

a) Geben Sie den Umfangswert des Dreiecks an und ermitteln Sie die Werte der Winkel.

b) Bestimmen Sie den Flächenwert des Dreiecks.

c) Ermitteln Sie den kürzesten Abstand des Punktes $P(3|-1|2)$ zur Ebene, in der das Dreieck liegt.

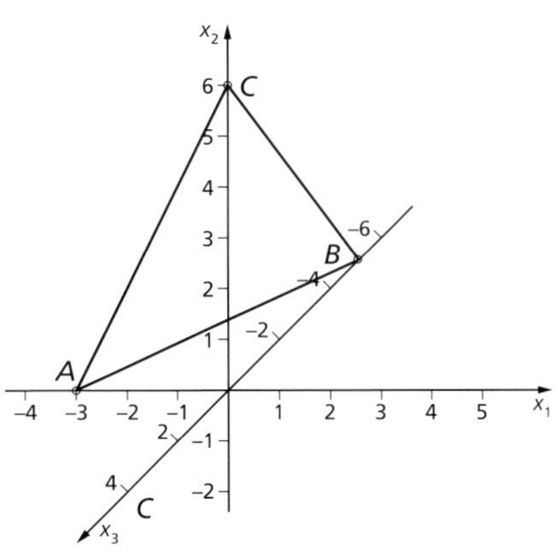

35 Gegeben sind Ihnen die Eckpunkte eines ungleichmäßigen Tetraeders:
$A(2|4|6)$, $B(4|-3|-2)$, $C(2|5|-4)$ und $D(3|-2|-6)$

a) Zeichnen Sie das Tetraeder in ein räumliches kartesisches Koordinatensystem.
x_1- und x_2-Achse: $1 = 1$ cm; x_3-Achse: $2 = \sqrt{2}$ cm, 135° zur x_1-Achse

b) Wie lang muss ein Draht sein, wenn das Tetraeder als Drahtmodell erstellt wird?

c) Errechnen Sie die Fläche des Dreiecks ABC und das Volumen des Körpers.

d) Ermitteln Sie die Winkel des Dreiecks ABC.

36 a) Zeichnen Sie das Dreieck ABC in ein dreidimensionales Koordinatensystem mit dem Maßstab 1 LE = 1 cm. $A(5|0|0)$; $B(0|8|0)$ und $C(0|0|4)$ und geben Sie die Koordinaten- und die Parameterform der Ebene an, in der das Dreieck liegt.

b) Zeigen Sie, dass die Schnittgerade der Ebene E_1 mit einer zweiten Ebene

E_2: $-3 \cdot x_1 + 5 \cdot x_2 = 15$ folgende Gleichung hat: g_S: $\vec{x} = \begin{pmatrix} -5 \\ 0 \\ 8 \end{pmatrix} + t \cdot \begin{pmatrix} 10 \\ 6 \\ -11 \end{pmatrix}$

c) Zeichnen Sie die Gerade in das Diagramm ein und ermitteln Sie die Schnittpunkte der Geraden mit den Seiten des Dreiecks AB und BC.

d) Geben Sie den Raumwinkel α zwischen den beiden Ebenen E_1 und E_2 an.

e) Errechnen Sie den kürzesten Abstand des Punktes $P(5|5|5)$ zu den Ebenen E_1 und E_2.

37 Das nebenstehende Tetraeder wird von vier Ebenen eingeschlossen:
E_1: $x_3 = 0$
E_2: $12 \cdot x_1 - 18 \cdot x_2 + 5 \cdot x_3 = 6$
E_3: $21 \cdot x_1 - 6 \cdot x_2 - 4 \cdot x_3 = 36$
E_4: $9 \cdot x_1 + 12 \cdot x_2 + 8 \cdot x_3 = 132$
Das Tetraeder hat die Eckpunkte:
$A(2|1|0)$; $B(8|5|0)$;
$C(4|8|0)$ und $D(4|4|6)$

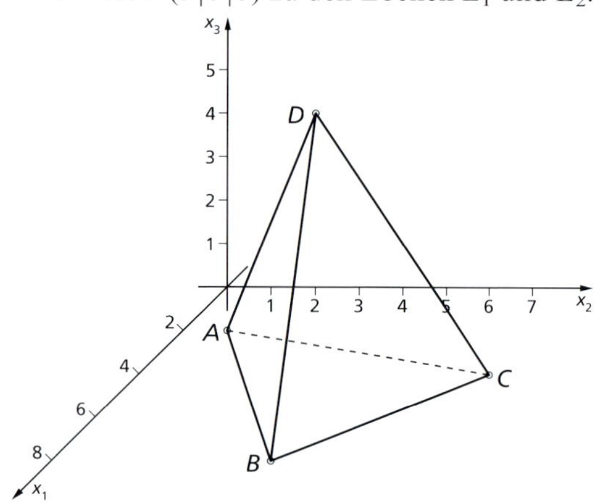

a) Errechnen Sie aus den Ebenengleichungen die Eckpunkte A und D des Tetraeders.

b) Unter welchem Winkel schneiden sich die Ebenen E_2 und E_3?

c) Ermitteln Sie den Oberflächenwert des Tetraeders.

d) Ermitteln Sie mithilfe der Vektorrechnung das Volumen des Tetraeders.

e) Errechnen Sie die kürzeste Entfernung des Punktes B zur Ebene E_3.

38 Gegeben sind Ihnen die beiden Dreiecke ABC und DEF mit den Eckpunkten:
$A(-4|0|0)$; $B(0|0|-5)$; $C(0|6|0)$
$D(0|0|2)$; $E(4|0|0)$; $F(0|3|0)$

a) Geben Sie jeweils die Koordinaten-, die Parameter- und die Normalenform der Ebenen E_1 und E_2 an.
In E_1 liegt das Dreieck ABC, in E_2 das Dreieck DEF.

b) Unter welchem Winkel α schneiden sich die beiden Ebenen E_1 und E_2?

c) Geben Sie die Schnittgerade g_S der Ebenen E_1 und E_2 an.

d) Errechnen Sie die Koordinaten der Randpunkte R_1 und R_2, die sich aus der Geraden g_S und dem Dreieck ABC ergeben.

e) Bestimmen Sie den Flächenwert des Dreiecks DEF und den kürzesten Abstand des Punktes F zur Ebene E_1.

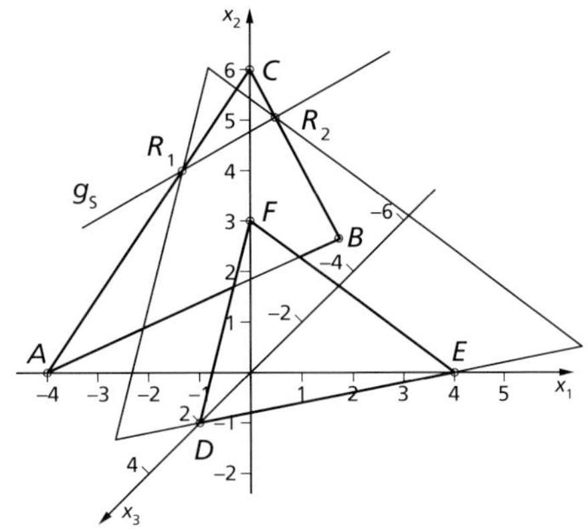

39 Gegeben ist Ihnen ein Haus mit Walmdach im Aufriss (x_2-x_3-Ebene) und im Grundriss (x_1-x_2-Ebene).

a) Zeichnen Sie das Haus in einer 3D-Darstellung, sodass der Punkt P_1 im Ursprung des Koordinatensystems liegt (x_1 mit dem Verkürzungsfaktor $\frac{1}{\sqrt{2}}$).

Maßstab: 1 E = 1 cm

b) Bestimmen Sie die Koordinatengleichung der Ebene E_1, welche die Dachfläche $Q_3Q_4R_2$ enthält.

c) Berechnen Sie vektoriell den Winkel, den die Dachkante Q_3R_2 mit der Hauskante P_3Q_3 und den Winkel, den die Dachfläche $Q_3Q_4R_2$ mit der Dachfläche $Q_2Q_3R_2R_1$ bildet.

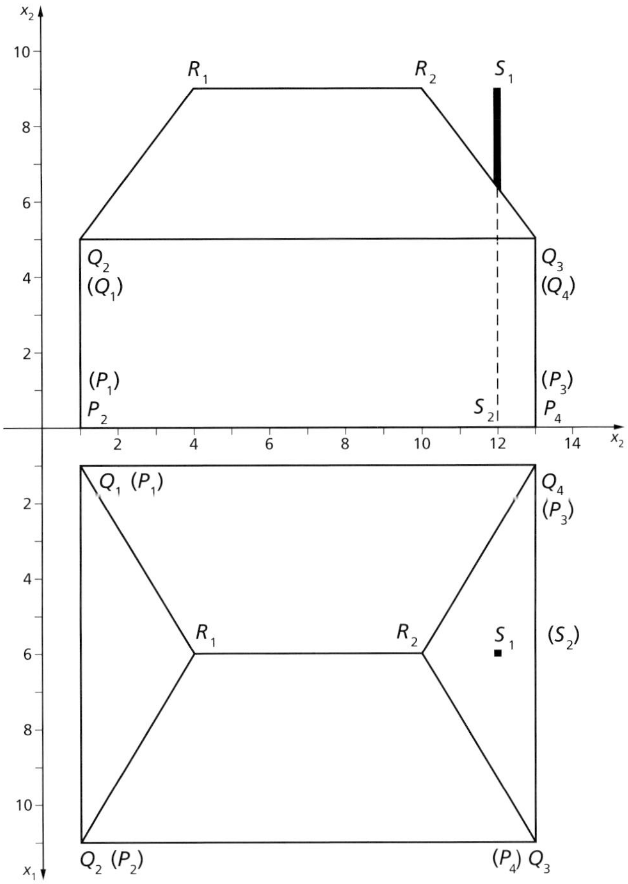

d) Berechnen Sie vektoriell die gesamte Dachfläche des Hauses.

e) Berechnen Sie vektoriell den kürzesten Abstand vom Punkt S_1 des Schornsteins zur Dachfläche $Q_3Q_4R_2$.

4.3 Matrizen

4.3.1 Einführung von Matrizen und Vektoren

Beispiel für eine Matrix

Die Vertretung einer Versicherung hat in den ersten drei Wochen des Monats Mai folgende Versicherungsverträge abgeschlossen:

	Haftpflicht	Hausrat	Leben	Kfz
1. Woche	4	5	2	3
2. Woche	6	7	1	8
3. Woche	0	9	10	12

Das grau unterlegte Zahlenschema heißt in der Mathematik Matrix (Mehrzahl: Matrizen) und wird in einer großen Klammer dargestellt. Jede Zahl steht in einer bestimmten Zeile (Z) und einer bestimmten Spalte (S).

Beispiele

Die Zahl 1 steht in Z2 und S3; die Zahl 0 in Z3 und S1.

$$\begin{array}{r} \\ \text{Z2}\rightarrow \\ \text{Z3}\rightarrow \end{array}\begin{pmatrix} 4 & 5 & 2 & 3 \\ 6 & 7 & \mathbf{1} & 8 \\ \mathbf{0} & 9 & 10 & 12 \end{pmatrix}$$
$$\begin{array}{cccc} \uparrow & & \uparrow & \\ \text{S1} & & \text{S3} & \end{array}$$

Die Zahlen heißen Elemente. Die gegebene Matrix hat demnach Elemente in drei Zeilen (4 5 2 3), (6 7 1 8), (0 9 10 12)

und 4 Spalten $\begin{pmatrix} 4 \\ 6 \\ 0 \end{pmatrix}, \begin{pmatrix} 5 \\ 7 \\ 9 \end{pmatrix}, \begin{pmatrix} 2 \\ 1 \\ 10 \end{pmatrix}, \begin{pmatrix} 3 \\ 8 \\ 12 \end{pmatrix}$.

Definition einer Matrix

$$A = \begin{pmatrix} a_{11} & a_{12} \ldots a_{1j} \ldots a_{1n} \\ a_{21} & a_{22} \ldots a_{2j} \ldots a_{2n} \\ \vdots & \vdots \quad\;\; \vdots \quad\; \vdots \\ a_{i1} & a_{i2} \ldots a_{ij} \ldots a_{in} \\ \vdots & \vdots \quad\;\; \vdots \quad\; \vdots \\ a_{m1} & a_{m2} \ldots a_{mj} \ldots a_{mn} \end{pmatrix} \quad Zi \text{ (Zeile } i\text{)}, \; 1 \le i \le m \text{ und } 1 \le j \le n$$

$$\uparrow$$
$$Sj \text{ (Spalte } j\text{)}$$

Das rechteckige Zahlenschema heißt Matrix mit m Zeilen und n Spalten (kurz: $m \times n$-Matrix)[1]. Die Zahlen der Matrix werden Elemente genannt. Die Position (Zeilen- und Spaltennummer) jedes Elementes der Matrix wird durch den doppelten Index angegeben: das Element a_{ij} steht in der i-ten Zeile und der j-ten Spalte.
Hat eine Matrix gleich viele Zeilen und Spalten, so wird sie quadratisch genannt.

Definition des Zeilenvektors, Spaltenvektors und Nullvektors

Die Elemente der Zeile einer Matrix bilden einen Zeilenvektor, die Elemente der Spalte einer Matrix bilden einen Spaltenvektor. Bestehen die Elemente eines Vektors nur aus Nullen, so wird er Nullvektor genannt.

Beispiel für einen Zeilenvektor und einen Spaltenvektor

Wir betrachten die 3×4-Matrix

$$\begin{pmatrix} a_{11} & a_{12} & a_{13} & a_{14} \\ a_{21} & a_{22} & a_{23} & a_{24} \\ a_{31} & a_{32} & a_{33} & a_{34} \end{pmatrix} = \begin{pmatrix} 12 & 30 & 43 & 20 \\ 18 & 24 & 56 & 14 \\ 30 & 20 & 9 & 6 \end{pmatrix}$$

und stellen nur die Zahlen dar, die in der 2. Zeile und in der 3. Spalte stehen. Wir erhalten:

$\vec{a}_{z2} = (a_{21}; a_{22}; a_{23}; a_{24}) = (18; 24; 56; 14)$ und

$$\vec{a}_{s4} = \begin{pmatrix} a_{13} \\ a_{23} \\ a_{33} \end{pmatrix} = \begin{pmatrix} 43 \\ 56 \\ 9 \end{pmatrix}$$

$\vec{a}_{z2} = (18; 24; 56; 14)$ ist ein Zeilenvektor und $\vec{a}_{s3} = \begin{pmatrix} 43 \\ 56 \\ 9 \end{pmatrix}$ ein Spaltenvektor.

4.3.2 Verknüpfungen von Matrizen

4.3.2.1 Addition und Subtraktion

Beispiel für die Addition und die Subtraktion zweier Matrizen

Ein Motorradhersteller, der die Modelle A, B und C anbietet, hat in seinen beiden Filialen am 05. 06. folgende Lagerbestände:

	Modell A	Modell B	Modell C
Filiale 1	3	5	7
Filiale 2	4	3	6

[1] *gelesen: m kreuz n Matrix*

Am 06. 06. werden die beiden Filialen wie folgt beliefert:

	Modell A	**Modell B**	**Modell C**
Filiale 1	3	2	3
Filiale 2	2	3	4

Wenn wir die alten Lagerbestände, die Liefermengen und die neuen Lagerbestände als Matrizen darstellen, so erhalten wir:

$$\begin{pmatrix} 3 & 5 & 7 \\ 4 & 3 & 6 \end{pmatrix} + \begin{pmatrix} 3 & 2 & 3 \\ 2 & 3 & 4 \end{pmatrix} = \begin{pmatrix} 3+3 & 5+2 & 7+3 \\ 4+2 & 3+3 & 6+4 \end{pmatrix} = \begin{pmatrix} 6 & 7 & 10 \\ 6 & 6 & 10 \end{pmatrix}$$

Die Elemente der Matrix, die den neuen Lagerbestand darstellt, bestimmen wir, indem wir die Elemente der beiden anderen Matrizen, die jeweils in der gleichen Zeile und Spalte stehen, addieren.

Am 07. 06. werden nun in den beiden Filialen folgende Auslieferungen vorgenommen:

	Modell A	**Modell B**	**Modell C**
Filiale 1	2	3	4
Filiale 2	3	2	3

Der Lagerbestand in den beiden. Filialen nach Auslieferung lässt sich nun durch eine Subtraktion der zugehörigen Matrizen bestimmen:

$$\underbrace{\begin{pmatrix} 6 & 7 & 10 \\ 6 & 6 & 10 \end{pmatrix}}_{\text{bisheriger Lagerbestand}} - \underbrace{\begin{pmatrix} 2 & 3 & 4 \\ 3 & 2 & 3 \end{pmatrix}}_{\text{Auslieferung}} = \begin{pmatrix} 6-2 & 7-3 & 10-4 \\ 6-3 & 6-2 & 10-3 \end{pmatrix} = \underbrace{\begin{pmatrix} 4 & 4 & 6 \\ 3 & 4 & 7 \end{pmatrix}}_{\text{neuer Lagerbestand}}$$

Die beiden Matrizen werden subtrahiert, indem die Elemente, die in der gleichen Zeile und Spalte stehen, subtrahiert werden.

Definition der Matrizenaddition und -subtraktion

Zwei $m \times n$-Matrizen werden so addiert (subtrahiert): Man addiert (subtrahiert) jeweils die zwei Elemente, die in den beiden Matrizen an der gleichen Stelle stehen (gleiche Zeile und gleiche Spalte). Das Ergebnis steht dann an der gleichen Stelle der neuen Matrix.

$$\begin{pmatrix} a_{11} & a_{12} \ldots & a_{1n} \\ \vdots & \vdots & \vdots \\ a_{m1} & a_{m2} \ldots & a_{mn} \end{pmatrix} \pm \begin{pmatrix} b_{11} & b_{12} \ldots & b_{1n} \\ \vdots & \vdots & \vdots \\ b_{m1} & b_{m2} \ldots & b_{mn} \end{pmatrix} = \begin{pmatrix} a_{11} \pm b_{11} & \ldots & a_{1n} + b_{1n} \\ \vdots & & \vdots \\ a_{m1} \pm b_{m1} & \ldots & a_{mn} \pm b_{mn} \end{pmatrix}$$

4.3.2.2 S-Multiplikation

Beispiel

Eine Holzfabrik liefert an die Tischlereien Büller, Meyer und Schmitt jeweils verschiedene Mengen Eichen-, Fichten-, Kiefer- und Mahagoniholz zu folgenden Nettopreisen in EUR:

	Eiche	Fichte	Kiefer	Mahagoni
Büller	1 500,00	1 000,00	2 000,00	3 000,00
Meyer	1 600,00	1 200,00	1 900,00	2 600,00
Schmitt	2 400,00	1 000,00	1 600,00	4 000,00

Es sollen die jeweiligen Bruttoverkaufspreise berechnet werden. Die Umsatzsteuer beträgt 19 %. Der Bruttopreis beträgt also 119 % des Nettopreises, so dass man die Gleichung erhält: Bruttopreis = 1,19 · Nettopreis

Man könnte nun in der Matrix vor jede Zahl den Faktor 1,19 schreiben. Zur Vereinfachung schreibt man den gemeinsamen Faktor 1,19 mit dem Multiplikationszeichen vor die gesamte Matrix:

$$1{,}19 \cdot \begin{pmatrix} 1\,500 & 1\,000 & 2\,000 & 3\,000 \\ 1\,600 & 1\,200 & 1\,900 & 2\,600 \\ 2\,400 & 1\,000 & 1\,600 & 4\,000 \end{pmatrix}$$

$$= \begin{pmatrix} 1{,}19 \cdot 1\,500 & 1{,}19 \cdot 1\,000 & 1{,}19 \cdot 2\,000 & 1{,}19 \cdot 3\,000 \\ 1{,}19 \cdot 1\,600 & 1{,}19 \cdot 1\,200 & 1{,}19 \cdot 1\,900 & 1{,}19 \cdot 2\,600 \\ 1{,}19 \cdot 2\,400 & 1{,}19 \cdot 1\,000 & 1{,}19 \cdot 1\,600 & 1{,}19 \cdot 4\,000 \end{pmatrix}$$

$$= \begin{pmatrix} 1\,785 & 1\,190 & 2\,380 & 3\,570 \\ 1\,904 & 1\,428 & 2\,261 & 3\,094 \\ 2\,856 & 1\,190 & 1\,904 & 4\,760 \end{pmatrix}$$

Definition der S-Multiplikation

Eine $(m \times n$-Matrix A wird mit einer reellen Zahl (Skalar) λ multipliziert, indem jedes Element der Matrix mit λ multipliziert wird:

$$\begin{pmatrix} a_{11} & \dots & a_{1n} \\ \vdots & & \vdots \\ a_{m1} & \dots & a_{mn} \end{pmatrix} = \begin{pmatrix} \lambda a_{11} & \dots & \lambda a_{1n} \\ \vdots & & \vdots \\ \lambda a_{m1} & \dots & \lambda a_{mn} \end{pmatrix}$$

4.3.2.3 Skalarprodukt und Matrizenmultiplikation

Beispiel

Ein Fast-Food-Unternehmen möchte drei Imbissstuben mit Stühlen, Hockern und Bänken aus Kunststoff einrichten.

Benötigte Anzahl der Einrichtungsgegenstände:

	Imbissstube 1	Imbissstube 2	Imbissstube 3
Stühle	10	12	14
Hocker	4	5	4
Stehtische	6	6	5
Bänke	4	3	4

Die Möbelfirmen Hamsen und Müller bieten die Einrichtungsgegenstände zu folgenden Preisen (EUR) je Stück an:

	Stuhl	Hocker	Stehtisch	Bank
Hamsen	15	20	30	40
Müller	16	18	25	50

Wenn wir nun die Kosten für die Einrichtung der Imbissstube nach dem Angebot von Hamsen berechnen, so erhalten wir:
$15 \cdot 10$ (150,00 EUR für Stühle) + $20 \cdot 4$ (80,00 EUR für Hocker) + $30 \cdot 6$ (180,00 EUR für Stehtische) + $40 \cdot 4$ (160,00 EUR für Bänke) = 570 (570,00 EUR Einrichtungskosten für Imbissstube 1).
Stellen wir die Angebotspreise beider Händler und den Einrichtungsbedarf der drei Imbissstuben als Matrizen A und B dar, so entspricht der 1. Zeilenvektor der Matrix A den Angebotspreisen von Hamsen und der 1. Spaltenvektor von B dem Einrichtungsbedarf der Imbissstube 1.

$$\underset{A}{\begin{pmatrix} 15 & 20 & 30 & 40 \\ 16 & 18 & 25 & 50 \end{pmatrix}} \qquad \underset{B}{\begin{pmatrix} 10 & 12 & 14 \\ 4 & 5 & 4 \\ 6 & 6 & 5 \\ 4 & 3 & 4 \end{pmatrix}}$$

Die Einrichtungskosten für die Imbissstube 1 nach dem Angebot von Hamsen erhalten wir, wenn wir den 1. Zeilenvektor von A und den 1. Spaltenvektor von B so multipliziert:

$$(15; 20; 30; 40) \cdot \begin{pmatrix} 10 \\ 4 \\ 6 \\ 4 \end{pmatrix} = 15 \cdot 10 + 20 \cdot 4 + 30 \cdot 6 + 40 \cdot 4 = 570$$

Das 1. Element des Zeilenvektors wird also mit dem 1. Element des Spaltenvektors multipliziert, das 2. Element des Zeilenvektors mit dem 2. Element des Spaltenvektors, das 3. Element des Zeilenvektors mit dem 3. Element des Spaltenvektors und das 4. Element des Zeilenvektors mit dem 4. Element des Spaltenvektors; die einzelnen Produkte werden addiert.

Definition des Skalarprodukts

Für zwei Vektoren $\vec{a} = (a_1; \ldots; a_n)$ und $\vec{b} = (b_1; \ldots; b_n)$ mit gleicher Elementeanzahl n ist das Skalarprodukt $(\vec{a}, \vec{b})$: $\qquad (\vec{a}, \vec{b}) = a_1 b_1 + \ldots + a_n b_n$

Stellen wir nun die Angebotspreise von Hamsen und Müller wieder als Matrix A und den Einrichtungsbedarf für die drei Imbissstuben als Matrix B dar, so können wir mithilfe des Skalarprodukts für jede Imbissstube die Einrichtungskosten nach den Angeboten von Hamsen und Müller berechnen:

Angebot Hamsen

Matrix A (Angebote)

$$\begin{matrix} Z1 \\ Z2 \end{matrix}\begin{pmatrix} 15 & 20 & 30 & 40 \\ 16 & 18 & 25 & 50 \end{pmatrix}$$

Angebot Müller

Matrix B (Einrichtungsbedarf)

$$\begin{pmatrix} 10 & 12 & 14 \\ 4 & 5 & 4 \\ 6 & 6 & 5 \\ 4 & 3 & 4 \end{pmatrix}$$

S3 (Imbissstube 3)
S2 (Imbissstube 2)
S1 (Imbissstube 1)

Fassen wir Z1, Z2 als Zeilenvektoren der Matrix A und S1, S2, S3 als Spaltenvektoren der Matrix B auf, so ergeben sich nach den Angeboten von Hamsen und Müller folgende Einrichtungskosten in EUR:

	Imbissstube 1	**Imbissstube 2**	**Imbissstube 3**
Hamsen	(Z1; S1) = 570	(Z1; S2) = 480	(Z1; S3) = 600
Müller	(Z2; S1) = 582	(Z2; S2) = 582	(Z2; S3) = 621

Die Skalarprodukte der Zeilenvektoren der Matrix A und der Spaltenvektoren der Matrix B bilden die Elemente, einer Matrix C:

$$C = \begin{pmatrix} 570 & 580 & 600 \\ 582 & 582 & 621 \end{pmatrix}$$

Die Position (Zeilennummer und Spaltennummer) jedes Elementes dieser Matrix C gibt an, welcher Zeilenvektor der Matrix A mit welchem Spaltenvektor der Matrix B multipliziert worden ist. So ist etwa das Element $c_{23} = 621$ das Vektorprodukt des 2. Zeilenvektors (16; 18; 25; 50) der Matrix A und des 3. Spaltenvektors der Matrix B.

$$\begin{pmatrix} 15 & 20 & 30 & 40 \\ \boxed{16 \; 18 \; 25 \; 50} \end{pmatrix} \cdot \begin{pmatrix} 10 & 12 & \boxed{14} \\ 4 & 5 & \boxed{4} \\ 6 & 6 & \boxed{5} \\ 4 & 3 & \boxed{4} \end{pmatrix} = \begin{pmatrix} 570 & 580 & 600 \\ 582 & 582 & \boxed{621} \end{pmatrix}$$

$\vec{a}_{z2}$ $\qquad$ $\vec{b}_{s3}$ $\qquad$ c_{23}

mit $c_{23} = (\vec{a}_{z2}, \vec{b}_{s3})$

Definition der Matrizenmultiplikation

Die $m \times r$-Matrix C mit den Elementen c_{ij} ($i = 1, \ldots, m$ und $j = 1, \ldots, r$) ist das Produkt der $m \times n$-Matrix A mit den Zeilenvektoren $\vec{a}_1, \ldots, \vec{a}_m$ und der $n \times r$-Matrix B mit den Spaltenvektoren $\vec{b}_1, \ldots, \vec{b}_r$, wenn gilt: c_{ij} ist das Skalarprodukt des i-ten Zeilenvektors von A und des j-ten Spaltenvektors von B:

$$c_{ij} = (\vec{a}_i, \vec{b}_j)$$

$$\begin{pmatrix} a_{11} & \ldots & a_{1n} \\ \vdots & & \vdots \\ a_{i1} & \ldots & a_{in} \\ \vdots & & \vdots \\ a_{m1} & \ldots & a_{mn} \end{pmatrix} \cdot \begin{pmatrix} b_{11} & \ldots & b_{1j} & \ldots & b_{1r} \\ \vdots & & & & \vdots \\ b_{n1} & \ldots & b_{nj} & \ldots & b_{nr} \end{pmatrix} = \begin{pmatrix} c_{11} & \ldots & c_{1r} \\ \vdots & c_{ij} & \vdots \\ c_{m1} & \ldots & c_{mr} \end{pmatrix}$$

Ein Spezialfall der Matrizenmultiplikation ist die Multiplikation einer Matrix mit einem Vektor.

Schematisch veranschaulicht stellt sich die Matrizenmultiplikation so dar:

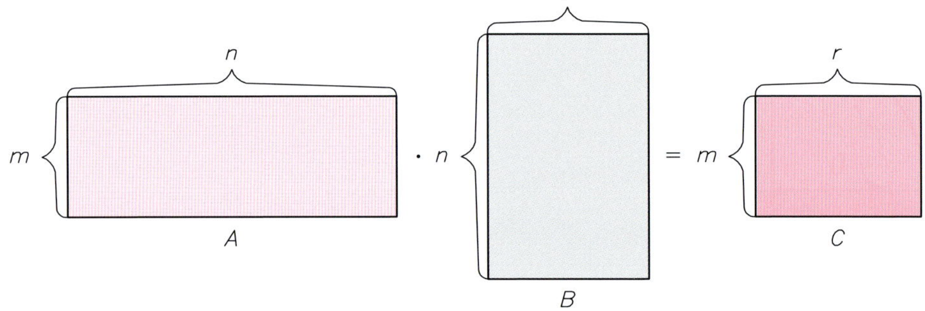

Das Produkt $C = A \cdot B$ zweier Matrizen A und B kann also nur gebildet werden, wenn die Spaltenanzahl von A gleich der Zeilenanzahl von B ist; die Matrix C hat dann dieselbe Zeilenanzahl wie A und dieselbe Spaltenanzahl wie B.

Daraus folgt insbesondere, dass die Matrizenmultiplikation nicht kommutativ ist, d. h. das Produkt $A \cdot B$ zweier Matrizen A und B ist in der Regel nicht gleich dem Produkt $B \cdot A$.

Beispiel

Mit $A = \begin{pmatrix} 3 & 4 & 5 \\ 2 & 6 & 7 \end{pmatrix}$ und $B = \begin{pmatrix} 1 & 3 & 4 & 7 \\ 2 & 4 & 6 & 2 \\ 5 & 8 & 9 & 2 \end{pmatrix}$ lässt sich das Produkt $A \cdot B$, nicht aber das Produkt $B \cdot A$ bilden.

AUFGABEN

1 Eine Unternehmung der Holzbranche hat nach Lagerbestandsveränderungen (Zu- und Abgänge) folgende Lagerbestände (in m^3):

	Filiale 1	Filiale 2	Filiale 3
Eiche	200	150	190
Esche	210,5	197,8	202,6
Pinie	230,5	205,9	301,6
Fichte	198,5	210,6	256,8

Die Zu- und Abgänge gehen aus den beiden nachstehenden Tabellen hervor:

Lager-zugänge	Filiale 1	Filiale 2	Filiale 3
Eiche	30	25	37
Esche	31	18	27
Pinie	26	30	29
Fichte	18	25	17

Lager-abgänge	Filiale 1	Filiale 2	Filiale 3
Eiche	40	22	41
Esche	37	24,8	31,8
Pinie	41,4	39,4	34,6
Fichte	25,7	40,9	36,8

Bestimmen Sie durch Matrizenaddition bzw. -subtraktion die ursprünglichen Lagerbestände in den einzelnen Filialen.

2 Ein Lebensmittelhändler hat in drei Tagen folgende Absätze zu verzeichnen:

	Butter in kg	**Milch in Liter**	**Weißbrot in Stück**
1. Tag	30	40	20
2. Tag	35	45	25
3. Tag	25	50	22

Die Preise sind mit 4,00 EUR für 1 kg Butter, 1,00 EUR für 1 Liter Milch und 3,00 EUR für ein Weißbrot festgesetzt.
Berechnen Sie die Tagesumsätze für diese Waren durch Matrizenmultiplikation.

3 In den drei Geschäftstellen (G1, G2 und G3) einer Versicherungsgesellschaft sind in einer Woche Verträge über folgende Summen (in EUR) abgeschlossen worden:

	Haftpflichtversicherung	**Lebensversicherung**	**Bausparen**
G1	400 000	800 000	400 000
G2	300 000	700 000	500 000
G3	400 000	750 000	800 000

Von den Versicherungssummen erhalten der Vertreter und der Generalvertreter Provisionen in folgender Höhe:

	Vertreter	**Generalvertreter**
Haftpflichtversicherung	10 %	5 %
Lebensversicherung	1 %	0,5 %
Bausparen	0,3 %	0,1 %

Berechnen Sie durch Matrizenmultiplikation, welche Beträge an den Vertreter bzw. den Generalvertreter der jeweiligen Geschäftsstelle auszuzahlen sind.

4 Berechnen Sie die Produkte AB und BA.

$$A = \begin{pmatrix} 2 & 4 & 5 & 7 \\ 3 & 6 & 1{,}5 & 5 \\ 4 & 2 & 0 & 8 \end{pmatrix} \qquad B = \begin{pmatrix} 1 & 6 & 1 \\ 0 & 2 & 6 \\ 4 & 3 & 4 \\ 5 & 2 & 5 \end{pmatrix}$$

5 Bestimmen Sie a und b so, dass gilt: $C = A \cdot B$.

$$A = \begin{pmatrix} 4 & 5 & a \\ 6 & 7 & 8 \\ b & 4 & 2 \end{pmatrix} \qquad B = \begin{pmatrix} 1{,}5 & 6 & b \\ 3 & 4 & 6 \\ b & 2 & 3 \end{pmatrix} \qquad C = \begin{pmatrix} 13{,}5 & 39 & 34{,}5 \\ 54 & 80 & 84 \\ 22{,}5 & 38 & 39 \end{pmatrix}$$

6 Ein Landwirtschaftsbetrieb baut 4 ha Kartoffeln, 3 ha Salat und 2 ha Mais an. Zur Bearbeitung der Felder werden drei Maschinen (M1, M2 und M3) eingesetzt, die für 1 ha Anbaufläche folgende Zeiten (Stunden) benötigen:

	M1	M2	M3
Kartoffeln	2	4	10
Salat	3	–	5
Mais	6	4	5

An Kosten entstehen dabei für eine Maschinenstunde 40,00 EUR für M1, 50,00 EUR für M2 und 60,00 EUR für M3.
Bestimmen Sie mithilfe von Matrizenrechnung,

a) wie lang jede Maschine für den Anbau des gesamten Gemüses eingesetzt wird und
b) welche Kosten insgesamt für den Gemüseanbau entstehen.

7 Aus den drei Rohstoffen R1, R2 und R3 werden die beiden Zwischenprodukte Z1 und Z2 hergestellt, die wiederum zu den Endprodukten E1 und E2 weiterverarbeitet werden. Die zur Herstellung von einer Einheit eines Produktes benötigten Ausgangsmengen sind in den bei den folgenden Tabellen dargestellt:

Zwischenprodukte

	Z1	Z2
R1	2	3
R2	1	4
R3	5	3

Endprodukte

	E1	E2
Z1	4	5
Z2	1	3

a) Bestimmen Sie durch Matrizenmultiplikation, welche Rohstoffmengen jeweils für die Herstellung einer Einheit von E1 und E2 benötigt werden?
b) Welche Rohstoffmengen werden zur Herstellung von 4 Einheiten von E1 und 5 Einheiten von E2 benötigt?
c) Welche Rohstoffkosten entstehen bei der Produktion von 4 Einheiten von E1 und 5 Einheiten von E2, wenn die Einkaufspreise für eine Einheit des Rohstoffes mit 3 000,00 EUR für R1, 3 200,00 EUR für R2 und 4 000,00 EUR für R3 gegeben sind?

8 Die Großhandlung Elektro GmbH & Co KG beliefert die vier Einzelhändler Ahrens, Büller, Cremer und Deter mit Radios, Fernsehgeräten, DVD- und CD-Playern.
Die Listeneinkaufspreise für die Einzelhändler betragen 120,00 EUR für ein Radio, 300,00 EUR für ein Fernsehgerät, 800,00 EUR für einen DVD-Player und 250,00 EUR für einen CD-Player. Ahrens erhält dabei 30 %, Büller und Cremer 10 % und Deter 20 % Mengenrabatt.
Die Lieferungen an die Einzelhändler stellen sich wie folgt dar:

	Ahrens	Büller	Cremer	Deter
Radio	20	10	10	15
Fernsehgeräte	20	12	12	15
DVD-Player	10	5	6	10
CD-Player	15	5	5	10

Berechnen Sie die Zieleinkaufspreise, die jeder Einzelhändler insgesamt zu zahlen hat.

9 Bestimmen Sie die 2×2-Matrix A, für die gilt:
$$\begin{pmatrix} 2 & 3 \\ 2 & 4 \end{pmatrix} \cdot A = \begin{pmatrix} 1 & 0 \\ 0 & 1 \end{pmatrix}$$

10 In einer Unternehmung befinden sich drei produzierende Abteilungen, deren Produktionsmengen jeweils zum Teil für die eigene weitere Produktion benötigt werden und an die übrigen Abteilungen zur Weiterverarbeitung geliefert werden (endogener Input). Der verbleibende Rest steht der Endnachfrage (Verkauf) zur Verfügung.
Die Lieferungen (in ME) der einzelnen Abteilungen an die innerbetrieblichen Abteilungen und den Endverbraucher gehen aus folgender Tabelle hervor.

Liefernde Abt.	empfangende Abt.			Endnachfrage
	A	B	C	
A	2	4	12	2
B	6	8	6	20
C	8	4	18	30

a) Stellen Sie mithilfe einer Matrix dar, wie viel Einheiten der Produkte der jeweiligen Abteilungen an die einzelnen Abteilungen zur Produktion einer Einheit der entsprechenden Produkte geliefert werden (sog. Produktionskoeffizientenmatrix).

b) Welche neue Endnachfrage kann befriedigt werden, wenn die Gesamtproduktion bei sonst gleichen Bedingungen auf 160 ME (Abt. 1), 100 ME (Abt. 2) und 200 ME (Abt. 3) erhöht wird?

11 Ein Industriebetrieb besteht aus zwei Abteilungen, die jeweils nur ein Produkt herstellen. Die Lieferungen der Abteilungen untereinander und an die Endnachfrage gehen aus der Tabelle hervor:

Abt.	Lieferung an		Endverbrauch
	Abt. 1	Abt. 2	
1	20	15	5
2	8	12	40

a) Stellen Sie die Produktionskoeffizientenmatrix auf (vgl. Aufgabe 10 a).

b) Welche neue Endnachfrage kann befriedigt werden, wenn bei sonst gleichen Bedingungen die 1. Abteilung 140 ME und die 2. Abteilung 180 ME produziert?

12 In einem Industriebetrieb werden durch kombinierten Einsatz der Rohstoffe R1 und R2 die Zwischenprodukte Z1, Z2 und Z3 hergestellt. Aus den Zwischenprodukten werden dann die Endprodukte P1 und P2 produziert. Die Einsatzmengen für je 1 ME der Zwischenprodukte bzw. Endprodukte gehen aus folgender Tabelle hervor:

Einsatzmengen der Rohstoffe	Z1	Z2	Z3
R1	2	3	4
R2	3	7	2

Einsatzmengen der Zwischenprodukte	P1	P2
Z1	5	5
Z2	4	3
Z3	3	4

Welche Rohstoffmengen werden jeweils für die Herstellung von 10 ME von P1 und 12 ME von P2 benötigt?

4.4 Lineare Gleichungssysteme (LGS)

4.4.1 Umformungen und Lösung eines linearen Gleichungssystems (LGS)

Beispiel

Eine Textilhandlung rechnet für bestimmt Sorten von Jeans, Blusen und Röcken mit folgenden Absatzmengen in den Monaten Mai, Juni und Juli:

	Mai	**Juni**	**Juli**
Jeans	300	400	500
Blusen	450	300	375
Röcke	150	300	250

Für den Einkauf der Waren hat die Firma 33 000,00 EUR im Monat Mai, 40 000,00 EUR im Monat Juni und 43 750,00 EUR im Monat Juli zur Verfügung. Bezeichnet man die Einkaufspreise (in EUR) mit x_1 für eine Jeans, x_2 für eine Bluse und x_3 für einen Rock, so lassen sich die Ausgaben für die drei Monate durch das folgende System dreier linearer Gleichungen mit drei Unbekannten darstellen:

$$300x_1 + 450x_2 + 150x_3 = 33\,000$$
$$400x_1 + 300x_2 + 300x_3 = 40\,000$$
$$500x_1 + 375x_2 + 250x_3 = 43\,750$$

Definition eines linearen Gleichungssystems (LGS)

m lineare Gleichungen für n Unbekannte $x_1, \ldots, x_n$ in der Form

$$\begin{array}{l} a_{11}x_1 + a_{12}x_2 + \ldots + a_{1n}x_n = b_1 \\ \vdots \qquad\qquad\qquad\qquad \vdots \\ a_{m1}x_1 + a_{m2}x_2 + \ldots + a_{mn}x_n = b_m \end{array}$$

mit den Koeffizienten $a_{ij} (i = 1, \ldots, n$ und $j = 1, \ldots, m)$ und den fest vorgegebenen Zahlenwerten $b_1, \ldots, b_m$ bilden ein lineares Gleichungssystem.
Jedes sogenannte n-Tupel $(x_1, \ldots, x_n)$ von reellen Zahlen, das alle Gleichungen erfüllt, heißt Lösung des linearen Gleichungssystems.
Die Menge aller Lösungen heißt Lösungsmenge.

Ein lineares Gleichungssystem lässt sich auch als Produkt der $m \times n$-Koeffizientenmatrix A mit dem Vektor $\vec{x}$ darstellen:

$$\begin{pmatrix} a_{11} & a_{12} \ldots a_{1n} \\ a_{21} & a_{22} \ldots a_{2n} \\ \vdots & \vdots \quad\quad \vdots \\ a_{m1} & a_{m2} \ldots a_{mn} \end{pmatrix} \cdot \begin{pmatrix} x_1 \\ x_2 \\ \vdots \\ x_n \end{pmatrix} = \begin{pmatrix} b_1 \\ b_2 \\ \vdots \\ x_m \end{pmatrix}$$

oder kurz: $A \cdot \vec{x} = \vec{b}$

Es stellt sich nun die Frage, wie die Lösungsmenge eines Gleichungssystems bestimmt werden kann. Diese Frage ist leicht zu beantworten, wenn das System in einer sog. Dreiecksform vorliegt.

Beispiel für die Lösung eines linearen Gleichungssystems in Dreiecksform

$$\begin{aligned} 4x_1 + 2x_2 + 3x_3 &= 20 \\ 6x_2 + 2x_3 &= 10 \\ 4x_3 &= 8 \end{aligned}$$

Hier ergibt sich aus der 3. Gleichung

$x_3 = 2$.

Setzen wir in die 2. Gleichung für x_3 den Wert 2 ein, so erhalten wir für die 2. Gleichung

$6x_2 + 2 \cdot 2 = 10$ und damit $x_2 = 1$.

Setzt man nun in die 1. Gleichung für x_2 den Wert 1 und für x_3 den Wert 2 ein, so ergibt sich

$4x_1 + 2 \cdot 1 + 3 \cdot 2 = 20$ und damit $x_1 = 3$.

Die Lösungsmenge des linearen Gleichungssystems ist damit $L = \{(\mathbf{3; 1; 2})\}$.

Beispiel für die Umformung eines linearen Gleichungssystems in ein lineares Gleichungssystem in Dreiecksform

Wir übernehmen das lineare Gleichungssystem aus dem Beispiel (Textilhandlung) und wollen es in ein lineares Gleichungssystem in Dreiecksform umformen.
Dabei dürfen nur solche Umformungen vorgenommen werden, die die Lösungsmenge nicht verändern.

$$\begin{aligned} 300x_1 + 450x_2 + 150x_3 &= 33\,000 \\ 400x_1 + 300x_2 + 300x_3 &= 40\,000 \\ 500x_1 + 375x_2 + 250x_3 &= 43\,750 \end{aligned}$$

Da sich die Lösungsmenge einer Gleichung nicht ändert, wenn die Gleichung mit einer reellen Zahl r ($r \neq 0$) multipliziert oder durch eine reelle Zahl r ($r \neq 0$) dividiert wird, sollen zur Vereinfachung des linearen Gleichungssystems daher die erste Gleichung durch 30, die zweite Gleichung durch 40 und schließlich die dritte Gleichung durch 50 dividiert werden.

Wir erhalten dann:

$$\begin{aligned} 10x_1 + 15x_2 + 5x_2 &= 1\,100 \\ 10x_1 + 7{,}5x_2 + 7{,}5x_3 &= 1\,000 \\ 10x_1 + 7{,}5x_2 + 5x_3 &= 875 \end{aligned}$$

Da wir auf beiden Seiten einer Gleichung den gleichen Zahlenwert addieren oder subtrahieren dürfen, ohne die Lösungsmenge zu verändern und nach der 2. Gleichung gilt: $10x_1 + 7{,}5x_2 + 7{,}5x_3 = 1\,000$, können wir nun auf der linken Seite der dritten Gleichung den Term $10x_1 + 75{,}5x_2 + 7{,}5x_3$ und auf der rechten Seite der 3. Gleichung die Zahl 1 000 subtrahieren. Wir erhalten dann das in der 3. Gleichung geänderte Gleichungssystem

$$\begin{aligned} 10x_1 + 15x_2 + 5x_3 &= 1\,100 \\ 10x_1 + 7{,}5x_2 + 7{,}5x_3 &= 1\,000 \\ -2{,}5x_3 &= -125 \end{aligned}$$

Subtrahieren wir nun noch von der linken bzw. rechten Seite der zweiten Gleichung die Terme auf der linken bzw. rechten Seite der ersten Gleichung, so erhalten wir als Gleichungssystem in Dreiecksform:

$$\begin{aligned} 10x_1 + 15x_2 + 5x_3 &= 1100 \\ -7{,}5x_2 + 2{,}5x_3 &= -100 \\ -2{,}5x_3 &= -125 \end{aligned}$$

Aus der dritten Gleichung folgt nun $x_3 = 50$. Setzen wir diesen Wert in die zweite Gleichung ein, so erhalten wir $x_2 = 30$ und schließlich nach Einsetzen beider Werte in die erste Gleichung $x_1 = 40$.
Für die Lösungsmenge gilt damit: $L = \{(\mathbf{40; 30; 50})\}$.

Ein lineares Gleichungssystem lässt sich also lösen, indem man es durch „elementare“ Umformungen, die seine Lösungsmenge nicht verändern, in ein lineares Gleichungssystem in Dreiecksform überführt.

Satz

Die Lösungsmenge eines linearen Gleichungssystem ändert sich nicht, wenn man

1. zwei Gleichungen vertauscht,
2. beide Seiten einer Gleichung mit einer reellen Zahl $r\,(r \neq 0)$ multipliziert oder beide Seiten durch r dividiert,
3. eine Gleichung durch die „Summe“ dieser Gleichung und einer anderen Gleichung ersetzt (seitenweise addieren).

Da bei elementaren Zeilenumformungen eines linearen Gleichungssystems die Unbekannten nicht verändert werden, brauchen sie bei der Überführung in ein Gleichungssystem in Dreiecksform nicht berücksichtigt zu werden. Es reicht also aus, statt des linearen Gleichungssystems

$$\begin{array}{ccccccc} a_{11}x_1 & + & a_{12}x_2 & + \ldots + & a_{1n}x_n & = & b_1 \\ \vdots & & \vdots & & \vdots & & \vdots \\ a_{m1}x_1 & + & a_{m2}x_2 & \cdot \quad \cdot & a_{mn}x_n & = & b_m \end{array}$$

die um den Vektor $\vec{b}$ erweitere **Koeffizientenmatrix**

$$(\mathrm{A}, \vec{b}) = \left(\begin{array}{cccc|c} a_{11} & a_{12} & \ldots & a_{1n} & b_1 \\ \vdots & \vdots & & \vdots & \vdots \\ a_{m1} & a_{m2} & \ldots & a_{mn} & b_m \end{array}\right)$$

durch Zeilenumformungen auf eine Matrix in Dreiecksform zu bringen. Dabei sind solche Umformungen der erweiterten Koeffizientenmatrix erlaubt, die auch für die linearen Gleichungen eines LGS zulässig sind.

Beispiel für die Lösung eines linearen Gleichungssystems durch Zeilenumformungen der zugehörigen Koeffizientenmatrix

$$\begin{aligned} x_1 + 2x_2 - 2x_3 &= -1 \\ x_2 + 3x_2 - 4x_3 &= 0 \\ 2x_1 + 3x_2 - 3x_3 &= -7 \end{aligned}$$

Die erweiterte Koeffizientenmatrix ist:

$$\left(\begin{array}{ccc|c} 1 & 2 & -2 & -1 \\ 1 & 3 & -4 & 0 \\ 2 & 3 & -3 & -7 \end{array}\right) \begin{array}{l} \mathrm{Z1} \\ \mathrm{Z2} \\ \mathrm{Z3} \end{array}$$

Um diese erweiterte Koeffizientenmatrix in eine Matrix in Dreiecksform zu überführen, subtrahieren wir die erste Zeile (Z1) von der zweiten Zeile (Z2) und das Zweifache der ersten Zeile von der dritten Zeile (Z3) und erhalten als neue Matrix mit den Zeilen Z1′, Z2′ und Z3′:

$$\left(\begin{array}{ccc|c} 1 & 2 & -2 & -1 \\ & 1 & -2 & 1 \\ & -1 & 1 & -5 \end{array}\right) \begin{array}{l} (Z1') \\ (Z2'), (Z2' = Z2 - Z1) \\ (Z3'), (Z3' = Z3 - 2 \cdot Z1) \end{array}$$

Addieren wir nun die zweite Zeile (Z2′) dieser Matrix zur dritten Zeile (Z3′), so ergibt sich:

$$\left(\begin{array}{ccc|c} 1 & 2 & -2 & -1 \\ & 1 & -2 & 1 \\ & & -1 & -4 \end{array}\right) \begin{array}{l} (Z1'') \\ (Z2'') \\ (Z3''), (Z3'' = Z3' + Z2') \end{array}$$

Dieser umgeformten erweiterten Koeffizientenmatrix entspricht das Gleichungssystem:

$$\begin{aligned} x_1 + 2x_2 - 2x_3 &= -1 \\ x_2 - 2x_3 &= 1 \\ -x_3 &= -4 \end{aligned}$$

Damit ergibt sich $x_3 = 4$, $x_2 - 2 \cdot 4 = 1 \Leftrightarrow x_2 = 9$ und $x_1 + 2 \cdot 9 - 2 \cdot 4 = -1 \Leftrightarrow x_1 = -11$, also als Lösungsmenge $L = \{(\mathbf{-11; 9; 4})\}$.

Lösung eines linearen Gleichungssystems $A \cdot \vec{x} = \vec{b}$:

1. Die erweiterte Koeffizientenmatrix $(A, \vec{b})$ auf Dreiecksform bringen.
2. Das zur Dreiecksform gehörende lineare Gleichungssystem lösen. Die erhaltene Lösungsmenge ist auch die Lösungsmenge des ursprünglichen linearen Gleichungssystems.

Dieses Verfahren zur Lösung eines linearen Gleichungssystems wird auch **Gauß'sches Verfahren** genannt.

4.4.2 Lösungsmenge eines linearen Gleichungssystems (LGS)

Wie wir gesehen haben, lässt sich die Lösungsmenge eines linearen Gleichungssystems mithilfe der Dreiecksform bestimmen. Die bisher dargestellten LGS hatten dabei immer genau eine Lösung. Tatsächlich gibt es auch LGS, deren Lösungsmenge aus unendlich vielen Lösungen besteht. Auch kann der Fall auftreten, dass ein LGS keine Lösung besitzt; die Lösungsmenge ist dann die leere Menge ($L = \{\ \}$). Ob ein LGS keine Lösung, unendlich viele Lösungen oder genau eine Lösung besitzt, hängt davon ab, in welche Dreiecksform sich das LGS bzw. die erweiterte Koeffizientenmatrix überführen lässt.

Beispiel für ein LGS, das keine Lösung hat

Gegeben sei das folgende LGS:

$$\begin{aligned} 2x_1 + 4x_2 + 6x_3 + 5x_4 &= 20 \quad Z1 \\ 6x_2 + 8x_3 + 10x_4 &= 40 \quad Z2 \\ 6x_2 + 12x_3 + 15x_4 &= 50 \quad Z3 \\ 4x_3 + 5x_4 &= 15 \quad Z4 \end{aligned}$$

Zeilenumformung der zugehörigen Koeffizientenmatrix ergibt:

$$\left(\begin{array}{cccc|c} 2 & 4 & 6 & 5 & 20 \\ & 6 & 8 & 10 & 40 \\ & & 4 & 5 & 10 \\ & & 4 & 5 & 15 \end{array}\right) \begin{array}{l} (Z1') \\ (Z2') \\ (Z3'), (Z3' = Z3 - Z2) \\ (Z4') \end{array}$$

und schließlich die Dreiecksform:

$$\left(\begin{array}{cccc|c} 2 & 4 & 6 & 5 & 20 \\ & 6 & 8 & 10 & 40 \\ & & 4 & 5 & 10 \\ & & & 0 & 5 \end{array}\right) \begin{array}{l} (Z1'') \\ (Z2'') \\ (Z3'') \\ (Z4''), (Z4'' = Z4' - Z3') \end{array}$$

Das zugehörige LGS ist:

$$\begin{aligned} 2x_1 + 4x_2 + 6x_3 + 5x_4 &= 20 \\ 6x_2 + 8x_3 + 10x_4 &= 40 \\ 4x_3 + 5x_4 &= 10 \\ 0x_4 &= 5 \end{aligned}$$

Mit $0x_4 = 5$ hat die letzte Gleichung des LGS und damit das ganze LGS keine Lösung.

Wir können dabei feststellen, dass die in Dreiecksform überführte Koeffizientenmatrix weniger von 0 verschiedene Zeilen hat (nämliche drei) als die erweiterte Koeffizientenmatrix, die vier von 0 verschiedene Zeilen hat.
Eine Zeile ist dann von 0 verschieden, wenn bereits eine Zahl in dieser Zeile ungleich 0 ist.

Koeffizientenmatrix in Dreiecksform

$$\begin{pmatrix} 2 & 4 & 6 & 5 \\ & 6 & 8 & 10 \\ & & 4 & 5 \\ & & & 0 \end{pmatrix} \text{(Nullzeile)}$$

erweiterte Koeffizientenmatrix in Dreiecksform

$$\left(\begin{array}{cccc|c} 2 & 4 & 6 & 5 & 20 \\ & 6 & 8 & 10 & 40 \\ & & 4 & 5 & 10 \\ & & & 0 & 5 \end{array}\right) \text{(keine Nullzeile)}$$

Ein LGS hat keine Lösung, wenn die Koeffizientenmatrix in Dreiecksform mehr Nullzeilen hat als die erweiterte Koeffizientenmatrix in Dreiecksform.

Beispiel für ein LGS mit unendlich vielen Lösungen

Wir wollen die Lösungsmenge des folgenden LGS bestimmen:

$$\begin{aligned} 10x_1 + 15x_2 + 18x_3 &= 320 \quad Z1 \\ 20x_1 + 50x_2 + 66x_3 &= 920 \quad Z2 \\ 50x_1 + 7{,}5x_2 + 9x_3 &= 160 \quad Z3 \end{aligned}$$

Nach Zeilenumformung der zugehörigen erweiterten Koeffizientenmatrix erhalten wir:

$$\left(\begin{array}{ccc|c} 10 & 15 & 18 & 320 \\ & 20 & 30 & 280 \\ 0 & 0 & 0 & 0 \end{array}\right) \begin{array}{l} (Z1') \\ (Z2'), (Z2' = Z2 - 2 \cdot Z1) \\ (Z3'), (Z3' = Z3 - 0{,}5 \cdot Z1) \end{array}$$

Die letzte Zeile dieser Matrix besteht also aus lauter Nullen und ist daher für die Lösung des LGS ohne Bedeutung.

$$\begin{aligned} 10x_1 + 15x_2 + 18x_3 &= 320 \\ 20x_2 + 30x_3 &= 280 \end{aligned}$$

Nach Auflösung der 2. Gleichung nach x_2 erhalten wir $x_2 = -1{,}5x_3 + 14$. Setzen wir diesen Term für x_2 in die 1. Gleichung ein, so ergibt sich

$$\begin{aligned} & 10x_1 + 15(-1{,}5x_3 + 14) + 18x_3 = 320 \\ \Leftrightarrow\ & 10x_1 - 22{,}5x_3 + 210 + 18x_3 = 320 \\ \Leftrightarrow\ & 10x_1 = 4{,}5x_3 + 110 \\ \Leftrightarrow\ & x_1 = 0{,}45x_3 + 11 \end{aligned}$$

Die Lösungsmenge ist demnach

$\boldsymbol{L = \{x_3 \in \mathbb{R} \mid (0{,}45x_3 + 11;\ -1{,}5x_3 + 14;\ x_3)\}}$

Die Lösungsmenge eines linearen Gleichungssystems ist immer dann unendlich, wenn gilt:

1. die Anzahl der von 0 verschiedenen Zeilen der in Dreiecksform umgeformten erweiterten Koeffizientenmatrix ist kleiner als die Anzahl der Unbekannten und
2. die Anzahl der von 0 verschiedenen Zeilen der in Dreiecksform umgeformten Koeffizientenmatrix und der in Dreiecksform umgeformten erweiterten Koeffizientenmatrix sind gleich groß.

Definition

Unter dem Rang einer Matrix versteht man die Anzahl der von 0 verschiedenen Zeilen, die sich nach Umformung der Matrix in eine Matrix in Dreiecksform ergeben.

Zusammenfassend lassen sich damit folgende Feststellungen über die Lösungsmenge eines LGS treffen:

Das lineare Gleichungssystem

$$\begin{aligned} a_{11}x_1 + \ldots + a_{1n}x_n &= b_1 \\ \vdots \qquad\quad \vdots \qquad & \ \vdots \qquad \text{kurz: } A \cdot \vec{x} = \vec{b} \text{ mit} \\ a_{m1}x_1 + \ldots + a_{mn}x_n &= b_m \qquad A = (a_{ij}),\ i \leq m \\ & \qquad\qquad\qquad\quad j \leq n \end{aligned}$$

hat

1. genau dann eine Lösung, wenn gilt: Rang $A = n$;
2. genau dann unendlich viele Lösungen, wenn gilt: Rang $(A, \vec{b}) < n$ und Rang $A =$ Rang $(A, \vec{b})$. In diesem Fall lässt sich mindestens 1 Unbekannte frei wählen;
3. genau dann keine Lösung, wenn gilt: Rang $A <$ Rang $(A, \vec{b})$.

4.4.3 Homogene und inhomogene lineare Gleichungssysteme (LGS)

Bei unseren bisherigen Betrachtungen der LGS $A \cdot \vec{x} = \vec{b}$ war $\vec{b}$ stets vom Nullvektor $\vec{0}$ verschieden. Im Folgenden sollen unsere Untersuchungen auf LGS der Form $A \cdot \vec{x} = \vec{0}$ erweitert werden.

Definition

Ein lineares Gleichungssystem

$$\begin{matrix} a_{11}x_1 & + & \dots & + & a_{1n}x_n = b_1 \\ \vdots & & \dots & & \vdots \\ a_{m1}x_1 & + & \dots & + & a_{mn}x_n = b_m \end{matrix} \quad \text{kurz } A \cdot \vec{x} = \vec{b}$$

heißt homogenes LGS, wenn $\vec{b}$ der Nullvektor ist; es heißt inhomogenes LGS, wenn $\vec{b}$ ungleich dem Nullvektor ist.

Beispiel für ein homogenes LGS

$$\begin{aligned} 4x_1 + 3x_2 + 2x_3 &= 0 \\ 2x_1 + 4x_2 + 1x_3 &= 0 \\ 6x_1 + 3x_2 + 3x_3 &= 0 \end{aligned}$$

Beispiel für ein inhomogenes LGS

$$\begin{aligned} 2x_1 - 5x_2 + 2x_3 &= 0 \\ 8x_1 - 3x_2 - 5x_3 &= 1 \\ 4x_1 + 5x_2 + 1x_3 &= 2 \end{aligned}$$

Ein homogenes lineares Gleichungssystem $A \cdot \vec{x} = \vec{0}$ mit den Unbekannten $x_1, \dots, x_n$ ist stets lösbar. Es hat genau dann nur eine einzige Lösung, nämlich die triviale Lösung $\vec{x} = \vec{0}$, wenn gilt: Rang $A = n$.
Es hat genau dann unendlich viele Lösungen, wenn gilt: Rang $A < n$.

Beispiel für ein homogenes LGS mit genau einer Lösung

$$\begin{aligned} 2x_1 + 3x_2 - 4x_3 &= 0 \\ 5x_2 + 2x_3 &= 0 \\ 6x_3 &= 0 \end{aligned} \qquad n = 3 = \text{Rang } A;\ L = \{(\mathbf{0; 0; 0})\}$$

Beispiel für ein homogenes LGS mit unendlich vielen Lösungen

$$\begin{aligned} 2x_1 + 5x_2 - 3x_3 &= 0 \\ 4x_2 + 5x_3 &= 0 \end{aligned} \qquad \begin{aligned} &n = 3;\ \text{Rang } A = 2 \\ &L = \{\boldsymbol{x_3 \in \mathbb{R} \,|\, (4{,}625\,x_3;\ -1{,}25\,x_3;\ x_3)}\} \end{aligned}$$

AUFGABEN

1 Berechnen Sie den Vektor $\vec{x}$.

$$\begin{pmatrix} 4 & 3 & -2 \\ 2 & -2 & 4 \\ 3 & 5 & -3 \end{pmatrix} \cdot \begin{pmatrix} x_1 \\ x_2 \\ x_3 \end{pmatrix} = \begin{pmatrix} 7 \\ 16 \\ 6 \end{pmatrix}$$

2 Formen Sie die folgenden LGS in Dreiecksform um und bestimmen Sie die Lösungsmenge.

a)
$$\begin{aligned} x_1 - 3x_2 + 4x_3 &= 5 \\ 3x_1 + 2x_2 - x_3 &= -2 \\ 5x_1 + x_2 + 6x_3 &= 15 \end{aligned}$$

b)
$$\begin{aligned} x_1 - 5x_2 + 3x_3 &= 10 \\ 2x_1 + 10x_2 + 6x_3 &= 20 \\ 4x_1 + 2x_2 + 2x_3 &= -3 \end{aligned}$$

c)
$$\begin{aligned} -x_1 - 8x_2 - x_3 &= -0{,}5 \\ 1{,}5x_1 + 3x_2 + 2x_3 &= 11 \\ 6x_1 + 14x_2 - 8x_3 &= 2 \end{aligned}$$

d)
$$\begin{aligned} 2x_1 - 4x_2 + 6x_3 &= 12 \\ x_1 + 1{,}5x_2 - x_3 &= 1 \\ -4x_1 + x_2 + 5x_3 &= 13 \end{aligned}$$

e)
$$\begin{aligned} 3x_1 + 4x_2 - 7x_3 &= 10 \\ 2x_1 + 3x_2 - 4x_3 &= 7 \\ x_1 + 2x_2 - x_3 &= 4 \end{aligned}$$

f)
$$\begin{aligned} 3x_1 + 2x_2 + 2x_3 &= -1 \\ x_1 + 6x_2 - x_3 &= 3 \\ 4x_1 + x_2 + 5x_3 &= -6 \end{aligned}$$

g)
$$\begin{aligned} 2x_1 + 4x_2 - x_3 &= -9 \\ 3x_1 + 0{,}5x_2 + 4x_3 &= 8{,}5 \\ -2x_1 + x_2 + 7x_3 &= 0 \end{aligned}$$

h)
$$\begin{aligned} -5x_1 + 3x_2 + 2{,}5x_3 &= -33{,}5 \\ x_1 + 8x_2 + 4x_3 &= 3 \\ 3x_1 + 3x_2 - x_3 &= 12 \end{aligned}$$

i)
$$\begin{aligned} 10x_1 - 5x_3 &= 10 \\ 2x_1 + x_2 - 3x_3 &= -3 \\ 4x_1 + 6x_2 - 8x_3 &= -26 \end{aligned}$$

k)
$$\begin{aligned} 2x_1 + 0{,}5x_2 + 4x_3 &= 52{,}5 \\ 9x_1 + 3x_2 + 6x_3 &= 123 \\ x_1 - 6x_2 - 4x_3 &= -90 \end{aligned}$$

l)
$$\begin{aligned} -2x_1 + x_2 + 3x_3 &= -8 \\ 3x_1 + 8x_2 + 2x_3 &= -1 \\ 5x_1 + 6x_3 &= -7 \end{aligned}$$

m)
$$\begin{aligned} 5x_1 + 2x_3 &= 16 \\ -4x_1 + x_2 + 2x_3 &= -6 \\ 6x_1 + 8x_2 - 4x_3 &= -32 \end{aligned}$$

n)
$$\begin{aligned} 2x_1 - x_2 - x_3 + 2x_4 &= 3 \\ 6x_1 - 2x_2 + 3x_3 - x_4 &= -3 \\ -4x_1 + 2x_2 + 3x_3 - 2x_4 &= -2 \\ 2x_1 + 4x_3 - 3x_4 &= -1 \end{aligned}$$

o)
$$\begin{aligned} -x_1 - 2x_2 + x_3 + 3x_4 &= 1 \\ x_1 + 3x_3 + 2x_4 &= 3 \\ 3x_1 + 2x_2 + 4x_3 - x_4 &= 1 \\ -2x_1 + 6x_2 - 2x_3 - 2x_4 &= 16 \end{aligned}$$

p)
$$\begin{aligned} x_1 - 2x_2 + 2x_3 + 3x_4 &= 3 \\ x_1 + 3x_2 + x_3 + 3x_4 &= 13 \\ 2x_1 + x_2 + 5x_3 - 4x_4 &= 6 \\ 2x_1 - 4x_2 + 6x_3 - 4x_4 &= -4 \end{aligned}$$

q)
$$\begin{aligned} 3x_1 - x_2 + 2x_3 &= 1 \\ 7x_1 - 4x_2 - 2x_3 &= -2 \\ -x_1 - 3x_2 - 12x_3 &= -5 \\ -x_1 + 2x_2 + 5x_3 &= 2 \\ 5x_2 + 17x_3 &= 7 \end{aligned}$$

r)
$$\begin{aligned} 2x_1 + 3x_3 + x_4 &= 19 \\ x_1 + 2x_3 + 8x_4 &= 34 \\ 2x_1 + 3x_2 - x_3 + 6x_4 &= 21 \\ -4x_1 + 5x_2 - 2x_3 + 4x_4 &= 1 \end{aligned}$$

s)
$$\begin{aligned} x_1 + 5x_2 + 3x_3 + 2x_4 &= 3 \\ -4x_2 + 5x_3 + 6x_4 &= 6 \\ 4x_1 + 10x_2 + 2x_3 - 6x_4 &= -2 \\ 12x_1 + 5x_2 + 4x_3 + 8x_4 &= 20 \end{aligned}$$

3 Eine Gießerei hat drei Metall-Legierungen M_1, M_2 und M_3 auf Lager. Je 1 kg von M_1 enthält 0,8 kg Kupfer, 0,1 kg Zinn und 0,1 kg Aluminium. Je 1 kg von M_2 enthält 0,7 kg Kupfer, 0,2 kg Zinn und 0,1 g Aluminium. Je 1 kg von M_3 setzt sich aus 0,4 kg Kupfer, 0,3 kg Zinn und 0,3 kg Aluminium zusammen. Kann man durch Mischen von x_i kg von M_i, $i = 1, 2, 3$, eine neue Legierung M_4 mit einem Gewicht von 26 kg herstellen, die 15,6 kg Kupfer, 5,8 kg Zinn und 4,6 kg Aluminium enthält?

4 Ein Rohstoff, der durch die Meyer-Technik OHG in den Produkten P_1, P_2 und P_3 verarbeitet wird, kostet im Einkauf 50,00 EUR je kg. In ihren drei Produktionsstätten hat das Unternehmen in einer Abrechnungsperiode folgende Mengen hergestellt:

	P_1	P_2	P_3
Produktionsstätte 1	70	35	60
Produktionsstätte 2	50	40	30
Produktionsstätte 3	60	30	40

Die in dieser Zeit anfallenden Rohstoffkosten betrugen in den einzelnen Produktionsstätten 4 720,00 EUR bzw. 3 410,00 EUR bzw. 3 680,00 EUR.
Berechnen Sie, wieviel kg des Rohstoffes in einer Einheit der Produkte P_1, P_2 und P_3 jeweils verarbeitet wurden.

5 Ein Baumarkt führt drei verschiedene Packungseinheiten, die Farbe, Grundierung und Spachtelmasse in folgenden Mengen enthalten:
Typ A: 8 kg Farbe, 1 kg Grundierung, 0,5 kg Spachtelmasse,
Typ B: 10 kg Farbe, 1,5 kg Grundierung, 1 kg Spachtelmasse,
Typ C: 15 kg Farbe, 2 kg Grundierung, 1,5 kg Spachtelmasse.
Wieviel Packungen des jeweiligen Typs sind nötig, um eine Lieferung über 218 kg Farbe, 29,5 kg Grundierung und 20 kg Spachtelmasse auszuführen, ohne dabei eine Packung aufzureißen?

6 Berechnen Sie die Lösungsmenge der folgenden Gleichungssysteme:

a) $$\begin{aligned} x_1 + 2x_2 - x_3 + 4x_4 &= 0 \\ 2x_1 + x_3 + x_4 &= 0 \\ x_1 + x_2 + 2x_4 &= 0 \\ x_1 + x_2 + x_3 + x_4 &= 0 \end{aligned}$$

b) $$\begin{aligned} 2x_1 + 2x_3 &= 0 \\ 3x_2 + 3x_3 + 3x_4 &= -9 \\ 2x_1 - 4x_2 - 2x_3 + 4x_4 &= 0 \\ x_1 + x_2 - x_3 + 2x_4 &= 6 \end{aligned}$$

7 Bestimmen Sie den Rang der Matrix:

a) $$\begin{pmatrix} 1 & 0 & 0 & 1 \\ 2 & 0 & 2 & 0 \\ 3 & 3 & 0 & 0 \\ 0 & 4 & 4 & 0 \end{pmatrix}$$ b) $$\begin{pmatrix} 1 & 2 & 3 & 4 \\ 5 & 6 & 7 & 8 \\ 9 & 10 & 11 & 12 \end{pmatrix}$$ c) $$\begin{pmatrix} 1 & 0 & 1 & 0 \\ 2 & 2 & 0 & 0 \\ 3 & 0 & 0 & 3 \\ 4 & 0 & 4 & 0 \end{pmatrix}$$

8 Gegeben sei das folgende LGS:
$$\begin{aligned} x_1 + x_2 - x_3 &= 0 \\ -x_1 + 2x_2 + x_3 &= 6 \\ 2x_1 - x_2 + x_3 &= 3 \\ 2x_1 + 2x_2 + x_3 &= a \end{aligned}$$
Für welches a besitzt das LGS eine Lösung?

9 Gegeben sei das nachstehende LGS:
$$\begin{aligned} x_1 + 2x_2 - x_3 &= 0 \\ 2x_1 - 3x_2 &= -3 \\ x_1 + 3x_2 + ax_3 &= a \end{aligned}$$
Bestimmen Sie a so, dass es

a) keine,

b) genau eine Lösung gibt.

10 Ein Softwarehaus verkauft u.a. jeweils eine bestimmte Sorte Scanner, Monitore und Drucker. Die Einkaufspreise betragen 80,00 EUR je Scanner, 250,00 EUR je Monitor und 500,00 EUR je Drucker; der Lieferant gewährt dem Softwarehaus feste, aber für die jeweiligen Geräte unterschiedliche Rabattsätze auf die Einkaufspreise.
Bei drei verschiedenen Lieferungen werden folgende Mengen und Rechnungsbeträge (nach Rabattabzug) fällig:

	Anzahl Scanner	Anzahl Monitore	Anzahl Drucker	Rechnungsbetrag nach Rabattabzug
1. Lieferung	30	20	50	28 030,00 EUR
2. Lieferung	20	40	60	36 020,00 EUR
3. Lieferung	40	30	40	27 790,00 EUR

Wie hoch sind die einzelnen Rabattsätze?

11 Ein Textilhändler verfügt über drei Filialen, die bei demselben Lieferanten verschiedene Mengen Hemden, Hosen und Jacken jeweils immer nur eine bestimmte Sorte) bezogen haben. Die Liefermengen und die Beträge der einzelnen Rechnungen an die Filialen gehen aus folgender Übersicht hervor:

Filiale Nr.	Anzahl Hemden	Anzahl Hosen	Anzahl Jacken	Rechnungsbetrag
1	100	80	30	15 500,00 EUR
2	80	60	20	11 400,00 EUR
3	120	40	40	13 600,00 EUR

Berechnen Sie die Einkaufspreise für ein Hemd, eine Hose und eine Jacke.

12 Ein Spediteur setzt drei unterschiedliche Lkw für den Gütertransport ein. Bei drei verschiedenen Touren wurden folgende Laufleistungen und verbrauchte Dieselmengen festgestellt:

Tour Nr.	km-Laufleistung/Lkw 1	km-Laufleistung/Lkw 2	km-Laufleistung/Lkw 3	Verbrauch der drei Lkw in L
1	450	350	200	233,5
2	300	500	400	297
3	400	800	600	448

Berechnen Sie den durchschnittlichen Verbrauch jedes Lkws je 100 km.

13 Ein Unternehmen hat in Abhängigkeit von unterschiedlichen Umsatzmengen die entsprechenden Gewinne ermittelt und dabei folgende Ergebnisse festgestellt:

Umsatz in Mengeneinheiten	1	4	8
Gewinne/Verluste in Geldeinheiten	−6	1,5	−2,5

Zur graphischen Darstellung der Gewinnentwicklung sollen die Gewinne näherungsweise durch den Graph einer ganzrationalen Funktion 2. Grades dargestellt werden.

a) Stellen Sie die zugehörige Gewinnfunktion auf.

b) Berechnen Sie die gewinnmaximale Umsatzmenge und das Gewinnmaximum.

4.5 Lösen von Matrizengleichungen

4.5.1 Lösung von Matrizengleichung mit einem unbekannten Vektor

Gegeben sei das LGS

$$100x_1 + 40x_2 = 50$$
$$140x_1 + 70x_2 = 84$$

Diesem LGS entspricht die Matrizengleichung

$$\begin{pmatrix} 100 & 40 \\ 140 & 70 \end{pmatrix} \cdot \begin{pmatrix} x_1 \\ x_2 \end{pmatrix} = \begin{pmatrix} 50 \\ 84 \end{pmatrix}$$

Gesucht ist: $\vec{x} = \begin{pmatrix} x_1 \\ x_2 \end{pmatrix}$

Wenn wir nun beide Seiten der Matrizengleichung von links mit der Matrix

$\begin{pmatrix} \frac{1}{20} & -\frac{1}{35} \\ -\frac{1}{10} & \frac{1}{14} \end{pmatrix}$ multiplizieren, so erhalten wir

$$\begin{pmatrix} \frac{1}{20} & -\frac{1}{35} \\ -\frac{1}{10} & \frac{1}{14} \end{pmatrix} \cdot \begin{pmatrix} 100 & 40 \\ 140 & 70 \end{pmatrix} \cdot \begin{pmatrix} x_1 \\ x_2 \end{pmatrix} = \begin{pmatrix} \frac{1}{20} & -\frac{1}{35} \\ -\frac{1}{10} & \frac{1}{14} \end{pmatrix} \cdot \begin{pmatrix} 50 \\ 84 \end{pmatrix}$$

$$\Leftrightarrow \begin{pmatrix} 1 & 0 \\ 0 & 1 \end{pmatrix} \cdot \begin{pmatrix} x_1 \\ x_2 \end{pmatrix} = \begin{pmatrix} 0{,}1 \\ 1 \end{pmatrix}; \begin{pmatrix} x_1 \\ x_2 \end{pmatrix} = \begin{pmatrix} 0{,}1 \\ 1 \end{pmatrix}$$

Die Matrix $\begin{pmatrix} 1 & 0 \\ 0 & 1 \end{pmatrix}$ ist die sog. **Einheitsmatrix**, die sich hinsichtlich der Multiplikation mit dem aus zwei Elementen bestehenden Spaltenvektor $\vec{x}$ „neutral“ verhält, d. h., diesen unverändert lässt.

Definition der Einheitsmatrix

Die $n \times n$-Matrix $E_n = \begin{pmatrix} 1 & 0 \ldots\ldots 0 \\ 0 & 1 \quad 0 \ldots 0 \\ \ldots\ldots\ldots\ldots \\ 0 \ldots\ldots 1 & 0 \\ 0 & 0 \quad 0 \ldots 1 \end{pmatrix}$ mit

$E_n = (e_{ij})$, $e_{ij} = \begin{cases} 1 & \text{für } i = j \\ 0 & \text{für } i \neq j; j \leq n \end{cases}$ heißt Einheitsmatrix.

Für die Einheitsmatrix E_n und jede beliebige $n \times m$-Matrix B gilt: $E_n \cdot B = B$

Definition der inversen Matrix

Es sei A eine $n \times n$-Matrix und B ebenfalls einen $n \times n$-Matrix mit folgender Eigenschaft: $B \cdot A = E_n$.
Dann heißt B die zu A inverse Matrix. Statt B sagt man dann A^{-1}.

Definition der regulären Matrix

Jede Matrix A, zu der es die inverse Matrix A^{-1} gibt, heißt reguläre Matrix.

Es sei A^{-1} die zu A inverse $n \times n$-Matrix. Dann gilt $A^{-1} \cdot A = A \cdot A^{-1} = E_n$. Man sagt auch, inverse Matrizen verhalten sich kommutativ zueinander.

Wir werden noch die Feststellung machen, dass sich nicht jede Matrizengleichung der Form $A \cdot \vec{x} = \vec{b}$ mithilfe einer inversen Matrix lösen lässt, da nicht zu jeder Matrix A die inverse Matrix A^{-1} existiert.

Zunächst aber wollen wir zeigen, wie man zu einer regulären Matrix A die inverse Matrix A^{-1} bestimmt.

Beispiel für die Bestimmung einer inversen Matrix

Wir wollen die inverse Matrix $A^{-1} = \begin{pmatrix} x_{11} & x_{12} \\ x_{21} & x_{22} \end{pmatrix}$ zu der Matrix $A = \begin{pmatrix} 100 & 40 \\ 140 & 70 \end{pmatrix}$ bestimmen.

Wegen $A^{-1} \cdot A = E_2$ und der Kommutativität von A und A^{-1} ergibt sich folgende Gleichung:

$$\begin{pmatrix} 100 & 40 \\ 140 & 70 \end{pmatrix} \cdot \begin{pmatrix} x_{11} & x_{12} \\ x_{21} & x_{22} \end{pmatrix} = \begin{pmatrix} 1 & 0 \\ 0 & 1 \end{pmatrix}$$

Nach Matrizenmultiplikation erhalten wir die beiden LGS:

$$\begin{matrix} 100x_1 + 40x_2 = 1 \\ 140x_1 + 70x_2 = 0 \end{matrix} \quad \text{und} \quad \begin{matrix} 100x_1 + 40x_2 = 0 \\ 140x_1 + 70x_2 = 1 \end{matrix}$$

bzw. die zweifach erweiterte Koeffizientenmatrix

$$\left(\begin{array}{cc|cc} 100 & 40 & 1 & 0 \\ 140 & 70 & 0 & 1 \end{array}\right)$$

Diese lässt sich durch elementare Zeilenumformungen auf folgende Dreiecksform bringen:

$$\left(\begin{array}{cc|cc} 10 & 4 & \frac{1}{10} & 0 \\ 10 & 5 & 0 & \frac{1}{14} \end{array}\right) \quad \begin{matrix} Z1' = Z1 : 10 \\ Z2' = Z2 : 14 \end{matrix}$$

$$\left(\begin{array}{cc|cc} 10 & 4 & \frac{1}{10} & 0 \\ 0 & 1 & -\frac{1}{10} & \frac{1}{14} \end{array}\right) \quad \begin{matrix} Z1'' = Z1' \\ Z2'' = Z2' - Z1' \end{matrix}$$

$$\left(\begin{array}{cc|cc} 1 & 0 & \frac{1}{20} & -\frac{1}{35} \\ 0 & 1 & -\frac{1}{10} & \frac{1}{14} \end{array}\right) \quad \begin{matrix} Z1''' = (Z1'' - 4 \cdot Z2'') : 10 \\ Z2''' = Z2'' \end{matrix}$$

Die eigentliche Koeffizientenmatrix (die ersten beiden Spalten) ist dabei die Einheitsmatrix.

Der umgeformten erweiterten Koeffizientenmatrix entspricht die folgende Matrizengleichung:

$$\begin{pmatrix} 1 & 0 \\ 0 & 1 \end{pmatrix} \cdot \begin{pmatrix} x_{11} & x_{12} \\ x_{21} & x_{22} \end{pmatrix} = \begin{pmatrix} \frac{1}{20} & -\frac{1}{35} \\ -\frac{1}{10} & \frac{1}{14} \end{pmatrix}$$

Da die ursprüngliche Matrizengleichung und die umgeformte Matrizengleichung dieselbe Lösungsmenge haben, erhalten wir für die gesuchte Matrix A^{-1}:

$$\overbrace{\begin{pmatrix} 100 & 40 \\ 140 & 70 \end{pmatrix} \cdot \begin{pmatrix} x_{11} & x_{12} \\ x_{21} & x_{22} \end{pmatrix} = \begin{pmatrix} 1 & 0 \\ 0 & 1 \end{pmatrix}}^{\text{ursprüngliche Matrizengleichung}} \Leftrightarrow \overbrace{\begin{pmatrix} 1 & 0 \\ 0 & 1 \end{pmatrix} \cdot \begin{pmatrix} x_{11} & x_{12} \\ x_{21} & x_{22} \end{pmatrix} = \begin{pmatrix} \frac{1}{20} & -\frac{1}{35} \\ -\frac{1}{10} & \frac{1}{14} \end{pmatrix}}^{\text{umgeformte Matrizengleichung}}$$

$$\Leftrightarrow \begin{pmatrix} x_{11} & x_{12} \\ x_{21} & x_{22} \end{pmatrix} = \underbrace{\begin{pmatrix} \frac{1}{20} & -\frac{1}{35} \\ -\frac{1}{10} & \frac{1}{14} \end{pmatrix}}_{A^{-1}}$$

Dieses Verfahren der Bestimmung einer inversen Matrix A^{-1} zu einer gegebenen Matrix A setzt voraus, dass die Matrix A **quadratisch** ist und sich durch elementare Zeilenumformungen in die Einheitsmatrix überführen lässt. Dies ist nur möglich, wenn der **Rang von A gleich der Anzahl der Zeilen von A ist**.

Eine quadratische $n \times n$-Matrix A ist genau dann regulär, wenn gilt Rang $A = n$.

Zu einer regulären $n \times n$-Matrix A bestimmt man die inverse Matrix A^{-1}, indem man durch elementare Zeilenumformungen die Matrix

$$(A, E_n) = \left(\begin{array}{ccc|ccc} a_{11} & \dots & a_{1n} & 1 & \dots & 0 \\ & \dots & & & \dots & \\ a_{n1} & \dots & a_{nn} & 0 & \dots & 1 \end{array}\right) \text{ in die Matrix } (E_n, B) = \left(\begin{array}{ccc|ccc} 1 & \dots & 0 & b_{11} & \dots & b_{1n} \\ & \dots & & & \dots & \\ 0 & \dots & 1 & b_{n1} & \dots & b_{nn} \end{array}\right) \text{ überführt.}$$

Die Matrix $B = \begin{pmatrix} b_{11} & \dots & b_{1n} \\ & \dots & \\ b_{n1} & \dots & b_{nn} \end{pmatrix}$ ist die gesuchte Matrix A^{-1}.

4.5.2 Lösung von Matrizengleichungen mit einer unbekannten Matrix

Zu einer gegebenen Matrizengleichung $A \cdot X = B$ mit der regulären $n \times n$-Matrix A der gesuchten $n \times m$-Matrix D und der $n \times m$-Matrix B bestimmt man die Matrix X, indem man beide Seiten der Gleichung von links mit der zu A inversen Matrix A^{-1} multipliziert. Für die Matrix X gilt dann: $X = A^{-1} \cdot B$.

Beispiel

Aus drei Rohstoffen R1, R2 und R3 werden drei Zwischenprodukte ZP1, ZP2 und ZP3 und daraus wiederum drei Endprodukte EP1, EP2 und EP3 hergestellt.
Die zur Herstellung je einer Einheit der Zwischenprodukte bzw. der Endprodukte notwendigen Mengeneinheiten der Rohstoffe sind in den folgenden Tabellen zusammengestellt.

	ZP1	ZP2	ZP3
R1	50	60	70
R2	60	60	70
R3	72	84	84

	EP1	EP2	EP3
R1	4900	4690	5530
R2	5180	5040	5670
R3	6300	6468	7140

Wir wollen nun die Frage beantworten, wie viele Mengeneinheiten der Zwischenprodukte ZP1, ZP2 und ZP3 jeweils zur Herstellung der Endprodukte EP1, EP2 und EP3 benötigt werden.

	EP1	EP2	EP3
ZP1	x_{11}	x_{12}	x_{13}
ZP2	x_{21}	x_{22}	x_{23}
ZP3	x_{31}	x_{32}	x_{33}

Die Lösung dieser Aufgabe besteht in der Lösung der Matrizengleichung

$$\begin{pmatrix} 50 & 60 & 70 \\ 60 & 60 & 70 \\ 72 & 84 & 84 \end{pmatrix} \cdot \begin{pmatrix} x_{11} & x_{12} & x_{13} \\ x_{21} & x_{22} & x_{23} \\ x_{31} & x_{32} & x_{33} \end{pmatrix} = \begin{pmatrix} 4900 & 4690 & 5530 \\ 5180 & 5040 & 5670 \\ 6300 & 6468 & 7140 \end{pmatrix}$$

Hierzu müssen wir zunächst die inverse Matrix A^{-1} zu

$A = \begin{pmatrix} 50 & 60 & 70 \\ 60 & 60 & 70 \\ 72 & 84 & 84 \end{pmatrix}$ bestimmen.

Durch entsprechende Zeilenumformungen der erweiterten Koeffizientenmatrix erhalten wir:

$$\left(\begin{array}{ccc|ccc} 50 & 60 & 70 & 1 & 0 & 0 \\ 60 & 60 & 70 & 0 & 1 & 0 \\ 72 & 84 & 84 & 0 & 0 & 1 \end{array}\right)$$

$$\left(\begin{array}{ccc|ccc} 5 & 6 & 7 & \frac{1}{10} & 0 & 0 \\ 6 & 6 & 7 & 0 & \frac{1}{10} & 0 \\ 7{,}2 & 8{,}4 & 8{,}4 & 0 & 0 & \frac{1}{10} \end{array}\right) \quad \begin{array}{l} Z1' = Z1 : 10 \\ Z2' = Z2 : 10 \\ Z3' = Z3 : 10 \end{array}$$

$$\left(\begin{array}{ccc|ccc} -1 & 0 & 0 & \frac{1}{10} & -\frac{1}{10} & 0 \\ 0 & -1 & 0 & 0 & \frac{1}{10} & -\frac{1}{12} \\ \frac{6}{7} & 1 & 1 & 0 & 0 & \frac{1}{84} \end{array}\right) \quad \begin{array}{l} Z1'' = Z1' - Z2' \\ Z2'' = Z2' - Z3' : 1{,}2 \\ Z3'' = Z3' : 8{,}4 \end{array}$$

$$\left(\begin{array}{ccc|ccc} 1 & 0 & 0 & -\frac{1}{10} & \frac{1}{10} & 0 \\ 0 & 1 & 0 & 0 & -\frac{1}{10} & \frac{1}{12} \\ 0 & 0 & 1 & \frac{6}{70} & \frac{1}{70} & -\frac{1}{14} \end{array}\right) \quad \begin{array}{l} Z1''' = -Z1'' \\ Z2''' = -Z2'' \\ Z3''' = Z3'' + Z1'' \cdot \frac{6}{7} + Z2'' \end{array}$$

Die Matrix A^{-1} ist damit bestimmt durch:

$$A^{-1} = \begin{pmatrix} -\frac{1}{10} & \frac{1}{10} & 0 \\ 0 & -\frac{1}{10} & \frac{1}{12} \\ \frac{6}{70} & \frac{1}{70} & -\frac{1}{14} \end{pmatrix}$$

X ist bestimmt durch:

$$\begin{pmatrix} -\frac{1}{10} & \frac{1}{10} & 0 \\ 0 & -\frac{1}{10} & \frac{1}{12} \\ \frac{6}{70} & \frac{1}{70} & -\frac{1}{14} \end{pmatrix} \cdot \begin{pmatrix} 4900 & 4690 & 5530 \\ 5180 & 5040 & 5670 \\ 6300 & 6468 & 7140 \end{pmatrix} = \begin{pmatrix} 28 & 35 & 14 \\ 7 & 35 & 28 \\ 44 & 12 & 45 \end{pmatrix}$$

Damit werden folgende Mengeneinheiten der Zwischenprodukte für die Herstellung der jeweiligen Endprodukte benötigt:

	EP1	**EP2**	**EP3**
ZP1	28	35	14
ZP2	7	35	28
ZP3	44	12	45

Schematisch lässt sich die Lösung einer Matrizengleichung mit der regulären Matrix A so veranschaulichen:

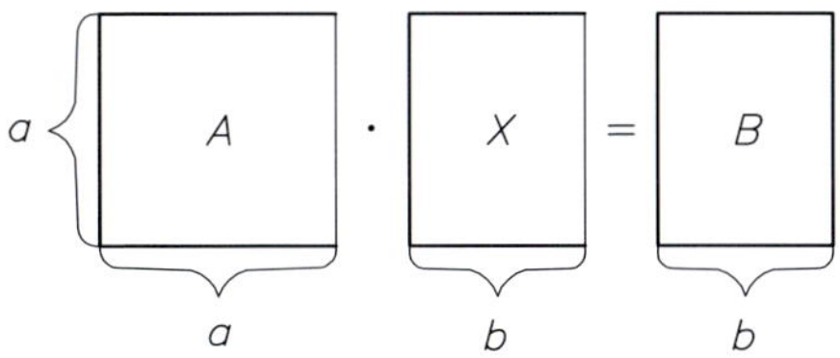

Multiplizieren bei beiden Seiten mit A^{-1} von links:

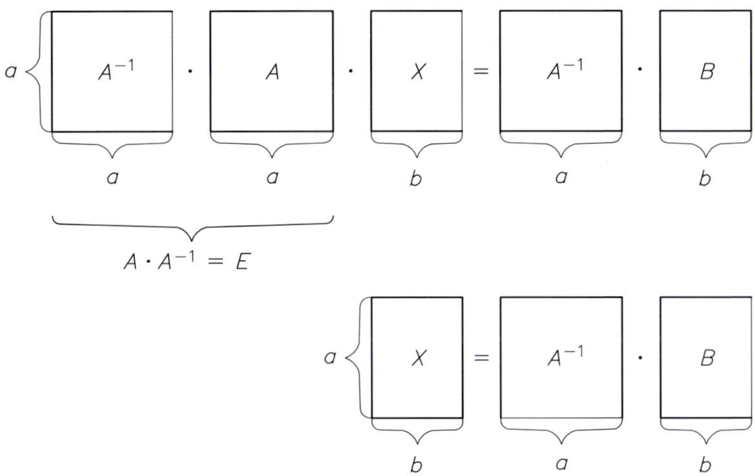

AUFGABEN

1 Berechnen Sie die zu der Matrix A inverse Matrix A^{-1}.

a) $A = \begin{pmatrix} 2 & 2 & 4 \\ 1 & 1 & 3 \\ 3 & 1 & 5 \end{pmatrix}$ b) $A = \begin{pmatrix} 1 & 3 & 0 \\ 1 & -2 & 0 \\ 3 & 2 & 1 \end{pmatrix}$ c) $A = \begin{pmatrix} 1 & 0 & -1 \\ 3 & 1 & -3 \\ 1 & 2 & -2 \end{pmatrix}$

2 Aus den drei Rohstoffen R1, R2 und R3 werden die drei Zwischenprodukte Z1, Z2 und Z3 und daraus wiederum die drei Endprodukte E1, E2 und E3 hergestellt. Die zur Herstellung je einer Einheit benötigten Mengeneinheiten sind in folgenden Tabellen dargestellt:

	Z1	Z2	Z3
R1	1	2	1
R2	1	0	2
R3	2	1	1

	E1	E2	E3
Z1	1	2	2
Z2	1	1	4
Z3	2	2	1

Von den Rohstoffen stehen 130, 88 bzw. 122 Mengeneinheiten zur Verfügung. Wie viele Einheiten von den Endprodukten können damit hergestellt werden?

3 Bestimmen Sie a so, dass die Matrix A regulär ist.

$$A = \begin{pmatrix} 4 & 2 & 3 \\ 2 & 1 & 4 \\ 3 & 3 & a \end{pmatrix}$$

4 Ein Unternehmen mit vier Filialen hat für 4 Produkte P1, P2, P3 und P4 folgende Lieferungen bestellt.

	P1	P2	P3	P4
F1	10	5	6	8
F2	15	8	6	4
F3	20	10	5	5
F4	12	10	6	6

Für den Einkauf stehen den Filialen 1620,00 EUR (F1), 1715,00 EUR (F2), 2050,00 EUR (F3) und 1820,00 EUR (F4) zur Verfügung.

Wie hoch darf der jeweilige Einkaufspreis sein, zu dem das Unternehmen die Produkte einkauft?

5 Berechnen Sie die Matrix X.

a) $$\begin{pmatrix} 1 & -3 & -1 \\ 2 & 1 & 1 \\ 3 & -2 & -2 \end{pmatrix}\begin{pmatrix} x_{11} & x_{12} \\ x_{21} & x_{22} \\ x_{31} & x_{32} \end{pmatrix} = \begin{pmatrix} -8 & -9 \\ 7 & 9 \\ -7 & -4 \end{pmatrix}$$

b) $$\begin{pmatrix} -4 & 2 & -1 \\ -3 & 1 & 0 \\ -5 & 2 & -1 \end{pmatrix}\begin{pmatrix} x_{11} & x_{12} & x_{13} \\ x_{21} & x_{22} & x_{23} \\ x_{31} & x_{32} & x_{33} \end{pmatrix} = \begin{pmatrix} -9 & -9 & -2 \\ -5 & -5 & -1 \\ -11 & -12 & -3 \end{pmatrix}$$

c) $$\begin{pmatrix} 2 & -1 & 1 \\ 8 & -5 & 2 \\ -11 & 7 & -3 \end{pmatrix} \cdot \begin{pmatrix} x_{11} & x_{12} & x_{13} \\ x_{21} & x_{22} & x_{23} \\ x_{31} & x_{32} & x_{33} \end{pmatrix} = \begin{pmatrix} 2 & 4 & 3 \\ 1 & 2 & 5 \\ 3 & 1 & 7 \end{pmatrix}$$

d) $$\begin{pmatrix} 1 & 2 & -1 \\ 2 & -1 & 3 \\ -1 & 1 & 2 \end{pmatrix} \cdot \begin{pmatrix} x_{11} & x_{12} & x_{13} \\ x_{21} & x_{22} & x_{23} \\ x_{31} & x_{32} & x_{33} \end{pmatrix} = \begin{pmatrix} 5 & 10 & 15 \\ 20 & 5 & 30 \\ -5 & 0 & 25 \end{pmatrix}$$

6 In einem Industriebetrieb bestehen zwei produzierende Abteilungen, die jeweils nur ein Produkt herstellen. Die Lieferungen der Abteilungen untereinander und an den Endverbrauch gehen aus folgender Tabelle hervor:

Abt. 1	Lieferungen an		Endverbrauch
	Abt. 1	Abt. 2	
1	40	30	10
2	16	24	90

Wie viel ME müssen die Abteilungen bei sonst gleichen Bedingungen produzieren, um eine Endnachfrage von 280 ME (Produkt der Abteilung 1) und 168 ME (Produkt der Abteilung 2) zu befriedigen?

7 In einer sektoral verflochtenen Volkswirtschaft wird in jedem der drei Sektoren genau ein Produkt hergestellt.
Die jeweiligen Produktionsmengen werden an alle Sektoren zur Weiterverarbeitung sowie an den Endverbrauch geliefert. Die Lieferungen (in ME) gehen aus folgender Tabelle hervor:

produz. Sektor	belieferter Sektor			Endverbrauch
	A	B	C	
A	2	4	12	2
B	6	8	6	20
C	8	4	18	30

Durch eine Produktionssteigerung in den einzelnen Sektoren soll eine Endnachfrage von 280 ME (Produkt 1), 350 ME (Produkt 2) bzw. 550 ME (Produkt 3) befriedigt werden. Wieviel ME der einzelnen Produkte sind nun in den drei Sektoren jeweils herzustellen?

5 Die komplexen Zahlen

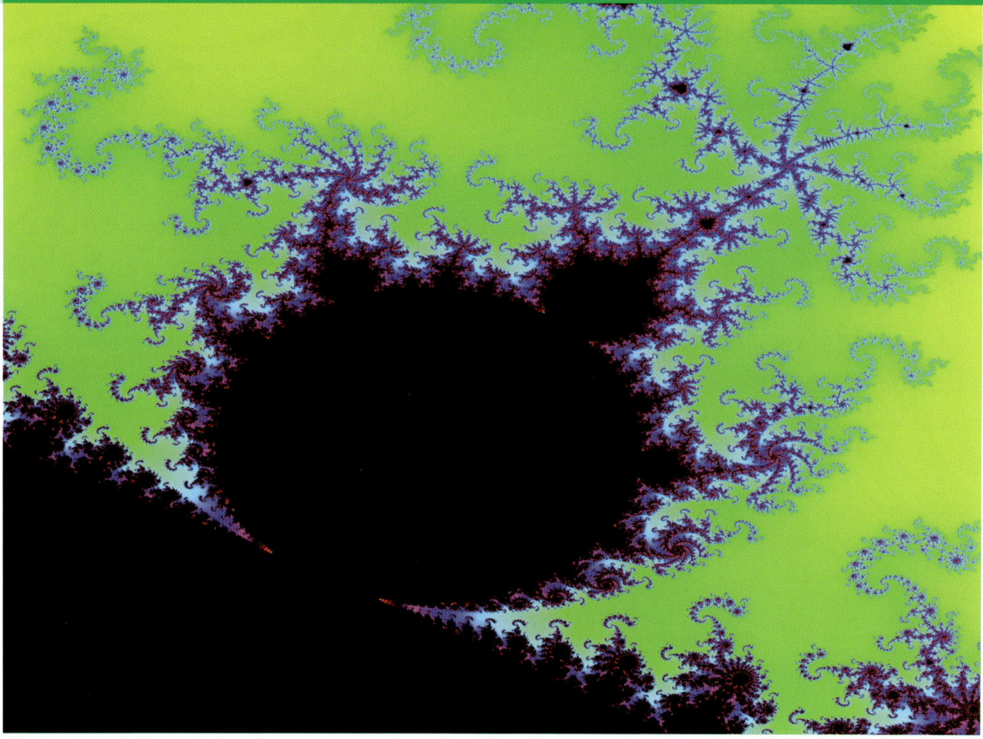

5.1 Die imaginären Zahlen

Im Kapitel 1 wurde der Zahlenbereich schrittweise von der Menge der natürlichen Zahlen (vgl. 1.2) bis zur Menge der reellen Zahlen (vgl. 1.5) erweitert. Damit sind die meisten Rechenoperationen uneingeschränkt durchführbar. Allerdings gibt es z. B. für $\sqrt{-1}$ keine reelle Zahl (vgl. 1.5.5).

Beispiele für Lösungsmengen quadratischer Gleichungen

1. $x^2 - 1 = 0 \quad x = \pm\sqrt{1}$ Lösungsmenge: $L = \{-1; 1\}$

2. $x^2 + 1 = 0 \quad x = \pm\sqrt{-1}$ keine Lösung in $\mathbb{R}$

Soll auch die Gleichung des 2. Beispiels lösbar sein, müssen wir nochmals den Zahlenbereich erweitern. Die „neuen Zahlen" müssen die Eigenschaft haben, dass ihr Quadrat negativ sein kann. Die „neue Zahl", die Lösung der Gleichung $x^2 + 1 = 0$ ist, bekommt das **Symbol i** und heißt die **imaginäre Einheit**[1].

---

[1] *imago (lat.): Vorstellung*

Definition der imaginären Einheit

Die imaginäre Einheit i ist eine Zahl, deren Quadrat (−1) ist.

$\mathbf{i^2 = -1 \Rightarrow i = \sqrt{-1}}$

$\boldsymbol{b} \cdot \mathbf{i}$ mit $b \in \mathbb{R}$ ist eine **imaginäre Zahl**, die das Vielfache von **i** darstellt.

Beispiele für imaginäre Zahlen

$7 \cdot \mathrm{i}$; $\sqrt{8} \cdot \mathrm{i}$; $-5 \cdot \mathrm{i}$; $a \cdot \mathrm{i}$; $\frac{\mathrm{i}}{3}$ usw.

Gerechnet wird mit den imaginären Zahlen genauso, wie mit den reellen Zahlen.

Rechenregeln für imaginäre Zahlen:

1. $m \cdot \mathrm{i} + n \cdot \mathrm{i} = (m + n) \cdot \mathrm{i}$

2. $m \cdot (n \cdot \mathrm{i}) = m \cdot n \cdot \mathrm{i}$; $\quad m, n \in \mathbb{R}$

3. $\mathrm{i}^{4k} = 1$; $\quad \mathrm{i}^{4k+1} = \mathrm{i}$; $\quad \mathrm{i}^{4k+2} = -1$; $\quad \mathrm{i}^{4k+3} = -\mathrm{i}$; $\quad k \in \mathbb{Z}$

Beispiele zum Rechnen mit imaginären Zahlen

zu 1. $7\mathrm{i} + 5\mathrm{i} = 12\mathrm{i}$, $\quad 7\mathrm{i} - 5\mathrm{i} = 2\mathrm{i}$

zu 2. $4 \cdot 3\mathrm{i} = 12\mathrm{i}$, $\quad 2\mathrm{i} \cdot 4\mathrm{i} \cdot 6 = 48\mathrm{i}^2 = -48$

zu 3. $\mathrm{i}^4 = \mathrm{i}^2 \cdot \mathrm{i}^2 = (-1) \cdot (-1) = 1$,

$$\mathrm{i}^{-4} = \frac{1}{\mathrm{i}^2 \cdot \mathrm{i}^2} = \frac{1}{(-1)(-1)} = 1,$$

$$\mathrm{i}^{-1} = \frac{1}{\mathrm{i}} = \frac{-(-1)}{\mathrm{i}} = \frac{-\mathrm{i}^2}{\mathrm{i}} = -\mathrm{i}$$

Lösen quadratischer Gleichungen:

$$\begin{aligned} x^2 + 4 &= 0 \\ x^2 &= -4 \\ x &= \pm\sqrt{4} \cdot \sqrt{-1} \\ x &= 2 \cdot \mathrm{i} \vee -2 \cdot \mathrm{i} \end{aligned}$$

Probe:

$$\begin{aligned} (2 \cdot \mathrm{i})^2 + 4 = 0 \quad &\vee \quad (-2 \cdot \mathrm{i})^2 + 4 = 0 \\ 4 \cdot \mathrm{i}^2 + 4 = 0 \quad &\quad\;\; 4 \cdot \mathrm{i}^2 + 4 = 0 \\ 4 \cdot (-1) + 4 = 0 \quad &\quad\;\; 4 \cdot (-1) + 4 = 0 \end{aligned}$$

5.2 Einführung der komplexen Zahlen

Die Lösung einer quadratischen Gleichung kann in einer gemischten Form aus einer reellen und einer imaginären Zahl bestehen.

Beispiel für eine quadratische Gleichung

$$\begin{aligned} x^2 - 2x + 5 &= 0 \\ (x - 1)^2 &= -4 \\ x_1 = 1 + \sqrt{-4} \quad &\vee \quad x_2 = 1 - \sqrt{-4} \\ x_1 = 1 + 2\mathrm{i} \quad &\vee \quad x_2 = 1 - 2\mathrm{i} \end{aligned}$$

Beide Lösungen bestehen aus einer reellen Zahl (1) und einer imaginären Zahl (2i).

$a \pm bi$ mit $a, b \in \mathbb{R}$ ist eine „Zahl“, die **komplexe Zahl**[1] heißt.

„+“ und „−“ sind keine Rechenzeichen im herkömmlichen Sinne (anschaulich wird dies in 5.3). Formal rechnen wir aber mit ihnen so, als ob es gewöhnliche Rechenzeichen wären.

Definition der komplexen Zahlen

1. Zahlen, der Form $z = a + bi$, $a, b \in \mathbb{R}$ heißen **komplexe Zahlen**.
   $a = \text{Re}\{z\}$ heißt **Realteil** von z.
   $b = \text{Im}\{z\}$ heißt **Imaginärteil** von z.
2. Zwei komplexe Zahlen heißen gleich, wenn sie im Real- und Imaginärteil übereinstimmen.
   $z_1 = z_2 \Leftrightarrow a_1 = a_2 \wedge b_1 = b_2$ mit $z_1 = a_1 + b_1 i$; $z_2 = a_2 + b_2 i$; $a_1, a_2, b_1, b_2 \in \mathbb{R}$
3. Zwei komplexe Zahlen mit gleichen Realteilen und Imaginärteilen mit entgegengesetzten Vorzeichen heißen zueinander **konjugiert**[2] **komplex**.
   $z_1 = a_1 + b_1 i$
   $z_2 = a_1 - b_1 i$ z_2 ist konjugiert komplex zu z_1, da $a_1 = a_2 \wedge b_1 = -b_2$

Werden komplexe Zahlen addiert oder multipliziert, so ist das Ergebnis eine komplexe Zahl. Komplexe Zahlen werden wie algebraische Ausdrücke behandelt und i^2 wird durch (-1) ersetzt.

Beispiele für das Rechnen mit komplexen Zahlen

1. Summe zweier komplexer Zahlen:
   $z_1 + z_2 = (4 + 4i) + (4 + 2i)$ Real- und Imaginärteil werden getrennt addiert.
   $z_1 + z_2 = 8 + 6i$
2. Differenz zweier komplexer Zahlen:
   $z_1 - z_2 = (4 + 4i) - (4 + 2i)$
   $z_1 - z_2 = 2i$ Bei dieser komplexen Zahl ist der Realteil 0.
3. Produkt zweier komplexer Zahlen:
   $z_1 \cdot z_2 = (4 + 4i) \cdot (4 + 2i)$
   $= 16 + 24i + 8i^2$
   $z_1 \cdot z_2 = 8 + 24i$ i^2 wird durch (-1) ersetzt.
4. Quotient zweier komplexer Zahlen:
   $\frac{z_1}{z_2} = \frac{4 + 4i}{4 + 2i} = \frac{(4 + 4i) \cdot \mathbf{(4 - 2i)}}{(4 + 2i) \cdot \mathbf{(4 - 2i)}}$
   $\frac{z_1}{z_2} = \frac{24 + 8i}{20} = 1{,}2 + 0{,}4i$ Der Bruch wird mit der konjugiert komplexen Zahl des Nenners erweitert.

Die Beispiele zeigen, dass die vier Grundrechenoperationen für die komplexen Zahlen uneingeschränkt durchführbar sind.

[1] *complexus (lat.): Umfassung*
[2] *conjugare (lat.): verbinden*

Rechenregeln für komplexe Zahlen:

$z_1 = a_1 + b_1\mathrm{i}$; $z_2 = a_2 + b_2\mathrm{i}$; $a_1, a_2, b_1, b_2 \in \mathbb{R}$ sind zwei komplexe Zahlen.
Dann gilt für die:

1. Addition:

$$z_1 + z_2 = (a_1 + b_1\mathrm{i}) + (a_2 + b_2\mathrm{i})$$
$$z_1 + z_2 = (a_1 + a_2) + (b_1 + b_2) \cdot \mathrm{i}$$

2. Subtraktion:

$$z_2 - z_1 = (a_1 + b_1\mathrm{i}) - (a_2 + b_2\mathrm{i})$$
$$z_2 - z_1 = (a_2 - a_1) - (b_1 - b_2) \cdot \mathrm{i}$$

3. Multiplikation:

$$z_1 \cdot z_2 = (a_1 + b_1\mathrm{i}) \cdot (a_2 + b_2\mathrm{i})$$
$$z_1 \cdot z_2 = (a_1 \cdot a_2 - b_1 \cdot b_2) + (a_1 \cdot b_2 + a_2 \cdot b_1) \cdot \mathrm{i}$$

4. Division:

$z_2 \neq 0$

$$\frac{z_1}{z_2} = \frac{a_1 + b_1\mathrm{i}}{a_2 + b_2\mathrm{i}}$$
$$\frac{z_1}{z_2} = \frac{a_1 a_2 + b_1 b_2}{a_2^2 + b_2^2} + \frac{a_2 b_1 - a_1 b_2}{a_2^2 + b_2^2} \cdot \mathrm{i}$$

Dass komplexe Zahlen auch potenziert und radiziert werden können, wird noch gezeigt.

5.3 Darstellungsformen der komplexen Zahlen

Die reellen Zahlen werden auf einer Zahlengeraden dargestellt (vgl. 1.3 bis 1.5). Die komplexe Zahl lässt sich als Punkt in einer Ebene darstellen.

$a + b\mathrm{i}$	die komplexe Zahl, ist ein Punkt in der **Gauß'schen Zahlenebene**.
$a = \mathrm{Re}\{z\}$	der Realteil von z liegt auf der Abszisse, die dann **reelle Achse** heißt.
$b = \mathrm{Im}\{z\}$	der Imaginärteil liegt auf der Ordinate, die dann **imaginäre Achse** heißt.

Die Menge der komplexen Zahlen wird in die Menge aller Punkte der Gauß'schen Zahlenebene abgebildet.

Das **Zahlenpaar (a, b)** stellt somit die komplexe Zahl z dar.

(1; 0) ist die reelle Zahl 1 und (0; 1) die imaginäre Einheit i.

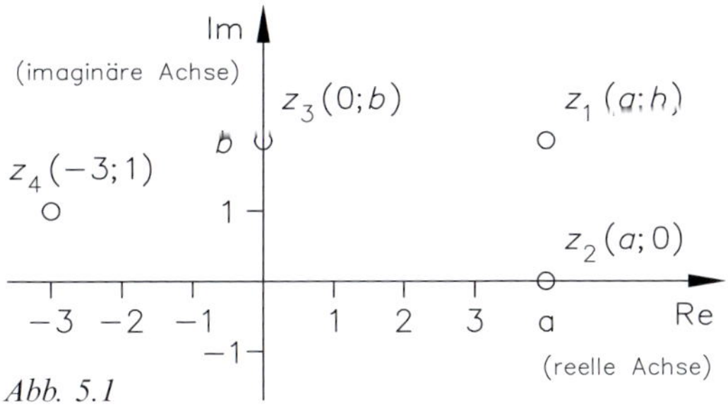

Abb. 5.1

Mithilfe der Gauß'schen Zahlenebene können komplexe Zahlen und die Rechenoperationen im Bereich der komplexen Zahlen veranschaulicht werden. Je nach Aufgabenstellung werden drei verschiedenen Darstellungsformen verwendet:

1. die **arithmetische (kartesische) Form**	für Addition und Subtraktion
2. die **goniometrische Form**	für Multiplikation und Division
3. die **Exponentialform**	zum Potenzieren, Radizieren und Logarithmieren

1. Arithmetische (kartesische) Form:

$z = a + b \cdot \mathrm{i}$ Darstellung als Summe einer reellen und einer imaginären Zahl.

Die komplexe Zahl wird als Pfeil (Vektor), der vom Nullpunkt zum Punkt (a; b) geht, dargestellt. z entsteht demnach durch die Vektoraddition von a und $b \cdot \mathrm{i}$.

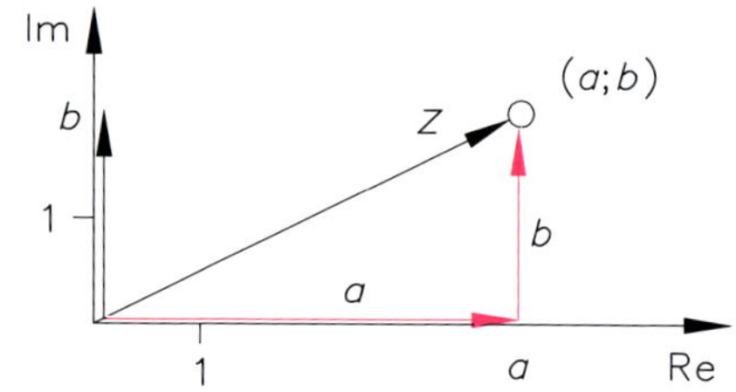

Abb. 5.2

Anschaulich ist der Betrag von z die Länge des Pfeiles z. $|z| = \sqrt{a^2 + b^2}$

Definition

$|z| = |a + b \cdot \mathrm{i}| = \sqrt{a^2 + b^2}$ heißt Betrag der komplexen Zahl $z = a + b \cdot \mathrm{i}$.

Nur in der arithmetischen Form ist die Addition und Subtraktion komplexer Zahlen und ihre graphische Darstellung möglich.

Beispiel einer graphischen Addition komplexer Zahlen

Gegeben sind zwei komplexe Zahlen $z_1 = -1 + 3\mathrm{i}$ und $z_2 = 6 + 2\mathrm{i}$.
Es soll die Addition $z = z_1 + z_2$ graphisch dargestellt werden.
Die graphische Addition komplexer Zahlen ist ähnlich der Addition von Vektoren (vgl. 4.1).
Realteile und Imaginärteile werden getrennt addiert und auf der reellen bzw. der imaginären Achse aufgetragen (s. Abb. 5.3).

$\mathrm{Re}\{z\} = -1 + 6 = 5$ und
$\mathrm{Im}\{z\} = 3 + 2 = 5$
(5; 5) ist dann das **Wertepaar von** z.

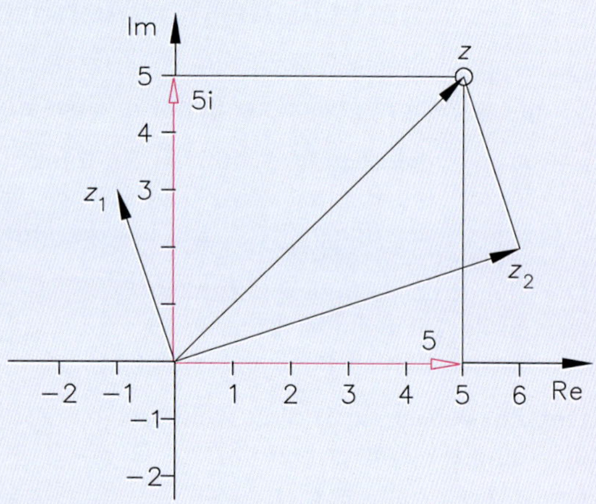

Abb. 5.3

2. Goniometrische Form:

$z = r \cdot (\cos\varphi + \mathrm{i} \cdot \sin\varphi)$ Darstellung durch Pfeillänge und Winkel zur x-Achse.

Die komplexe Zahl ist eindeutig bestimmt, wenn r und φ gegeben sind (Abb. 5.4). Dabei ist $r = |z|$ die Länge des Vektors von z und φ der Winkel zwischen der positiven reellen Achse und dem Vektor (φ heißt **Argument** von z).

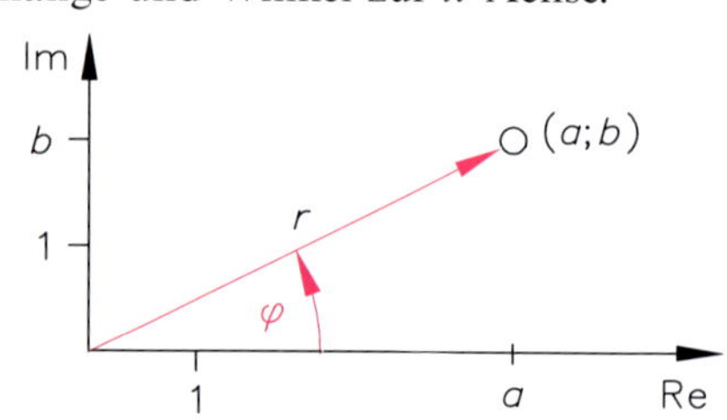

Abb. 5.4

$r = \|z\| = \sqrt{a^2 + b^2}$ $\varphi = \arctan \frac{b}{a}$

Der Betrag von z kann aus der arithmetischen Form errechnet werden.
φ kann ebenfalls aus der arithmetischen Form bestimmt werden. (**Vorsicht:** Achten Sie immer darauf, in welchem Quadranten z liegt.)

Die arithmetische Form kann in die goniometrische Form umgerechnet werden und umgekehrt.

Umrechnungsformeln:

$a = r \cdot \cos\varphi$	$\cos\varphi = \frac{a}{r}$	(vgl. Abb. 5.4 mit Abb. 5.2)
$b = r \cdot \sin\varphi$	$\sin\varphi = \frac{b}{r}$	(vgl. Abb. 5.4 mit Abb. 5.2)
$z = a + bi$	$z = r \cdot (\cos\varphi + i \cdot \sin\varphi)$	

Besonders geeignet ist die goniometrische Form für die Multiplikation und Division komplexer Zahlen und ihrer geometrischen Darstellung.

Multiplikation und Division komplexer Zahlen in goniometrischer Form:

$z_1 = r_1 \cdot (\cos\varphi_1 + i \cdot \sin\varphi_1)$ und $z_2 = r_2 \cdot (\cos\varphi_2 + i \cdot \sin\varphi_2)$ werden multipliziert.

$$\begin{aligned} z_1 \cdot z_2 &= r_1 r_2 (\cos\varphi_1 \cos\varphi_2 + i \cdot \sin\varphi_1 \cos\varphi_2 + i \cdot \cos\varphi_1 \sin\varphi_2 + i^2 \cdot \sin\varphi_1 \sin\varphi_2) \\ &= r_1 r_2 [(\cos\varphi_1 \cos\varphi_2 - \sin\varphi_2 \sin\varphi_2) + i \cdot (\sin\varphi_1 \cos\varphi_2 + \cos\varphi_1 \sin\varphi_2)] \end{aligned}$$

$(\cos\varphi_1 \cos\varphi_2 - \sin\varphi_1 \sin\varphi_2)$ und $(\sin\varphi_1 \cos\varphi_2 + \cos\varphi_1 \sin\varphi_2)$ werden mithilfe der Additionstheoreme umgeformt. (vgl. 3.7.7)

$\mathbf{z_1 \cdot z_2 = r_1 r_2 [\cos(\varphi_1 + \varphi_2) + i \cdot \sin(\varphi_1 + \varphi_2)]}$ **Multiplikation** komplexer Zahlen

(Beträge werden multipliziert und Argumente addiert.)

Die Division ist die Umkehroperation der Multiplikation, somit ist:

$$\mathbf{\frac{z_1}{z_2} = \frac{r_1}{r_2} [\cos(\varphi_1 - \varphi_2) + i \cdot \sin(\varphi_1 - \varphi_2)]} \quad z_2 \neq 0$$

Division komplexer Zahlen

(Beträge werden dividiert und Argumente subtrahiert.)

Bei der Angabe des Argumentes (Winkels φ) ist Folgendes zu beachten:

1. der Drehsinn des Winkels:
   $\varphi > 0$ wenn der Drehsinn mathematisch positiv ist (entgegen dem Uhrzeiger, Linksdrehung).
   $\varphi < 0$ wenn der Drehsinn mathematisch negativ ist (Rechtsdrehung).
2. dass trigonometrische Funktionen periodisch sind:
   $\varphi = \varphi + k \cdot 360°;\ k \in \mathbb{Z}$

Beispiel für die Division komplexer Zahlen

Gegeben sind zwei komplexe Zahlen $z_1 = 6 + 2\mathrm{i}$ und $z_2 = -1 + 3\mathrm{i}$.
Der Quotient von z_1 und z_2 soll ermittelt und graphisch dargestellt werden.

$r_1 = |z_1| = \sqrt{40}$

$\varphi = \tan\frac{2}{6} = 18{,}43°$

Der Winkel liegt im 1. Quadranten:

$\varphi_1 = 18{,}43°$

$z_1 = \sqrt{40} \cdot (\cos 18{,}43° + \mathrm{i} \cdot \sin 18{,}43°)$

$r_2 = |z_2| = \sqrt{10}$

$\varphi = \arctan\frac{3}{-1} = -71{,}57°$

Der Winkel liegt im 2. Quadranten:

$\varphi_2 = 180° - 71{,}57° = 108{,}43°$

$z_2 = \sqrt{10} \cdot (\cos 108{,}43° + \mathrm{i} \cdot \sin 108{,}43°)$

$$z = \frac{z_1}{z_2} = 2 \cdot [\cos(18{,}43° - 108{,}43°) + \mathrm{i} \cdot \sin(18{,}43° - 108{,}43°)]$$

$$z = \frac{z_1}{z_2} = 2 \cdot [\cos(-90°) + \mathrm{i} \cdot \sin(-90°)]$$

$$z = 2 \cdot [0 + \mathrm{i}(-1)]$$

$$\mathbf{z = 0 - 2i}$$

Der Vektor von z_1 ist um den Winkel 108,43° nach rechts gedreht worden.
In diesem Beispiel ist die Länge des Vektors um das $\sqrt{10}$-fache verkürzt worden.

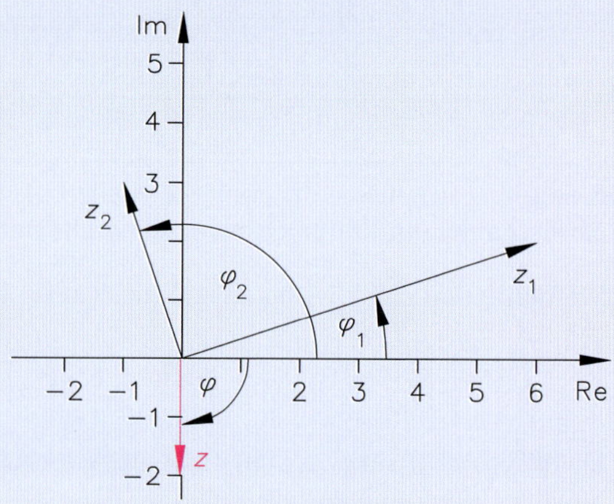

Abb. 5.5

Das Beispiel zeigt Folgendes zur geometrischen Darstellung:

Division: Der Vektor von z_1 wird um den Winkel φ_2 nach rechts gedreht.
Ist $r_2 > 1$ gilt, dass r_1 von z_1 durch r_2 verkürzt wird.
Ist $0 < r_2 < 1$ gilt, dass r_1 von z_1 durch r_2 verlängert wird.

Multiplikation: Der Vektor von z_1 wird um den Winkel φ_2 nach links gedreht.
r_1 von z_1 wird um das r_2-fache gestreckt. (= Drehstreckung)

3. Exponentialform:

$$\boxed{z = r \cdot \mathrm{e}^{\mathrm{i}\varphi};\ \varphi = \varphi_1 + k \cdot 360°;\ k \in \mathbb{Z}}$$

Darstellung durch Pfeillänge und Winkel zur x-Achse. (vgl. Abb. 5.4)

Bisher haben wir gesehen, dass die vier Grundrechenoperationen für komplexe Zahlen anwendbar sind. Das Potenzieren und Radizieren komplexer Zahlen ist zwar auch mit der arithmetischen und goniometrischen Form möglich, die Exponentialform erleichtert aber das Rechnen. Logarithmieren ist nur mit der Exponentialform möglich. Eine Umrechnung von der goniometrischen Form in die Exponentialform erfolgt mit der Formel:

$\mathbf{e^{i\varphi} = \cos\varphi + i \cdot \sin\varphi}$	**Euler'sche Formel**[1]

Für zwei komplexe Zahlen $z_1 = r_1 \cdot (\cos\varphi_1 + i \cdot \sin\varphi_1)$ und $z_2 = r_2 \cdot (\cos\varphi_2 + i \cdot \sin\varphi_2)$

$z_1 = r_1 \cdot e^{i\varphi_1}$ $\qquad z_2 = r_2 \cdot e^{i\varphi_2}$

gelten dann folgende Rechenregeln für das:

1. Multiplizieren:

$$z_1 \cdot z_2 = r_1 \cdot e^{i\varphi_1} \cdot r_2 \cdot e^{i\varphi_2} = r_1 \cdot r_2 \cdot e^{i(\varphi_1 + \varphi_2)}$$

2. Dividieren:

$$\frac{z_1}{z_2} = \frac{r_1 \cdot e^{i\varphi_1}}{r_2 \cdot e^{i\varphi_2}} = \frac{r_1}{r_2} \cdot e^{i(\varphi_1 - \varphi_2)} \qquad z_2 \neq 0$$

3. Potenzieren:

$$z^n = (r \cdot e^{i\varphi})^n = r^n \cdot e^{i \cdot n\varphi} \qquad n \in \mathbb{Z}$$

In der goniometrischen Form:

$$z^n = r^n \cdot (\cos\varphi + i \cdot \sin\varphi)^n$$
$$z^n = r^n \cdot [\cos(n \cdot \varphi) + i \cdot \sin(n \cdot \varphi)]$$

Beispiel für das Potenzieren komplexer Zahlen

$z = 2 + i$ ist die komplexe Zahl, die potenziert werden soll.

Umwandlung von z in die Exponentialform:

$$r = \sqrt{2^2 + 1^2} = \sqrt{5}; \quad \varphi = \arctan\frac{1}{2} = 26{,}57°$$

$z = \sqrt{5} \cdot e^{i26{,}57°}$

$\mathbf{z^2 = 5 \cdot e^{i53{,}14°}}$ (Exponentialform)

$z^2 = 5(\cos 53{,}14° + i\sin 53{,}14°)$

$\mathbf{z^2 = 3 + 4i}$ (arithmetische Form s. Abb.)

$\mathbf{z^3 = 5 \cdot e^{i79{,}71°}}$ (Exponentialform)

$z^3 = 5 \cdot \sqrt{5}(\cos 79{,}71° + i\sin 79{,}71°)$

$z^3 = 2 + 11i$ (arithmetische Form o. Abb.)

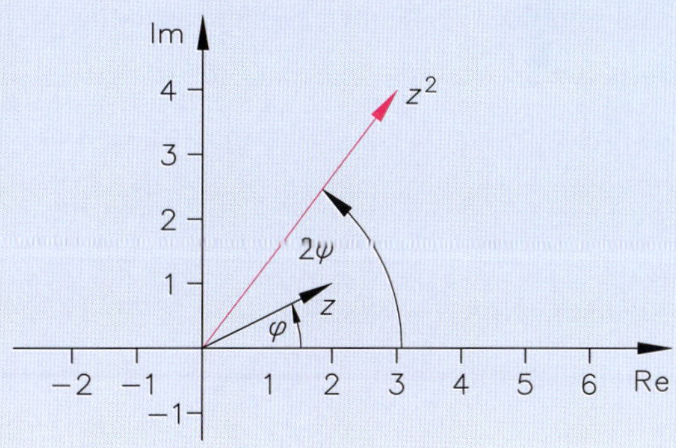

Abb. 5.6

4. Radizieren:

$$\sqrt[n]{z} = \sqrt[n]{r} \cdot e^{i\left(\frac{\varphi}{n} + k\frac{360°}{n}\right)}; \quad n \in \mathbb{Z}\setminus\{0\}; \quad k \in \mathbb{Z}$$ (wird aus der Rechenregel 3 abgeleitet)

Es gibt n Lösungen, deshalb ist es wichtig, die Periodizität $(k \cdot 360°)$ zu berücksichtigen.

Auf das Radizieren mit rationalen Wurzelexponenten und das Logarithmieren soll in diesem Buch nicht eingegangen werden, da die aufgeführten Rechenregeln ausreichen, Aufgaben der Elektrotechnik mithilfe der komplexen Rechnung zu lösen.

---

[1] *Die Herleitung der Formel kann hier nicht gezeigt werden.*

AUFGABEN

1 Bestimmen Sie für die Gleichungen die Lösungsmenge und führen Sie eine Probe durch.

a) $\frac{1}{2}x^2 - 3x + 5 = 0$ c) $\frac{1}{10}x^2 - x + 3 = 0$

b) $3x^2 - 6x + 30 = 0$ d) $5x^2 - 20x + 32 = 0$

2 Im nebenstehendem Diagramm sind zwei komplexe Größen dargestellt.

a) Geben Sie z_1 und z_2 in der kartesischen und der Exponentialform an.

b) Zeichnen Sie zusätzlich $z_S = z_1 + z_2$ in das Diagramm ein.

c) Zeichnen Sie ebenfalls $z_D = z_2 - z_1$ ein.

d) Wie sieht der Pfeil für $z = z_2 + 5$ aus?

e) Zeichnen Sie den Pfeil für $(2\mathrm{i})^2$ ein!

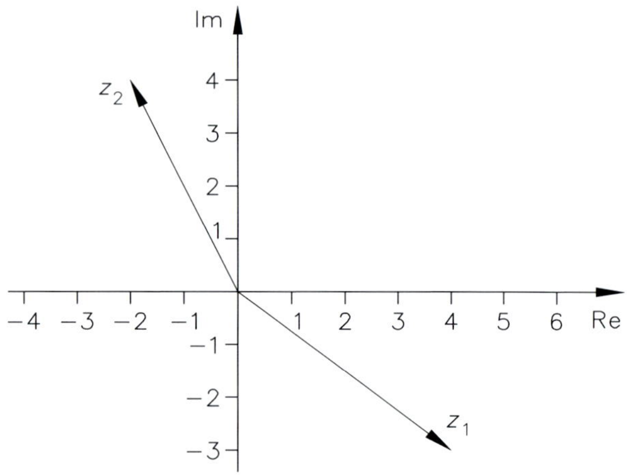

3 Führen Sie die Rechenoperation nur in der arithmetischen Form durch! Stellen Sie z_1, z_2 und z in der Gauß'schen Zahlenebene dar.

$z_1 = 5 + \sqrt{2} \cdot \mathrm{i}$; $z_2 = -1 - \sqrt{2} \cdot \mathrm{i}$

a) $z = z_1 + z_2$ c) $z = {z_1}^2 - z_2$ e) $z = {z_2}^5$

b) $z = z_1 \cdot z_2$ d) $z = \frac{z_1}{z_2}$ f) $\frac{1}{z} = \frac{1}{z_1} + \frac{1}{z_2}$; $z = ?$

4 Stellen Sie die komplexen Zahlen in der Gauß'schen Zahlenebene dar.

a) $(1 - 2 \cdot \mathrm{i})^3$ c) $\sqrt[3]{-\mathrm{i}}$ e) $(2 \cdot \mathrm{e}^{\mathrm{i}\,30°} + 2)^2$

b) $\frac{50}{(2 - \mathrm{i})^2}$ d) $\sqrt{8 + 10 \cdot \mathrm{i}}$ f) $\left(\frac{5 + 5 \cdot \mathrm{i}}{5 - 5 \cdot \mathrm{i}}\right)^3$

5 Führen Sie mit $z_1 = 4\mathrm{e}^{-\mathrm{i}45°}$ und $z_2 = 3 + 4 \cdot \mathrm{i}$ folgende Rechenoperationen durch. Stellen Sie z_1, z_2 und z in der Gauß'schen Zahlenebene dar.

a) $z = z_1 - z_2$ d) $z = \sqrt{z_1}$ g) $z = \left(\frac{1}{z_1} + \frac{1}{z_2}\right)(z_1 + z_2)$

b) $z = z_1 \cdot {z_2}^4$ e) $z = \sqrt[3]{z_2}$ h) $z = \frac{{z_1}^5}{{z_2}^3}$

c) $z = \frac{z_1 + z_2}{{z_1}^3}$ f) $z = {z_1}^2 + \sqrt{z_2}$ i) $z = \sqrt[4]{{z_2}^3}$

5.4 Anwenden der komplexen Rechnung für Aufgaben in der Elektrotechnik

Mithilfe der komplexen Rechnung können Aufgaben, die sich in der Wechselstromtechnik der Elektrotechnik stellen, relativ leicht gelöst werden. Bei den Schaltungen der Wechseistromtechnik sind Spannungen und Ströme phasenverschoben.
Bevor wir auf *gemischte Schaltungen* eingehen, müssen die Strom- und Spannungsverhältnisse der drei Widerstände: *ohmscher Widerstand, induktiver Widerstand* und *kapazitiver Widerstand* geklärt werden.

Für die imaginäre Einheit wird im Folgenden der **Buchstabe j** gesetzt. Mit **i** wird der Augenblickswert des elektrischen Stroms bezeichnet.

1. Der ohmsche Widerstand:

An einen ohmschen Widerstand wird eine sinusförmige Wechselspannung angelegt.
Dann fließt durch den Widerstand ein sinusförmiger Strom (graphisch in der Abb.5.7 dargestellt).

$\boldsymbol{u = \hat{U} \cdot \sin \omega t}$	ist die Gleichung für die Spannung
$\boldsymbol{i = \hat{I} \cdot \sin \omega t}$	ist die Gleichung für den Strom

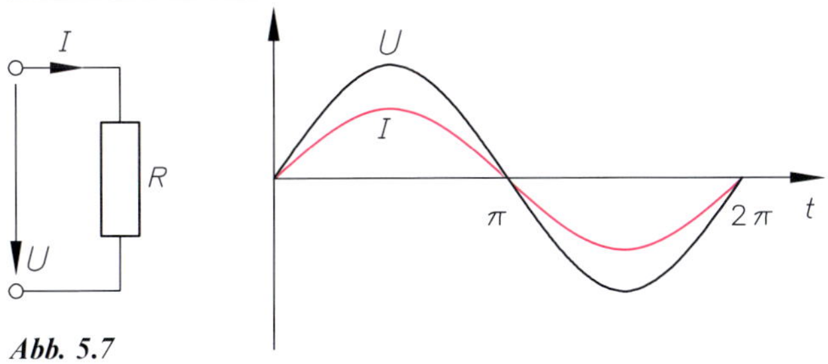

Abb. 5.7

Beim ohmschen Widerstand sind Strom und Spannung **in Phase**.
Die Größe des Widerstandswertes ist durch den Quotienten aus Spannung und Strom bestimmt:

$$R = \frac{U}{I}$$

$$\boldsymbol{R = \frac{U}{I}}$$

Der Widerstand ist eine **reelle Größe**, da durch ihn zwischen Strom und Spannung keine Phasenverschiebung entsteht. Diese Zuordnung wird verständlich, wenn wir zu den folgenden Widerständen kommen.

2. Der induktive Widerstand:

Wird an eine Spule mit der Induktivität L eine sinusförmige Spannung angelegt, so fließt ein Strom I, der der Spannung um 90° nacheilt (Abb. 5.8).

$\boldsymbol{u = \hat{U} \cdot \sin \omega t}$	ist die Gleichung für die Spannung
$\boldsymbol{i = \hat{I} \cdot \sin(\omega t - 90°)}$	ist die Gleichung für den Strom (vgl 3.7.6)

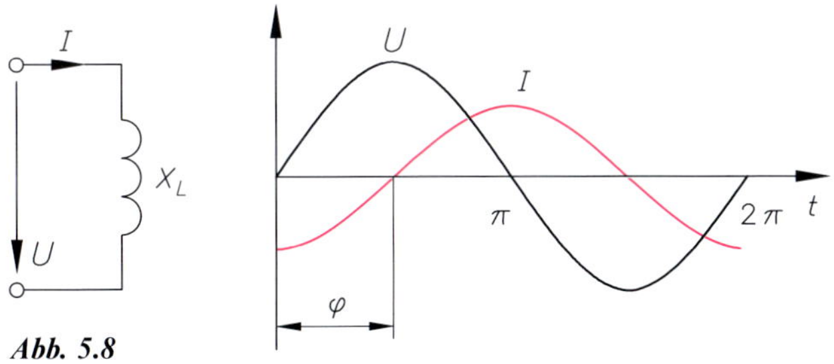

Abb. 5.8

Der Quotient aus Spannung und Strom heißt bei einer Spule, **induktiver Widerstand** X_L:

$$X_L = \frac{U}{I}$$

Die Phasenverschiebung von 90° wird in dem Diagramm (Abb. 5.8) ersichtlich. Noch deutlicher kann dies in einem **Zeigerdiagramm** gezeigt werden.

Zeigerdiagramm zur Darstellung von Strömen und Spannungen:

Stellen Sie sich die Zeiger mit den Längen $\hat{U}$ und $\hat{I}$ so vor, dass sie sich wie im Einheitskreis (vgl 3.7.2) links herum drehen, dann bilden sie wie in der Abb. 5.8 dargestellt die Augenblickswerte u und i ab.

Zur Zeit t_0 ist z. B. $u = u_0 = 0$ und $i = i_0 = -\hat{I}$

zur Zeit t_1 ist z. B. $u = u_1$ und $i = i_1$

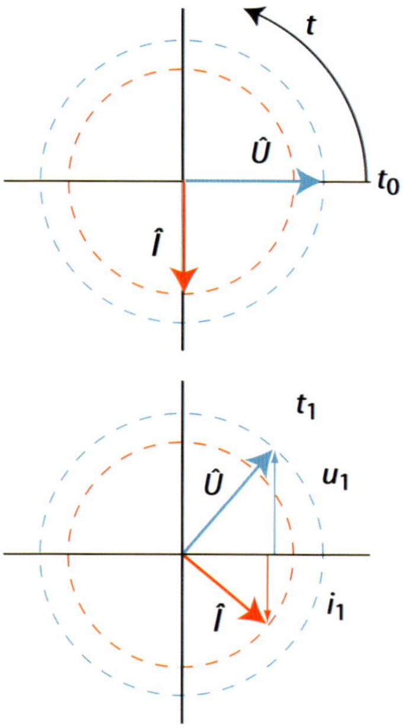

Abb. 5.9

Wichtig:

Die Phasenverschiebung zwischen Strom und Spannung ist zu jeder Zeit gleich groß. Es reicht aus, wenn die Betrachtung der Verhältnisse für **eine** Zeit gemacht werden.

Definition des Zeigerdiagramms

Das Zeigerdiagramm stellt die Amplituden von Strömen und Spannungen und ihrer Phasenlage zueinander zu einem bestimmten Zeitpunkt dar.
(Anstelle von Amplitudenwerten können auch Effektivwerte eingesetzt werden.)

Wird das Zeigerdiagramm in die Gauß'sche Zahlenebene übertragen, werden aus Strömen und Spannungen **komplexe Größen** (vgl. Abb. 5.10).

Schreibweise komplexer Größen:

$\underline{U}, \underline{I}, \underline{P}$ komplexe Größen

U, I, P Effektivwerte und Beträge von $\underline{U}, \underline{I}, \underline{P}$

1. Mit der Spannung auf der reellen Achse ist:
   $\underline{U} = U \cdot e^{j0°}$ und $\underline{I} = I \cdot e^{-j90°}$ (vgl. Abb. 5.10)

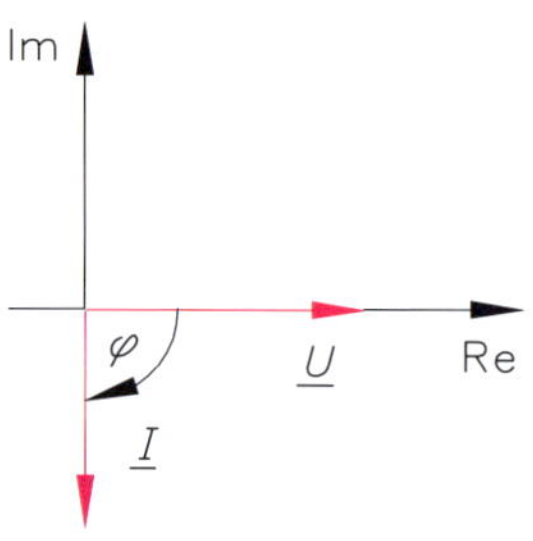

Abb. 5.10

2. Mit dem Strom auf der reellen Achse, ist:
$\underline{I} = I \cdot e^{j0°}$ und $\underline{U} = U \cdot e^{+j90°}$ (vgl. Abb. 5.11)

Da der induktive Widerstand für die Phasenverschiebung verantwortlich ist, geben wir ihn als imaginäre Größe an.

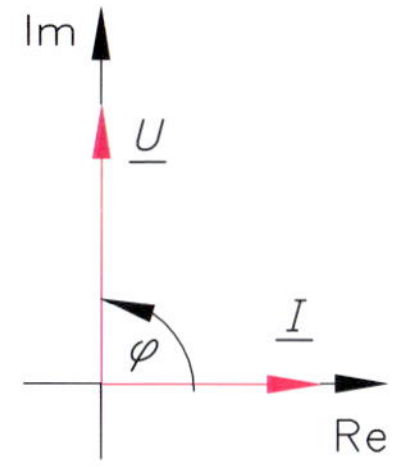

Abb. 5.11

Somit gilt für das 1. Zeigerdiagramm:

$$\underline{I} = \frac{U \cdot e^{j0°}}{X_L \cdot e^{j90°}} \Leftrightarrow \underline{I} = \frac{U}{X_L} \cdot e^{-j90°} \quad \text{(vgl. Abb. 5.10)}$$

und für das 2. Zeigerdiagramm:

$$\underline{U} = I \cdot e^{j0°} \cdot X_L \cdot e^{j90°} \Leftrightarrow \underline{U} = I \cdot X_L \cdot e^{j90°} \quad \text{(vgl. Abb. 5.11)}$$

Definition des induktiven Widerstandes

$\mathbf{j \cdot X_L}$ Der induktive Widerstand ist eine **positive imaginäre Größe**.

3. Der kapazitive Widerstand

Wird an einen Kondensator mit der Kapazität C eine sinusförmige Spannung angelegt, so fließt ein Strom I, der der Spannung um 90° vorauseilt (Abb. 5.12).

$u = \hat{U} \cdot \sin \omega t$	ist die Gleichung für die Spannung
$i = \hat{I} \cdot \sin(\omega t + 90°)$	ist die Gleichung für den Strom (vgl. 3.7.6)

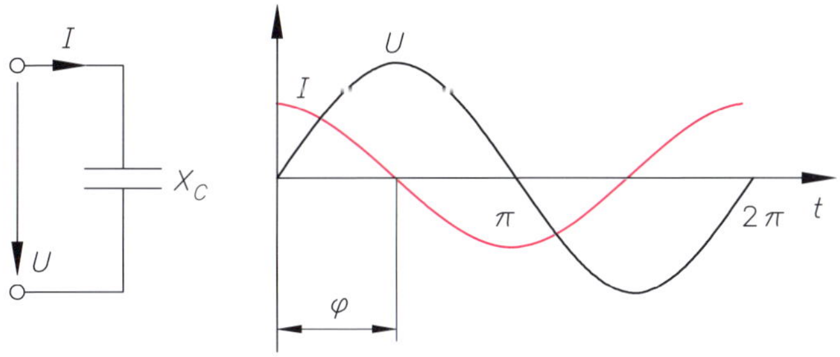

Der Quotient aus Spannung und Strom heißt bei einem Kondensator **kapazitiver Widerstand** X_C:

$$X_C = \frac{U}{I}$$

Abb. 5.12

Das, was für den induktiven Widerstand gilt, trifft in ähnlicher Form auch für den kapazitiven Widerstand zu. Für die Berechnung mit komplexen Größen muss die entgegengesetzte Phasenverschiebung berücksichtigt werden.

Definition des kapazitiven Widerstandes

$\mathbf{-j \cdot X_C}$ Der kapazitive Widerstand ist eine **negative imaginäre Größe**.

Beispiel: Berechnung einer Reihenschaltung mit *R*, *L* und *C*

Für die Reihenschaltung sollen der Strom I, die Phasenverschiebung φ zwischen U und I, die Spannungen U_R, U_L, U_C und die Leistungsaufnahme S errechnet werden.

$R = 20\ \Omega$; $X_L = 120\ \Omega$; $X_C = 100\ \Omega$; $\underline{U} = 230\ \text{V}\ \text{e}^{\text{j}0°}$

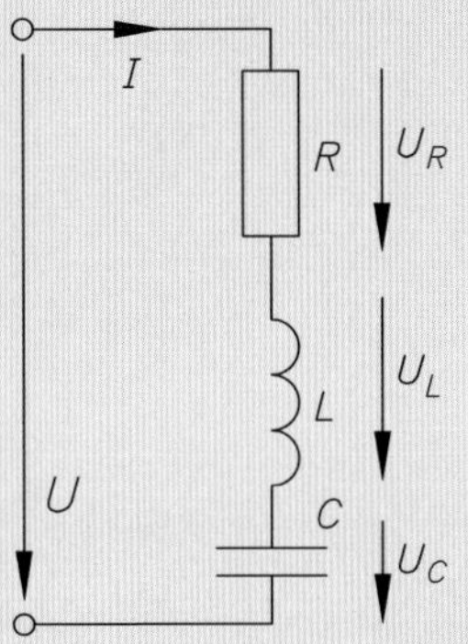

Für die Schaltung (Abb. 5.12) wird eine Ersatzschaltung (Abb. 5.13) erstellt, bei der $\underline{Z}$ der komplexe Ersatzwiderstand ist.

$\underline{Z} = R + \text{j}X_L + (-\text{j}X_C)$

$\underline{Z} = R + \text{j}(X_L - X_C)$

$\underline{Z} = (20 + \text{j}20)\ \Omega$

$\underline{Z} = \sqrt{800}\ \Omega\ \text{e}^{\text{j}45°}$

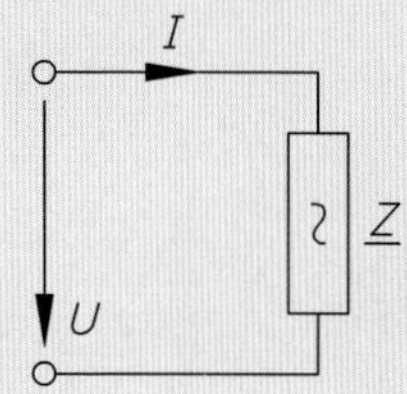

Abb. 5.13

Der Strom $\underline{I}$ wird aus dem Ersatzwiderstand $\underline{Z}$ und der Spannung $\underline{U}$ ermittelt.

$$\underline{I} = \frac{\underline{U}}{\underline{Z}} \Leftrightarrow \underline{I} = \frac{230\ \text{V}\ \text{e}^{\text{j}0°}}{\sqrt{800}\ \Omega\ \text{e}^{\text{j}45°}} \Leftrightarrow \underline{I} = 8{,}13\ \text{A}\ \text{e}^{-\text{j}45°}$$

$I = 8{,}13$ A und $\varphi = 45°$ I eilt U um 45° nach (vgl. Abb. 5.14).

Der Strom $\underline{I}$ verursacht folgende Spannungsfälle:

$\underline{U}_R = \underline{I} \cdot R$
$\underline{U}_R = 8{,}13\ \text{A}\ \text{e}^{-\text{j}45°} \cdot 20\ \Omega$
$\boldsymbol{\underline{U}_R = 162{,}63\ \text{C}\ \text{e}^{-\text{j}45°}}$

$\underline{U}_L = \underline{I} \cdot \text{j}X_L$
$\underline{U}_L = 8{,}13\ \text{A}\ \text{e}^{-\text{j}45°} \cdot 120\ \Omega\ \text{e}^{\text{j}90°}$
$\boldsymbol{\underline{U}_L = 975{,}6\ \text{V}\ \text{e}^{\text{j}45°}}$

$\underline{U}_C = \underline{I} \cdot (-\text{j}X_C)$
$\underline{U}_C = 8{,}13\ \text{A}\ \text{e}^{-\text{j}45°} \cdot 100\ \Omega\ \text{e}^{-\text{j}90°}$
$\boldsymbol{\underline{U}_C = 813\ \text{V}\ \text{e}^{-\text{j}135°}}$

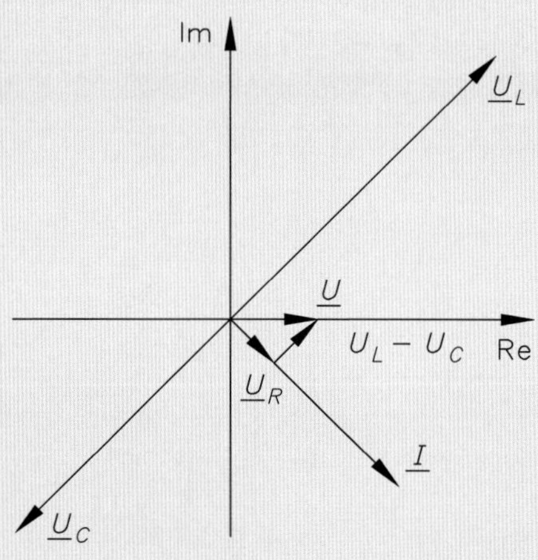

Abb. 5.14

Die elektrische Leistung ist das Produkt aus Strom und Spannung:

$\underline{S} = \underline{U} \cdot \underline{I}$
$\underline{S} = 230\ \text{V}\ \text{e}^{\text{j}0°} \cdot 8{,}13\ \text{A}\ \text{e}^{-\text{j}45°}$
$\underline{S} = 1\,870\ \text{VA}\ \text{e}^{-\text{j}45°} \Leftrightarrow \underline{S} = (1\,322 - \text{j}1\,322)\ \text{VA}$

$S = U \cdot I = 1\,870$ VA ist die Scheinleistung
$P = \text{Re}\{S\} = 1\,322$ W ist die Wirkleistung
$Q = \text{Im}\{S\} = 1\,322$ var ist die Blindleistung (genauer: induktive Blindleistung)

Beispiel: Berechnung im Drehstromnetz

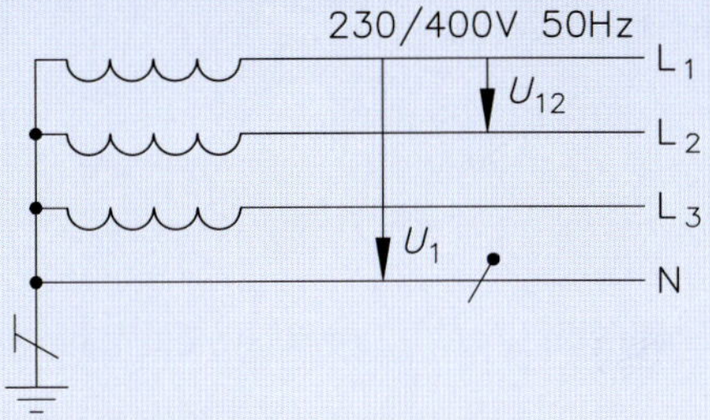

Abb. 5.15

Im *Drehstromnetz* sind die Strangspannungen (= Spannung zwischen den Außenleitern L und dem Neutralleiter N) um jeweils 120° phasenverschoben:

$\underline{U}_1 = 230\text{ V } e^{j0°}$
$\underline{U}_2 = 230\text{ V } e^{-j120°}$
$\underline{U}_3 = 230\text{ V } e^{j120°}$

Die Außenleiterspannungen (= Spannung zwischen den einzelnen Außenleitern) können mithilfe komplexer Rechnung folgendermaßen bestimmt werden:

$\underline{U}_{12} = \underline{U}_1 - \underline{U}_2$ Spannung zwischen L_1 und L_2

$\underline{U}_{12} = 230\text{ V } e^{j0°} - 230\text{ V } e^{-j120°}$

$\underline{U}_{12} = (230 + 115 + j\,199{,}19)\text{ V}$ $\Leftrightarrow$ $\boldsymbol{\underline{U}_{12} = 398{,}37}\text{ V } e^{j30°}$

$\underline{U}_{23} = \underline{U}_2 - \underline{U}_3$ Spannung zwischen L_2 und L_3

$\underline{U}_{23} = 230\text{ V } e^{-j120°} - 230\text{ V } e^{j120°}$

$\underline{U}_{23} = (-115 - j\,199{,}19 + 115 - j\,199{,}19)\text{ V}$ $\Leftrightarrow$ $\boldsymbol{\underline{U}_{23} = 398{,}37\text{ C } e^{-j90°}}$

$\underline{U}_{31} = \underline{U}_3 - \underline{U}_1$ Spannung zwischen L_3 und L_1

$\underline{U}_{31} = 230\text{ V } e^{j120°} - 230\text{ V } e^{j0°}$

$\underline{U}_{31} = (-115 + j\,199{,}19 - 230)\text{ V}$ $\Leftrightarrow$ $\boldsymbol{\underline{U}_{31} = 398{,}37\text{ C } e^{j150°}}$

Darstellung der Strang- und Außenleiterspannungen in der Gauß'schen Zahlenebene: Die Außenleiterspannungen haben alle den gleichen Betrag ≈ 400 V und sind ebenfalls, wie die Strangspannungen jeweils um 120° phasenverschoben.

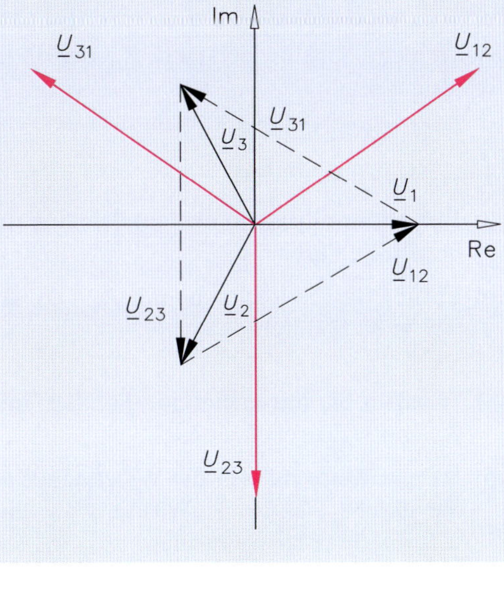

Abb. 5.16

AUFGABEN

1

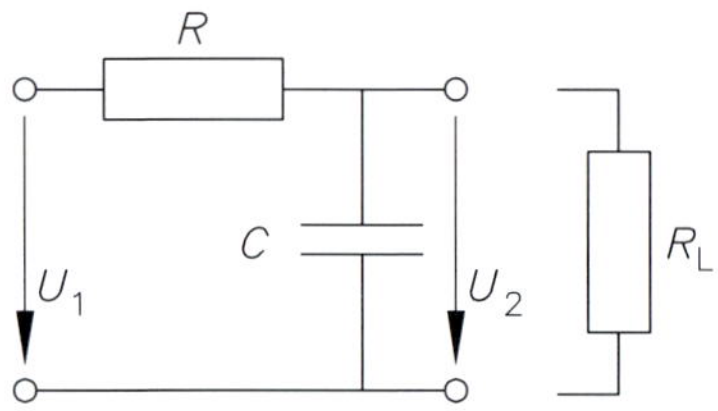

Bei der nebenstehenden Schaltung (Tiefpass) ist das Spannungsverhältnis

$\frac{U_2}{U_1}$ von der Frequenz abhängig.

a) Geben Sie die Spannung $\underline{U}_2$ und ihre Phasenverschiebung zu $\underline{U}_1$ an, wenn der Lastwiderstand R_L nicht angeschlossen ist und

$\underline{U}_1 = 100\ \text{V}\ e^{j0°}$; $R = 100\ \Omega$; $C = 22\ \mu\text{F}$; $f = 50\ \text{Hz}$ sind.

b) Welcher Spannungswert U_2 und welche Phasenverschiebung φ stellen sich ein, wenn zusätzlich $R_L = 100\ \Omega$ angeschlossen wird?

2

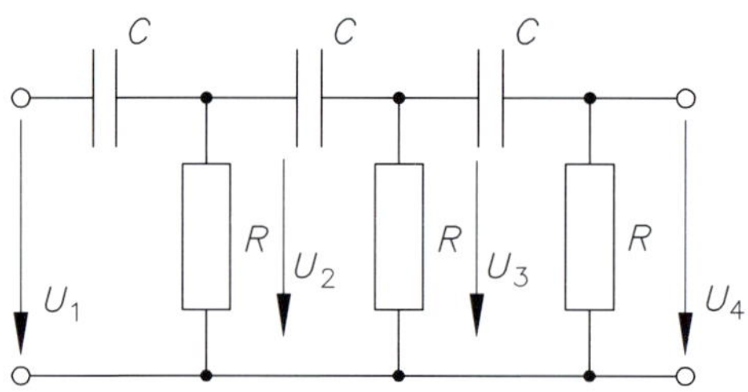

Die Schaltung heißt auch *RC*-Phasenschieber.

Folgende Werte sind gegeben:

$R = 100\ \Omega$, $X_C = 100\ \Omega$ und $U_4 = 10\ \text{V}$

a) Wie groß ist der Spannungswert von U_3 und die Phasenverschiebung zu U_4?

b) Geben Sie U_2 und die Phasenverschiebung zu U_4 an.

c) Errechnen Sie die Spannung U_1 und die Phasenverschiebung zu U_4.

3 Eine Reihenschaltung soll in eine gleichwertige Parallelschaltung umgewandelt werden, d.h. der Scheinwiderstand $\underline{Z}_r$ der Reihenschaltung muss gleich dem Scheinwiderstand $\underline{Z}_p$ der Parallelschaltung sein.

$\underline{Z}_r = \underline{Z}_p$ bzw. $\underline{Y}_r = \underline{Y}_p$

Y ist der Scheinleitwert.

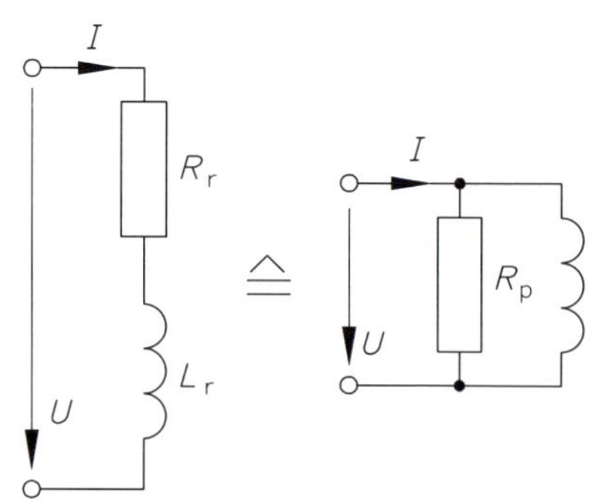

a) Führen Sie allgemein die Umrechnung für die Schaltung durch.

b) Führen Sie die Rechnung mit $R_r = 10\ \Omega$ und $X_{Lr} = 80\ \Omega$ durch.

4 a) Wandeln Sie allgemein eine Parallel- in eine äquivalente Reihenschaltung um, wenn R_p und C_p gegeben sind.

b) Welche Werte müssen die Widerstände R_r und X_{Cr} einer Reihenschaltung haben, um die gleiche elektrische Wirkung wie eine Parallelschaltung mit $R_p = 100\ \text{k}\Omega$ und $X_{Cp} = 120\ \Omega$ hervorzurufen?

5 Geben Sie für die nachfolgenden Schaltungen den komplexen Widerstand der Ersatzreihenschaltungen mit $\underline{Z}_{\text{ers}} = R_{\text{ers}} \pm \text{j} \cdot X_{\text{ers}}$ an.

a)
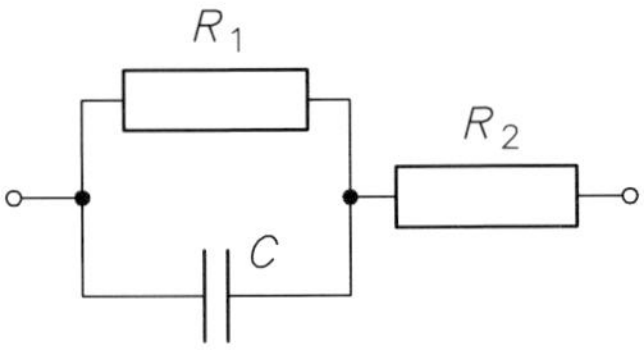

d)
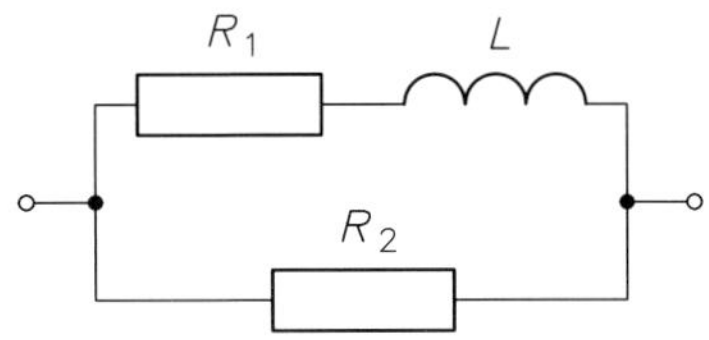

b)
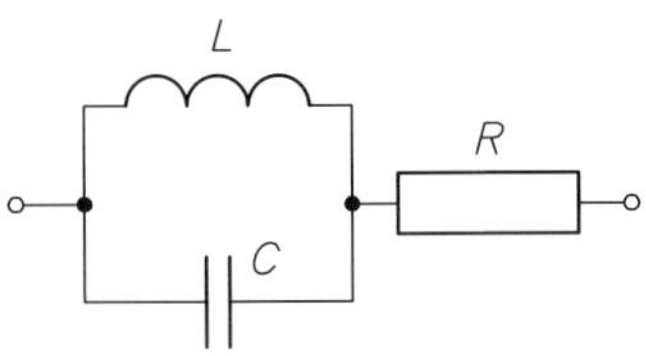

e)
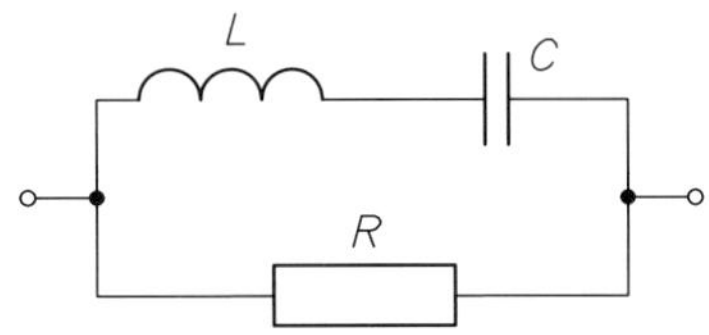

c)
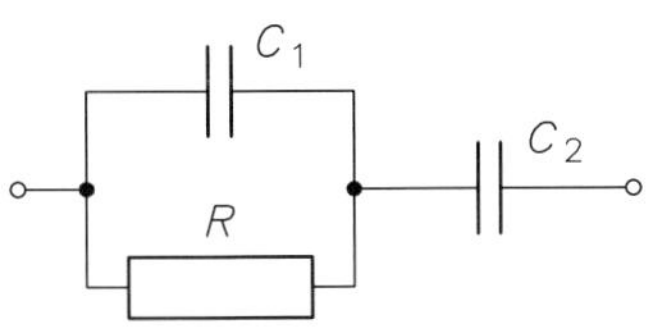

f)
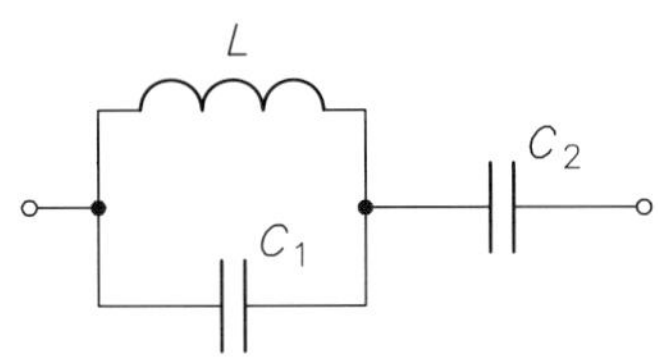

6 Eine Dreieckschaltung kann in eine äquivalente Sternschaltung umgerechnet werden und umgekehrt. Die entsprechenden Gleichungen für die Umwandlung sind:

Umwandlung der Stern- in eine Dreieckschaltung

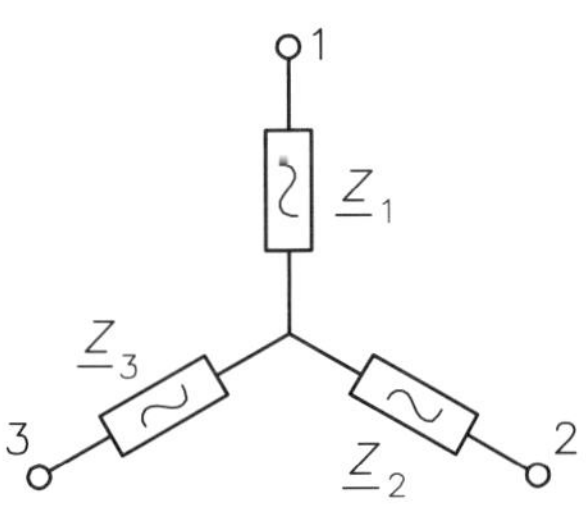

Umwandlung der Dreieck- in eine Sternschaltung

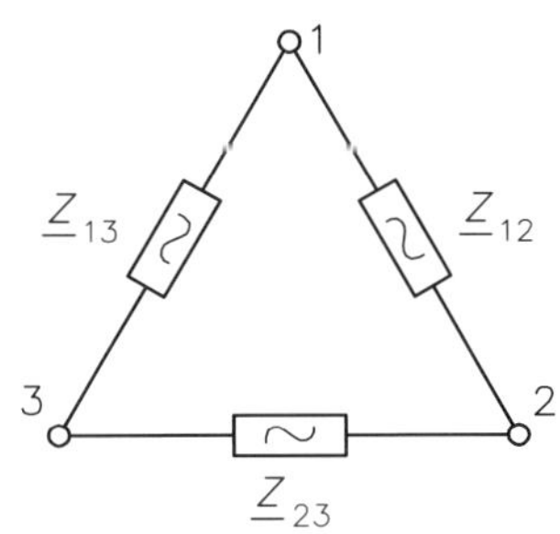

$$\underline{Z}_{12} = \frac{\underline{Z}_1 \cdot \underline{Z}_2}{\underline{Z}_3} + \underline{Z}_1 + \underline{Z}_2$$

$$\underline{Z}_{23} = \frac{\underline{Z}_2 \cdot \underline{Z}_3}{\underline{Z}_1} + \underline{Z}_2 + \underline{Z}_3$$

$$\underline{Z}_{13} = \frac{\underline{Z}_1 \cdot \underline{Z}_3}{\underline{Z}_2} + \underline{Z}_1 + \underline{Z}_3$$

$$\underline{Z}_1 = \frac{\underline{Z}_{12} \cdot \underline{Z}_{13}}{\underline{Z}_{12} + \underline{Z}_{23} + \underline{Z}_{13}}$$

$$\underline{Z}_2 = \frac{\underline{Z}_{12} \cdot \underline{Z}_{23}}{\underline{Z}_{12} + \underline{Z}_{23} + \underline{Z}_{13}}$$

$$\underline{Z}_3 = \frac{\underline{Z}_{23} \cdot \underline{Z}_{13}}{\underline{Z}_{12} + \underline{Z}_{23} + \underline{Z}_{13}}$$

Geben Sie die Widerstandswerte der Dreieckschaltung an, die sich aus der Transformation der Sternschaltung ergeben.

a) $\underline{Z}_1 = \text{j}20\ \Omega$; $\underline{Z}_2 = -\text{j}20\ \Omega$; $\underline{Z}_3 = 20\ \Omega$;

b) $\underline{Z}_1 = (5 + \text{j}10)\ \Omega$; $\underline{Z}_2 = 810 - \text{j}8)\ \Omega$; $\underline{Z}_3 = (10 + \text{j}4)\ \Omega$

c) $\underline{Z}_1 = 20\ \Omega\ \text{e}^{\text{j}30°}$; $\underline{Z}_2 = 10\ \Omega\ \text{e}^{-\text{j}50°}$; $\underline{Z}_3 = 20\ \Omega\ \text{e}^{\text{j}60°}$

Welche Scheinwiderstandswerte ergeben sich bei der Umwandlung einer Dreieck- in eine Sternschaltung?

d) $\underline{Z}_{12} = 100\ \Omega$; $\underline{Z}_{23} = (50 + \text{j}80)\ \Omega$; $\underline{Z}_{13} = (60 - \text{j}50)\ \Omega$

e) $\underline{Z}_{12} = 40\ \Omega\ \text{e}^{\text{j}0°}$; $\underline{Z}_{23} = 60\ \Omega\ \text{e}^{-\text{j}33°;}$ $\underline{Z}_{13} = 50\ \Omega\ \text{e}^{\text{j}15°}$

f) $\underline{Z}_{12} = -\text{j}40\ \Omega$; $\underline{Z}_{23} = -\text{j}80\ \Omega$; $\underline{Z}_{13} = -\text{j}120\ \Omega$

7

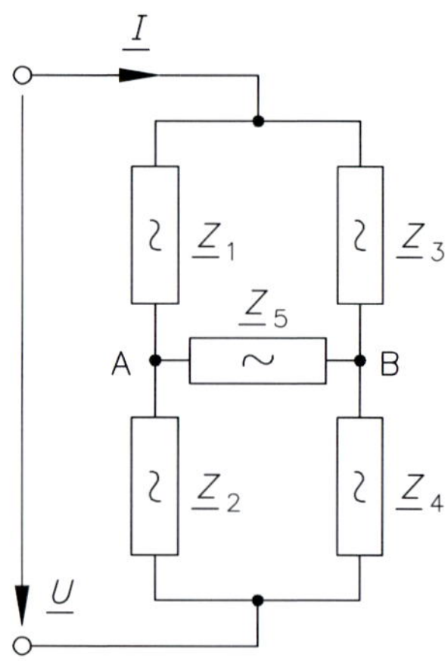

Die nebenstehende Schaltung ist eine sog. *belastete Brückenschaltung*.

Mithilfe der Stern-Dreiecktransformation kann z. B. der Ersatzwiderstand der Brückenschaltungen errechnet werden.

a) Geben Sie den Ersatzscheinwiderstand der Brückenschaltung an.

$\underline{Z}_1 = (2 - \text{j}4)\ \Omega$; $\underline{Z}_2 = (2 + \text{j}2)\ \Omega$; $\underline{Z}_3 = (4 - \text{j}2)\ \Omega$;

$\underline{Z}_4 = (4 + \text{j}4)\ \Omega$; $\underline{Z}_5 = 5\ \omega$

b) Bestimmen Sie den Strom, den die Brückenschaltung aufnimmt, wenn: $\underline{U} = 24\ \text{V}\ \text{e}^{\text{i}0°}$;

$\underline{Z}_1 = (2 + \text{j}2)\ \Omega$; $\underline{Z}_2 = (4 + \text{j}2)\ \Omega$; $\underline{Z}_3 = (5 + \text{j}4)\ \Omega$;

$\underline{Z}_4 = (4 - \text{j}4)\ \Omega$; $\underline{Z}_5 = (4 + \text{j}4)\ \Omega$

8 Ermitteln Sie den Strom $\underline{I}_N$ im Neutralleiter eines Drehstromnetzes mit unsymmetrischer Belastung.

1. zeichnerisch
2. mithilfe der komplexen Rechnung

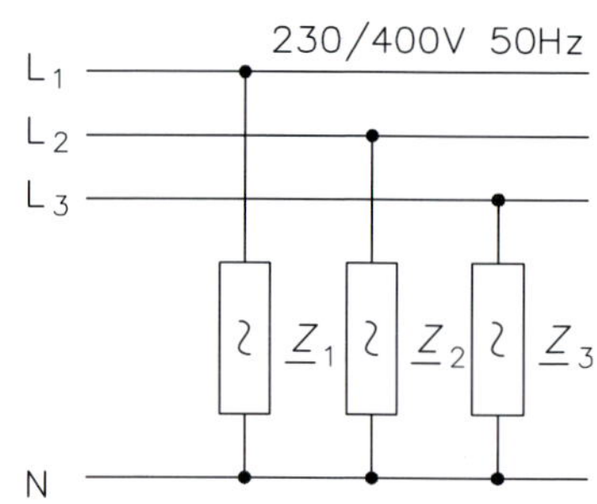

Es sind folgende Widerstände gegeben:

a) $\underline{Z}_1 = 100\ \Omega$; $\underline{Z}_2 = 60\ \Omega$; $\underline{Z}_3 \rightarrow \infty$ (nicht angeschlossen)

b) $\underline{Z}_1 = 100\ \Omega$; $\underline{Z}_2 = 80\ \Omega$; $\underline{Z}_3 = 50\ \Omega$

c) $\underline{Z}_1 = (30 + \text{j}25)\ \Omega$; $\underline{Z}_2 = 50\ \Omega$; $\underline{Z}_3 \rightarrow \infty$

d) $\underline{Z}_1 = (40 + \text{j}10)\ \Omega$; $\underline{Z}_2 = (20 + \text{j}30)\ \Omega$; $\underline{Z}_3 = (50 - \text{j}40)\ \Omega$

9 Ermitteln Sie die Spannungswerte an den Verbrauchern, wenn der Neutralleiter nicht angeschlossen ist.
Hinweis:
Die Ströme $\underline{I}_1$ bis $\underline{I}_3$ können Sie errechnen, wenn Sie die Sternschaltung in eine äquivalente Dreiecksschaltung umwandeln. (s. Aufg. 6)

a) $\underline{Z}_1 = 100\ \Omega$; $\underline{Z}_2 = 80\ \Omega$; $\underline{Z}_3 = 50\ \Omega$
b) $\underline{Z}_1 = \mathrm{j}\,50\ \Omega$; $\underline{Z}_2 = 50\ \Omega$; $\underline{Z}_3 = -\mathrm{j}\,50\ \Omega$
c) $\underline{Z}_1 = \mathrm{j}\,100\ \Omega$; $\underline{Z}_2 = \mathrm{j}\,100\ \Omega$; $\underline{Z}_3 = 100\ \Omega$

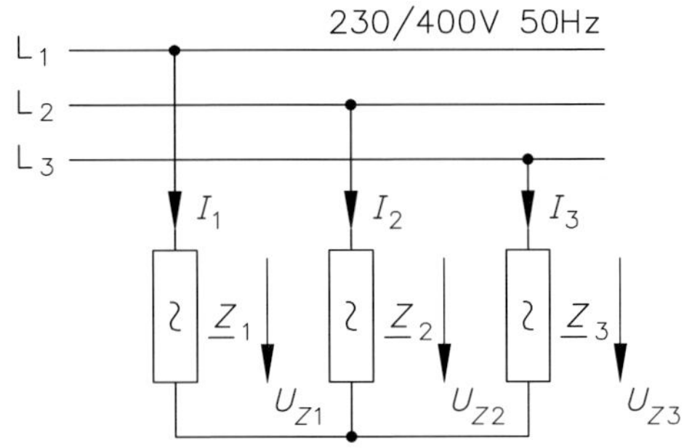

10 Ein Heizgerät, das ordnungsgemäß an das Drehstromnetz 230/400 V angeschlossen wird, nimmt eine Leistung von $P \approx 1{,}6$ kW ($R = 100\ \Omega$) auf.

a) Wie groß ist die Leistungsaufnahme des Heizgerätes, wenn versehentlich statt des Außenleiters L_3 der Neutralleiter N angeschlossen wird?
b) Zeichnen Sie das Zeigerdiagramm der Strangspannungen $\underline{U}_{R1}$; $\underline{U}_{R2}$ und $\underline{U}_{R3}$.

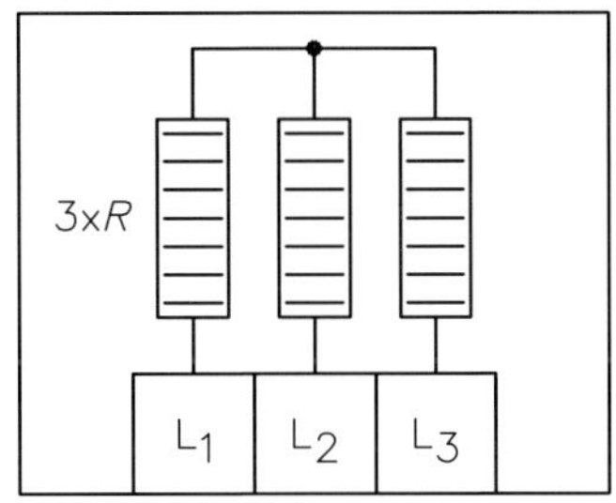

Die nebenstehende Schaltung zeigt das Ersatzschaltbild der Heizung, wenn statt des Außenleiters L_3 der Neutralleiter N angeschlossen wird.

Hinweis:
Lösen Sie die Aufgabe mithilfe des *Helmholtz'schen Überlagerungsgesetzes.*

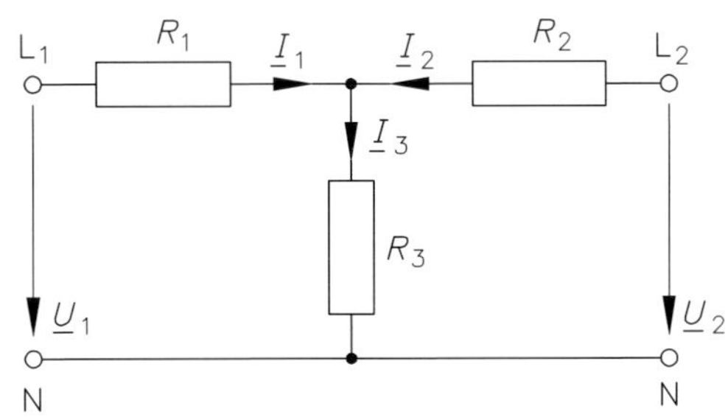

6 Folgen und Reihen

6.1 Definition von Folgen und Reihen

Bisher wurde die Menge der reellen Zahlen als Grundmenge für die Funktionen benutzt. Nun wird der Spezialfall betrachtet, dass die Menge der natürlichen Zahlen $\mathbb{N} = \{1, 2, 3, 4, \dots\}$ Grundmenge von Funktionen ist. Um das deutlich zu machen, wird statt x der Buchstabe n gewählt:

$$n \mapsto f(n) \quad \text{mit } n \in \mathbb{N}$$

Hier ergibt sich die Möglichkeit, die Funktionswerte $f(n)$ nacheinander aufzuzählen, beginnend mit dem Funktionswert von $n = 1$.

Beispiel für eine Folge

$n \mapsto \frac{1}{2} \cdot n + 1,\ n \in \mathbb{N}$

$n \in \mathbb{N}$	1	2	3	4	5	6	7	8	9	…
$f(n) = \frac{1}{2}n + 1$	$\frac{3}{2}$	2	$\frac{5}{2}$	3	$\frac{7}{2}$	4	$\frac{9}{2}$	5	$\frac{11}{2}$	…

„Schreibt“ man nur die Funktionswerte nacheinander auf, so erhält man eine Folge von Zahlen, kurz Folge genannt. Um kenntlich zu machen, dass es sich um eine Folge handelt, werden die Zahlen in spitze Klammern gesetzt.

Beispiel

$\left\langle \frac{3}{2}; 2; \frac{5}{2}; 3; \frac{7}{2}; 4; \frac{9}{2}; 5; \frac{11}{2}; \ldots \right\rangle$

Definition einer Folge

Eine Folge ist eine geordnete Aneinanderreihung der Funktionswerte einer Funktion mit dem Definitionsbereich $D = \mathbb{N}$ (unendliche Folge) oder $D = \mathbb{N}_k$ (endliche Folge, D enthält die ersten k natürlichen Zahlen).

Die Funktionswerte nennt man Glieder der Folge. Sie werden allgemein gekennzeichnet durch den Buchstaben a mit einem Index. Der Index gibt an, welches Glied der Folge gemeint ist:

Glieder einer Folge: $\langle a_1; a_2; a_3; a_4; \ldots; a_n \rangle$

a_3: 3. Glied der Folge

a_n: n-tes Glied der Folge

Mithilfe dieser Bezeichnungen schreibt man zur Festlegung einer Folge statt $n \mapsto f(n)$ im Allgemeinen das Bildungsgesetz der Folge:

Bildungsgesetz der Folge $\qquad a_n = f(n)$

Beispiel für das Bildungsgesetz der Folge

$a_n = \frac{1}{2} \cdot n + 1 \qquad a_1 = \frac{1}{2} \cdot 1 + 1 \qquad a_1 = \frac{3}{2}$

$a_2 = \frac{1}{2} \cdot 2 + 1 \qquad a_2 = 2$

$a_3 = \frac{1}{2} \cdot 3 + 1 \qquad a_3 = \frac{5}{2}$

$a_4 = \frac{1}{2} \cdot 4 + 1 \qquad a_4 = 3$ usw.

Folge: $\frac{3}{2}; 2; \frac{5}{2}; 3; \ldots$

AUFGABEN

1 Schreiben Sie die Glieder der Folge:

a) $\langle n + 1\rangle_5$ c) $\langle 2x - 1\rangle_8$ d) $\left\langle \frac{1}{n + 2}\right\rangle_6$ g) $\langle 2^{n+1}\rangle_6$

b) $\langle 2n\rangle_8$ d) $\langle 5 - 4n\rangle_5$ f) $\left\langle \frac{2n + 1}{3n}\right\rangle_6$ h) $\langle 3 \cdot 2^{2n-1}\rangle_5$

2 Suchen Sie das Bildungsgesetz der Folge:

a) $\langle 1; 5; 9; 13; 17; 21; 25\rangle$
b) $\langle 23; 20; 17; 14; 11; 8; 5\rangle$
c) $\left\langle \frac{1}{2}; \frac{2}{3}; \frac{3}{4}; \frac{4}{5}; \frac{5}{6}; \frac{6}{7}\right\rangle$
d) $\left\langle \frac{5}{2}; \frac{8}{3}; \frac{11}{4}; \frac{14}{5}; \frac{17}{6}\right\rangle$
e) $\langle 1; 4; 9; 16; 25; 36\rangle$
f) $\langle 9; 16; 25; 36; 49; 64\rangle$
g) $\langle 4; 16; 36; 64; 100; 144\rangle$
h) $\langle 4; 7; 12; 19; 28; 39; 52\rangle$
i) $\langle 3; 9; 27; 81; 243\rangle$
k) $\left\langle \frac{1}{2}; \frac{1}{4}; \frac{1}{8}; \frac{1}{16}; \frac{1}{32}; \frac{1}{64}\right\rangle$

3 Wie heißt das n-te Glied der Folge?

a) $\langle 4; 7; 10; 13; 16; 19; \ldots\rangle$ $n = 12 (n = 20, n = 80)$
b) $\langle -28; -26; -24; -22; -20; \ldots\rangle$ $n = 30 (n = 50, n = 97)$
c) $\langle 55; 51; 47; 43; 39; 35; \ldots\rangle$ $n = 40 (n = 60, n = 103)$
d) $\left\langle \frac{3}{2}; \frac{5}{4}; \frac{7}{6}; \frac{9}{8}; \frac{11}{10}; \frac{13}{12}; \ldots\right\rangle$ $n = 25 (n = 47, n = 58)$
e) $\left\langle \frac{121}{2}; \frac{100}{3}; \frac{81}{4}; \frac{64}{5}; \frac{49}{6}; \ldots\right\rangle$ $n = 12 (n = 17, n = 23)$
f) $\langle 4; -8; 16; -32; 64; -128; \ldots\rangle$ $n = 8 (n = 9, n = 10)$
g) $\left\langle \frac{1}{3}; -\frac{1}{5}; \frac{1}{7}; -\frac{1}{9}; \frac{1}{11}; -\frac{1}{13}; +- \ldots\right\rangle$ $n = 18 (n = 29, n = 87)$

Werden die Glieder einer Folge durch Pluszeichen miteinander verbunden, so spricht man von einer **Reihe**.

Beispiele

$s_5 = 1 + 2 + 3 + 4 + 5 \Rightarrow s_5 = 15$
$s_7 = 7 + 4 + 1 + (-2) + (-5) + (-8) + (-11) \Rightarrow s_7 = -14$

allgemein:

$$s_n = \underbrace{a_1 + a_2 + a_3 + \ldots + a_n}_{\text{Reihe}}$$

↓
Summenwert der Reihe mit n Gliedern

Zur Vereinfachung der Schreibweise wird eingeführt:

$$s_n = \sum_{k=1}^{n} a_k{}^{1)} = a_1 + a_2 + a_3 + \ldots + a_n$$

Damit lässt sich **definieren**:
Eine Reihe ist eine formal gebildete (unausgerechnete) Summe der Form.

1. $\sum_{k=1}^{n} a_k = a_1 + a_2 + a_3 + \ldots + a_n$ (endliche Reihe)

2. $\sum_{k=1}^{\infty} a_k = a_1 + a_2 + a_3 + \ldots + a_k + \ldots$ (unendliche Reihe)

Beispiele für Reihen

$$R_1\colon s_5 = \sum_{k=1}^{5} k = 1 + 2 + 3 + 4 + 5 = 15$$

$$R_2\colon s_4 = \sum_{k=1}^{4} (2 \cdot 3^{k-1}) = 2 + 6 + 18 + 54 = 80$$

$$R_3\colon s_7 = \sum_{k=1}^{7} (10 - 3k) = 7 + 4 + 1 + (-2) + (-5) + (-8) + (-11) = -14$$

$$R_4\colon s_7 = \sum_{k=1}^{7} \frac{2k}{k+1} = 1 + \frac{4}{3} + \frac{3}{2} + \frac{8}{5} + \frac{5}{3} + \frac{12}{7} + \frac{7}{4} = \frac{1479}{140}$$

AUFGABEN (Fortsetzung):

4 Berechnen Sie den Summenwert der Reihe

a) $\sum_{k=1}^{5} (2k + 1)$ d) $\sum_{k=1}^{5} k^2$ g) $\sum_{k=1}^{6} \frac{1}{k}$ k) $\sum_{k=1}^{4} \frac{k+1}{k^2+1}$

b) $\sum_{k=1}^{6} (12 - 3k)$ e) $\sum_{k=1}^{7} (k - 1)^2$ h) $\sum_{k=1}^{6} 2^k$ l) $\sum_{k=1}^{5} (-2)^k$

c) $\sum_{k=1}^{6} (2k - 1)$ f) $\sum_{k=1}^{8} (k^2 + 2)$ i) $\sum_{k=1}^{4} \frac{1}{k+1}$ m) $\sum_{k=1}^{4} \frac{(-1)^{k+1}}{k+1}$

6.2 Arithmetische Folgen und Reihen

Die arithmetischen Folgen bilden eine Klasse spezieller Folgen.

Definition der arithmetischen Folge (AF)

Eine Folge, die das Bildungsgesetz

$$\langle f(n)\rangle = \langle (n-1)d + a\rangle \quad n \in \mathbb{N};\ d, a \in \mathbb{R}$$

hat, heißt **arithmetische Folge** (AF).
Die dabei zugrunde liegende Funktion ist eine ganze rationale Funktion ersten Grades.

---

[1] *Gelesen: „Summe aller Glieder a_k von $k = 1$ bis n" oder kurz „Summe a_k von $k = 1$ bis n".*

Beispiele für arithmetische Folgen

AF_1: $\langle 2n - 1\rangle_6 \quad = \langle 1; 3; 5; 7; 9; 11\rangle$

AF_2: $\left\langle \frac{1}{4}n + 10\right\rangle_5 \quad = \left\langle \frac{41}{4}; \frac{21}{2}; \frac{43}{4}; 11; \frac{45}{4}\right\rangle$

AF_3: $\langle -3n + 5\rangle_6 \quad = \langle 2; -1; -4; -7; -10; -13\rangle$

AF_4: $\left\langle -\frac{1}{2}n - 2\right\rangle_5 \quad = \left\langle -\frac{5}{2}; -3; -\frac{7}{2}; -4; -\frac{9}{2}\right\rangle$

AF_5: $\langle 0 \cdot n + 3\rangle_6 \quad = \langle 3; 3; 3; 3; 3; 3\rangle$

AF_6: $\langle 2n + 0\rangle \quad = \langle 2; 4; 6; 8; 10; \ldots\rangle$

Anhand dieser Beispiele wollen wir einige Erkenntnisse formulieren:
Bei den Folgen AF_1 und AF_2 sowie AF_6 ist jedes Glied größer als das vorhergehende. Man spricht dann von einer steigenden Folge. Dabei ist immer der Koeffizient d größer als Null:

$d > 0$: steigende Folge.

Bei den Folgen AF_3 und AF_4 ist jedes Glied kleiner als das vorhergehende. Man spricht dann von einer fallenden Folge: Dabei ist immer der Koeffizient d kleiner als Null:

$d < 0$: fallende Folge.

Bei der Folge AF_5 sind alle Glieder gleich. Es handelt sich hier um eine konstante Folge. Dabei ist der Koeffizient d gleich Null:

$d = 0$: konstante Folge.

Die Folgen AF_1 bis AF_5 haben endlich viele Glieder. Es handelt sich hier um **endliche Folgen**. Die Folge AF_6 hat unendlich viele Glieder. Es handelt sich hier um eine **unendliche Folge**. Wir behandeln hier nur endliche arithmetische Folgen.
Um die AF zu untersuchen, betrachten wir zwei aufeinander folgende Glieder. An den Beispielen können wir errechnen, dass bei einer AF die Differenz zwischen einem Glied und dem vorhergehenden immer konstant ist. Allgemein:

$$a_n = dn + a \quad a_{n-1} = d(n-1) + a$$
$$a_n - a_{n-1} = dn + a - [d(n-1) + a] = dn + a - dn + d - a = d$$

d nennt man die **Differenz der Folge AF**.

Ist die Differenz d also bei einer AF immer konstant, so kann man zu einem Glied a_n das nächste Glied a_{n+1} angeben, indem man zu a_n die Differenz d addiert.

Formel für das (n + 1)-te Glied: $a_{n+1} = a_n + d$.

Nennt man das erste Glied der Folge a_1, so ist

$$a_2 = a_1 + d,\ a_3 = a_2 + d = a_1 + 2d,\ a_4 = a_3 + d = a_1 + 3d \ldots$$
$$a_n = a_{n-1} + d = a_{n-2} + 2d = \ldots = a_1 + (n-1)d$$

Formel für das (n)-te Glied: $a_n = a_1 + (n-1)d$ **(Bildungsgesetz der AF)**

Betrachtet man drei aufeinander folgende Glieder a_{n-1}, a_n, a_{n+1}, so gelten die Beziehungen:

$a_{n-1} = a_n - d$ und $a_{n+1} = a_n + d \; (n > 1)$

$a_{n-1} + a_{n+1} = a_n - d + a_n + d = 2a_n$

oder: $a_n = \dfrac{a_{n-1} + a_{n+1}}{2}$

Das mittlere von drei aufeinanderfolgenden Gliedern einer AF ist gleich der halben Summe der beiden äußeren Glieder. Man spricht vom **arithmetischen Mittel**.

Definition des arithmetischen Mittels

$$a_n = \frac{a_{n-1} + a_{n+1}}{2}$$

Beispiel für das arithmetische Mittel

Gegeben seien die Glieder 5 und 9 einer AF. Es soll das dazwischen liegende Glied ermittelt werden.

$$a_n = \frac{5+9}{2} = \frac{14}{2} = 7$$

Definition der arithmetischen Reihe (AR)

$$s_n = a_1 + a_2 + a_3 + \ldots + a_n = \sum_{k=1}^{n} [a_1 + (k-1) \cdot d]$$

Der Summenwert der arithmetischen Reihe (AR) kann berechnet werden mit der

Summenformel

$$s_n = \frac{n}{2} \cdot (a_1 + a_n) \qquad \text{oder:} \qquad s_n = \frac{n}{2} \cdot [2a_1 + (n-1) \cdot d]$$

Beweis

$$\begin{array}{rcl} s_n &=& a_1 + (a_1 + d) + (a_1 + 2d) + \ldots + (a_n - 2x) + (a_n - d) + a_n \\ s_n &=& a_n + (a_n - d) + (a_n - 2d) + \ldots + (a_1 + 2d) + (a_1 + d) + a_1 \quad + \\ \hline 2s_n &=& (a_1 + a_n) + (a_1 + a_n) + (a_1 + a_n) + \ldots + (a_1 + a_n) + (a_1 + a_n) + (a_1 + a_n) \end{array}$$

Werden die beiden Reihen addiert, so ergibt sich:

$$2s_n = n(a_1 + a_n) \Leftrightarrow s_n = \frac{n}{2}(a_1 + a_n)$$

Mit $a_n = a_1 + (n-1) \cdot d$ ergibt sich: $\quad s_n = \dfrac{n}{2}[2a_1 + (n-1) \cdot d]$

Beispiele zum Summenwert einer AR

1. $a_1 = 5;\ n = 36;\ a_n = 215$

Lösung: $s_{36} = \frac{36}{2} \cdot (5 + 215) \Leftrightarrow s_{36} = 18 \cdot 220 \Leftrightarrow \mathbf{s_{36} = 3960}$

2. $a_1 = 560;\ n = 47;\ d = -3$

Lösung: $s_{47} = \frac{47}{2} \cdot [2 \cdot 560 + 46 \cdot (-3)] \Leftrightarrow s_{47} = 23{,}5 \cdot 982 \Leftrightarrow \mathbf{s_{47} = 23077}$

AUFGABEN

1 Wie heißt das n-te Glied?

a) $a_1 = 100;\ d = 3;\ n = 18$

b) $a_1 = -68;\ d = 11;\ n = 31$

c) $a_1 = 72;\ d = -4;\ n = 26$

d) $a_1 = -112;\ d = -21;\ n = 43$

e) $\langle 18; 23; 28; 33; \ldots; a_n\rangle;\ n = 45$

f) $\langle -176; -168; -160; -152; \ldots; a_n\rangle;\ n = 111$

2 Ergänzen Sie die Tabelle:

	a)	b)	c)	d)	e)	f)	g)	h)	i)	k)
a_1	7	21	100	−27	72				7	
a_n		111	$94\frac{1}{2}$	18		40	74			−12
d	8		$-\frac{1}{2}$			14		$-\frac{1}{3}$	6	$-\frac{1}{2}$
n	5	31			23	11	19	28		
s_n				−72	391		2774	−266	2132	−136

3 Berechnen Sie die Summe der ersten 25 Glieder der Folge $\langle -2; 0; 2; 4; \ldots\rangle$.

4 Wie groß ist die Summe der ersten 100 ungeraden Zahlen?

5 Wie groß ist die Summe der ungeraden Zahlen zwischen 300 und 800?

6 Wie groß ist die Summe aller natürlichen dreiziffrigen Zahlen, die durch 23 [29] ohne Rest teilbar sind?

7 Wie groß ist die Summe aller ohne Rest durch 3 [7] teilbaren geraden Zahlen zwischen 100 und 1 000 [200 und 1 800]?

8 Wie groß ist die Summe aller durch 7 [11; 17] mit dem Rest 4 [5; 9] teilbaren ungeraden Zahlen zwischen 50 und 500 [100 und 900; 300 und 3 000]?

9 Die Summe des 3. und 11. Gliedes einer AF ist gleich 34, die des 7. und 12. Gliedes gleich 44. Wie heißt das 20. Glied? Wie groß ist die Summe der ersten 35 Glieder?

10 Die Summe des 5. und 8. Gliedes einer AF ist gleich 1, die des 2. und 6. Gliedes gleich 0. Wie groß ist die Summe der ersten 12 Glieder?

11 Der Summenwert einer AF mit 5 Gliedern ist $s_5 = 0$. Das 4. Glied ist $a_4 = -1{,}5$. Wie groß ist das Glied a_1 und wie groß ist die Differenz d?

12 Eine Turmuhr schlägt nur ganze Stunden. Wie viel Schläge macht sie in 3 Tagen?

13 Eine Turmuhr schlägt die ganzen Stunden; außerdem schlägt sie zu jeder Viertelstunde einmal, zu jeder halben Stunde zweimal, zu jeder Dreiviertelstunde dreimal und zu jeder vollen Stunde viermal. Wie viel Schläge sind das in einem vollen Tag?

14 Beim Bohren eines Schachtes sollen für den ersten Meter 5 EUR [7 EUR] bezahlt werden und für jeden folgenden Meter 1,25 EUR [1,75 EUR] mehr als für den vorhergehenden Meter. Wie teuer wird der Schacht, wenn er 1 200 m tief werden soll?

15 Bei einer Bohrung wird am ersten Tag eine Tiefe von 84 m erreicht. An jedem weiteren Tag werden 4 m weniger gebohrt als am Tag zuvor. Wie tief ist die größte erreichbare Tiefe? Am Abend des wievielten Tages ist eine Tiefe von 900 m erreicht?

16 In einem Bergwerksschacht nimmt die Temperatur alle 35 m um 1 °C zu. Welche Temperatur herrscht in 1 330 m Tiefe, wenn man von einer durchschnittlichen Temperatur von 10 °C an der Erdoberfläche ausgeht?

17 Bei einem trapezförmigen Walmdach liegen in der obersten Reihe 40 Ziegel, in jeder folgenden Reihe liegen 2 Ziegel mehr. Wie viel Ziegel hat diese Dachfläche, wenn 32 Reihen gezählt werden?

18 Lässt man einen Körper frei fallen, so legt er in der ersten Sekunde etwa 5 m, in jeder folgenden Sekunde etwa 10 m mehr als in der vorhergehenden zurück.

a) Stellen Sie das Bildungsgesetz der Folge der Fallwege auf.

b) Wieviel m ist der Körper nach 15 s gefallen?

19 Ein Körper wird senkrecht nach oben geworfen und erreicht in der ersten Sekunde eine Höhe von 60 m. In jeder folgenden Sekunde legt er etwa 10 m weniger zurück als in der vorhergehenden. Wie lange und wie hoch steigt er?

20 Eine Rakete erreicht in 3 000 m Höhe ihre maximale Beschleunigung von 35 m/s^2. Diese hält 140 s an. Bestimmen Sie die Endgeschwindigkeit, wenn die Geschwindigkeit in 3 000 m Höhe 245 m/s betrug.

21 Ein zylindrischer Spulenkörper hat eine Länge von 50 mm und einen Durchmesser von 20 mm. Auf ihn werden 15 Lagen Kupferdraht mit einem Durchmesser von 0,5 mm aufgewickelt.

a) Welchen Durchmesser hat die gewickelte Spule?

b) Wie viel Draht wird benötigt?

6.3 Geometrische Folgen und Reihen

Die geometrischen Folgen bilden eine weitere Klasse spezieller Folgen.

Definition

Eine Folge, die das Bildungsgesetz
$\langle f(n)\rangle = \langle a \cdot q^{n-1}\rangle \; n \in \mathbb{N};\; a, q \in \mathbb{R}$
hat, heißt **geometrische Folge** (GF).
Die dabei zugrunde liegende Funktion ist eine Exponentialfunktion.

Beispiele

GF_1: $\langle 1 \cdot 2^n\rangle_7 = \langle 2; 4; 8; 16; 32; 64; 128\rangle$

GF_2: $\left\langle \frac{1}{3}\left(\frac{3}{2}\right)^n \right\rangle_6 = \left\langle \frac{1}{2}; \frac{3}{4}; \frac{9}{8}; \frac{27}{16}; \frac{81}{32}; \frac{243}{64} \right\rangle$

GF_3: $\left\langle 3 \cdot \left(\frac{1}{2}\right)^n \right\rangle_8 = \left\langle \frac{3}{2}; \frac{3}{4}; \frac{3}{8}; \frac{3}{16}; \frac{3}{32}; \frac{3}{64}; \frac{3}{128}; \frac{3}{256} \right\rangle$

Bei einer geometrischen Folge ist also der Quotient q zweier benachbarter Glieder immer konstant:

$$q = \frac{a_2}{a_1};\; q = \frac{a_3}{a_2};\; q = \frac{a_4}{a_3};\; \ldots;\; q = \frac{a_9}{a_8};\; \ldots;\; q = \frac{a_n}{a_{n-1}}$$

Die geometrische Folge $\langle a_n\rangle = \langle a_1; a_2; a_3; a_4; a_5; \ldots; a_n\rangle$ kann man demnach auch so schreiben: $\langle a_n\rangle = \langle a_1; a_1 \cdot q; a_1 \cdot q^2; a_1 \cdot q^3; a_1 \cdot q^4; \ldots; a_1 \cdot q^{n-1}\rangle$

Daraus kann man das Bildungsgesetz der geometrischen Folge ablesen:

Bildungsgesetz der geometrischen Folge (GF)

$$a_n = a_1 \cdot q^{n-1} \qquad \text{mit } n \in \mathbb{N};\; a_n, a_1;\; q \in \mathbb{R};\; q \neq 0$$

Beispiele für geometrische Folgen

1. $a_1 = \frac{1}{2};\; q = 2;\; a_n = \frac{1}{2} \cdot 2^{n-1}$: $\left\langle \frac{1}{2}; 1; 2; 4; 8; 16; 32; \ldots \right\rangle$

2. $a_2 = \frac{1}{2};\; q = \frac{1}{2};\; a_n = \frac{1}{2} \cdot \left(\frac{1}{2}\right)^{n-1}$: $\left\langle \frac{1}{2}; \frac{1}{4}; \frac{1}{8}; \frac{1}{16}; \frac{1}{32}; \frac{1}{64}; \ldots \right\rangle$

3. $a_1 = 2;\; q = -\frac{1}{2};\; a_n = 2 \cdot \left(-\frac{1}{2}\right)^{n-1}$: $\left\langle 2; -1; \frac{1}{2}; -\frac{1}{4}; \frac{1}{8}; -\frac{1}{16}; \frac{1}{32}; -+ \ldots \right\rangle$

4. $a_1 = 3;\; q = 1;\; a_n = 3 \cdot 1^{n-1}$: $\langle 3; 3; 3; 3; 3; \ldots\rangle$

5. $a_1 = -\frac{1}{3};\; q = 3;\; a_n = -\frac{1}{3} \cdot 3^{n-1}$: $\left\langle -\frac{1}{3}; -1; -3; -9; -27; -81; \ldots \right\rangle$

6. $a_1 = -16;\ q = \frac{1}{2};\ a_n = -16 \cdot \left(\frac{1}{2}\right)^{n-1}$: $\left\langle -16; -8; -4; -2; -1; -\frac{1}{2}; -\frac{1}{4}; \ldots \right\rangle$

7. $a_1 = -2;\ q = -1;\ a_n = -2 \cdot (-1)^{n-1}$: $\langle -2; 2; -2; 2; -2; 2; -+ \ldots \rangle$

8. $a_1 = -27;\ q = -\frac{1}{3};\ a_n = -27 \cdot \left(-\frac{1}{3}\right)^{n-1}$: $\left\langle -27; 9; -3; 1; -\frac{1}{3}; \frac{1}{9}; -+ \ldots \right\rangle$

An Hand dieser Beispiele können folgende Fälle unterschieden werden:

$q > 1$	$a_1 > 0$	Die Folge ist steigend, das heißt, die Glieder der Folge werden immer größer (1.).
	$a_1 < 0$	Die Folge ist fallend, das heißt, die Glieder der Folge werden immer kleiner (5.).
$q = 1$		Die Folge ist konstant, das heißt, die Glieder der Folge sind alle gleich (4.).
$0 < q < 1$	$a_1 > 0$	Die Folge ist fallend (2.).
	$a_1 < 0$	Die Folge ist steigend (6.).
$q < 0$		Die Folge ist alternierend, das heißt, das Vorzeichen der Glieder wechselt (3., 8.).
$q = -1$		Die Folge ist oszillierend, das heißt, die Glieder der Folge sind dem Betrag nach gleich, nur das Vorzeichen wechselt (7.).

Aus $q = \frac{a_n}{a_{n-1}}$ und $q = \frac{a_{n+1}}{a_n}$ folgt:

$$\frac{a_n}{a_{n-1}} = \frac{a_{n+1}}{a_n} \Leftrightarrow a_n^2 = a_{n-1} \cdot a_{n+1} \Rightarrow a_n = \sqrt{a_{n-1} \cdot a_{n+1}}$$

Das mittlere von drei aufeinanderfolgenden Gliedern einer GF ist gleich der Wurzel aus dem Produkt der beiden äußeren Glieder. Man spricht vom geometrischen Mittel.

Definition des geometrischen Mittels

$a_n = \sqrt{a_{n-1} \cdot a_{n+1}}$

Beispiel für das geometrische Mittel

Gegeben seien die Glieder $a_5 = 16$ und $a_7 = 36$ einer geometrischen Folge. Es soll das dazwischenliegende Glied a_6 ermittelt werden.

$a_6 = \sqrt{a_5 \cdot a_7};\quad a_6 = \sqrt{16 \cdot 36} \Leftrightarrow a_6 = 24$

AUFGABEN

1 Berechnen Sie die fehlende Größe:

a) $a_1 = 16$	$q = 1{,}5$	$n = 6$
b) $a_n = 4$	$q = \frac{2}{3}$	$n = 5$
c) $a_n = \frac{1}{8}$	$q = -\frac{1}{2}$	$n = 8$
d) $a_1 = 5$	$a_n = 1\,280$	$n = 9$
e) $a_1 = -3$	$a_n = -10{,}125$	$n = 4$
f) $a_1 = 2$	$a_n = 13\,122$	$q = 3$
g) $a_1 = 1\,458$	$a_n = 192$	$q = \frac{2}{3}$
h) $a_1 = 16{,}384$	$a_n = 78{,}125$	$q = 1{,}25$

2 In einem Gefäß befinden sich 15 l 96 %iger Alkohol. Es werden 3 l Wasser hinzugegeben und anschließend 3 l Mischung entnommen. Dieser Vorgang wird noch sechsmal wiederholt. Wie viel%ig ist dann die Mischung? Wie oft muss der Vorgang wiederholt werden, damit die Mischung weniger als 10 % Alkohol enthält?

3 In einem Gefäß befinden sich 20 Liter 96 %iger Alkohol. Es werden 4 Liter entnommen und anschließend durch 4 Liter Wasser ersetzt. Dieser Vorgang wird noch fünfmal wiederholt. Wie viel %ig ist dann die Mischung? Wie oft muss der Vorgang durchgeführt werden, damit die Mischung weniger als 12 % Alkohol enthält?

4 Ein Gefäß enthält 1 dm^3 Wasser, in dem 50 g Farbstoff gelöst sind. Beim Leeren bleibt 1 cm^3 Lösung in dem Gefäß. Wieviel g Farbstoff sind noch im Gefäß, wenn man fünfmal mit Wasser nachfüllt und jedesmal bis auf 1 cm^3 leert?

5 Eine Bakterienkultur von anfänglich 10 000 Bakterien verdoppelt sich alle zwei Stunden.

a) Wieviel Bakterien sind einen Tag später vorhanden?

b) Nach welcher Zeit ist die Bakterienkultur auf über 10 Milliarden Bakterien angewachsen?

6 Ein Wald hat einen Holzbestand von 50 000 m^3. Der jährliche Zuwachs beträgt 3 %. Wie hoch ist der Holzbestand nach 10 Jahren? Nach wieviel Jahren ist der Holzbestand größer als 75 000 m^3?

7 Polonium hat eine Halbwertszeit von 138 Tagen. In welcher Zeit sind von 200 g Polonium noch 2 g übrig?

8 Eine Werkzeugmaschine hat ein Getriebe mit den Drehzahlen $n_1 = 80$ U/min und $n_2 = 180$ U/min. Es soll das Getriebe so geändert werden, dass eine neue Drehzahl zwischen den beiden bisherigen liegt und die Drehzahlen dann geometrisch abgestuft sind.

a) Berechnen Sie die Zwischendrehzahl.

b) Wie groß wäre die Zwischendrehzahl bei arithmetischer Abstufung des Getriebes?

Werden die Glieder einer geometrischen Folge durch Additionszeichen miteinander verbunden, so spricht man von einer **geometrischen Reihe**.

Beispiele für geometrische Reihen

$s_5 = \frac{1}{2} + 1 + 2 + 4 + 8$

$s_6 = 243 + 81 + 27 + 9 + 3 + 1$

$s_7 = 3 + (-6) + 12 + (-24) + 48 + (-96) + 192$

$s_7 = 3 - 6 + 12 - 24 + 48 - 96 + 192$

$s_n = \sum_{k=1}^{n} a_2 \cdot q^{k-1}$

Der Summenwert der geometrischen Reihe wird berechnet mit der Summenformel:

Summenformel der geometrischen Reihe (GR)

$$s_n = a_1 \cdot \frac{q^n - 1}{q - 1} \qquad q \neq 1$$

Beweis

$$\begin{array}{lcll} s_n & = & a_1 + a_1 q + a_1 q^2 + a_1 q^3 + a_1 q^4 + \ldots + a_1 q^{n-3} + a_1 q^{n-2} + a_1 q^{n-1} & \mid - \\ s_n \cdot q & = & \phantom{a_1 +{}} a_1 q + a_1 q^2 + a_1 q^3 + a_1 q^4 + \ldots + a_1 q^{n-3} + a_1 q^{n-2} + a_1 q^{n-1} + a_1 q^n & \mid + \\ \hline \end{array}$$

$s_n \cdot q - s_n = -a_1 \qquad + a_1 q^n$

$\Leftrightarrow s_n(q-1) = a_1(q^n - 1) \Leftrightarrow s_n = a_1 \cdot \frac{q^n - 1}{q - 1}$

Beispiel zur Berechnung des Summenwertes einer GR

Berechnen Sie den Summenwert der ersten 12 Glieder der Reihe

$8 - 4 + 2 - 1 + \frac{1}{2} - + \ldots$

Lösung:

$a_1 = 8;\ q = -\frac{1}{2};\ s_{12} = a_1 \frac{q^{12} - 1}{q - 1}$

$$s_{12} = 8 \cdot \frac{\left(-\frac{1}{2}\right)^{12} - 1}{\left(-\frac{1}{2}\right) - 1} \Leftrightarrow s_{12} = 8 \cdot \frac{\frac{1}{4096} - 1}{-\frac{1}{2} - 1}$$

$$\Leftrightarrow s_{12} = 8 \cdot \frac{-\frac{4095}{4096}}{-\frac{3}{2}} \Leftrightarrow s_{12} = \frac{8 \cdot 4095 \cdot 2}{4096 \cdot 3}$$

$$\Leftrightarrow \mathbf{s_{12} = \frac{1365}{256}}$$

AUFGABEN

1 Berechnen Sie die fehlenden Größen:

	a)	b)	c)	d)	e)	f)	g)	h)
a_1	5	-320		9		-2	-5	
a_n		$\frac{5}{8}$	1458	2304			2560	$\frac{1}{1280}$
g	-3		3	2	4	$\frac{3}{2}$		$-\frac{1}{2}$
n	6	10	8		6			
s_n					$682\frac{1}{2}$	$-\frac{665}{16}$	1705	$-\frac{51}{768}$

2 Nach einer Sage erbat sich der Erfinder des Schachspiels als Ehrengeschenk für das erste der 64 Felder ein Weizenkorn, für das zweite zwei Körner, für das dritte vier Körner usw. bis zum 64. Feld.
Wie viele Weizenkörner hätte er bekommen müssen?
Nimmt man an, dass 20000 Weizenkörner ein Kilogramm wiegen, wie viele Waggons mit einem Fassungsvermögen von 10000 kg könnten damit beladen werden? Nimmt man an, dass ein Waggon 15 m lang ist, wie lang wäre die Kette aller Waggons? Die Lichtgeschwindigkeit beträgt ca. $300\,000\,\frac{\text{km}}{\text{s}}$. Wie lange brauchte ein Lichtstrahl, um vom Anfang zum Ende der Kette zu gelangen? Zum Vergleich: Ein Lichtstrahl gelangt in ca. 8 Minuten von der Sonne zur Erde.

3 In einer geometrischen Folge ist die Summe des 2. und 3. Gliedes gleich 60, der Quotient des 1. und 4. Gliedes gleich $\frac{8}{27}$. Stellen Sie die Folge auf und berechnen Sie den Summenwert der ersten 5 Glieder.

4 Die Summe des 5. und 6. Gliedes verhält sich zur Summe des 10. und 11. Gliedes wie 1 zu 243. Berechnen Sie den Quotienten der Folge.

5 Drei Zahlen, von denen die zweite um 17 größer ist als die erste, die dritte um 34 größer ist als die zweite, bilden eine GF. Wie heißt sie?

6 Einem Quadrat mit der Seitenlänge $l = 10$ cm wird ein um 45° gedrehtes Quadrat einbeschrieben, diesem wieder ein um 45° gedrehtes usw. Wie groß ist die Fläche der ersten 8 [10] Quadrate zusammen?
Wie groß ist der Umfang der ersten 8 [10] Quadrate zusammen?

7 Ein mit Luft gefüllter Behälter hat ein Volumen von 1 dm³. Er soll mit einer Luftpumpe geleert werden, deren Zylinder 400 cm³ fasst. Wie viele Kolbenbewegungen benötigt man, um den Druck von 1 bar auf 10 mbar zu verringern?

8 Beim Durchdringen einer Glasplatte verliert ein Lichtstrahl 8 % seiner Helligkeit I_0.

a) Welche Helligkeit I hat er nach dem Durchgang durch 9 Glasplatten?

b) Bei wie viel Platten ist seine Helligkeit auf 30 % von I_0 abgesunken?

6.4 Finanzmathematische Anwendungen

6.4.1 Zinseszinsrechnung

Zinsen werden dem Kapital am Ende des Jahres gutgeschrieben. Im darauffolgenden Jahr werden die Zinsen von diesem erhöhten Kapital berechnet und diesem dann wieder gutgeschrieben usw. In diesem Fall spricht man von Zinseszinsrechnung.

Ableitung zur Berechnung des Endkapitals (Zinseszinsformel):

Geht man von einem Anfangskapital K_0 aus, so ist das Kapital K_1 nach einem Jahr um die Zinsen Z größer:

$$K_1 = K_0 + Z \Leftrightarrow K_1 = K_0 + K_0 \cdot \frac{p}{100} \qquad \Leftrightarrow K_1 = K_0 \cdot \left(1 + \frac{p}{100}\right)$$

Die Zinsen für das 2. Jahr werden von K_1 berechnet und am Ende des Jahres dem Kapital K_1 zugerechnet:

$$K_2 = K_1 + K_1 \cdot \frac{p}{100} \Leftrightarrow K_2 = K_1 \cdot \left(1 + \frac{p}{100}\right) \Leftrightarrow K_2 = K_0 \cdot \left(1 + \frac{p}{100}\right)^2$$

Nach 3 Jahren beträgt das Kapital K_3:

$$K_3 = K_2 + K_2 \cdot \frac{p}{100} \Leftrightarrow K_3 = K_2 \cdot \left(1 + \frac{p}{100}\right) \Leftrightarrow K_3 = K_0 \cdot \left(1 + \frac{p}{100}\right)^3$$

Nach 4 Jahren beträgt das Kapital K_4:

$$K_4 = K_3 + K_3 \cdot \frac{p}{100} \Leftrightarrow K_4 = K_3 \cdot \left(1 + \frac{p}{100}\right) \Leftrightarrow K_4 = K_0 \cdot \left(1 + \frac{p}{100}\right)^4$$

Führt man diese Rechnung weiter fort, so erhält man nach n Jahren das Kapital K_n:

$$K_n = K_0 \cdot \left(1 + \frac{p}{100}\right)^n$$

Zinseszinsformel $\quad K_n = K_0 \cdot \left(1 + \frac{p}{100}\right)^n$

Zur Verkürzung führt man ein:

$$\boxed{1 + \frac{p}{100} = q}$$

q heißt **Zinsfaktor**. Die Zinseszinsformel lässt sich damit kürzer schreiben:

Kurzform der Zinseszinsformel $\quad \boldsymbol{K_n = K_0 \cdot q^n}$

Die Größen K_0; K_1; K_2; K_3; …; K_n bilden eine geometrische Folge:

K_0; $K_0 \cdot q$; $K_0 \cdot q^2$; $K_0 \cdot q^3$; …; $K_0 \cdot q^0$

mit dem Anfangsglied K_0, dem Quotienten $q = 1 + \frac{p}{100}$ und der Anzahl $n + 1$.

(Da K_0 das 1. Glied, K_1 das 2. Glied, K_2 das 3. Glied, K_3 das 4. Glied ist usw., ist K_n das $(n + 1)$-te Glied der Folge.)

Das Kapital nach n Jahren ergibt damit:

$K_n = K_0 \cdot q^{(n+1)-1} \Leftrightarrow K_n = K_0 \cdot q^n$

Beispiel zur Berechnung des Endkapitals nach *n* Jahren

Ein Kapital von 2 500,00 EUR soll bei einem Zinssatz von 6 % über 8 Jahre verzinst werden.

Lösung:

$K_0 = 2\,500{,}00;\ q = 1 + \frac{6}{100} = 1{,}06;\ n = 8$

$K_8 = 2\,500 \cdot 1{,}06^8$

$K_8 = \underline{\underline{3\,984{,}62}}$

Das Kapital ist auf **3 984,62 EUR** angewachsen.

Oft muss eine zukünftige Zahlung schon in der Gegenwart berücksichtigt werden. Es sei z. B. in n Jahren eine Rechnung über den Betrag K_n fällig. Welcher Betrag B müsste jetzt zurückgelegt werden, damit er später einschließlich Zinsen die fällige Rechnung abdeckte?

Nach der Zinseszinsformel gilt: $B \cdot q^n = K_n \Leftrightarrow B = \frac{K_n}{q^n}$

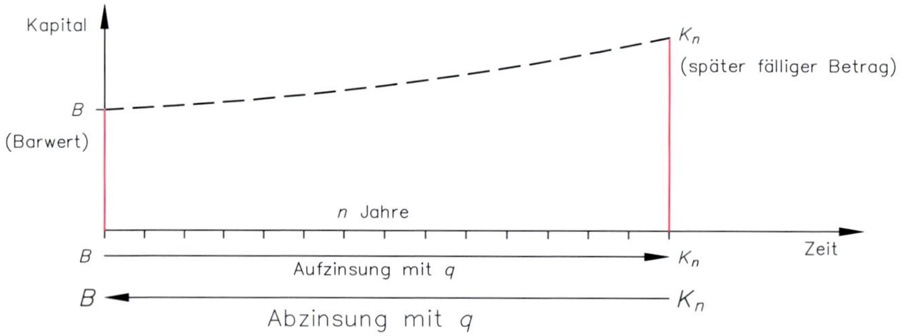

Barwert $B = \frac{K_n}{q^n}$

B heißt **Barwert** des Kapitals K_n. Es gilt: $B = K_0$
Die Rechnung von B zu K_n heißt **Aufzinsung**.
Die Rechnung von K_n zu B heißt **Abzinsung**.

Beispiel zur Berechnung des Barwertes

Ein Betrag von 2 500,00 EUR ist in 6 Jahren fällig. Wie hoch ist der Barwert, wenn mit einer Verzinsung von 4,5 % gerechnet wird?

Lösung:

$K_n = 2\,500,\ n = 6,\ p = 4{,}5,\ q = 1{,}045$

$B = \frac{K_n}{q^n}$ $\quad B = \frac{2\,500}{1{,}045^6}$ $\quad \boldsymbol{B = 1\,919{,}74}$ Der Barwert beträgt 1 919,74 EUR.

Mithilfe der Barwertberechnung können Zahlungen, die zu verschiedenen Zeiten fällig sind, miteinander verglichen werden. Dabei muss folgende Regelung beachtet werden:

Geldbeträge, die zu verschiedenen Zeiten fällig sind, können nur dann addiert werden, wenn sie auf denselben Zeitpunkt umgerechnet werden.

Beispiel zum Vergleich von Zahlungsvereinbarungen

Beim Verkauf eines Hauses bietet
Käufer 1: 30 000,00 EUR sofort,
80 000,00 EUR nach 3 Jahren und
90 000,00 EUR nach 7 Jahren.

Käufer 2: 40 000,00 EUR sofort,
60 000,00 EUR nach 4 Jahren und
100 000,00 EUR nach 8 Jahren.

Welches Angebot liegt höher, wenn mit einer Verzinsung von 4 % gerechnet wird?

Lösung:

Zum Vergleich werden für jedes Angebot die Zahlungen auf den Barwert umgerechnet und die einzelnen Barwerte addiert.

$p = 4,\ q = 1{,}04$

Käufer 1: $B = 30\,000 + \frac{80\,000}{1{,}04^3} + \frac{90\,000}{1{,}04^7}$ $\quad$ $\boldsymbol{B = 169\,512{,}31}$

Käufer 2: $B = 40\,000 + \frac{60\,000}{1{,}04^4} + \frac{100\,000}{1{,}04^8}$ $\quad$ $\boldsymbol{B = 164\,357{,}27}$

Der Vergleich der Barwerte zeigt, dass das Angebot von Käufer 1 höher liegt als das von Käufer 2.

AUFGABEN

1 Wie groß ist der Zinsfaktor q bei

a) $p = 2{,}5$ b) $p = 1\frac{3}{4}$ c) $p = 2\frac{3}{4}$ d) $p = 3\frac{3}{4}$ e) $p = 10{,}5$?

2 Wie groß ist der Zinsfuß p bei

a) $q = 1{,}035$ b) $q = 1{,}0225$ c) $q = 1{,}0475$ d) $q = 1{,}08125$ e) $q = 1{,}1$?

3 Auf welchen Betrag wächst das Kapital von 20 000,00 EUR an bei

a) $p = 4$ $n = 5;\ 10;\ 15;\ 20$

b) $p = 6$ $n = 5;\ 10;\ 15;\ 20$

c) $p = 8$ $n = 5;\ 10;\ 15;\ 20$?

4 Berechnen Sie den Barwert folgender Beträge:

a) $K_n = 60000$ $p = 4$ $n = 10$
b) $K_n = 12000$ $p = 4{,}5$ $n = 15$
c) $K_n = 45000$ $p = 5$ $n = 20$
d) $K_n = 8000$ $p = 3{,}5$ $n = 15$

5 Ein Kapital K_0 wächst in n Jahren bei p Prozent Zinsen auf K_n. Berechnen Sie die Verzinsungsdauer.

a) $K_0 = 12000$ $K_n = 18474$ $p = 4$
b) $K_0 = 25000$ $K_n = 38825$ $p = 4{,}5$
c) $K_0 = 6000$ $K_n = 13725$ $p = 5$
d) $K_0 = 18000$ $K_n = 47187$ $p = 5{,}5$

6 Ein Kapital K_0 wächst in n Jahren auf K_n. Mit welchem Zinsfuß wurde verzinst?

a) $K_0 = 8000$ $K_n = 15992$ $n = 9$
b) $K_0 = 14000$ $K_n = 20685$ $n = 8$
c) $K_0 = 5000$ $K_n = 7765$ $n = 10$
d) $K_0 = 2000$ $K_n = 5518$ $n = 15$

7 In welcher Zeit verdoppelt sich ein Kapital bei einer Verzinsung von

a) 3 % c) 5 % e) 7 % g) 9 %
b) 4 % d) 6 % f) 8 % h) 10 %?

8 Ein Angestellter bekommt ein Gehalt von 22 000,00 EUR im Jahr. Jährlich wird sein Gehalt um 6 % gegenüber dem Vorjahr erhöht. Wie hoch ist sein Jahresgehalt in 5 [15; 25] Jahren?

9 Ein Teilhaber einer Firma scheidet aus unter der Bedingung, sofort 10 000,00 EUR, in drei Jahren weitere 10 000,00 EUR und in 10 Jahren 20 000,00 EUR zu bekommen. Wie hoch ist der Barwert der gesamten Zahlungen bei 6 % Verzinsung?

10 Beim Verkauf eines Grundstücks bieten drei Käufer. A bietet 10 000,00 EUR sofort, 30 000,00 EUR nach zwei Jahren und 60 000,00 EUR nach weiteren drei Jahren; B bietet 25 000,00 EUR sofort, 25 000,00 EUR nach drei Jahren und 50 000,00 EUR nach weiteren 5 Jahren; C bietet 50 000,00 EUR nach zwei Jahren und 50 000,00 EUR nach drei weiteren Jahren. Wer bietet am meisten bei

a) $p = 5$ b) $p = 7$?

11 Beim Verkauf eines Hauses bieten 4 Käufer: A bietet 40 000,00 EUR sofort; 50 000,00 EUR nach 2 Jahren, 50 000,00 EUR nach zwei weiteren Jahren und 40 000,00 EUR nach einem weiteren Jahr. B bietet 50 000,00 EUR sofort, 50 000,00 EUR nach zwei Jahren und 80 000,00 EUR nach weiteren zwei Jahren. C bietet 90 000,00 EUR nach einem Jahr und 90 000,00 EUR nach weiteren drei Jahren. D bietet 160 000,00 EUR sofort. Wer bietet am meisten bei

a) $p = 4$ b) $p = 6$?

12 Ein Kapital von 8 000,00 EUR wird 3 Jahre zu 4 %, danach 4 Jahre zu 7 % verzinst. In der nächsten Zinsperiode beträgt die Verzinsung 5 %. Wie lange dauert die letzte Zinsperiode, wenn der Endwert 13 004,80 EUR beträgt?

13 Zu wie viel Prozent ist ein Kapital ausgeliehen, wenn es in 18 Jahren zu derselben Summe anwächst wie ein doppelt so großes Kapital zu 6 % Zinsen in 4 Jahren?

14 Ein Kapital von 12 500,00 EUR wird mit 6 % Verzinsung angelegt. Wie lange dauert es, bis das Kapital auf einen Endwert von 31 754,40 EUR angewachsen ist?

15 Ein Kapital von 12 500,00 EUR wird 4 Jahre zu 4 % und danach mit 4,5 % verzinst. Nach wie viel Jahren ist ein Endwert von 19 900,20 EUR erreicht?

16 Es legt jemand seinen Lottogewinn in Höhe von 60 000,00 EUR bei einer Verzinsung von 7,5 % an. Nach 3 Jahren wird die Verzinsung auf 8 % erhöht.

a) Wie hoch ist das Kapital nach 5 Jahren?

b) Nach welcher Zeit hat das Kapital eine Höhe von mehr als 100 000,00 EUR erreicht?

c) Nach 8 Jahren wird der Zinssatz wieder geändert. Damit wird nach 10 Jahren ein Endbestand von 125 390,00 EUR erreicht. Wie hoch ist die Verzinsung in den letzten 2 Jahren?

17 Ein Teilhaber scheidet aus dem Unternehmen aus. Seine Einlage in Höhe von 200 000,00 EUR soll wie folgt ausbezahlt werden: 80 000,00 EUR sofort und 170 000,00 EUR in 5 Jahren.
Welcher Verzinsung entspricht diese Vereinbarung?

18 Ein Teilhaber scheidet aus dem Unternehmen aus. Seine Einlage in Höhe von 250 000,00 EUR wird in 3 Raten ausbezahlt: 100 000,00 EUR sofort, 85 000,00 EUR nach einem Jahr und 80 000,00 EUR nach 2 Jahren. Welcher Verzinsung entspricht diese Auszahlungsweise?

19 Welchem Barwert entspricht folgende Zahlungsverpflichtung bei einer Verzinsung von 7,5 %: 20 000,00 EUR sofort, 20 000,00 EUR nach 2 Jahren, 30 000,00 EUR nach 5 Jahren und 30 000,00 EUR nach 8 Jahren?
Nach welcher Zeit könnte diese Zahlungsverpflichtung durch einen einzigen Betrag in Höhe von 100 192,88 EUR abgelöst werden?

20 Beim Verkauf eines Grundstücks bieten zwei Käufer:
Käufer A bietet 50 000,00 EUR sofort, 50 000,00 EUR nach 3 Jahren, 50 000,00 EUR nach 7 Jahren und 50 000,00 EUR nach 10 Jahren.
Käufer B bietet 70 000,00 EUR sofort, 70 000,00 EUR nach 6 Jahren und 60 000,00 EUR nach 9 Jahren.

a) Welches Angebot ist günstiger, wenn mit 6 % Verzinsung gerechnet wird?

b) Vergleichen Sie nun die Barwerte, wenn in den ersten 5 Jahren mit 5 % und in den folgenden Jahren mit 7,5 % Verzinsung gerechnet wird.

c) Es kommt ein weiterer Käufer dazu mit dem Angebot, in 5 Jahren 200 000,00 EUR zu zahlen. Wie ist sein Angebot einzuordnen, wenn einmal mit 6 % Verzinsung wie unter a), zum andern mit 5 % Verzinsung wie unter b) gerechnet wird?

6.4.2 Geometrisch-degressive Abschreibung

Jedes Unternehmen muss zur Produktion oder zur Verwaltung Güter einsetzen. Diese Wirtschaftsgüter können Gebäude, Maschinen, Fahrzeuge, Büroeinrichtungen usw. sein. Durch Abnutzung oder vielleicht auch dadurch, dass sie unmodern und damit eventuell unwirtschaftlich werden, verlieren diese Wirtschaftsgüter an Wert. Die Wertminderung muss vom Unternehmen (z. B. in der Bilanz) berücksichtigt werden.

Die vom Unternehmen in einem Jahr angesetzte Wertminderung in Geldeinheiten nennt man **Abschreibungsbetrag**.

Der jeweils neue, niedrigere Wert, mit dem das Wirtschaftsgut in der Bilanz („in den Büchern") erscheint, heißt **Restbuchwert** oder kurz **Buchwert**.

Das Verfahren, die jährliche Wertminderung zu erfassen und das Wirtschaftsgut mit einem jeweils neuen Restbuchwert anzusetzen, nennt man **Abschreibung**.

Grundsätzlich kann ein Unternehmen intern die Abschreibung nach eigenem Ermessen vornehmen. Da die Abschreibungsbeträge jedoch als Kosten in der Gewinn- und Verlustrechnung erscheinen und damit den zu versteuernden Gewinn verringern, werden steuerlich nur zwei Abschreibungsarten anerkannt:

- **Die lineare Abschreibung**
  Hier werden jährlich gleiche Beträge abgeschrieben.
- **Die geometrisch-degressive Abschreibung**
  Hier wird in jedem Jahr ein gleicher Prozentsatz vom jeweiligen Restbuchwert abgeschrieben.

In diesem Kapitel wird die geometrisch-degressive Abschreibung behandelt.

Nennt man den Anschaffungswert A, die jeweiligen Buchwerte B und den Abschreibungsprozentsatz p, so gilt für den Buchwert nach einem Jahr:

$$B_1 = A - A \cdot \frac{p}{100} \qquad \Leftrightarrow B_1 = A \cdot \left(1 - \frac{p}{100}\right)$$

Nach einem weiteren Jahr beträgt der Buchwert:

$$B_2 = B_1 - B_1 \cdot \frac{p}{100} \qquad \Leftrightarrow B_2 = B_1 \cdot \left(1 - \frac{p}{100}\right) \qquad \Leftrightarrow B_2 = A \cdot \left(1 - \frac{p}{100}\right)^2$$

Nach 3 Jahren beträgt der Buchwert:

$$B_3 = B_2 - B_2 \cdot \frac{p}{100} \qquad \Leftrightarrow B_3 = B_2 \cdot \left(1 - \frac{p}{100}\right) \qquad \Leftrightarrow B_3 = A \cdot \left(1 - \frac{p}{100}\right)^3$$

Nach k Jahren beträgt der Buchwert:

$$B_k = B_{k-1} - B_{k-1} \cdot \frac{p}{100} \Leftrightarrow B_k = B_{k-1} \cdot \left(1 - \frac{p}{100}\right) \Leftrightarrow B_k = A \cdot \left(1 - \frac{p}{100}\right)^k$$

Buchwert nach k Abschreibungsjahren

$$B_k = A \cdot \left(1 - \frac{p}{100}\right)^k$$

Hat eine Anlage nach einer **Abschreibungsdauer** (Nutzungsdauer) von ***n*** Jahren noch einen Restwert, so nennt man diesen Restwert **Schrottwert *S***. Dann gilt für die **Abschreibung auf den Schrottwert *S***

$$A \cdot \left(1 - \frac{p}{100}\right)^n = S \qquad \text{mit } n \geq k$$

Beispiel zur Abschreibung auf den Schrottwert *S*

Eine Anlage hat einen Anschaffungswert von 70 000,00 EUR. Es wird angenommen, dass nach einer Nutzungsdauer von 6 Jahren die Anlage noch einen Schrottwert von 9 000,00 EUR hat.

a) Mit welchem Prozentsatz muss geometrisch-degressiv abgeschrieben werden?

b) Es soll ein Abschreibungsplan erstellt werden.

Lösung:

$A = 70000;\ S = 9000;\ n = 6$

a) $A \cdot \left(1 - \frac{p}{100}\right)^n = S$

$$70000 \cdot \left(1 - \frac{p}{100}\right)^6 = 9000$$

$$\Leftrightarrow \left(1 - \frac{p}{100}\right)^6 = \frac{9}{70} \Leftrightarrow 1 - \frac{p}{100} = \sqrt[6]{\frac{9}{70}}$$

$$\Leftrightarrow p = \left(1 - \sqrt[6]{\frac{9}{70}}\right) \cdot 100 \Leftrightarrow p = \underline{28{,}95654}$$

Es muss mit 28,95654 % abgeschrieben werden.

b) Abschreibungsplan:

Nutzungsjahr	Buchwert am Anfang des Jahres in EUR	Abschreibungsbetrag in EUR	Buchwert am Ende des Jahres in EUR
1	70 000,00	20 272,00	49 728,00
2	49 730,42	14 401,23	35 326,77
3	35 330,21	10 230,63	25 096,14
4	25 099,80	7 267,84	17 828,30
5	17 831,77	5 163,07	12 665,23
6	12 668,31	3 667,85	8 997,38

Die Summe der Abschreibungsbeträge ist 61 000,00 EUR. In der letzten Spalte stehen die Buchwerte B_1 bis B_6.

Wir fassen zusammen:

Die Buchwerte nehmen ab. Sie bilden eine fallende geometrische Folge mit dem Quotienten $\left(1 - \frac{p}{100}\right)$.

Exkurs:

Bei der geometrisch-degressiven Abschreibung sind die Abschreibungsbeträge in den ersten Jahren hoch und werden in den folgenden Jahren immer geringer. Diese Abschreibung wird folglich dann angewandt, wenn der Wert einer Anlage in den ersten Jahren der Benutzung besonders stark abnimmt.
Das Wirtschaftsgut kann geometrisch-degressiv nicht auf 0 abgeschrieben werden.

Begründung: Es müsste dann gelten $A \cdot \left(1 - \frac{p}{100}\right)^n = 0$. Das Produkt wird nur dann 0, wenn einer der Faktoren 0 wird. Es ist aber weder der Anschaffungswert A, noch der Faktor $\left(1 - \frac{p}{100}\right)$ gleich 0.

Wenn mit einem Schrottwert nicht mehr gerechnet werden kann, wird als letzter Buchwert 1,00 EUR angesetzt. Dieser Wert wird als **Erinnerungswert** bezeichnet.
Es ist auch möglich, während der ersten Jahre der Abschreibungsdauer geometrisch-degressiv abzuschreiben. Nach dieser Zeit darf dann während der zweiten Periode der Abschreibungsdauer vom Buchwert linear abgeschrieben werden.

Beispiel zur Abschreibung auf den Erinnerungswert

Ein Wirtschaftsgut hat einen Anschaffungswert von 5219,72 EUR. Es soll auf den Erinnerungswert 1,00 EUR geometrisch-degressiv abgeschrieben werden. Der Abschreibungsprozentsatz ist $p = 30$.

a) Wie lang ist die Abschreibungsdauer?
b) Wie hoch ist der Buchwert am Ende des 5. Jahres?
c) Wie hoch ist der Abschreibungsbetrag am Ende des 10. Jahres?

Lösung:

a) $A = 5219{,}72;\ p = 30$

$$A \cdot \left(1 - \frac{p}{100}\right)^n = 1$$

$$5219{,}72 \cdot \left(1 - \frac{30}{100}\right)^n = 1 \Leftrightarrow 5219{,}72 \cdot 0{,}7^n = 1$$

$$\Leftrightarrow 0{,}7^n = \frac{1}{5219{,}72} \Leftrightarrow n \cdot \log 0{,}7 = \log \frac{1}{5219{,}72}$$

$$\Leftrightarrow n = \frac{\log \frac{1}{5219{,}72}}{\log 0{,}7} \Leftrightarrow \boldsymbol{n = 24}$$

Es wird 24 Jahre lang abgeschrieben.

b) $B_k = A \cdot \left(1 - \frac{p}{100}\right)^k$; mit $k = 5$ folgt:

$$B_5 = 5219{,}72 \cdot \left(1 - \frac{30}{100}\right)^5 \Leftrightarrow B_5 = 877{,}28$$

Der Buchwert am Ende des 5. Jahres beträgt 877,28 EUR.

c) Am Ende des 10. Jahres werden 30 % des Buchwertes vom Vorjahr abgeschrieben. Demnach gilt für den Abschreibungsbetrag a_{10} im 10. Jahr:

$$a_{10} = B_9 \cdot \frac{30}{100} \text{ mit } B_9 = A \cdot \left(1 - \frac{30}{100}\right)^9$$

$$a_{10} = 5219{,}72 \cdot \left(1 - \frac{30}{100}\right)^9 \cdot \frac{30}{100} \Leftrightarrow \boldsymbol{a_{10} = 63{,}19}$$

Am Ende des 10. Jahres wird ein Betrag von 63,19 EUR abgeschrieben.

AUFGABEN

1 Berechnen Sie den Schrottwert S:

a) $A = 40\,000$ $p = 20$ $n = 10$

b) $A = 35\,000$ $p = 25$ $n = 8$

c) $A = 80\,000$ $p = 25$ $n = 7$

d) $A = 45\,000$ $p = 30$ $n = 6$

e) $A = 100\,000$ $p = 10$ $n = 20$

2 Berechnen Sie den Abschreibungsprozentsatz p:

a) $A = 30\,000$ $S = 5\,000$ $n = 10$

b) $A = 45\,000$ $S = 15\,000$ $n = 8$

c) $A = 275\,000$ $S = 75\,000$ $n = 12$

d) $A = 150\,000$ $S = 30\,000$ $n = 12$

e) $A = 350\,000$ $S = 35\,000$ $n = 15$

3 Berechnen Sie die Abschreibungsdauer n:

a) $A = 50\,000$ $S = 14\,120$ $p = 10$

b) $A = 65\,000$ $S = 6\,979$ $p = 20$

c) $A = 120\,000$ $S = 15\,000$ $p = 22{,}89$

d) $A = 380\,000$ $S = 30\,000$ $p = 15{,}57$

e) $A = 500\,000$ $S = 30\,000$ $p = 20{,}9$

4 Eine Abfüllanlage hat einen Anschaffungswert von 196 000,00 EUR. Sie soll 16 Jahre lang geometrisch-degressiv mit 12,5 % abgeschrieben werden. Mit welchem Schrottwert muss man rechnen?

5 Eine Spedition kauft einen Lkw für 256 000,00 EUR. Sie kann den Lkw mit 20 % geometrisch-degressiv abschreiben.

a) Wie hoch ist der Buchwert nach 3 Jahren?

b) Wie hoch ist der Abschreibungsbetrag im 5. Jahr?

c) Welchen Wert (Schrottwert) müsste der Lkw nach einer Abschreibungsdauer von 10 Jahren noch haben?

6 Eine Maschine hat einen Anschaffungswert von 73 400,00 EUR. Es wird davon ausgegangen, dass sie nach 8 Jahren einen Schrottwert von 8 500,00 EUR hat.

a) Mit welchem Prozentsatz muss bei degressiver Abschreibung gerechnet werden?

b) Mit welcher Abschreibungsdauer muss gerechnet werden, wenn der Abschreibungsprozentsatz auf 20 % festgesetzt wird?

7 Eine Anlage im Wert von 382 000,00 EUR soll in 12 Jahren auf einen Schrottwert von 4 000,00 EUR geometrisch-degressiv abgeschrieben werden.

a) Mit welchem Prozentsatz muss abgeschrieben werden?

b) Wie hoch ist dann der Buchwert nach 1 und nach 2 Jahren?

c) Wie hoch sind die Abschreibungsbeträge im 1. und im 2. Jahr?

d) Aus steuerlichen Gründen darf nur mit 17 % geometrisch-degressiv abgeschrieben werden. Wie hoch wäre dann noch der Restbuchwert nach 12 Jahren?

e) Es wird nun 4 Jahre lang mit 17 % geometrisch-degressiv abgeschrieben und dann wird der Restbuchwert in jährlich gleichen Beträgen bis zum Schrottwert von 4 000,00 EUR abgeschrieben. Berechnen Sie die Höhe dieser jährlichen Beträge.

8 Eine Anlage hat einen Wert von 18 500,00 EUR.

a) Wie lange muss abgeschrieben werden, wenn mit 30 % auf einen Erinnerungswert von 1,00 EUR abgeschrieben werden soll?

b) Berechnen Sie die Abschreibungsbeträge im ersten, siebten und zwölften Jahr.

9 Ein Maschinenpark hat einen Anschaffungswert von 870 000,00 EUR.

a) Es wird vorausgeschätzt, dass der Schrottwert nach einer Nutzungsdauer von 9 Jahren noch 80 000,00 EUR beträgt. Mit welchem Prozentsatz muss degressiv abgeschrieben werden?

b) Wie hoch müsste der Prozentsatz sein, wenn der Wert der Anlage nach 7 Jahren noch 160 000,00 EUR beträgt?

10 Eine Anlage im Wert von 123 000,00 EUR wird mit 12 % degressiv abgeschrieben.

a) Wie hoch sind die Buchwerte und die Abschreibungsbeträge im 1., 8. und 13. Jahr?

b) Wie lange wird abgeschrieben, wenn der Schrottwert 3 000,00 EUR beträgt?

c) Die Anlage soll in 25 Jahren auf den Schrottwert abgeschrieben sein. Wie hoch muss der Abschreibungsprozentsatz sein?

11 Eine Maschine hat einen Anschaffungswert von 32 988,30 EUR. Sie soll mit 18 % auf den geschätzten Schrottwert 2 500,00 EUR abgeschrieben werden.

a) Berechnen Sie die vorgesehene Abschreibungsdauer.

b) Berechnen Sie den Buchwert nach 7 Jahren.

c) Berechnen Sie den Abschreibungsbetrag im 10. Jahr.

12 Ein Maschinenpark hat einen Anschaffungswert von 380 000,00 EUR. Er soll in den ersten 6 Jahren mit 18 % und in den folgenden 6 Jahren mit 21 % geometrisch-degressiv abgeschrieben werden. Welchen Restbuchwert hat die Anlage noch nach den 12 Jahren?

13 Eine Maschine hat einen Anschaffungswert von 188 357,00 EUR. Sie wird in den ersten 6 Jahren mit 15 % und in den folgenden Jahren mit 17 % geometrisch-degressiv abgeschrieben. Nach welcher Abschreibungsdauer ist der Schrottwert von 16 000,00 EUR erreicht?

14 Ein Maschinenpark hat einen Neuwert von 681 480,00 EUR. Er soll degressiv abgeschrieben werden, und zwar in den ersten 6 Jahren mit 12,5 %, in den folgenden 6 Jahren mit 15 % und in den letzten 3 Jahren mit p %. Wie hoch muss der Abschreibungsprozentsatz p sein, wenn auf einen Schrottwert von 63 600,00 EUR abgeschrieben werden soll?

15 Eine Maschinenanlage hat einen Neuwert von 218 734,84 EUR und soll in 18 Jahren auf einen Schrottwert von 17 750,00 EUR abgeschrieben werden. In den letzten 9 Jahren soll der Prozentsatz der Abschreibung um 4 % höher liegen als in den ersten 9 Jahren. Mit welchen Abschreibungsprozentsätzen muss gerechnet werden?

16 Eine Anlage hat einen Anschaffungswert von 541 926,20 EUR. Es soll degressiv abgeschrieben werden, und zwar in den ersten Jahren mit 12,5 %, dann doppelt so lange mit 15 % und danach dreimal so lange wie in der ersten Periode mit 18 %. Wie lange dauert die Abschreibung, wenn der Schrottwert 8 000,00 EUR betragen soll?

17 Eine Maschine mit dem Anschaffungswert von 138 000,00 EUR soll in 10 Jahren auf den Schrottwert von 27 600,00 EUR abgeschrieben werden.

a) Mit welchem Prozentsatz muss geometrisch-degressiv abgeschrieben werden?

b) Es wird mit 16 % geometrisch-degressiv abgeschrieben. Nach 5 Jahren wird der Restwert in jährlich gleichen Beträgen auf den Schrottwert von 27 600,00 EUR abgeschrieben (lineare Abschreibung). Berechnen Sie die Höhe der jährlichen Abschreibungsbeträge in den letzten 5 Jahren.

18 Eine Fertigungsanlage wird für 250 000,00 EUR angeschafft. Es wird damit gerechnet, dass sie 12 Jahre in Betrieb bleibt. Der Schrottwert der Anlage beträgt dann voraussichtlich noch 25 000,00 EUR.

a) Eine erste Überlegung ist, die Anlage in jährlich gleichen Beträgen abzuschreiben (lineare Abschreibung). Mit wie viel Prozent vom Anschaffungswert muss abgeschrieben werden?

b) Eine zweite Überlegung ist, die Anlage geometrisch-degressiv abzuschreiben, und zwar mit 15 %. Wie hoch ist dann der Restbuchwert nach den 12 Abschreibungsjahren?

c) Man entscheidet sich, in den ersten 4 Jahren mit 15 % geometrisch-degressiv abzuschreiben. Von dem dann noch anstehenden Buchwert soll in den folgenden 8 Jahren in jährlich gleichen Beträgen bis zum Schrottwert von 25 000,00 EUR abgeschrieben werden (Übergang von der degressiven zur linearen Abschreibung). Berechnen Sie den jährlichen Abschreibungsbetrag in den letzten Jahren.

d) Wie hoch wäre der Abschreibungsbetrag in den letzten Jahren, wenn der Übergang von der degressiven zur linearen Abschreibung nach 6 Jahren erfolgt?

6.4.3 Rentenrechnung

Unter einer **Rente** versteht man eine regelmäßige Zahlung (Geldleistung) in gleich bleibender Höhe. Die Höhe der regelmäßigen Geldleistung heißt **Rate** r.

6.4.3.1 Rentenendwert

Als Rentenendwert R bezeichnet man den Gesamtwert aller Geldleistungen am Ende des letzten Zeitabschnittes. Als **Zeitabschnitt gilt ein Jahr**. Der Rentenemdwert kann folgendermaßen berechnet werden: Man stellt sich vor, die einzelnen Raten würden Ende des Jahres auf ein Konto gezahlt und mit dem Zinsfaktor $q = \left(1 + \frac{p}{100}\right)$ verzinst. Die einzelnen Raten verzinsen sich dann über verschieden lange Zeiträume:

Einzahlungen am Ende des	Kapital am Ende des n-ten Jahres:
1. Jahres:	$r \rightarrow r \cdot q^{n-1}$
2. Jahres:	$r \rightarrow r \cdot q^{n-2}$
3. Jahres:	$r \rightarrow r \cdot q^{n-3}$
⋮	⋮
$(n-2)$-ten Jahres:	$r \rightarrow r \cdot q^2$
$(n-1)$-ten Jahres:	$r \rightarrow r \cdot q$
n-ten Jahres:	$r \rightarrow r$

Insgesamt ergibt sich: $R_n = r + r \cdot q + r \cdot q^2 + \ldots + r \cdot q^{n-3} + r \cdot q^{n-2} + r \cdot q^{n-1}$

Beachten Sie:

Da die Einzahlungen erst am Ende des Jahres erfolgen, wird im Jahr der Einzahlung nicht verzinst. Bei $n = 30$ wird die erste Rate also nur über 29, d. h. $(n - 1)$ Jahre verzinst. Der Rentenendwert ist der Summenwert einer geometrischen Reihe mit dem Anfangsglied r (Rate), dem Quotienten $q = 1 + \frac{p}{100}$ (Zinsfaktor) und der Anzahl n (Jahre).

Da die Zahlungen jeweils am Ende des Jahres erfolgen, spricht man vom **nachschüssigen** Rentenendwert, der sich mithilfe der Formel für den Summenwert der geometrischen Reihe so schreiben lässt:

Nachschüssiger Rentenendwert $\quad R_n = r \cdot \frac{q^n - 1}{q - 1} \quad q > 1$

Beispiel für den nachschüssigen Rentenendwert

Es werden 12 Jahre lang am Ende des Jahres 2 500,00 EUR eingezahlt. Wie hoch ist der Endwert der Einzahlungen? ($p = 4$)

Lösung:

$$R_n = r \cdot \frac{q^n - 1}{q - 1}$$

$$R_{12} = 2\,500 \cdot \frac{1{,}04^{12} - 1}{1{,}04 - 1} \Leftrightarrow \mathbf{R_{12} = 37\,564{,}51}$$

Der Endwert der Rente beträgt 37 564,51 EUR.

Werden die Raten r zu Beginn eines jeden Jahres gezahlt, so verzinsen sich die einzelnen Beträge jeweils ein Jahr länger:

$$R'_n = r \cdot q^2 + r \cdot q^3 + \ldots + r \cdot q^{n-2} + r \cdot q^n \Leftrightarrow R'_n = r \cdot q \cdot \frac{q^n - 1}{q - 1}$$

Diesen Summenwert nennt man **vorschüssigen** Rentenendwert.

Vorschüssiger Rentenendwert $R'_n = r \cdot q \cdot \frac{q^n - 1}{q - 1} \qquad q > 1$

Beispiele für den vorschüssigen Rentenendwert

1. Es werden 12 Jahre lang zu Beginn des Jahres 2 500,00 EUR eingezahlt. Wie hoch ist der Endwert der Einzahlungen? ($p = 4$)

Lösung:

$$R'_n = r \cdot q \cdot \frac{q^n - 1}{q - 1}$$

$$R'_{12} = 2500 \cdot 1{,}04 \cdot \frac{1{,}04^{12} - 1}{1{,}04 - 1} \Leftrightarrow \boldsymbol{R'_{12} = 39\,067{,}09}$$

Der Endwert der Rente beträgt 39 067,09 EUR.

2. Bei einer jährlichen vorschüssigen Einzahlung von 2 500,00 EUR soll der Rentenendwert mindestens 50 000,00 EUR betragen. Wie lange muss eingezahlt werden, wenn mit einer Verzinsung von 4,65 % gerechnet wird?

Lösung:

$$R'_n = r \cdot q \cdot \frac{q^n - 1}{q - 1}$$

$$50\,000 \leq 2500 \cdot 1{,}0465 \cdot \frac{1{,}0465^n - 1}{1{,}0465 - 1}$$

$$\Leftrightarrow 0{,}886765 \leq 1{,}0465^n - 1 \Leftrightarrow 1{,}0465^n \geq 1{,}8886765$$

$$\Leftrightarrow n \geq \frac{\log 1{,}8886765}{\log 1{,}0465} \Leftrightarrow \boldsymbol{n \geq 13{,}99}$$

Es muss 14 Jahre lang eingezahlt werden.

AUFGABEN

1 Berechnen Sie den Endwert:

a) $r = 1200$ $\quad p = 4{,}5$ $\quad n = 8$ (vorschüssig)
b) $r = 800$ $\quad p = 4$ $\quad n = 15$ (vorschüssig)
c) $r = 2500$ $\quad p = 3{,}5$ $\quad n = 12$ (nachschüssig)
d) $r = 624$ $\quad p = 4{,}5$ $\quad n = 10$ (nachschüssig)
e) $r = 1500$ $\quad p = 3$ $\quad n = 20$ (nachschüssig)

2 Berechnen Sie die jährlich vorschüssig [nachschüssig] zu leistende Zahlung, wenn nach n Jahren bei $p\,\%$ das Kapital auf R_n angewachsen sein soll:

a) $R_n' = 10\,000 \qquad p = 3 \qquad n = 10$

b) $R_n = 15\,000 \qquad p = 3{,}5 \qquad n = 8$

c) $R_n' = 25\,000 \qquad p = 4 \qquad n = 15$

d) $R_n = 25\,000 \qquad p = 4 \qquad n = 9$

e) $R_n' = 50\,000 \qquad p = 5 \qquad n = 12$

3 Berechnen Sie die Dauer der Einzahlung:

a) $r = 624{,}00 \qquad p = 3{,}5 \qquad R_n = 13\,085{,}90$ (nachschüssig)

b) $r = 1\,200{,}00 \qquad p = 3 \qquad R_n' = 15\,830{,}40$ (vorschüssig)

c) $r = 750{,}00 \qquad p = 4{,}5 \qquad R_n = 11\,598{,}00$ (nachschüssig)

d) $r = 1\,500{,}00 \qquad p = 6 \qquad R_n' = 33\,414{,}00$ (vorschüssig)

e) $r = 2\,742{,}83 \qquad p = 5{,}5 \qquad R_n = 40\,000{,}00$ (nachschüssig)

4 Von Geburt ihres Kindes an zahlen die Eltern jährlich einen Betrag von 600,00 EUR auf ein Sparkonto. Es wird ein Zinssatz von 4 % vereinbart. Wie hoch ist das Guthaben, wenn das Kind das 18. Lebensjahr vollendet und

a) die Sparraten nachschüssig b) die Sparraten vorschüssig eingezahlt werden?

5 Von Geburt ihres Kindes an zahlen die Eltern jährlich vorschüssig [nachschüssig] 600,00 EUR auf ein Sparkonto ein. Nach den ersten 10 Jahren wird der Betrag auf 1 000,00 EUR erhöht. Wie hoch ist das Guthaben, wenn das Kind das 18. Lebensjahr vollendet und ein Zinssatz von 4,25 % vereinbart wurde?

6 Von Geburt ihres Kindes an zahlen die Eltern jährlich vorschüssig [nachschüssig] 600,00 EUR auf ein Sparkonto ein. Der Zinssatz beträgt in den ersten 8 Jahren 3,75 % und in den folgenden Jahren 4,25 %. Wie hoch ist das Guthaben, wenn das Kind das 18. Lebensjahr vollendet?

7 Ein Angestellter möchte sich eine zusätzliche Alterssicherung schaffen, indem er jährlich am Jahresende einen Teil des „Weihnachtsgeldes“ auf ein Sparbuch einzahlt.

a) Wie hoch ist das Guthaben nach 25 Jahren, wenn er jährlich 800,00 EUR einzahlt (bei 4,5 % Verzinsung)?

b) Wie viel muss er bei einer Verzinsung von 4,5 % und einer Dauer von 25 Jahren jährlich einzahlen, wenn das Guthaben 40 000,00 EUR betragen soll?

c) Wie hoch ist das Guthaben nach 25 Jahren, wenn er jährlich 800,00 EUR einzahlt und in den ersten 6 Jahren 3,75 %, in den nächsten 9 Jahren 4,5 % und in den folgenden Jahren 4,25 % Zinsen gewährt werden?

d) Wie hoch ist das Guthaben nach 25 Jahren bei einer Verzinsung von 4,5 %, wenn in den ersten 8 Jahren 800,00 EUR, in den nächsten 8 Jahren 1 000,00 EUR und in den letzten Jahren 1 250,00 EUR jährlich eingezahlt werden?

8 Jemand möchte bei jährlich gleichen Sparraten nach 20 Jahren ein Kapital von 50 000,00 EUR angespart haben. Der Zinssatz beträgt 4 %.

a) Wie hoch muss die jährliche Sparrate bei nachschüssiger Einzahlung sein?

b) Wie hoch muss die jährliche Sparrate bei vorschüssiger Einzahlung sein?

c) Wie hoch muss die jährliche Sparrate bei nachschüssiger Einzahlung sein, wenn der Zinsfuß nach 12 Jahren auf 3,75 gesenkt wird?

d) Wie hoch muss die jährliche Sparrate bei nachschüssiger Einzahlung sein, wenn der Zinsfuß nach 7 Jahren auf 4,5 erhöht und nach weiteren 7 Jahren auf 4,25 gesenkt wird?

9 Durch Einzahlung einer jährlichen nachschüssigen Sparrate von 1 248,00 EUR soll ein Kapital von mindestens 50 000,00 EUR angespart werden. Wie lange muss gespart werden, wenn mit einem Zinssatz von 3 % gerechnet wird?

10 In einem Bausparvertrag über 50 000,00 EUR werden jährlich vorschüssig 1 248,00 EUR eingezahlt. Nach wie viel Jahren sind 40 % der Bausparsumme angespart bei 3 % Verzinsung?

11 Ein Angestellter legt jährlich am Ende des Jahres einen Betrag von 15 000,00 EUR bei einer Verzinsung von 6,5 % an. Die Ersparnisse benötigt er, um sich nach einigen Jahren selbstständig machen zu können.

a) Wie hoch ist sein Kapital nach 4 Jahren?

b) Wie lange muss er sparen, um das Sparziel von mehr als 175 000,00 EUR zu erreichen?

c) Wie viel müsste er am Ende eines jeden Jahres einzahlen, wenn er nach 10 Jahren 225 000,00 EUR benötigt?

12 Eine junge Frau bekommt ein Angebot von einer Lebensversicherung: Bei einer jährlich vorschüssigen Einzahlung von 2400,00 EUR bekommt sie nach 12 Jahren einen Betrag von 30 000,00 EUR ausbezahlt. Lohnt sich das Angebot für die Frau, wenn man von 3 % Verzinsung ausgeht?

13 Eine andere junge Frau macht bei der Sparkasse einen Sparvertrag. Sie zahlt jährlich nachschüssig 2400,00 EUR auf ein Sparkonto. Dafür wird ihr eine Verzinsung von 5 % bei einer Laufzeit von 12 Jahren zugesagt.

a) Wie hoch ist ihr Guthaben nach 12 Jahren?

b) Nach welcher Zeit beträgt ihr Guthaben mindestens 30 000,00 EUR?

6.4.3.2 Rentenbarwert

Wird jährlich eine feste Rate r über eine bestimmte Zeit von n Jahren gezahlt, so steht am Ende der n Jahre der Rentenendwert R_n zur Verfügung. Nun soll die Frage geklärt werden, welcher Betrag B jetzt angelegt werden müsste, wenn er mit Zinseszinsen am Ende der n Jahre auf den sei ben Betrag R_n angewachsen sein soll. Dieser Betrag B heißt **Barwert einer Rente** oder kurz **Rentenbarwert**.
Der Rentenbarwert ist demnach der Barwert einer Verpflichtung, jährlich über eine bestimmte Zeit einen festen Betrag zu zahlen.

Zur Berechnung des Rentenbarwertes geht man also von folgender Gleichung aus:

$B \cdot q^n = R_n$

Der Barwert B dieser Rente ist demnach:

$$B = \frac{R_n}{q^n}$$

Es gilt also: Den Barwert einer Rente erhält man durch Abzinsung des Rentenendwertes (zur Abzinsung vgl. Kap. 3.2).

Erfolgt die Zahlung jährlich nachschüssig, so ist der Endwert der Rente:

$$R_n = r \cdot \frac{q^n - 1}{q - 1}$$

Für den Barwert gilt dann:

Nachschüssiger Rentenbarwert

$$B = \frac{r}{q^n} \cdot \frac{q^n - 1}{q - 1} \qquad q > 1$$

Erfolgt die Zahlung jährlich vorschüssig, so ist der Endwert der Rente:

$$R_n' = r \cdot q \cdot \frac{q^n - 1}{q - 1}$$

Für den Barwert gilt dann:

Vorschüssiger Rentenbarwert

$$B' = \frac{r \cdot q}{q^n} \cdot \frac{q^n - 1}{q - 1} \qquad q > 1$$

Beispiel zum nachschüssigen Rentenbarwert

Es sollen 12 Jahre lang am Ende des Jahres 2 500,00 EUR eingezahlt werden. Wie hoch ist der Barwert der Zahlungsverpflichtung? ($p = 4$)

Lösung:

$$B = r \frac{1}{q^n} \frac{q^n - 1}{q - 1}$$

$$B = 2\,500 \frac{1}{1{,}04^{12}} \frac{1{,}04^{12} - 1}{1{,}04 - 1} \Leftrightarrow \mathbf{B = 23\,462{,}68}$$

Der Barwert der Zahlungsverpflichtung beträgt 23 462,68 EUR.

Die Berechnung des Rentenbarwertes ist Grundlage für Berechnungen bei **Rentenumwandlungen**: Wenn eine vorgesehene Rente in eine andere Rente umgewandelt werden soll, so müssen die Barwerte dieser beiden Renten gleich sein.

Zwei Renten sind gleichwertig genau dann, wenn ihre Barwerte B_1 und B_2 gleich sind, d. h., wenn $B_1 = B_2$ gilt.

Beispiel zur Rentenumwandlung

Jemand hat Anspruch auf eine jährliche nachschüssige Zahlung von 7 500,00 EUR über einen Zeitraum von 18 Jahren. Er möchte statt dessen eine jährliche vorschüssige Zahlung von r_2 EUR über einen Zeitraum von 12 Jahren. Wie hoch ist die jährliche Rate r_2, wenn mit einer Verzinsung von 4 % gerechnet wird?

Lösung:

$$B_1 = B_2'$$

$$\frac{r_1}{q^n} \cdot \frac{q^n - 1}{q - 1} = \frac{r_2 \cdot q}{q^m} \cdot \frac{q^m - 1}{q - 1}$$

Mit $q = 1{,}04$; $r_1 = 7\,500$; $n = 18$; $m = 12$ folgt:

$$\frac{7\,500}{1{,}04^{18}} \cdot \frac{1{,}04^{18}}{0{,}04} = \frac{r_2 \cdot 1{,}04}{1{,}04^{12}} \cdot \frac{1{,}04^{12} - 1}{0{,}04}$$

$$\Leftrightarrow r_2 = \frac{7\,500 \cdot (1{,}04^{18} - 1) \cdot 1{,}04^{12} \cdot 0{,}04}{1{,}04^{18} \cdot 0{,}04 \cdot 1{,}04 \cdot (1{,}04^{12} - 1)}$$

$$\Leftrightarrow r_2 = \frac{7\,500 \cdot (1{,}04^{18} - 1)}{1{,}04^7 \cdot (1{,}04^{12} - 1)} \Leftrightarrow \mathbf{r_2 = 9\,727{,}47}$$

Die jährlich vorschüssige Zahlung bei einer Laufzeit von 12 Jahren beträgt 9 727,47 EUR.

Die Vergleichsrechnung über die Barwerte bei einer Rentenumwandlung wird auch durchgeführt, wenn mit verschiedenen Zinssätzen gerechnet wird.

Beispiel zur Rentenumwandlung bei verschiedenen Zinssätzen

Eine über 18 Jahre laufende jährliche nachschüssige Zahlung von 7 500,00 EUR soll in eine über 12 Jahre laufende vorschüssige Zahlung von r_2 EUR umgewandelt werden. Dabei wird in den ersten 9 Jahren mit 3,75 % und in den darauf folgenden Jahren mit 4,25 % Verzinsung gerechnet.

Lösung:

$$B_2' = B_1$$

$$r_2 \cdot 1{,}0375 \cdot \frac{1{,}0375^9 - 1}{0{,}0375} \cdot \frac{1}{1{,}0375^9} + r_2 \cdot 1{,}0425 \cdot \frac{1{,}0425^3 - 1}{0{,}0425} \cdot \frac{1}{1{,}0425^3} \cdot \frac{1}{1{,}0375^9}$$

$$= 7\,500 \cdot \frac{1{,}0375^9 - 1}{0{,}0375} \cdot \frac{1}{1{,}0375^9} + 7\,500 \cdot \frac{1{,}0425^9 - 1}{0{,}0425} \cdot \frac{1}{1{,}0425^9} \cdot \frac{1}{1{,}0375^9}$$

Wird diese Gleichung nach r_2 aufgelöst und wird dann ausgeklammert und gekürzt, so erhält man:

$$r_2 = 7\,500 \cdot \frac{\dfrac{1{,}0375^9 - 1}{0{,}0375} + \dfrac{1{,}0425^9 - 1}{0{,}0425 \cdot 1{,}0425^9}}{1{,}0375 \cdot \dfrac{1{,}0375^9 - 1}{0{,}0375} + \dfrac{1{,}0425^3 - 1}{0{,}0425 \cdot 1{,}0425^2}}$$

$$\Leftrightarrow \mathbf{r_2 = 9\,725{,}46}$$

Die jährliche vorschüssige Zahlung beträgt bei der neuen Rente 9 725,46 EUR.

AUFGABEN

1 Berechnen Sie den Barwert der Rente:

a) $r = 800$ $p = 3{,}5$ $n = 20$ (nachschüssig)

b) $r = 1\,200$ $p = 4$ $n = 15$ (nachschüssig)

c) $r = 624$ $p = 4{,}5$ $n = 20$ (nachschüssig)

d) $r = 1\,200$ $p = 6$ $n = 25$ (vorschüssig)

2 Ein Teilhaber scheidet aus dem Geschäft aus unter der Bedingung, 20 Jahre lang am Ende eines jeden Jahres 15 000,00 EUR zu erhalten.

a) Wie hoch ist der Wert der Zahlungsverpflichtung bei $p = 3{,}5$ (4,5; 6)?

b) Wie hoch ist der Wert der Zahlungsverpflichtung nach Ablauf von 5 Jahren (10 Jahren; 15 Jahren) bei $p = 4{,}5$?

3 Ein Mann bekommt wegen eines Unfalls eine Rente in Höhe von jährlich 8 000,00 EUR zugesprochen. Der Betrag wird vorschüssig gezahlt. Wie hoch ist der Barwert der Rente, wenn die Versicherung mit einer Dauer von 28 Jahren und einem Zinssatz von 4,75 % (4,25 %) rechnet?

4 Eine Versicherung muss einem Versicherten nach Erreichung des Pensionsalters einen Betrag von 178 000,00 EUR bezahlen. Der Versicherte möchte statt dessen eine jährliche vorschüssige Rente beziehen.

a) Wie hoch ist der jährliche Betrag, wenn die Versicherung mit einer Dauer von 14 Jahren und einem Zinssatz von 3,75 % (4,25 %; 4,75 %) rechnet?

b) Die Versicherung bietet eine Rente von jährlich 14 924,72 EUR an bei $p = 4{,}25$. Mit welcher Dauer hat sie gerechnet?

5 Jemand zahlt 15 Jahre lang jährlich nachschüssig 2 500,00 EUR in eine Rentenversicherung ein, um anschließend 15 Jahre lang eine jährliche nachschüssige Rente zu erhalten.

a) Wie hoch ist die jährliche Rate, wenn während der gesamten Zeit mit einem Zinssatz von 4 % gerechnet wird?

b) Wie hoch ist die jährliche Rate, wenn während der Einzahlungsdauer mit 4,25 % und während der Auszahlungsdauer mit 3,75 % Zinsen gerechnet wird?

6 Jemand zahlt 25 Jahre lang jährlich nachschüssig einen festen Betrag an eine Rentenversicherung, um in den folgenden 18 Jahren eine nachschüssige Rente in Höhe von 18 000,00 EUR jährlich zu erhalten.

a) Wie hoch muss der jährlich einzuzahlende Betrag sein, wenn während der gesamten Zeit mit 4 % Zinsen gerechnet wird?

b) Wie hoch muss der jährlich einzuzahlende Betrag sein, wenn während der Einzahlungsdauer mit 4,25 % und während der Auszahlungsdauer mit 3,75 % Zinsen gerechnet wird?

c) Wie hoch muss der jährlich einzuzahlende Betrag sein, wenn während der Einzahlungsdauer mit 3,75 % und während der Auszahlungsdauer mit 4,25 % Zinsen gerechnet wird?

7 Ein Teilhaber scheidet aus dem Geschäft aus. Seine Einlage in Höhe von 240 000,00 EUR soll ihm in Form einer Rente ausgezahlt werden.

a) Mit welchem jährlichen nachschüssigen Betrag kann er rechnen, wenn die Zahlungen über 15 Jahre laufen sollen und in den ersten 10 Jahren mit 4,5 % und in den folgenden Jahren mit 5 % Verzinsung gerechnet wird?

b) Der Teilhaber möchte eine jährliche nachschüssige Rate von 25 000,00 EUR bekommen. Wie lange wird gezahlt, wenn mit 4,5 % verzinst wird?

8 Ein Teilhaber scheidet aus dem Unternehmen aus. Seine Einlage beträgt 250 000,00 EUR.

a) Es wird vereinbart, diese Einlage in 10 gleichen Jahresraten auszuzahlen, beginnend sofort. Wie hoch muss die jährliche Rate sein bei einer Verzinsung von 6 %?

b) Wie hoch müsste die jährliche Rate sein, wenn mit der Auszahlung in 10 Raten nach 3 Jahren begonnen wird ($p = 6$)?

c) Eine dritte mögliche Auszahlung der Einlage sieht vor, nach 3 Jahren 120 000,00 EUR, nach 6 Jahren 120 000,00 EUR und nach insgesamt n Jahren den Rest in Höhe von 122 725,80 EUR zu zahlen. Nach wie viel Jahren ist dieser Rest fällig ($p = 6$)?

9 Jemand bekommt eine Rente in Höhe von jährlich nachschüssig 12 000,00 EUR. Die Versicherung setzt den Barwert der Rente mit 135 288,80 EUR an.
Mit welcher Auszahlungsdauer rechnet sie bei einer Verzinsung von 5 %?

10 Ein Arbeitnehmer hat durch regelmäßige Einzahlungen in eine Rentenversicherung den Anspruch erworben, 20 Jahre lang am Ende des Jahres 6 000,00 EUR zu bekommen. Diese Rente will er umwandeln lassen in eine 15 Jahre währende vorschüssige Rente. Wie hoch ist die neue jährliche Rate bei 3,5 % Verzinsung?

11 Ein Schüler macht eine Erbschaft von 65 000,00 EUR. Er bringt das Geld zur Bank. Nach zwei Jahren beginnt er ein Studium. Um dieses zu finanzieren, hebt er jährlich zu Beginn des Jahres einen bestimmten Betrag von seinem Konto ab. Wie hoch ist dieser Betrag, wenn er mit einer Studien dauer von 6 Jahren rechnet, das Kapital nach dieser Zeit noch 5 000,00 EUR betragen soll, und die Bank in den ersten zwei Jahren 5 % und in den folgenden Jahren 4 % Zinsen zahlt?

12 Eine nachschüssige Rente mit der Jahresrate 8 000,00 EUR und der Laufzeit 18 Jahre soll in eine nachschüssige Rente mit der Jahresrate 10 000,00 EUR umgewandelt werden. Berechnen Sie die Laufzeit der neuen Rente bei 5 % Verzinsung.

13 Eine Lotterie verlost als Gewinn eine monatliche Zahlung von 3 000,00 EUR. Welchen Barwert hat der Gewinn, wenn jeweils zu Beginn des Monats gezahlt wird und mit 4 % Verzinsung und 20 Jahren Laufzeit gerechnet wird?
Berechnen Sie auch den Barwert für den Fall, dass mit einer Laufzeit von 30 Jahren gerechnet wird.

14 Jemand will seine vorschüssige Rente von 20 000,00 EUR jährlich und der Laufzeit von 24 Jahren in eine nachschüssige Rente mit der Laufzeit von 18 Jahren umwandeln.

a) Mit welcher Rate kann er rechnen bei 4,25 % Verzinsung?

b) Mit welcher Rate kann er rechnen, wenn in den ersten 18 Jahren mit 4,5 % und in den folgenden Jahren mit 4 % verzinst wird?

c) Mit welcher Rate kann er rechnen, wenn in den ersten 12 Jahren mit 4,5 %, inden folgenden 6 Jahren mit 4,25 % und in den letzten Jahren mit 4 % verzinst wird?

15 Ein Versicherungsnehmer erhält von seiner Versicherung 15 Jahre lang jährlich nachschüssig 13 500,00 EUR. Diese Rente will er umwandeln lassen in eine 12 Jahre währende vorschüssige Rente. Mit welcher jährlichen Rate kann er rechnen bei einer Verzinsung von 4 %?

16 Eine Versicherung muss einem Versicherten einen Betrag von 160 000,00 EUR auszahlen. Sie bietet folgende Möglichkeiten an:
I: Der Betrag von 160 000,00 EUR wird ausgezahlt.
II: Der Versicherte bekommt 15 Jahre lang jährlich vorschüssig 14 000,00 EUR.
III: Der Versicherte bekommt 20 Jahre lang jährlich am Ende des Jahres 12 500,00 EUR.
Welches Angebot ist für den Versicherten günstiger, wenn man mit einer Verzinsung von
a) 4 % b) 5 % rechnet?

17 Eine Rente, bei der 25 Jahre lang zu Beginn eines jeden Jahres eine Rate von 15 000,00 EUR gezahlt wird, soll umgewandelt werden in eine Rente, bei der 20 Jahre lang am Ende des Jahres eine Rate gezahlt wird.
a) Berechnen Sie die Höhe der Rate bei einer Verzinsung von 4 %.
b) Berechnen Sie die Höhe der Rate bei einer Verzinsung von 5 %.

18 Nach Eintreten eines Versicherungsfalles bietet die Versicherung an:
I: 22 Jahre lang jährlich am Ende des Jahres 28 000,00 EUR.
II: 17 Jahre lang jährlich zu Beginn des Jahres 32 000,00 EUR.
Vergleichen Sie die beiden Angebote bei einer Verzinsung von
a) 4 % b) 5 %.

19 Eine vorschüssige Rente mit einer Rate von jährlich 18 875,00 EUR und einer Dauer von 15 Jahren soll umgewandelt werden in eine nachschüssige Rente mit einer jährlichen Rate von 17 058,80 EUR. Mit welcher Auszahlungsdauer wurde gerechnet ($p = 3{,}5$)?

20 Eine Versicherung bietet an, statt einer sofortigen Auszahlung von 170 000,00 EUR eine vorschüssige Rente mit einer Rate von jährlich 11 980,54 EUR zu zahlen. Mit welcher Auszahlungsdauer rechnet sie bei einer vorgesehenen Verzinsung von 3,5 %?

6.4.4 Kapitalaufbau und Kapitalabbau

Wird ein fester Betrag K_0 zur Verzinsung auf ein Konto eingezahlt und außerdem jährlich eine feste Rate r, so werden Anfangskapital und Raten verzinst, so dass nach n Jahren der Endbetrag E_n zur Verfügung steht. Man spricht hier von **Kapitalaufbau**.

Kapitalaufbau $E_n = K_0 \cdot q^n + r \cdot \dfrac{q^n - 1}{q - 1}$ (nachschüssig) $q > 1$

Wird ein fester Betrag auf ein Konto eingezahlt und jährlich eine feste Rate r abgehoben, so tritt eine Verminderung des Kapitals ein. Man spricht hier von **Kapitalabbau**.

Kapitalabbau $E_n = K_0 \cdot q^n - r \cdot \dfrac{q^n - 1}{q - 1}$ (nachschüssig) $q > 1$

Beispiele für Kapitalaufbau und Kapitalabbau

1. Ein Betrag von 20 000,00 EUR wird eingezahlt und jährlich nachschüssig eine feste Rate von 1 000,00 EUR dazugezahlt. Wie hoch ist das Gesamtkapital nach 12 Jahren bei einem Zinsfuß von $p = 5$?

Lösung:

$$E_{12} = K_0 \cdot q^{12} + r \cdot \frac{q^{12} - 1}{q - 1}$$

$$E_{12} = 20000 \cdot 1{,}05^{12} + 1000 \cdot \frac{1{,}05^{12} - 1}{0{,}05} \Leftrightarrow \mathbf{E_{12} = 51\,834{,}25}$$

Das Gesamtkapital beträgt nach 12 Jahren 51 834,25 EUR.

2. Ein Teilhaber scheidet aus dem Geschäft aus und erhält 250 000,00 EUR ausgezahlt. Dieses Kapital legt er mit 5 % Zinsen an und hebt jährlich am Ende des Jahres 15 000,00 EUR ab. Wie hoch ist sein Kapital nach 25 Jahren?

Lösung:

$$E_{25} = K_0 \cdot q^{25} - r \cdot \frac{q^{25} - 1}{q - 1}$$

$$E_{25} = 250000 \cdot 1{,}05^{25} - 15000 \cdot \frac{1{,}05^{25} - 1}{0{,}05} \Leftrightarrow \mathbf{E_{25} = 130\,682{,}25}$$

Nach 25 Jahren beträgt das Kapital noch 130 682,25 EUR.

AUFGABEN

1 Ein Lottogewinner legt von seinem Gewinn 50 000,00 EUR mit 5 % Zinsen an. Wie hoch ist sein Guthaben nach 10 (15; 20) Jahren, wenn er am Ende eines jeden Jahres 2 000,00 EUR (2 500,00 EUR; 3 000,00 EUR) abhebt?

2 Ein Jagdpächter zahlt zu Beginn der Pacht 20 000,00 EUR und in jedem Jahr 4 000,00 EUR nachschüssig für Wild- und Flurschaden. Wie hoch sind die Gesamtkosten der Pacht bei $p = 4{,}5$ und einer Pachtdauer von 5 Jahren?

3 Ein Wald hat einen Holzbestand von 50 000 m³. Der jährliche Zuwachs betrage 3 %. Wie hoch ist der Holzbestand nach 10 Jahren, wenn am Ende eines jeden Jahres 2 500 m³ Holz geschlagen werden? Wie lange dauert es, bis der gesamte Holzbestand aufgebraucht ist? Wie viel Holz dürfte man nur schlagen, wenn der Holzbestand sich nicht verändern soll?

4 Ein Lottogewinner legt seinen Gewinn in Höhe von 250 000,00 EUR mit 5 % Zinsen an.

a) Er hebt jährlich am Ende des Jahres 15 000,00 EUR ab. Wie viel ist nach 15 Jahren noch auf dem Konto?

b) Wie hoch ist der Kontostand nach 15 Jahren, wenn er am Ende eines jeden Jahres 12 000 EUR abhebt?

c) Wie viel kann er abheben, wenn nach 15 Jahren der Gewinn verbraucht sein soll?

d) Wie viel kann er jährlich nachschüssig abheben, wenn nach 15 Jahren noch ein Betrag von 50 000,00 EUR übrig sein soll?

e) Nach wie viel Jahren ist sein Kontostand unter 100 000,00 EUR gesunken, wenn er jährlich nachschüssig 25 000,00 EUR abhebt?

5 Jemand zahlt 20 000,00 EUR auf ein. Sparkonto ein und dazu jährlich nachschüssig 2 000,00 EUR.

a) Nach wie viel Jahren ist sein Sparkonto auf mehr als 140 000,00 EUR angewachsen bei einer Verzinsung von 3,5 %?

b) Der Sparer vereinbart mit der Sparkasse eine Verzinsung von 4,5 %. Wie lange muss er jetzt die Rate einzahlen, bis sein Kontostand mehr als 140 000,00 EUR aufweist?

c) Die Sparkasse macht das Angebot, in den ersten 4 Jahren 4 % und in den folgenden Jahren 5 % Zinsen zu zahlen. Wie lange dauert es jetzt, bis das Sparkonto mehr als 140 000,00 EUR aufweist?

d) Wie hoch ist in diesem letzten Fall der Kontostand nach 20 Jahren?

6 Ein Sparer zahlt einen Betrag von 50 000,00 EUR auf ein Sparkonto. Zusätzlich zahlt er jährlich am Ende des Jahres 6 000,00 EUR ein. Es wird eine Verzinsung von 4,5 % festgelegt.

a) Wie hoch ist sein Sparguthaben nach 8 Jahren?

b) Nach wie viel Jahren beträgt sein Guthaben mehr als 191 000,00 EUR?

c) Wann hat der Sparer eine zusätzliche Zahlung von 15 000,00 EUR geleistet, wenn nach 10 Jahren das Sparguthaben auf 171 790,65 EUR angewachsen ist?

Aufgaben zur Rentenrechnung

7 Ein Geschäftspartner scheidet aus dem Unternehmen aus unter der Bedingung, dass ihm zu Beginn eines jeden Jahres 15 000,00 EUR gezahlt werden. Wie hoch ist der Barwert dieser Zahlungsverpflichtung, wenn man einen Zinssatz von 5 % und eine Zahlungsdauer von 25 Jahren annimmt?

8 Ein Arbeiter wird durch einen Unfall erwerbsunfähig. Die Unfallversicherung zahlt jährlich 5 500,00 EUR vorschüssige Rente. Wie hoch ist der Barwert und wie hoch ist der Endwert der Rente, wenn sie 25 Jahre lang gezahlt wird ($p = 4{,}5$)?

9 In eine Rentenkasse werden 25 Jahre lang jährlich 2 500,00 EUR nachschüssig eingezahlt. 5 Jahre nach Beendigung der Einzahlungen wird eine vorschüssige Jahresrate von 8 950,00 EUR jährlich ausgezahlt. Wie lange wird gezahlt ($p = 4{,}5$)?

10 Jemand kann von einem angesparten Betrag 12 Jahre lang jährlich nachschüssig 6 000,00 EUR abheben. Danach ist der Betrag aufgebraucht.

a) Wie viel könnte er stattdessen 18 Jahre lang nachschüssig abheben?

b) Wie lange reicht der Betrag, wenn er jährlich nachschüssig 7 500,00 EUR abhebt ($p = 4{,}25$)?

11 Jemand zahlt in eine Versicherung 25 Jahre lang jährlich nachschüssig 7 500,00 EUR ein. 5 Jahre nach der letzten Zahlung erhält er eine vorschüssige Rente. Wie hoch ist die jährliche Rate, wenn die Versicherung mit einer Auszahlungsdauer von 15 Jahren rechnet und während der Einzahlungszeit mit 3,75 %, während der Auszahlungszeit mit 4 % und während der Zwischenzeit mit 4,25 % Zinsen rechnet?

12 Jemand möchte 27 Jahre lang jährlich nachschüssig einen festen Betrag in eine Rentenversicherung einzahlen, um 3 Jahre nach Beendigung der Zahlungen 18 Jahre lang eine jährliche vorschüssige Rate in Höhe von 15 000,00 EUR zu erhalten. Wie hoch muss der einzuzahlende Betrag sein, wenn während der ersten 27 Jahre mit 4,25 % und während der übrigen Zeit mit 4,5 % Zinsen gerechnet wird?

13 Jemand zahlt einen Betrag von 65 000,00 EUR in eine Rentenkasse und erhält nach einer Wartezeit von 12 Jahren 18 Jahre lang eine vorschüssige Rente. Wie hoch ist die jährliche Rate, wenn in den ersten 12 Jahren mit 4,25 % und in den folgenden 18 Jahren der Auszahlungsdauer mit 4,5 % Verzinsung gerechnet wird?

14 Jemand zahlt sofort 65 000,00 EUR und zusätzlich 12 Jahre lang jährlich nachschüssig eine feste Rate in eine Rentenkasse, um anschließend 18 Jahre lang eine jährliche vorschüssige Rate in Höhe von 9 500,00 EUR zu erhalten. Wie hoch muss die jährliche Rate sein, wenn während der Einzahlungsdauer mit 4,25 % und während der Auszahlungsdauer mit 4,5 % Verzinsung gerechnet wird?

15 In einem Vermächtnis wurde bestimmt, dass ein Betrag von 250 000,00 EUR für 8 Jahre festgelegt wird. Danach soll jährlich vorschüssig eine Auszahlung für besondere Verdienste vorgenommen werden.
Wie hoch ist der jährlich auszuzahlende Betrag, wenn mit 4,75 % verzinst wird und die Auszahlungsdauer auf 30 Jahre festgesetzt ist?

16 Jemand zahlt einen Betrag von 50 000,00 EUR in eine Versicherung ein. Zusätzlich zahlt er 22 Jahre lang am Ende eines jeden Jahres 6 000;00 EUR in diese Versicherung ein. Fünf Jahre nach der letzten Einzahlung erhält er eine nachschüssige Rente.
Wie hoch ist der jährliche Auszahlungsbetrag, wenn die Versicherung mit einer Auszahlungsdauer von 15 Jahren und einer Verzinsung von 6 % rechnet?

6.4.5 Annuitätentilgung

Bei der Annuitätentilgung geht man davon aus, dass ein **Darlehen** D in jährlich gleich bleibenden Beträgen zurückgezahlt wird. Diese Beträge heißen **Annuitäten** A und enthalten die Zinsen Z und die **Tilgung** T. In n Jahren soll das Darlehen zurückgezahlt sein. Bei der Berechnung der Annuität geht man davon aus, dass das Darlehen verzinst wird, sich aber verringert durch den Tilgungsanteil. Das Restdarlehen nach k Jahren ist nach der Formel für den Kapitalabbau:

$$D_k = D \cdot q^k - A \cdot \frac{q^k - 1}{q - 1}$$

(Man geht davon aus, dass die Annuitäten nachschüssig fällig sind.)

Nach n Jahren soll das Darlehen getilgt sein, das heißt $D_n = 0$:

$$0 = D \cdot q^n - A \cdot \frac{q^n - 1}{q - 1}$$

Durch Umformung dieser Gleichung ergibt sich die

Annuitätengleichung $\quad A = D \cdot q^n \cdot \dfrac{q - 1}{q^n - 1} \qquad q > 1$

Beispiel zur Berechnung der Annuität

Ein Darlehen von 20 000,00 EUR soll bei 7 % Zinsen in 15 Jahren zurückgezahlt sein. Wie hoch ist die Annuität?

Lösung:

$$A = D \cdot q^n \cdot \frac{q-1}{q^n - 1}$$

$$A = 20\,000 \cdot 1{,}07^{15} \cdot \frac{0{,}07}{1{,}07^{15} - 1} \Leftrightarrow \boldsymbol{A = 2195{,}89}$$

Die Annuität beträgt 2 195,89 EUR.

Da das Darlehen bei der Rückzahlung geringer wird, werden auch die Zinsanteile der Annuität kleiner. Diese ersparten Zinsen vergrößern den Tilgungsanteil der folgenden Jahre, da die Annuität, also die Summe aus Zins- und Tilgungsanteil in jedem Jahr gleich ist: Für ein beliebiges Jahr k gilt also: $\boldsymbol{A = Z_k + T_k}$

1. Jahr: $A = Z_1 + T_1 \Leftrightarrow A = D \cdot \frac{p}{100} + T_1 \Leftrightarrow \boldsymbol{T_1 = A - D \cdot \frac{p}{100}}$

2. Jahr: $A = (D - T_1) \cdot \frac{p}{100} + T_2 \Leftrightarrow A = D \cdot \frac{p}{100} - T_1 \cdot \frac{p}{100} + T_2$

Da die Annuität konstant ist, gilt wie im 1. Jahr:

$A = D \cdot \frac{p}{100} + T_1$. Damit folgt:

$$D \cdot \frac{p}{100} + T_1 = D \cdot \frac{p}{100} - T_1 \cdot \frac{p}{100} + T_2$$

$$\Leftrightarrow T_2 = T_1 + T_1 \cdot \frac{p}{100} \Leftrightarrow T_2 = T_1 \cdot \left(1 + \frac{p}{100}\right) \Leftrightarrow \boldsymbol{T_2 = T_1 \cdot q}$$

3. Jahr: $A = (D - T_1 - T_2) \cdot \frac{p}{100} + T_3 \Leftrightarrow A = D \cdot \frac{p}{100} - T_1 \cdot \frac{p}{100} - T_2 \cdot \frac{p}{100} + T_3$

Für die Annuität gilt wieder wie im 1. Jahr:

$A = D \cdot \frac{p}{100} + T_1$. Damit folgt:

$$D \cdot \frac{p}{100} + T_1 = D \cdot \frac{p}{100} - T_1 \cdot \frac{p}{100} - T_2 \cdot \frac{p}{100} + T_3$$

$$\Leftrightarrow T_3 = T_1 + T_1 \cdot \frac{p}{100} + T_2 \cdot \frac{p}{100} \Leftrightarrow T_3 = T_1 + T_1 \cdot \frac{p}{100} + T_1 \cdot q \cdot \frac{p}{100}$$

$$\Leftrightarrow T_3 = T_1 \left[\left(1 + \frac{p}{100}\right) + \left(1 + \frac{p}{100}\right) \cdot \frac{p}{100}\right] \Leftrightarrow T_3 = T_1 \cdot \left(1 + \frac{p}{100}\right) \cdot \left(1 + \frac{p}{100}\right)$$

$$\Leftrightarrow \boldsymbol{T_3 = T_1 \cdot q^2}$$

Dieser Zusammenhang soll an einem Zahlenbeispiel verdeutlicht werden.

Beispiel für das Ansteigen der Tilgungsraten

Ein Darlehen in Höhe von 100 000,00 EUR soll mit 10 % verzinst und mit 2 % Tilgung zuzüglich ersparter Zinsen zurückgezahlt werden.

Lösung:

Bei 10 % Verzinsung gilt: $p = 10 \Leftrightarrow q = 1{,}1$

Zinsen im 1. Jahr: $Z_1 = 100\,000 \cdot \frac{10}{100} \Leftrightarrow Z_1 = 10\,000$

Tilgung im 1. Jahr: $T_1 = 100\,000 \cdot \frac{2}{100} \Leftrightarrow \mathbf{T_1 = 2000}$

Annuität: $A = Z_1 + T_1 \qquad A = 12\,000$

Jahr	Darlehen zu Beginn des Jahres in EUR	Zinsen am Ende des Jahres in EUR	Tilgung am Ende des Jahres in EUR	Darlehen am Ende des Jahres in EUR
1	100 000,00	10 000,00	2 000,00	98 000,00
2	98 000,00	9 800,00	2 200,00	95 800,00
3	95 800,00	9 580,00	2 420,00	93 380,00
4	93 380,00	9 338,00	2 662,00	90 718,00
5	90 718,00	9 071,80	2 928,20	87 789,80
6	87 789,80	8 778,98	3 221,02	84 568,78
⋮	⋮	⋮	⋮	⋮

Es ist zu erkennen:
Die Tilgungsanteile nehmen zu. Die Tilgungsanteile bilden eine geometrische Folge mit dem Quotienten $q = 1 + \frac{p}{100}$.

Für den Tilgungsanteil T_k in einem Jahr k gilt also:

Tilgungsanteil $\quad T_k = T_1 q^{k-1}$

Für die Zinsen Z_k in einem Jahr k gilt demnach:

Zinsanteil $\quad Z_k = A - T_1 q^{k-1}$

Beispiel für die Berechnung von Tilgungsanteil und Zinsanteil

Ein Darlehen von 20 000,00 EUR soll bei 7 % Zinsen in 15 Jahren zurückgezahlt sein. Wie hoch ist der Tilgungs- und der Zinsanteil der Annuität im 10. Jahr?

Lösung:

Die Annuität wurde im vorigen Beispiel mit 2 195,89 EUR errechnet. Der Zinsanteil im 1. Jahr ist:

$Z_1 = D \cdot \frac{p}{100} \quad Z_1 = 20\,000 \cdot \frac{7}{100} \quad Z_1 = 1\,400$

Der Tilgungsanteil im 1. Jahr ist demnach:

$T_1 = A - Z_1$

$T_1 - 2\,195{,}89 - 1\,400 \quad T_1 = 795{,}89$

Der Tilgungsanteil T_{10} im 10. Jahr ist:

$T_{10} = T_1 q^9$

$T_{10} = 795{,}89 \cdot 1{,}07^9 \quad \boldsymbol{T_{10} = 1\,463{,}21}$

Für den Zinsanteil Z_{10} im 10. Jahr gilt:

$Z_{10} = A - T_{10}$

$Z_{10} = 2\,195{,}89 - 1\,463{,}21 \quad \boldsymbol{Z_{10} = 732{,}68}$

Im 10. Jahr beträgt der Tilgungsanteil 1 463,21 EUR und der Zinsanteil 732,68 EUR.

Die Summe aller Tilgungsanteile ergibt zusammen das Darlehen:

$D = T_1 + T_2 + T_3 + \ldots T_k + \ldots + T_n$

Da die Tilgungsanteile eine geometrische Reihe ergeben, kann der Summenwert mit der Summenformel der geometrischen Reihe berechnet werden:

$$T_1 \cdot \frac{q^n - 1}{q - 1} = D$$

Wird in der Annuitätengleichung D ersetzt durch $T_1 \cdot \frac{q^n - 1}{q - 1}$, so erhält man:

$$A = T_1 \cdot \frac{q^n - 1}{q - 1} \cdot q^n \cdot \frac{q - 1}{q^n - 1} \Leftrightarrow A = T_1 \cdot q^n$$

Damit ergibt sich also eine andere Form,der Annuitätengleichung:

Annuitätengleichung $\quad A = T_1 \cdot q^n$

Oft wird bei einem Darlehen außer den Zinsen auch die Tilgung im 1. Jahr angegeben. Die Summe aus Zinsen und Tilgung ist die Annuität. Die Rückzahlungsdauer ergibt sich dann durch die Umstellung der Annuitätengleichung nach n.

Beispiel zur Berechnung der Rückzahlungsdauer

Ein Darlehen in Höhe von 50 000,00 EUR soll mit 7 % Zinsen und 1 % Tilgung im 1. Jahr zuzüglich ersparter Zinsen in jährlich gleichen Beträgen zurückgezahlt werden. Nach welcher Zeit ist das Darlehen zurückgezahlt?

Lösung:

Zinsen Z_1:	$Z_1 = 50\,000 \cdot \frac{7}{100}$	$Z_1 = 3\,500$
Tilgung T_1:	$T_1 = 50\,000 \cdot \frac{1}{100}$	$T_1 = 500$
Annuität A:	$A = Z_1 + T_1$:	$A = 4\,000$

Die Rückzahlungsdauer wird zweckmäßig mit der Annuitätengleichung $A = T_1 \cdot q^n$ berechnet:

$4000 = 500 \cdot 1{,}07^n \Leftrightarrow 1{,}07^n = 8$

$\Leftrightarrow n = \dfrac{\log 8}{\log 1{,}07} \qquad \Leftrightarrow \boldsymbol{n = 30{,}7343}$

Das Darlehen ist nach ungefähr $30\frac{3}{4}$ Jahren zurückgezahlt.

AUFGABEN

1 Ein Darlehen in Höhe von 120 000,00 EUR soll in 27 Jahren zurückgezahlt sein.

a) Wie hoch ist die Annuität bei 7,5 % Zinsen?

b) Es wird die Annuität bei 7,5 % Zinsen 10 Jahre lang gezahlt. Anschließend wird der Zinssatz auf 8,5 % heraufgesetzt. Wie hoch ist die neue Annuität, wenn die Rückzahlungsdauer insgesamt bei 27 Jahren bleiben soll?

2 Ein Darlehen in Höhe von 140 000,00 EUR soll in 28 Jahren zurückgezahlt sein.

a) Wie hoch ist die Annuität und die 1. Tilgungsrate bei 8,25 % Zinsen?

b) Nach 10 Jahren wird der Zinssatz auf 7,25 % gesenkt. Wie hoch ist die neue Annuität, wenn die Rückzahlungsdauer insgesamt bei 28 Jahren bleiben soll?

c) Nach weiteren 5 Jahren wird eine Sondertilgung in Höhe von 50 000,00 EUR vorgenommen. Der Zinssatz wird auf 7,5 % erhöht. Wie hoch ist die neue Annuität, wenn die Rückzahlungsdauer insgesamt bei 28 Jahren bleiben soll?

3 Eine Kommune nimmt zur Finanzierung einer neuen Schule ein Darlehen von 12 000 000,00 EUR auf. Das Darlehen wird mit 5,5 % verzinst und soll in 6 Jahren in gleichen Annuitäten getilgt werden.

a) Berechnen Sie die Annuität.

b) Berechnen Sie Zins- und Tilgungsanteil im 4. Jahr.

c) Berechnen Sie die Rückzahlungsdauer, wenn die Kommune Annuitäten von 2 000 000,00 EUR vorsieht.

d) Berechnen Sie für diesen letzten Fall den Zins- und Tilgungsanteil im 4. Jahr.

4 Ein Darlehen in Höhe von 250 000,00 EUR soll in 30 Jahren zurückgezahlt sein.

a) Berechnen Sie die Annuität bei 7,5 % Zinsen.

b) Berechnen Sie den Tilgungsanteil im 10. und im 20. Jahr.

c) Berechnen Sie den Zinsanteil im 15. und im 25. Jahr.

5 Eine Hypothek in Höhe von 360 000,00 EUR soll in 32 Jahren in gleichen Annuitäten zurückgezahlt werden.

a) Berechnen Sie die Annuität bei 7,25 % Verzinsung.

b) Nach 10 Jahren wird für 2 Jahre die Tilgung ausgesetzt; es werden nur die fälligen Zinsen gezahlt. Gleichzeitig wird ein neuer Zinssatz von 7,75 % festgesetzt. Berechnen Sie die neue Annuität ab dem 12. Jahr, wenn die Gesamtrückzahlungsdauer bei 32 Jahren bleiben soll.

c) Nach 22 Jahren wird ein neuer Zinssatz von 8 % festgesetzt. Berechnen Sie die Annuität für die letzten 10 Jahre.

6 Ein Darlehen in Höhe von 110 000,00 EUR soll in 20 Jahren durch Annuitätentilgung zurückgezahlt sein.

a) Berechnen Sie die Annuität bei 7,5 % Verzinsung.

b) Nach 10 Jahren wird die Tilgung für 3 Jahre ausgesetzt. Der Zinssatz wird auf 8 % erhöht. Nach diesen 3 Jahren wird ein neuer Zinssatz in Höhe von 7,25 % festgesetzt. Berechnen Sie die neue Annuität für die letzten 7 Jahre.

c) Wie hoch ist die gesamte Zinsbelastung?

7 Ein Darlehen wird in 34 Jahren mit jährlich gleichen Annuitäten von 5 178,25 EUR getilgt. Wie hoch war das Darlehen, wenn ein Zinssatz von 8 % vereinbart wurde?

8 In welcher Höhe kann ein Darlehen aufgenommen werden, wenn für die Annuität ein Betrag von 10 000,00 EUR angesetzt wird und die Rückzahlungsdauer 15 Jahre betragen soll bei 6,5 % (7,5 %; 8,5 %) Verzinsung?

9 Ein Darlehen in Höhe von 40 000,00 EUR wird in jährlich gleichen Annuitäten von 3 400,00 EUR zurückgezahlt. Wie lange muss zurückgezahlt werden, wenn ein Zinssatz von 6 % (7 %; 8 %) vereinbart wurde?

10 Eine Hypothek in Höhe von 280 000,00 EUR wird mit 7,5 % Zinsen und mit 1,5 % Tilgung zuzüglich ersparter Zinsen zurückgezahlt. Berechnen Sie die Annuität und die Rückzahlungsdauer.

11 Ein Bauherr nimmt ein Darlehen in Höhe von 360 000,00 EUR auf. Die Bank verlangt 7,25 % Zinsen und 1 % Tilgung zuzüglich ersparter Zinsen.

a) Berechnen Sie die Annuität und die Rückzahlungsdauer.

b) Nach 10 Jahren wird der Zinssatz auf 6,75 % gesenkt. Berechnen Sie die neue Annuität bei gleich bleibender Gesamtrückzahlungsdauer.

c) Nach weiteren 10 Jahren wird der Zinssatz auf 7,5 % erhöht. Berechnen Sie nun die neue Annuität, wenn der Bauherr in den folgenden 7 Jahren die Hypothek zurückgezahlt haben will.

d) Wie hoch ist die gesamte Zinsbelastung?

12 Ein Darlehen in Höhe von 80 000,00 EUR soll durch Annuitäten in Höhe von 8 000,00 EUR getilgt werden. Berechnen Sie die Rückzahlungsdauer bei 7 % Verzinsung.

13 Ein Bausparvertrag in Höhe von 80 000,00 EUR ist zu 40 % angespart. Für den Kauf einer Eigentumswohnung wird die Bausparsumme in Anspruch genommen. Mit welcher Rückzahlungsdauer muss man rechnen, wenn die Bausparkasse 5 % Zinsen verlangt und als Annuität 6 % der Bausparsumme festgesetzt ist?

14 Berechnen Sie die Rückzahlungsdauer unter den Bedingungen wie bei Aufgabe 13., jedoch mit der Änderung, dass nur 35 % der Bausparsumme angespart sind.

15 Eine Bank vergibt Darlehen zu folgenden Konditionen: Zinssatz 7,25 %, Disagio 6 %, Tilgung 1 % zuzüglich ersparter Zinsen. Ein Bauherr muss einen Betrag von 150 000,00 EUR finanzieren.

a) In welcher Höhe muss der Bauherr das Darlehen beantragen?

b) Berechnen Sie die Annuität.

c) Berechnen Sie die Rückzahlungsdauer.

d) Nach 10 Jahren wird ein Zinssatz von 7,5 % festgelegt. Ein neues Disagio wird nicht berechnet. Wie hoch ist die neue Annuität, wenn die Gesamtrückzahlungsdauer bleiben soll?

16 Eine Sparkasse vergibt Darlehen zu folgenden Konditionen: Zinssatz 7 %, Disagio 7,5 %, Tilgung 1 % zuzüglich ersparter Zinsen. Ein Bauherr muss einen Betrag von 150 000,00 EUR finanzieren.

a) In welcher Höhe muss der Bauherr das Darlehen beantragen?

b) Berechnen Sie die Annuität.

c) Berechnen Sie die Rückzahlungsdauer.

d) Nach 10 Jahren wird ein neuer Zinssatz in Höhe von 7,5 % festgelegt. Ein neues Disagio wird nicht berechnet. Wie hoch ist die neue Annuität, wenn die Gesamtrückzahlungsdauer bleiben soll?

Vergleichen Sie die Ergebnisse mit den Ergebnissen der Aufgabe 15.

17 Für die Rückzahlung eines Kredites stehen jährlich 5 000,00 EUR zur Verfügung. Berechnen Sie die Höhe eines möglichen Kredites bei 6,5 % Verzinsung und einer Rückzahlungsdauer von 4 (6; 8) Jahren.

18 Eine Hypothek soll mit 7 % verzinst und mit 5 % zzgl. ersparter Zinsen getilgt werden.

a) Berechnen Sie die Rückzahlungsdauer.

b) Nach welcher Zeit ist die Hälfte der Hypothek getilgt?

c) Wie viel Prozent der Hypothek sind nach 4 Jahren getilgt?

19 Ein Darlehen soll mit 7,5 % verzinst werden. Als Annuität wird 10 % des Darlehens festgelegt.

a) Nach welcher Zeit ist die Hälfte des Darlehens getilgt?

b) Nach welcher Zeit sind 80 % des Darlehens zurückgezahlt?

20 Eine Hypothek in Höhe von 2 500 000,00 EUR soll durch Annuitäten in Höhe von 250 000,00 EUR zurückgezahlt werden.

a) Berechnen Sie die Rückzahlungsdauer bei einer Verzinsung von 8,5 %.

b) Nach 10 Jahren wird der Zinssatz auf 8 % gesenkt. Wann ist nun die Hypothek zurückgezahlt, wenn die Annuität weiterhin 250 000,00 EUR betragen soll?

c) Wie hoch ist der Schuldbetrag nach 15 Jahren?

d) Berechnen Sie den Tilgungsanteil im 8. und im 16. Jahr.

e) Am Ende des 20. Jahres wird ein neuer Zinssatz in Höhe von 9 % festgelegt. Die restliche Hypothek soll nun in zwei Annuitäten zurückgezahlt werden. Berechnen Sie diese neue Annuität.

f) Berechnen Sie nun den Gesamtbetrag der in den 22 Jahren angefallenen Zinsen.

7 Grenzwert und Stetigkeit

7.1 Zahlenfolgen und Funktionen

Definition einer beschränkten unendlichen Folge

Gibt es eine reelle Zahl S mit $a_n \leq S$, für alle Glieder a_n der Folge, so heißt diese Folge nach oben beschränkt.
Gibt es eine reelle Zahl s mit $a_n \geq s$, für alle Glieder an der Folge, so heißt diese Folge nach unten beschränkt. Die Zahlen S bzw. s heißen obere bzw. untere Schranke. Eine Folge heißt beschränkt, wenn sie eine untere und eine obere Schranke hat, so dass gilt: $s \leq a_n \leq S$ für alle n.

Beispiele

1. $\langle a_n \rangle = \left\langle n + \frac{1}{n} \right\rangle = \langle 2; 2{,}5; 3{,}\overline{3}; 4{,}25; 5{,}2; \ldots \rangle$

   ist eine nach unten beschränkte Folge, da $a_n \geq 2$ für alle n. Untere Schranke ist 2 (und jede Zahl, die kleiner als 2 ist).

2. $\langle a_n \rangle = \left\langle 1 + \frac{1}{n} \right\rangle = \langle 2; 1{,}5; 1{,}\overline{3}; 1{,}25; 1{,}2; \ldots \rangle$

ist eine nach oben beschränkte Folge, da $a_n \leq 2$ für alle n. Obere Schranke ist 2 (und jede Zahl, die größer als 2 ist).

3. $\langle a_n \rangle = \langle (-2)^n \rangle = \langle -2; 4; -8; 16; -32; \ldots \rangle$
ist weder nach unten noch nach oben beschränkt.

Definition einer monotonen unendlichen Folge

Gilt für alle Folgeglieder an: $a_{n+1} \geq a_n (a_{n+1} \leq a_n)$, so heißt die Folge monoton steigend (monoton fallend).
Fehlt das Gleichheitszeichen, so heißt die Folge streng monoton steigend bzw. streng monoton fallend.

Beispiel für eine streng monoton steigende Folge

$\langle a_n \rangle = 2n$; Begründung: $a_{n+1} = 2(n+1) = 2n + 2 > 2n = a_n$

Beispiel für eine monoton steigende Folge

$\langle a_n \rangle = \langle 1;1; 2;2; 3;3; 4;4; 5;5; 6;6; \ldots \rangle$

Beispiel für eine streng monoton fallende Folge

$\langle a_n \rangle = \langle 3 - n \rangle$; Begründung: $a_{n+1} = 3 - (n+1) = 2 - n < 3 - n = a_n$

Beispiel für eine monoton fallende Folge

$\langle a_n \rangle = \langle -1; -1; -2; -2; -3; -3; -4; -4; \ldots \rangle$

Beispiel für eine Folge, die nicht monoton ist

$\langle a_n \rangle = \langle (-1)^n \rangle = \langle -1; 1; -1; 1; \rangle$

7.2 Grenzwerte unendlicher Zahlenfolgen

Definition des Grenzwertes und der Konvergenz einer unendlichen Zahlenfolge

Eine unendliche Zahlenfolge hat die Zahl g als Grenzwert, wenn zu jeder noch. So beliebig kleinen positiven Zahl ε eine natürliche Zahl n_0 angegeben werden kann, für die gilt: $n \geq n_0 \Rightarrow |a_n - g| < \varepsilon$.
Man schreibt: $\lim\limits_{n \to \infty} a_n = g$ (gesprochen: Limes a_n für n gegen unendlich gleich g). Folgen, die einen Grenzwert haben, werden konvergent genannt.

Anschaulich bedeutet diese Definition, dass der Abstand zwischen den Folgegliedern a_n und dem Grenzwert g mit wachsendem $n (n \to \infty)$ beliebig klein wird.

Beispiel für eine Folge mit einem Grenzwert

Die Folge $\left\langle 1 + \frac{(-1)^n}{n} \right\rangle$ hat den Grenzwert 1.

Beweis

Es ist zu zeigen: Es gibt zu jedem beliebig kleinen ε ein hiervon abhängiges Folgeglied a_{n_0} mit:

$n \geq n_0 \Rightarrow |a_n - 1| \leq \varepsilon$.

$\Leftrightarrow \left| 1 + \frac{(-1)^n}{n} - 1 \right| < \varepsilon \Leftrightarrow \frac{1}{n} < \varepsilon \Leftrightarrow n > \frac{1}{\varepsilon}$.

Damit gilt: $n \geq n_0 \Rightarrow |a_n - 1| < \varepsilon$, wobei n_0 die kleinste natürliche Zahl mit $n_0 \geq \frac{1}{\varepsilon}$.

Werden für ε konkrete Werte gewählt, so erhält man etwa:

$\varepsilon = 0{,}1 : n > \frac{1}{0{,}1} \Leftrightarrow n > 10$; also $n_0 = 11$

$\varepsilon = 0{,}004 : n > \frac{1}{0{,}004} \Leftrightarrow n > 250$; also $n_0 = 251$

$\varepsilon = 0{,}000012 : n > \frac{1}{0{,}000012} \Leftrightarrow n > 83\,333{,}\overline{3}$; also $\boldsymbol{n_0} = \mathbf{83\,334}$

Definition der Nullfolge

Eine Folge, die den Grenzwert 0 hat, heißt Nullfolge.

Beispiel für eine Nullfolge

$\langle a_n \rangle = \left\langle \frac{1}{n} \right\rangle$

Definition der Divergenz und der uneigentlichen Konvergenz einer unendlichen Zahlenfolge

1. Eine unendliche Zahlenfolge, die keinen Grenzwerthat, heißt divergent.
2. Eine unendliche Zahlenfolge heißt uneigentlich konvergent, wenn gilt:
$n \to \infty \Rightarrow a_n \to \pm\infty$

Beispiele für divergente Folgen

1. $\langle a_n \rangle = \langle 2n - 1 \rangle = \langle 1; 3; 5; 7; 9; \ldots \rangle$;
   $\langle a_n \rangle$ strebt gegen ∞.
2. $\langle a_n \rangle = \langle (-1)^n \cdot 4 \rangle = \langle -4;4; -4;4; -4;4; \ldots \rangle$

Definition der alternierenden Folge

Eine Folge, bei der zwei aufeinander folgende Glieder stets verschiedene Vorzeichen haben, heißt alternierende Folge.

Beispiel für eine alternierende Folge

$\langle a_n \rangle = \langle (-0{,}5)^n \rangle = \langle -0{,}5;\ 0{,}25;\ -0{,}125;\ 0{,}0625;\ \ldots \rangle$

Definition des Häufungspunktes einer Folge

Eine Zahl h heißt Häufungspunkt einer unendlichen Zahlenfolge, wenn in jeder beliebig kleinen Umgebung von h unendlich viele Glieder der Folge liegen.

Zusammenhang zwischen Häufungspunkt und Grenzwert

Konvergiert eine Folge gegen den Grenzwert g, so hat sie genau einen Häufungspunkt, nämlich den Grenzwert g.

Beispiele für Folgen mit Häufungspunkten

1. $\langle a_n \rangle$ mit $a_n = \begin{cases} 1, & \text{falls } n \text{ ungerade} \\ n, & \text{falls } n \text{ gerade} \end{cases}$

   Diese Folge mit den Gliedern 1; 2; 1; 4; 1; 6; 1; … hat den Häufungspunkt **1**. **Sie ist divergent.**

2. $\langle a_n \rangle = \left\langle (-1)^n \left(1 + \frac{1}{n}\right) \right\rangle = \left\langle -2; \frac{3}{2}; -\frac{4}{3}; \frac{5}{4}; -\frac{6}{5}; \frac{7}{6}; \ldots \right\rangle$

   Diese Folge hat die Häufungspunkte $\boldsymbol{h_1} = \mathbf{-1}$ und $\boldsymbol{h_2} = \mathbf{+1}$. **Sie ist divergent.**

Grenzwertsätze für Folgen

Ist $\lim\limits_{n \to \infty} a_n = a$ und $\lim\limits_{n \to \infty} b_n = b$, so gilt:

1. $\lim\limits_{n \to \infty} (a_n + b_n) = \lim\limits_{n \to \infty} a_n + \lim\limits_{n \to \infty} b_n = a + b$

2. $\lim\limits_{n \to \infty} (a_n - b_n) = \lim\limits_{n \to \infty} a_n - \lim\limits_{n \to \infty} b_n = a - b$

3. $\lim\limits_{n \to \infty} (a_n \cdot b_n) = \lim\limits_{n \to \infty} a_n \cdot \lim\limits_{n \to \infty} b_n = a \cdot b$

4. $\lim\limits_{n \to \infty} (a_n : b_n) = \lim\limits_{n \to \infty} a_n : \lim\limits_{n \to \infty} b_n = a : b$ mit $b_n \neq 0,\ b \neq 0$

Beispiele für die Anwendung der Grenzwertsätze

1. Bestimmen Sie $\lim\limits_{n \to \infty} \dfrac{3n+1}{n+1}$.

Die gegebene Folge wird in Nullfolgen und konstante Anteile zerlegt.

$$\left\langle \frac{3n+1}{n+1} \right\rangle = \left\langle \frac{3x}{n+1} + \frac{1}{n+1} \right\rangle = \left\langle \frac{3}{1+\frac{1}{n}} + \frac{1}{n+1} \right\rangle$$

Nach dem ersten Grenzwertsatz gilt:

$$\lim_{n \to \infty} \frac{3n+1}{n+1} = \lim_{n \to \infty} \frac{3}{1+\frac{1}{n}} + \lim_{n \to \infty} \frac{1}{n+1} = 3 + 0 = 3$$

2. Bestimmen Sie $\lim\limits_{n \to \infty} \dfrac{5n-1}{n-1}$.

Zerlegung der Folge in Nullfolgen und konstante Anteile

$$\left\langle \frac{5n-1}{n-1} \right\rangle = \left\langle \frac{5n}{n-1} - \frac{1}{n-1} \right\rangle = \left\langle \frac{5}{1-\frac{1}{n}} - \frac{1}{n-1} \right\rangle$$

Nach dem zweiten Grenzwertsatz gilt:

$$\lim_{n \to \infty} \frac{5n-1}{n-1} = \lim_{n \to \infty} \frac{5}{1-\frac{1}{n}} - \lim_{n \to \infty} \frac{1}{n-1} = 5 - 0 = 5$$

3. Wie groß ist $\lim\limits_{n \to \infty} \left(3 + \dfrac{2}{n^2}\right) \cdot \left(4 - \dfrac{1}{n}\right)$?

Nach dem dritten Grenzwertsatz gilt:

$$\lim_{n \to \infty} \left(3 + \frac{2}{n^2}\right) \cdot \left(4 - \frac{1}{n}\right) = \lim_{n \to \infty} \left(3 + \frac{2}{n^2}\right) \cdot \lim_{n \to \infty} \left(4 - \frac{1}{n}\right) = 3 \cdot 4 = 12$$

4. Gesucht ist $\lim\limits_{n \to \infty} \dfrac{4n+1}{3n+2}$.

Zerlegung der Folge in Nullfolgen und konstante Anteile:

$$\left\langle \frac{4n+1}{3n+2} \right\rangle = \left\langle \frac{4+\frac{1}{n}}{3+\frac{2}{n}} \right\rangle$$

Nach dem vierten Grenzwertsatz gilt:

$$\lim_{n \to \infty} \frac{4+\frac{1}{n}}{3+\frac{2}{n}} = \frac{\lim\limits_{n \to \infty}\left(4+\frac{1}{n}\right)}{\lim\limits_{n \to \infty}\left(3+\frac{2}{n}\right)} = \frac{4}{3}$$

AUFGABEN

Aufgaben zur Beschränktheit von unendlichen Folgen

1 Geben Sie zu den nachstehenden Folgen eine untere Schranke s und eine obere Schranke S an.
Beweisen Sie Ihre Behauptung.

a) $a_n = \frac{3n + 1}{n}$ b) $a_n = \frac{3n^2 - 5}{n^2 + 4}$ c) $a_n = \frac{n - 1000}{n + 300}$

2 Bestimmen Sie zu den nachstehenden Folgen die kleinste obere Schranke (Beweis).

a) $a_n = \frac{2n - 1}{n + 5}$ b) $a_n = \frac{2n^2 - 1}{n^2 + 4}$ c) $a_n = \frac{7n - 200}{2n - 30}$

3 Untersuchen Sie, ob S eine obere und s eine untere Schranke der Folge $\langle a_n \rangle$ ist.

a) $a_n = \frac{n - 2}{n + 2}$; $S = 0{,}9$; $s = -0{,}3$

b) $a_n = 1 + \frac{2n}{n^2}$; $S = 3$; $s = 1{,}01$

c) $a_n = \frac{3n + 2}{2n + 4}$; $S = 1{,}8$; $s = -0{,}9$

d) $a_n = \frac{3n - 6}{0{,}2n + 1}$; $S = 14$; $s = -2$

e) $a_n = \frac{10n - 7}{n^2}$; $S = 4$; $s = 0$

f) $a_n = \frac{5n^2 + 3}{2n^2 - 12}$; $S = 2{,}8$; $s = -1$

4 Zeigen Sie: Wenn $\langle a_n \rangle$ und $\langle b_n \rangle$ zwei nach oben beschränkte Folgen sind, so ist auch die Summenfolge $\langle a_n + b_n \rangle$ eine nach oben beschränkte Folge.

Aufgaben zur Monotonie von unendlichen Folgen

1 Zeigen Sie, dass die nachstehenden Folgen monoton steigend sind.

a) $a_n = 2n + 1$

b) $a_n = n^2 - n$

c) $a_n = 0{,}5n^2 - n + 1$

d) $a_n = \frac{n^2 - 1}{n}$

e) $a_n = \frac{2n^2 + 3}{2n + 6}$

f) $a_n = n^3 - 2n^2$

2 Zeigen Sie, dass die nachstehenden Folgen monoton fallend sind.

a) $a_n = \frac{3n + 1}{3n}$

b) $a_n = 0{,}7^n$

c) $a_n = \frac{2n^2 + 1}{2n^2 - 1}$

d) $a_n = \frac{1}{3n^2 - 2}$

e) $a_n = \frac{4n + 10}{3n + 4}$

f) $a_n = -n^2 + 2n - 1$

3 Zeigen Sie, dass die nachstehenden Folgen nicht streng monoton (steigend oder fallend) sind.

a) $a_n = -n^2 + 8n$

b) $a_n = -0{,}5n^2 + 6n - 12$

c) $a_n = -n^3 + 5n^2 + 1$

d) $a_n = n^2 - 3n + 2$

e) $a_n = \dfrac{4n + 8}{5 - n}$

f) $a_n = \dfrac{0{,}5n + 5}{2{,}5 - n}$

4 Zeigen Sie: Sind $\langle a_n \rangle$ und $\langle b_n \rangle$ streng monoton fallende Folgen, so ist auch die Summenfolge $\langle a_n + b_n \rangle$ streng monoton fallend.

5 Beweisen Sie: $\langle a_n \rangle$ ist genau dann eine streng monoton steigende Folge, wenn $\langle -a_n \rangle$ eine streng monoton fallende Folge ist.

Aufgaben zur Konvergenz von unendlichen Folgen

1 Ab welchem Glied der Folge $\langle a_n \rangle$ ist der Abstand von Null kleiner als ε?

a) $a_n = 0{,}6^n;\ \varepsilon = 0{,}001$

b) $a_n = \dfrac{2n + 1}{n^2 + 3};\ \varepsilon = 0{,}003$

c) $a_n = \dfrac{0{,}5n + 12}{n^2 - 3};\ \varepsilon = 0{,}02$

d) $a_n = \dfrac{-3n + 6}{n^2};\ \varepsilon = 0{,}01$

2 Untersuchen Sie mithilfe des ε-Kriteriums, ob g der Grenzwert der Folge $\langle a_n \rangle$ ist.

a) $a_n = \dfrac{3 + n}{-3n};\ g = -\dfrac{1}{3}$

b) $a_n = \dfrac{2n + 5}{4{,}999n};\ g = 0{,}4$

c) $a_n = \dfrac{5n - 3}{8n + 11};\ g = 0{,}62$

d) $a_n = (-1)^n \cdot \dfrac{2n + 1}{n^2};\ g = 0$

e) $a_n = \ln\left(\dfrac{n^2 + 1}{n^2 + 3}\right);\ g = 0$

f) $a_n = \dfrac{4n + 501}{4{,}2n + 1};\ g = 1$

3 Bestimmen Sie den Grenzwert der Folge $\langle a_n \rangle$ mithilfe der Grenzwertsätze (Hinweis: Kürzen Sie ggf. den Bruch in geeigneter Weise).

a) $a_n = \dfrac{2n^2 + 2n + 4}{(2n + 1)^2}$

b) $a_n = \dfrac{3n^3 + 12n^2 + 55n - 12}{8n^3 + 120n - 45000}$

c) $a_n = \dfrac{(2n^3 - 7n^2)(1{,}5n - 1)}{5n^4 - 2n^2 + 20}$

d) $a_n = \dfrac{(2 \cdot n^{0{,}5} - 1)^2}{n}$

e) $a_n = \dfrac{2^n + 4^n}{2^n + 4^{n+1}}$

f) $a_n = \dfrac{(n + 1)^{0{,}5} - (n^2 + 1)^{0{,}5}}{n}$

g) $a_n = n\dfrac{0{,}5}{(2n)^{0{,}5} - n^{0{,}5}}$

h) $a_n = \dfrac{\ln(n + 4)^2 + \ln(n + 4)}{\ln(n + 4) + 3}$

i) $a_n = \left(3 + \dfrac{1}{n}\right) \cdot \dfrac{5n^2 - 12n + 2}{12n^2 + 250}$

k) $a_n = \dfrac{n^{40} + 17}{n^{41} - 99}$

4 Zeigen Sie: Wenn die Folge $\langle a_n \rangle$ gegen ∞ strebt, so ist die Folge $\left\langle \frac{1}{a_n} \right\rangle$ eine Nullfolge.

5 Zeigen Sie: Ist $\langle a_n \rangle$ eine konvergente Folge mit dem Grenzwert g, so ist $\langle a_n - g \rangle$ eine Nullfolge.

6 Beweisen Sie: Eine nach oben beschränkte und monoton steigende Folge ist konvergent.

7 Widerlegen Sie die folgenden Aussagen durch ein Gegenbeispiel.
a) Jede konvergente Folge ist monoton und beschränkt.
b) Eine beschränkte und alternierende Folge ist konvergent.
c) Das Produkt aus einer konvergenten und einer divergenten Folge (gliedweise Multiplikation) liefert stets eine konvergente Folge.
d) Ist $\langle |a_n| \rangle$ eine konvergente Folge, so ist auch $\langle a_n \rangle$ konvergent.

7.3 Grenzwerte von Funktionen

Definition des Grenzwertes einer Funktion für *x* gegen $+\infty$ bzw. $-\infty$

Eine Funktion f hat die Zahl g als Grenzwert für $x \to +\infty$ $(-\infty)$, wenn zu jeder noch so beliebig kleinen positiven Zahl ε eine reelle Zahl z angegeben werden kann, für die gilt:
$x > z \Rightarrow |f(x) - g| < \varepsilon$.

Anschaulich bedeutet diese Definition, dass der Abstand zwischen den Funktionswerten und dem Grenzwert g mit wachsendem x $(x \to \infty)$ beliebig klein wird.

Beispiele für Funktionen mit Grenzwert für $x \to +\infty$ $(-\infty)$

Beispiel 1

$y = \frac{1}{x}$ $\quad D = \mathbb{R}\setminus\{0\}$

Für $x \to +\infty$ läuft $f(x) \to 0$
Für $x \to -\infty$ läuft $f(x) \to 0$
Wir erhalten auch hier einen Grenzwert:

$$\lim_{x \to +\infty} f(x) = 0$$

$$\lim_{x \to -\infty} f(x) = 0$$

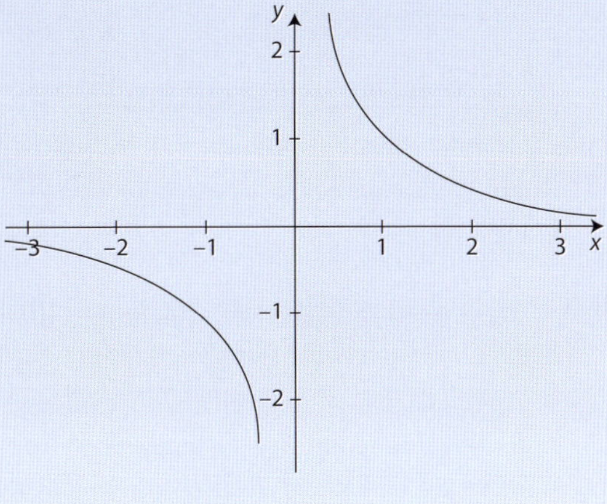

Abb. 7.1

Beispiel 2

$y = \dfrac{x+3}{x} \quad D = \mathbb{R}\setminus\{0\}$

Für $x \to +\infty$ läuft $f(x) \to +1$
Für $x \to -\infty$ läuft $f(x) \to +1$

Es ergeben sich die Grenzwerte:

$\lim\limits_{x \to +\infty} f(x) = +1$

$\lim\limits_{x \to -\infty} f(x) = +1$

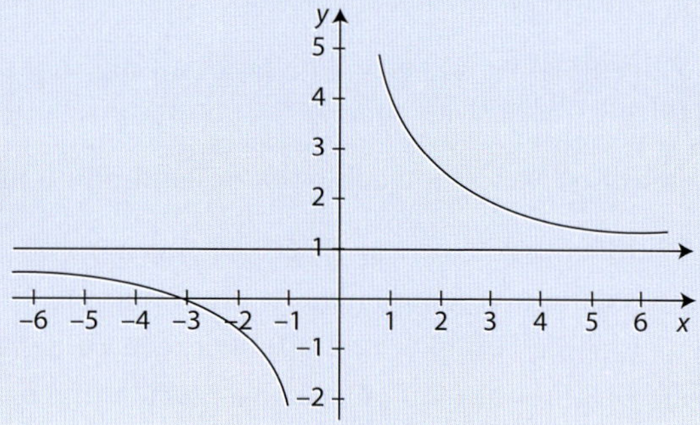

Abb. 7.2

Beispiel 3

$y = \dfrac{x^2+2}{x} \quad D = \mathbb{R}\setminus\{0\}$

Für $x \to +\infty$ nähern sich die Funktionswerte $f(x)$ beliebig genau der Gerade $y = x$ (Asymptote). Ebenso für $x \to -\infty$. Die Funktionswerte $f(x)$ wachsen mit zunehmendem x über alle Grenzen.

$\lim\limits_{x \to +\infty} \dfrac{x^2+2}{x} = +\infty \qquad \lim\limits_{x \to -\infty} \dfrac{x^2+2}{x} = -\infty$

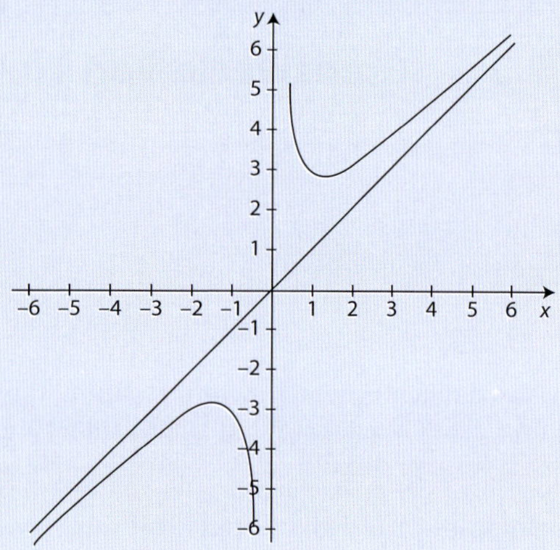

Abb. 7.3

Definition des Grenzwertes einer Fuhktion für x gegen x_0

Die Variable x einer Funktion f strebt im Folgenden gegen eine feste Zahl x_0.

1. Strebt $f(x)$ gegen eine feste Zahl g, falls x von links gegen x_0 ($x < x_0$) strebt, so heißt g_l linksseitiger Grenzwert von f für x gegen x_0 (kurz: $\lim\limits_{\substack{x \to x_0 \\ x < x_0}} f(x) = g_l$).
2. Strebt $f(x)$ gegen eine feste Zahl g_r, falls x von rechts gegen x_0($x < x_0$) strebt, so heißt g_r rechtsseitiger Grenzwert von f für x gegen x_0 (kurz: $\lim\limits_{\substack{x \to x_0 \\ x > x_0}} f(x) = g_r$).
3. Die Funktion f hat den Grenzwert g für x gegen x_0, wenn der rechtsseitige und der linksseitige Grenzwert existieren und gleich sind (kurz: $\lim\limits_{x \to x_0} f(x) = g$).

Beispiele für Funktionen mit Grenzwerten für $x \to x_0$

Beispiel 1

$y = x^2 \wedge x \in \mathbb{R}$

Strebt x von rechts gegen $x_0 = 0$, so laufen die Funktionswerte $f(x)$ gegen 0.
Die Funktion hat an der Stelle x_0 einen **rechtsseitigen Grenzwert**:

$$\lim_{x \to 0_r} f(x) = g_r = f(x_0) = 0$$

Strebt x von links gegen $x_0 = 0$, so laufen die Funktionswerte $f(x)$ gegen 0. Die Funktion hat an der Stelle x_0 einen **linksseitigen Grenzwert**:

$$\lim_{x \to 0_l} f(x) = g_l = f(x_0) = 0.$$

Es gilt: $\lim\limits_{x \to 0_r} f(x) = \lim\limits_{x \to 0_l} f(x) = \lim\limits_{x \to 0} f(x) = 0.$

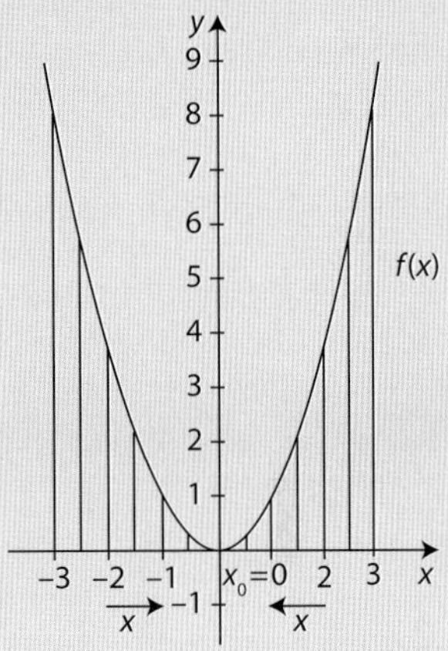

Abb. 7.4

Der rechtsseitige Grenzwert ist gleich dem linksseitigen Grenzwert; die Funktion hat einen eindeutigen Grenzwert.

Beispiel 2

$$f(x) = \begin{cases} x & \text{für } 0 \leq x < 2 \\ x + 1 & \text{für } 2 \leq x \leq 4 \end{cases}$$

Strebt x von rechts gegen $x_0 = 2$, so laufen die Funktionswerte $f(x)$ gegen 3.

$$\lim_{x \to 2_r} f(x) = 3.$$

Strebt x von links gegen $x_0 = 2$, so laufen die Funktionswerte $f(x)$ gegen 2.

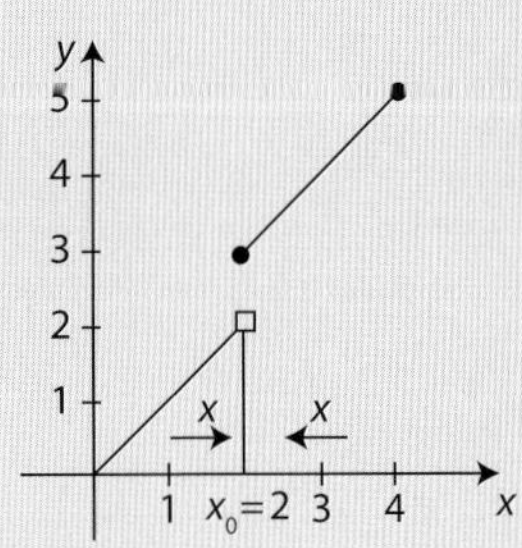

Abb. 7.5

$$\lim_{x \to 2_l} f(x) = 2.$$

Es gilt: $\lim\limits_{x \to 2_r} f(x) \neq \lim\limits_{x \to 2_l} f(x).$

Der rechtsseitige Grenzwert ist nicht gleich dem linksseitigen Grenzwert; die Funktion hat an dieser Stelle keinen Grenzwert.

Beispiel 3

$y = \frac{1}{x} \quad D = \mathbb{R} \setminus \{0\}$

Strebt x von rechts gegen $x_0 = 0$, so wachsen die Funktionswerte $f(x)$ positiv über alle Grenzen.

$\lim\limits_{x \to 0_r} f(x) = +\infty.$

Strebt x von links gegen $x_0 = 0$, so wachsen die Funktionswerte $f(x)$ negativ über alle Grenzen.

$\lim\limits_{x \to 0_l} f(x) = -\infty$

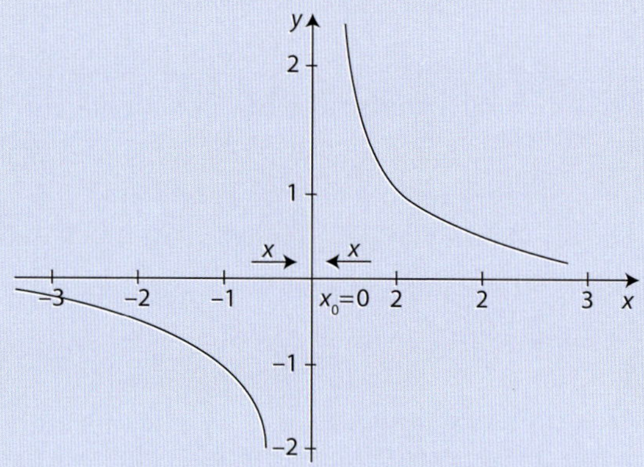

Abb. 7.6

Es gilt: $\lim\limits_{x \to 0_r} f(x) \neq \lim\limits_{x \to 0_l} f(x)$.

Auch hier sind rechtsseitiger und linksseitiger Grenzwert nicht gleich, wobei $\lim\limits_{x \to 0_r} f(x) = +\infty$ und $\lim\limits_{x \to 0_l} f(x) = -\infty$ als **uneigentliche Grenzwerte** zugelassen sind.

Die Funktion hat an der Stelle $x_0 = 0$ keinen Grenzwert.

Grenzwerte für Funktionen

Sind die Funktionen f_1 und f_2 in einer Umgebung von x_0 definiert und ist $\lim\limits_{x \to x_0} f_1(x) = g_1$ und $\lim\limits_{x \to x_0} f_2(x) = g_2$, so gilt:

1. $\lim\limits_{x \to x_0} (f_1(x) + f_2(x)) = \lim\limits_{x \to x_0} f_1(x) + \lim\limits_{x \to x_0} f_2(x) = g_1 + g_2$

2. $\lim\limits_{x \to x_0} (f_1(x) - f_2(x)) = \lim\limits_{x \to x_0} f_1(x) - \lim\limits_{x \to x_0} f_2(x) = g_1 - g_2$

3. $\lim\limits_{x \to x_0} (f_1(x) \cdot f_2(x)) = \lim\limits_{x \to x_0} f_1(x) \cdot \lim\limits_{x \to x_0} f_2(x) = g_1 \cdot g_2$

4. $\lim\limits_{x \to x_0} (f_1(x) : f_2(x)) = \lim\limits_{x \to x_0} f_1(x) : \lim\limits_{x \to x_0} f_2(x) = g_1 : g_3$ mit $g_2 \neq 0$.

Beispiele für die Anwendung der Grenzwertsätze für Funktionen

Beispiel 1

Gesucht: $\lim\limits_{x \to 4} \left(2x^2 + \frac{x - 20}{2x - 18}\right)$. Nach dem 1. Grenzwertsatz gilt:

$$\lim_{x \to 4} \left(2x^2 + \frac{x - 20}{2x - 18}\right) = \lim_{x \to 4} 2x^2 + \lim_{x \to 4} \frac{x - 20}{2x - 18} = 32 + 1{,}6 = 33{,}6$$

Beispiel 2

Gesucht: $\lim\limits_{x \to \infty} \dfrac{7x^4 - 3x^3 + 18x - 73}{33x^5 - 22x + 150}$. Mit Kürzung des Bruches gilt:

$$\lim_{x \to \infty} \frac{7x^4 - 3x^3 + 18x - 73}{33x^5 - 22x + 150} = \lim_{x \to \infty} \frac{\frac{7}{x} - \frac{3}{x^2} + \frac{18}{x^4} - \frac{73}{x^5}}{33 - \frac{22}{x^4} + \frac{150}{x^5}} = \frac{0 - 0 + 0 - 0}{33 - 0 + 0} = 0$$

7.4 Stetigkeit von Funktionen

Definition der Stetigkeit einer Funktion an der Stelle x_0

Die Funktion f heißt an der Stelle x_0 stetig, wenn sie folgende Bedingungen erfüllt:

1. f ist in x_0 einschließlich einer Umgebung von x_0 definiert,

2. $\lim\limits_{x \to x_0} f(x)$ existiert,

3. $f(x_0) = \lim\limits_{x \to x_0} f(x)$.

Anschaulich bedeutet diese Definition, dass die Differenz $f(x) - f(x_0)$ beliebig klein wird, wenn auch die Differenz $x - x_0$ beliebig klein wird.

Beispiele für stetige und unstetige Funktionen an der Stelle x_0

Beispiel 1

$y = 2x \quad D = \mathbb{R}$

$\lim\limits_{x_0} f(x) = f(x_0)$

$\lim\limits_{x \to 3} 2x = 6$

Die Funktion $x \mapsto y = 2x$ ist an der Stelle $x_0 = 3$ stetig.

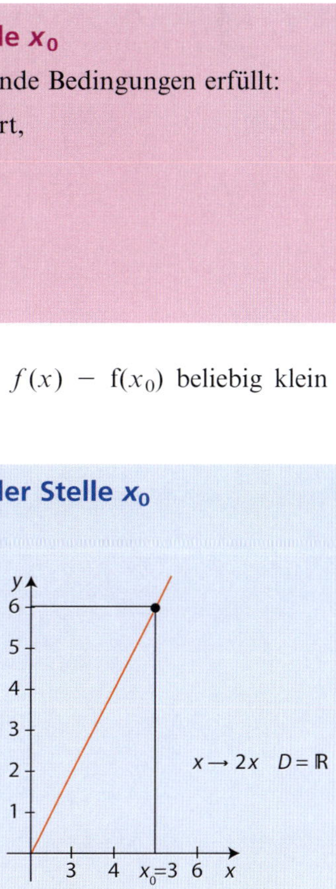

Abb. 7.7

Beispiel 2

Die Vorzeichenfunktion $x \mapsto y = \operatorname{sign} x \quad D = \mathbb{R}$ ist an der Stelle $x_0 = 0$ unstetig.
$\lim\limits_{x \to 0} y$ existiert nicht, da $\lim\limits_{x \to 0_r} y = +1$ und $\lim\limits_{x \to 0_l} y = -1$.

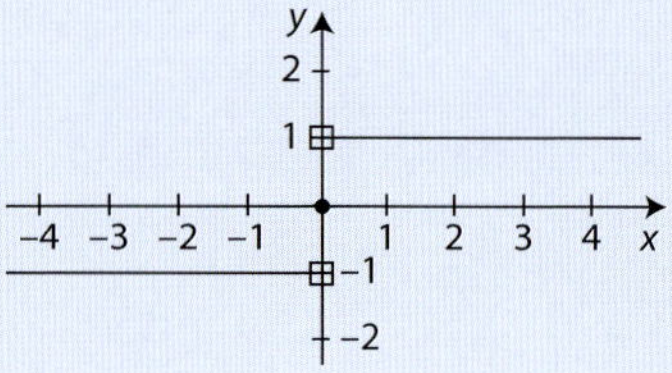

Abb. 7.8

Beispiel 3

Die Funktion $x \mapsto y = \dfrac{1}{x+1}$ ist an der Stelle $x_0 = -1$ nicht definiert. Daher kann über Stetigkeit oder Unstetigkeit keine Aussage gemacht werden.

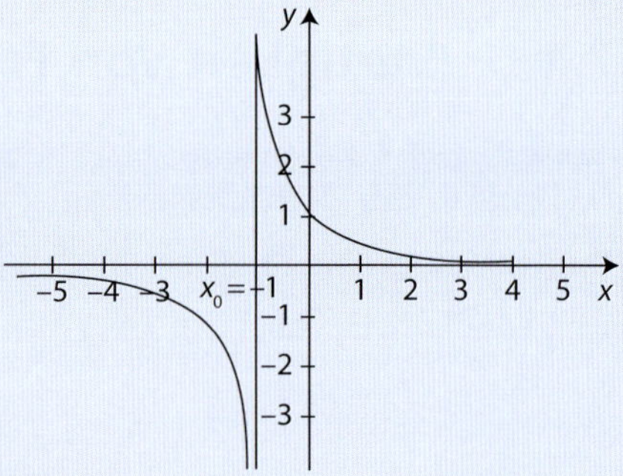

Abb. 7.9

Beispiel 4

Die Funktion $x \mapsto y = \dfrac{x^2 - 1}{x - 1}$ ist an der Stelle $x_0 = +1$ nicht definiert. Daher kann über Stetigkeit oder Unstetigkeit keine Aussage gemacht werden.

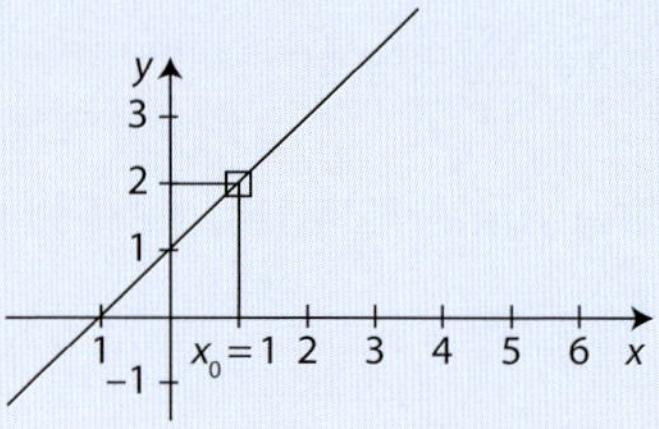

Abb. 7.10

Definition der stetigen Fortsetzbarkeit

Eine Funktion f, die an der Stelle x_0 nicht definiert ist, heißt in x_0 stetig fortsetzbar, wenn, gilt:

1. f ist in einer Umgebung von x_0 definiert,

2. $\lim\limits_{x \to x_0} f(x)$ existiert.

Die Funktion f^* mit $f^*(x) = \begin{cases} f(x) & \text{für } x \neq x_0 \\ \lim\limits_{x \to x_0} f(x) & \text{für } x = x_0 \end{cases}$

heißt die stetige Fortsetzung der Funktion f in x_0.

Beispiel für eine stetig fortsetzbare Funktion

$y = \dfrac{x^2 - 1}{x - 1} \quad D = \mathbb{R} \setminus \{+1\}$

Da $y = f(x)$ in jeder beliebigen Umgebung von x_0 definiert ist, nicht aber in x_0 selber, nennt man die Stelle x_0 eine Lücke.

$$\lim_{x \to +1} \frac{x^2 - 1}{x - 1} = \lim_{x \to +1} (x + 1) = +2$$

Da $f(x)$ an der Stelle $x_0 = +1$ einen Grenzwert hat, können wir hier die Funktion neu definieren.

$$f(x_0) = \lim_{x \to +1} f(x) = +2$$

Dadurch ist die Funktion stetig gemacht worden.
Man sagt auch, die Funktion ist in die Stelle x_0 hinein **stetig fortgesetzt** worden.

Definition der Stetigkeit in einem Intervall

Eine Funktion f heißt stetig in einem offenen Intervall $]a; b[$, wenn sie an jeder Stelle des Intervalls stetig ist.

AUFGABEN

Aufgaben zu Grenzwerten von Funktionen

1 Bestimmen Sie die Grenzwerte von $f(x)$ für $x \to +\infty$ und $x \to -\infty$.

a) $f(x) = \dfrac{x + 1}{x}$

b) $f(x) = \dfrac{x^2 + 4}{x^2 - 4}$

c) $f(x) = \dfrac{|x|}{x}$

d) $f(x) = \left| \dfrac{x}{x + 1} - 1 \right|$

e) $f(x) = \dfrac{(x^2 + 4)^{0,5}}{2x + 5}$

f) $f(x) = 2^x$

g) $f(x) = e^{-x}$

h) $f(x) = \dfrac{5x^2 - 15x^2 + 13x - 5}{2x^3 + 18x - 20x^5 - 1}$

2 Bestimmen Sie die Grenzwerte vor $f(x)$ für $x \to x_0$. Untersuchen Sie, ob links- und rechtsseitiger Grenzwert übereinstimmen.

a) $f(x) = \dfrac{x}{x + 5}; \; x_0 = 0$

b) $f(x) = \dfrac{|x|}{x}; \; x_0 = 0$

c) $f(x) = \dfrac{x - 1}{x^2 - 1}; \; x_0 = 1$

d) $f(x) = \dfrac{3x - 9}{2x - 6}; \; x_0 = 3$

e) $f(x) = \dfrac{x^3 - x}{x + 1}; \; x_0 = -1$

f) $f(x) = \dfrac{x \cdot e^x}{(x + 1) \cdot e^x}; \; x_0 = -1$

g) $f(x) = \dfrac{\cos x}{x + 1}; \; x_0 = 0$

h) $f(x) = \dfrac{5x^2 - 45}{x + 3}; \; x_0 = -3$

Aufgaben zur Stetigkeit von Funktionen

1 Untersuchen Sie, ob die folgenden Funktionen an der Stelle x_0 stetig sind.

a) $f(x) = \frac{|x|}{x}$; $x_0 = -1$

b) $f(x) = \frac{2x-1}{|x-3|}$; $x_0 = 0{,}5$

c) $f(x) = \begin{cases} x^{-1} & \text{für } x \le 1 \\ x^2 & \text{für } x > 1 \end{cases}$; $x_0 = 1$

d) $f(x) = x^{0{,}5}$; $x_0 = 0$

e) $f(x) = \begin{cases} x+3 & \text{für } x \ge 1 \\ 5-x & \text{für } x < 1 \end{cases}$; $x_0 = 1$

f) $f(x) = \begin{cases} 2x+3 & x > 1 \\ 4{,}9 & \text{für } x = 1 \\ 6-x^2 & x < 1 \end{cases}$; $x_0 = 1$

g) $f(x) = \begin{cases} 3x^2 - 4x + 3 & \text{für } x \le -3 \\ 4x^3 - 50{,}01x & \text{für } x > -3 \end{cases}$; $x_0 = -3$

h) $f(x) = \begin{cases} 17x^4 - 3x^5 + 2x^3 & \text{für } x \le 1 \\ 4x^7 - 5x^3 + 17x & \text{für } x > 1 \end{cases}$; $x_0 = 1$

2 Bestimmen Sie a und ggf. b so, dass f an der Stelle x_0 stetig ist.

a) $f(x) = \begin{cases} 0{,}5ax^2 + 2x - 5a & \text{für } x \le 2 \\ -2x^2 + 1{,}5ax & \text{für } x > 2 \end{cases}$; $x_0 = 2$

b) $f(x) = \begin{cases} -x^2 + 2ax - \frac{4}{3}a & \text{für } x < 1 \\ \frac{1}{x+a} & \text{für } x \ge 1 \end{cases}$; $x_0 = 1$

c) $f(x) = \begin{cases} 3x^2 - ax + 4 & \text{für } x \le -1 \\ 2x^2 + ax^2 + b & \text{für } x > -1 \end{cases}$; $x_0 = -1$

d) $f(x) = \begin{cases} 4x + ax^3 & \text{für } x \le 2 \\ 2x^5 + ax^2 + b & \text{für } x > 2 \end{cases}$; $x_0 = 2$

e) $f(x) = \begin{cases} 3x^2 + ax + b & \text{für } x < 1 \\ 2x^2 - bx + 3 & \text{für } x \ge 1 \end{cases}$; $x_0 = 1$

f) $f(x) = \begin{cases} \ln(ax^4) & \text{für } x \le 2 \\ \ln(a^2x) & \text{für } x > 2 \end{cases}$; $x_0 = 2$

3 Untersuchen Sie, ob f in der Definitionslücke stetig fortsetzbar ist.

a) $f(x) = \frac{x^2-1}{x+1}$

b) $f(x) = \frac{2}{5x}$

c) $f(x) = \frac{5+x}{x}$

d) $f(x) = \frac{x^4-1}{x^2-1}$

e) $f(x) = \frac{(x+3)(x^2-6x+9)}{x-3}$

f) $f(x) = 5^{\frac{2}{x-2}}$

8 Differenzialrechnung

8.1 Ableitung einer Funktion

8.1.1 Problemstellung

Zusammenhänge und Gesetzmäßigkeiten in der Naturwissenschaft, der Technik oder der Wirtschaft lassen sich anschaulich in Kurven darstellen. Oft kann sogar eine Gleichung angegeben werden.
Erkältungskrankheiten zeigen z. B. einen typischen Ausbreitungsverlauf, der mit guter Näherung durch die Funktionsgleichung $y = f(x) = K_1 \cdot x^2 - K_2 \cdot x^3$ beschrieben werden kann.

Beispiel für einen Erkrankungsverlauf

Der Zusammenhang zwischen der *Anzahl der erkrankten Personen* und der *Zeit, in der die Personen erkranken*, ist durch den **Graphen** (Abb. 8.1) und die Gleichung

$\mathbf{y = 0{,}075\,x^2 - 0{,}005\,x^3}$

dargestellt.

x = Zeit in Tagen
y = erkrankte Personen in 1 000

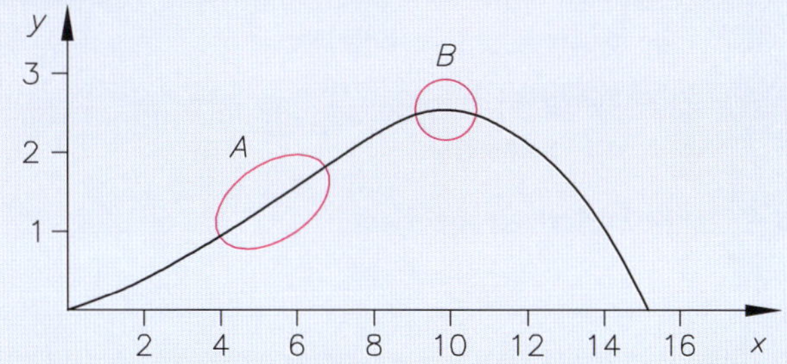

Abb. 8.1

Das Ende der Erkältungswelle lässt sich leicht ablesen oder mithilfe der Funktionsgleichung errechnen.
Wie genau können aber die folgenden zwei Fragen beantwortet werden:

1. Wann ist der höchste Krankenstand erreicht?
   Das ist im **Bereich *B*** der Fall. Hier gibt es einen Punkt, bis zu dem der Krankenstand zunimmt und nach dem der Krankenstand abnimmt.
   Der Graph hat hier den „Steigungswert 0".
2. Wann ist die Zunahme an Erkrankungen am größten?
   Im **Bereich** *A*, da wo die Kurve die „größte Steigung" hat.

Die exakte Beantwortung der zwei Fragen ist nur möglich, wenn die „Steigungswerte" in jedem Punkt des Graphen der Funktion bekannt sind.
Mithilfe der **Differenzialrechnung** lassen sich die Probleme lösen.

8.1.2 Ableitung einer Funktion an der Stelle x_0

Die **Differenzial-** und **Integralrechnung** wird auch **Analysis**[1] genannt. Die **Ableitung** ist dabei ein grundlegender Begriff der Differenzialrechnung, der meist geometrisch oder physikalisch gedeutet wird. Wir wollen die geometrische Deutung als Tangentenproblem vorstellen und an zwei Beispielen zeigen, wie die Steigung im Punkt P_0 eines Graphen ermittelt wird.

1. Die Steigung einer Geraden im Punkt P_0

Beispiel für eine lineare Funktion

Der Graph der Funktion ist eine **Gerade** mit der Gleichung:

$$\mathbf{y = \frac{1}{2}x + 1}$$

$m = 0{,}5$ ist die Steigung der Geraden an der Stelle $x_0 = 2$

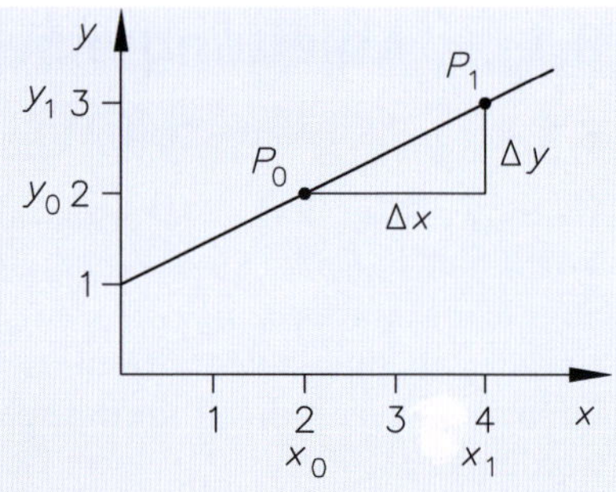

Abb. 8.2

Die Gerade ist durch 2 Punkte eindeutig bestimmt (vgl. Abb. 8.2) und die Steigung an der Stelle x_0 ist leicht zu berechnen.

$m = \dfrac{y_1 - y_0}{x_1 - x_0} = \dfrac{\Delta y}{\Delta x}$ ist die Steigung, die mithilfe des Steigungsdreiecks errechnet wird.

$\dfrac{\Delta y}{\Delta x}$ heißt **Differenzenquotient**.

---

[1] *Vgl. analysieren (griech.) = zergliedern, zerlegen. Leibniz (1646–1716) und Newton (1643–1727) haben unabhängig voneinander die Analysis entwickelt.*

2. Die Steigung einer Parabel im Punkt P_0

Beispiel für eine nicht lineare Funktion

Der Graph der Funktion ist eine **Parabel** mit der Gleichung:

$$y = \frac{1}{6}x^2$$

Die Steigung der Parabel an der Stelle $x_0 = 3$ ist gleich der Steigung einer Geraden, die den Graphen im Punkt P_0 berührt.

Eine Gerade, die den Graphen von f im Punkt P_0 berührt, heißt **Tangente** $\boldsymbol{t}$.

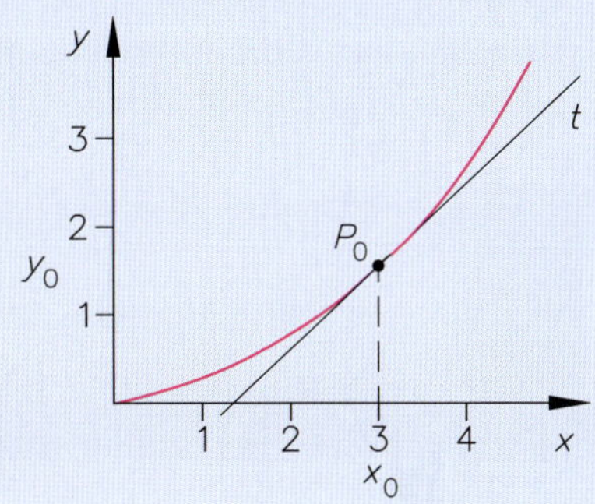

Abb. 8.3

Kann die Steigung m_t der Tangente berechnet werden, obwohl nur ein Punkt, der Punkt P_0, der Tangente gegeben ist?

Die Steigung m_t der Tangente t in P_0 wird näherungsweise durch die Steigung m_{sn} von Sekanten s_n ermittelt, die durch P_0 und einen zweiten Punkt P_n des Graphen von f verlaufen. Die Abb. 8.4 und 8.5 zeigen: Je näher P_n an P_0 rückt, desto mehr drehen sich die Sekanten in Richtung der Tangente. Es ist unerheblich, ob P_n sich P_0 von links oder von rechts nähert.

Punkte links von P_0:

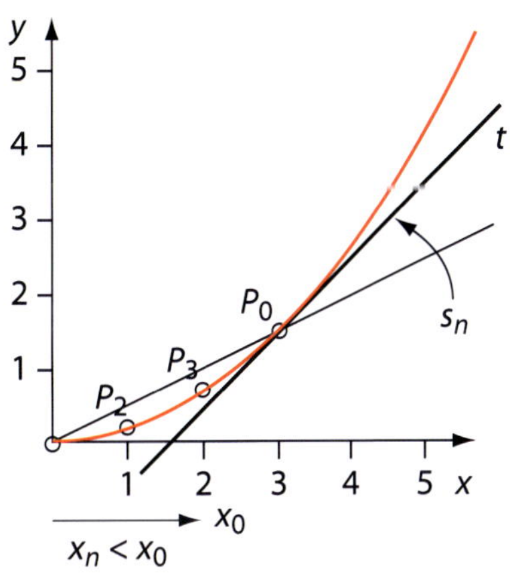

Abb. 8.4

Punkte rechts von P_0:

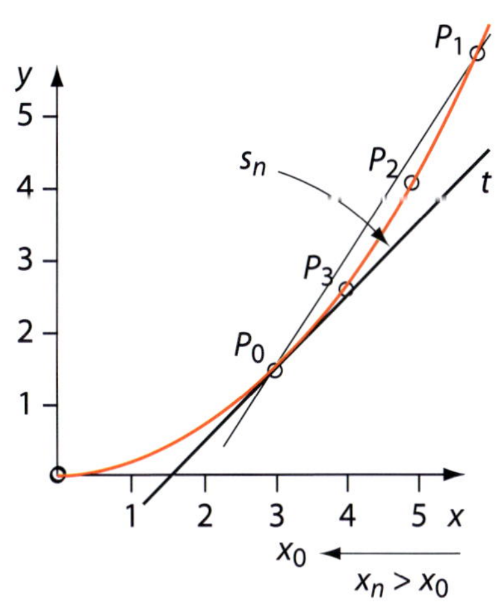

Abb. 8.5

Mithilfe des Differenzenquotienten wird die Steigung m_{sn} der Sekante s_n ermittelt:

$$m_{sn} = \frac{\Delta y}{\Delta x} = \frac{f(x_n) - f(x_0)}{x_n - x_0}; \quad x_n \neq x_0$$

ergibt den Steigungswert der Sekante.

Beispiel für Sekantensteigungen m_{1n} einer Parabel durch den Punkt P_0

$y = f(x) = \frac{1}{6}x^2$ ist die Gleichung der Parabel mit dem Punkt

$P_0(3|1{,}5)$

Wir lassen Punkte P_n von rechts und von links auf den Punkt P_0 laufen:

$$\xrightarrow{x_n < x_0} \quad x_0 \quad \xleftarrow{x_n > x_0}$$

x_n	0	1	2	2,5	2,9	3	3,1	3,5	4	5	6
$f(x_n)$	0	0,16	0,6	1,042	1,402	1,5	1,602	2,042	2,6	4,16	6
m_{sn}	0,5	0,6	0,83	0,916	0,983	–	1,016	1,083	1,16	1,3	1,5

Für $x_0 = 3$ kann der Steigungswert mit der Differenzenformel nicht errechnet werden, der Nenner ist Null. Nach unserer Vorbetrachtung stellt aber gerade der Steigungswert an der Stelle x_0 den Tangentensteigungswert m_t dar.

Die obige Tabelle zeigt aber, dass die folgende Dreiecksungleichung gelten muss:

$$\underset{x_n < x_0}{|m_{sn}|} < |m_t| < \underset{x_n > x_0}{|m_{sn}|}$$

$x_n \rightarrow m_{sn}$ heißt **Differenzenquotientenfunktion (DQF)**
(Die Sekantensteigungswerte m_{sn} sind von x_n abhängig.)

$m_{sn}(x_n) = \frac{f(x_n) - f(x_0)}{x_n - x_0}$; $x_n \neq x_0$ ist die Gleichung der Differenzenquotientenfunktion.

Beispiel für eine Differenzenquotientenfunktion

Die Abb. 8.6 zeigt das Bild der DQF für den Punkt $P_0(3/1{,}5)$ der Parabel.

$f(x) = \frac{1}{6}x^2$ ist die Gleichung der Parabel.

$m_{sn}(x_n) = \dfrac{\frac{1}{6}x_n^2 - 1{,}5}{x_n - 3}$ ist die Gleichung der DQF.

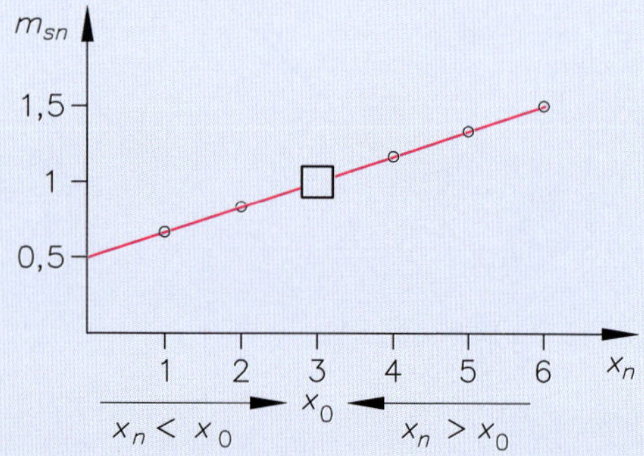

Abb. 8.6

Die DQF hat an der Stelle $x_n = x_0$ eine Lücke. Es existiert aber ein rechts- und ein linksseitiger Grenzwert.
Der Grenzwert der Sekantensteigungen an der Stelle x_0 ist die Steigung der Tangente in P_0.

Linksseitiger Grenzwert:

$$m_t = \lim_{\substack{x_n \to x_0 \\ x_n < x_0}} \frac{f(x_n) - f(x_0)}{x_n - x_0}$$

Rechtsseitiger Grenzwert:

$$m_t = \lim_{\substack{x_n \to x_0 \\ x_n > x_0}} \frac{f(x_n) - f(x_0)}{x_n - x_0}$$

Beispiel für den Grenzwert einer Parabel

$m_{sn}(x_n) = \dfrac{\frac{1}{6}x_n^2 - 1{,}5}{x_n - 3}$ ist die DQF für f mit $f(x) = \frac{1}{6}x^2$ an der Stelle $x_0 = 3$

Linksseitiger Grenzwert:

$$m_t = \lim_{\substack{x_n \to 3 \\ x_n < 3}} \frac{\left(\frac{1}{6}x_n + \frac{1}{2}\right)(x_n - 3)}{x_n - 3} \Leftrightarrow m_t = 1$$

Rechtsseitiger Grenzwert:

$$m_t = \lim_{\substack{x_n \to 3 \\ x_n > 3}} \frac{\left(\frac{1}{6}x_n + \frac{1}{2}\right)(x_n - 3)}{x_n - 3} \Leftrightarrow m_t = 1$$

Rechts- und linksseitiger Grenzwert sind gleich. In diesem Fall ist der Grenzwert eindeutig. Die Funktion f hat demnach im Punkt P_0 die Steigung 1.
Der eindeutige Grenzwert wird mit $f'(x_0)$ (gesprochen: f-Strich von x_0) bezeichnet und heißt **Ableitung von f an der Stelle x_0**.

Definition der Ableitung an der Stelle x_0

1. Die Funktion f besitzt an der Stelle $x_0 \in D_f$ die Ableitung $f'(x_0)$, wenn der rechts- und der linksseitige Grenzwert der Differenzenquotientenfunktion $x_n \mapsto m_{sn}$ existieren und einander gleich sind.

$$f'(x_0) = \lim_{\substack{x_n \to x_0 \\ x_n < x_0}} \frac{f(x_n) - f(x_0)}{x_n - x_0} = \lim_{\substack{x_n \to x_0 \\ x_n > x_0}} \frac{f(x_n) - f(x_0)}{x_n - x_0}$$

2. Existiert $f'(x_0)$, so ist die Funktion f an der Stelle x_0 **differenzierbar**.
3. Ist f an der Stelle x_0 differenzierbar, so ist $f'(x_0)$ die Steigung des Graphen G_f im Punkt P_0.

Beispiel für eine stetige, aber nicht differenzierbare Funktion f an der Stelle x_0

Eine Betragsfunktion hat die Gleichung:

$$y = f(x) = \left|\frac{1}{4}x^2 - 1\right| + 1$$

Es soll die Steigung in $P_0(2|1)$ ermittelt werden.

An den Punkt P_0 lassen sich zwei Tangenten t_1 und t_2 anlegen (Abb. 8.7).

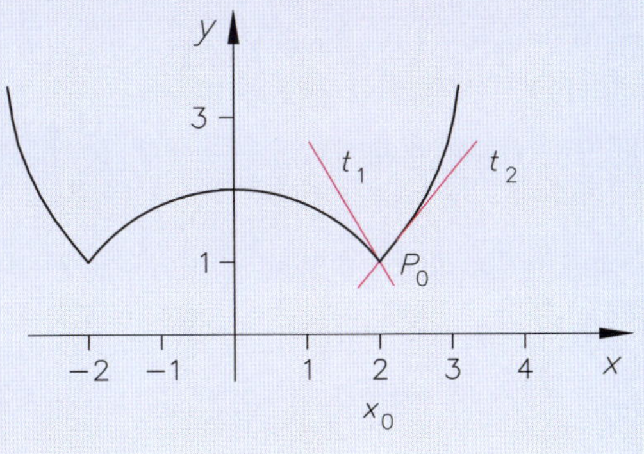

Abb. 8.7

Das Bild der DQF zeigt, an der Stelle $x_0 = 2$ macht der Graph einen **Sprung**.
Gleichung der DQF:

$$m_{sn}(x_n) = \frac{\left|\frac{1}{4}x_n^2 - 1\right| + 1 - 1}{x_n - 2}$$

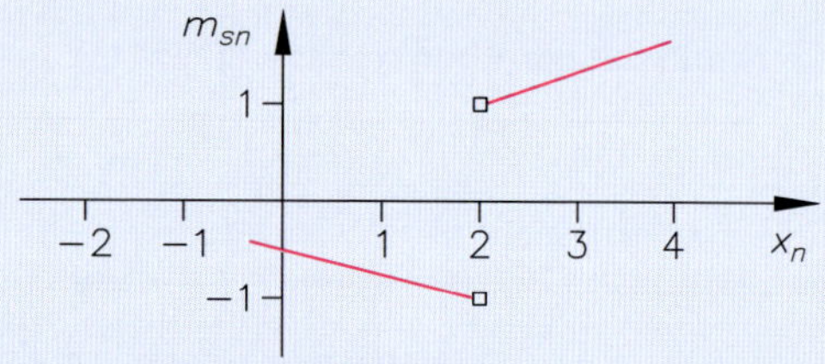

Abb. 8.8

Linksseitiger Grenzwert:

$$m_t = \lim_{\substack{x_n \to 2 \\ x_n < 2}} \frac{\left|\frac{1}{4}x_n^2 - 1\right| + 1 - 1}{x_n - 2}$$

$$m_t = \lim_{\substack{x_n \to 2 \\ x_n < 2}} \frac{-\left(\frac{1}{4}x_n^2 - 1\right) + 1 - 1}{x_n - 2}$$

$$m_t = \lim_{\substack{x_n \to 2 \\ x_n < 2}} \frac{-\frac{1}{4}(x_n + 2)(x_n - 2)}{x_n - 2}$$

$$m_t = -1$$

Rechtsseitiger Grenzwert:

$$m_t = \lim_{\substack{x_n \to 2 \\ x_n > 2}} \frac{\left|\frac{1}{4}x_n^2 - 1\right| + 1 - 1}{x_n - 2}$$

$$m_t = \lim_{\substack{x_n \to 2 \\ x_n > 2}} \frac{+\left(\frac{1}{4}x_n^2 - 1\right) + 1 - 1}{x_n - 2}$$

$$m_t = \lim_{\substack{x_n \to 2 \\ x_n > 2}} \frac{\frac{1}{4}(x_n + 2)(x_n - 2)}{x_n - 2}$$

$$m_t = +1$$

Der rechts- und der linksseitige Grenzwert stimmen nicht überein, d.h. die Funktion f ist an der Stelle $x_0 = 2$ nicht differenzierbar.

Für die Ableitung gibt es eine gleichwertige Schreibweise, wenn wir den Begriff der Umgebung von x_0 ($U(x_0)$ vgl. 1.5.2) verwenden. x_n hat den Abstand Δx zu x_0 und es gilt:
Ist x_n links von x_0 ($x_n < x_0$) wird $\boldsymbol{x_n - x_0 = -\Delta x}$ und P hat die Koordinaten $\boldsymbol{P((x_0 - \Delta x)|f(x_0 - \Delta x))}$
Ist x_n rechts von x_0 ($x_n > x_0$) wird
$\boldsymbol{x_n - x_0 = +\Delta x}$
und P hat die Koordinaten
$\boldsymbol{P((x_0 + \Delta x)|f(x_0 + \Delta x))}$

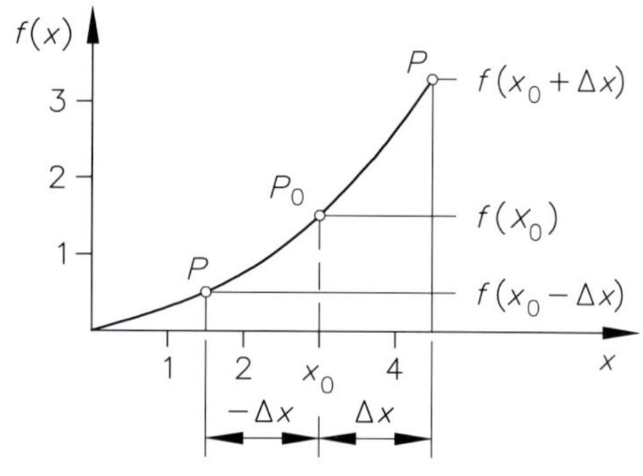

Abb. 8.9

Definition der Ableitung an der Stelle x_0

Es sei f eine reelle Funktion in D_f mit $U(x_0) \subset D_f$.

$f'(x_0)$ heißt Ableitung von f an der Stelle x_0, falls: $\lim\limits_{\Delta x \to 0} \dfrac{f(x_0 + \Delta x) - f(x_0)}{\Delta x} = f'(x_0)$

Eine andere Schreibweise für den Grenzwert ist:

$$\lim_{\Delta x \to 0} \frac{f(x_0 + \Delta x) - f(x_0)}{\Delta x} = \frac{\mathbf{d}y}{\mathbf{d}x}$$

$\frac{dy}{dx}$ heißt **Differenzialquotient** (gesprochen: dy nach dx)

Beispiel für die Ableitung an der Stelle x_0 einer Funktion

Die Ableitung an der Stelle $x_0 = 3$ für f mit $f(x) = \frac{1}{6}x^2$ ist:

$$f'(3) = \lim_{\Delta x \to 0} \frac{\frac{1}{6}(3 + \Delta x)^2 - \frac{1}{6}3^2}{\Delta x} \Leftrightarrow f'(3) = \lim_{\Delta x \to 0} \frac{1{,}5 + \Delta x + \frac{1}{6}(\Delta x)^2 - 1{,}5}{\Delta x}$$

$$f'(3) = \lim_{\Delta x \to 0} \frac{\Delta x\left(1 + \frac{1}{6}\Delta x\right)}{\Delta x} \Leftrightarrow f'(3) = 1$$

Definition der Abhängigkeit von Differenzierbarkeit und Stetigkeit einer Funktion

Ist f an der Stelle x_0 differenzierbar, so ist f an der Stelle stetig.

Aus der Stetigkeit kann allerdings nicht auf die Differenzierbarkeit geschlossen werden. Die Stetigkeit ist für die Differenzierbarkeit eine notwendige Bedingung. Sie ist aber nicht hinreichend.

Beispiel für eine stetige, aber nicht differenzierbare Funktion

Die Funktion f mit $f(x) = \sqrt{x}$ ist an der Stelle $x_0 = 0$ stetig, aber nicht differenzierbar, denn es existiert für $f'(0)$ kein Grenzwert.

$$f'(0) = \lim_{\Delta x \to 0} \frac{\sqrt{0 + \Delta x} - \sqrt{0}}{\Delta x} \Leftrightarrow f'(0) = \lim_{\Delta x \to 0} \frac{\sqrt{\Delta x}}{\Delta x}$$

$$f'(0) = \lim_{\Delta x \to 0} \frac{1}{\sqrt{\Delta x}} \Rightarrow f'(0) \to \infty$$

AUFGABEN

1 Zeichnen Sie die Geraden, die durch die Punkte P_1 und P_2 verlaufen. Bestimmen Sie deren Steigungswerte und ihre Funktionsgleichung.

a) $P_1(1|3)$; $P_2(6|4)$

b) $P_1(-2|-5)$; $P_2(1|2)$

c) $P_1(-0{,}25|-1)$; $P_2(0{,}25|-4)$

d) $P_1(3|-1)$; $P_2(4|-7)$

e) $P_1(-4|6)$; $P_2(0|3)$

f) $P_1(2|-5)$; $P_2(5|-2)$

g) $P_1(-4|4)$; $P_2(6|2)$

h) $P_1(3|-2)$; $P_2(-3|2)$

2 Zeichnen Sie die Geraden, die senkrecht auf den Geraden aus der Aufgabe 1 stehen und durch P_1 verlaufen. Geben Sie deren Funktionsgleichungen an. Für den Zusammenhang der Steigungen gilt dabei die Formel: $m \cdot m_2 = -1$

3 Ermitteln Sie die Steigungswerte an der Stelle x_0 für folgende Funktionen mit der Funktionsgleichung:

a) $f(x) = \frac{1}{4}(x-2)^2 + 1; \quad x_0 = -1$

b) $f(x) = x^2 + 3x - 1; \quad x_0 = 0$

c) $f(x) = -\frac{1}{2}x^2 - 2x + 1; \quad x_0 = -4$

d) $f(x) = x^3 - 3; \quad x_0 = 1{,}5$

e) $f(x) = \frac{1}{5}x^2 - \frac{1}{10}x^3; \quad x_0 = 2$

f) $f(x) = x^2 - 0{,}2x^4; \quad x_0 = -1$

- Zeichnen Sie den Graphen der Funktion und tragen Sie den Punkt $P_0(x_0|f(x_0))$ ein.
- Errechnen Sie die Sekantensteigungen m_{sn} der Sekanten durch P_0 und drei Punkte links und rechts von P_0. Der Abszissenabstand dieser Punkte soll $n \cdot \Delta x = x \cdot 0{,}5$ von x_0 betragen.
- Zeichnen Sie den Graphen der Differenzenquotientenfunktion $m_{sn}(x_n)$ und geben Sie den geschätzten Grenzwert an der Stelle x_0 an.
- Bestimmen Sie mithilfe $m_t = \lim\limits_{x_n \to x_0} \frac{\Delta y}{\Delta x}$ den Grenzwert an der Stelle x_0.

4 Errechnen Sie die Tangentensteigungen in den Punkten P_0 mit den angegebenen Abszissenwerten x_0.

a) $f(x) = 2x^2 + 4; \quad x_{01} = 1; \quad x_{02} = -1; \quad x_{03} = \frac{5}{3}$

b) $f(x) = 1 - x^2; \quad x_{01} = 1; \quad x_{02} = 3; \quad x_{03} = -2$

c) $f(x) = \frac{1}{2}x^3 - 3; \quad x_{01} = -2; \quad x_{02} = 0; \quad x_{03} = 2$

d) $f(x) = x^3 + x^2; \quad x_{01} = \frac{1}{2}; \quad x_{02} = 2{,}5; \quad x_{03} = 4$

e) $f(x) = x^2 - x^3; \quad x_{01} = -\frac{1}{3}; \quad x_{02} = 4; \quad x_{03} = 6$

f) $f(x) = 4 - x^4; \quad x_{01} = -2; \quad x_{02} = 0; \quad x_{03} = 3$

- Zeichnen Sie die Graphen der obigen Funktionen.
- Zeichnen Sie die Tangenten in den angegebenen Punkten P_0 ein und geben Sie deren Funktionsgleichungen an.

5 Der Graph G_f der Funktion f soll an der Stelle x_0, also im Punkt P_0, glatt in eine Gerade g übergehen. Geben Sie die Funktionsgleichung $g(x)$ der Geraden an.
Zeichnen Sie die Graphen G_f und G_g im Bereich $x \geq 0$ und bis zur Nullstelle der Geraden g.

a) $f(x) = -x^2 + 6x; \quad x_0 = 4$

b) $f(x) = -\frac{1}{4}x^2 - x + 5; \quad x_0 = 1$

c) $f(x) = \frac{1}{3}x^3 - 3x; \quad x_0 = 2$

d) $f(x) = \frac{1}{2}x^2 - 2x + 6; \quad x_0 = 1$

e) $f(x) = \frac{4}{x}; \quad x_0 = 3$

6 Zeichnen Sie den Graphen der angegebenen Funktion und prüfen Sie nach, wo der Graph keine eindeutige Tangente hat.

a) $f(x) = |3x|$

b) $f(x) = |2x - 2|$

c) $f(x) = \frac{|2x^3|}{x}$

d) $f(x) = |x^2 - 4|$

e) $f(x) = |x^2 - 1| + 2x$

f) $f(x) = \frac{x - x^2}{2x}$

g) $f(x) = \begin{cases} 2x^2 & \text{für } 0 \le x < 1 \\ 3x - 1 & \text{für } 1 \le x < 2 \\ 6 - \frac{2}{x} & \text{für } 2 \le x \le 5 \end{cases}$

7 Die Gesamtkosten $K(x)$ (variable Kosten + Fixkosten) seien eine stetige Funktion der produzierten Menge x.

Der Ausdruck $\lim\limits_{x_1 \to x_2} \frac{K(x_2) - K(x_1)}{x_2 - x_1}$ lässt sich dann als Differenzialkosten interpretieren.

Die Differenzialkosten geben an, wie sich die Kosten bei beliebig kleiner Steigerung der Produktion erhöhen.

Bestimmen Sie die Differenzialkosten für die einfachen Kostenfunktionen bei $x = 2$.

a) $K(x) = 4{,}5x + 10$

b) $K(x) = 7{,}5x + 20$

c) $K(x) = 3x + 25$

d) $K(x) = 5{,}2x + 12{,}5$

8 Werden die Nettoinvestition mit I, die Kapazität (potenzielle Produktion) mit P und der Kapitalstock mit K bezeichnet, so wird der Einfluss der Nettoinvestition auf die Kapazität durch den marginalen Kapitalkoeffizienten μ gemessen,

$\mu = \frac{I}{\Delta P} = \frac{I_t}{P_{t+1} - P_t} = \frac{K_{t+1} - K_t}{P_{t+1} - P_t}$ bezogen auf die Periode t und $t + 1$.

Der durchschnittliche Kapitalkoeffizient ist gegeben durch die Beziehung $\mu_0 = \frac{K}{P}$.

- Zeichnen Sie den Graphen der Funktion mit der Gleichung $K = \mu_0 \cdot P$.
- Welche Größe stellt $\frac{\Delta K}{\Delta P}$ dar?
- Wie lässt sich μ als Tangente ausdrücken?
- Welche Beziehung besteht für die Funktion $K = \mu_0 \cdot P$ zwischen μ und μ_0?

8.1.3 Die Ableitungsfunktion

Existiert die Ableitung einer Funktion für alle Punkte eines Intervalls, so ist die Funktion im ganzen Intervall differenzierbar.

Definition der Ableitungsfunktion

Existiert für eine Funktion f für jedes $x \in D_f$ die Ableitung, so heißt $x \mapsto f'$ Ableitungsfunktion von f.
Ist die Definitionsmenge von f' gleich der von f, so ist f differenzierbar.

$$f'(x) = \lim_{\Delta x \to 0} \frac{f(x + \Delta x) - f(x)}{\Delta x} \quad \text{oder} \quad f'(x) = \frac{dy}{dx}$$

Beispiel, das den Zusammenhang zwischen Funktion und Ableitungsfunktion zeigt

G_f: Graph der Funktion f mit $f(x) = \frac{1}{6}x^2$

Für die Funktion f können an den Stellen x_n die Ableitungen $f'(x_n)$ ermittelt werden, die Steigungen des Graphen G_f in den Punkten $P_n(x_n|f(x_n))$.

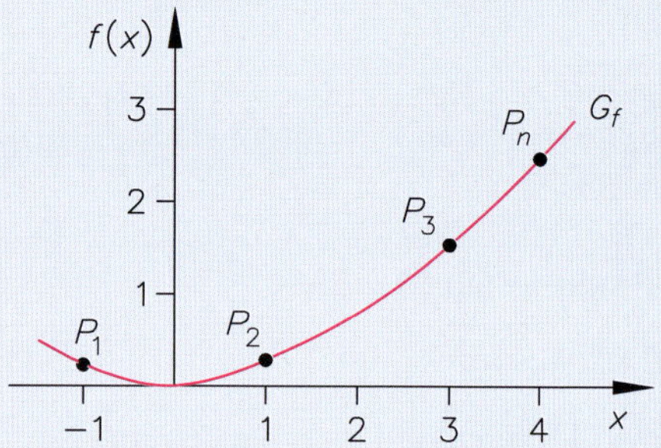

Abb. 8.10

$G_{f'}$: Graph der Ableitungsfunktion f' mit $f'(x) = \frac{1}{3}x$.

Die Punkte $P_n'(x_n|f'(x_n)$ liegen auf der Geraden der Funktion f.

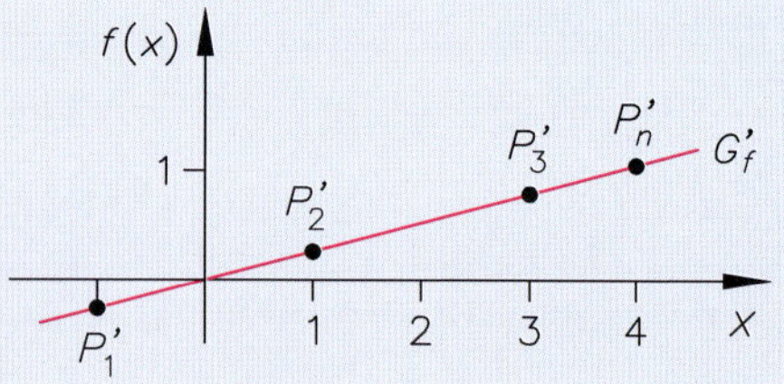

Abb. 8.11

Die Ableitungsfunktion lässt sich so ermitteln:

$$f' = \lim_{\Delta x \to 0} \frac{\frac{1}{6}(x + \Delta x)^2 - \frac{1}{6}x^2}{\Delta x} \Leftrightarrow f' = \lim_{\Delta x \to 0} \frac{\frac{1}{6}x^2 + \frac{1}{3}x\Delta x + \frac{1}{6}(\Delta x)^2 - \frac{1}{6}x^2}{\Delta x}$$

$$f' = \lim_{\Delta x \to 0} \frac{\Delta x\left(\frac{1}{3}x + \frac{1}{6}\Delta x\right)}{\Delta x} \Leftrightarrow \boldsymbol{f'(x) = \frac{1}{3}x}$$

Beispiel für den Verlauf einer Erkältungskrankheit

$f(x) = K_1 \cdot x^2 - K_2 \cdot x^3$ ist die Gleichung für den Ausbreitungsverlauf der Krankheit.
Zwei Fragen sollen mithilfe der Ableitungsfunktionen beantwortet werden:

1. Wann ist der höchste Krankenstand erreicht?
2. Wann ist die Zunahme an Erkrankungen am größten?

Wir ermitteln die Ableitungsfunktion f' der Funktion f:

$$f'(x) = \lim_{\Delta x \to 0} \frac{K_1(x + \Delta x)^2 - K_2(x + \Delta x)^3 - K_1 x^2 + K_2 x^3}{\Delta x}$$

$$= \lim_{\Delta x \to 0} \frac{K_1(x^2 + 2x\Delta x + (\Delta x)^2) - K_2(x^3 + 3x^2\Delta x + 3x(\Delta x)^2 + (\Delta x)^3) - K_1 x^2 + K_2 x^3}{\Delta x}$$

$$= \lim_{\Delta x \to 0} \frac{\Delta x \cdot K_1(2x + \Delta x) - \Delta x \cdot K_2(3x^2 + 3x\Delta x + (\Delta x)^2)}{\Delta x}$$

$$f'(x) = K_1 \cdot 2x - K_2 \cdot 3x^2$$

Es sollen $K_1 = 0{,}075$ und $K_2 = 0{,}005$ sein:

Graph der Funktion f mit der Gleichung:
$\boldsymbol{f(x) = 0{,}075x^2 - 0{,}005x^3}$

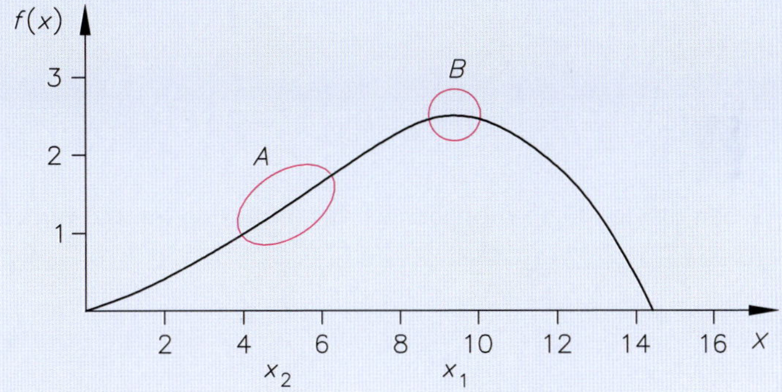

Abb. 8.12

Graph der Ableitungsfunktion f' mit der Gleichung
$f'(x) = 0{,}15x - 0{,}015x^2$

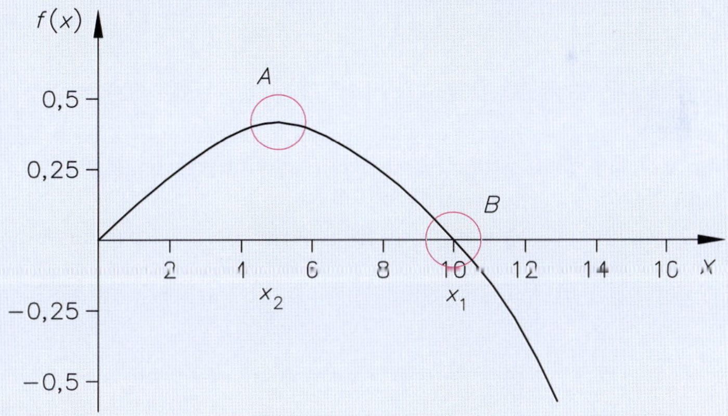

Abb. 8.13

Der Graph der Ableitungsfunktion f' zeigt bestimmte Eigenschaften der Funktion f und die anfangs gestellten Fragen lassen sich exakt beantworten:

1. Der höchste Krankenstand ist im Bereich B erreicht, wenn $f'(x) = 0$ ist.
   Rechnerisch kann ermittelt werden, dass dies nach 10 Tagen der Fall ist.
2. Im Bereich A ist die Zunahme an Erkrankungen am größten. Nämlich dann, wenn $f'(x)$ seinen größten Wert hat.
   Hier ergibt sich ein ähnliches Problem wie bei B, das aber durch eine zweite Ableitung gelöst werden kann.
   Die Ableitung von f' ergibt $f''(x) = 0{,}15 - 0{,}03x$ und aus $f''(x) = 0$ wird $x_2 = 5$ errechnet.

AUFGABEN

1 Welche der folgenden Funktionen sind stetig oder differenzierbar? Geben Sie etwaige Ausnahmestellen an.

a) $f(x) = \sqrt{x+1}$

b) $f(x) = \dfrac{x+1}{x^2-1}$

c) $f(a) = \dfrac{1}{a-3}$

d) $f(x) = \dfrac{x(x-1)}{|x-1|}$

e) $f(t) = \sqrt[3]{2t^2}$

f) $f(x) = \dfrac{x}{x} - \dfrac{1}{x-3}$

g) $f(p) = \dfrac{\sqrt{p^2}}{p}$

h) $f(b) = |2b| - b$

i) $f(t) = \dfrac{t-1}{t+1}$

k) $f(x) = 2x^2 + \dfrac{x}{|x|}$

l) $f(p) = |p+1|\dfrac{1}{p}$

m) $f(a) = [a] + 3$

n) $f(x) = \begin{cases} x^2 & \text{für } x \geq 2 \\ -x^2 & \text{für } x < 2 \end{cases}$

2 Geben Sie den Definitionsbereich der Funktion an und bilden Sie die Ableitungsfunktion mittels $f'(x) = \lim\limits_{\Delta x \to 0} \dfrac{\Delta y}{\Delta x}$.

a) $f(x) = 2x - 3$

b) $f(t) = -t^2 + 2t$

c) $f(x) = x^3 - 3x$

d) $f(x) = \dfrac{3-x^2}{4}$

e) $f(b) = \sqrt{b}$

f) $f(x) = \sqrt{x+2}$

g) $f(a) = \dfrac{1}{a+2}$

h) $f(x) = x\sqrt{x}$

i) $f(t) = t + \dfrac{1}{t}$

k) $f(x) = x^4 + 4$

l) $f(b) = \dfrac{3}{b-5}$

m) $f(x) = \dfrac{x}{x-1}$

3 An welchen Stellen der Parabel mit der Funktionsgleichung $f(x) = 2 \cdot x^2$ hat die Tangente einen Steigungswert von:

a) $\alpha = 30°$ b) $\alpha = 45°$ c) $\alpha = 60°$ d) $\alpha = 100°$ e) $\alpha = 120°$ f) $\alpha = 170°$

4 Unter welchem Winkel schneiden sich die Parabel und die Gerade?

a) $f(x) = x^2$; $g(x) = \dfrac{2}{3}x$

b) $f(x) = \dfrac{1}{3}x^2 + 2x + 5$; $g(x) = -2x + 1$

c) $f(x) = -(x-5)^2 + 3$; $g(x) = \dfrac{1}{2}x - 4$

d) $f(x) = x^3 - 2x + 4$; $g(x) = -x - 2$

e) $f(x) = -x^3 + 3x - 18$; $g(x) = 3x - 10$

f) $f(x) = (x+3)^2 - 5$; $g(x) = \dfrac{2}{3}x - 2$

5 Geben Sie die Gleichung der Geraden an, die die Tangente an der Normalparabelist und durch den Punkt $P(3|1)$ verläuft.

6 Stellen Sie fest, an welchen Stellen die Graphen der Funktionen die gleiche Steigung haben.

a) $f(x) = x^2 + 2x$; $h(x) = 2x^2 - 3$

d) $f(x) = x^3 - 3x$; $h(x) = \dfrac{2}{3}x^3 + x^2$

b) $f(x) = x^3 - 2x + 4$; $h(x) = \frac{1}{2}x^2 + x$　　e) $f(x) = \sqrt{x}$;　　$h(x) = x^2$

c) $f(x) = x^2 + 2x + 1$; $h(x) = \frac{1}{4}x - 5$　　f) $f(x) = \frac{1}{x}$;　　$h(x) = -0{,}4x^2 + 2$

7 In welchem Punkt der Kurve mit der Funktionsgleichung $f(x) = \sqrt{x}$ liegt die Tangente an, die die x-Achse bei $x = -3$ schneidet?

8 Stellen Sie die Tangentengleichung in $P_0(x_0|f(x_0))$ auf.

a) $f(x) = \frac{1}{2}x^2 - 3x - 1$; $x_0 = 1$　　d) $f(x) = \sqrt{x+2}$;　$x_0 = 1$

b) $f(x) = x^3 + 5$;　$x_0 = -2$　　e) $f(x) = x - \frac{1}{x}$;　$x_0 = 2$

c) $f(x) = \frac{4}{x}$;　$x_0 = \frac{1}{2}$　　f) $f(x) = \frac{2x^2 - 1}{x}$;　$x_0 = 1$

9 Der Winkel an einer Rampenkante soll $\alpha = 45°$ betragen. Für die Ablaufkurve der Rampe wurde eine Parabel mit folgender Funktionsgleichung gewählt:

$f(x) = 0{,}2\left[\frac{1}{\text{m}}\right]x^2$

– Wie lang und wie hoch muss die Rampe sein, damit die obigen Bedingungen zutreffen?
– Die Rampe soll 3 m lang sein. Welche Höhe muss sie haben, damit der Winkel an der Kante nach wie vor $\alpha = 45°$ ist?

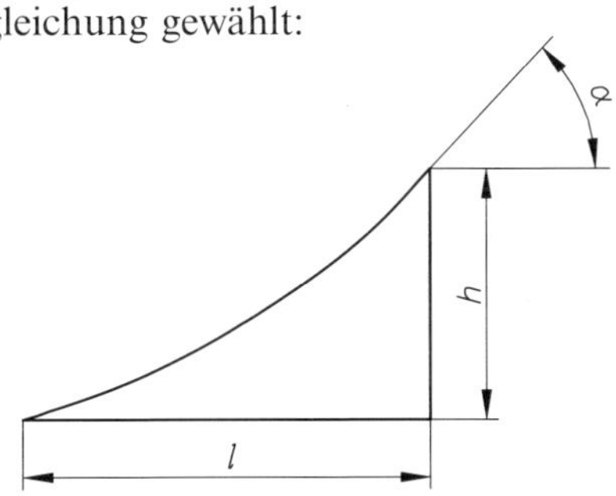

10 Für die Bewegung eines Körpers, der senkrecht nach oben geworfen wird, gilt die Funktionsgleichung: $s(t) = v_0 t - \frac{g}{2}t^2$.

– Zeichnen Sie den Graphen für $s(t) > 0$; $v_0 = 15\left[\frac{\text{m}}{\text{s}}\right]$ und $g = 10\left[\frac{\text{m}}{\text{s}^2}\right]$.
– Zeichnen Sie den Graphen von s', wenn für die Geschwindigkeit gilt:
  $v(t) = s'(t) = \lim\limits_{\Delta t \to 0} \frac{\Delta s}{\Delta t}$.
– Wie groß ist die Geschwindigkeit zur Zeit $t_1 = 1$ s ($t_2 = 3$ s)?
– Nach welcher Zeit t ist die Geschwindigkeit $v(t) = 0\left[\frac{\text{m}}{\text{s}}\right]$?

11 Stellen Sie in einem Diagramm die Wegstrecken dar, die ein Wanderer zurücklegt, wenn folgende Abhängigkeiten zugrunde liegen:

a) $s_1(t) = 5{,}4\left[\frac{\text{km}}{\text{h}}\right]t$; b) $s_2(t) = 5{,}4\left[\frac{\text{km}}{\text{h}}\right]t - 0{,}25\left[\frac{\text{km}}{\text{h}}\right]t^2$; c) $s_3(t) = 5{,}4\left[\frac{\text{km}}{\text{h}}\right]t - 0{,}05\left[\frac{\text{km}}{\text{h}}\right]t^3$

$D = \{t | 0 \leq t \leq 5h\}$

– Geben Sie die Funktionsgleichungen für $v(t) = s'(t)$ für $s_1(t)$; $s_2(t)$ und $s_3(t)$ an.
– Zeichnen Sie in ein zweites Diagramm die Graphen von $v_1(t)$, $v_2(t)$ und $v_3(t)$.

12 Die Abb. zeigt die Magnetisierungskennlinie eines Eisenwerkstoffes, die näherungsweise bis zur Eisensättigung durch ein Polynom 4ter Ordnung nachgebildet werden kann. Die Funktionsgleichung lautet:

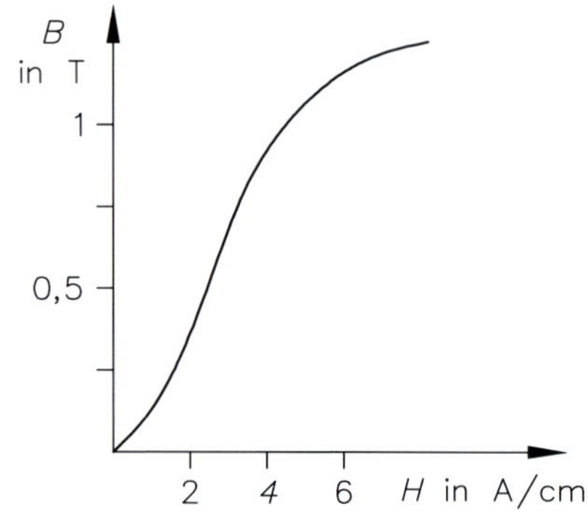

$$f(x) = \frac{1}{1\,000} x^2 (x - 12)^2,$$

wenn $x = \dfrac{H}{\text{A/cm}}$ und $y = \dfrac{B}{\text{T}}$

Der Quotient $\dfrac{B}{H}$ stellt die Permeabilität μ dar.

Da die Kennlinie nicht linear verläuft, gilt $\mu = B'(H)$.

– Bestimmen Sie die Ableitungsfunktion von $f(x)$.

$$f'(x) = \lim_{\Delta x \to 0} \frac{1}{1\,000} x^2 (x - 12)^2$$

$$= \frac{1}{1\,000} \lim_{\Delta x \to 0} (x^4 - 24 \lim_{\Delta x \to 0} x^3 + 144 \lim_{\Delta x \to 0} x^2)$$

– Zeichnen Sie den Graphen für $f'(x)$.

13 Der Ertrag M eines Ackers sei darstellbar als Funktion der verwendeten Menge x an Düngemittel. Eine Erhöhung des Düngemitteleinsatzes von x_1 auf x_2 entspricht dann einer Ertragssteigerung von $M(x_2) - M(x_1)$.

– Bestimmen Sie die Größe der Grenzproduktivität für folgende Ertragsfunktionen und Düngemittelverbrauch:

Der Ausdruck $M'(x_2) = \lim\limits_{x_1 \to x_2} \dfrac{\text{M}(x_2) - \text{M}(x_1)}{x_2 - x_1}$ wird als Grenzproduktivität des Düngemittelverbrauchs bezeichnet.

a) $M(x) = 3x^2 + 4x - 10;\quad x_1 = 3;\quad x_2 = 10;\quad x_3 = 50$

b) $M(x) = 2x^2 - 30x;\quad x_1 = 5;\quad x_2 = 15;\quad x_3 = 40$

14 Eine Zunahme der Investitionsquote löst eine Erhöhung der Gewinnquote aus. Das Ausmaß der Verteilungsveränderung (= dg) hängt dabei nicht nur von der Veränderung der Investitionsquote (= di), sondern darüber hinaus von der Steigung der gesamtwirtschaftlichen Sparquotenkurve (= $S_G - S_L$) ab.

Für den Verteilungsfaktor α gilt die Beziehung: $\alpha = \dfrac{\mathrm{d}g}{\mathrm{d}i} = \dfrac{1}{S_G - S_L}$.

– Verdeutlichen Sie den Zusammenhang durch eine Graphik.
– Was gibt die Steigung der Sparquotengerade s an?
– Wie lässt sich der Quotient α ökonomisch interpretieren?
– Leiten Sie die Gleichung für die Elastizität β der Gewinnquote (relativ zur Investitionsquote) als Produkt aus α und $\dfrac{i}{g}$ ab.

8.2 Differenzialrechnung für ganzrationale Funktionen

8.2.1 Ableitungsregeln

Die im Folgenden betrachteten Funktionen sollen alle differenzierbar sein. Mithilfe der Ableitungsregeln lassen sich solche Funktionen ohne Berechnung des Differenzialquotienten differenzieren.

8.2.1.1 Die Ableitung einer konstanten Funktion

$f(x) = c,\ c \in \mathbb{R}$ ist die Gleichung der Funktion f.
$f'(x) = 0$ ist die Gleichung der Ableitungstunktion f'.

Beweis mithilfe des Differenzialquotienten

$$f'(x) = \lim_{\Delta x \to 0} \frac{f(x + \Delta x) - f(x)}{\Delta x} \Leftrightarrow f'(x) = \lim_{\Delta x \to 0} \frac{c - c}{\Delta x} \Leftrightarrow \boldsymbol{f'(x) = 0}$$

8.2.1.2 Die Potenzregel

$f(x) = x^n,\ n \in \mathbb{N}$ ist die Gleichung der Funktion f.
$f'(x) = n \cdot x^{n-1}$ ist die Gleichung der Ableitungstunktion f'.

Beweis der Potenzregel

Für den Beweis der Potenzregel wird folgender Satz herangezogen:
Mit $a, b \in \mathbb{R}$ und $n \in \mathbb{N}$ gilt:

$$a^n - b^n = (a - b) \cdot (a^{n-1} \cdot b^0 + a^{n-2} \cdot b^1 + a^{n-3} \cdot b^2 + \ldots + a^1 \cdot b^{n-2} + a^0 \cdot b^{n-1})$$

$$f'(x) = \lim_{\Delta x \to 0} \frac{(x + \Delta x)^n - x^n}{\Delta x}$$

$$f'(x) = \lim_{\Delta x \to 0} \frac{(x + \Delta x - x) \cdot [(x + \Delta x)^{n-1} \cdot x^0 + (x + \Delta x)^{n-2} \cdot x^1 + \ldots + (x + \Delta x)^0 \cdot x^{n-1}]}{\Delta x}$$

$$f'(x) = \lim_{\Delta x \to 0} [(x + \Delta x)^{n-1} \cdot x^0 + (x + \Delta x)^{n-2} \cdot x^1 + \ldots + (x + \Delta x)^0 \cdot x^{n-1}]$$

$$\boldsymbol{f'(x) = n \cdot x^{n-1}}$$

Die Potenzregel gilt nicht nur für positive, sondern auch für negative ganzzahlige Exponenten.

Beispiele für die Potenzregel

Beispiel 1: $f(x) = x^5 \Rightarrow f'(x) = 5x^4$
Beispiel 2: $f(x) = x^{-1} \Rightarrow f'(x) = -x^{-2}$

Beispiel 3: $f(x) = \dfrac{2{,}5}{x^4} \Rightarrow f'(x) = \dfrac{-10}{x^5}$

denn $\dfrac{2{,}5}{x^4} = 2{,}5x^{-4}$ und $(2{,}5x^{-4})' = -10x^{-5}$

8.2.1.3 Die Faktorregel

$f(x) = c \cdot g(x),\ c \in \mathbb{R}$ ist die Gleichung der Funktion f.
$f'(x) = c \cdot g'(x)$ ist die Gleichung der Ableitungsfunktion f'.

Beweis der Faktorregel

$$f'(x) = \lim_{\Delta x \to 0} \frac{c \cdot g(x + \Delta x) - c \cdot g(x)}{\Delta x}$$

$$f'(x) = \lim_{\Delta x \to 0} \frac{c \cdot [g(x + \Delta x) - g(x)]}{\Delta x}$$

$$f'(x) = c \cdot \lim_{\Delta x \to 0} \frac{g(x + \Delta x) - c \cdot g(x)}{\Delta x} \Leftrightarrow f'(x) = c \cdot g'(x)$$

Beispiel für die Faktorregel

$f(x) = 5x^2;\quad g(x) = x^2 \Rightarrow g'(x) = 2x$
$f'(x) = 5(2x) = 10x$

8.2.1.4 Die Summenregel

$f(x) = g(x) + h(x)$ ist die Gleichung der Funktion f.
$f'(x) = g'(x) + h'(x)$ ist die Gleichung der Ableitungsfunktion f'.
$f(x) = g(x) - h(x)$ ist die Gleichung der Funktion f.
$f'(x) = g'(x) - h'(x)$ ist die Gleichung der Ableitungsfunktion f'.

Beweis der Summenregel:

$$f'(x) = \lim_{\Delta x \to 0} \frac{f(x + \Delta x) - f(x)}{\Delta x}$$

$$f'(x) = \lim_{\Delta x \to 0} \frac{g(x + \Delta x) + h(x + \Delta x) - g(x) - h(x)}{\Delta x}$$

$$f'(x) = \lim_{\Delta x \to 0} \frac{g(x + \Delta x) - g(x) + h(x + \Delta x) - h(x)}{\Delta x}$$

$$f'(x) = \lim_{\Delta x \to 0} \frac{g(x + \Delta x) - g(x)}{\Delta x} + \lim_{\Delta x \to 0} \frac{h(x + \Delta x) - h(x)}{\Delta x} \Leftrightarrow f'(x) = g'(x) + h'(x)$$

Beispiel für die Summenregel

$f(x) = 4{,}5x^2 + 5x; \quad g(x) = 4{,}5x^2 \Rightarrow g'(x) = 9x$

$\qquad\qquad\qquad\qquad h(x) = 5x \Rightarrow h'(x) = 5$

$f'(x) = 9x + 5$

8.2.1.5 Die Produktregel

$f(x) = u(x) \cdot v(x)$ ist die Gleichung der Funktion f.

$f'(x) = u'(x) \cdot v(x) + u(x) \cdot v'(x)$ ist die Gleichung der Ableitungsfunktion von f'.

Beweis der Produktregel

$$f'(x) = \lim_{\Delta x \to 0} \frac{u(x + \Delta x) \cdot v(x + \Delta x) - u(x) \cdot v(x)}{\Delta x}$$

$$f'(x) = \lim_{\Delta x \to 0} \frac{u(x + \Delta x) \cdot v(x + \Delta x) - u(x) \cdot v(x + \Delta x) + u(x) \cdot v(x + \Delta x) - u(x) \cdot v(x)}{\Delta x}$$

$$f'(x) = \lim_{\Delta x \to 0} \frac{[u(x\Delta x) - u(x)] \cdot v(x) + u(x) \cdot [v(x + \Delta x) - v(x)]}{\Delta x}$$

$$f'(x) = v(x) \cdot \lim_{\Delta x \to 0} \frac{u(x + \Delta x) - u(x))}{\Delta x} + u(x) \cdot \lim_{\Delta x \to 0} \frac{v(x + \Delta x) - v(x)}{\Delta x}$$

$$f'(x) = v(x) \cdot u'(x) + u(x) \cdot v'(x)$$

Beispiel für die Produktregel

$f(x) = 3x^3 \cdot 2x^4; \quad u(x) = 3x^3 \Rightarrow u'(x) = 9x^2$

$\qquad\qquad\qquad\qquad v(x) = 2x^4 \Rightarrow v'(x) = 8x^3$

$f'(x) = 9x^2 \cdot 2x^4 + 3x^3 \cdot 8x^3$

$f'(x) = 42x^6$

8.2.1.6 Die Ableitung einer allgemeinen ganzrationalen Funktion

Aus den bisherigen Ableitungsregeln folgt für die Ableitung einer allgemeinen ganzrationalen Funktion:

$f(x) = a_n x^n + a_{n-1} x^{n-1} + a_{n-2} x^{n-2} + \ldots + a_1 x + a_0$ Gleichung der Funktion f.

$f'(x) = n a_n x^{n-1} + (n-1) a_{n-1} x^{n-2} + (n-2) a_{n-2} x^{n-3} + \ldots + 2a_2 x + a_1$

Gleichung der Ableitungsfunktion f'.

Beispiel für eine allgemeine ganzrationale Funktion

$f(x) = 4x^3 + 2x^2 - 5x + 8$

Nach der Summenregel können die Summanden einzeln differenziert und die Ableitungen addiert werden. Mithilfe der Faktor- und Potenzregel ergibt sich für die Ableitung der einzelnen Summanden:

$(4x^3)' = 12x^2$; $(2x^2)' = 4x$; $(5x)' = 5$; $(8)' = 0$

$f'(x) = 12x^2 + 4x - 5$

AUFGABEN

1 Bestimmen Sie die Ableitung der Funktion f.

a) $f(x) = 12x^3 - 3x^3 + 12x - 5$

b) $f(x) = (3x^5 - 4x) \cdot (2x^2 + 8x)$

c) $f(x) = \frac{12{,}5}{x^6}$

d) $f(x) = -8x^6 + \frac{100}{x^4}$

e) $f(x) = (4x^5 + 3x^2 - 12) \cdot x^{-1}$

f) $f(x) = \frac{5x^3 + 12x^2 - 5}{x}$

g) $f(x) = \frac{x^4 + 3x^2 - 12x + 2}{3x^2}$

h) $f(x) = \frac{(x+3) \cdot (2x^4 - 4x)}{2x^4}$

i) $f(x) = \frac{12 \cdot (x^6 + 5x^2) \cdot (-2x^3 + 1)}{10x^6}$

k) $f(x) = (2x^3 - 4)^2$

l) $f(x) = (5x^3 - 3x^2 + 6)(-4x^2 + 7x)$

m) $f(x) = 4 \cdot (-2x^7 + 5x) \cdot \left(2x^4 + \frac{5}{x}\right)$

n) $f(x) = \frac{(0{,}5x^4 + 2x) \cdot (x^6 - 4)}{x^3}$

o) $f(x) = \frac{3x + 5}{12x^4}$

p) $f(x) = (2x^2 - 4x + 1) \cdot (3x + 5) \cdot (4x^5 + 4x^3)$

q) $f(x) = [(x^2 - 5x) - 4 \cdot (3x^3 + 5x)] \cdot (5x - 3)$

2 Zeigen Sie: Sind f, g und h differenzierbare Funktionen, so gilt:
$(f \cdot g \cdot h)'(x) = (f' \cdot g \cdot h)(x) + (f \cdot g' \cdot h)(x) + (f \cdot g \cdot h')(x)$.

3 Es sei g eine beliebig oft differenzierbare Funktion. Leiten Sie die folgenden Funktionen zweimal ab.

a) $f(x) = x \cdot g(x)$

b) $f(x) = \frac{g(x)}{x}$

c) $f(x) = g'(x) \cdot g(x)$

d) $f(x) = x \cdot [g(x) + g'(x)]$

e) $f(x) = g(x) \cdot (g'(x) - x^3)$

4 Eine Kugel rollt eine schiefe Ebene hinunter. Durch Messung findet man das Weg-Zeit-Gesetz $s(t) = 0{,}2\,t^2\,\frac{\text{m}}{\text{s}^2}$.

a) Wie groß ist die Momentangeschwindigkeit nach 3 s?

b) Bestimmen Sie die Geschwindigkeit-Zeit-Funktion.

c) Bestimmen Sie die Beschleunigungs-Zeit-Funktion.

d) Zeichnen Sie die Graphen für $s = f(t)$, $v = f(t)$ und $a = f(t)$.

5 Die geradlinige Bewegung eines Massepunktes kann beschrieben werden durch die Funktionsgleichung $s = 0{,}5\,at^2 + v_0\,t + s_0$.

a) Bestimmen Sie die Geschwindigkeit-Zeit-Funktion.

b) Bestimmen Sie die Beschleunigungs-Zeit-Funktion.

c) Stellen Sie graphisch dar: $s = f(t)$, $v = f(t)$ und $a = f(t)$ für $a = 3\,\frac{\text{m}}{\text{s}^2}$, $v_0 = 50\,\frac{\text{m}}{\text{s}}$ und $s_0 = 100$ m.

6 Ein Körper wird mit der Anfangsgeschwindigkeit $v_0 = 25\,\frac{\text{m}}{\text{s}}$ senkrecht nach oben geworfen.

a) Stellen Sie die Höhe als Funktion der Zeit dar.

b) Bestimmen Sie die Gipfelhöhe $\left(v = \frac{\text{d}s}{\text{d}t} = 0\right)$.

c) Wie groß ist die Steigzeit?

d) Zeichnen Sie den Graphen für $h = f(t)$ und $v = f(t)$.

8.2.2 Kurvendiskussion

Die Untersuchung bestimmter Eigenschaften des Graphen einer gegebenen Funktion wird Kurvendiskussion genannt.

8.2.2.1 Monotonieverhalten

Definition der Monotonie eines Funktionsgraphen

Der Graph einer Funktion f mit der Definitionsmenge D_f und beliebige x_1, x_2 aus einem offenem Intervall I heißt

1. streng monoton steigend, wenn gilt:	$f(x_1) < f(x_2)$ für $x_1 < x_2$	(Abb. 8.14)
2. monoton steigend, wenn gilt:	$f(x_1) \leq f(x_2)$ für $x_1 < x_2$	(Abb. 8.15)
3. streng monoton fallend, wenn gilt:	$f(x_1) > f(x_2)$ für $x_1 < x_2$	(Abb. 8.16)
4. monoton fallend, wenn gilt:	$f(x_1) \geq f(x_2)$ für $x_1 < x_2$	(Abb. 8.17)

Beispiele für das Monotonieverhalten von Funktionsgraphen

streng monoton steigend

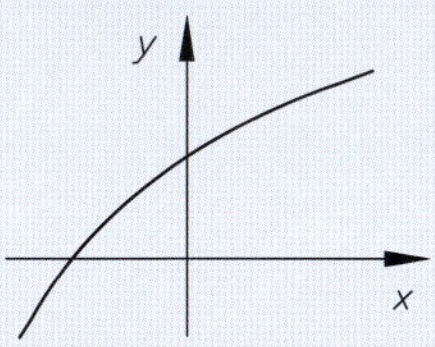

Abb. 8.14

monoton steigend

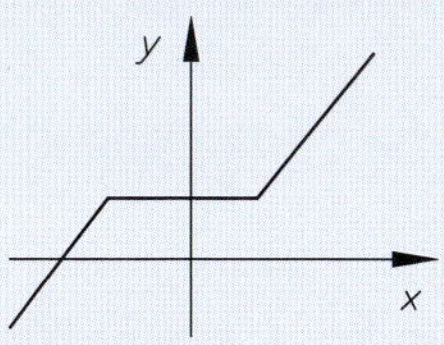

Abb. 8.15

streng monoton fallend

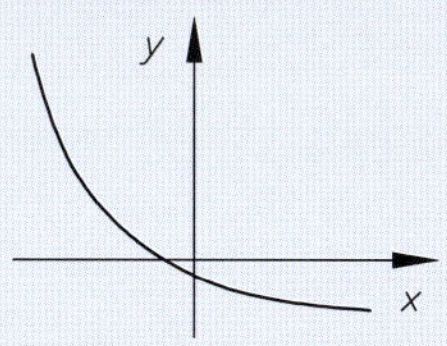

Abb. 8.16

monoton fallend

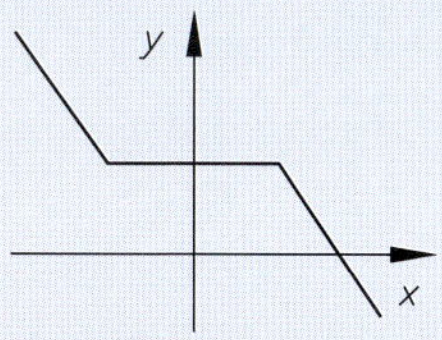

Abb. 8.17

Beispiel 1 für die Bestimmung des Monotonieverhaltens eines Funktionsgraphen

In welchen Intervallen steigt bzw. fällt der Graph der Funktion f streng monoton?
f mit $f(x) = -x^3 - x^2 + 33x - 32$ und $D_f = \mathbb{R}^+$

Lösung:
$f'(x) = -3x^2 - 2x + 33$ ist die Gleichung der Ableitungsfunktion f'.
Die Steigung des Graphen der Funktion an einer Stelle x_0 ist gleich der Steigung der Tangente des Graphen an dieser Stelle. Die Steigung der Tangente ist aber gleich $f'(x_0)$. Somit gilt für den Verlauf des Graphen:

Der Graph von f steigt streng monoton in einem offenen Intervall I, wenn $f'(x) > 0$ für alle $x \in I$.

Der Graph von f fällt streng monoton in einem offenen Intervall I, wenn $f'(x) < 0$ für alle $x \in I$.

Der Graph ist streng monoton steigend, wenn $f'(x) > 0$ ist.

$$-3x^2 - 2x + 33 > 0 \Leftrightarrow x^2 + \frac{2}{3}x < 11 \Leftrightarrow x < 3 \wedge x > -\frac{11}{3}$$

Der Graph ist streng monoton fallend, wenn $f'(x) < 0$ ist.

$$-3x^2 - 2x + 33 < 0 \Leftrightarrow x^2 + \frac{2}{3}x > 11 \Leftrightarrow x > 3 \wedge x < -\frac{11}{3}$$

Graph der Funktion:
$x \mapsto -x^3 - x^2 + 33x - 32$

Wegen $D_f = \mathbb{R}^+$ ist der Graph von f demzufolge:

streng monoton steigend im Intervall $I_1 = [0; 3[$.

streng monoton fallend im Intervall $I_2 = [3; \infty[$.

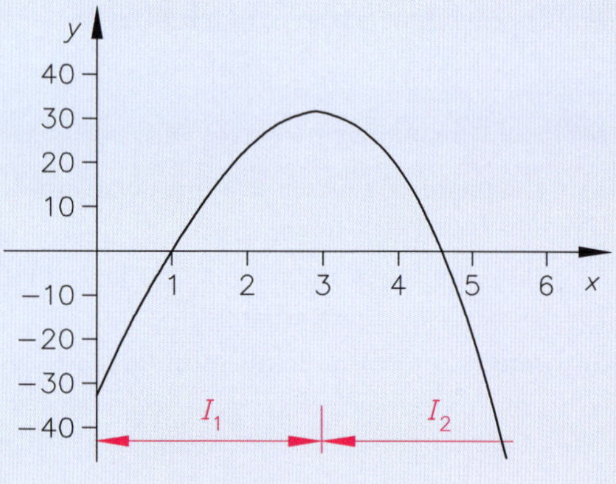

Abb. 8.18

Im Beispiel 1 wurden zwei Aussagen des Monotoniesatzes benutzt:

Monotoniesatz

Es sei f eine differenzierbare Funktion und I ein offenes Intervall. Dann gilt:
$f'(x) > 0$ für alle $x \in I \Rightarrow$ der Graph G_f ist in I streng monoton steigend.
$f'(x) < 0$ für alle $x \in I \Rightarrow$ der Graph G_f ist in I streng monoton fallend.

Beispiel 2 für die Bestimmung des Monotonieverhaltens eines Funktionsgraphen

In welchen Intervallen steigt bzw. fällt der Graph der Funktion f streng monoton?

f mit $f(x) = -\frac{1}{3}x^3 + x^2$ und $D_f = \mathbb{R}$

Lösung:
$f'(x) = -x^2 + 2x$ ist die Gleichung der Ableitungsfunktion f'.

Der Graph ist streng monoton steigend, wenn $f'(x) > 0$ ist.
$-x^2 + 2x > 0 \Leftrightarrow x^2 - 2x < 0 \Leftrightarrow x < 2 \wedge x > 0$

Der Graph ist streng monoton fallend, wenn $f'(x) < 0$ ist.
$-x^2 + 2x < 0 \Leftrightarrow x^2 - 2x > 0 \Leftrightarrow x > 2 \vee x < 0$

G_f steigt also streng monoton im Intervall $I_1 =]0; 2[$.
G_f fällt streng monoton in den Intervallen $I_2 =]-\infty; 0[$ und $I_3 =]2; \infty[$.

Graph der Funktion:

$x \mapsto -\frac{1}{3}x^3 + x^2$

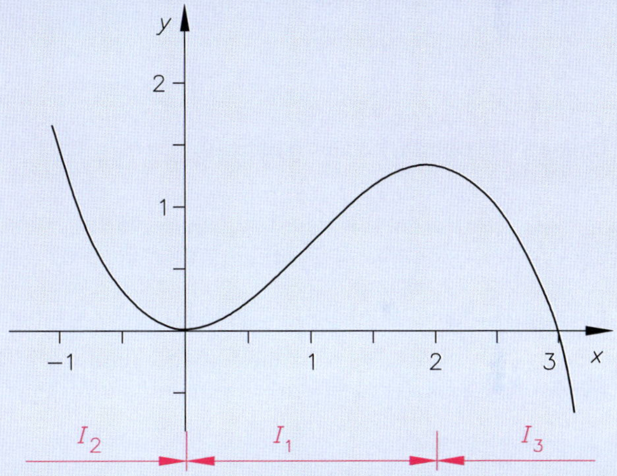

Abb. 8.19

8.2.2.2 Lokale Extrempunkte

Beispiel für lokale Extrempunkte

Die Abbildung 8.20 zeigt den Graphen von f mit $f(x) = -\frac{1}{3}x^3 + x^2$.

Für die Punkte $TP(0|0)$ und $HP\left(2\middle|\frac{4}{3}\right)$ des Graphen von f gilt:

Im Intervall $U_1 =]-0{,}5; 0{,}5[$ ist $TP(0|0)$ ein Tiefpunkt, denn es ist $f(0) < f(x)$ für alle $x \in U_1 \setminus \{0\}$.

Im Intervall $U_2 =]1{,}5; 2{,}5[$ ist $HP\left(2\middle|\frac{4}{3}\right)$ ein Hochpunkt, denn es ist $f(2) > f(x)$ für alle $x \in U_2 \setminus \{2\}$.

Graph der Funktion:

$x \mapsto -\frac{1}{3}x^3 + x^2$

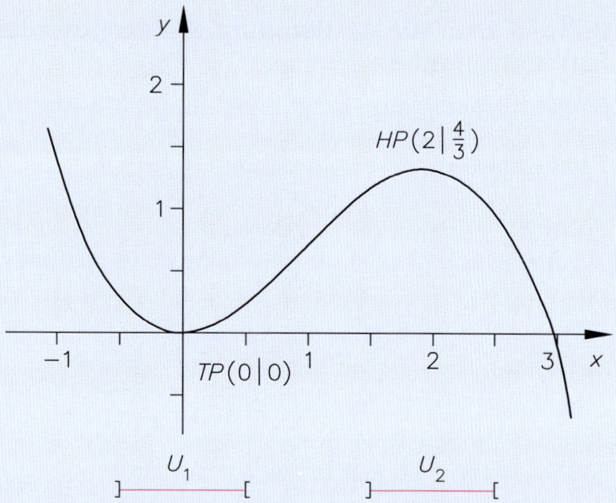

Abb. 8.20

Definitionen

Lokales Maximum / lokales Minimum

$f(x_E)$ heißt ein lokales Maximum (Minimum) von f, wenn es ein offenes Intervall U mit $x_E \in U$ (U wird dann offene Umgebung von x_E genannt) gibt, so dass gilt:
$f(x_E) > f(x)$ $(f(x_E) < f(x))$ für alle $x_E \in U \setminus \{x_E\}$.

Lokaler Hochpunkt / lokaler Tiefpunkt / lokaler Extrempunkt

Wenn $f(x_E)$ ein lokales Maximum (Minimum) dann wird der Punkt $P(x_E | f(x_E))$ lokaler Hochpunkt (lokaler Tiefpunkt) genannt. Lokale Hochpunkte und lokale Tiefpunkte werden auch lokale Extrempunkte genannt.

Lokale Maximalstelle / lokale Minimalstelle

Hat die Funktion f an der Stelle x_E ein lokales Maximum (Minimum), so heißt x_E lokale Maximalstelle (Minimalstelle). Lokale Maximal- und Minimalstellen werden lokale Extremstellen genannt.

Sprachregelung:
Wenn im Folgenden von Extremstellen oder -punkten die Rede ist, so sind damit lokale Extremstellen oder -punkte gemeint.

Der Graph ist in einer Umgebung des **Hochpunktes rechts gekrümmt** mit abnehmender Steigung der Tangenten.
In einer Umgebung des **Tiefpunktes links gekrümmt** mit zunehmender Steigung der Tangenten.

Beispiel für das Verhalten der Graphen in der Umgebung von Extrempunkten

Graph der Funktion:

$x \mapsto -\frac{1}{3}x^3 + x^2$

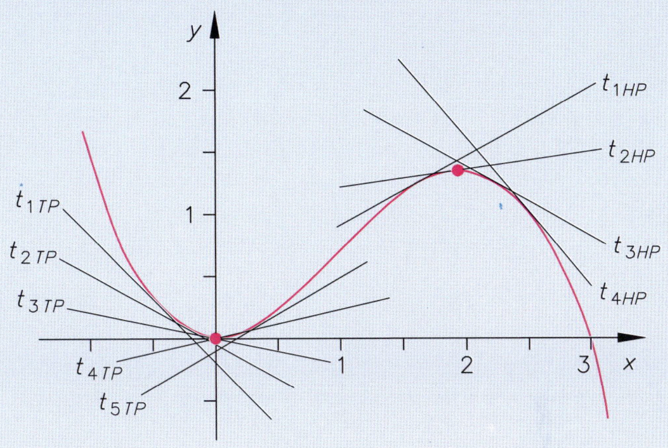

Abb. 8.21

In einem Extrempunkt ist die Tangente stets waagerecht. Sie hat die Steigung Null.

Beispiel für Tangenten an Extrempunkten

Graph der Funktion:

$x \mapsto -\frac{1}{3}x^3 + x^2$

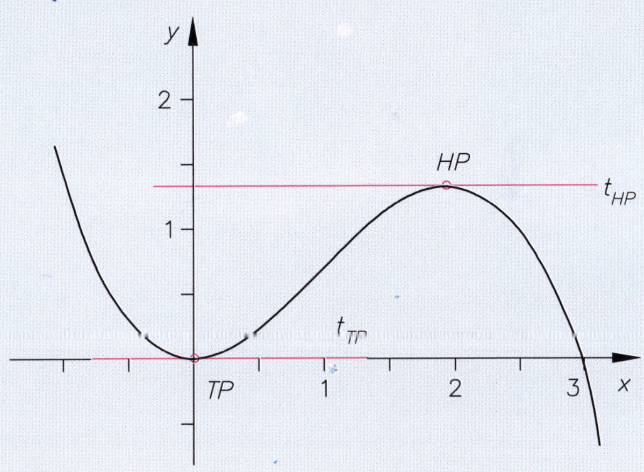

Abb. 8.22

Notwendige Bedingung für lokale Extrema

Hat eine an der Stelle x_E differenzierbare Funktion f ein lokales Extremum, so gilt: $f'(x_E) = 0$.

Da f' die Steigung der Tangenten des Graphen von f angibt, ist der Graph von f' in einer Umgebung des Hochpunktes streng monoton fallend und in einer Umgebung des Tiefpunktes streng monoton steigend (vgl. Abb. 8.23).

Beispiel für Extremwerte

Graphen der Funktionen:

G_f: $x \mapsto -\frac{1}{3}x^3 + x^2$
Funktion f.

$G_{f'}$: $x \mapsto -x^2 + 2x$
1. Ableitung von f.

$G_{f''}$: $x \mapsto -2x + 2$
2. Ableitung von f.

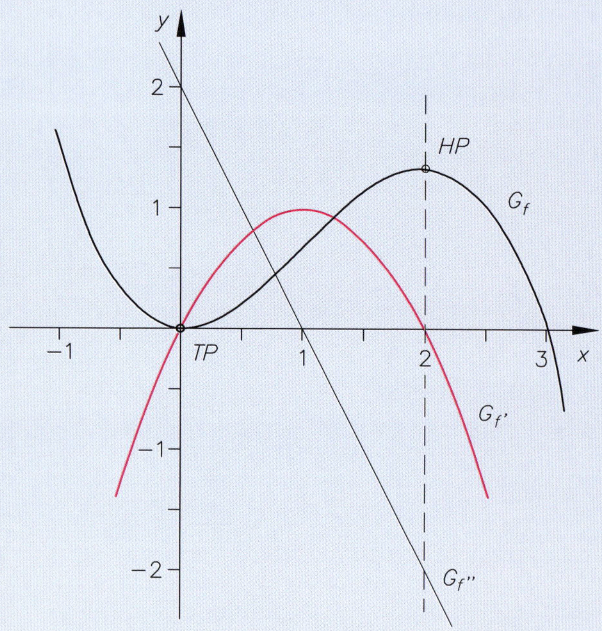

Abb. 8.23

Aus dem Monotoniesatz folgt, dass der Graph von f' in einem offenen Intervall I streng monoton fallend bzw. streng monoton steigend ist, wenn für die Ableitungsfunktion f'' von f' gilt: $f''(x) < 0$ bzw. $f''(x) > 0$ tür alle $x \in I$.

Hinreichende Bedingung für ein Extremum

Für das Vorhandensein eines Extremums an der Stelle x_E muss gelten, dass
$f'(x_E) = 0 \wedge (x_E) \neq 0$ ist.

$f'(x_E) = 0 \wedge f''(x_E) > 0$: Minimum
$f'(x_E) = 0 \wedge f''(x_E) < 0$: Maximum

Beispiel für die Bestimmung von Extrempunkten

Es sollen Hoch- und Tiefpunkte der Funktion f mit $f(x) = -\frac{1}{3}x^3 + x^2$ bestimmt werden.

Lösung:

Notwendige Bedingung: $f'(x) = 0$

$-x^2 + 2x = 0 \Leftrightarrow x(x-2) = 0 \Leftrightarrow x_E = 0 \vee x_E = 2$

Hinreichende Bedingung: $f'(x_E) = 0 \wedge f''(x_E) \neq 0$

$f''(0) = 2 > 0 \Rightarrow TP(0|0)$

$f''(2) = -2 < 0 \Rightarrow HP\left(2\left|\frac{4}{3}\right.\right)$

Die Eigenschaft $f'(x_E) = 0$ ist zwar notwendig, aber nicht hinreichend, damit x_E eine Extremstelle ist. Dies soll an einem Beispiel gezeigt werden.

Beispiel für eine Funktion, die kein Extremum besitzt

Für die Funktion f mit $f(x) = x^3 + 2$ gilt, dass $f'(x_E) = 0$. Aber x_E ist keine Extremstelle.

Notwendige Bedingung für einen Extrempunkt:
$f'(x_E) = 0$

$3x^2 = 0 \Leftrightarrow x_E = 0$

An der Stelle $x_E = 0$ ist zwar die Tangente waagerecht, aber hier liegt **kein Extremum** vor. Der Punkt ist ein **Sattelpunkt**.

Graph der Funktion:
$x \mapsto x^3 + 2$

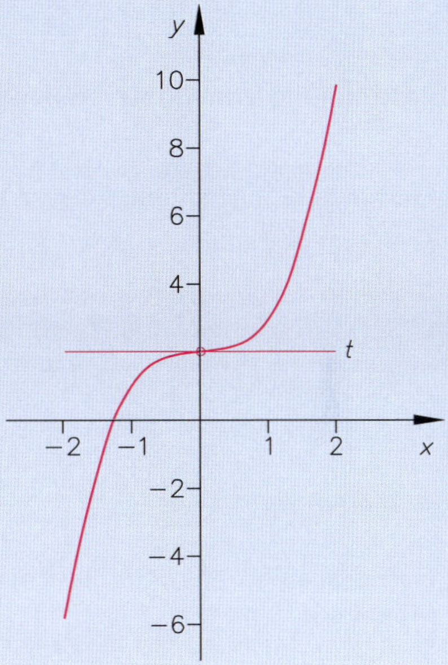

Abb. 8.24

Eine Funktion kann aber eine Extremstelle x_E haben, obgleich die hinreichende Bedingung nicht erfüllt ist.

Beispiel für eine Funktion mit besonderer Extremstelle

Die Funktion f mit $f(x) = x^4 - 2$ besitzt eine Extremstelle x_E. Aber die hinreichende Bedingung ist nicht erfüllt.

Hinreichende Bedingung für ein Extremum:
$f'(x_E) = 0 \land f''(x_E) \neq 0$
$4x^3 = 0 \Leftrightarrow x_E = 0$
$f''(0) = 0$

Das Kriterium der hinreichenden Bedingung führt hier also nicht weiter.
Es lässt sich aber rechnerisch zeigen, dass $TP(0|-2)$ Tiefpunkt des Graphen von f ist (vgl. Abb. 8.25).

Graph der Funktion:
$x \mapsto x^4 - 2$

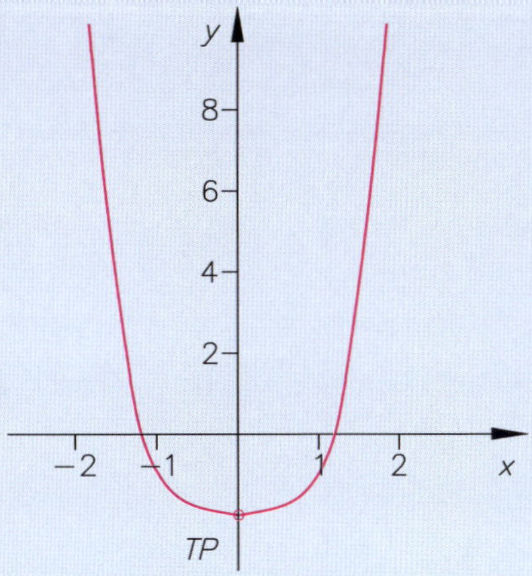

Abb. 8.25

In einer Umgebung des Tiefpunktes gilt stets, dass der Graph bis zum Tiefpunkt streng monoton fällt und danach streng monoton steigt. Bei einem Hochpunkt ist es umgekehrt.

Es ist also zu untersuchen, wie der Graph von f sich in einer Umgebung der Nullstelle von f' verhält. Es ist für $f(x) = 4x^3$: $f'(x) < 0$ für $x < 0$ und $f'(x) > 0$ für $x > 0$.
Die Stelle $x = 0$ muss daher eine Minimalstelle und $TP(0|0)$ der Tiefpunkt sein. Das Vorzeichen von $f'(x)$ ändert sich an der Minimalstelle von Minus nach Plus.

Bestimmung von Extremstellen mithilfe des Vorzeichenkriteriums

Die Stelle x_E einer Funktion f ist eine Minimalstelle (Maximalstelle), wenn gilt:

1. $f'(x_E) = 0$ und

2. Es gibt eine Umgebung von x_E, in der gilt:
$f'(x) < 0$ für alle $x < x_E$ und $f'(x) > 0$ für alle $x > x_E$
($f'(x) > 0$ für alle $x < x_E$ und $f'(x) < 0$ für alle $x > x_E$)

AUFGABEN

1 Untersuchen Sie den Graphen der Funktion f mit $f(x) = \frac{1}{12}x^3 - x^2 + 1{,}75x$ auf Monotonie.
In welchen Intervallen ist der Graph streng monoton steigend, in welchen streng monoton fallend? Zeichnen Sie den Graphen im Intervall $[-2; 10]$.

2 Welche Aussagen lassen sich über das Monotonieverhalten des Graphen von f machen?

a)
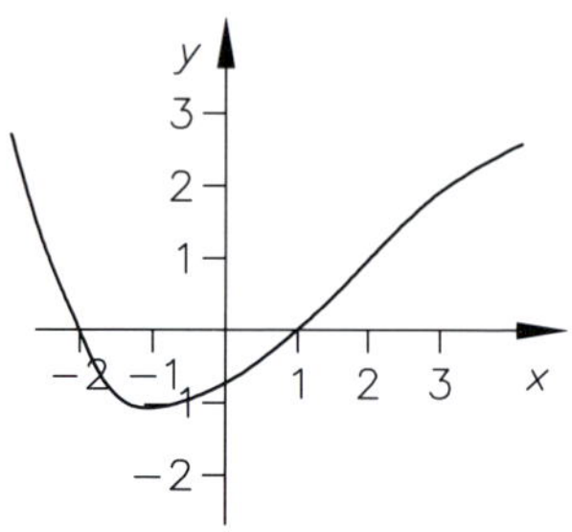

b)
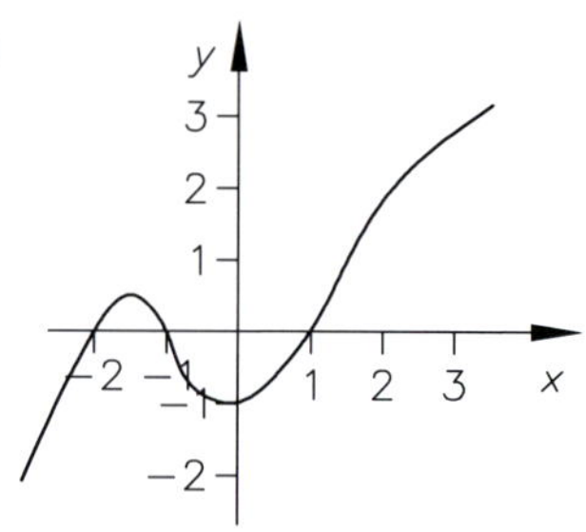

c)
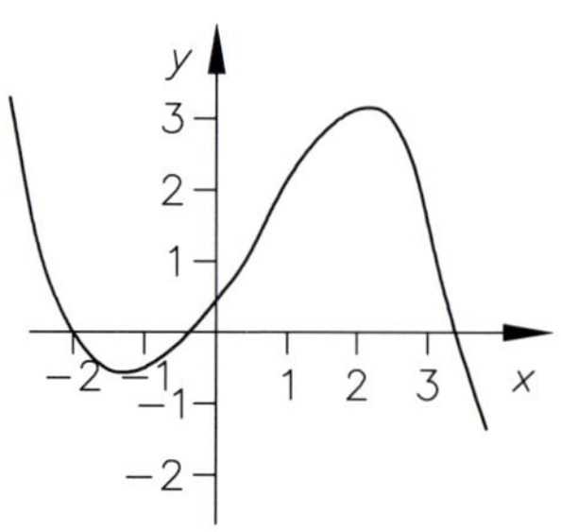

d)
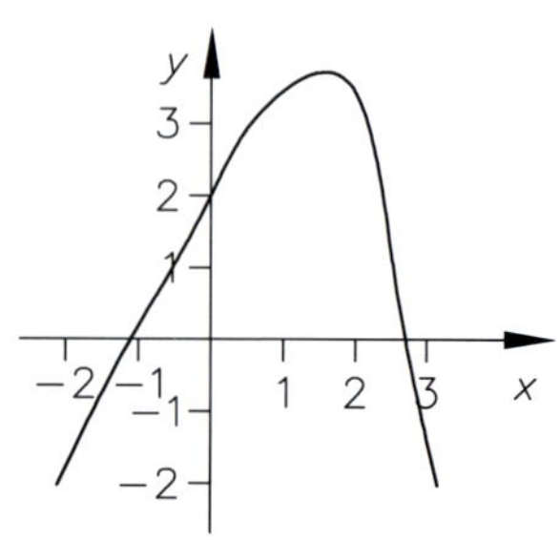

3 Bestimmen Sie die Monotonieintervalle der Graphen von f und zeichnen Sie die Graphen von f und r.

a) $f(x) = x^3 + x^2 - x - 1$

b) $f(x) = 0{,}5x^4 - x^2$

c) $f(x) = 0{,}25x^4 - 2x^3 + 4{,}5x^2$

d) $f(x) = x^3 - 3x^2 + 3x - 1$

4 Untersuchen Sie die Graphen von f auf Extrempunkte.

a) $f(x) = 0{,}5x^3 - 2x - 8$

b) $f(x) = 0{,}25x^4 - 2x^3 + x^2$

c) $f(x) = x^3 - 3x + 2$

d) $f(x) = 1{,}5x^3 - 6x^2 + 7{,}5x - 3$

e) $f(x) = -0{,}1x^5 + 0{,}25x^4$

f) $f(x) = \frac{1}{3}x^3 + \frac{7}{4}x^2 - 2x - 3$

5 Untersuchen Sie die Graphen von f auf Extrempunkte mithilfe des Vorzeichenkriteriums.

a) $f(x) = -4x^4 + 0{,}5x^6$

b) $f(x) = -4x^3 + 3x^4$

c) $f(x) = 3x^5 - 5x^3$

d) $f(x) = 3x^3 + \frac{1}{x}$

6 Welche Beziehung muss zwischen a und b ($a \neq 0$, $b \neq 0$) gelten, damit f ein lokales Maximum hat?

a) $f(x) = 3ax^3 + 3bx^2 + x + 6$

b) $f(x) = 0{,}5x^3 + 1{,}5ax^2 + 1{,}5bx - 7{,}5$

c) $f(x) = -ax^4 + 2bx^2$

d) $f(x) = ax + \frac{b}{x}$

7 Zeigen Sie: Der Extrempunkt des Graphen der Funktion f_a mit $f_a(x) = ax^2 - 8x$ ($a \neq 0$) liegt auf dem Graphen der Funktion O mit $O(x) = -4x$ (der Graph von O wird dann Ortskurve der Extrempunkte von f_a genannt und f_a wird Funktionenschar genannt).

8 Bestimmen Sie die Gleichung der Ortskurve (s. Aufgabe 7), auf der die Extrempunkte der Graphen der Funktionenschar $f_a (a \neq 0)$ liegen.

a) $f(x) = x^2 + ax + 3$

b) $f(x) = ax^2 + 8x + 4$

c) $f(x) = -a^{2} \cdot x^3 + 3a^{1} \cdot x$

d) $f(x) = \frac{a}{x} + \frac{x}{a}$

8.2.2.3 Wendepunkte

Definition des Wendepunktes

Der Punkt $W(x_W|f(x_W))$, an dem der Graph einer Funktion f sein Krümmungsverhalten ändert (Links- zur Rechtskrümmung oder Rechts- zur Linkskrümmung) heißt Wendepunkt. Die Stelle x_W heißt Wendestelle (vgl. Abb. 8.26).

Beispiel für einen Wendepunkt

Graph der Funktion:
$x \mapsto x^3 - 3x^2 + 3x$
Wendepunkt: $W(1|1)$

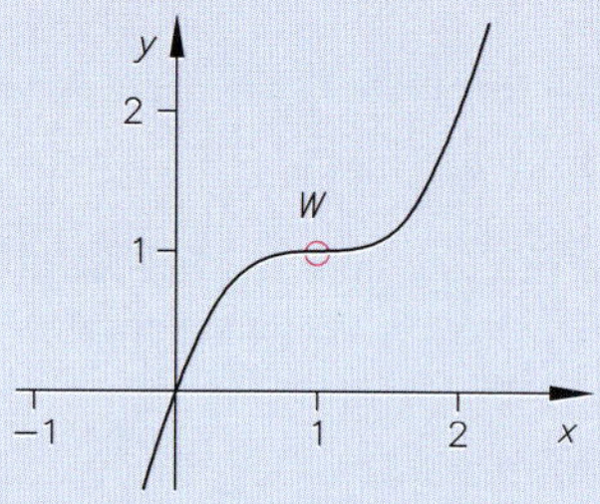

Abb. 8.26

Hinreichende Bedingung für eine Wendestelle:
Die Funktion f ist mindestens dreimal differenzierbar:
$f''(x_W) = 0 \wedge f'''(x_W) < 0 \Rightarrow x_W$ ist eine Wendestelle mit Links-Rechtskrümmung.
$f''(x_W) = 0 \wedge f'''(x_W) > 0 \Rightarrow x_W$ ist eine Wendestelle mit Rechts-Linkskrümmung.

Beispiel für die Bestimmung eines Wendepunktes

Graph der Funktion f: f mit $f(x) = -\frac{1}{3}x^3 + x^2$

An der Stelle $x = 1$ geht die Linkskrümmung (zunehmende Steigung) des Graphen von f in eine Rechtskrümmung (abnehmende Steigung) über. Da das Krümmungsverhalten des Graphen einer differenzierbaren Funktion f mit der 2. Ableitung untersucht werden kann, wird $f''(x)$ bestimmt:

$f''(x) = -2x + 2$

$-2x + 2 = 0 \Leftrightarrow x_W = 1$

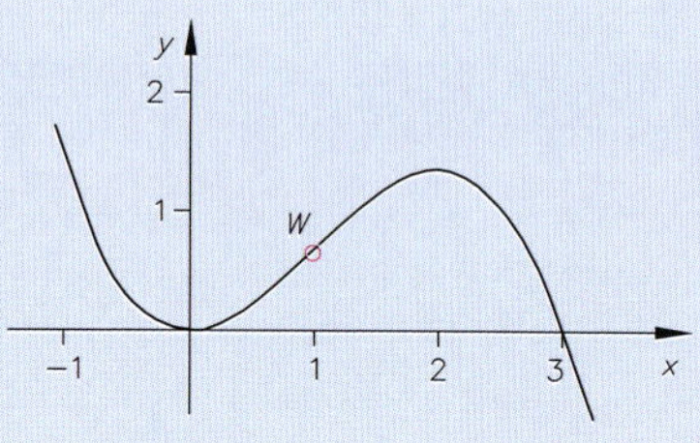

Abb. 8.27

Nun ist $f'''(x_W) = -2$, so dass der Graph der 2. Ableitung von f nach dem Monotoniesatz streng monoton fallend ist.
Hieraus folgt in Verbindung mit $f''(1) = 0$:
$f''(x) > 0$ für alle $x < 1$
(Linkskrümmung des Graphen) und
$f''(x) < 0$ für alle $x > 1$
(Rechtskrümmung des Graphen)
W mit Links-Rechts-Krümmung

Graph der 2. Ableitung von f:
f'' mit $f''(x) = -2x + 2$

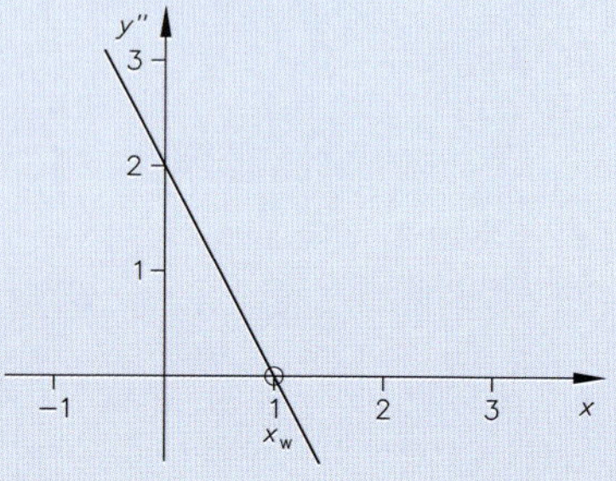

Abb. 8.28

Bestimmung einer Wendestelle mithilfe des Vorzeichenkriteriums:
Sofern nur die notwendige Bedingung ($f''(x_W) = 0$), nicht aber die gesamte hinreichende Bedingung für eine Wendestelle x_W erfüllt ist, muss mithilfe des Vorzeichenkriteriums untersucht werden, ob x_W eine Wendestelle ist.

Die Stelle x_W einer mindestens zweimal differenzierbaren Funktion f ist eine Wendestelle mit Rechts-Links-Krümmung (Links-Rechts-Krümmung), wenn gilt:

1. $f''(x_W) = 0$ und

2. es gibt eine Umgebung von x_W, in der gilt:
$t''(x) < 0$ für alle $x < x_W$ und $f''(x) > 0$ für alle $x > x_W$
($f''(x) > 0 < 0$ für alle $x < x_W$ und $t''(x)$ für alle $x > x_W$)

Beispiel für die Bestimmung eines Wendepunktes mithilfe des Vorzeichenkriteriums

Gegeben ist die Funktion f mit $f(x) = x^5 + 1$.
Es soll der Wendepunkt untersucht werden.

Ableitungen der Funktion:
$f'(x) = 5x^4$; $f''(x) = 20x^3$; $f'''(x) = 60x^2$

Es muss gelten, dass $f''(x) = 0$ ist:
Bei $x = 0$ hat die Funktion eine Wendestelle.
Die hinreichende Bedingung wird aber nicht erfüllt, denn $f'''(0) = 0$. Es gilt aber:
$f''(x) < 0$ für alle $x < 0$ und $f''(x) > 0$ für alle $x > 0$

Die Stelle ist deshalb eine Wendestelle, an der der Graph von f von einer Rechts- in eine Linkskrümmung übergeht.

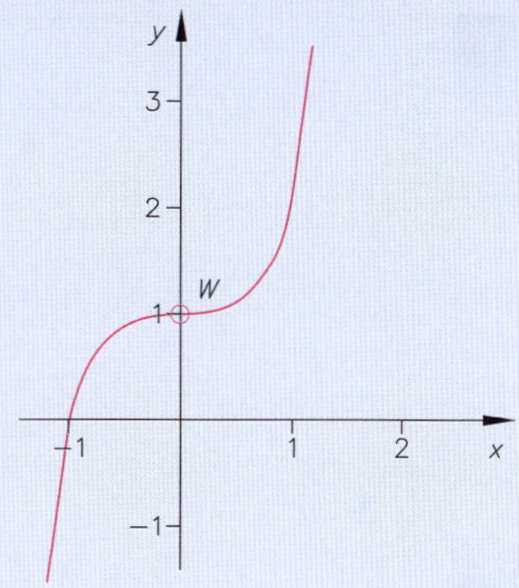

Abb. 8.29

Es soll die Bedeutung der Ableitungen für das Verhalten des Graphen von f auf dem offenen Intervall I für $x \in I$ in einer Übersicht dargestellt werden:

Schematische Übersicht:

Verhalten des Graphen von $y = f(x)$		**Verhalten der Funktion $x \mapsto y$ $y = f(x)$**	**Notwendige Bedingung**	**Hinreichende Bedingung**
Steigung der Tangente	Kurve steigt	Funktionswerte steigen	$f'(x) \geq 0$	$f'(x) > 0$
	Kurve fällt	Funktionswerte fallen	$f'(x) \leq 0$	$f'(x) < 0$
Extrempunkte	Hochpunkt		$f'(x_E) = 0$	$f'(x_E) = 0 \wedge f''(x_E) < 0$
	Tiefpunkt			$f'(x_E) = 0 \wedge f''(x_E) > 0$
Krümmung	Rechtskrümmung		$f''(x) \leq 0$	$f''(x) < 0$
	Linkskrümmung		$f''(x) \geq 0$	$f''(x) > 0$
Wendepunkte	Links-Rechts-Kombination (L – R)		$f''(x_W) = 0$	$f''(x_W) = 0 \wedge f'''(x_W) < 0$
	Rechts-Links-Kombination (R – L)			$f''(x_W) = 0 \wedge f'''(x_W) > 0$

8.2.2.4 Diskussion des Graphen einer ganzrationalen Funktion

Soll der Verlauf des Graphen einer ganzrationalen Funktion möglichst genau bestimmt werden, müssen folgende Eigenschaften bekannt sein:

a) Symmetrieverhalten (symmetrisch zur y-Achse oder zum Ursprung)

b) Schnittpunkte mit den Achsen

c) Extrempunkte und

d) Wendepunkte

Beispiel für eine Kurvendiskussion

Gegeben ist die Funktion f mit $f(x) = 0{,}25x^3 - 3x^2 + 9x$. Diskutieren Sie den Graphen.

Lösung:

Für die Extrem- und Wendepunktberechnung werden die ersten drei Ableitungen der Funktion benötigt.

1. Ableitung: $f'(x) = 0{,}75x^2 - 6x + 9$
2. Ableitung: $f''(x) = 1{,}5x - 6$
3. Ableitung: $f'''(x) = 1{,}5$

a) Symmetrieverhalten:

Da der Term von f ganzrational ist und die x-Potenzen sowohl gerade wie auch ungerade Exponenten haben, kann der Graph weder symmetrisch zur y-Achse noch symmetrisch zum Ursprung sein.

b) Schnittpunkte mit den Achsen:

Wegen $f(0) = 0$ ist der Punkt $\boldsymbol{S(0|0)}$ der Schnittpunkt mit der y-Achse (und der x-Achse).
Berechnung der Schnittpunkte mit der x-Achse:

$$f(x) = 0\colon \frac{1}{4}x^3 - 3x^2 + 9x = 0$$

$$x \cdot \left(\frac{1}{4}x^2 - 3x + 9\right) = 0 \Leftrightarrow x_{01} = 0 \vee \frac{1}{4}x^2 - 3x + 9 = 0$$

$$x^2 - 12x + 36 = 0$$

$$(x - 6)^2 = 0 \Leftrightarrow x_{02} = 6 \text{ } (x_{02} \text{ ist eine doppelte Nullstelle})$$

Schnittpunkte mit der x-Achse sind somit: $\boldsymbol{S(0|0)}$ und $\boldsymbol{P(6|0)}$

c) Extrempunkte:

Hinreichende Bedingung: $f'(x) = 0 \wedge f''(x_E) \neq 0$

$$x^2 - 8x + 12 = 0$$

$$(x - 4)^2 = 4 \Leftrightarrow x_{E_1} = 6 \vee x_{E_2} = 2$$

$f''(6) = 3 > 0 \quad \Rightarrow$ lokale Minimalstelle und $TP(6|0)$ der Tiefpunkt.

$f''(2) = -3 < 0 \Rightarrow$ lokale Maximalstelle und $HP(2|8)$ der Hochpunkt.

d) Wendepunkte:

Hinreichende Bedingung: $f''(x) = 0 \wedge f'''(x_W) \neq 0$

$1{,}5x - 6 = 0 \quad \Leftrightarrow x_W = 4$

$f'''(4) = 1{,}5 > 0 \Rightarrow$ Wendestelle, an der der Graph von f von einer Rechts- in eine Linkskrümmung übergeht. Mit $f(4) = 4$ ist der Wendepunkt: $W(4|4)$.

Graph der Funktion:

$x \mapsto 0{,}25x^3 - 3x^2 + 9x$.

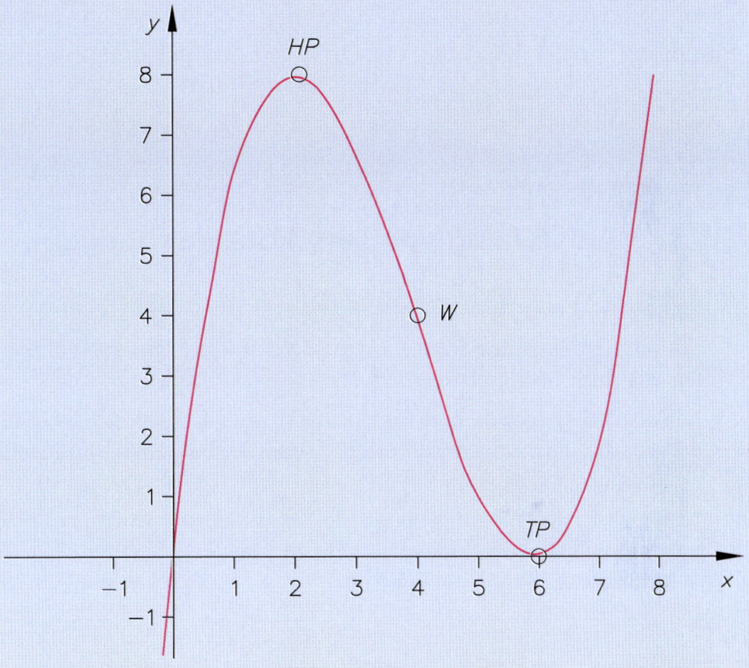

Abb. 8.30

AUFGABEN

1 Untersuchen Sie folgende Funktionen auf Nullstellen, Extrem- und Wendestellen. Zeichnen Sie den Graphen der Funktion.

a) $f(x) = -x^3 + x^2$

b) $f(x) = x^3 - 3x + 2$

c) $f(x) = -0{,}375x^3 + 0{,}5x$

d) $f(x) = -x^2 + 4x + 5$

e) $f(x) = 0{,}5x(x - 2)^3$

f) $f(x) = \frac{1}{3}x^3 - 2x^2 + 3x$

2 Errechnen Sie die Koordinaten der Extrem- und Wendepunkte des Graphen von f und bestimmen Sie die Krümmungsintervalle des Graphen.

a) $f(x) = x^3 + 6x^2 + 9x + 7$

b) $f(x) = 4x^3 - 6x^2 - 9x$

c) $f(x) = -x^3 + 6x^2 + 2$

d) $f(x) = -\frac{1}{6}x^3 + x^2$

3 Gegeben sei die Funktion f mit $f(x) = -0{,}25x^4 + x^3$.
Bestimmen Sie die Gleichungen der Tangenten in den Wendepunkten.

4 Untersuchen Sie mithilfe des Vorzeichenkriteriums den Graphen von f mit $f(x) = 3x^5 - 4x$ auf Wendepunkte.

5 Gegeben sei die Funktion f. Wie muss a gewählt werden, damit der Graph von f zwei Wendepunkte hat?

a) $f(x) = ax^4 + 4x^2 + 5$ b) $f(x) = ax^4 - 3x^3 + 6x^2$

6 Bestimmen Sie die Gleichung der Ortskurve, auf der die Wendepunkte der Graphen der Funktionenschar f_a mit $f_a(x) = x^3 - \frac{6}{a}x^2 + \frac{9}{a^2}x$ $(a > 0)$ liegen.

8.2.3 Aufstellung von Funktionsgleichungen

Es soll die Gleichung einer ganzrationalen Funktion aus vorgegebenen Eigenschaften wie folgt bestimmt werden:

1. Aus den vorgegebenen Eigenschaften der Funktion bzw. ihres Graphen werden lineare Gleichungen aufgestellt, deren Unbekannte. die Koeffizienten des Funktionsterms sind.
2. Es wird die Lösungsmenge des aufgestellten linearen Gleichungssystems bestimmt. Die Lösungsmenge besteht aus den gesuchten Koeffizienten des Funktionsterms.

Beispiel für das Aufstellen einer Funktionsgleichung

Von einer ganzrationalen Funktion 3. Grades sind folgende Eigenschaften bekannt: Der Graph der Funktion (vgl. Abb. 8.31) verläuft durch die Punkte $P(0|2)$ und $Q(6|-16)$, hat bei $x = 0$ eine Extrem- und bei $x = 3$ eine Wendestelle. Bestimmen Sie die Gleichung der Funktion.

Lösung:

Wegen der angegebenen Eigenschaften gilt folgendes:

(1) $P(0|2)$ liegt auf dem Graphen von f $\Rightarrow f(0) = 2$

(2) $Q(6|-16)$ liegt auf dem Graphen von f $\Rightarrow f(6) = -16$

(3) $x = 0$ ist Extremstelle von f $\Rightarrow f'(0) = 0$

(4) $x = 3$ ist Wendestelle von f $\Rightarrow f''(3) = 0$

Die allgemeine Form der Gleichung der ganzrationalen Funktion 3. Grades lautet:

$f(x) = a_3x^3 + a_2x^2 + a_1x + a_0$

$f'(x) = 3a_3x^2 + 2a_2x + a_1$ 1. Ableitung

$f''(x) = 6a_3x + 2a_2$ 2. Ableitung

Somit erhalten wir folgendes Gleichungssystem:

(1) $a_3 0^3 + a_2 0^2 + a_1 0 + a_0 = 2$ und damit $a_0 = 2$
(2) $a_3 6^3 + a_2 6^2 + a_1 6 + a_0 = -16$
(3) $3a_3 0^2 + 2a_2 0 + a_1 = 0$ und damit $a_1 = 0$
(4) $6a_3 3 + 2a_2 = 0$

Das nachstehende lineare Gleichungssystem ist zu lösen:

aus (2): $216a_3 + 36a_2 + 2 = -16$
aus (4): $18a_3 + 2a_2 = 0$

Als Lösung erhalten wir $a_3 = \frac{1}{6}$ und $a_2 = -\frac{3}{2}$.

Die Gleichung der gesuchten Funktion lautet somit:

$$f(x) = \frac{1}{6}x^3 - \frac{3}{2}x^2 + 2.$$

Der Graph der Funktion f mit den angegebenen Eigenschaften.

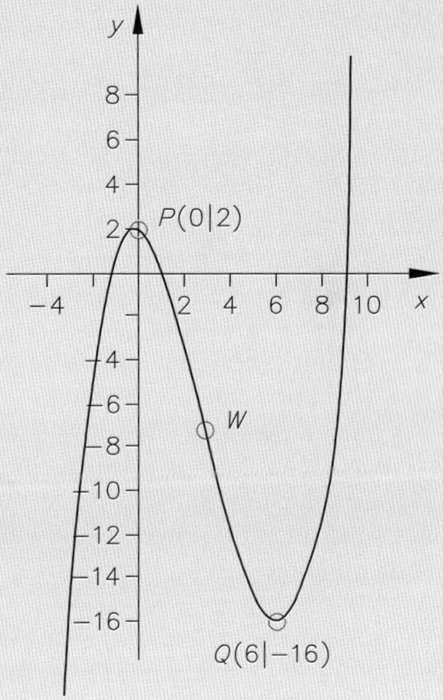

Abb. 8.31

AUFGABEN

1 Der Graph einer ganzrationalen Funktion 3. Grades hat in $W(-1|-2)$ einen Wendepunkt und in $H(-2|0)$ ein Maximum.
Bestimmen Sie die Gleichung der Funktion.

2 Eine Parabel 4. Ordnung verläuft durch den Punkt $P(-1|11)$ und hat an der Stelle $x = 0$ einen Wendepunkt mit waagerechter Tangente. $W(1|-1)$ ist ein weiterer Wendepunkt.
Stellen Sie die Gleichung der Funktion auf.

3 Eine Parabel 3. Ordnung hat in $P(1|9)$ eine zur x-Achse parallele Tangente und in $W(3|1)$ einen Wendepunkt. Bestimmen Sie die Funktionsgleichung.

4 Eine zur y-Achse symmetrische Parabel 4. Ordnung verläuft durch den Punkt $P(0|4)$ und hat in $T(4|0)$ einen Tiefpunkt. Wie lautet die Funktionsgleichung?

5 Eine zur y-Achse symmetrische Parabel 4. Ordnung hat in $W(2|0)$ einen Wendepunkt mit der Steigung -2.
Bestimmen Sie die Gleichung der Parabel.

6 Eine zum Ursprung symmetrische Parabel 3. Ordnung hat ihren Extrempunkt in $E(-1|4)$.
Stellen Sie die Gleichung der Funktion auf.

7 Eine Parabel 4. Ordnung ist symmetrisch zur y-Achse und hat in $W(1|2)$ einen Wendepunkt, dessen Wendetangente durch den Ursprung verläuft.
Bestimmen Sie die Gleichung der Funktion.

8 Der Graph einer ganzrationalen Funktion 3. Grades hat im Ursprung und im Punkt $P(-4|4)$ horizontale Tangenten.
Bestimmen Sie die Funktionsgleichung.

9 Der Graph einer ganzrationalen Funktion 4. Grades hat in $W(0|-3)$ einen Wendepunkt mit waagerechter Tangente und berührt die x-Achse in $T(3|0)$.
Stellen Sie die Funktionsgleichung auf.

10 Der Graph einer ganzrationalen Funktion 3. Grades wird im Punkt $P(3|6)$ von der Geraden g mit $g(x) = 11x - 27$ berührt. Der Wendepunkt des Graphen liegt bei $W(1|0)$.
Bestimmen Sie die Funktionsgleichung.

11 Der Graph einer ganzrationalen Funktion 4. Grades berührt die x-Achse bei $T(2|0)$ und hat im Ursprung einen Wendepunkt. Die Wendetangente ist parallel zur Geraden $y = x$.
Bestimmen Sie die Gleichung der Funktion f.

8.2.4 Das Newton-Verfahren zur Bestimmung von Nullstellen

Im Kapitel 3.3 haben wir gesehen, dass die Berechnung von Nullstellen ganzrationaler Funktionen, deren Grad $n \geq 3$ ist, schwierig sein kann (vgl. 3.3.5).

Beispiel einer ganzrationalen Funktion 3. Grades

$f(x) = 0{,}04x^3 - 0{,}25x - 1$ ist die Funktionsgleichung einer ganzrationalen Funktion 3. Grades.

Sollen die Nullstellen ermittelt werden, muss das Polynom den Wert 0 annehmen (vgl. 3.3.5).

$0{,}04x^3 - 0{,}25x - 1 = 0$ ist ihre Bestimmungsgleichung, die durch keine entsprechende Umformung gelöst werden kann. Wir können die Nullstellen nur mithilfe eines Näherungsverfahrens ermitteln.

Das hier vorgestellte **Näherungsverfahren** von Newton hat den Vorteil, dass die Nullstellen mit ausreichender Genauigkeit und wenigen Näherungsschritten bestimmt werden können. Grundsätzlich gilt auch hier, wie bei anderen Näherungsverfahren, daß der Näherungswert in etwa bekannt sein muss. Der geschätzte oder graphisch ermittelte Wert x_1 ist **Startwert** für das Näherungsverfahren.

1. Näherungsschritt:

   Zum Startwert x_1 gehört der Punkt P_1, dessen Tangente die x-Achse im Punkt Q schneidet.

   Mit $P_1(x_1 | f(x_1))$ und $Q(x_2 | 0)$ wird der Steigungswert der Tangente $t(x)$ ermittelt:

   $$m_t = \frac{\Delta y}{\Delta x} \Leftrightarrow m_t = \frac{f(x_1) - 0}{x_1 - x_2}$$

   Die Steigung der Tangente ist aber auch die Ableitung der Funktion f an der Stelle x_1 (vgl. 8.1.2).

   Also ist: $f'(x_1) = m_t$

   $$f'(x_1) = \frac{f(x_1)}{x_1 - x_2} \Leftrightarrow x_2 = x_1 - \frac{f(x_1)}{f'(x_1)}$$

2. Näherungsschritt:

   x_2 und $f(x_2)$ sind die Koordinaten von P_2. Wie im ersten Näherungsschritt wird x_3 ermittelt, usw.

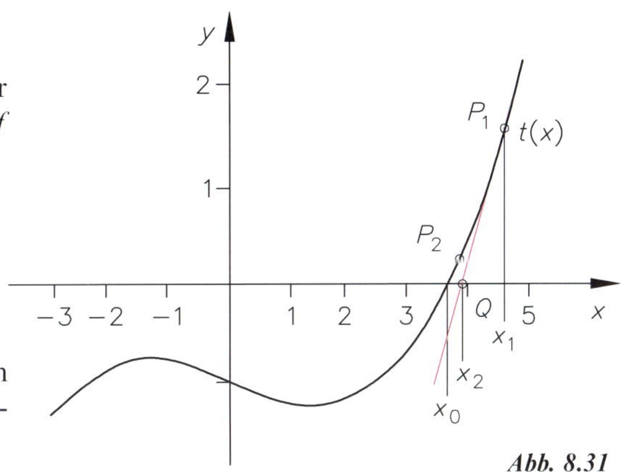

Abb. 8.31

Die Näherungsschritte für das Newton-Verfahren lauten:

$$\mathbf{x_{n+1} = x_n - \frac{f(x_n)}{f'(x_n)}} \quad n \in \mathbb{N};\ f'(x) \text{ existiert und } f'(x) \neq 0$$

Achtung: Nicht jeder Startwert führt dazu, dass die Näherungswerte gegen x_0 konvergieren (vgl. Abb. 8.31). Ist hier der Startwert $x_1 = 1$, so schneidet die Tangente die x-Achse weit entfernt von x_0.

Beispiel für die Bestimmung einer Nullstelle

$f(x) = 0{,}04x^3 - 0{,}25x - 1$ Für die Funktionsgleichung sollen die Nullstellen ermittelt werden.

$x_1 = 3{,}5$ ist der Startwert. Er wird aus dem Diagramm (Abb. 8.31) entnommen.

$x_{n+1} = x_n - \frac{f(x_n)}{f'(x_n)}$ $f(x) = 0{,}04x^3 - 0{,}25x - 1$ Gleichung der Funktion

$f'(x) = 0{,}12x^2 - 0{,}25$ Gleichung der Ableitungsfunktion

Von Vorteil wird es sein, sich für die n Schritte eine Tabelle anzulegen:

n	x_n	$f(x_n)$	$f'(x_n)$	$\frac{f(x_n)}{f'(x_n)}$	x_{n+1}
1	3,5	−0,16	1,22	**−0,13115**	3,63115
2	3,63115	0,00732	1,33223	0,00549	3,62566
3	3,62566	0,00002	1,32745	0,00002	3,62564
4	3,62564	−0,00001	1,32743	−0,000004	

$x_0 = 3{,}62565 \pm 0{,}000004$ ist die Nullstelle. Sie kann beliebig genau bestimmt werden.

AUFGABEN

1 Ermitteln Sie mithilfe des Newton-Verfahrens die Nullstellen der Funktion.

a) $f(x) = 3x^3 + 2x - 8$

b) $f(x) = x^4 - 3x - 2$

c) $f(x) = x^2 + \sqrt{x} - 1$

d) $f(x) = \sqrt{x} - \frac{1}{x+2}$

2 Errechnen Sie die Schnittpunkte der Funktionen f und h.

a) $f(x) = x^3 - 4x + 10$ und $h(x) = 3x + 6$

b) $f(x) = x^2 - 2$ und $h(x) = \sqrt[3]{x^2}$

c) $f(x) = \frac{1}{2}x^2 - 3$ und $h(x) = \frac{2}{x+1}$

d) $f(x) = \sqrt{x+2}$ und $h(x) = -x^3 + 4$

3 Eine zylindrische Dose hat ein Volumen von 2 dm³. Die Oberfläche misst 10 dm². Welche Abmessungen müssen der Radius und die Höhe der Dose haben?

4 Die Abbildung zeigt die Magnetisierungskennlinie eines Eisenwerkstoffes.

Mit $x = \frac{H}{\text{A/cm}}$ und $y = \frac{B}{\text{T}}$ sei für die Kennlinie folgende Näherungsgleichung gegeben:

$$f(x) = \frac{1}{1000}x^2(x - 12)^2.$$

Für welchen x-Wert (bis auf vier Dezimalen genau) ist $y = 1{,}1$?

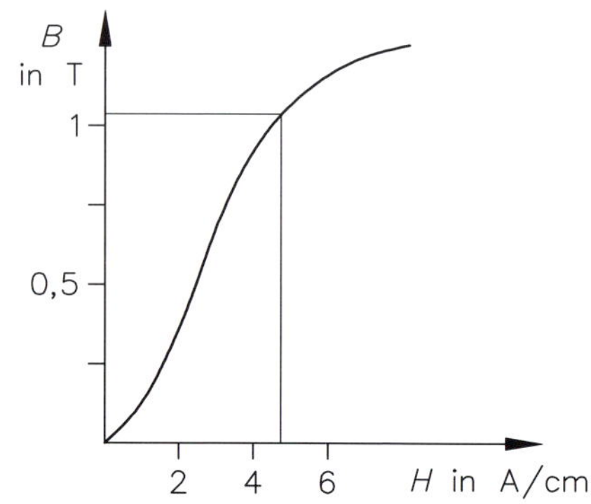

5 Eine Hohlkugel aus Stahl ($\rho = 7{,}8\ \text{kg/dm}^3$) hat eine Wanddicke von $d = 5$ cm.
Welchen Durchmesser muss sie haben, wenn sie in Wasser ($\rho = 1\ \text{kg/dm}^3$) schweben soll?

6 Eine Hohlkugel mit einem Durchmesser von $D = 20$ cm soll im Wasser schweben.
Wie dick muss dann das Eisenblech sein ($\rho = 7{,}6\ \text{kg/dm}^3$)?

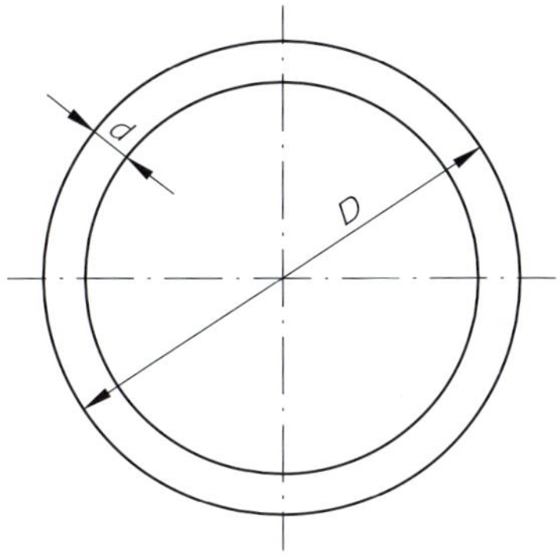

8.2.5 Extremwertaufgaben mit Nebenbedingungen

Mithilfe der Differenzialrechnung können wir auf rein rechnerischem Wege (analytisch) feststellen, wo eine Funktion größte und kleinste Werte hat.
Können Abhängigkeiten in der Technik, in der Physik, in der Wirtschaft usw. durch Funktionsgleichungen beschrieben werden, so dürfen diese Funktionen **nur eine unabhängige Veränderliche** aufweisen. Oft lassen sich, um diese Vorgabe zu erfüllen, **Nebenbedingungen** (vorgegebene Bedingungen) finden.

Beispiel für eine Extremwertaufgabe mit Nebenbedingungen

In einem Industriebetrieb sollen Blechwannen hergestellt werden. Dabei soll aus einem quadratischen Blech mit der Seitenlänge $b = 60$ cm (vgl. Abb. 8.32) ein Kasten ohne Deckel (vgl. Abb. 8.34) gefertigt werden, indem aus den vier Ecken des Bleches gleichgroße Quadrate der Seitenlänge x ausgeschnitten und die vorstehenden Rechtecke aufgefaltet werden (vgl. 8.33).
Wie lang muss die Seite des ausgeschnittenen Quadrates sein, damit die Wanne ein maximales Füllvolumen hat?

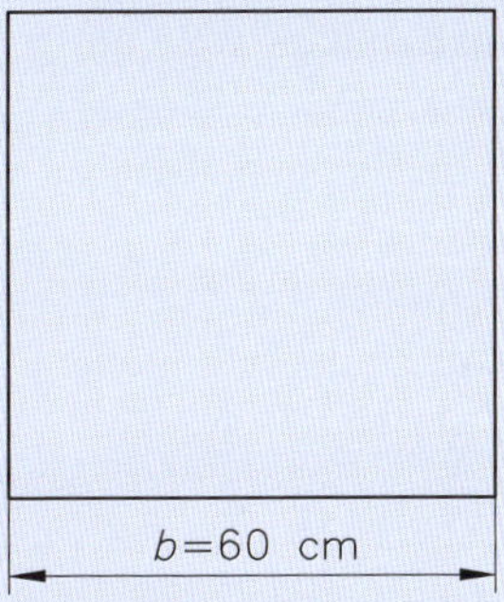

Abb. 8.32

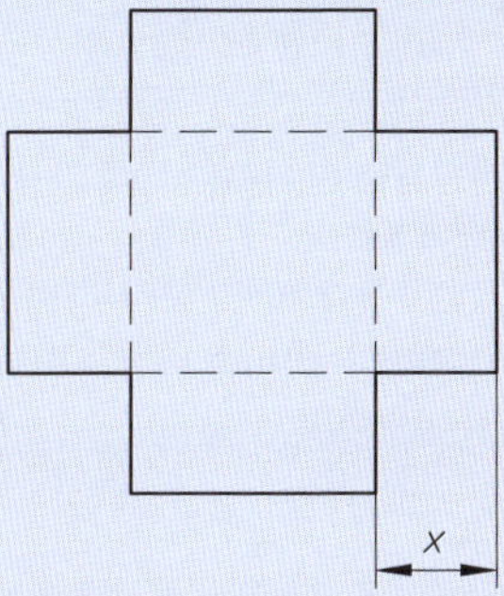

Abb. 8.33

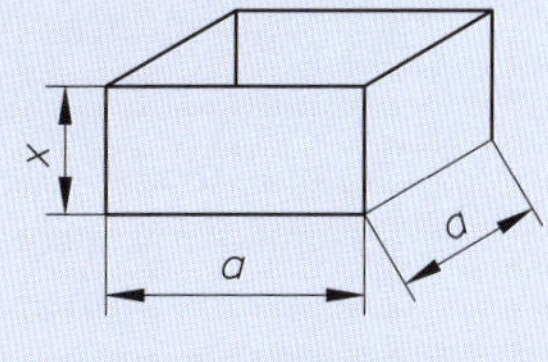

Abb. 8.34

Lösung:

Hauptbedingung:

$\boldsymbol{V = a^2 \cdot x}$ Das Volumen V ist von den Kantenlängen a und x abhängig. Wenn das Volumen die Funktion von nur einer Variablen abhängig sein soll, müssen wir eine Variable mithilfe einer Nebenbedingung ersetzen.

Nebenbedingung:

$\boldsymbol{b = a + 2x}$ Die Gleichung kann nach a, aber auch nach x umgestellt werden.

$a = b - 2x \Rightarrow V(x) = (b - 2x)^2 \cdot x \Leftrightarrow V(x) = 4x^3 - 4b \cdot x^2 + b^2 \cdot x$

$x = \dfrac{b-a}{2} \Rightarrow V(a) = a^2 \cdot \dfrac{b-a}{2} \Leftrightarrow V(a) = \dfrac{1}{2} \cdot (b \cdot a^2 - a^3)$

Wir wählen die Funktionsgleichung des Volumens mit der unabhängigen Größe x und setzen für b 60 ein:

$V(x) = 4x^3 - 240 \cdot x^2 + 3600 \cdot x$

Für den Definitionsbereich gilt: $D_V = \{\boldsymbol{x} \in \mathbb{R} \,|\, \boldsymbol{0 < x < 30}\}$

Soll V ein Maximum sein, muss die hinreichende Bedingung gelten:

$V'(x) = 0 \wedge V''(x_E) \neq 0$
$V'(x) = 12x^2 - 480 \cdot x + 3600$
$12x^2 - 480 \cdot x + 3600 = 0 \Leftrightarrow x^2 - 40 \cdot x + 300 = 0$
$x_{E_1} = 10 \wedge x_{E_2} = 30 \quad x_{E_2} \notin D_V$
$V''(x) = 24x - 480$
$V''(10) = -240 \quad \Rightarrow x_{E_1} = 10$ ist demnach Maximalstelle und $V = 16000$.

Die Seitenlänge der ausgeschnittenen Quadrate muss also 10 cm betragen, damit das Volumen der Wanne maximal wird.

Vorgehensweise zur Lösung von Extremwertaufgaben mit Nebenbedingungen:

1. Es wird die Gleichung der Funktion aufgestellt, die einen extremalen Wert annehmen soll. (**Hauptbedingung**)
2. Aufstellen der Gleichung, die die gegenseitige Abhängigkeit der bei den Variablen ausdrückt. (**Nebenbedingung**)
   Diese Gleichung wird nach einer Variablen umgestellt.
3. Mithilfe dieser Nebenbedingung (Einsetzverfahren) wird die Hauptbedingung auf eine Funktionsgleichung mit einer Variablen zurückgeführt und das gesuchte Extremum bestimmt.

AUFGABEN

1 Ein Rechteck hat einen Umfang von 60 cm. Bestimmen Sie die Rechteckseiten so, dass der Flächeninhalt des Rechtecks maximal wird.

2 Aus einem 120 cm langen Draht ist ein Kantenmodell eines Quaders herzustellen, so dass der Rauminhalt maximal wird. Wie lang sind jeweils die Kanten, wenn

a) die Grundfläche quadratisch ist,

b) der Quader dreimal so lang wie breit ist?

3 Dem oberhalb der x-Achse liegenden Abschnitt der Parabel mit der Gleichung $y = -0{,}25x^2 + 6$ ist ein Rechteck mit maximalem Inhalt einzuschreiben.
Berechnen Sie den Flächeninhalt des Rechtecks.

4 Einer Kugel mit dem Halbmesser 8 cm ist ein Zylinder mit größtem Volumen einzuschreiben. Berechnen Sie das Volumen des Zylinders.

5 Von einem Kegel ist die Mantellinie s bekannt. Das Volumen des Kegels ist von seiner Höhe h abhängig.

a) Bestimmen Sie die Funktionsgleichung $V = f(h)$ und geben Sie den Definitionsbereich an.

b) Zeichnen Sie den Graphen der Funktion, wenn $s = 2$ m ist.

c) Für welche Höhe h wird das Volumen maximal?

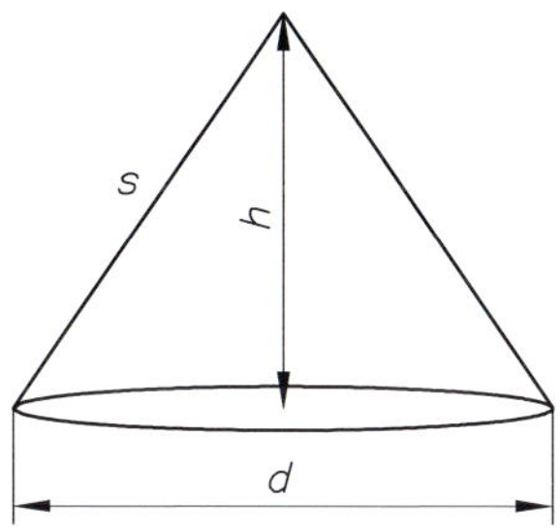

6 Aus einer rechteckigen Pappe soll ein nach oben offenes Kästchen gefertigt werden. Dazu werden an den Ecken Quadrate mit der Kantenlänge x herausgeschnitten.

a) Geben Sie die Funktion an, die das Volumen des Kästchens in Abhängigkeit des Maßes x angibt $V = f(x)$.

b) Bestimmen Sie den Definitionsbereich und zeichnen Sie den Graphen, wenn $a = 20$ cm und $b = 12$ cm sind.

c) Für welchen x-Wert wird das Volumen maximal?

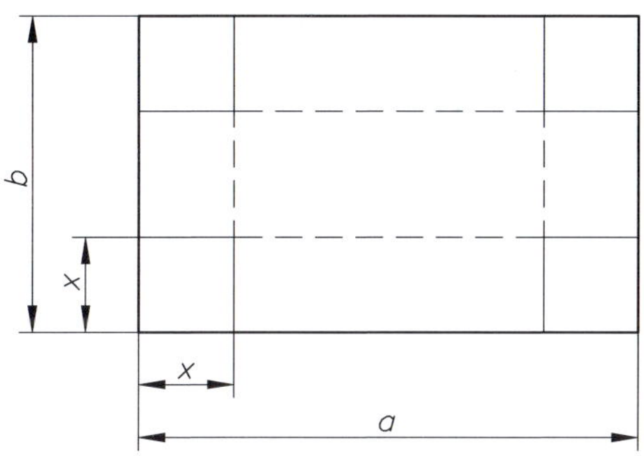

7 Eine Strecke a soll so aufgeteilt werden, dass ein gleichschenkliges Dreieck entsteht. Der Flächeninhalt des Dreiecks ist abhängig von der Grundseite x.

a) Bestimmen Sie die Funktionsgleichung für $A = f(x)$. Wie lautet der Definitionsbereich?

b) Zeichnen Sie den Graphen der Funktion, wenn $a = 2$ m beträgt.

c) Für welchen x-Wert wird der Flächeninhalt ein Maximum?

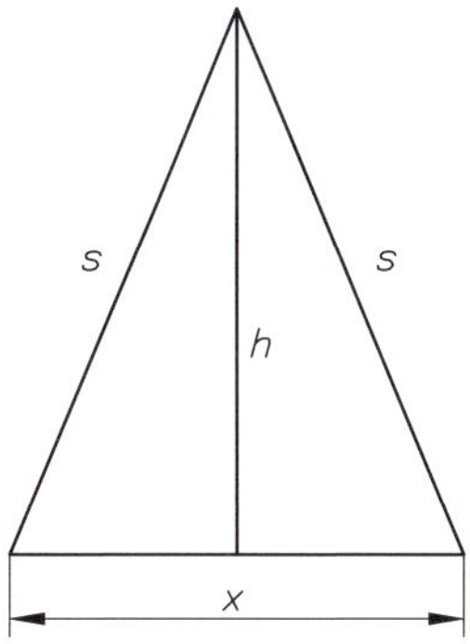

8 Aus 4 Stäben s soll ein pyramidenförmiges Zelt mit quadratischer Grundfläche errichtet werden. Der Rauminhalt V des Zeltes ist von der Höhe h abhängig.

a) Geben Sie die Funktionsgleichung an, die den Zusammenhang zwischen V und h angibt.

b) Ein Stab soll die Länge von 5 m haben. Zeichnen Sie den Graphen der Funktion.

c) Welche Höhe muss das Zelt haben, damit der Rauminhalt größtmöglich ist?

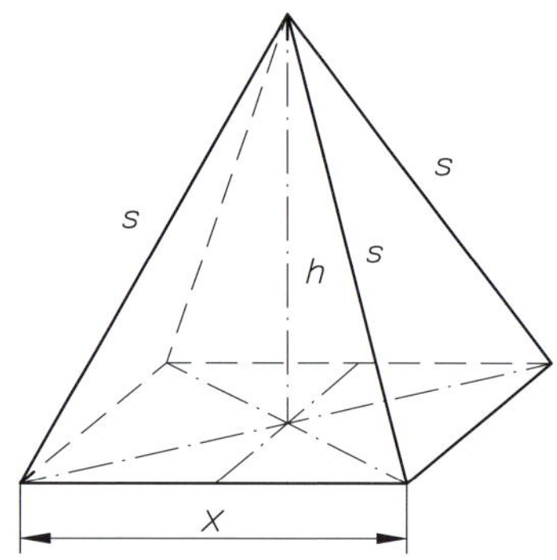

9 Von einem gleichschenkligen Dreieck ist die Schenkellänge s gegeben. Der Flächenwert des Dreiecks ist davon abhängig, wie lang die Grundseite x wird.

a) Geben Sie die Funktionsgleichung an, die den Zusammenhang zwischen der Fläche A und der Seite x beschreibt. Geben Sie den Definitionsbereich an.

b) Zeichnen Sie den Graphen für $s = 20$ cm.

c) Für welches x wird die Fläche maximal?

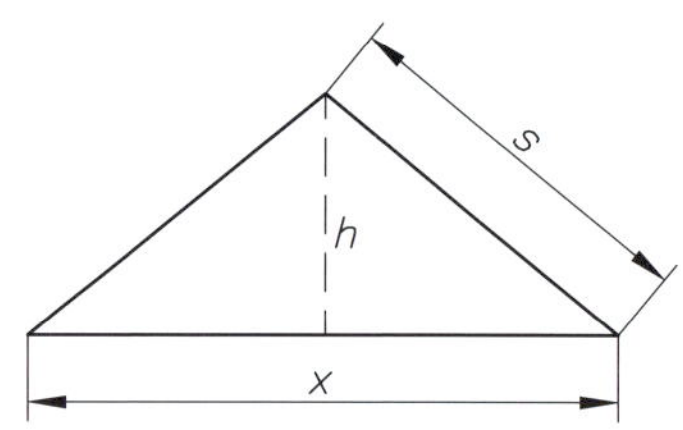

10 Aus einem Kreis mit dem Durchmesser d kann ein Rechteck ausgeschnitten werden. Die Größe der Fläche wird dabei von der Länge der Seite x bestimmt.

a) Stellen Sie die Funktionsgleichung $A = f(x)$ auf und geben Sie den Definitionsbereich an.

b) Zeichnen Sie den Graphen der Funktion, wenn der Durchmesser des Kreises $d = 16$ cm beträgt.

c) Für welche Länge x wird der Flächenwert am größten?

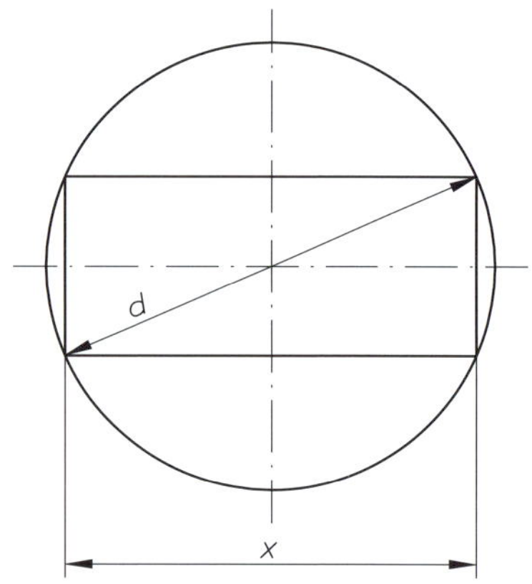

11 Ein oben offener zylindrischer Behälter soll aus Zinkblech hergestellt werden und ein Volumen von 360 Liter aufweisen.
Welche Abmessungen muss der Behälter haben, wenn der Materialverbrauch minimal sein soll?

12 Auf einem Sportplatz soll eine 400 m lange Laufbahn aus zwei parallelen geraden Laufstrecken und zwei angesetzten Halbkreisen so eingerichtet werden, dass ein rechteckiges Spielfeld mit maximalem Flächeninhalt im Innern der Laufbahn entsteht.
Wie lang sind die Seiten der Laufbahn zu wählen?

13 Welches Rechteck mit maximalem Inhalt lässt sich oberhalb der x-Achse dem Graphen der Funktion f mit $f(x) = -0{,}1x^4 - 0{,}8x^2 + 15{,}3$ einbeschreiben?

14 Auf einer Wiese soll ein rechteckiges Feld für Weidetiere eingezäunt werden. Das Feld liegt mit einer Seite an einem geraden Bach und soll eine Fläche von 5 000 m^2 haben. Die Seite zum Bach soll nicht eingezäunt werden.
Welche Maße (Länge, Breite) muss das Feld haben, damit möglichst wenig Zaun benötigt wird?

15 Eine Dose ist zylinderförmig mit einem Deckel in Form einer Halbkugel. Die Oberfläche der Dose (Boden, Wand, Deckel) beträgt 2 000 cm^2.
Wie sind die Maße der Dose und des Deckels zu wählen, damit das Volumen der Dose maximal wird?

16 Der innere Querschnitt eines Entwässerungskanals soll die Form eines Rechtecks mit aufgesetztem Halbkreis haben. Der Umfang des Querschnitts soll 2 m betragen.
Wie sind die Maße des Rechtecks zu wählen, damit die Querschnittsfläche maximal wird?

17 Durch die Graphen der Funktion f und g mit $f(x) = -\frac{1}{3}x^2 + 12$ und $g(x) = \frac{1}{6}x^2 - 2$ wird eine Fläche umfasst, in die ein Rechteck mit maximalem Inhalt einbeschrieben werden soll. Die Seiten des Rechtecks sollen parallel zu den Achsen sein.
Bestimmen Sie die Eckpunkte des Rechtecks und die Maßzahl seines Flächeninhalts.

18 Beim Konsum zweier Güter G1 und G2 treten verschiedene Mengenkombinationen auf, die für den Konsumenten gleichwertig sind. Bei einem gegebenen Nutzen sollen die gleichwertigen Kombinationen durch die Gleichung $20 = x \cdot y$ bestimmt sein, wobei mit x die Anzahl der ME (Mengeneinheiten) von G1 bezeichnet werden soll, y gibt die Anzahl der ME von G2 an. Eine ME von G1 kostet 5 GE, eine ME von G2 kostet 4 GE.
Berechnen Sie unter Beachtung des gegebenen Nutzens die kostengünstigste Mengenkombination für den Konsumenten.

8.2.6 Anwendung der Differenzialrechnung auf ökonomische Funktionen

8.2.6.1 Preisabsatzfunktionen und Erlösfunktionen

Definition

1. Eine Preisabsatzfunktion p ordnet jeder nachgefragten Menge x einen Nachfragepreis $p(x)$ zu.
2. Eine Erlösfunktion E ordnet jeder Absatzmenge x einen Erlös $E(x)$ zu: $E(x) = x \cdot p(x)$.

Beispiel

Zwischen der Nachfrage in ME (Mengeneinheiten) und dem Preis in GE (Geldeinheiten) einer Ware besteht ein linearer Zusammenhang, der durch die Gleichung der Preisabsatzfunktion p eines Monopolanbieters mit $p(x) = -0{,}3x + 4{,}2$ ausgedrückt wird (vgl. Abb. 8.35).

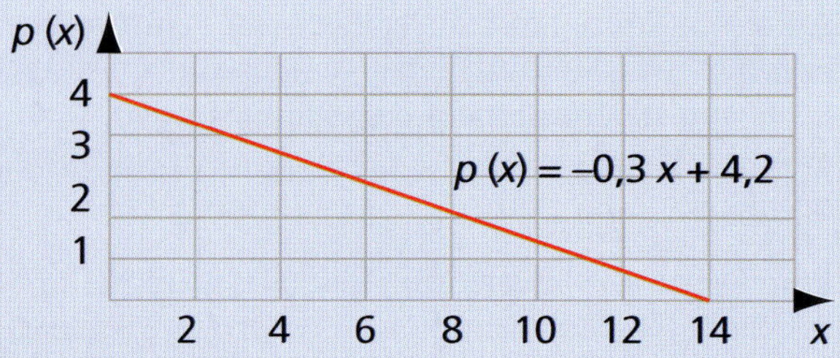

Abb. 8.35

So steht etwa einem Preis von 1,2 Geldeinheiten (GE) je Mengeneinheit eine Nachfrage von 10 Mengeneinheiten (ME) gegenüber. Der Erlös beim Verkauf der 10 ME beträgt demnach $10 \cdot 1{,}2$ GE = 12 GE. Auf diese Weise lässt sich für jede Absatzmenge x und dem zugehörigen Preis $p(x)$ der Erlös $E(x)$ durch $E(x) = x \cdot p(x)$ berechnen. In dem vorliegenden Beispiel wird der von der Absatzmenge x abhängige Erlös $E(x)$ durch die Gleichung $E(x) = x(-0{,}3x + 4{,}2)$ und damit $E(x) = -0{,}3x^2 + 4{,}2x$ bestimmt (vgl. Abb. 8.36).

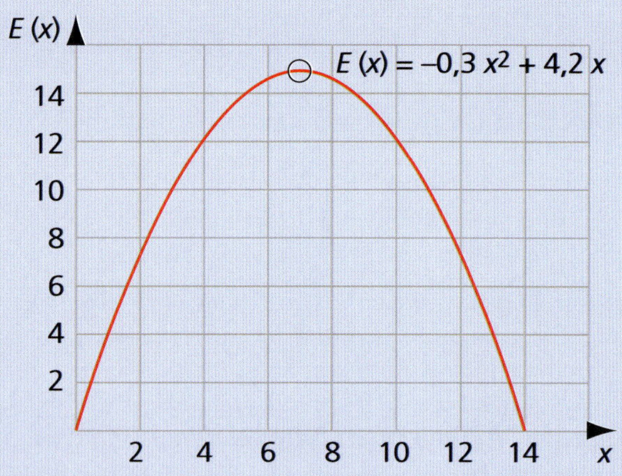

Abb. 8.36

Da weder negative Mengeneinheiten abgesetzt werden, noch negative Erlöse erzielt werden sollen, liegt die Kapazitätsgrenze für die Ausbringungsmenge bei 14 ME ($x_{max} = 14$). Der ökonomische Definitionsbereich $D_{ök}$ ist daher $D_{ök} = [0; 14]$.

Die erlösmaximale Absatzmenge und das Erlösmaximum lassen sich jetzt mithilfe von E' und E'' bestimmen:

$E'(x) = -0{,}6x + 4{,}2;\ E'(x) = 0 \Leftrightarrow x = 7$
$E''(x) = -0{,}6;\ E''(7) = -0{,}6$

Wegen $E'(7) = 0$ und $E''(7) < 0$ ist 7 die Maximalstelle der Funktion E; die erlösmaximale Absatzmenge beträgt 7 ME.
Mit $E(7) = 14{,}7$ liegt das Erlösmaximum bei 14,7 GE.

8.2.6.2 Kostenfunktionen

Wir unterscheiden folgende Kostenarten:

1. Die Gesamtkosten K,
2. die von der Ausbringungsmenge x unabhängigen Fixkosten K_f,
3. die nur von der Ausbringungsmenge x abhängigen variablen Kosten K_v,
4. die Stückkosten k,
5. die variablen Stückkosten k_v,
6. die Grenzkosten K', die durch die Herstellung einer zusätzlichen, beliebig kleinen Ausbringungsmengeneinheit verursacht werden.

Beispiel für eine Kostenfunktion

Gegeben: Gesamtkostenfunktion K mit $K(x) = 0{,}1x^3 - 0{,}9x_2 + 3x + 10{,}8$,
Ausbringungsmenge x und $D_{ök} = [0; 8]$.
Fixkosten $K_f = 10{,}8$ und
variable Kosten $K_v(x) = 0{,}1x^3 - 0{,}9x^2 + 3x$.

1. Der Verlauf der Gesamtkostenkurve

Ableitungen: $K'(x) = 0{,}3x^2 - 1{,}8x + 3$; $K''(x) = 0{,}6x - 1{,}8$; $K'''(x) = 0{,}6$

Extrempunkte und Monotonieverhalten

$0{,}3x^2 - 1{,}8x + 3 = 0 \Leftrightarrow x^2 - 6x + 10 = 0 \Leftrightarrow x = 3 + \sqrt{9 - 10} \vee x = 3 - \sqrt{9 - 10}.$

Da diese quadratische Gleichung in $\mathbb{R}$ nicht lösbar ist, gibt es keine lokalen Extrempunkte. Wegen $K'(x) > 0$ für alle $x \in D_{ök}$ ist der Graph von K streng monoton steigend. Das Kostenmaximum wird deshalb am Rand des Definitionsbereichs bei 8 ME erreicht: $K(8) = 28{,}4$.

Wendepunkt und Krümmung

$K''(x) = 0{,}6x - 1{,}8$; $0{,}6x - 1{,}8 = 0 \Leftrightarrow x = 3$; $K'''(3) = 0{,}6$; $K(3) = 14{,}4$.

$W(3|14{,}4)$ ist Wendepunkt, an dem die Rechtskrümmung des Graphen von K in eine Linkskrümmung übergeht.

2. Der Verlauf der Stückkostenkurve

Ableitungen:

$$k(x) = 0{,}1x^2 - 0{,}9x + 3 + \frac{10{,}8}{x}$$

$$k'(x) = 0{,}2x - 0{,}9 - \frac{10{,}8}{x^2};\ k''(x) = 0{,}2 + \frac{21{,}6}{x^3}$$

Extrempunkt, Monotonie- und Krümmungsverhalten

$$k'(x) = 0 \Leftrightarrow 0{,}2x - 0{,}9 - \frac{10{,}8}{x} = 0 \Leftrightarrow 0{,}2x^3 - 0{,}9x^2 - 10{,}8 = 0 \wedge x \neq 0.$$

$x^3 - 4{,}5x^2 - 54 = 0 \Rightarrow x = 6$; $k''(6) = 0{,}3$. Mit $k(6) = 3$ ist T(6|3) ein Tiefpunkt. Die Stückkosten sinken bis zu einer Ausbringungsmenge von 6 ME und steigen dann an. Die stückkostenminimale Ausbringungsmenge wird in der Betriebswirtschaftslehre Betriebsoptimum genannt, weil das Verhältnis zwischen Gesamtkosten und Ausbringungsmenge hier am günstigsten ist.

Wegen $k''(x) > 0$ für alle $x \in D_{ök}$ ist der Graph im gesamten Definitionsbereich links gekrümmt.

3. Der Verlauf der Kurve der variablen Stückkosten

Ableitungen: $k_v(x) = 0{,}1x^2 - 0{,}9x + 3$; $k_v'(x) = 0{,}2x - 0{,}9$; $k_v''(x) = 0{,}2$

Extrempunkt, Monotonie- und Krümmungsverhalten

$k_v'(x) = 0 \Leftrightarrow x = 4{,}5$; $k_v''(4{,}5) = 0{,}2$; $k_v(4{,}5) = 0{,}975$

$T(4{,}5|0{,}975)$ ist der Tiefpunkt des Graphen von k, der wegen $k''(x) = 0{,}2$ im gesamten Definitionsbereich links gekrümmt ist.

Graphische Darstellung der Kostenfunktionen

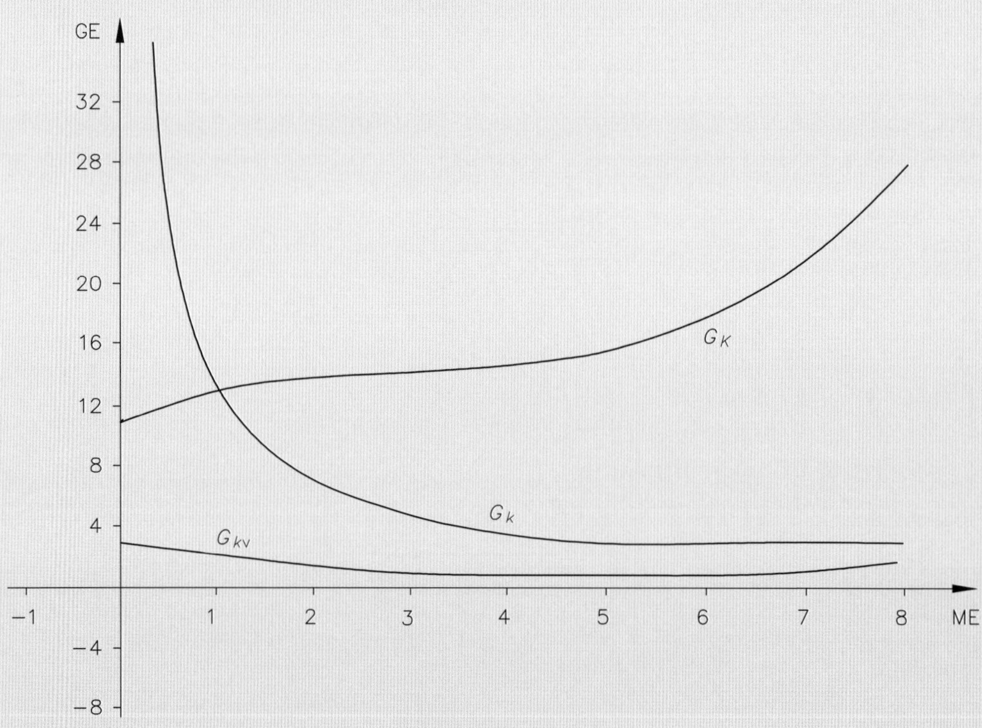

Abb. 8.37

8.2.6.3 Gewinnfunktionen

Beispiel für die Bestimmung des Gewinnmaximums und der Gewinnzone

Wir betrachten die Funktion der Gesamtkosten K mit

$K(x) = x^3 - 6x^2 + 15x + 32$ sowie die Erlösfunktion E mit

$E(x) = -7x_2 + 49x$; $D_{\text{ök}} = [0; 7]$. Damit ergibt sich die Preisabsatzfunktion

$p(x) = -7x + 49$

Wegen $G(x) = E(x) - K(x)$ erhalten wir für die Gewinnfunktion G:

$G(x) = -x^3 - x^2 + 34x - 32.$

Die Maximalstelle der Gewinnfunktion bestimmen wir mit G' und G''.

$$G'(x) = -3x^2 - 2x + 34; \; G''(x) = -6x - 2$$

$$G'(x) = 0 \Leftrightarrow -3x^2 - 2x + 34 = 0 \Leftrightarrow x^2 + \frac{2}{3}x - \frac{34}{3} = 0$$

$$\Leftrightarrow x = -\frac{1}{3} + \sqrt{\frac{1}{9} + \frac{34}{3}} \quad x = -\frac{1}{3} - \sqrt{\frac{1}{9} + \frac{34}{3}};$$

$x \approx 3{,}05$ oder $x \approx -3{,}716.$

Da $-3{,}716$ außerhalb des Definitionsbereichs liegt, ist wegen $G''(3{,}05) < 0$ die Stelle 3,05 eine Maximalstelle. Das Gewinnmaximum beträgt etwa $G(3{,}05) \approx 34{,}025$ [GE].

Zu dieser Ausbringungsmenge gehört der Preis $p(x) = 27{,}65$. Bei diesem Preis wird der maximale Gewinn erzielt. Der Punkt $C(3{,}05 | 27{,}65)$ auf dem Graphen der Preisabsatzfunktion heißt **Cournot'scher Punkt**.

Bei der Bestimmung der Gewinnzone gehen wir davon aus, dass Anfang (Gewinnschwelle) und Ende (Gewinngrenze) der Gewinnzone Nullstellen sind. Durch Probieren lässt sich feststellen, dass $x = 1$ eine Nullstelle der Gewinnfunktion ist. Nach Polynomdivision durch $(x - 1)$ erhalten wir:

$$(-x^3 - x^2 + 34x - 32) : (x - 1) = -x^2 - 2x + 32; \qquad -x^2 - 2x + 32 = 0$$

$$\Leftrightarrow x = -1 + \sqrt{33} \, (\approx 4{,}745) \text{ oder } x = -1 - \sqrt{33} \, (\approx -6{,}7445).$$

Da $-6{,}7445$ außerhalb der Definitionsmenge liegt, liegen die gesuchten Nullstellen also bei $x_0 = 1$ und $x_0 = 4{,}745$.

Da die Maximalstelle zwischen diesen beiden Nullstellen liegt, sind die Funktionswerte von G auf]1 ;4,745[positiv, so dass die Gewinnschwelle bei $x = 1$ und die Gewinngrenze bei $x = 4{,}745$ liegt. Die Gewinnzone besteht somit aus dem offenen Intervall]1; 4,745[.

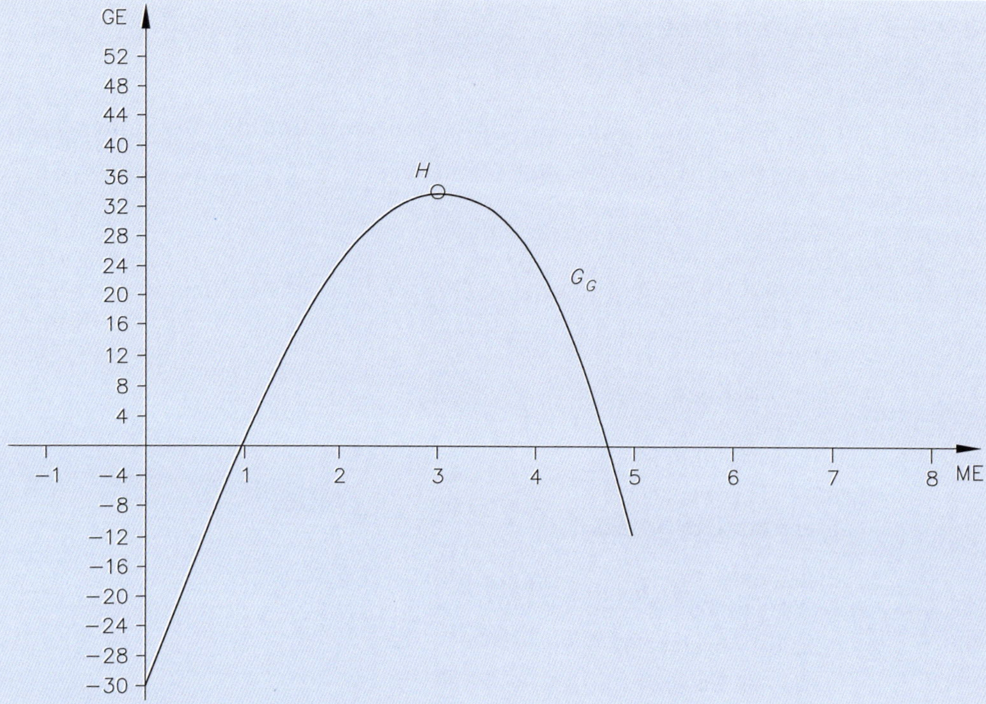

Abb. 8.38 $G(x) = -x^3 - x^2 + 34x - 32$

AUFGABEN

1 Wir betrachten die Kostenfunktion K mit $K(x) = 5x^3 - 60x^2 + 250x + 200$ mit $x_{\text{max}} = 10$.
Stellen Sie die Funktionen der Stückkosten und der Grenzkosten k und K' graphisch dar. Bestimmen Sie einen Näherungswert für das Betriebsoptimum mithilfe des Newton'schen Näherungsverfahrens (5 Schritte).

2 Eine Kostenfunktion K ist durch $K(x) = 0{,}004x^3 - 0{,}04x^2 + \frac{4}{3}x$ (keine Fixkosten) gegeben. Bei welcher Produktionsmenge x werden die

a) Stückkosten,

b) Grenzkosten minimal?

3 Diskutieren Sie zu der Kostenfunktion K mit $K(x) = 0{,}5x^3 - 6x^2 + 25x + 400$ mit $x_{\text{max}} = 12$ die Funktionen k, k_{v} und K'.
Berechnen Sie das Betriebsminimum und das Betriebsoptimum (Newton'sches Näherungsverfahren).

4 Für eine Unternehmung seien die Preisabsatzfunktion durch $p(x) = -6x + 42$ und die Kostenfunktion durch $K(x) = x^3 - 9x^2 + 30x + 10$ mit $x_{\text{max}} = 7$ gegeben.

a) Bestimmen Sie die Gewinnfunktion.

b) Berechnen Sie die Gewinnschwelle und die Gewinngrenze.

c) Berechnen Sie den maximalen Gewinn. Bei welcher Produktions menge liegt er?

d) Zeichnen Sie die Graphen der Kosten-, Erlös- und Gewinnfunktion.

e) Bestimmen Sie den Cournot'schen Punkt.

5 Bestimmen Sie zu der Preisabsatzfunktion p mit $p(x) = 3{,}25$ und der Kostenfunktion K mit $K(x) = 0{,}1x^3 - 0{,}9x^2 + 3x + 9$ die Gewinnfunktion, die Gewinnzone und das Gewinnmaximum.

6 Bei der Herstellung von 20 ME (Mengeneinheiten) einer Ware entstehen Kosten in Höhe von 60 000 GE (Geldeinheiten), bei der Herstellung von 60 ME 72 000 GE und bei der Herstellung von 100 ME 180 000 GE. Die Fixkosten betragen 30 000 GE. Die Kostenfunktion sei eine ganzrationale Funktion 3. Grades.

a) Bestimmen Sie die Kostenfunktion.

b) Berechnen Sie das Betriebsminimum und das Betriebsoptimum mithilfe des Newton' schen Näherungsverfahrens.

c) Berechnen Sie die gewinnmaximale Absatzmenge und den Maximalgewinn, wenn der Preis pro Stück konstant ist und 2 044 GE beträgt.

7 Erlöse und Kosten eines Betriebes seien durch $E(x) = 48x$ und $K(x) = 2x^3 - 18x^2 + 60x + 32$ gegeben.

a) Berechnen Sie die Gewinnzone.

b) Bestimmen Sie das Gewinnmaximum.

8 Eine ME einer Ware wird zum konstanten Stückpreis von 18 GE verkauft. Die Unternehmung rechnet bei einer Produktion von 10 ME mit 15 GE Stückkosten, bei 20 ME mit 10 GE und bei 30 ME mit 7 GE Stückkosten.
Berechnen Sie das Betriebsoptimum, wenn die Stückkostenfunktion eine ganzrationale Funktion 2. Grades ist und keine Fixkosten zu berücksichtigen sind.
Bestimmen Sie die Gewinnschwelle, die Gewinngrenze und das Gewinnmaximum.

9 Eine Unternehmung berechnet bei einer Ausbringung von x ME ($x \geq 50$) ihre Gesamtkosten durch $K(x) = x^3 - 150x^2 + 7500x - 120000$. Der Erlös ist durch die Funktion E mit $E(x) = 100x$ gegeben.
Berechnen Sie die Grenzkosten, die Gewinnschwelle, die Gewinngrenze und das Gewinnmaximum.

10 Eine Kostenfunktion K und eine Erlösfunktion E seien durch $K(x) = 0{,}1(x - 20)^3 + 800$ und $E(x) = 40x$ gegeben.

a) Berechnen Sie die Grenzkosten, die Gewinnschwelle und die Gewinngrenze.

b) Bei welcher Ausbringungsmenge wird das Gewinnmaximum erreicht?

c) Bei welcher Ausbringungsmenge liegt das Betriebsoptimum?

11 Bei welchem Umsatz erreicht ein Unternehmen mit dem Erlös $E(x) = -x(x - 80)$ und den Gesamtkosten $K(x) = 40x + 300$ den maximalen Gewinn? Berechnen Sie die Koordinaten des Cournot'schen Punktes.

12 Bei der Herstellung einer Ware betragen die Fixkosten 40 GE. Die Gesamtkosten sind bei 2 ME mit 128 GE und bei 4 ME mit 160 GE gegeben. Bei 4 ME betragen die Grenzkosten 18 GE.

a) Die Kostenfunktion sei eine ganzrationale Funktion 3. Grades. Berechnen Sie die Gleichung der Kostenfunktion.

b) Ermitteln Sie die Stückkostenfunktion und die Grenzkostenfunktion.

c) Bestimmen Sie graphisch und rechnerisch das Betriebsoptimum.

d) Die Ware wird zu einem konstanten Stückpreis von 55 GE verkauft. Berechnen Sie die Gewinnschwelle, die Gewinngrenze und die gewinnmaximale Absatzmenge.

13 Ein Unternehmen analysiert die Entwicklung seines Gewinns in Abhängigkeit von der Ausbringungsmenge und kommt dabei zu folgenden Erkenntnissen: Die Fixkosten liegen bei 176 GE; bis zu einer Ausbringungsmenge von 10 ME sind positive Grenzgewinne zu verzeichnen, während bei einer höheren Ausbringungsmenge die Grenzgewinne negativ sind. Die Grenzgewinne nehmen bis zu einer Ausbringungsmenge von 5 ME zu; ab 5 ME nehmen sie nur noch ab. Die Gewinnschwelle wird bei 4 ME erreicht. Zur Veranschaulichung der Gewinnentwicklung soll diese durch den Graphen einer ganzrationalen Funktion 3. Grades dargestellt werden, der die gewonnenen Erkenntnisse berücksichtigt.
Bestimmen Sie diese Funktion.

14 Ein Handelsunternehmen rechnet für ein Produkt mit einem Absatz von 200 000 ME im Jahr. Der Bezugspreis für 1 ME beträgt 15 GE. Die Handlungskosten (für Lagerung, Wartung, Versicherung usw.) betragen pro Jahr 1 GE je ME.
Es wird davon ausgegangen, dass der Absatz (Lagerabgang) gleichmäßig (konstante Lagerabgangsraten in einem festen Zeitraum) erfolgt.
Pro Bestellung fallen fixe Kosten (Bearbeitung der Bestellung, Terminüberwachung, Warenkontrolle) in Höhe von 1 000 GE an.
Das Unternehmen hat die Möglichkeit, die gesamte Absatzmenge zu Beginn des Jahres zu bestellen oder die Gesamtbestellmenge auf gleich große Zeitabschnitte des Jahres aufzuteilen (z. B. vierteljährliche oder monatliche Bestellung).
Wie viele Bestellungen sind aufzugeben, damit die Gesamtkosten minimal werden?

15 Bei der Festlegung der Unternehmensziele für das kommende Jahr wird von einem Warenabsatz in Höhe von 54 000 ME ausgegangen.
Der Bezugspreis beträgt 6 GE, die Handlungskosten belaufen sich auf jährlich 2 GE je ME.
Die bestellfixen Kosten werden mit 60 GE angesetzt.
Wie viele Bestellungen hat das Unternehmen bei konstanten Lagerabgangsraten (vgl. Aufgabe 14) aufzugeben, damit die Gesamtkosten minimal sind?

16 Bei der Herstellung eines Produktes entstehen der Unternehmung Fixkosten in Höhe von 400 GE und variable Stückkosten in Höhe von 4 GE. Der Stückpreis ist durch $p(x) = 6 - 0{,}01\,x$ [GE] gegeben. Ermitteln Sie die Umsatzmenge, für die der Stückgewinn maximal wird.

17 In einem Betrieb werden die Gesamtkosten K durch die Funktionsgleichung $K(x) = 0{,}025\,x^3 - 0{,}375\,x^2 + 1{,}95\,x + 1{,}2$ angegeben und die Erlösfunktion E durch die Funktionsgleichung $E(x) = 1{,}15\,x$ mit $x_{\text{max}} = 13$ für beide Gleichungen.

a) Bestimmen Sie die Gleichung der Gewinnfunktion G.

b) Berechnen Sie die Gewinnschwelle und Gewinngrenze.

c) Berechnen Sie die gewinnmaximale Ausbringungsmenge und den maximalen Gewinn.

d) Bestimmen Sie die Gleichungen der Gewinnfunktion, der Stückkostenfunktion und der Funktion der variablen Stückkosten.

e) Berechnen Sie, für welche Menge x die variablen Stückkosten ein Minimum annehmen (Betriebsminimum).

f) Zeichnen Sie die Graphen der Gesamtkosten-, Erlös- und Gewinnfunktion in ein Koordinatensystem.

18 Ein Produzent besitzt auf dem Markt für seine Artikel eine Monopolstellung. Seine Preisabsatzfunktion p hat die Gleichung $p(x) = 100 - 8x$. Die Gesamtkostenfunktion K hat die Gleichung $K(x) = 0{,}5x^3 - 8x^2 + 48x + 100$. Für beide Gleichungen gilt $x_{max} = 10$.

a) Ermitteln Sie die Gleichungen der Erlös-, Gewinn- und Stückkostenfunktion.

b) Berechnen Sie, für welche Ausbringungsmenge der Erlös maximal wird und bestimmen Sie die Höhe des maximalen Erlöses.

c) Berechnen Sie die Gewinnschwelle und die Gewinngrenze.

d) Berechnen Sie die gewinnmaximale Ausbringungsmenge und das Gewinnmaximum.

e) Bestimmen Sie die Koordinaten des Cournot'schen Punktes.

19 Die Kosten für eine Ware sind durch eine ganzrationale Funktion 3. Grades festgelegt. Bei der Herstellung von 2 ME entstehen Kosten von 128 GE und bei der Herstellung von 4 ME entstehen Kosten von 160 GE. Bei dieser Herstellung von 4 ME betragen die Differenzialkosten 18 GE/ME. Fixkosten fallen nicht an. Der erzielte Preis ist konstant und beträgt 55 GE/ME.

a) Ermitteln Sie die Gleichungen der Kostenfunktion und der Erlösfunktion.

b) Berechnen Sie die Gewinnschwelle und die Gewinngrenze.

c) Berechnen Sie die gewinnmaximale Ausbringungsmenge und die Höhe des maximalen Gewinns.

d) Zeichnen Sie die Graphen der Kosten-, Erlös- und Gewinnfunktion in ein Koordinatensystem.

20 Die Preisabsatzfunktion eines Monopolisten sei gegeben durch die Gleichung $p(x) = 45 - 3x$. Die Kostenfunktion K ist gegeben durch die Gleichung $K(x) = x^3 - 12x^2 + 51x + 16$. Für beide Gleichungen gilt $x_{max} = 10$.

a) Bestimmen Sie die Gleichung der Erlösfunktion E und berechnen Sie die erlösmaximale Ausbringungsmenge und das Erlösmaximum.

b) Bestimmen Sie die Gleichungen der Gewinnfunktion, der Grenzkostenfunktion, der Stückkostenfunktion und der Funktion der variablen Stückkosten.

c) Berechnen Sie das Betriebsminimum und zeigen Sie, dass das Betriebsoptimum ungefähr bei 6,2077 ME liegt.

d) Berechnen Sie die Gewinnschelle und die Gewinngrenze.

e) Berechnen Sie die gewinnmaximale Ausbringungsmenge und die Höhe des maximalen Gewinns.

f) Berechnen Sie die Koordinaten des Cournot'schen Punktes.

g) Zeichnen Sie die Graphen der Kostenfunktion K, der Erlösfunktion E, der Gewinnfunktion G und der Preisabsatzfunktion p in ein Koordinatensystem und kennzeichnen Sie die für den Unternehmer ökonomisch bedeutsamen Punkte.

8.3 Differenzialrechnung für gebrochen rationale Funktionen

8.3.1 Weitere Ableitungsregeln

Die gebrochen rationalen Funktionen haben die allgemeine Funktionsgleichung (vgl. 3.4.2):

$$y = f(x) = \frac{u(x)}{v(x)} = \frac{a_n x^n + a_{n-1} x^{n-1} + \ldots + a_1 x + a_0}{b_m x^m + b_{m-1} x^{m-1} + \ldots + b_1 x + b_0} \quad \text{mit } a_k, b_k \in \mathbb{R} \wedge n, m \in \mathbb{N}$$

Da die **Zählerfunktion** $\boldsymbol{u}$ und die **Nennerfunktion** $\boldsymbol{v}$ ganzrationale Funktionen sind, gilt für die Differenzierbarkeit der gebrochen rationalen Funktionen der

Satz

Die Funktion $x \mapsto f(x) = \frac{u(x)}{v(x)}$ ist überall differenzierbar, wenn $v(x) \neq 0$ ist.

Beispiel für eine gebrochen rationale Funktion

$y = f(x) = \frac{x^3 - 4x^2 + x + 6}{x^2 + 2x - 3}$ $v(x) = 0$ für $x_{P_1} = 1$, $x_{P_2} = -3$ $D = \mathbb{R} \setminus \{-3; 2\}$

Außer an diesen beiden Polstellen x_{P_1} und x_{P_2} ist die Funktion überall differenzierbar.

8.3.1.1 Die Quotientenregel

Die Ableitung einer gebrochen rationalen Funktion kann mithilfe der **Quotientenregel** bestimmt werden.

Quotientenregel

$y = f(x) = \frac{u(x)}{v(x)}, v(x) \neq 0$ ist die Gleichung der gebrochen rationalen Funktion f.

$y' = f'(x) = \frac{u'(x) \cdot v(x) - u(x) \cdot v'(x)}{v(x)^2}$ ist die Gleichung der Ableitungsfunktion von f.

$y' = \frac{u' \cdot v - u \cdot v'}{v^2}$ Kurzschreibweise der Quotientenregel

Die Quotientenregel kann aus der Produktregel abgeleitet werden:

$$y = \frac{u}{v} \Leftrightarrow u = y \cdot v \Rightarrow u' = y' \cdot v + y \cdot v'$$

$$y' = \frac{u' - y \cdot v'}{v} = \frac{u' - \frac{u}{v} \cdot v'}{v} = \frac{u' \cdot v - u \cdot v'}{v^2}$$

Beispiel für die Ableitung einer gebrochen rationalen Funktion

$f(x) = \frac{3x^2 + 2x - 1}{x^2 - 4}$; $D = \mathbb{R}\setminus\{-2; 2\}$ $\quad u(x) = 3x^2 + 2x - 1 \Rightarrow u'(x) = 6x + 2$

$v(x) = x^2 - 4 \Rightarrow v'(x) = 2x$

$$f'(x) = \frac{u' \cdot v - u \cdot v'}{v^2}$$

$$f'(x) = \frac{(6x + 2) \cdot (x^2 - 4) - (3x^2 + 2x - 1) \cdot 2x}{(x^2 - 4)^2} = \mathbf{\frac{2 \cdot (x^2 + 11x + 4)}{x^4 - 8x^2 + 16}}$$

Beachten Sie immer den Definitionsbereich der gebrochen rationalen Funktionen.

Sonderfall Potenzfunktion

$$f(x) = x^{-n} = \frac{1}{x^n},\ n \in \mathbb{N}$$

Die Funktionsgleichung der Potenzfunktion ist ein Sonderfall der gebrochen rationalen Funktionen. Ihr Graph ist eine Hyperbel n-ten Grades.

Durch Anwenden der Quotientenregel erhalten wir die erste Ableitung:

$$f(x) = \frac{1}{x^n} \qquad u(x) = 1 \Rightarrow u'(x) = 0;\ v(x) = x^n \Rightarrow v'(x) = -n \cdot x^{-n-1}$$

$$f'(x) = \frac{0 \cdot x^n - n \cdot x^{n-1}}{x^{2n}} \Leftrightarrow f'(x) = -n \cdot x^{-n-1} \Leftrightarrow f'(x) = -\frac{n}{x^{n+1}}$$

Der Bereich des Exponenten kann von $\mathbb{N}$ auf $\mathbb{Z}$ erweitert werden und wir erhalten damit die

Potenzregel (erste Erweiterung)

$f(x) = x^n;\ n \in \mathbb{Z}$	Gleichung der Funktion f
$f'(x) = n \cdot x^{n-1}$	Gleichung der Ableitunsfunktion f'

Beispiel für die erweiterte Potenzregel

$$f(x) = \frac{2}{x^3} = 2x^{-3};\ D = \mathbb{R}\setminus\{0\}$$

$$f'(x) = 2(-3)x^{-3-1} \Leftrightarrow \mathbf{f'(x) = \frac{-6}{x^4}}$$

8.3.1.2 Die Kettenregel

Für höhere Ableitungen der gebrochen rationalen Funktion hat der Nenner die Form $[v(x)]^n$. Bei jeder weiteren Ableitung muss der Nenner selber wieder differenziert werden, was durch wiederholtes Anwenden der Produktregel geschehen kann. Der Rechenaufwand ist groß, wird aber wesentlich geringer, bei Benutzung folgender Regel:

Regel

$f(x) = [v(x)]^n$; $v(x)$ differenzierbar und $n \in \mathbb{Z}$	Gleichung der Funktion f
$\boldsymbol{f'(x) = n \cdot [v(x)]^{n-1} \cdot v'(x)}$	Gleichung der Ableitungsfunktion f'

Herleitung der Regel

Wir bilden die erste Ableitung eines Mehrfachproduktes durch wiederholte Anwendung der Produktregel.

$$\begin{aligned}
f(x) &= v_1(x)\cdot v_2(x)\cdot v_3(x)\cdot \ldots \cdot v_n(x) \Leftrightarrow f(x) &&= [(x)]^n \\
f'(x) &= v'_1(x)\cdot v_2(x)\cdot v_3(x)\cdot \ldots \cdot v_n(x) \Leftrightarrow f'(x) &&= \left.\begin{array}{l} v'(x)\cdot v(x)\cdot v(x)\cdot \ldots \cdot v(x) \\ + v(x)\cdot v'(x)\cdot v(x)\cdot \ldots \cdot v(x) \\ + v(x)\cdot v(x)\cdot v'(x)\cdot \ldots \cdot v(x) \\ + \underbrace{v(x)\cdot v(x)\cdot v(x)\cdot \ldots}_{(n-1)\text{ Faktoren}} \cdot v'(x) \end{array}\right\} n \text{ Summanden} \\
&\quad + v_1(x)\cdot v'_2(x)\cdot u_3(x)\cdot \ldots \cdot v_n(x) \\
&\quad + v_1(x)\cdot v_2(x)\cdot v'_3(x)\cdot \ldots \cdot v_n(x) \\
&\quad + v_1(x)\cdot v_2(x)\cdot v_3(x)\cdot \ldots \cdot v'_n(x)
\end{aligned}$$

Wir erhalten:

$$\boldsymbol{f'(x) = n \cdot v'(x) \cdot [v(x)]^{n-1}}$$

Beispiel zur Rechenregel

$f(x) = (x^2 - 4x + 3)^4$ $\qquad$ $v(x) = x^2 - 4x + 3 \Rightarrow v'(x) = 2x - 4$

$f'(x) = 4 \cdot (x^2 - 4x + 3)^3 \cdot (2x - 4)$

Die Funktion $x \mapsto y = [v(x)]^n$ kann als eine **zusammengesetzte Funktion** behandelt werden. Mit den Bezeichnungen $z = v(x)$ und $y = g(z) = z^n$ erhalten wir:

$\boldsymbol{x \mapsto y = f(x) = g[v(x)]}$	die allgemeine Form einer zusammengesetzten Funktion.
$\boldsymbol{x \mapsto z = v(x)}$	heißt dann **innere Funktion** und
$\boldsymbol{z \mapsto y = g(z)}$	heißt dann **äußere Funktion** der zusammengesetzten Funktion.

Aus zwei Funktionen kann jedoch nur dann eine zusammengesetzte Funktion der angegebenen Form gebildet werden, wenn $\boldsymbol{g(z)}$ über dem Wertebereich von $\boldsymbol{z = v(x)}$ **definiert** ist.

Beispiel für eine zusammengesetzte Funktion

1. Aus g mit $g(z) = z^5$ und $z = v(x) = 2x - 3$ kann ohne Einschränkung die Funktion f gebildet werden, mit $D = \mathbb{R}$
f mit $f(x) = (2x - 3)^5$

2. Aus g mit $g(z) = \sqrt{z}$ und $z = -x^2$ kann zwar der Ausdruck $\sqrt{-x^2}$ gebildet werden, doch ist dies keine in $\mathbb{R}$ definierte Funktion.
f mit $f(x) = \sqrt{-x^2}$

Für zusammengesetzte Funktionen muss, gelten:
$x \mapsto z = \mathbf{v}(\mathbf{x})$ ist in $D = \{\mathbf{x} \mid \mathbf{x}_1 \leq \mathbf{x} \leq \mathbf{x}_2\}$ differenzierbar mit $W = \{z \mid z_1 \leq z \leq z_2\}$ und $z \mapsto y = \mathbf{g}(z)$ ist im Wertebereich W differenzierbar.
Dann ist die zusammengesetzte Funktion in D differenzierbar und es gilt die Kettenregel.

Kettenregel

$f(x) = g[v(x)]$	ist die Gleichung der zusammengesetzten Funktion f.
$\mathbf{f'(x) = g'[v(x)] \cdot v'(x) = g'(z) \cdot z'}$	ist die Gleichung der Ableitungsfunktion f'.

Merke:

Die Ableitung einer zusammengesetzten Funktion f ist gleich der Ableitung der äußeren Funktion g mal der Ableitung der inneren Funktion v.

Mithilfe der Differenzialquotienten bekommt die Kettenregel eine übersichtlichere Form:

$y = g[v(x)]$

äußere Funktion g: $y = g(z) \Rightarrow y' = \frac{\mathrm{d}y}{\mathrm{d}z}$; innere Funktion v: $z = v(x) \Rightarrow z' = \frac{\mathrm{d}z}{\mathrm{d}x}$

$$\mathbf{y' = \frac{dy}{dz} \cdot \frac{dz}{dx}};\ \mathrm{d}x \neq 0,\ \mathrm{d}z \neq 0$$

Beispiel zur Kettenregel

$y = g[v(x)]$

$f(x) = (3x + 2)^{15}$; $\quad g(z) = z^{15}$; $\Rightarrow g'(z) = 15\ z^{14}$

$\quad z = 3x + 2 \Rightarrow z' = 3$

$y' = g'(z) \cdot z' = 15 \cdot z^{14} \cdot 3$

$\mathbf{f'(x) = 45(3x + 2)^{14}}$

8.3.2 Kurvendiskussion gebrochen rationaler Funktionen

Bei der Kurvendiskussion für die ganzrationalen Funktionen bestimmen wir die Nullstellen, die Extrem- und Wendepunkte des Funktionsgraphen und untersuchen sein Symmetrieverhalten. Bei den gebrochen rationalen Funktionen muss darüber hinaus auf Asymptoten, Polstellen und Lücken geachtet werden.

Beispiel 1 für eine Kurvendiskussion

Die Funktion f mit $f(x) = \frac{x^2}{x+1}$ soll diskutiert und ihr Graph gezeichnet werden.

Lösung:

a) Definitionsbereich:
Nenner: $v(x) = 0$: $x + 1 = 0 \Leftrightarrow x = -1 \Rightarrow D = \mathbb{R}\setminus\{-1\}$

b) Nullstellen:
Zähler: $u(x) = 0$: $x^2 = 0 \quad \Leftrightarrow x_{01} = x_{02} = 0 \Rightarrow$ **doppelte Nullstelle**

c) Untersuchung auf Pole und Lücken:

Für die nicht im Definitionsbereich der Funktion liegende Stelle $x = -1$ wird der rechts- und linksseitige Grenzwert untersucht. $Z(x)$ und $N(x)$ werden in Linearfaktoren zerlegt.

$$\lim_{\substack{x \to -1 \\ x > -1}} \frac{(x-0)(x-0)}{x+1} = +\infty \qquad \lim_{\substack{x \to -1 \\ x < -1}} \frac{(x-0)(x-0)}{x+1} = -\infty$$

Bei $x = -1$ liegt ein **Pol der Funktion.**

d) Asymptote:

Mittels Polynomdivision kann die Funktion in der folgenden Form dargestellt werden:

$$y = \frac{x^2}{x+1} \Leftrightarrow y = x - 1 + \frac{1}{x+1}$$ das asymptotische Verhalten ist nun erkennbar, denn

$$\lim_{x \to \pm\infty} \frac{1}{x+1} = 0 \Rightarrow \boldsymbol{y_A = x - 1}$$ ist die Asymptote der Funktion.
D. h., der Graph der Funktion nähert sich bei großen $|x|$-Werten der Geraden $y_A = x - 1$.

e) Ableitungen:

$$f(x) = \frac{x^2}{x+1}; \; f(x) = \frac{u(x)}{v(x)}$$

1. Ableitung: $\boldsymbol{f'(x) = \frac{x^2 + 2x}{(x+1)^2}}$

2. Ableitung: $\boldsymbol{f''(x) = \frac{2}{(x+1)^3}}$

f) Extrempunkte:

Hinreichende Bedingung: $f'(x_E) = 0 \wedge f''(x_E) \neq 0$

Es ist $\frac{x^2 + 2x}{(x+1)^2} = 0$, wenn $x^2 + 2x = 0 \wedge x \neq -1 \quad \Rightarrow x_{E_1} = 0 \wedge x_{E_2} = -2$

$f''(x_{E_1}) = \frac{2}{(0+1)^3} = 2 > 0 \quad \Rightarrow \boldsymbol{TP(0|0)}$

$f''(x_{E_2}) = \frac{2}{(-2+1)^3} = -2 < 0 \quad \Rightarrow \boldsymbol{HP(-2|-4)}$

g) Wendepunkte:

Hinreichende Bedingung: $f''(x) = 0 \wedge f'''(x_W) \neq 0$

$f''(x) = \dfrac{2}{(x+1)^3}$ hat keine Nullstelle. Die Funktion hat also **keine Wendestelle**.

Anders als bei den ganzrationalen Funktionen muss hier nicht notwendigerweise ein Wendepunkt existieren, wenn die Funktion Extrema besitzt.

h) Graph der Funktion:

Die Asymptote y_A und die Polgerade durch $x_p = -1$ zerlegen den Funktionsgraphen in zwei stetige Teilkurven.

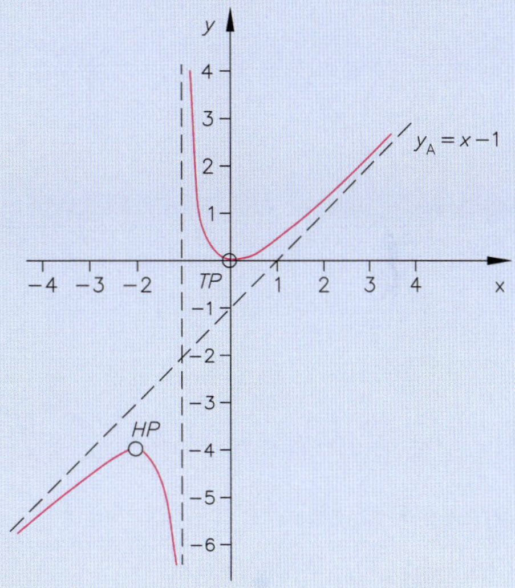

Abb. 8.39

Beispiel 2 für eine Kurvendiskussion

Die Funktion f mit $f(x) = \dfrac{2x+4}{x^2}$ soll diskutiert und ihr Graph gezeichnet werden.

Lösung:

a) Definitionsbereich:

Nenner: $v(x) = 0$: $\quad x^2 = 0 \Leftrightarrow x = 0 \Rightarrow D = \mathbb{R}\setminus\{\mathbf{0}\}$

b) Nullstellen:

Zähler: $u(x) = 0$: $\quad 2x + 4 = 0 \Leftrightarrow x_0 = -2$

c) Pole und Lücken:

$$\lim_{\substack{x \to 0 \\ x > 0}} \frac{2(x+4)}{(x-0)(x-0)} = +\infty \qquad \lim_{\substack{x \to 0 \\ x < 0}} \frac{2(x+4)}{(x-0)(x-0)} = +\infty$$

Die Funktion hat bei $x = 0$ einen **doppelten Pol**.

d) Asymptote:

$$f(x) = \frac{2x+4}{x^2} \Leftrightarrow f(x) = \frac{2}{x} + \frac{4}{x^2}$$

$$\lim_{x \to \pm\infty} \left(\frac{2}{x} + \frac{4}{x^2}\right) = 0$$

$\mathbf{y_A = 0}$; d.h., die x-Achse ist die Asymptote.

e) Ableitungen:

$f(x) = \frac{2x + 4}{x^2} = \frac{2}{x} + \frac{4}{x^2}$

$f(x) = 2 \cdot x^{-1} + 4 \cdot x^{-2}$

1. Ableitung: $f'(x) = -2 \cdot x^{-2} - 8 \cdot x^{-3}$

$\boldsymbol{f'(x) = \frac{-2x - 8}{x^3}}$

2. Ableitung: $f''(x) = +4 \cdot x^{-3} + 24 \cdot x^{-4}$

$\boldsymbol{f''(x) = \frac{4x + 24}{x^4}}$

3. Ableitung: $f'''(x) = -12 \cdot x^{-4} - 96 \cdot x^{-5}$

$\boldsymbol{f'''(x) = \frac{-12x - 96}{x^5}}$

f) Extrempunkte:

Hinreichende Bedingung: $f(x_E) = 0 \wedge f''(x_E) \wedge 0$

$\frac{-2x-8}{x^3} = 0 \Rightarrow 2x = -8 \quad \Rightarrow x_E = -4$

$f''(x_E) = \frac{-4}{64} + \frac{24}{256} = \frac{1}{32} > 0 \Rightarrow \boldsymbol{TP\left(-4 \middle| -\frac{1}{4}\right)}$

g) Wendepunkte:

Hinreichende Bedingung: $f''(x_W) = 0 \wedge f'''(x_W) \neq 0$

$\frac{4x + 24}{x^4} = 0 \Rightarrow 4x = -24 \Rightarrow x = -6$

$f'''(-6) = \frac{4}{1\,296} \neq 0 \qquad \Rightarrow \boldsymbol{W\left(-6 \middle| -\frac{2}{9}\right)}$

Da $f'''(x_W) > 0$ ist, liegt für W eine R-L-Kombination vor.

h) Graph der Funktion:

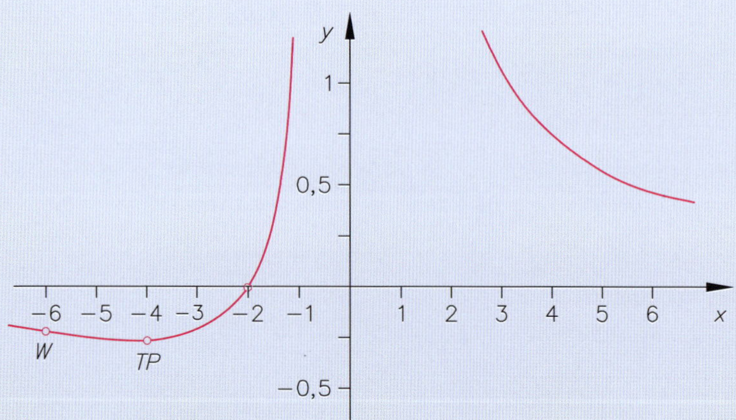

Abb. 8.40

AUFGABEN

1 Berechnen Sie die erste Ableitung der Funktion f mit der Gleichung:

a) $f(x) = \frac{2x^2}{x-1}$

b) $f(x) = \frac{7x^2-6}{2x}$

c) $f(x) = \frac{x}{x+1}$

d) $f(x) = \frac{2}{x^2-2x+4}$

e) $f(x) = \frac{2x}{x^2-1}$

f) $f(x) = \frac{4x^2-6}{3x^2+2}$

g) $f(x) = \frac{x^3+1}{x^3-1}$

h) $f(x) = \frac{8x^2}{2x^2-x^3}$

i) $f(x) = \frac{2x+3}{2x^2-3x}$

k) $f(x) = \frac{x^2-2x+7}{x^2+4x-1}$

l) $f(x) = \frac{3x^2}{x^3-9x+6}$

m) $f(x) = \frac{x^3-9x+6}{3x^2}$

2 Wie groß sind die Steigungen der Kurven im Punkt P_0?

a) $f(x) = \frac{4}{x^2}$, $P_0(2|f(2))$

b) $f(x) = \frac{5-2x}{3x^2-9}$, $P_0(-1|f(-1))$

c) $f(x) = \frac{x^3+1}{x^2+x+1}$, $P_0(-2|f(-2))$

d) $f(x) = \frac{2}{x} + \frac{1}{x-3} - \frac{x^2}{2}$, $P_0(4|f(4))$

e) $f(x) = \frac{20x-12x^2}{2x-x^2}$, $P_0(-3|f(-3))$

f) $f(x) = \frac{x-1}{2} + \frac{1}{x^2} - \frac{1}{x-4}$, $P_0(-2|f(-2))$

3 In welchem Punkt des Funktionsgraphen von f verläuft die Tangente parallel zur Geraden g? Berechnen Sie die Gleichung der Tangente.

a) $f(x) = \frac{2x^2}{x+1}$, $g(x) = 1{,}5x + 0{,}5$

b) $f(x) = \frac{2x-2}{x^2}$, $g(x) = 2x - 1$

c) $f(x) = \frac{x-1}{x+1}$, $g(x) = 0{,}5x + 2$

d) $f(x) = \frac{1}{x^3-1}$, $g(x) = 3$

4 Diskutieren Sie die Funktionen f mit den angegebenen Gleichungen und zeichnen Sie die Funktionsgraphen:

a) $f(x) = \frac{x+1}{x-1}$

b) $f(x) = \frac{2x}{x^2+4}$

c) $f(x) = \frac{x}{x^2-4}$

d) $f(x) = \frac{x^2-2}{1-x^2}$

e) $f(x) = \frac{5x}{2-x^2}$

f) $f(x) = \frac{2x}{x^2-2x+1}$

g) $f(x) = \frac{x^2}{1-x}$

h) $f(x) = \frac{2x+4}{x^2}$

i) $f(x) = \frac{x^2-x-6}{x-2}$

k) $f(x) = \frac{x^2-36}{x^2+2}$

l) $f(x) = \frac{x^2+x+9}{x-1}$

m) $f(x) = \frac{2x^3}{(x-1)^2}$

5 Untersuchen Sie die Graphen folgender Funktionen f mit $y = f(x)$:

a) $y = \frac{3}{4 - x^2}$

b) $y = \frac{x^2 - 2}{1 - x^2}$

c) $y = \frac{2x(x + 1)}{x^2 + 5}$

d) $y = \frac{2x^2 - 4x + 12}{x^2 - 2x}$

e) $y = \frac{x^2 - 1}{x}$

f) $y = \frac{1 - x^2}{x^2 - 4}$

g) $y = \frac{2x^2 + 1}{6x^2 + 3x + 5}$

h) $y = \frac{x^3 - 1}{x^2 - 2x + 1}$

i) $y = \frac{2x^3}{(x - 1)^2}$

6 Bestimmen Sie die Punkte der gegebenen Funktionen, die eine vorgegebene Steigung annehmen.

a) $y = \frac{1}{3x - 4}$, $m = -3$

b) $y = \frac{4}{(x + 3)^2}$, $m = -1$

c) $y = \frac{x^3}{x^2 - 4}$, $m = \frac{1}{2}$

d) $y = \frac{2x(x^2 - 4)}{x^2 - 1}$, $m = \frac{16}{3}$

e) $y = \frac{4}{x^3 - 1}$, $m = -\frac{1}{2}$

f) $y = \frac{x - 2}{x^2 - 4}$, $m = 2$

7 Untersuchen Sie den Graphen der Funktion f mit $f(x) = \frac{x^2 - 2x}{x^2 + 2x + 1}$. Geben Sie die Gleichung der Tangente im Nullpunkt an und bestimmen Sie den Schnittpunkt dieser Tangente mit der Kurve.

8 Gegeben sind die Funktionen mit den Gleichungen: $f(x) = 4 - \frac{x^2}{2}$; und $h(x) = \frac{8}{x^2}$.

a) Zeichnen Sie beide Graphen und geben Sie ihre wesentlichen Eigenschaften an.

b) Zeigen Sie, dass sich beide Graphen berühren und ermitteln Sie die Berührungspunkte.

9 Gegeben ist Ihnen die Funktion f mit der Gleichung: $f(x) = \frac{x^2}{8} + \frac{2}{x^2}$.

a) Zeichnen Sie den Graphen der Funktion und ihre Asymptote.

b) Eine zur y-Achse symmetrische Parabel zweiter Ordnung soll die Kurve im Punkte $P_0(1 \mid y_0)$ berühren. Geben Sie die Gleichung dieser Parabel an.

10 Gegeben ist Ihnen die Funktion f mit $f(x) = \frac{2 \cdot a \cdot x}{1 + a^2 x^2}$.

a) Bestimmen Sie a so, dass die Steigung im Nullpunkt $m = 2$ ist und diskutieren Sie daraufhin die Funktion.

b) Die bei a) ermittelte Funktion soll an der x-Achse gespiegelt werden. Wie heißt die Gleichung dieser Kurve?

c) Errechnen Sie die Schnittpunkte der Funktionen aus a) und b).

8.3.3 Extremwertaufgaben mit Nebenbedingungen

In einem Beispiel wird ein Extremwertproblem vorgestellt, dem eine gebrochen rationale Funktion zugrunde liegt.

Beispiel für ein Extremwertproblem

Um ein Quadrat mit der Seitenlänge a, soll ein Rhombus gezeichnet werden, dessen Seiten die Ecken des Quadrates berühren.
Für welche Abmessungen ist der Flächenwert des Rhombus ein Minimum?

Lösung:

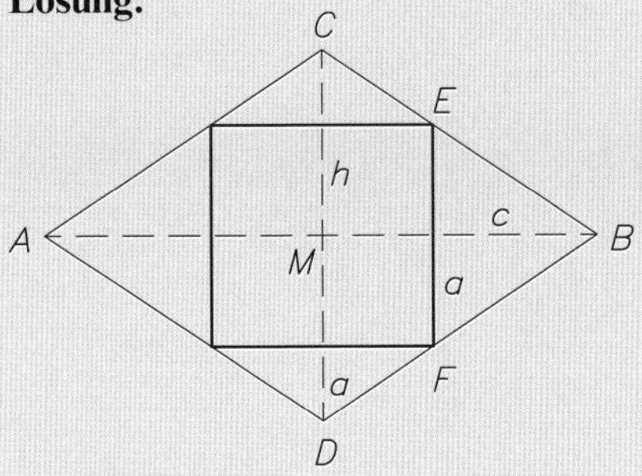

$a = \overline{EF}$ = Seite des Quadrates
$\overline{BC} = \overline{BD}$ = Seiten des Rhombus
$h = \overline{MC}$ = Höhe des Rhombus
$c = \overline{AB}$ = Länge des Rhombus

Abb. 8.41

Hauptbedingung:

$\boldsymbol{A = h \cdot c}$ Die Fläche des Rhombus ist von h und von c abhängig. Um A als Funktion von nur h oder c behandeln zu können, müssen wir eine der Variablen mithilfe einer **Nebenbedingung** ersetzen.

In dem Dreieck MBC gilt nach dem Strahlensatz: $h{:}\left(h - \frac{a}{2}\right) = \frac{c}{2} : \frac{a}{2} \Leftrightarrow c = \frac{2ah}{2h - a}$

Nebenbedingung:

$$\boldsymbol{c = \frac{2ah}{2h - a}}$$

Die Fläche A ist nach Einsetzen von c nun nur noch von h abhängig.

$$\boldsymbol{A(h) = \frac{2ah^2}{2h - a} \quad \text{mit} = \{h \mid h > \tfrac{a}{2}\}_{\mathbb{R}}}$$

Soll A ein Minimum sein, muss die hinreichende Bedingung gelten:

$A'(h) = 0 \wedge A''(h) > 0$

$A'(h) = \frac{4ah(2h - a) - 4ah^2}{(2h - a)^2} = \frac{4ah(h - a)}{(2h - a)^2} = \frac{4a(h^2 - ah)}{(2h - a)^2}$

$A'(h) = 0$, wenn $4ah(h - a) = 0 \wedge 2h - a \neq 0$

$4ah(h - a) = 0 \Rightarrow h_1 = 0;\ h_2 = a\ \ h_1 = 0$ gehört nicht zum Definitionsbereich

$A'(h_2) = \frac{4a^3}{(2a - a)^2} = 4 > 0 \Rightarrow$ **Bei $h = a$ liegt ein Minimum der Funktion $A(h)$.**

Die Fläche des Rhombus ist $A = 2a^2$ und ist somit doppelt so groß, wie die Fläche des Quadrates.

AUFGABEN

1 Durch den Punkt $P(u|v)$ mit $u > 0$ und $v > 0$ wird eine fallende Gerade gelegt, die die positiven Koordinatenachsen in den Punkten P_1 und P_2 schneidet. P_1 und P_2 bilden zusammen mit dem Koordinatenursprung 0 ein Dreieck.
Berechnen Sie, für welche Gerade dieses Dreieck den kleinsten Flächeninhalt hat. Wählen Sie zunächst $u = 3$ und $v = 4$.

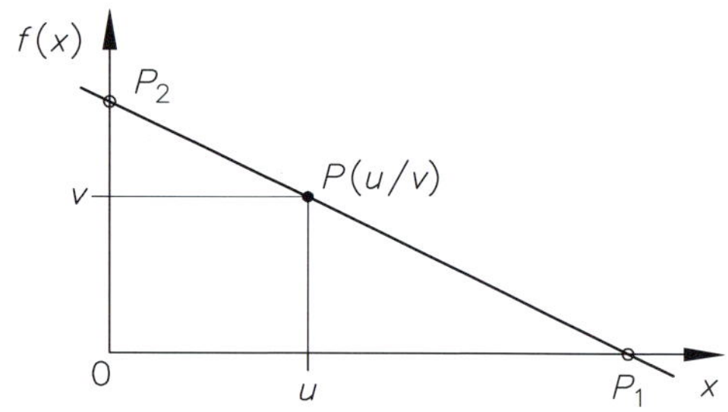

2 Einem Rechteck mit den Seiten a und b werden Rauten umbeschrieben, deren Diagonalen durch die Mitten der Rechteckseiten und deren Seiten durch die Ecken des Rechtecks gehen.
Welche dieser Rauten hat den kleinsten Flächeninhalt?

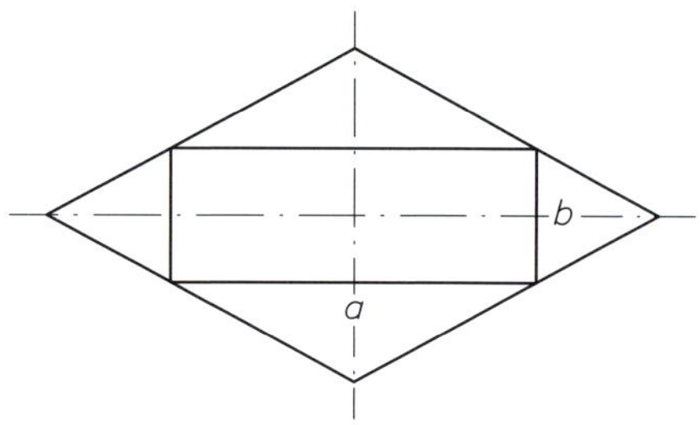

3 Bei einer Sreichholzschachtel sind die Länge einer Kante und der Inhalt (Volumen) vorgegeben. Wie muss man die Länge der beiden übrigen Kanten wählen, wenn bei der Herstellung der Materialverbrauch möglichst gering ehalten werden soll? Berücksichtigen Sie auch die Hülle.

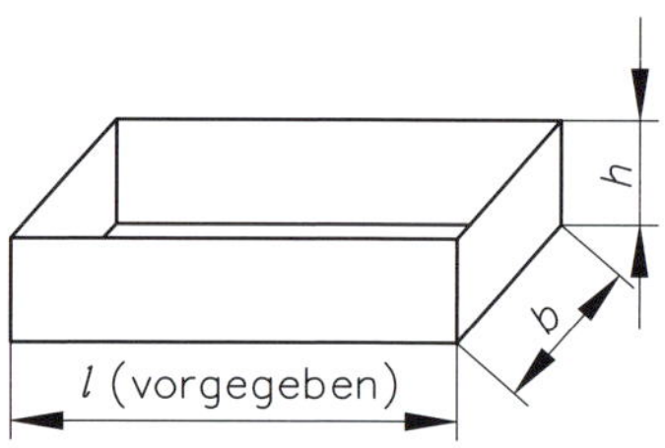

4 Welche Form muss man einem Behälter geben, dessen Inhalt ein Liter ist, wenn dafür möglichst wenig Material benötigt werden soll (Hinweis: Untersuchen Sie die Oberflächenfunktionen von Zylinder und Prisma mit quadratischer Grundfläche).

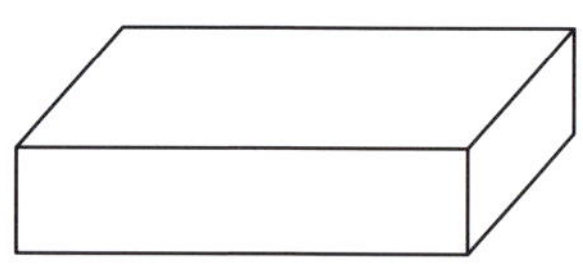

5 Einer Kugel mit dem Radius r ist der gerade Kreiskegel mit dem kleinsten Volumen umzubeschreiben. Berechnen Sie die Abmessungen dieses Kreiskegels in Abhängigkeit von r.

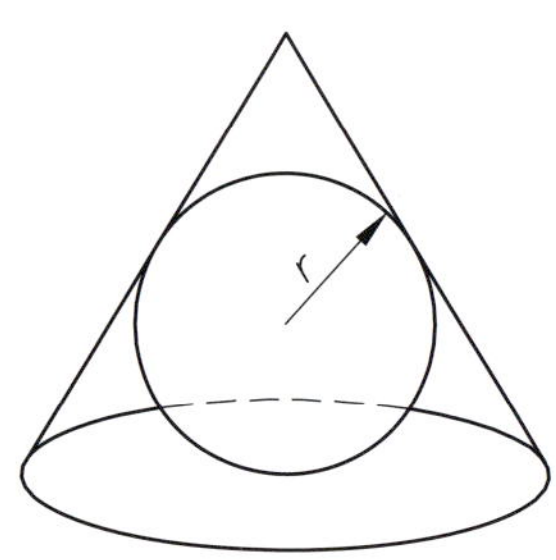

6 Einem senkrechten quadratischen Prisma mit der Grundkante a und der Höhe $2a$ soll eine senkrechte quadratische Pyramide so umbeschrieben werden, dass die vier Seitenkanten der Pyramide durch die vier Ecken der quadratischen Deckfläche gehen und die Grundfläche des Prismas mit der Grundfläche der Pyramide zusammenfällt.
Wie sind Höhe und Grundkante der Pyramide zu wählen, wenn der Rauminhalt der Pyramide möglichst klein sein soll?

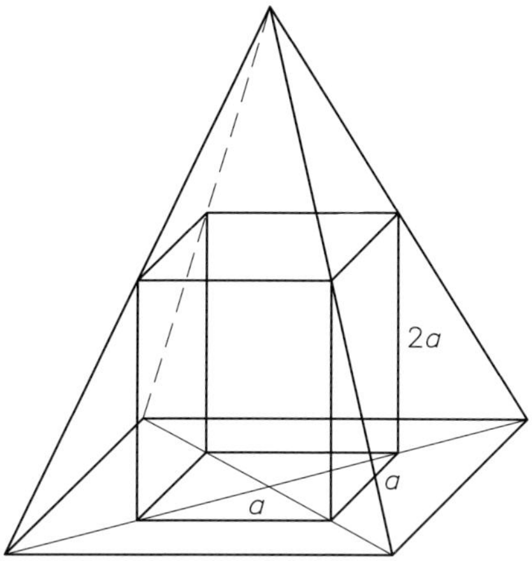

7 Um ein Quadrat mit der Kantenlänge a soll ein gleichschenkliges Dreieck gezeichnet werden. Der Flächenwert des Dreiecks ist abhängig von der Höhe x.

a) Geben Sie die Funktionsgleichung an, die den Zusammenhang zwischen dem Flächenwert A und der Höhe x wiedergibt.

b) Zeichnen Sie den Graphen der Funktion A für $a = 10$ cm. Geben Sie den Definitionsbereich an.

c) Für welchen x-Wert wird der Flächenwert am kleinsten?

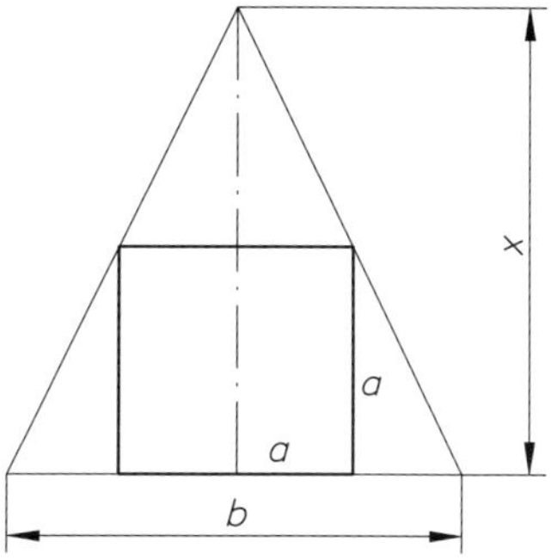

8 Die Fläche eines Rechteckfensters mit aufgesetztem Rundbogen ist mit einem bestimmten Wert A vorgegeben. Das Umfangsmaß U des Fensters hängt von a und b ab.

a) Ermitteln Sie die Funktion $U = f(a)$. Geben Sie den Definitionsbereich an.

b) Zeichnen Sie den Graphen für $A = 1\ \text{m}^2$.

c) Für welche Maße ist die Umrahmung minimal?

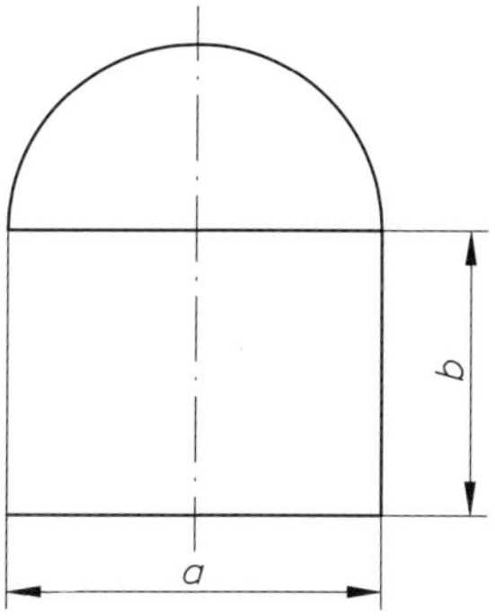

9 Die Querschnittsfläche einer Rinne ist mit dem Wert A vorgegeben. Die zur Herstellung notwendige Materialmenge für die Rinne ist von den Abmessungen b und h abhängig ($O = U \cdot I$; $U = b + 2h$; $I =$ Länge der Rinne; $O =$ Fläche des Materials).

a) Geben Sie den Definitionsbereich der Funktion U und die Gleichung $U = f(b)$ an.

b) Zeichnen Sie den Graphen für $A = 2\ \text{m}^2$.

c) Welche Maße müssen b und h haben, wenn der Umfang möglichst klein sein soll?

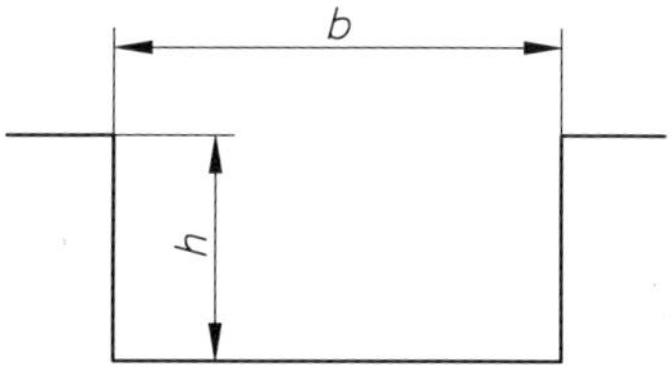

10 Eine nach oben offene zylindrische Dose soll 10 l Flüssigkeit aufnehmen. Die Blechmenge (Oberfläche der Dose), die zur Herstellung benötigt wird, ist von der Größe des Radiuses r abhängig.

a) Ermitteln Sie die Funktion $O = f(r)$, und geben Sie den Definitionsbereich an.

b) Zeichnen Sie den Graphen von O für $V = 10\ \text{dm}^3$.

c) Für welche Abmessungen wird das wenigste Material verbraucht?

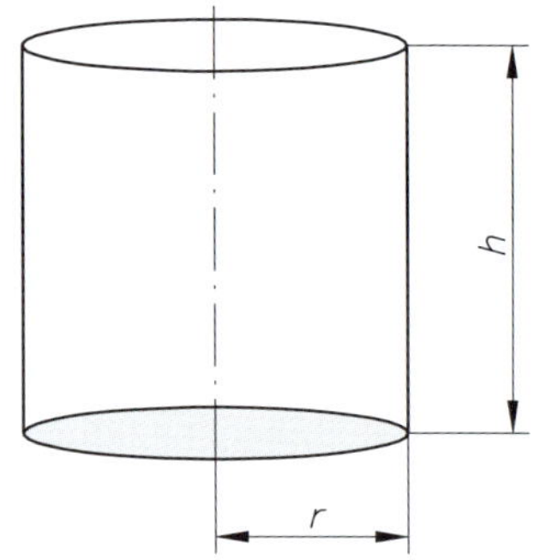

11 Zwei mit gleicher Geschwindigkeit v fahrende Autos sollten einen Sicherheitsabstand s halten.

$s = \left(\frac{v^2}{100} + \frac{v}{3{,}6} + 6\right)$ m mit $\frac{v^2}{100}$ = Bremsweg; $\frac{v}{3{,}6}$ = Reaktionsweg und 6 = Platzbedarf des Autos

Da stündlich $n = \frac{1000\,v}{s}$ Autos eine Messstelle passieren $\left(s \text{ in m und } v \text{ in } \frac{\text{km}}{\text{h}}\right)$,

ergibt sich folgende Verkehrsdichte D: $\boldsymbol{D(v) = \frac{1000 \cdot v}{\frac{v^2}{100} + \frac{v}{3{,}6} + 6}}$

a) Errechnen Sie die Verkehrsdichten für $v = 50$ km/h, $v = 80$ km/h und $v = 120$ km/h.

b) Bei welcher Geschwindigkeit ist die Verkehrsdichte am größten?

c) Zeichnen Sie den Graphen der Funktion von D für 0 km/h $< v \leq 130$ km/h.

12

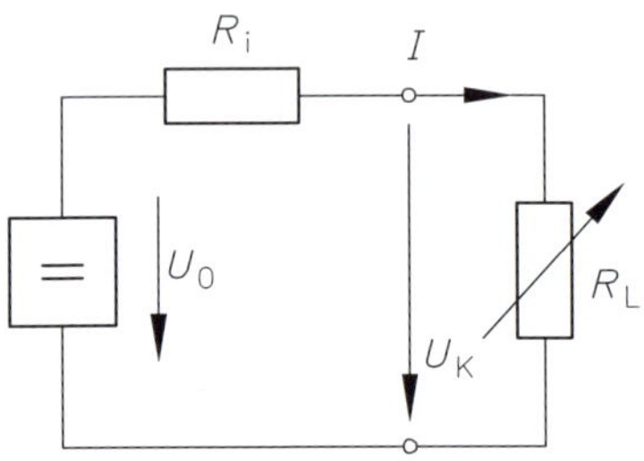

Die nebenstehende Schaltung zeigt eine Spannungsquelle mit Innenwiderstand. Der Lastwiderstand ist veränderlich.

U_0 = Leerlaufspannung = 100 V
R_i = Innenwiderstand = 12 Ω
R_L = veränderbarer Lastwiderstand $0 \leq R_L \leq 60\ \Omega$
U_K = Klemmenspannung

a) Stellen Sie die Funktionsgleichung auf, die die elektrische Leistungsaufnahme P in Abhängigkeit vom Lastwiderstand R_L darstellt $P(R_L) = U_K \cdot L$

b) Zeichnen Sie den Graphen der Funktion $P(R_L)$ für die gegebenen Werte $0 \leq R_L \leq 60\ \Omega$; $0 \leq P \leq 250$ W.

c) Für welchen Widerstandswert R_L ist P ein Maximum?

13 Die Induktivität L einer Spule mit einem nicht magnetischen Spulenkörper wird nach folgender Gleichung berechnet:

$$\boldsymbol{L = N^2 \cdot \mu_0 \cdot \frac{A}{l_m}}$$

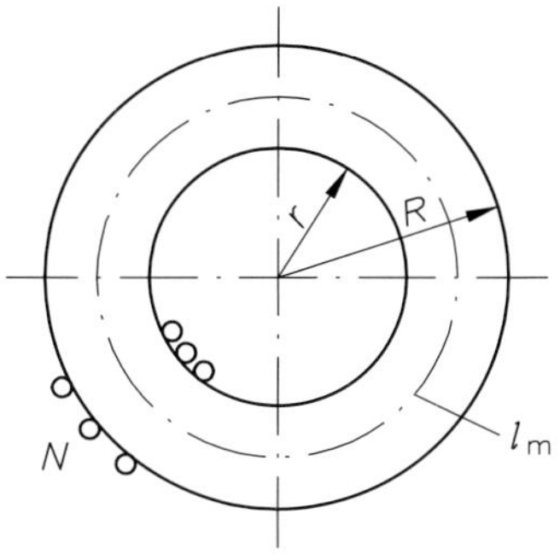

μ_0 = 1,257 10^{-8} Vs/Acm = magnetische Feldkonstante
A = Querschnittsfläche des Ringkerns mit der Höhe
h = 1,4 cm
l_m = mittlere Feldlinienlänge im Spulenkern
N = Windungszahl der Spule
R = Außenradius des Kerns = 4 cm
r = Innenradius des Kerns
δ = Drahtdurchmesser = 0,2 mm

a) Die Spule soll eine einlagige Wicklung erhalten. Stellen Sie die Funktionsgleichung auf, die L in Abhängigkeit von r darstellt und geben Sie den Definitionsbereich an.

b) Wie groß muss der Innenradius r des Spulenkörpers sein, damit die Induktivität L maximal wird?

14 Drehmoment M und Stromaufnahme I eines Asynchronmotors mit Kurzschlussläufer sind abhängig von der Drehzahl n bzw. dem Schlupf s. Vereinfacht gelten folgende Funktionen:

$$\boldsymbol{I(s) = \frac{U_0 \cdot s}{\sqrt{R^2 + X_0^2 \cdot s^2}} \qquad M(s) = K\frac{R \cdot U_0 \cdot s}{R^2 + X_0^2 \cdot s^2}}$$

s = Schlupf $s = \dfrac{n_0 - n}{n_0}$
n_0 = synchrone Drehzahl
n = tatsächliche Drehzahl
U_0 = Läuferstillstandsspannung
X_0 = induktiver Widerstand bei Läuferstillstand
R = Wirkwiderstand der Maschine
K = Motorkonstante

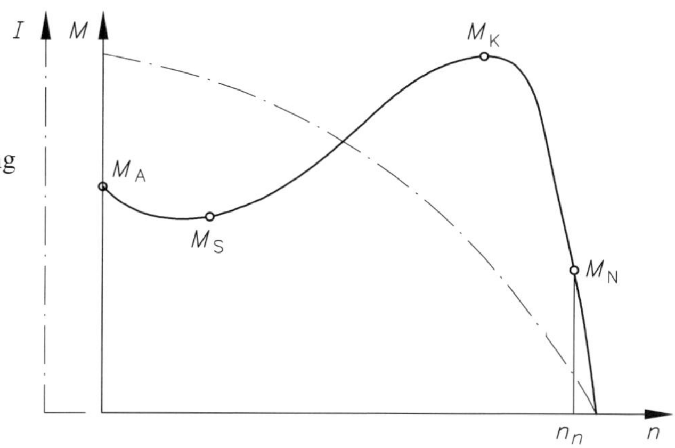

M_A = Anzugsmoment M_K = Kippmoment
M_S = Sattelmoment M_N = Nennmoment

a) Zeichnen Sie die Graphen der Funktionen für $I = f(n)$ und $M = f(n)$ (es lässt sich einfacher rechnen, wenn die Drehzahl n in den Schlupf s umgerechnet wird).
Es sollen folgende Werte ohne Einheiten eingesetzt werden: $n_0 = 3000$; $U_0 = 100$; $X_0 = 10$; $R = 2$ und $K = 2{,}5$.

b) Für welche Drehzahl n hat das Drehmoment M ein Maximum?

c) Bei einem Schleifringläufermotor wird von außen zusätzlich ein Widerstand $R_2 = 4$ in Reihe zum Widerstand $R = 2$ des Motors geschaltet.
Zeichnen Sie die Kennlinien für das Drehmoment und den Strom in das Diagramm der Aufg. a) mit ein.
Bei welcher Drehzahl wird jetzt das Kippmoment erreicht?

15 Der Schwerpunkt S einer Getränkedose bestimmt ihren stabilen Stand. Wie hoch sollte der Flüssigkeitsstand sein, damit der Schwerpunkt am tiefsten liegt und die Dose den stabilsten Stand hat.

H = Höhe der Getränkedose (12 cm)
h = Höhe der Flüssigkeit
r = Radius für den Gesamtschwerpunkt
m_D = Masse der Dose (= 30 g)
m_F = Masse des Getränkes $\left(= 330\text{ g} \cdot \frac{h}{H}\right)$

Die Drehmomentengleichung lautet:

$$(m_D + m_F) \cdot g \cdot r = m_D \cdot g \cdot \frac{H}{2} + m_F \cdot g \cdot \frac{h}{2}$$

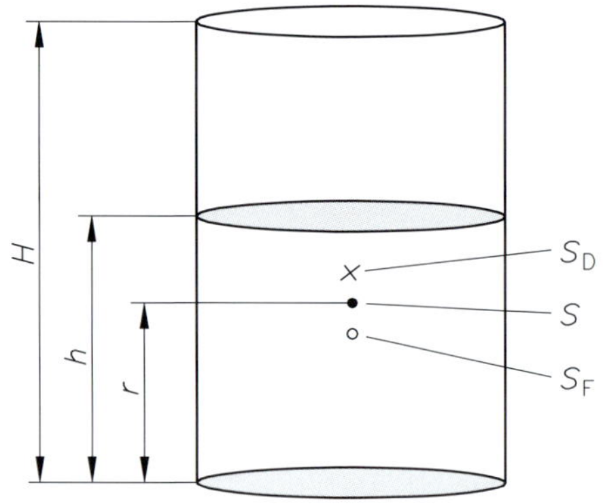

8.4 Differenzialrechnung für irrationale Funktionen

8.4.1 Wurzelfunktionen

$\boldsymbol{f(x) = \sqrt[n]{x^m}}$, ist die Gleichung der Wurzelfunktion.

$\boldsymbol{f(x) = x^{\frac{m}{n}}}$ ist die Gleichung in der Potenzschreibweise (vgl. 1.5.5).

Für die Ableitung der Wurzelfunktion gilt dann die

Potenzregel (zweite Erweiterung)

$f(x) = x^{\frac{m}{n}} \quad x \in \mathbb{R}^+ \quad m, n \in \mathbb{Z}\setminus\{0, 1, -1\} \wedge m \neq n$ Gleichung der Funktion f.

$f'(x) = \frac{m}{n} \cdot x^{\frac{m}{n} - 1}$ Gleichung der Ableitungsfunktion f'.

$$\boldsymbol{f'(x) = \frac{m}{n} \cdot \sqrt[n]{x^{m-n}}}$$

Herleitung der Regel:

Die Funktion f mit $f(x) = x^{\frac{m}{n}}$ kann als verkettete Funktion aufgefasst werden:

f mit $f(x) = \left(x^{\frac{1}{n}}\right)^m$

$$z = v(x) = x^{\frac{1}{n}} \Rightarrow z' = \frac{1}{n} \cdot x^{\frac{1}{n} - 1} \quad \text{und} \quad y = g(z) = z^m \Rightarrow y' = m \cdot z^{m-1}$$

$$f'(x) = g'(z) \cdot z'$$

$$f'(x) = m \cdot \left(x^{\frac{1}{n}}\right)^{m-1} \cdot \frac{1}{n} \cdot x^{\frac{1}{n} - 1} \Leftrightarrow f'(x) = \frac{m}{n} \cdot x^{\frac{m-1}{n} + \frac{1}{n} - 1} \Leftrightarrow f'(x) = \frac{m}{n} \cdot x^{\frac{m-n}{n}}$$

$$f'(x) = \frac{m}{n} \cdot x^{\frac{m}{n} - 1} \quad \text{oder} \quad f'(x) = \frac{m}{n} \cdot \sqrt[n]{x^{m-n}}$$

Ableitungsregeln

1. $f(x) = \sqrt[n]{x}$	$\Leftrightarrow f(x) = x^{\frac{1}{n}}$	$n \in \mathbb{N}\setminus\{1\};\ x \in \mathbb{R}^+$
$f'(x) = \frac{1}{n} \cdot \sqrt[n]{x^{1-n}}$	$\Leftrightarrow f'(x) = \frac{1}{n} \cdot x^{\frac{1}{n}-1}$	
2. $f(x) = a \cdot \sqrt[n]{x^m}$	$\Leftrightarrow f(x) = a \cdot x^{\frac{m}{n}}$	$m, n \in \mathbb{Z}\setminus\{0, 1, -1\}$
$f'(x) = a \cdot \frac{m}{n} \cdot \sqrt[n]{x^{m-n}}$	$\Leftrightarrow f'(x) = a \cdot \frac{m}{n} \cdot x^{\frac{m}{n}-1}$	$\wedge\ m \neq n;\ x \in \mathbb{R}^+$
3. $f(x) = a \cdot \sqrt[n]{g(x)}$	$\Leftrightarrow f(x) = a \cdot (g(x))^{\frac{1}{n}}$	$g(x) \geq 0 \wedge$ differenzierbar;
$f'(x) = \frac{a}{n} \cdot \sqrt[n]{(g(x))^{1-n}} \cdot g'(x)$	$\Leftrightarrow f'(x) = \frac{a}{n} \cdot (g(x))^{\frac{1}{n}-1} \cdot g'(x)$	$n \in \mathbb{N}\setminus\{1\}$

Beispiele für Ableitungen von Wurzelfunktionen

1. $f(x) = x^2 + 2\sqrt{x} \quad \Rightarrow f'(x) = 2x + \frac{1}{\sqrt{x}}$

$D = \mathbb{R}^+$

2. $f(x) = 4 \cdot \sqrt[4]{x^3} \quad \Rightarrow f'(x) = 4 \cdot \frac{3}{4} \cdot \sqrt[4]{x^{-1}} = \frac{3}{\sqrt[4]{x}}$

$D = \mathbb{R}^+$

3. $f(x) = \sqrt[3]{5x^2} = \sqrt[3]{5} \cdot \sqrt[3]{x^2} \quad \Rightarrow f'(x) = \sqrt[3]{5} \cdot \frac{2}{3} \cdot \sqrt[3]{x^{-1}} = \sqrt[3]{5} \cdot \frac{2}{3\sqrt[3]{x}}$

$D = \mathbb{R}$

4. $f(x) = \sqrt[3]{2x^2 + 3} \quad \Rightarrow f'(x) = \frac{1}{3} \cdot \sqrt[3]{(2x^2+3)^{-2}} \cdot 4x = \frac{4x}{3\sqrt[3]{(2x^2+3)^2}}$

$D = \mathbb{R}$

5. $f(x) = \frac{2}{3\sqrt[5]{x^2}} = \frac{2}{3} \cdot \sqrt[5]{x^{-2}} \quad \Rightarrow f'(x) = \frac{2}{3} \cdot \left(-\frac{2}{5}\right) \cdot \sqrt[5]{x^{-7}} = -\frac{4}{15\sqrt[5]{x^7}}$

$D = \mathbb{R}$

6. $f(x) = \frac{1}{\sqrt[5]{x^3 + 2x}} = \sqrt[5]{(x^3+2x)^{-1}} \quad \Rightarrow f'(x) = \frac{1}{5} \cdot \sqrt[5]{(x^3+2x)^{-6}} \cdot (3x^2+2)$

$D = \mathbb{R}^+ \qquad\qquad = -\frac{3x^2+2}{5\sqrt[5]{(x^3+2x)^6}}$

Mithilfe dieser Ableitungsregeln können Kurvendiskussionen durchgeführt und Extremwertprobleme gelöst werden, bei denen Wurzelfunktionen abgeleitet werden müssen. Das soll hier am Beispiel einer Kurvendiskussion gezeigt werden.

Beispiel für eine Kurvendiskussion

Für die Funktion f mit $f(x) = \frac{x}{2} \cdot \sqrt{4 - x^2}$ soll der Graph gezeichnet werden. Ermitteln Sie vorher den Definitionsbereich, die Nullstellen und die Extrem- und Wendepunkte des Graphen.

Lösung:

a) Definitionsmenge:

$4 - x^2 \geq 0 \quad \Rightarrow D = \{\boldsymbol{x} \,|\, \boldsymbol{-2 \leq x \leq 2}\}$

b) Nullstellen:

$\frac{x}{2} \cdot \sqrt{4 - x^2} = 0 \Rightarrow \boldsymbol{x_{01} = -2;\ x_{02} = 0;\ x_{03} = 2}$

c) Ableitungen:

$f(x) = \frac{x}{2} \cdot \sqrt{4 - x^2}$

1. Ableitung: $\boldsymbol{f'(x) = \frac{2 - x^2}{\sqrt{4 - x^2}}}$

2. Ableitung: $\boldsymbol{f''(x) = \frac{x^3 - 6x}{\sqrt{(4 - x^2)^3}}}$

3. Ableitung: $\boldsymbol{f'''(x) = \frac{-24}{\sqrt{(4 - x^2)^5}}}$

d) Extrempunkte:

Hinreichende Bedingung: $f'(x) = 0 \wedge f''(x_E) \neq 0$

Es ist $\frac{2 - x^2}{\sqrt{4 - x^2}} = 0$, wenn $2 - x^2 = 0 \wedge x \in D \quad \Rightarrow x_{E_1} = \sqrt{2} \wedge x_{E_1} = -\sqrt{2}$

$f''(x_{E_1}) = \frac{2\sqrt{2} - 6\sqrt{2}}{2\sqrt{2}} = -2 < 0 \quad \Rightarrow \boldsymbol{HP(\sqrt{2}\,|\,1)}$

$f''(x_{E_2}) = \frac{-2\sqrt{2} + 6\sqrt{2}}{2\sqrt{2}} = 2 > 0 \quad \Rightarrow \boldsymbol{TP(-\sqrt{2}\,|\,-1)}$

e) Wendepunkte:

Hinreichende Bedingung: $f''(x_W) = 0 \wedge f'''(x_W) \neq 0$

Es ist $\frac{x^3 - 6x}{\sqrt{(4 - x^2)^3}} = 0$, wenn $x^3 - 6x = 0 \wedge x \in D \Rightarrow x_W = 0$

($x = -\sqrt{6}$ und $x = \sqrt{6}$ liegen nicht in D)

$f'''(x_W) = \frac{-6\sqrt{64}}{64} = -\frac{3}{4} \neq 0 \quad \Rightarrow \boldsymbol{W(0\,|\,0)}$

Da $f'''(x_W) < 0$ ist, liegt für W eine L-R-Kombination vor.

f) Graph der Funktion:

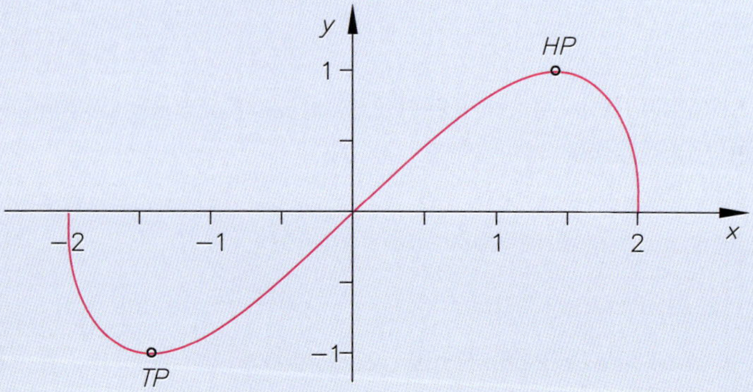

Abb. 8.42

AUFGABEN

1 Bilden Sie die erste Ableitung:

a) $f(x) = \sqrt{4x}$
b) $f(x) = \frac{1}{2}\sqrt[3]{x}$
c) $f(x) = \sqrt{\frac{1}{n} \cdot x}$
d) $f(x) = \sqrt{\frac{2}{x}}$
e) $f(x) = \sqrt[3]{x^2 + 1}$
f) $f(x) = 2\sqrt[3]{\frac{x^2}{x + 1}}$
g) $f(x) = \frac{a\sqrt{x}}{x + 2}$
h) $f(x) = \sqrt{\frac{1}{x^3}} \cdot x^3$
i) $f(x) = (x^2 + 1)\sqrt{x^2 - 1}$
k) $f(x) = x^2\sqrt[3]{x} - \frac{1}{\sqrt{x}}$
l) $f(x) = \sqrt[3]{-4x^2}$
m) $f(x) = x^2\sqrt{\frac{1}{x^3}} - \sqrt[3]{-x^3 + 3}$

2 Bestimmen Sie die Gleichung der Tangente und der Normale im Kurvenpunkt P_0 mit der gegebenen Abszisse x_0:

a) $f(x) = 2\sqrt{3x}$, $x_0 = 4$ b) $f(x) = 2 \cdot \sqrt[3]{x} - x^2$, $x_0 = 2$ c) $f(x) = 3x\sqrt{x - 2}$, $x_0 = 3$

3 Ermitteln Sie die Gleichung der Tangente an die Kurve im Kurvenpunkt P_0:

a) $f(x) = \sqrt{x^2 + 5}$, $P_0(1|y_0)$
b) $f(x) = 5 \cdot \sqrt{5x^2 - 7x + 4}$, $P_0(3|y_0)$
c) $f(x) = \frac{\sqrt{x - 3}}{x - 1}$, $P_0(7|y_0)$
d) $f(x) = \frac{\sqrt{x^2 + 2x - 1}}{\sqrt{x + 4}}$, $P_0(-3y_0)$
e) $f(x) = \sqrt{x^2 + 4} + \frac{1}{x^2}$, $P_0(1|y_0)$
f) $f(x) = \sqrt[3]{(x - 2)^2}$, $P_0(-3|y_0)$

4 In welchem Punkt des Halbkreises mit der Gleichung $f(x) = \sqrt{25 - x^2}$ ist die Tangente parallel zur Geraden mit der Gleichung $g(x) = 2x - 3$?

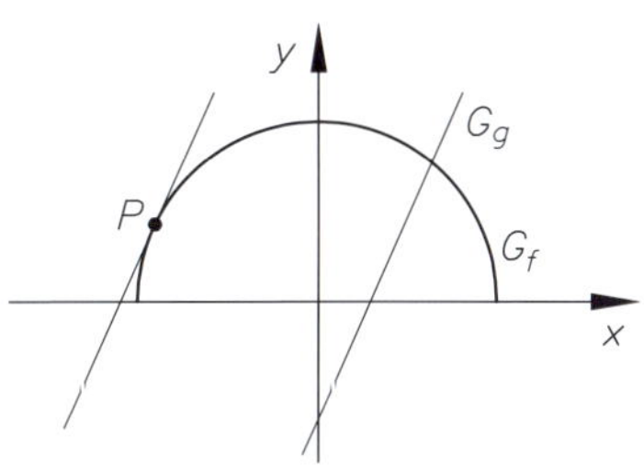

5 Führen Sie eine Kurvendiskussion durch:

a) $f(x) = x\sqrt{4 - x}$
b) $f(x) = \sqrt{x(x^2 - 16)}$
c) $f(x) = \sqrt{(6x + 1)^3}$
d) $f(x) = x\sqrt{16 - x^2}$
e) $f(x) = -x^2\sqrt{x + 1}$
f) $f(x) = (x - 2)\sqrt{x - 1}$

6 Gegeben ist die Kurvenschar $f(x) = \sqrt{\frac{2}{3}x^3 + a}$.

Bestimmen Sie die Gleichung der Kurve, die durch $P_0(2|2)$ geht und führen Sie dann eine Kurvendiskussion durch.

7 Untersuchen Sie die Funktion f mit der Gleichung $f(x) = \sqrt{\frac{x^3}{2 - x}}$.

- Bestimmen Sie die Tangentengleichung im Kurvenpunkt $P_0(1|f(1))$.
- Berechnen Sie den Schnittpunkt dieser Tangente mit dem Funktionsgraph.
- Zeichnen Sie den Funktionsgraph.

8 Welches von allen Rechtecken mit gegebenem Umfang (mit gegebenem Flächeninhalt) hat die kürzeste Diagonale?

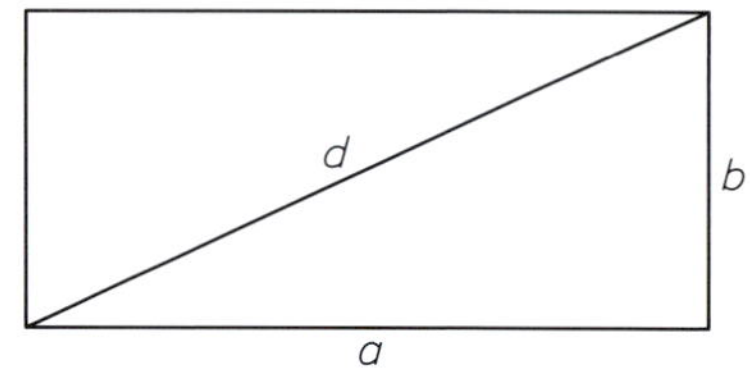

9 Einem Kreis mit gegebenem Radius r soll ein gleichschenkliges Dreieck umbeschrieben werden. Berechnen Sie die Seitenlängen des Dreiecks, das den kleinsten Flächeninhalt hat.

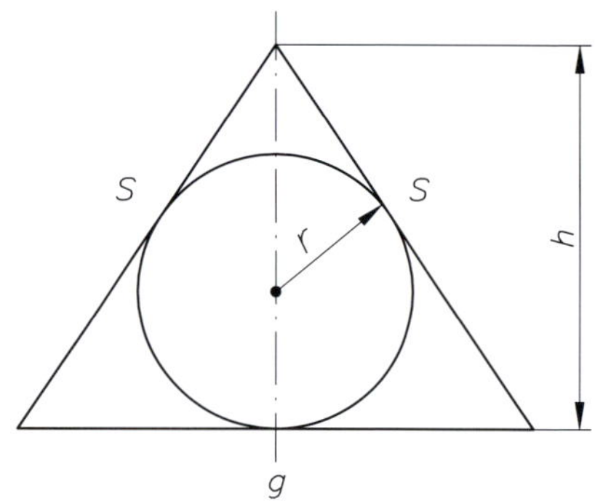

10 Über den Seiten eines Quadrates mit veränderlicher Seitenlänge x werden gleichschenklige Dreiecke mit gegebener Schenkellänge a gezeichnet. Bei welcher Seitenlänge x wird der Flächeninhalt des entstandenen Achtecks maximal?

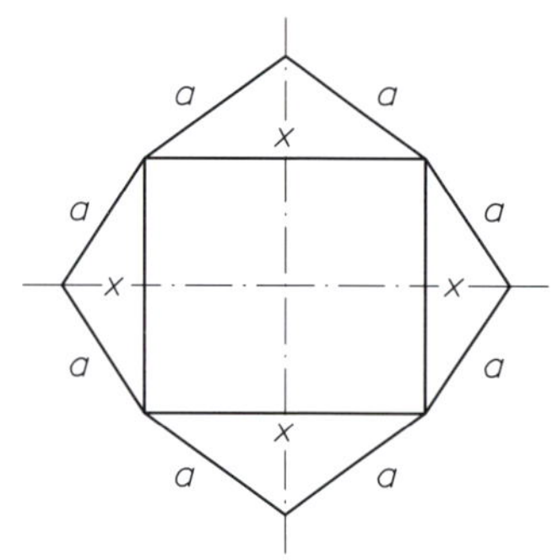

11 An einer Reihenschaltung mit einem ohmschen Widerstand R, einer Induktivität L und einer Kapazität C liegt eine sinusförmige Wechselspannung U mit veränderlicher Frequenz f an. Für die Errechnung der Stromstärke ergibt sich der folgende von der Frequenz abhängige Zusammenhang:

$$I = \frac{U}{\sqrt{R^2 + \left(2\pi f L - \frac{1}{2\pi f C}\right)^2}} \quad \text{oder mit } \omega = 2\pi f\text{:}$$

$$I = \frac{U}{\sqrt{R^2 + \left(\omega L - \frac{1}{\omega C}\right)^2}}$$

Für welche Kreisfrequenzen $\omega = 2\pi f$ ist die Stromstärke maximal?

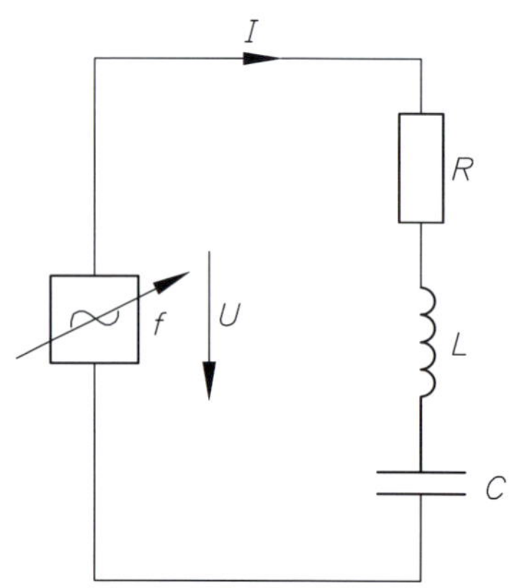

12 In einen Kreis mit dem Radius r wird ein Rechteck mit den Seiten a und b eingezeichnet.
Der Umfangswert U des Rechtecks ist davon abhängig, wie lang die Seite a gezeichnet wird.

a) Ermitteln Sie die Funktion $U = f(a)$. Geben Sie den Definitionsbereich an.

b) Zeichnen Sie den Graphen der Funktion, wenn $r = 10$ cm ist.

c) Wann wird der Umfangswert maximal?

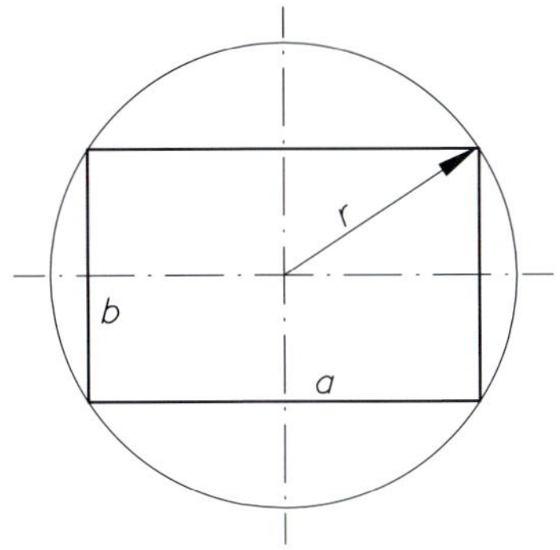

13 Zwei Läufer machen einen Wettlauf zum Strand. Dabei können sie 400 m auf einem befestigten Weg laufen, der parallel zum Strand führt, und dann 100 m durch den Sand ans Meer. Durch den Sand können sie nur halb so schnell wie auf dem Weg laufen.
Da beide gleich schnell sind, stellt sich die Frage, ob einer durch den Sand abkürzen sollte, um zu gewinnen.

a) Stellen Sie eine Funktion auf, die die Zeit t in Abhängigkeit von der Wegstrecke x darstellt. Der befestigte Weg wird um x-Meter eher verlassen. Geben Sie den Definitionsbereich an.

b) Zeichnen Sie den Graphen für $t = f(x)$, wenn beide Läufer mit $v = 3{,}5$ m/s auf dem befestigten Weg laufen.

c) An welcher Stelle müsste der eine Läufer abkürzen, um zu gewinnen?

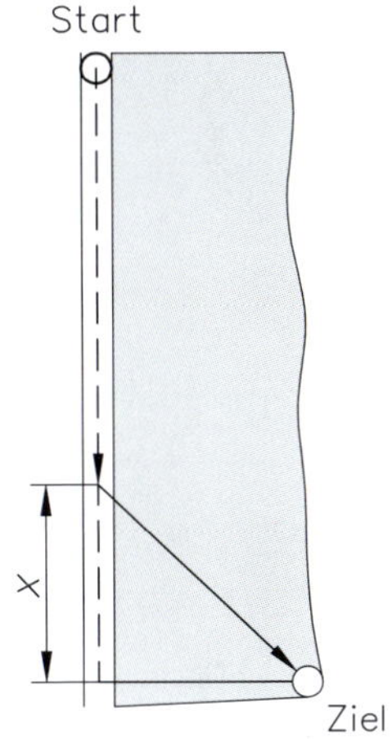

8.4.2 Exponential- und Logarithmusfunktionen

Wir beschränken uns dabei auf eine Behandlung der e-Funktion $x \mapsto y = \mathrm{e}^x$ und der Umkehrfunktion $x \mapsto y = \ln x$ sowie daraus abgeleiteten zusammengesetzten Funktionen (vgl. 3.6).

Die Ableitung der Exponentialfunktion

$f(x) = \mathrm{e}^x \quad D = \mathbb{R};\ W = \mathbb{R}^+$ ist die Gleichung der Funktion f.

$f'(x) = \mathrm{e}^x$ ist die Gleichung der Ableitungsfunktion f'.

Herleitung der Ableitungsfunktion

$\frac{\Delta y}{\Delta x} = \frac{e^{x + \Delta x} - e^x}{\Delta x} \Leftrightarrow \frac{\Delta y}{\Delta x} = \frac{e^x(e^{\Delta x} - 1)}{\Delta x}$ ist der Differenzenquotient der e-Funktion.

Die Bildung des Grenzwertes führt auf den Ausdruck

$$f'(x) = \lim_{\Delta x \to 0} \frac{e^x(e^{\Delta x} - 1)}{\Delta x} \Leftrightarrow f'(x) = e^x \cdot \lim_{\Delta x \to 0} \frac{e^{\Delta x} - 1}{\Delta x}$$

Der Grenzwert lässt sich bestimmen, wenn für Δx die Nullfolge $\langle \Delta x \rangle = \left\langle \frac{1}{n} \right\rangle$ gewählt und der Ausdruck $\frac{e^{\frac{1}{n}} - 1}{\frac{1}{n}}$ abgeschätzt wird.

Die Zahl e ist bekannt als Grenzwert: $e = \lim_{n \to \infty} \left(1 + \frac{1}{n}\right)^n$, $n \in \mathbb{N}$, so dass folgende Abschätzung gilt:

$$\left(1 + \frac{1}{n}\right)^n < e < \left(1 + \frac{1}{n-1}\right)^n, \text{ denn } \frac{1}{n} < \frac{1}{n-1} \text{ für alle } n \in \mathbb{N}. \text{ Daraus folgt:}$$

$$\left[\left(1 + \frac{1}{n}\right)^n\right]^{\frac{1}{n}} < e^{\frac{1}{n}} < \left[\left(1 + \frac{1}{n-1}\right)^n\right]^{\frac{1}{n}}$$

$$\Leftrightarrow \quad 1 + \frac{1}{n} < e^{\frac{1}{n}} < 1 + \frac{1}{n-1}$$

$$\Leftrightarrow \quad \frac{1}{n} < e^{\frac{1}{n}} - 1 < \frac{1}{n-1}$$

$$\Leftrightarrow \quad 1 < \frac{e^{\frac{1}{n}} - 1}{\frac{1}{n}} < \frac{n}{n-1}; \quad \lim_{n \to \infty} \frac{n}{n-1} = \lim_{n \to \infty} \left(1 + \frac{1}{n-1}\right) = 1$$

Somit wird für $n \to \infty$: $\lim_{n \to \infty} \frac{e^{\frac{1}{n}} - 1}{\frac{1}{n}} = 1$ und mit $\Delta x = \frac{1}{n} \to 0$ wird: $\lim_{\Delta x \to 0} \frac{e^{\Delta x} - 1}{\Delta x} = 1$

Daraus folgt nun: $\boldsymbol{f'(x)} = e^x \cdot \lim_{\Delta x \to 0} \frac{e^{\Delta x} - 1}{\Delta x} = e^x \cdot 1 = \mathbf{e^x}$

Die e-Funktion hat die einmalige Eigenschaft, dass Funktion und Ableitungsfunktion durch denselben Term dargestellt werden. Der Funktionswert an der Stelle x gibt also gleichzeitig auch die Steigung der Tangente an dieser Stelle an.
Was für die erste Ableitung gilt, trifft auch auf alle weiteren Ableitungen zu.

Die Ableitung der Logarithmusfunktion

$f(x) = \ln x$; $D = \mathbb{R}^+$; $W = \mathbb{R}$ ist die Gleichung der Funktion f.

$f'(x) = \frac{1}{x}$ ist die Gleichung der Ableitungsfunktion f'.

Herleitung der Ableitungsfunktion

$x \mapsto y = \ln x$ ist die Umkehrfunktion von $x \mapsto y = e^x$ (vgl. 3.6.3).

Also ist: $y = \ln x \Leftrightarrow e^y = x$ (für alle $x \in \mathbb{R}^+$; $y \in \mathbb{R}$)

Die Ableitung nach x mithilfe der Kettenregel ergibt:

$(e^y = x)' \Rightarrow e^y \cdot y' = 1$

$y' = \frac{1}{e^y}$ und mit $e^y = x$ ist: $y' = \frac{1}{x}$

Die Ableitung der ln-Funktion ergibt also eine sehr einfache rationale Funktion.

Die Ableitung zusammengesetzter Funktionen

Mithilfe der Kettenregel können zusammengesetzte Funktionen der Form
$z \mapsto y = \boldsymbol{g(z) = e^z}$ bzw. $z \mapsto y = \boldsymbol{g(z) = \ln z}$ und $x \mapsto \boldsymbol{z = v(x)}$ abgeleitet werden.

Das soll an vier Beispielen gezeigt werden:

Beispiel 1

$f(x) = e^{2x+3}$ $\quad g(z) = e^z \Rightarrow g'(z) = e^z$ $\quad z = 2x + 3 \Rightarrow z' = 2$

$\boldsymbol{f'(x) = 2 \cdot e^{2x+3}}$

Beispiel 2

$f(x) = x^2 \cdot e^{2x+3}$

Produktregel:
$u(x) = x^2 \Rightarrow u'(x) = 2x$
$v(x) = e^{2x+3} \Rightarrow v'(x) = 2 \cdot e^{2x+3}$ (s. Beisp. 1)

$f'(x) = x^2 \cdot 2 \cdot e^{2x+3} + 2x \cdot e^{2x+3}$

$\boldsymbol{f'(x) = 2x \cdot e^{2x+3}(x + 1)}$

Beispiel 3

$f(x) = \ln(2x^2 + x - 1)$ $\quad g(z) = \ln z \Rightarrow g'(z) = \frac{1}{z}$ $\quad z = 2x^2 + x - 1 \Rightarrow z' = 4x + 1$

$$\boldsymbol{f'(x) = \frac{4x + 1}{2x^2 + x - 1}}$$

Beispiel 4

$f(x) = \ln\sqrt{3x + 4}$ $\quad g(z) = \ln z \Rightarrow g'(z) = \frac{1}{z}$ $\quad z = \sqrt{3x + 4} \Rightarrow z' = \frac{3}{2\sqrt{3x + 4}}$

$$f'(x) = \frac{1}{\sqrt{3x + 4}} \cdot \frac{3}{2\sqrt{3x + 4}}$$

$$\boldsymbol{f'(x) = \frac{3}{2(3x + 4)}}$$

Es soll der Kurvenverlauf einer zusammengesetzten Funktion untersucht werden.

Beispiel für eine Kurvendiskussion

Die Funktion f mit $f(x) = (1 - x^2) \cdot e^{-x}$ soll diskutiert und ihr Graph gezeichnet werden.

Lösung:

a) Definitionsbereich:

u mit $u(x) = (1 - x^2)$ und v mit $v(x) = e^{-x}$ sind in $\mathbb{R}$ definiert. $\Rightarrow D = \mathbb{R}$

b) Nullstellen:

$(1 - x^2) \cdot e^{-x} = 0 \Rightarrow (1 - x^2) = 0 \qquad \Rightarrow \boldsymbol{x_{01} = 1 \wedge x_{02} = -1}$

Der Graph schneidet die y-Achse im Punkt $\boldsymbol{S_y(0|1)}$, da $f(0) = 1 \cdot e^{-0} = 1$ ist.

c) Asymptote:

$\lim\limits_{x \to -\infty} (1 - x^2) \cdot e^{-x} \to -\infty$

$\lim\limits_{x \to +\infty} (1 - x^2) \cdot e^{-x} = -0 \Rightarrow$ für $x \to \infty$ ist $\boldsymbol{y_A = 0}$

d) Ableitungen:

$f(x) = (1 - x^2) \cdot e^{-x}$

1. Ableitung: *Produktregel:* $f = u'v + v'u$

$u(x) = 1 - x^2 \qquad \Rightarrow u'(x) = -2x$

$v(x) = e^{-x}$

Kettenregel:

$g(z) = e^z \Rightarrow t'(z) = e^z$

$z = -x \quad \Rightarrow z' = -1$

$v(x) = e^{-x} \qquad \Rightarrow v'(x) = -1\,e^{-x}$

$f'(x) = -2x \cdot e^{-x} - e^{-x}(1 - x^2)$

$\boldsymbol{f'(x) = (x^2 - 2x - 1) \cdot e^{-x}}$

2. Ableitung:

$u(x) = (x^2 - 2x - 1) \Rightarrow u'(x) = 2x - 2$

$v(x) = e^{-x} \qquad \Rightarrow v'(x) = -e^{-x}$

$f''(x) = (2x - 2) \cdot e^{-x} - e^{-x}(x^2 - 2x - 1)$

$\boldsymbol{f''(x) = -(x^2 - 4x + 1) \cdot e^{-x}}$

3. Ableitung:

$u(x) = -(x^2 - 4x + 1) \Rightarrow u'(x) = -2x + 4$

$v(x) = e^{-x} \qquad \Rightarrow v'(x) = -e^{-x}$

$f'''(x) = (-2x + 4) \cdot e^{-x} + e^{-x}(x^2 - 4x + 1)$

$\boldsymbol{f'''(x) = (x^2 - 6x + 5) \cdot e^{-x}}$

e) Extrempunkte:

Hinreichende Bedingung: $f'(x) = 0 \wedge f''(x_E) \neq 0$

Es ist $-(x^2 - 2x - 1) \cdot e^{-x} = 0$,

wenn $x^2 - 2x - 1 = 0$

$x_E = \pm\sqrt{2} + 1 \Rightarrow x_{E_1} = -0{,}414 \wedge x_{E_2} = 2{,}414$

$f''(x_{E_1}) = -2{,}828 \cdot e^{0{,}414} < 0 \qquad \Rightarrow \boldsymbol{HP(-0{,}414|1{,}254)}$

$f''(x_{E_2}) = 2{,}828 \cdot e^{-2{,}414} > 0 \qquad \Rightarrow \boldsymbol{TP(2{,}414|-0{,}432)}$

f) Wendepunkte:

Hinreichende Bedingung: $f''(x_W) = 0 \wedge f'''(x_W) \neq 0$

Es ist $-(x^2 - 4x + 1) \cdot e^{-x} = 0$,

wenn $\quad x^2 - 4x + 1 = 0$

$$x_W = \pm\sqrt{3} + 2 \Rightarrow x_{W_1} = 0{,}268;\ x_{W_2} = 3{,}732$$

$f'''(x_{W_1}) = 3{,}46 \cdot e^{0{,}268} > 0 \qquad \Rightarrow$ **$W_1(0{,}268|0{,}71)$**

Für W_1 liegt eine R-L-Kombination vor.

$f'''(x_{W_2}) = -3{,}46 \cdot e^{3{,}732} < 0 \qquad \Rightarrow$ **$W_2(3{,}732|-0{,}31)$**

Für W_2 liegt eine L-R-Kombination vor.

g) Graph der Funktion:

G_1: Der Graph der Funktion f mit $f(x) = (1 - x^2) \cdot e^{-x}$ setzt sich zusammen aus den Graphen:

G_2: der Funktion u mit $u(x) = (1 - x^2)$ und

G_3: der Funktion v mit $v(x) = e^{-x}$

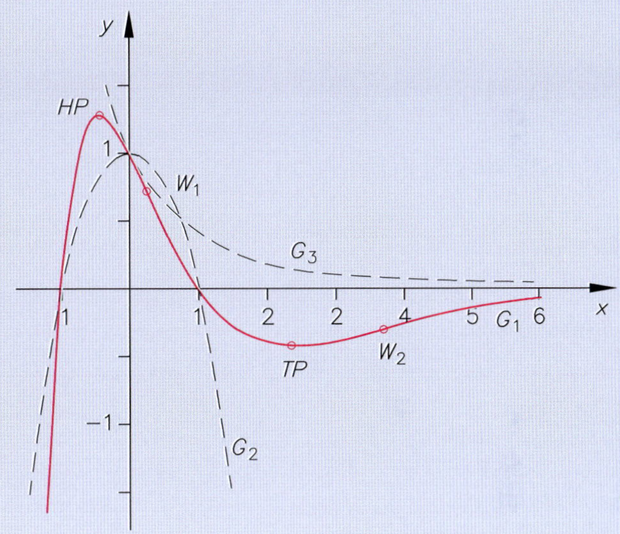

Abb. 8.43

AUFGABEN

1 Bilden Sie die erste Ableitung:

a) $f(x) = 2e^x$

b) $f(x) = 2 \cdot e^{2x}$

c) $f(x) = e^{-x}$

d) $f(x) = a \cdot e^{-x}$

e) $f(x) = e^{-3x}$

f) $f(x) = -3 \cdot e^{-4x}$

g) $f(x) = 3 \cdot e^{\frac{5}{2}x}$

h) $f(x) = e^{4x-1}$

i) $f(x) = e^{3x - x^2}$

k) $f(x) = e^{\frac{1}{x}}$

2 Ermitteln Sie die ersten beiden Ableitungen:

a) $f(x) = 2e^x + e^{-x}$

b) $f(x) = e^{\frac{x}{4}} - e^{-\frac{x}{4}}$

c) $f(x) = x \cdot e^x$

d) $f(x) = 3e^{2x} - 2 \cdot e^{-3x}$

e) $f(x) = x^3 e^{2x}$

f) $f(x) = x^4 e^{-x}$

g) $f(x) = \frac{x}{2} e^{3x+1}$

3 Berechnen Sie Extrempunkte und Wendepunkte der Kurven mit folgenden Gleichungen (Gauß-Verteilung!):

a) $f(x) = e^{x^2}$ b) $f(x) = e^{-\frac{1}{2}x^2}$ c) $f(x) = \frac{1}{2}e^{-\frac{1}{4}x^2}$

4 Führen Sie eine Kurvendiskussion durch:

a) $f(x) = 2x + e^x$
b) $f(x) = 2e^x + e^{-x}$
c) $f(x) = x^2 - 3 + e^x$
d) $f(x) = x^2 \cdot e^x + 2x$
e) $f(x) = \frac{e^x + e^{-x}}{2}$ (Kettenlinie)

5 Bilden Sie die erste Ableitung:

a) $f(x) = \ln(x + 1)$
b) $f(x) = \ln(x - 4)$
c) $f(x) = \ln x^2$
d) $f(x) = (\ln x)^2$
e) $f(x) = x \ln x$
f) $f(x) = \frac{1}{x}\ln x$
g) $f(x) = \frac{1}{1 + x}\ln x$
h) $f(x) = \frac{1}{x - 1}\ln(x + 1)$

6 Differenzieren Sie zweimal.

a) $f(x) = \ln(3x + 1)$
b) $f(x) = \ln(4 + 2x)^2$
c) $f(x) = \ln\frac{1 + x}{x}$
d) $f(x) = \ln\sqrt[3]{x^2 + 1}$
e) $f(x) = \ln\frac{1}{\sqrt{x^2 - 1}}$

7 Gegeben sind die Funktionen f und g mit den Gleichungen $f(x) = 2 \cdot e^x$ und $g(x) = 5 - 2 \cdot e^x$. Führen Sie für beide Funktionen eine Kurvendiskussion durch, zeichnen Sie die beiden Kurven und berechnen Sie ihre Schnittpunkte.

8 Gegeben sind die Funktionen f und g durch die Funktionsgleichungen $f(x) = 2 \cdot e^{-x}$ und $g(x) = -2x \cdot e^{-x}$. Führen Sie eine Kurvendiskussion durch und zeichnen Sie die beiden Funktionsgraphen in dasselbe Koordinatensystem ein.
Für welche Stelle $x > -1$ ist die Differenz der Ordinaten der beiden Kurven maximal?

9 Bei der Funktion $x \mapsto (x^2 + ax + b) \cdot e^{-x}$ sind a und b so zu bestimmen, dass der Funktionsgraph die x-Achse an der Stelle $x = -1$ berührt.

10 Untersuchen Sie die Kurve mit der Gleichung $f(x) = \frac{x}{\ln x}$.

11 Führen Sie eine Kurvendiskussion durch und zeichnen Sie den Funktionsgraph der Funktion $x \mapsto \frac{2 \cdot \ln x}{x}$. Welcher Funktionsgraph entspricht der Funktion $x \mapsto -\frac{2 \cdot \ln(-x)}{x}$?

12 Gegeben ist die Funktion f mit der Gleichung $f(x) = x + x \cdot \ln x$. Führen Sie eine Kurvendiskussion durch und berechnen Sie die Gleichung der Tangente in $P_0(1 \mid f(1))$.

13 Mithilfe des Newton'schen Näherungsverfahrens sollen die Lösungsmengen für folgende Gleichungen bis auf 3 Stellen hinter dem Komma bestimmt werden:

a) $e^{0,2x} = 0,5x + 2$; b) $\ln x = x^2 - 2$; c) $x^2 = e^{0,5x} - 2$

14 Bei einem Schalltrichter hat die Mantellinie des Öffnungsbereichs die Form des Graphen einer e-Funktion f_1 mit der Gleichung $f_1(x) = 4 + 16e^{-0,15x}$.
Daran schließt sich tangential ein Kegelstück an mit $\alpha = 20°$ und $d = 3$. Die Seitenlinie des Kegelstumpfes ist eine Gerade. Ermitteln Sie die Gleichung der Geraden, berechnen Sie, an welcher Stelle der Übergang zur Geraden ist und zeichnen Sie dann die Mantellinie des kompletten Schalltrichters. Welche Länge hat der Trichter?

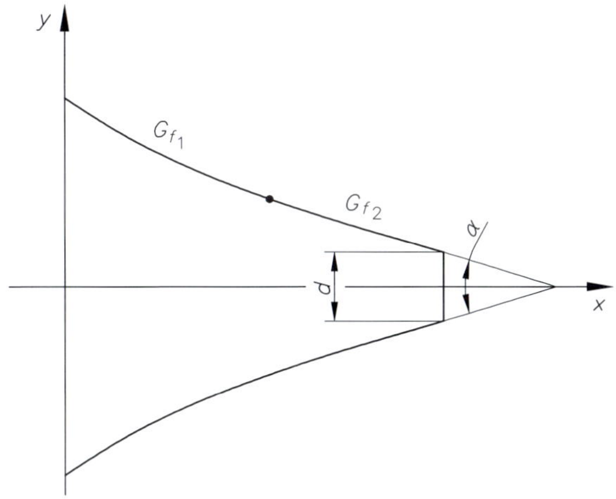

8.4.3 Die Ableitung der trigonometrischen Funktionen

Die trigonometrischen Funktionen wurden im Kapitel 3.7 in ihren grundlegenden Eigenschaften vorgestellt. Es sollen nun die Ableitungsfunktionen hergeleitet werden, für:

$y = f(x) = \sin x$ Gleichung der Sinusfunktion
$y = f(x) = \cos x$ Gleichung der Kosinusfunktion
$y = f(x) = \tan x$ Gleichung der Tangensfunktion
$y = f(x) = \cot x$ Gleichung der Kotangensfunktion

8.4.3.1 Besondere Grenzwerte

Um die Ableitungsfunktionen für die trigonometrischen Funktionen herleiten zu können, benötigen wir besondere Grenzwerte.
Diese besonderen Grenzwerte sind:

$$\lim_{x \to 0} \frac{\sin x}{x} = 1; \quad \lim_{x \to 0} \frac{\tan x}{x} = 1; \quad \lim_{x \to 0} \frac{x}{\sin x} = 1 \text{ und } \lim_{x \to 0} \frac{x}{\tan x} = 1$$

Folglich gilt für sehr kleine $|x|$-Werte: $\sin x \approx x$ und $\tan x \approx x$

Beweis des ersten Grenzwertes mithilfe einer geometrischen Veranschaulichung:

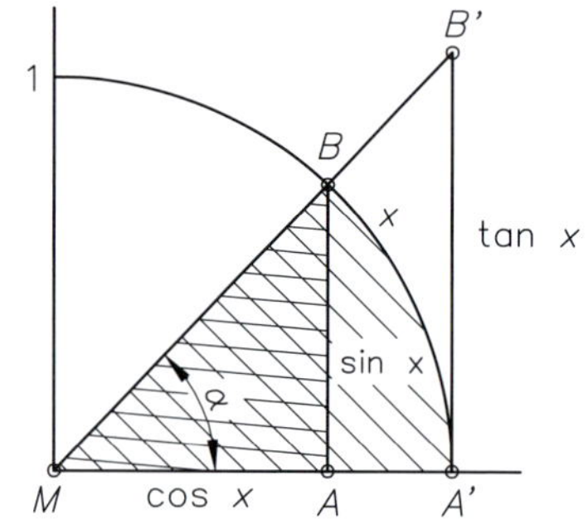

Abb. 8.44 x *= Bogenlänge im Einheitskreis*

$A_1 = \frac{1}{2}\sin x \cdot \cos x$ Fläche des Dreiecks MAB

$A_2 = 1^2\pi\frac{x}{2\pi} = \frac{1}{2}x$ Fläche des Kreisausschnittes $MA'B$

$A_3 = \frac{1}{2} \cdot 1 \cdot \tan x$ Fläche des Dreiecks $MA'B'$

Der Vergleich der Flächenwerte zeigt:

$$A_1 \leq A_2 \leq A_3$$

$$\frac{1}{2}\sin x \cdot \cos x \leq \frac{1}{2}x \leq \frac{1}{2} \cdot \tan x \quad \Big| : \frac{1}{2}\sin x$$

$$\cos x \leq \frac{x}{\sin x} \leq \frac{1}{\cos x}$$

$$\frac{1}{\cos x} \geq \frac{\sin x}{x} \geq \cos x$$

Da $\lim\limits_{x \to 0} \cos x = 1$ und $\lim\limits_{x \to 0} \frac{1}{\cos x} = 1$ sind, ist auch $\lim\limits_{x \to 0} \frac{\sin x}{x} = 1$

Der Beweis für den zweiten Grenzwert kann somit ebenfalls erbracht werden, denn

$$\tan x = \frac{\sin x}{\cos x} \quad \text{und} \quad \frac{\tan x}{x} = \frac{\sin x}{x\cos x}$$

$$\frac{\tan x}{x} = \frac{\sin x}{x} \cdot \frac{1}{\cos x} \Rightarrow \lim_{x \to 0} \frac{\tan x}{x} = 1.$$

8.4.3.2 Die Ableitungsfunktion der Sinusfunktion

$y = f(x) = \sin x$ ist die Gleichung der Sinusfunktion, die für alle $x \in \mathbb{R}$ definiert und stetig ist.

$\boldsymbol{y' = f'(x) = \cos x}$ ist die Gleichung der Ableitungsfunktion.

$\boldsymbol{(\sin x)' = \cos x}$ Eine andere Schreibweise für die Ableitung der Sinusfunktion.

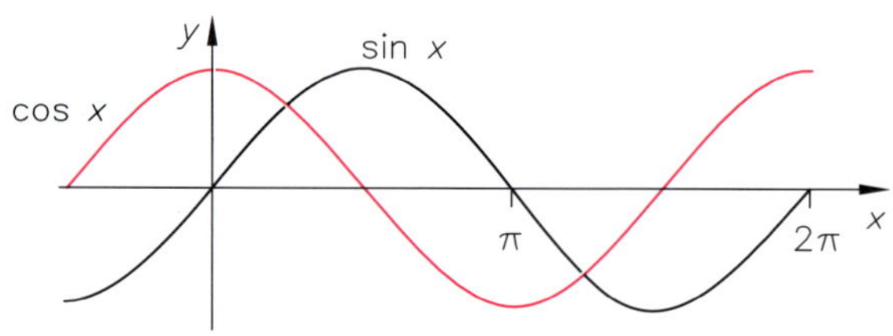

Abb. 8.45

Beweis der Ableitung $(\sin x)' = \cos x$:

$$f'(x) = \lim_{\Delta x \to 0} \frac{\Delta y}{\Delta x} = \lim_{\Delta x \to 0} \frac{\sin(x + \Delta x) - \sin x}{\Delta x} = \lim_{\Delta x \to 0} \frac{\sin x \cdot \cos \Delta x + \cos x \cdot \sin \Delta x - \sin x}{\Delta x}$$

$$= \lim_{\Delta x \to 0} \cos x \cdot \frac{\sin \Delta x}{\Delta x} + \lim_{\Delta x \to 0} \sin x \cdot \frac{\cos \Delta x - 1}{\Delta x}$$

$$f'(x) = \cos x \cdot 1 + \sin x \cdot 0$$

$\lim_{\Delta x \to 0} \frac{\sin \Delta x}{\Delta x} = 1$ (vgl. 8.4.3.1) und $\lim_{\Delta x \to 0} \frac{\cos \Delta x - 1}{\Delta x} = 0$ (wird im Folgenden gezeigt)

$$\frac{\cos \Delta x - 1}{\Delta x} = \frac{(\cos \Delta x - 1)(\cos \Delta x + 1)}{\Delta x(\cos \Delta x + 1)} = \frac{\cos^2 \Delta x - 1}{\Delta x(\cos \Delta x + 1)} = \frac{-\sin^2 \Delta x}{\Delta x(\cos \Delta x + 1)}$$

$$= \frac{\sin \Delta x}{\Delta x}\left(\frac{-\sin \Delta x}{\cos \Delta x + 1}\right)$$

$\lim_{\Delta x \to 0} \frac{\sin \Delta x}{\Delta x}\left(\frac{-\sin \Delta x}{\cos \Delta x + 1}\right) = 0$, denn $\lim_{\Delta x \to 0} \frac{\sin \Delta x}{\Delta x} = 1$ und $\lim_{\Delta x \to 0} \frac{-\sin \Delta x}{\cos \Delta x + 1} = 0$

8.4.3.3 Die Ableitung der Kosinusfunktion

$\mathbf{(\cos x)' = -\sin x}$ $D = \mathbb{R}$ ist die Ableitung der Kosinusfunktion

Beweis mithilfe der Kettenregel:

$(\cos x) = \sin\left(\frac{\pi}{2} - x\right)$ (vgl. 3.7.6)

$$(\cos x)' = \left[\sin\left(\frac{\pi}{2} - x\right)\right]' = \cos\left(\frac{\pi}{2} - x\right) \cdot (-1) = -\sin x;$$

$$z = \frac{\pi}{2} - x \Rightarrow z' = -1 \text{ und } (\sin z)' = \cos z$$

8.4.3.4 Die Ableitungsfunktionen der Tangens- und Kotangensfunktionen

Ableitung der Tangensfunktion:

$$\mathbf{(\tan x)' = \frac{1}{\cos^2 x} = 1 + \tan^2 x} \qquad D = \mathbb{R}\setminus\left\{\pm(2n + 1)\frac{\pi}{2}, n \in \mathbb{N}_0\right\}$$

Ableitung der Kosinusfunktion:

$$\mathbf{(\cot x)' = \frac{1}{\sin^2 x} = -(1 + \cot^2 x)} \qquad D = \mathbb{R}\setminus\{\pm n\pi; n \in \mathbb{N}_0\}$$

Beweis der Ableitungen mithilfe der Quotientenregel:

$\tan x = \frac{\sin x}{\cos x} \quad u(x) = \sin x \;$ und $\; v(x) = \cos x$

$(\tan x)' = \frac{\cos^2 x + \sin^2 x}{\cos^2 x} \quad \Leftrightarrow \quad (\tan x)' = \frac{1}{\cos^2 x} \Leftrightarrow (\tan x)' = 1 + \tan^2 x$

$\cot x = \frac{\cos x}{\sin x} \quad u(x) = \cos x \;$ und $\; v(x) = \sin x$

$(\cot x)' = \frac{-\sin^2 x - \cos^2 x}{\sin^2 x} \quad \Leftrightarrow \quad (\cot x)' = \frac{-1}{\sin^2 x} \Leftrightarrow (\cot x)' = -(1 + \cot^2 x)$

Kurvendiskussion

In der Praxis kommen Schwingungen selten als reine Sinusfunktion vor. Entweder sind sie von anderen Funktionen überlagert oder ihre Amplitude verändert sich.
Wir wollen an zwei Beispielen zeigen, wie die Graphen sich dann verändern.

1. Addition zweier Sinusfunktionen
2. Multiplikation von zwei Sinusfunktionen

Beispiel für eine Addition zweier Sinusfunktionen

Diskutieren Sie die Funktion f mit $f(x) = 2 \cdot \sin x + \frac{1}{2} \cdot \sin 2x$ und zeichnen Sie ihren Graphen im Intervall $[0; 2\pi]$.

Lösung:

a) Definitionsbereich:

Die Funktion ist periodisch von der Form $f(x) = f(x + 2\pi)$ und hat die Definitionsmenge $D = \mathbb{R}$.
Die Darstellung des Graphen kann daher auf das Intervall $[0; 2\pi]$ beschränkt werden, den Sie durch die Addition der y-Werte aus den Graphen $y_1 = 2 \cdot \sin x$ und $y_2 = \frac{1}{2} \cdot \sin 2x$ erhalten.

b) Nullstellen:

Die y- Achse wird im Nullpunkt geschnitten.
Die Nullstellen werden ermittelt durch die Umformung der Gleichung:

$2 \cdot \sin x + \frac{1}{2} \cdot \sin 2x = 0 \Leftrightarrow \sin x \cdot (2 + \cos x) = 0$ mit $\sin 2x = 2 \sin x \cdot \cos x$ (vgl. 3.7.7)

Für $\sin x = 0 \quad \Rightarrow x = 2\pi k + \arcsin 0 \vee \pi(2k + 1) - \arcsin 0 \quad k \in \mathbb{Z}$ (vgl. 3.7.8)
Für $\cos x = -2 \Rightarrow x = \arccos(-2)$, -2 liegt nicht in $D = [-1; 1]$
Im Intervall $[0; 2\pi]$ liegen drei Nullstellen: $\boldsymbol{x_{01} = 0}$; $\boldsymbol{x_{02} = \pi}$ **und** $\boldsymbol{x_{03} = 2\pi}$

c) Ableitungen:

$f(x) = 2 \cdot \sin x + \frac{1}{2} \sin 2x \qquad \boldsymbol{f'(x) = 2 \cdot \cos x + \cos 2x}$
$\boldsymbol{f''(x) = -2 \cdot \sin x - 2 \cdot \sin 2x}$
$\boldsymbol{f'''(x) = -2 \cdot \cos x - 4 \cdot \cos 2x}$

d) Extremstellen:

Hinreichende Bedingung: $f'(x) = 0 \wedge f''(x_E) \neq 0$

$$2 \cdot \cos x + \cos 2x = 0 \quad \text{mit} \quad \cos 2x = 2\cos^2 x - 1 \quad \text{(vgl. 3.7.7)}$$

$$2 \cdot \cos x + 2 \cdot \cos^2 x - 1 = 0 \quad \text{mit} \quad \cos x = z$$

$$2z^2 + 2z - 1 = 0$$

$$z = -\frac{1}{2} \pm \frac{1}{2}\sqrt{3} \Rightarrow z_1 = 0{,}366 \vee z_2 = -1{,}366$$

$z_2 = \cos x_{E_2} = -1{,}366 \Rightarrow x_{e_2} = \arccos(-1{,}366) \quad -1{,}366$ liegt nicht in $D = [-1; 1]$

$z_1 = \cos x_{E_1} = 0{,}366 \quad \Rightarrow x_{E_1} = 2\pi k \pm \arccos 0{,}366 \quad k \in \mathbb{Z}$

Im Intervall $[0; 2\pi]$ liegen zwei Extremwertstellen: $x_{E_1} = 1{,}196$ und $x_{E_2} = 5{,}087$

$f''(x_{E_1}) = -2 \cdot \sin 1{,}196 - 2 \cdot \sin \; 2{,}392 = -3{,}224 < 0 \Rightarrow$ ***HP*(1,196 | 2,202)**

$f''(x_{E_2}) = -2 \cdot \sin 5{,}087 - 2 \cdot \sin 10{,}174 = +3{,}223 > 0 \Rightarrow$ ***TP*(5,087 | −2,202)**

e) Wendestellen:

Hinreichende Bedingung: $f''(x) = 0 \wedge f''(x_W) \neq 0$

$$-2 \cdot \sin x - 2 \cdot \sin 2x = 0$$

$$-2 \cdot (\sin x - 2 \cdot \sin x \cdot \cos x) = 0$$

$$-2 \cdot \sin x (1 + 2 \cdot \cos x) = 0$$

$$\sin x_{W_1} = 0 \Rightarrow x_{W_1} = 2\pi k + \arcsin 0 \vee \pi(2k+1) - \arcsin 0$$

$$1 + 2 \cdot \cos x_{W_2} = 0 \Rightarrow x_{W_2} = 2\pi k \pm \arccos(-0{,}5)$$

Im Intervall $I = [0; 2\pi]$ liegen fünf Wendestellen:

$x_{W_1} = 0$: $\quad f'''(x_{W_1}) = -2 \cdot \cos 0 - 4 \cdot \cos 0 = -6 \neq 0 \quad \Rightarrow$ $\boldsymbol{W_1(0|0)}$

$x_{W_2} = \frac{2}{3}\pi$: $\quad f'''(x_{W_2}) = -2 \cdot \cos\frac{2}{3}\pi - 4 \cdot \cos\frac{4}{3}\pi = 3 \neq 0 \quad \Rightarrow$ $\boldsymbol{W_2\left(\frac{2}{3}\pi \,\middle|\, 1{,}299\right)}$

$x_{W_3} = \pi$: $\quad f'''(x_{W_3}) = -2 \cdot \cos\pi - 4 \cdot \cos 2\pi = -2 \neq 0 \quad \Rightarrow$ $\boldsymbol{W_3(\pi|0)}$

$x_{W_4} = \frac{4}{3}\pi$; $\quad f'''(x_{W_4}) = -2 \cdot \cos\frac{4}{3}\pi - 4 \cdot \cos\frac{8}{3}\pi = 3 \neq 0 \quad \Rightarrow$ $\boldsymbol{W_4\left(\frac{4}{3}\pi \,\middle|\, -1{,}299\right)}$

$x_{W_5} = 2\pi$: $\quad f'''(x_{W_5}) = -2 \cdot \cos 2\pi - 4 \cdot \cos 4\pi = -6 \neq 0 \quad \Rightarrow$ $\boldsymbol{W_5(2\pi|0)}$

f) Graph der Funktion

G: Der Graph der Funktion $x \mapsto 2 \cdot \sin x + \frac{1}{2}\sin 2x$ setzt sich zusammen aus den Graphen

G_1: der Funktion $x \mapsto 2 \cdot \sin x$ und

G_2: der Funktion $x \mapsto \frac{1}{2} \cdot \sin 2x$

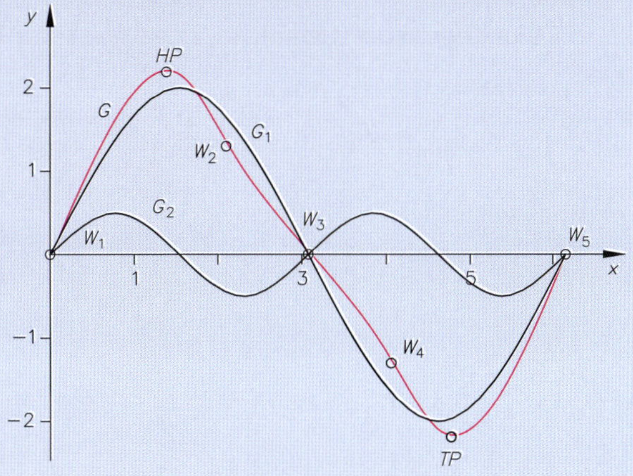

Abb. 8.46

Beispiel für eine Multiplikation von zwei Sinusfunktionen

Die elektrische Leistung eines Verbrauchers errechnet sich aus $p(t) = u(t) \cdot i(t)$. Gegeben sind der Strom- und der Spannungsverlauf eines Verbrauchers.
Geben Sie die Funktion p mit $p(t) = u(t) \cdot i(t)$ an, diskutieren Sie die Funktion und zeichnen Sie den Graphen für das Intervall [0; 20].

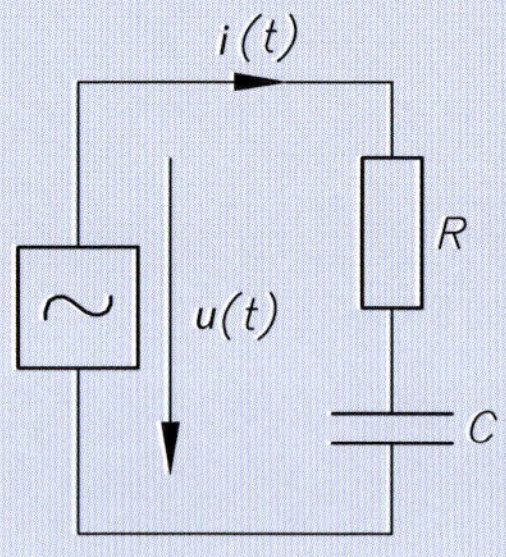

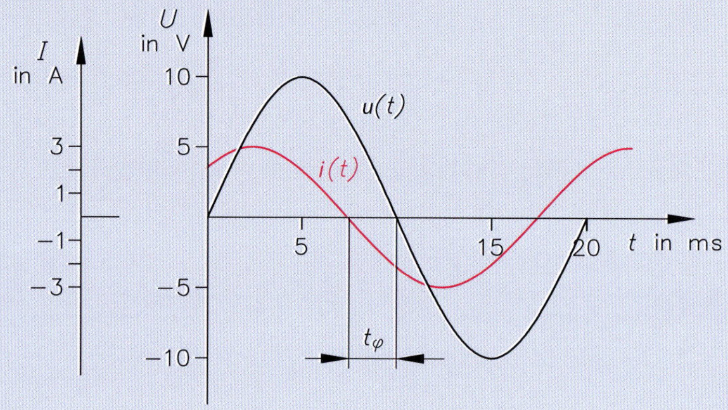

Abb. 8.47

Lösung:

a) Aufstellen der Funktionsgleichung $P(t)$:

Wir setzen, um ohne Einheiten rechnen zu können:

$x = \frac{t}{\text{ms}}$ Periode: $T = 20\text{ ms} \Leftrightarrow \frac{T}{\text{ms}} = 20$; also $\bar{X} = 20$

$y_1 = \frac{u(t)}{\text{V}}$ $y_1 = 10 \cdot \sin\frac{\pi}{10}x$ mit $U = 10\text{ V}$

$y_2 = \frac{i(t)}{\text{A}}$ $y_2 = 3 \cdot \sin\left(\frac{\pi}{10}x + \frac{\pi}{4}\right)$ mit $t = 3\text{ A}$ und $t_\varphi = 2{,}5\text{ ms} \Rightarrow \varphi = \frac{\pi}{4}$

$y = \frac{p(t)}{\text{W}}$ $y = y_1 y_2 = 10 \cdot \sin\frac{\pi}{10}x \cdot 3 \cdot \sin\left(\frac{\pi}{10}x + \frac{\pi}{4}\right)$

$$\boldsymbol{f(x) = 30 \cdot \sin\frac{\pi}{10}x \cdot \sin\left(\frac{\pi}{10}x + \frac{\pi}{4}\right)}$$

Die Funktion ist periodisch: $f(x) = f(x + 2\pi)$.

b) Schnittpunkt mit y-Achse:

$f(0) = 30 \cdot \sin 0 \cdot \sin\frac{\pi}{4} \Rightarrow \boldsymbol{S_y = (0|0)}$

c) Bestimmung der Nullstellen:

$f(x) = 0$, wenn $\sin\frac{\pi}{10}x = 0 \vee \sin\left(\frac{\pi}{10}x + \frac{\pi}{4}\right) = 0$

$\frac{\pi}{10}x = 2\pi x + \arcsin 0 \vee \frac{\pi}{10}x = \pi(2k+1) - \arcsin 0;\ k \in \mathbb{Z}$;

$\Rightarrow \boldsymbol{x_{01} = 0;\ x_{03} = 10;\ x_{05} = 20}$

$\frac{\pi}{10}x + \frac{\pi}{4} = 2\pi k + \arcsin 0 \vee \frac{\pi}{10}x + \frac{\pi}{4} = \pi(2k+1) - \arcsin 0;\ \Rightarrow \boldsymbol{x_{02} = \frac{15}{2};\ x_{04} = \frac{35}{2}}$

d) Ableitungen

$$f(x) = 30 \cdot \sin\frac{\pi}{10}x \cdot \sin\left(\frac{\pi}{10}x + \frac{\pi}{4}\right)$$

Ableitung mit Produktregel: $u'(x) = \frac{\pi}{10} \cdot \cos\frac{\pi}{10}x$; $v'(x) = \frac{\pi}{10} \cdot \cos\left(\frac{\pi}{10}x + \frac{\pi}{4}\right)$

$$f'(x) = 30\left[\frac{\pi}{10} \cdot \cos\frac{\pi}{10}x \cdot \sin\left(\frac{\pi}{10}x + \frac{\pi}{4}\right) + \frac{\pi}{10} \cdot \cos\left(\frac{\pi}{10}x + \frac{\pi}{4}\right) \cdot \sin\frac{\pi}{10}x\right]$$

$$f'(x) = 3\pi\left[\cos\frac{\pi}{10}x \cdot \sin\left(\frac{\pi}{10}x + \frac{\pi}{4}\right) + \sin\frac{\pi}{10}x \cdot \cos\left(\frac{\pi}{10}x + \frac{\pi}{4}\right)\right]$$

mit dem Additionstheorem (vgl. 3.7.7) $\cos\alpha \cdot \sin\beta + \sin\alpha \cdot \cos\beta = \sin(\alpha + \beta)$ wird:

$$f'(x) = 3\pi \cdot \sin\left(\frac{\pi}{10}x + \frac{\pi}{10}x + \frac{\pi}{4}\right) \Rightarrow \boldsymbol{f'(x) = 3\pi \cdot \sin\left(\frac{\pi}{5}x + \frac{\pi}{4}\right)}$$

$$\boldsymbol{f''(x) = \frac{3}{5}\pi^2 \cdot \cos\left(\frac{\pi}{5}x + \frac{\pi}{4}\right)}$$

$$\boldsymbol{f'''(x) = -\frac{3}{25}\pi^3 \cdot \sin\left(\frac{\pi}{5}x + \frac{\pi}{4}\right)}$$

e) Extrempunkte:

Hinreichende Bedingung: $f'(x) = 0 \wedge f''(x) \neq 0$

$$3\pi \cdot \sin\left(\frac{\pi}{5}x_E + \frac{\pi}{4}\right) = 0$$

$$\frac{\pi}{5}x_E + \frac{\pi}{4} = 2\pi k + \sin 0 \quad k \in \mathbb{Z} \qquad \text{(vgl. 3.7.8)}$$

$$x_{E_k} = 10k - \frac{5}{4} \qquad \Rightarrow x_{E_1} = \frac{35}{4};\ x_{E_2} = \frac{75}{4}$$

$$\vee\ \frac{\pi}{5}x_E + \frac{\pi}{4} = \pi(2k+1) - \arcsin 0 \quad k \in \mathbb{Z} \qquad \text{(vgl. 3.7.8)}$$

$$x_{E_k} = 5(2k+1) - \frac{5}{4} \Rightarrow x_{E_3} = \frac{15}{4};\ x_{E_4} = \frac{55}{4}$$

$$f''(x_{E_1}) = \frac{3}{5}\pi^2 \cdot \cos\left(\frac{\pi}{5}\frac{35}{4} + \frac{\pi}{4}\right) = 5{,}92 > 0 \Rightarrow \boldsymbol{TP_1\left(\frac{35}{4}\middle|-4{,}39\right)}$$

$$f''(x_{E_2}) = \frac{3}{5}\pi^2 \cdot \cos\left(\frac{\pi}{5}\frac{75}{4} + \frac{\pi}{4}\right) = 5{,}92 > 0 \Rightarrow \boldsymbol{TP_2\left(\frac{75}{4}\middle|-4{,}39\right)}$$

$$f''(x_{E_3}) = \frac{3}{5}\pi^2 \cdot \cos\left(\frac{\pi}{5}\frac{15}{4} + \frac{\pi}{4}\right) = -5{,}92 > 0 \Rightarrow \boldsymbol{HP_1\left(\frac{15}{4}\middle|25{,}61\right)}$$

$$f''(x_{E_4}) = \frac{3}{5}\pi^2 \cdot \cos\left(\frac{\pi}{5}\frac{55}{4} + \frac{\pi}{4}\right) = -5{,}92 > 0 \Rightarrow \boldsymbol{HP_2\left(\frac{55}{4}\middle|25{,}61\right)}$$

f) Wendepunkte

Hinreichende Bedingung $f''(x) = 0 \wedge f'''(x_W) \neq 0$

$$\frac{3}{5}\pi^2 \cdot \cos\left(\frac{\pi}{5}x_W + \frac{\pi}{4}\right) = 0$$

$$\frac{\pi}{5}x_{W_k} + \frac{\pi}{4} = 2\pi k \pm \text{arc}\cos 0 \quad k \in \mathbb{Z}$$

$$x_{W_k} = 10k \pm \frac{5}{2} - \frac{5}{4} \Rightarrow x_{W_1} = \frac{5}{4};\ x_{W_2} = \frac{25}{4};\ x_{W_3} = \frac{45}{4};\ x_{W_4} = \frac{65}{4}$$

$$f'''(x_{W_1}) = -\frac{3}{25}\pi^3 \cdot \sin\left(\frac{\pi}{5}\frac{5}{4} + \frac{\pi}{4}\right) = -3{,}72 \neq 0 \Rightarrow \boldsymbol{W_1\left(\frac{5}{4}\middle|\,10{,}62\right)}$$

$$f'''(x_{W_2}) = -\frac{3}{25}\pi^3 \cdot \sin\left(\frac{\pi}{5}\frac{25}{4} + \frac{\pi}{4}\right) = 3{,}72 \neq 0 \Rightarrow \boldsymbol{W_2\left(\frac{25}{4}\middle|\,10{,}62\right)}$$

$$f'''(x_{W_3}) = -\frac{3}{25}\pi^3 \cdot \sin\left(\frac{\pi}{5}\frac{45}{4} + \frac{\pi}{4}\right) = -3{,}72 \neq 0 \Rightarrow \boldsymbol{W_3\left(\frac{45}{4}\middle|\,10{,}62\right)}$$

$$f'''(x_{W_4}) = -\frac{3}{25}\pi^3 \cdot \sin\left(\frac{\pi}{5}\frac{65}{4} + \frac{\pi}{4}\right) = 3{,}72 \neq 0 \Rightarrow \boldsymbol{W_4\left(\frac{65}{4}\middle|\,10{,}62\right)}$$

g) Graph der Funktion:

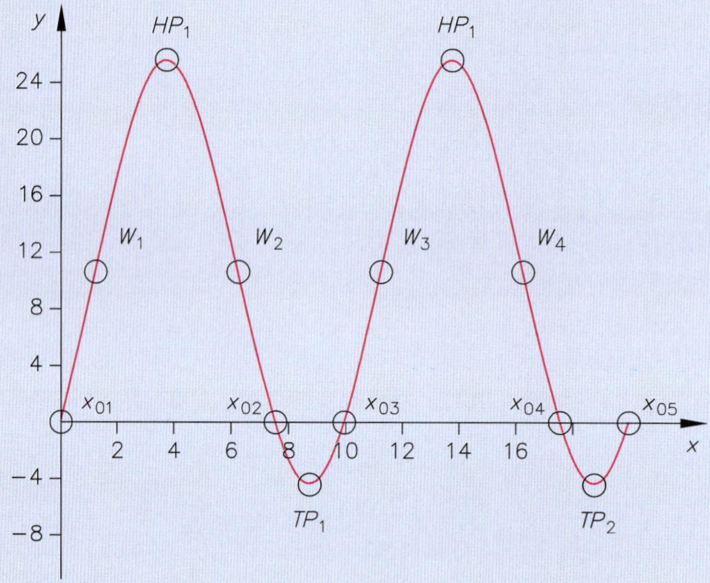

Abb. 8.48

Beispiel für eine Extremwertaufgabe aus der Geometrie

An einem Kreis mit dem Radius r liegen zwei Tangenten an, die sich im Punkt A unter dem Winkel α schneiden. Unter welchem Winkel β bzw. γ muss eine dritte Tangente angelegt werden, damit der Umfang des entstehenden Dreiecks minimal wird?

Lösung:

Der Innenkreismittelpunkt M ist der Schnittpunkt der Winkelhalbierenden. Da zwei Tangenten von einem Punkt aus an einen Kreis immer gleich lang sind, gilt:

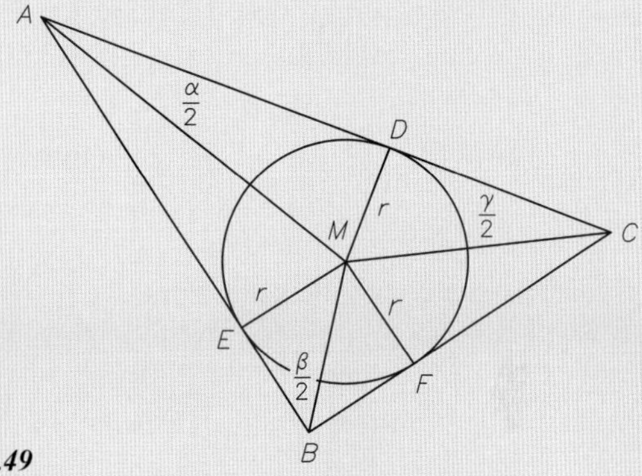

Abb. 8.49

$$\overline{AD} = \overline{AE} = r \cdot \cot\frac{\alpha}{2}$$

$$\overline{BE} = \overline{BF} = r \cdot \cot\frac{\beta}{2}$$

$$\overline{CD} = \overline{CF} = r \cdot \cot\frac{\gamma}{2}$$

$$U = 2(\overline{AD} + \overline{BE} + \overline{CD})$$

Da $r = \text{const.}$ und $\alpha = \text{const.}$ sind, ist:

$$U = f(\beta, \gamma) = 2r \cdot \left(\cot\frac{\alpha}{2} + \cot\frac{\beta}{2} + \cot\frac{\gamma}{2}\right)$$

Nebenbedingung:

$$\frac{\alpha}{2} + \frac{\beta}{2} + \frac{\gamma}{2} = 90° \Leftrightarrow \qquad \frac{\gamma}{2} = 90° - \frac{\alpha}{2} - \frac{\beta}{2}$$

mit $\frac{\alpha}{2} = \delta$ und $\frac{\beta}{2} = x$, wird: $\frac{\gamma}{2} = 90° - \delta - x$

$$U = f(x) = 2r - [\cot x + \cot(90° - \delta - x) + \cot\delta]$$
$$= 2r \cdot [\cot x + \tan(x + \delta) + \cot\delta] \quad D = \{x \mid 0 < x < 90° - \delta\}$$

Hinreichende Bedingung für ein Minimum: $f'(x) = 0 \wedge f''(x) > 0$

$$f'(x) = 2r \cdot \left[\frac{-1}{\sin^2 x} + \frac{1}{\cos^2(x + \delta)}\right]; \; f''(x) = 2r \left[\frac{2 \cdot \cos x}{\sin^3 x} + \frac{2 \cdot \sin(x + \delta)}{\cos^3(x + \delta)}\right]$$

$f'(x) = 0$, wenn $\sin^2 x = \cos^2(x + \delta)$

Da $\cos\varphi = \sin(90° - \varphi)$, ist $\cos^2(x + \delta) = \sin^2(90° - x - \delta)$

$$\Rightarrow \sin^2 x = \sin^2(90° - x - \delta) \Rightarrow x = 90° - x - \delta \Rightarrow x = 45° - \frac{\delta}{2}$$

$$f''\left(45° - \frac{\delta}{2} = \frac{2 \cdot \sin\left(45° + \frac{\delta}{2}\right)}{\cos^2\left(45° + \frac{\delta}{2}\right)} + \frac{2 \cdot \cos\left(45° - \frac{\delta}{2}\right)}{\sin^3\left(45° - \frac{\delta}{2}\right)}$$

da $\frac{\delta}{2} < 45°$ $(\alpha < 90°)$, ist $f''\left(45° - \frac{\delta}{2}\right) > 0$

Wegen $x = \frac{\beta}{2} = 90° - \frac{\beta}{2} - \frac{\alpha}{2}$ und $\frac{\gamma}{2} = 90° - \frac{\beta}{2} - \frac{\alpha}{2} \Rightarrow \frac{\beta}{2} = \frac{\gamma}{2} \Rightarrow b = g$

Da die Basiswinkel gleich sind, handelt es sich bei dem gesuchten Dreieck um ein gleichschenkliges Dreieck.

AUFGABEN

1 Ermitteln Sie folgende Grenzwerte:

a) $\lim\limits_{x \to 0} \dfrac{\sin 2x}{x}$ d) $\lim\limits_{x \to 0} \dfrac{1 - \cos x}{x^2}$ g) $\lim\limits_{x \to 0} \dfrac{\tan^2 x}{x}$

b) $\lim\limits_{x \to 0} \dfrac{\sin 2x}{\sin x}$ e) $\lim\limits_{x \to 0} \dfrac{\tan 2x}{2x}$ h) $\lim\limits_{x \to 0} \dfrac{\sin x}{\tan x}$

c) $\lim\limits_{x \to 0} \dfrac{\sin (x)^2}{x}$ f) $\lim\limits_{x \to 0} \dfrac{\tan 3x}{2x}$ i) $\lim\limits_{x \to 0} \dfrac{\tan (x - 1)}{3x - 3}$

2 Bilden Sie die erste Ableitung von:

a) $f(x) = 3 \cdot \cos(ax + b)$ c) $f(x) = 2 \cdot \cot(ax + b)$ e) $f(t) = \sin^3 t$

b) $f(t) = -2 \cdot \tan(at + b)$ d) $f(a) = \dfrac{1}{2}a^2 + 2 \cdot \sin a$ f) $f(x) = -x \cdot \cos x$

3 Differenzieren Sie folgende Funktionen:

a) $f(x) = 2 \cdot \sin x$ e) $f(x) = 2 \cdot \cos kx$ i) $f(x) = \dfrac{\sin x}{x}$

b) $f(t) = 2 \cdot \sin 2t$ f) $f(x) = \cot^2 x$ k) $f(a) = \dfrac{1}{2}\dfrac{\cos a}{a^2}$

c) $f(x) = 2 \cdot \sin^2 x$ g) $f(x) = x \cdot \sin x$ l) $f(x) = \dfrac{x^n}{\cos x}$

d) $f(t) = a \cdot \sin\left(\omega t + \dfrac{\pi}{2}\right)$ h) $f(b) = b^3 - 2 \cdot \sin b^2$ m) $f(x) = \tan^2 2x$

4 Differenzieren Sie die gegebenen Funktionen zweimal:

a) $f(x) = 2 \cdot \sin x - 2x$ e) $f(t) = 2 \cdot \sin t - \sin^2 t$ i) $f(x) = \sin^2 x + 2 \cdot \sin x + 1$

b) $f(t) = 3 \cdot \cos t + \sin 3t$ f) $f(x) = 2 \cdot \sin x \cdot \cos x - \tan x$ k) $f(x) = x \cdot \cos 2x$

c) $f(x) = \tan x - 2 \cdot \sin x^2$ g) $f(x) = x \cdot \sin x$ l) $f(x) = \cot \dfrac{x}{2}$

d) $f(c) = \tan c + 2 \cdot \cot c$ h) $f(t) = e^t \cdot \cos t$ m) $f(x) = \dfrac{1}{2}\sin 2x + \cos x$

5 Die Kurven folgender Funktionen sind zu untersuchen:

a) $f(x) = \dfrac{1}{2} + 2 \cdot \sin x$ d) $f(t) = \sin^2 t - \sin t$ g) $f(x) = \sin^2 x - 2 \cdot \cos x$

b) $f(x) = \sin x + \cos 2x$ e) $f(x) = 2 \cdot \sin x + 3 \cdot \cos x - 2$ h) $f(x) = 2 \cdot \cos x + \sin 2x$

c) $f(x) = 3 \cdot \cos\left(2x - \dfrac{\pi}{2}\right)$ f) $f(x) = \dfrac{1}{2}\sin x + 4 \cdot \sin 2x$ i) $f(a) = a - \sin a$

6 In der nebenstehenden Schaltung wird einer Gleichspannung U_1 eine Wechselspannung U_2 überlagert, so dass durch den Widerstand R ein Mischstrom fließt.

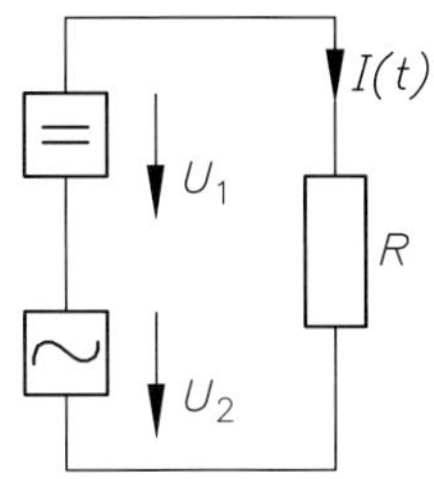

$i(t) = (0{,}2 + 0{,}4 \cdot \sin \omega t)\,\mathrm{A}$ $f = 50\ \mathrm{Hz}$; $R = 100\ \Omega$

Die Leistungsaufnahme des Widerstandes ist dann:

$p(t) = [i(t)]^2 \cdot R$

a) Geben Sie die Nullstellen, die Extrem- und Wendepunkte der Funktion $p(t)$ an,

b) Zeichnen Sie den Graphen für $i(t)$ und $p(t)$.

7 Eine gedämpfte Schwingung wir durch die folgende Funktionsgleichung beschrieben: $f(x) = 5 \cdot e^{-0{,}2x} \cdot \sin x$.
Diskutieren Sie die Funktion und zeichnen Sie den Graphen für das Intervall [0; 12].

8 Errechnen Sie mithilfe des Newtonverfahrens die Nullstellen der Funktion f.

a) $f(x) = \sin x + 1 - x^2$ d) $f(x) = \cos x - x \cdot \sin x$ g) $f(b) = \sin b - \frac{b}{3}$

b) $f(x) = \tan x - 2x$ e) $f(t) = \sin t + t \cdot \sin t$ h) $f(x) = \sin^2 x - \frac{x}{4}$

c) $f(a) = \sin a - \frac{1}{a}$ f) $f(x) = \cos x - 2 \cdot e^{-x}$

9 Zeichnen Sie den Graphen der Funktion f mit $f(x) = x \cdot \sin x$ im Intervall [0; 7] und errechnen Sie die Nullstellen, Extremwert- und Wendepunkte.

10 Bei welchem Basiswinkel α hat ein gleichschenkliges Dreieck mit der Schenkellänge a den größten Inhalt?

11 Einem Kreis ist ein gleichschenkliges Dreieck mit kleinster Schenkellänge umzuschreiben.

12 Welches von allen regelmäßigen Vielecken hat bei gegebenem Umfang die größte (kleinste) Fläche?

13 Welche Länge darf ein Langholzfuhrwerk höchstens haben, wenn es an einer rechtwinkligen Abzweigung aus einer Straße mit der Breite 8 m in eine Straße mit einer Breite von 6 m einbiegen will? Der Straßenrand darf nicht überragt werden.

14 Aus einer 1 m breiten Blechtafel soll, wie in der Skizze, eine Wasserrinne hergestellt werden, deren Querschnittsfläche maximal sein soll.
Wie groß muss dann der Winkel α sein?

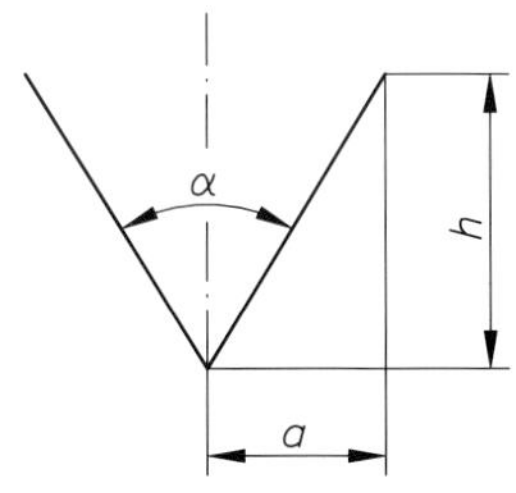

15

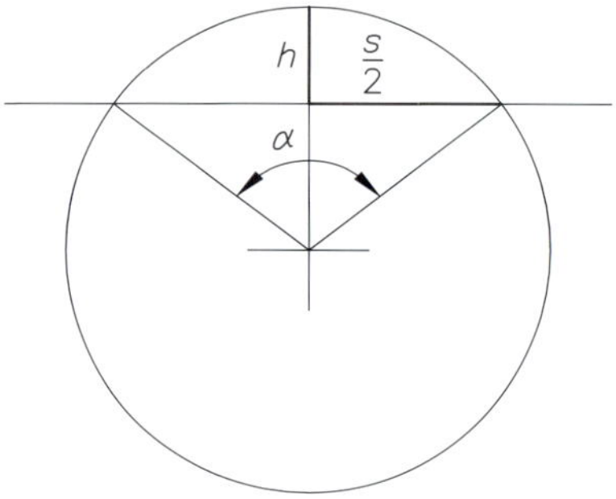

Ein Baumstamm schwimmt im Wasser und hat die Form eines Zylinders. Da die Dichte ρ von Holz kleiner als die Dichte von Wasser ist, ragt er um eine Höhe h aus der Wasseroberfläche hervor und es gilt:

$$r^2\pi \cdot \rho_H \cdot l \cdot g = \frac{1}{2} r^2 \cdot (2\pi - \alpha + \sin\alpha) \cdot \rho_W \cdot l \cdot g$$

α = Winkel im Bogenmaß

g = Erdbeschleunigung $\approx 10\,\frac{\text{m}}{\text{s}^2}$

$l = 10$ m (Länge); $r = 0{,}5$ m (Radius des Holzstammes)

$\rho_H = 0{,}82\,\frac{\text{kg}}{\text{dm}^3}$ und $\rho_W = 1\,\frac{\text{kg}}{\text{dm}^3}$

Bestimmen Sie α und damit $h = r \cdot \left(1 - \cos\frac{\alpha}{2}\right)$.

16 Wie groß muss der Neigungswinkel α eines Brettes sein, damit eine Kugel, die auf ihm herabrollt, möglichst weit auf der Horizontalen kommt?
Hinweis: $v = \sqrt{2gh}$

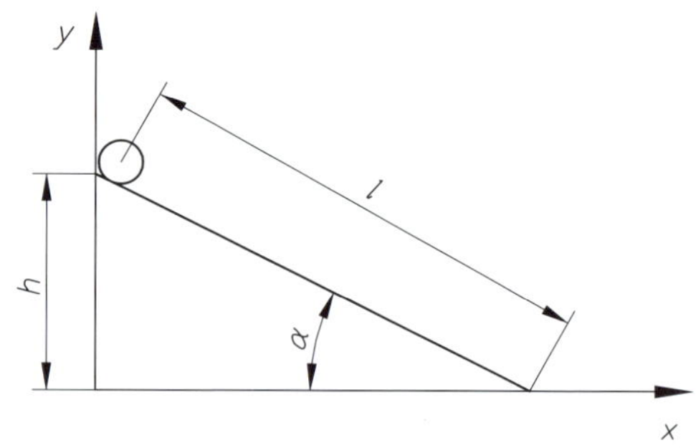

17 Der Kolbenweg eines Kurbeltriebes ist abhängig vom Winkel α.

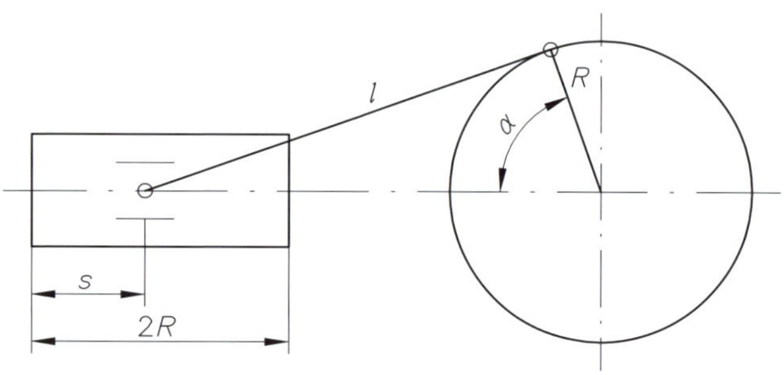

$$s(\alpha) = R \cdot (1 - \cos\alpha) \pm \frac{R^2}{2 \cdot l} \sin^2\alpha$$

Für eine konstante Winkelgeschwindigkeit lässt sich für die Kolbengeschwindigkeit $v(\alpha)$ die Funktionsgleichung angeben:

$$v(\alpha) = R \cdot \omega \cdot \left(\sin\alpha \pm \frac{R}{2 \cdot l} \sin(2\alpha)\right)$$

Winkelgeschwindigkeit: $\omega = \frac{\Delta\alpha}{\Delta t}$ der Scheibe

- Für welchen Winkel α wird die Kolbengeschwindigkeit maximal?
- Bestimmen Sie v_{max}, wenn $R = 30$ cm; $l = 150$ cm und $f = 50$ Hz.

9 Integralrechnung

9.1 Die Stammfunktion

9.1.1 Die Definition der Stammfunktion

Zu vielen mathematischen Operationen gibt es auch eine Umkehrung. So ist z. B. die Subtraktion die Umkehrung der Addition, die Division die Umkehrung der Multiplikation. Hat auch das Differenzieren eine solche Umkehrung?
Gefragt wird also, ob und wann eine gegebene Funktion die erste Ableitung einer noch zu bestimmenden Funktion bildet.

Betrachten wir die Funktion $f(x) = x_2$ mit der Definitionsmenge $D = \mathbb{R}$. Sie ist die Ableitung der Funktion $F(x) = \frac{1}{3}x^3$ mit $D = \mathbb{R}$, da $F'(x) = 3 \cdot \frac{1}{3}x^2 = x^2$ ist. Sie ist aber auch Ableitung der Funktion $F(x) = \frac{1}{3}x^3 + C$ in $D = \mathbb{R}$ mit $C \in \mathbb{R}$, da die Ableitung des Summanden C immer Null wird.

$F(x) = \frac{1}{3}x^3 + C$

Dieser Sachverhalt führt auf den Begriff der Stammfunktion.

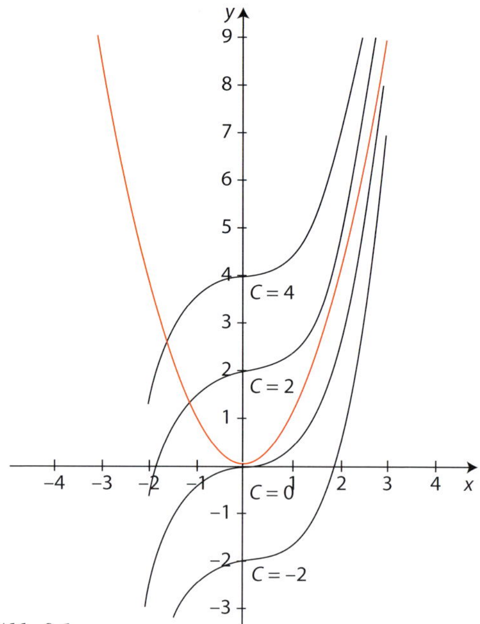

Abb. 9.1

Definition

Eine Funktion F heißt Stammfunktion von f, falls $F'(x) = f(x)$ ist mit $x \in D$ für f und F.

Da die Ableitung einer additiven Konstante immer Null ergibt, folgt:

Satz

Wenn $x \mapsto F(x)$ eine Stammfunktion ist, so auch $x \mapsto F(x) + C$ mit $C \in \mathbb{R}$.

Falls eine Funktion eine Stammfunktion besitzt, so hat sie unendlich viele, die sich nur durch eine additive Konstante unterscheiden.
Es ist nicht immer einfach, zu einer gegebenen Funktion eine Stammfunktion zu finden. Auch kann man nicht immer davon ausgehen, dass zu jeder Funktion eine Stammfunktion existiert. Das Problem lässt sich durch ein Beispiel verdeutlichen.
Wir betrachten die Vorzeichenfunktion f mit $y = \operatorname{sign} x$ mit $D = \mathbb{R}$ (vgl. 3.8.3),

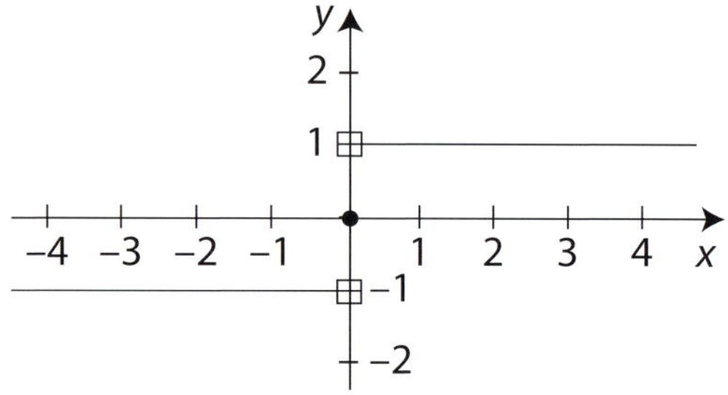

Abb. 9.2

Für $x > 0$ ergibt sich $F(x) = x + C_1$, da $F'(x) = 1$.
Für $x < 0$ ergibt sich $F(x) = -x + C_2$, da $F'(x) = -1$.

Da F als Stammfunktion differenzierbar und damit stetig ist, folgt:

$F(0) = 0 + C_1 = 0 + C_2 \Rightarrow C_1 = C_2$.

Die Stammfunktion wäre also $F(x) = |x| + C_1$.
Diese Funktion ist aber an der Stelle Null nicht differenzierbar. Das ist ein Widerspruch, da jede Stammfunktion eine Ableitung besitzt.
Die Vorzeichenfunktion hat in $D = \mathbb{R}$ keine Stammfunktion.
Es gilt also nicht, dass jede Funktion eine Stammfunktion besitzt. Man muss jeden Einzelfall untersuchen.

9.1.2 Die Stammfunktionen bestimmter Grundfunktionen

In Kapitel 8 über die Differenzialrechnung haben wir zu verschiedenen Funktionen die Ableitungsfunktion gebildet. Dadurch können wir nun einige Stammfunktionen direkt angeben.

Funktion f	Stammfunktion F
1. $f(x) = a$ mit $a \in \mathbb{R}$	$F(x) = ax + C$
2. $f(x) = x$	$F(x) = \frac{x^2}{2} + C$
3. $f(x) = x^2$	$F(x) = \frac{x^3}{3} + C$
4. $f(x) = x^3$	$F(x) = \frac{x^4}{4} + C$
5. $f(x) = x^n$ mit $n \in \mathbb{Q}\setminus\{-1\}$	$F(x) = \frac{x^{n+1}}{n+1} + C$
6. $f(x) = e^x$	$F(x) = e^x + C$
7. $f(x) = \frac{1}{x}$ mit $D = \mathbb{R}\setminus\{0\}$	$F(x) = \ln x + C$ mit $D = \mathbb{R}^+$
8. $f(x) = \sin x$	$F(x) = -\cos x + C$
9. $f(x) = \cos x$	$F(x) = \sin x + C$

Die Ableitung der Stammfunktion F liefert in jedem Fall die gegebene Funktion f.

9.1.3 Die Stammfunktionen der ganzrationalen Funktionen

In 3.3 haben wir die ganzrationalen Funktionen durch Summierung von Potenzfunktionen der Form $y = ax^n$ gebildet:

$f(x) = a_n x^n + a_{n-1} x^{n-1} + \ldots + a_2 x^2 + a_1 x + a_0$ mit $a \in \mathbb{R}$; $n \in \mathbb{N}_0$.

In 9.1.2. haben wir für $f(x) = x^n$ die Stammfunktion $F(x) = \frac{x^{n+1}}{n+1} + C$ angegeben.

Um nun auch die Stammfunktion von f mit $f(x) = ax^n$, $a \in \mathbb{R}$; $n \in \mathbb{N}_0$ angeben zu können, benutzen wir den Satz:

Satz

Ist $x \mapsto F(x)$ Stammfunktion von $x \mapsto f(x)$, so ist $x \mapsto a \cdot F(x)$ Stammfunktion von $x \mapsto a \cdot f(x)$ mit $a \in \mathbb{R}$.

Beweis

Nach Voraussetzung gilt: $F'(x) = f(x)$.
Dann ist $[a \cdot F(x)]' = a \cdot F'(x) = a \cdot f(x)$.
Daraus folgt die Behauptung.

Damit gilt für die Stammfunktion von f mit $f(x) = ax^n$: $F(x) = \frac{ax^{n+1}}{n+1} + C$

Die ganzrationalen Funktionen bestehen nun aus Summen von Potenzfunktionen obiger Form. Wie findet man die Stammfunktion der Summe zweier Funktionen, wenn man die Stammfunktion der einzelnen Summanden kennt?

Satz

Ist F_1 Stammfunktion von f_1 und F_2 Stammfunktion von f_2, so ist $F_1 + F_2$ Stammfunktion von $f_1 + f_2$.

Beweis

Nach Voraussetzung ist $F_1'(x) = f_1(x)$ und $F_2'(x) = f_2(x)$
Dann gilt: $[F_1(x) + F_2(x)]' = F_1'(x) + F_2'(x) = f_1(x) + f_2(x)$
Daraus folgt die Behauptung.

Nach den vorhergehenden Sätzen ist die Stammfunktion der ganzrationalen Funktion:

$$F(x) = \frac{a_n x^{n+1}}{n+1} + \frac{a_{n-1} x^n}{n} + \ldots + \frac{a_1 x^2}{2} + a_0 x + C.$$

Beispiel

Gesucht ist die Stammfunktion von $f(x) = 3x^2 + 2x + 1$.

$$F(x) = \frac{3x^3}{3} + \frac{2x^2}{2} + 1x + C \Leftrightarrow F(x) = x^3 + x^2 + x + C$$

Das Aufstellen der Stammfunktion nennt man **integrieren.**[1]

9.1.4 Die Stammfunktion als unbestimmtes Integral

Definition

Ist $F'(x) = f(x)$, so nennt man die Funktion mit $y = F(x) + C$ ein unbestimmtes Integral von $f(x)$. Man schreibt $\int f(x)\,dx = F(x) + C$. $C \in \mathbb{R}$ heißt Integrationskonstante, $f(x)$ heißt Integrand, dx heißt Differenzial.

---

[1] *integrare (lat.): in den alten Stand bringen, wiederherstellen.*

Das Zeichen $\int$ wurde von Leibniz eingeführt und bedeutet so viel wie Summe.
Für die Stammfunktion von $f(x) = 3x^2 + 5$ lässt sich also auch schreiben:

$$\int(3x^2 + 5)\,dx = x^3 + 5x + C$$

Soll eine ganz bestimmte Stammfunktion gefunden werden, muss zur Festlegung der Integrationskonstanten C eine Bedingung angegeben sein.

Beispiel 1

Von einer Funktion ist die 1. Ableitung mit $f'(x) = 3x_2 - 4x + 1$ gegeben. Der Funktionsgraph soll durch den Punkt $P(3|10)$ verlaufen. Berechnen Sie die Funktionsgleichung.

Lösung:

$$f(x) = \int(3x^2 - 4x + 1) \cdot dx$$
$$\Leftrightarrow f(x) = x^3 - 2x^2 + x + C$$

Mit $f(3) = 10$ folgt:

$$3^2 - 2 \cdot 3^2 + 3 + C = 10$$
$$\Leftrightarrow \quad 12 + C = 10$$
$$\Leftrightarrow \quad C = -2$$

Die gesuchte Funktionsgleichung heißt also: $\boldsymbol{f(x) = x^3 - 2x^2 + x - 2}$

Beispiel 2

Die Grenzkosten sind gegeben mit $K'(x) = \frac{1}{2}x^2 - 15x + 150$. Gesucht ist die Gleichung der Kostenfunktion für den Fall, dass bei einer Produktionsmenge von 12 Mengeneinheiten die Kosten 1 200 Geldeinheiten betragen.

Lösung:

$$K(x) = \int\left(\frac{1}{2}x^2 - 15x + 150\right) \cdot dx \Leftrightarrow K(x) = \frac{1}{6}x^3 - \frac{15}{2}x^2 + 150x + C$$

Mit $K(12) = 1\,200$ folgt:

$$\frac{1}{6} \cdot 12^3 - \frac{15}{2} \cdot 12^2 + 150 \cdot 12 + C = 1\,200$$
$$\Leftrightarrow \quad 1\,008 + C = 1\,200$$
$$\Leftrightarrow \quad C = 192$$

Die gesuchte Kostenfunktion hat die Gleichung: $\boldsymbol{K(x) = \frac{1}{6}x^3 - \frac{15}{2}x^2 + 150x + 192}$

AUFGABEN

1 Suchen Sie die zugehörigen Stammfunktionen F, wenn die Funktion f mit $y = f(x)$ gegeben ist ($D = \mathbb{R}$).

a) $y = 2x$
b) $y = 3x - 4$
c) $y = x^2 - 2x + 4$
d) $y = 1$
e) $y = 2x^2 - 3x - 4$
f) $y = 4x^3 - x$
g) $y = x^3 + 3x^2 - 1$
h) $y = 3x^4 - 4x^3 + 3x^2 - 4x + 5$
i) $y = \sqrt{2}x$
k) $y = 2x^2 + 7x - 1$
l) $y = x^4 + 2x^2$
m) $y = \frac{1}{3}x - \sqrt{3}$
n) $y = \cos x$
o) $y = 2\sin x$
p) $y = a\cos x$
q) $y = 2\sin x + \cos x$
r) $y = 3e^x$
s) $y = \frac{3}{x^2}x \neq 0$

2 Berechnen Sie folgende unbestimmte Integrale:

a) $\int 1 \cdot dx$
b) $\int x \cdot dx$
c) $\int x^2 \cdot dx$
d) $\int (x^2 - 2x) \cdot dx$
e) $\int (x^3 - x) \cdot dx$
f) $\int (x^2 + 2x - 3) \cdot dx$
g) $\int (x^3 - 2x^2 + x - 1) \cdot dx$
h) $\int (2x^3 + 3x^2 + 2x - 3) \cdot dx$
i) $\int (3t^2 + t)dt$
k) $\int (\cos\alpha + \sin\alpha)d\alpha$
l) $\int \frac{2}{x}dx$

3 Zeichnen Sie die Graphen von Funktion und Stammfunktion.

a) $f(x) = x$ mit $D = \mathbb{R}$; $C = 1, 2, 3$
b) $f(x) = x^2$ mit $D = \mathbb{R}^+$; $C = 0, -1, 1$
c) $f(x) = \sin x$ mit $-\frac{\pi}{2} \leq x \leq \frac{\pi}{2}$; $C = 1, 2, 3$

Wie viele Stammfunktionen gibt es zu jeder gegebenen Funktion?

4 Die 1. Ableitung einer Funktion hat die Gleichung $f'(x) = 3x_2 - 6x - 6$. Der Funktionsgraph hat an der Stelle $x_0 = 1$ eine Nullstelle.
Berechnen Sie die Gleichung der Funktion.

5 Von einer Funktion ist die Gleichung der 1. Ableitung mit $f'(x) = \frac{3}{2}x^2 - 4x + 3$ bekannt.
Außerdem weiß man, dass der Funktionsgraph durch den Punkt $P(4|8)$ verläuft.
Berechnen Sie die Funktionsgleichung.

6 Die Grenzkosten sind durch die Gleichung $K'(x) = \frac{1}{2}x^2 - 5x + \frac{25}{2}$ gegeben. Die Fixkosten betragen 8 Geldeinheiten.
Berechnen Sie die Gleichung der Kostenfunktion.

7 Man weiß, dass bei einer Ausbringungsmenge von 12 Mengeneinheiten die Kosten 189 Geldeinheiten betragen. Außerdem sind die Grenzkosten durch die Gleichung $K'(x) = \frac{1}{4}x^2 + \frac{1}{2}x + \frac{3}{4}$ gegeben. Berechnen Sie die Gleichung der Kostenfunktion.

8 Einem Unternehmen sind die Grenzkosten durch die Gleichung $K'(x) = 18x^2 - 216x + 864$ bekannt. Außerdem weiß man, dass bei einer Ausbringungsmenge von 8 Mengeneinheiten die Gesamtkosten 4272 Geldeinheiten betragen.

a) Berechnen Sie die Gleichung der Kostenfunktion.

b) Bestimmen Sie das Betriebsoptimum.

9.2 Flächenberechnung

9.2.1 Fläche zwischen Kurve und x-Achse

Die Bestimmung des Flächeninhalts ist elementar nur möglich bei geradlinig begrenzten Flächen: Jedes ebene Vieleck lässt sich in Dreiecke zerlegen. Bei krummliniger Begrenzung muss eine andere Methode gefunden werden, um den Flächeninhalt zu berechnen. Eine solche Methode soll zunächst angewendet werden zur Berechnung des Inhalts einer Fläche zwischen der Geraden mit der Funktionsgleichung $f(x) = \frac{1}{2}x + 1$ und der x-Achse in den Grenzen von $x = 0$ bis $x = $ b.

Die gesuchte Fläche wird in n Rechtecke der Breite $\Delta x = \frac{b}{n}$ zerlegt. Es entstehen zwei Summen von Rechtecksflächen, die Untersumme A_u und die Obersumme A_o, wobei gilt.

$A_u \leq A \leq A_o$.

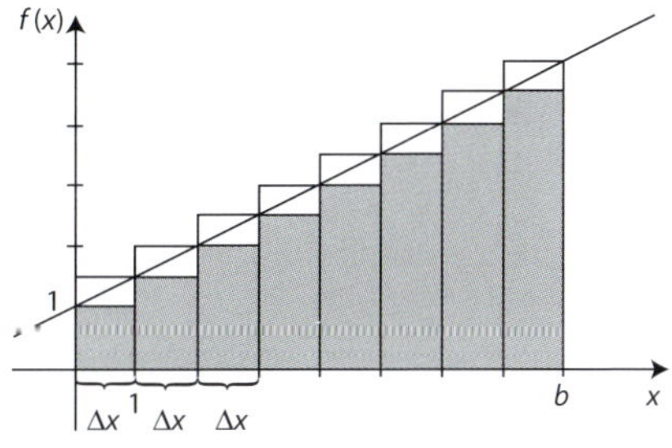

Abb. 9.3

Untersumme:

$$A_u = 1 \cdot \Delta x + \left(\frac{1}{2} \cdot \Delta x + 1\right) \cdot \Delta x + \left(\frac{2}{2} \cdot \Delta x + 1\right) \cdot \Delta x + \left(\frac{3}{2} \cdot \Delta x + 1\right) \cdot \Delta x + \ldots + \left(\frac{n-1}{2} \cdot \Delta x + 1\right) \cdot \Delta x$$

$$A_u = \Delta x \cdot \left[1 + \frac{1}{2}\Delta x + 1 + \frac{2}{2}\Delta x + 1 + \frac{3}{2}\Delta x + 1 + \ldots + \frac{n-1}{2}\Delta x + 1\right]$$

$$A_u = \Delta x \cdot \left[n \cdot 1 + \frac{\Delta x}{2}(1 + 2 + 3 + \ldots + (n-1))\right]$$

$$A_u = \Delta x \cdot \left[n + \frac{\Delta x}{2}\sum_{\mu=1}^{n-1} \mu\right] = \Delta x\left[n + \frac{\Delta x}{2} \cdot \frac{(n-1) \cdot n}{2}\right]$$

Setzt man nun $\Delta x = \frac{b}{n}$, so erhält man:

$$A_u = \frac{b}{n}\left[n + \frac{b \cdot (n-1) \cdot n}{n \cdot 4}\right] = b + \frac{b^2(n-1)}{4n} = b + \frac{b^2}{4} - \frac{b^2}{4n}$$

Für $n \to \infty$ folgt als Grenzwert für A_u:

$$A_u = \frac{b^2}{4} + b$$

Obersumme:

$$A_o = \left(\frac{1}{2}\Delta x + 1\right) \cdot \Delta x + \left(\frac{2}{2}\Delta x + 1\right) \cdot \Delta x + \left(\frac{3}{2}\Delta x + 1\right) \cdot \Delta x + \ldots + \left(\frac{n}{2}\Delta x + 1\right) \cdot \Delta x$$

$$A_o = \Delta x \cdot \left[\frac{1}{2}\Delta x + 1 + \frac{2}{2}\Delta x + 1 + \frac{3}{2}\Delta x + 1 + \ldots + \frac{n}{2}\Delta x + 1\right]$$

$$A_o = \Delta x \cdot \left[n \cdot 1 + \frac{\Delta x}{2}(1 + 2 + 3 + \ldots + n)\right]$$

$$A_o = \Delta x \cdot \left[n + \frac{\Delta x}{2} \cdot \sum_{\mu = 1}^{n} \mu\right] = \Delta x\left[n + \frac{\Delta x}{2} \cdot \frac{n \cdot (n+1)}{2}\right]$$

$$A_o = \frac{b}{n}\left[n + \frac{b}{2n} \cdot \frac{n(n+1)}{2}\right] = b + \frac{b^2 + b^2 \cdot n}{4n} = b + \frac{b^2}{4n} + \frac{b^2}{4}$$

Für $n \to \infty$ folgt als Grenzwert für A_o: $A_o = \frac{b^2}{4} + b$

Untersumme und Obersumme haben denselben Grenzwert. Dieser Grenzwert ist die Fläche $A_o^b = \frac{b^2}{4} + b$.

Ersetzt man die obere Grenze b durch die beliebige Grenze x, so erhält man:

$A_o^x = \frac{x^2}{4} + x$, eine Stammfunktion der begrenzenden Funktion $f(x) = \frac{1}{2}x + 1$.

Als nächstes soll die Methode zur Berechnung des Inhalts einer Fläche zwischen der Parabel mit der Funktionsgleichung $f(x) = x^2$ und der x-Achse in den Grenzen von $x = 0$ bis $x = b$ angewendet werden.

Die gesuchte Fläche wird in n Rechtecke der Breite $\Delta x = \frac{b}{n}$ zerlegt. Es entstehen wieder zwei Summen von Rechteckflächen, die Untersumme A_u und die Obersumme A_o, wobei gilt:

$A_u \leq A \leq A_o$.

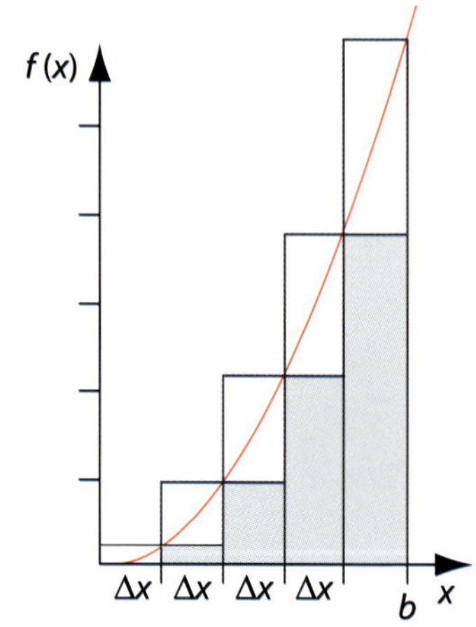

Abb. 9.4

Untersumme:

$$A_u = (\Delta x)^2 \cdot \Delta x + (2\Delta x)^2 \cdot \Delta x + (3\Delta x)^2 \cdot \Delta x + \ldots((n-1) \cdot \Delta x)^2 \cdot \Delta x$$

$$A_u = (\Delta x)^3 \cdot [1^2 + 2^2 + 3^2 + \ldots + (n-1)^2] = (\Delta x)^3 \cdot \sum_{v=1}^{n-1} v^2$$

$$A_u = (\Delta x)^3 \cdot \frac{1}{6}(n-1) \cdot n \cdot (2n-1)$$

Mit $\Delta x = \frac{b}{n}$ ergibt sich:

$$A_u = \frac{b^3 \cdot n(n-1)(2n-1)}{6n^3} = \frac{b^3}{6} \cdot \frac{2n^3 - 3n^2 + n}{n^3}$$

Für $n \to \infty$ folgt als Grenzwert für A_u:

$$A_u = \frac{b^3}{6} \cdot 2 = \frac{b^3}{3}$$

Obersumme:

$$A_o = (\Delta x)^2 \cdot \Delta x + (2\Delta x)^2 \cdot \Delta x + (3\Delta x)^2 \cdot \Delta x + \ldots + (n \cdot \Delta x)^2 \cdot \Delta x$$

$$A_o = (\Delta x)^3 \cdot \sum_{v=1}^{n} v^2 = (\Delta x)^3 \cdot \frac{1}{6} n(n+1)(2n+1)$$

$$A_o = \frac{b^3 \cdot n(n+1)(2n+1)}{6n^3} = \frac{b^3}{6} \cdot \frac{2n^3 + 3n^2 + n}{n^3}$$

Für $n \to \infty$ folgt als Grenzwert für A_o:

$$A_o = \frac{b^3}{6} \cdot 2 = \frac{b^3}{3}$$

Die Grenzwerte von Untersumme und Obersumme sind gleich. Dieser Grenzwert ist die Fläche $A_o^b = \frac{b^3}{3}$.

Ersetzt man die obere Grenze b durch die beliebige Grenze x, so erhält man: $A_o^x = \frac{x^3}{3}$, eine Stammfunktion der begrenzenden Funktion $f(x) = x^2$.

Die Abb. 9.5 veranschaulicht, dass die Berechnung des Flächeninhalts zwischen einem Funktionsgraphen G_f und der x-Achse immer über eine Stammfunktion der begrenzenden Funktion f möglich ist.

Ist die Fläche oberhalb der x-Achse, sind alle Funktionswerte $f(x)$ positiv.

Wurde die Fläche F von einem beliebigen, aber festen Anfangspunkt aus bis zu jeder beliebigen Stelle x bereits ausgemessen (z. B. durch Auszählen der Kästchen bei Millimeterpapier), ist es möglich, die Fläche F als Funktion von x darzustellen.

Offensichtlich ist der unterhalb des Graphen G_f liegende Flächenwert des Rechtecks $f(x) \cdot \Delta x$ kleiner als die tatsächliche Fläche F und die Fläche des oberhalb der Kurve liegenden Rechtecks $f(x + \Delta x) \cdot \Delta x$ größer.

Der Graph der Funktion F zeigt den gesuchten Flächenwert F als die Differenz an den Stellen $x + \Delta x$ und x.

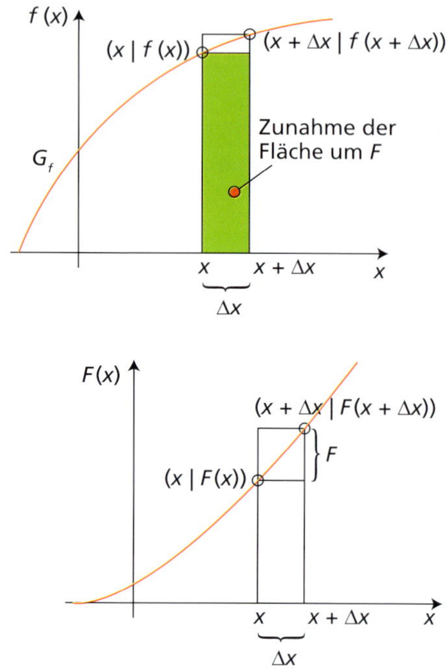

Abb. 9.5

Die Flächenzunahme ist also $F(x + \Delta x) - F(x)$.

Damit lässt sich die Ungleichungskette schreiben:

$$f(x) \cdot \Delta x \leq F(x + \Delta x) - F(x) \leq f(x + \Delta x) \cdot \Delta x$$

Nach Division der Ungleichung durch den positiven Wert Δx ergibt sich:

$$f(x) \leq \frac{F(x + \Delta x - F(x)}{\Delta x} \leq f(x + \Delta x)$$

Geht Δx gegen Null, so gehen die Ungleichheitszeichen in Gleichheitszeichen über, da die äußeren Glieder der Ungleichungskette gleich werden:

$$\lim_{\Delta x \to 0} f(x + \Delta x) = f(x)$$

Damit gilt:

$$f(x) = \lim_{\Delta x \to 0} \frac{F(x + \Delta x) - F(x)}{\Delta x} = F'(x) \quad \text{(vgl. 8.1.3).}$$

Das heißt nun aber, dass F eine Stammfunktion von f ist. Somit ist gezeigt, dass die Fläche unter einer Kurve durch eine Stammfunktion der Kurve, also durch Integration, bestimmt werden kann.

Allgemein schreibt man:

Untersumme: $A_u = \sum_{i=1}^{n-1} f(x_i) \cdot \Delta x$ Obersumme: $A_o = \sum_{i=1}^{n} f(x_i) \cdot \Delta x$

Je kleiner Δx gewählt wird, um so mehr nähern sich die Summen einander und der tatsächlichen Fläche A_a^b. Gilt für $\Delta x \to 0$ $A_u = A_o = A$, so schreibt man verkürzt:

$$A = \int_a^b f(x)\,dx$$

Das Summenzeichen Σ geht dabei in das Integralzeichen $\int$ über, aus der Differenz Δx wird das Differenzial dx.

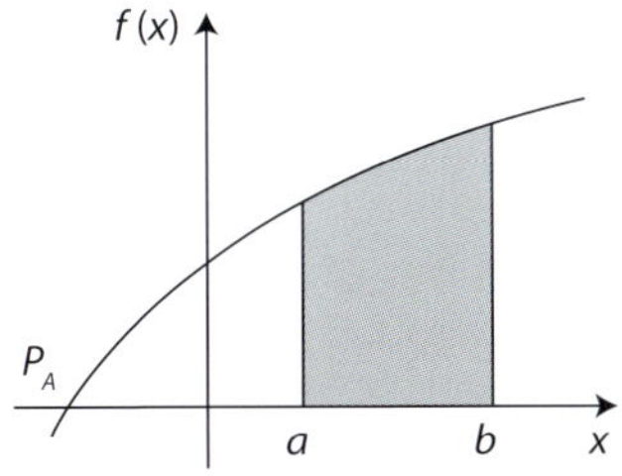

Abb. 9.6

Bei der Berechnung der Fläche unter einer Kurve im Intervall $[a, b]$ wird die Fläche von einem beliebigen, aber festen Anfangspunkt P_A bis zur unteren Grenze a abgezogen von der Fläche vom Anfangspunkt P_A bis zur oberen Grenze b. Die Integrationskonstante fällt bei der Differenzbildung heraus:

$$A_a^b = \int_a^b f(x)\,dx = [F(x) + C]_a^b = F(b) + C - F(a) - C = F(b) - F(a)$$

Satz

Das bestimmte Integral im Intervall $[a; b]$ ist die Maßzahl für den Inhalt der Fläche, die vom Graphen der Funktion f, der x-Achse und den Ordinaten an den Stellen a und b eingeschlossen wird:

$$A_a^b = \int_a^b f(x)dx = [F(x)]_a^b = F(b) - F(a)$$

Beispiel für eine Flächenberechnung

Gesucht ist die Fläche zwischen dem Graphen der Funktion $f(x) = \frac{1}{4}x^2 + 2$ und der x-Achse in den Grenzen $a = -1$ und $b = 5$.

$$A = \int_{-1}^{5} \left(\frac{1}{4}x^2 + 2\right)dx = \left[\frac{1}{12}x^3 + 2x\right]_{-1}^{5}$$

$$A = \left[\frac{125}{12} + 10\right] - \left[-\frac{1}{12} - 2\right]$$

$$A = \frac{125}{12} + 10 + \frac{1}{12} + 2 = \frac{45}{2}$$

$$\mathbf{A = 22\frac{1}{2}\,(FE)}$$

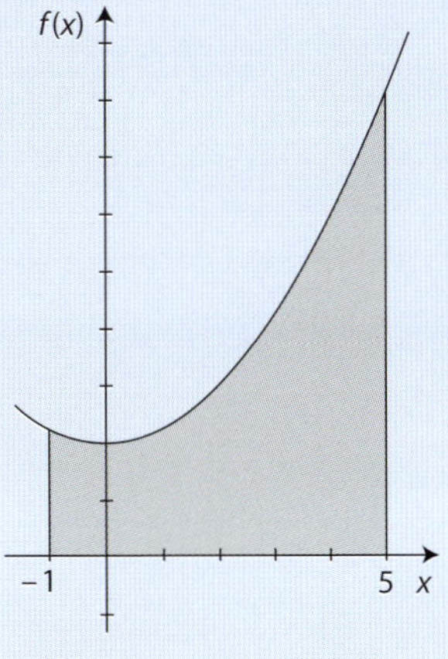

Abb. 9.7

Das Produkt $f(x) \cdot \mathrm{d}x$ ist positiv, wenn $f(x)$ positiv ist. Liegt die Kurve jedoch unterhalb der x-Achse, ist $f(x)$ negativ und damit das Produkt $f(x) \cdot \mathrm{d}x$ ebenfalls. Das bedeutet, dass der Wert des bestimmten Integrals in diesem Fall negativ ist.

Beispiel für einen Flächenwert unterhalb der x-Achse

$f(x) = -\frac{1}{4}x^2 - 2$; Grenzen: $a = -1$; $b = 5$

$$I = \int_{-1}^{5} \left(-\frac{1}{4}x^2 - 2\right) \mathrm{d}x = \left[-\frac{1}{12}x^3 - 2x\right]_{-1}^{5}$$

$$I = \left[-\frac{125}{12} - 10\right] - \left[\frac{1}{12} + 2\right] = -\frac{45}{2}$$

$$\boldsymbol{I = -22\frac{1}{2}}$$

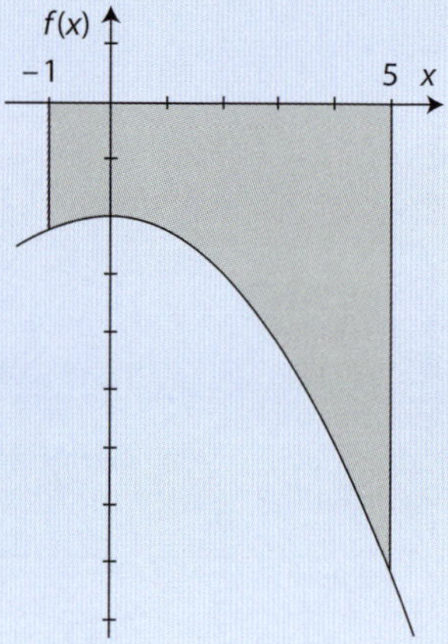

Abb. 9.8

Die in Abb. 9.8. unterlegte Fläche hat die, Größe $A = |I| = 22{,}5$ (FE).
Ist nicht sofort erkennbar, ob die Kurve im Intervall $[a; b]$ oberhalb oder unterhalb der x-Achse liegt, so sind Betragsstriche zu setzen:

$$A_a^b = \left| \int_a^b f(x) \cdot \mathrm{d}x \right|$$

Liegt die Kurve im Intervall $[a; b]$ teilweise unterhalb und teilweise oberhalb der x-Achse, so werden bei der Integration die Flächenstücke oberhalb der x-Achse um die Flächenstücke unterhalb der x-Achse vermindert, wenn a und b die Grenzen sind.

Beispiel für Flächen unter- und oberhalb der x-Achse

$f(x) = x^2 - 2x$; Grenzen: $a = 0$; $b = 3$

$$I = \int_0^3 (x^2 - 2x)\,\mathrm{d}x = \left[\frac{1}{3}x^3 - x^2\right]_0^3$$

$$I = \left[\frac{27}{3} - 9\right] - [0] = 0 - 0 = 0$$

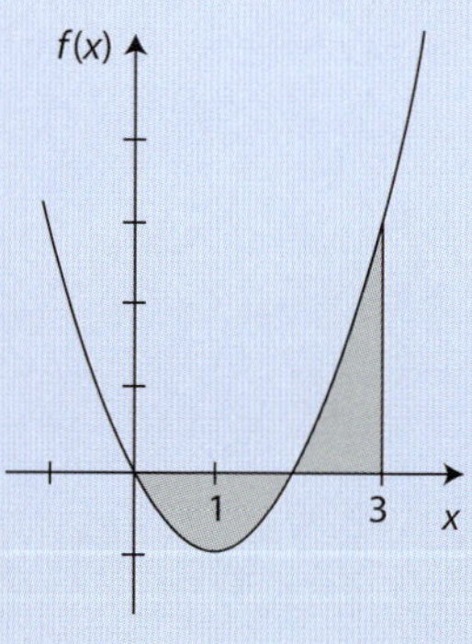

Abb. 9.9

Der Wert des bestimmten Integrals im Intervall [0; 3] ist Null. Die in Abb. 9.9. unterlegten Flächen sind jedoch beide von Null verschieden. Es muss also so sein, dass die unterhalb der Kurve liegende Fläche genau so groß ist wie die oberhalb der Kurve liegende Fläche. Um die gesamte unterlegte Fläche zu bestimmen, müssen also das unterhalb und das oberhalb der x-Achse liegende Flächenstück getrennt berechnet werden. Die Gesamtfläche ist dann die Summe der beiden Integrale.

Zur Flächenberechnung ist das Integrationsintervall zu unterteilen an den Nullstellen der Funktion.

Regel

Bei der Flächenberechnung ist das Integrationsintervall $[a; b]$ an den Nullstellen der Funktion zu unterteilen in Teilintervalle $[a; x_{01}]$; $[x_{01}; x_{02}]$; $[x_{02}; x_{03}]$; …; $[x_{0n}; b]$. Die Gesamtfläche ist die Summe der Beträge der einzelnen Integrale.

$$A = \left| \int_a^{x_{01}} f(x)\,\mathrm{d}x \right| + \left| \int_{x_{01}}^{x_{02}} f(x)\,\mathrm{d}x \right| + \left| \int_{x_{02}}^{x_{03}} f(x)\,\mathrm{d}x \right| + \ldots + \left| \int_{x_{0n}}^{b} f(x)\,\mathrm{d}x \right|$$

Beispiele für die Ermittlung der Gesamtflächen

1. Die Fläche, die vom Graphen der Funktion $y = x^2 - 2x$, der x-Achse und den Ordinaten an den Stellen $a = 0$ und $b = 3$ eingeschlossen wird, soll berechnet werden. Nullstellen: $x_{01} = 0$; $x_{02} = 2$.

$$A = \left| \int_0^2 (x^2 - 2x)\,\mathrm{d}x \right| + \left| \int_2^3 (x^2 - 2x)\,\mathrm{d}x \right|$$

$$A = \left| \frac{1}{3}x^3 - x^2 \right|_0^2 + \left| \frac{1}{3}x^3 - x^2 \right|_2^3 = \left| \frac{8}{3} - 4 \right| + \left| \left[\frac{27}{3} - 9 \right] - \left[\frac{8}{3} - 4 \right] \right|$$

$$\mathbf{A = \left| -\frac{4}{3} \right| + \left| \frac{4}{3} \right| = \frac{8}{3}\,(FE)}$$

2. Welches Flächenstück wird vom Graphen der Funktion $y = x^3 - 7x^2 + 10x$ und der x-Achse ganz eingeschlossen?
Zunächst werden die Nullstellen gesucht und der Verlauf des Funktionsgraphen skizziert.

Nullstellen:
$x_{01} = 0;\ x_{02} = 2;\ x_{03} = 5$

Die Gesamtfläche ist die Summe der beiden Flächen A_1 und A_2. Die Integrationsintervalle sind [0; 2] und [2; 5].

$$A_1 = \int_0^2 (x^3 - 7x^2 + 10x)\,\mathrm{d}x = \left[\frac{1}{4}x^4 - \frac{7}{3}x^3 + 5x^2\right]_0^2$$

$$A_1 = \left[\frac{16}{4} - \frac{56}{3} + 20\right] - [0] = \frac{16}{3}\,(\text{FE})$$

$$A_2 = \left|\int_2^5 (x^3 - 7x^2 + 10x)\,\mathrm{d}x\right| = \left|\frac{1}{4}x^4 - \frac{7}{3}x^3 + 5x^2\right|_2^5$$

$$A_2 = \left|\left[\frac{625}{4} - \frac{875}{3} + 125\right] - \left[\frac{16}{4} - \frac{56}{3} + 20\right]\right|$$

$$A_2 = \left|-\frac{125}{12} - \frac{16}{3}\right| = \left|-\frac{63}{4}\right| = \frac{63}{4}\,(\text{FE})$$

$$\mathbf{A = A_1 + A_2 = \frac{16}{3} + \frac{63}{4} = \frac{253}{12}\,(FE)}$$

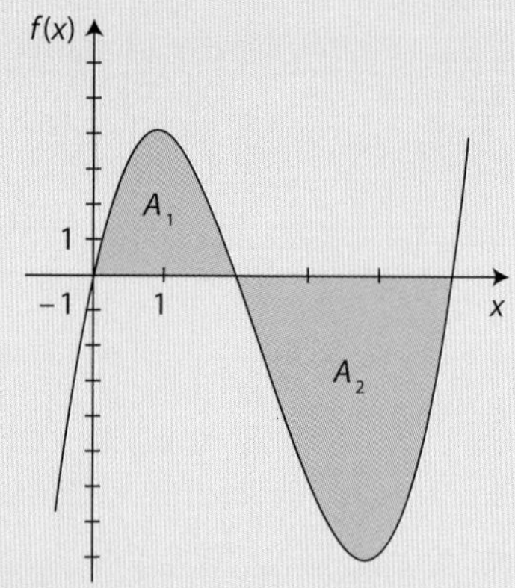

Abb. 9.10

3. Errechnen Sie den Flächenwert, der vom Graphen der Funktion $f(x)$ und der x-Achse im Intervall $[0; 2 \cdot \pi]$ eingeschlossen wird.
Der Graph der Funktion $f(x) = \sin x$ schneidet die x-Achse im Intervall $[0; 2 \cdot \pi]$ an den Stellen 0; π und $2 \cdot \pi$. Wegen der Symmetrie ist die gesuchte Fläche doppelt so groß wie der Betrag des Integrals im Intervall $[0; \pi]$.

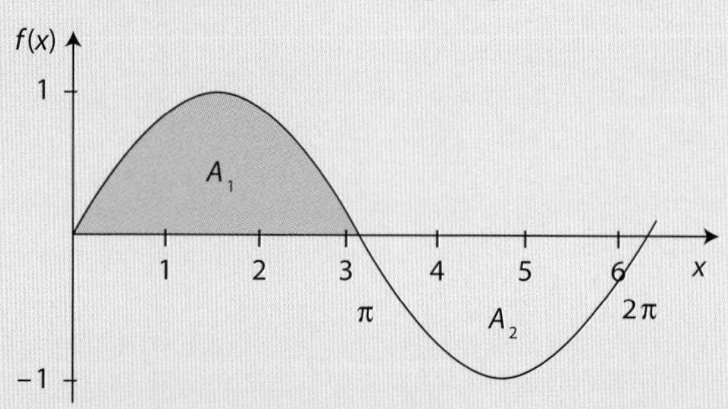

Abb. 9.11

$$A = 2 \cdot \int_0^{\pi} \sin(x)\,\mathrm{d}x;\quad A = 2 \cdot [-\cos(x)]_0^{\pi} = 2 \cdot \big((-\cos(\pi)) - (-\cos(0))\big);$$

$$A = 2 \cdot (1 + 1) = 4\ \text{FE}$$

AUFGABEN

1 Berechnen Sie den Inhalt der Fläche zwischen dem Graphen der Funktion $x \mapsto f(x)$ und der x-Achse im Intervall $[a; b]$:

a) $f(x) = \frac{2}{3}x^2$; $[1; 4]$

b) $f(x) = x^2 - 2$; $[0; 1]$

c) $f(x) = -x^2 + x + 20$; $[-3; 3]$

d) $f(x) = 2x^2 - 2x - 6$; $[-1; 2]$

e) $f(x) = 2x^3 - 2x^2 + 4x - 4$; $[0; 3]$

f) $f(x) = \frac{1}{3}x^3 - 3x$; $[-2; 3]$

g) $f(x) = \frac{1}{x}$; $[1; 10]$

h) $f(x) = x + \frac{1}{x}$; $[1; 10]$

i) $f(x) = \mathrm{e}^x$; $[-10; 0]$

k) $f(x) = \frac{1}{2} \cdot \mathrm{e}^x$; $[0; 10]$

l) $f(x) = \mathrm{e}^x + x$; $[0; 2]$

m) $f(x) = \mathrm{e}^x - x + \frac{1}{x}$; $[1; 2]$

n) $f(x) = -\sin x$; $\left[0; \frac{\pi}{2}\right]$

o) $f(x) = \cos x$; $[0; \pi]$

2 Wie groß ist der Inhalt der Fläche, die vom Graphen der Funktion $x \mapsto f(x)$ und der x-Achse ganz umschlossen wird?

a) $f(x) = x^2 - 9$

b) $f(x) = 2x^2 - 4x - 6$

c) $f(x) = x^2 - 5x - 6$

d) $f(x) = x^3 - 4x^2$

e) $f(x) = x^3 - 4x$

f) $f(x) = x^3 - x^2 - 20x$

g) $f(x) = x^3 - 2x^2 - 5x + 6$

h) $f(x) = x^3 - 4x^2 - 11x + 30$

i) $f(x) = x^3 - 19x - 30$

k) $f(x) = -x^4 + 16x^2$

l) $f(x) = -x^4 + 5x^2 + 36$

m) $f(x) = x^4 - 13x^2 + 36$

3 Gegeben ist die Funktion f mit der Gleichung

$f(x) = \frac{1}{3}x^3 - 3x^2 + 5x + \frac{25}{3}$.

a) Führen Sie eine Kurvendiskussion durch.

b) Zeichnen Sie den Funktionsgraphen.

c) Berechnen Sie den Inhalt der Fläche, die vom Graphen der Funktion und der x-Achse ganz umschlossen wird.

4 Gegeben ist die Funktion mit der Gleichung

$f(x) = x^4 - 10x^2 + 9$.

a) Führen Sie eine Kurvendiskussion durch.

b) Zeichnen Sie den Funktionsgraphen.

c) Berechnen Sie den Inhalt der Fläche, die vom Graphen der Funktion und der x-Achse ganz umschlossen wird.

5 Von der Funktion f ist die 1. Ableitung gegeben durch die Gleichung $f'(x) = x^2 - 6x + 5$. Der Funktionsgraph schneidet die x-Achse an der Stelle $x_{01} = -1$.

a) Berechnen Sie die Gleichung der Funktion.

b) Führen Sie eine Kurvendiskussion durch.

c) Berechnen Sie den Inhalt der Fläche, die vom Graphen der Funktion und der x-Achse ganz umschlossen wird.

6 Von einer Funktion f ist die Gleichung der 1. Ableitung gegeben mit $f'(x) = \frac{3}{4}x^2 + 3x$.

Der Funktionsgraph schneidet die x-Achse an der Stelle $x_{01} = 2$.

a) Berechnen Sie die Gleichung der Funktion.

b) Führen Sie eine Kurvendiskussion durch.

c) Berechnen Sie die Gleichung der Tangente im Wendepunkt.

d) Zeichnen Sie den Funktionsgraphen.

e) Berechnen Sie den Inhalt der Fläche, die vom Graphen der Funktion und der x-Achse ganz umschlossen wird.

9.2.2 Fläche zwischen zwei Kurven

Die Fläche zwischen den Kurven f und g wird als Differenz der Flächen zwischen der oberen Kurve und der x-Achse und der unteren Kurve und der x-Achse innerhalb der Schnittstellen x_{s_1} und x_{s_2} ermittelt (s. Abb. 9.12).

$$A = A_1 - A_2$$

$$A = \int_{x_{s_1}}^{x_{s_2}} g(x)\,dx - \int_{x_{s_1}}^{x_{s_2}} f(x)\,dx$$

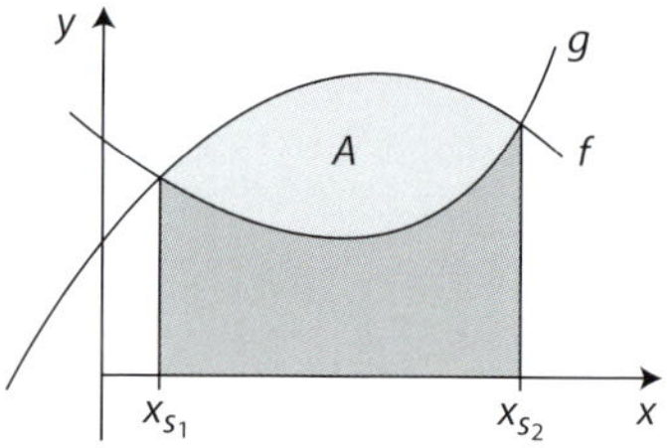

Abb. 9.12

Nach den in 9.1.3 erläuterten Sätzen gilt dann: $A = \int_{x_{s_1}}^{x_{s_2}} (g(x) - f(x))\,dx$

Beispiel 1 für den Flächenwert zwischen zwei Kurven

Gesucht ist die Fläche, die von den Graphen der Funktionen f und g mit $f(x) = x^2 + 6$ und $g(x) = -x^2 + 8 \cdot x$ eingeschlossen wird.

Für die Schnittpunkte der Graphen gilt: $f(x_s) = g(x_s)$

$x^2 + 6 = -x^2 + 8 \cdot x \Leftrightarrow 2 \cdot x^2 - 8 \cdot x + 6 = 0$

Daraus folgt: $x_{s_1} = 1$ und $x_{s_2} = 3$

$$A = \int_1^3 (g(x) - f(x))\,dx$$

$$A = \int_1^3 (-2 \cdot x^2 + 8 \cdot x - 6)\,dx$$

$$A = \left[-\frac{2}{3} \cdot x^3 + 4 \cdot x^2 - 6 \cdot x\right]_1^3$$

$$A = \frac{8}{3}\text{ FE}$$

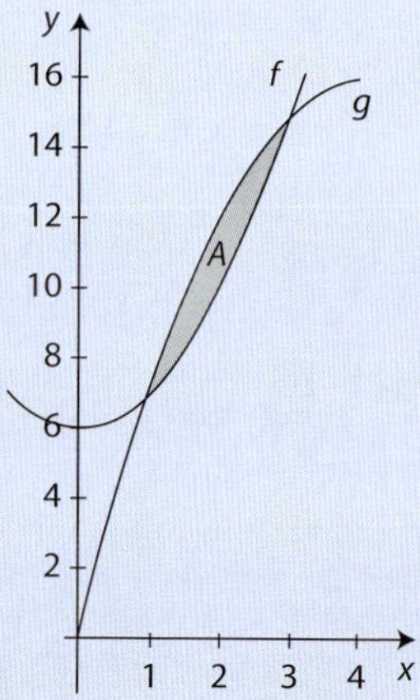

Abb. 9.13

Für die Berechnung des Flächenstücks zwischen zwei Kurven ist es unwichtig, ob die Graphen der beiden Funktionen die x-Achse schneiden oder nicht, da der Integrand das Vorzeichen zwischen zwei Schnittpunkten nicht verändert.

Beispiel 2

Gesucht ist der Inhalt der Fläche zwischen den Graphen der Funktionen f und g.

$f\colon f(x) = x^2 - 2 \cdot x - 4$

$g\colon g(x) = -x^2 + 4 \cdot x + 4$

Schnittpunkte: $x_{s_1} = -1$ und $x_{s_2} = 4$

$$A = \int_{-1}^{4} (g(x) - f(x))\,\mathrm{d}x = \int_{-1}^{4} (-2 \cdot x^2 + 6 \cdot x + 8)\,\mathrm{d}x$$

$$A = \left[-\frac{2}{3} \cdot x^3 + 3 \cdot x^2 + 8 \cdot x\right]_{-1}^{4} = \frac{125}{3}\,\text{FE}$$

Der Flächeninhalt beträgt $\frac{125}{3}$ Flächeneinheiten.

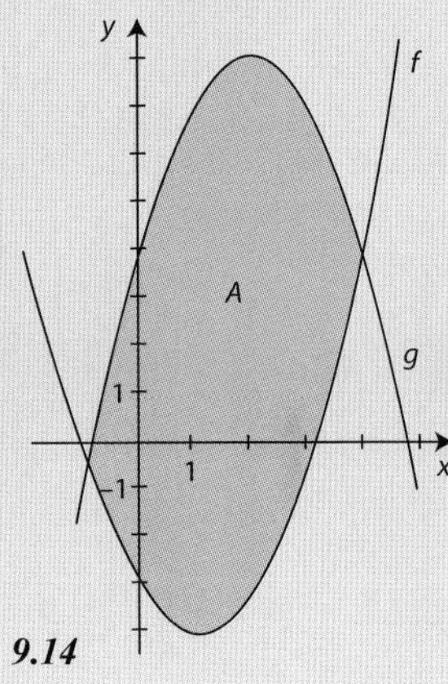

Abb. 9.14

Schneiden sich die Graphen der Funktionen mehrmals, so ist von Schnittpunkt zu Schnittpunkt zu integrieren.

Beispiel 3

Gesucht ist der Inhalt der Fläche zwischen den Graphen der Funktionen f und g.

$f\colon f(x) = 4 \cdot x^3 + 4 \cdot x$

$g\colon g(x) = x^2 - 1$

Schnittpunkte: $x_{s_1} = -1$; $x_{s_2} = \frac{1}{4}$ und $x_{s_3} = 1$

$$A_1 = \int_{-1}^{0,25} (f(x) - g(x))\,\mathrm{d}x = \int_{-1}^{0,25} (4 \cdot x^3 - x^2 - 4 \cdot x + 1)\,\mathrm{d}x$$

$$A_1 = \left[x^4 - \frac{1}{3} \cdot x^3 - 2 \cdot x^2 + x\right]_{-1}^{0,25} \approx 1{,}790\,\text{FE}$$

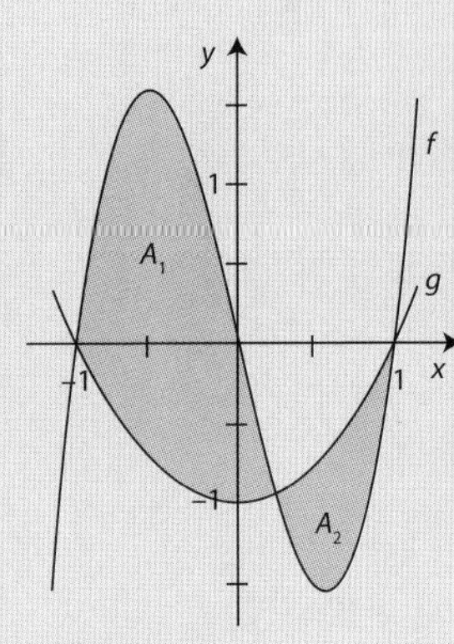

Abb. 9.15

$$A_2 = \int_{0,25}^{1} (g(x) - f(x))\,\mathrm{d}x = \int_{0,25}^{1} (-4 \cdot x^3 + x^2 + 4 \cdot x - 1)\,\mathrm{d}x$$

$$A_2 = \left[-x^4 + \frac{1}{3} \cdot x^3 + 2 \cdot x^2 - x\right]_{0,25}^{1} \approx 0{,}457\,\text{FE}$$

Der Inhalt der Fläche beträgt $A = A_1 + A_2 \approx 2{,}247$ FE.

Beispiel 4: Produzenten- und Konsumentenrente

Für einen Monopolisten sei der Zusammenhang zwischen der Angebotsmenge x und dem Preis $p_A(x)$ durch folgende Gleichung gegeben: $p_A(x) = 0{,}15 \cdot x^2 + 2$

Die Preisnachfragefunktion $p_N(x)$ sei dagegen durch die Gleichung festgelegt:

$p_N(x) = -0{,}2 \cdot x^2 + 7{,}6$

Die Koordinaten des Schnittpunktes $S(x_0|y_0)$ der Graphen entsprechen dem Marktpreis y_0 und dem Marktgleichgewicht x_0.

Alle Konsumenten, die auch einen höheren Preis als den Marktpreis gezahlt hätten, haben Geld gespart. Dieser Gesamtsparbetrag wird **Konsumentenrente** genannt. Alle Produzenten, die die Ware auch zu einem niedrigeren Preis als dem Marktpreis angeboten hätten, erzielen bei Verkauf zum Marktpreis einen zusätzlichen Erlös, die **Produzentenrente**.

Marktgleichgewicht: $p_A(x) = p_N(x)$

$0{,}15 \cdot x^2 + 2 = -0{,}2 \cdot x^2 + 7{,}6 \Leftrightarrow 0{,}35 \cdot x^2 = 5{,}6 \Leftrightarrow x = -4 \vee x = 4;\ p_A(4) = 4{,}4$

Bei 4 ME wird der Gleichgewichtspreis von 4,4 GE erreicht.

Graphen der Nachfrage-p_N und der Angebotsfunktion p_A

Erlös: $E = x_G \cdot p_G;\ x_G = x_0;\ p_G = y_0$

Produzentenrente: $P = \int\limits_0^{x_G} (p_G - p_A(x))\,\mathrm{d}x$

Konsumentenrente: $K = \int\limits_0^{x_G} (p_N(x) - p_G)\,\mathrm{d}x$

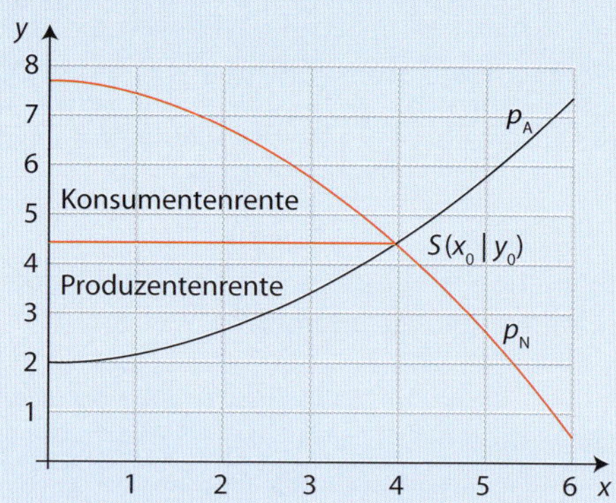

Abb. 9.16

$P = \int\limits_0^4 (4{,}4 - 0{,}15 \cdot x^2 - 2)\,\mathrm{d}x \quad \Leftrightarrow \quad P = [-0{,}05 \cdot x^3 + 2{,}4 \cdot x]_0^4 \quad \Leftrightarrow \quad P = 6{,}4$

Die Produzentenrente beträgt 6,4 GE.

$K = \int\limits_0^4 (-0{,}2 \cdot x^2 + 7{,}6 - 4{,}4)\,\mathrm{d}x \quad \Leftrightarrow \quad K = \left[-\frac{0{,}2}{3} \cdot x^3 + 3{,}2 \cdot x\right]_0^4 \quad \Leftrightarrow \quad K = 8{,}533$

Die Konsumentenrente beträgt etwa 8,533 GE.

AUFGABEN

1 Berechnen Sie den Inhalt der Fläche, die von den Graphen der Funktionen f und g eingeschlossen wird:

a) $f(x) = x^2 - 9;\quad g(x) = -x^2 + 9$

b) $f(x) = -x^2 + 2x + 3;\quad g(x) = -x + 3$

c) $f(x) = x^3 + x^2 - 2;\quad g(x) = x^3 + x$

d) $f(x) = \frac{1}{2}x^3 + \frac{1}{2}x^2 - 3;\quad g(x) = \frac{1}{2}x^3 + \frac{1}{4}x^2 + \frac{1}{2}x + 3$

e) $f(x) = 4x - x^3$; $g(x) = 2x - x^2$

f) $f(x) = x^3 + 4x^2 - 12$; $g(x) = 4x^2 + x - 12$

g) $f(x) = x^3 + 2x^2 - 7$; $g(x) = 2x^2 + 10x - 7$

h) $f(x) = x^3 + 3x^2 - 4x + 5$; $g(x) = 0{,}75x^3 + 3x^2 + 2x + 5$

i) $f(x) = x^4 + 2x^3 + 50$; $g(x) = 2x^3 + 29x^2 - 50$

k) $f(x) = x^4 + 5x^2$; $g(x) = 5x^3 - 5x + 6$

2 Gegeben ist die Funktion f mit der Gleichung
$f(x) = x^3 - 9x^2 + 15x - 7$.

a) Führen Sie eine Kurvendiskussion durch.

b) Berechnen Sie die Gleichung der Tangente im Wendepunkt.

c) Berechnen Sie den Inhalt der Fläche, die vom Graphen der Funktion f und der x-Achse umschlossen wird.

d) Berechnen Sie den Inhalt der Fläche, die von den Graphen von f und g mit $g(x) = -x^2 + 8x - 7$ umschlossen wird.

3 Gegeben ist die Funktion f mit der Gleichung $f(x) = 4x - \frac{1}{4}x^3$.

a) Führen Sie eine Kurvendiskussion durch.

b) Berechnen Sie den Inhalt der Fläche, die vom Graphen der Funktion f und der x-Achse umschlossen wird.

c) Der Graph einer ganzrationalen Funktion g 2. Grades berührt den Graphen von f in dessen Wendepunkt und schneidet den Graph von f an der Stelle $x_s = 4$. Berechnen Sie die Funktionsgleichung von g.

d) Berechnen Sie den Inhalt der Fläche, die von den Graphen von f und g umschlossen wird.

4 Die Nachfrage- und Angebotsfunktionen sind gegeben durch die Funktionsgleichungen $p_N(x) = 20 - 0{,}2x^2$ und $p_A(x) = 0{,}9x + 3{,}9$ mit $D = [0; 10]$

a) Berechnen Sie das Marktgleichgewicht.

b) Zeichnen Sie die Graphen der Angebots- und Nachfragefunktion in ein Koordinatensystem.

c) Berechnen Sie die Konsumentenrente und die Produzentenrente.

5 Das Verhalten von Anbietern und Nachfragern am Markt sei durch folgende Funktionsgleichungen beschrieben:
$p_A(x) = 0{,}28x + 2{,}2$; $p_N(x) = 0{,}05x^2 - 1{,}8x + 18$; $D = [0; 15]$

a) Bestimmen Sie das Marktgleichgewicht.

b) Berechnen Sie die Konsumentenrente und die Produzentenrente.

6 Die Angebots- und Nachfragefunktionen sind durch folgende Funktionsgleichungen gegeben:
$p_A(x) = 0{,}15x^2 + 2{,}25$; $p_N(x) = 22{,}5 - 0{,}1x^2$; $D = [0; 15]$

a) Berechnen Sie das Marktgleichgewicht.

b) Zeichnen Sie die Graphen der Angebots- und Nachfragefunktion in ein Koordinatensystem.

c) Berechnen Sie die Konsumentenrente und die Produzentenrente.

7 Die Anbieter am Markt verhalten sich entsprechend der Angebotskurve
$p_A(x) = 0{,}15x^2 + 0{,}25x + 0{,}4;\ D = [0;\,15]$.
Die Nachfrage kann durch die Nachfragefunktion mit der Gleichung
$p_N(x) = 0{,}05x^2 - 1{,}75x + 16;\ D = [0;\,15]$
beschrieben werden.

a) Bestimmen Sie das Marktgleichgewicht.
b) Zeichnen Sie die Graphen der Angebots- und Nachfragefunktion in ein Koordinatensystem.
c) Berechnen Sie die Konsumentenrente und die Produzentenrente.

9.3 Integralfunktion

Wir gehen davon aus, dass die Funktion f auf einer Menge M definiert und integrierbar ist. Man wählt nun eine Zahl $a \in M$ und setzt fest:

$$I\colon I(x) = \int_a^x f(z) \cdot \mathrm{d}z$$

Die Variable x ist die obere Integrationsgrenze. Als Integrationsvariable kann man den Buchstaben x nun nicht mehr verwenden. Man nimmt daher einen anderen Buchstaben (hier z). Die Funktion I nennt man **Integralfunktion** zu f.

Wird als untere Integrationsgrenze eine andere Zahl für a eingesetzt, erhält man eine andere Integralfunktion, die sich jedoch nur durch einen anderen konstanten Summanden unterscheidet

Beispiel für Integralfunktionen

Die Funktion f mit $f(x) = x^2 + x$ ist in $M = \mathbb{R}$ definiert und sie ist integrierbar. Wählt man 1 für a, so erhält man die Integralfunktion:

$$I_1\colon\ I_1(x) = \int_1^x (z^2 + z) \cdot \mathrm{d}z$$
$$\Leftrightarrow I_1(x) = \frac{x^3}{3} + \frac{x^2}{2} - \frac{1}{3} - \frac{1}{2}$$
$$\Leftrightarrow I_1(x) = \frac{x^3}{3} + \frac{x^2}{2} - \frac{5}{6}$$

Wählt man 2 für a, so erhält man die Integralfunktion:

$$I_2\colon\ I_2(x) = \int_2^x (z^2 + z) \cdot \mathrm{d}z$$
$$\Leftrightarrow I_2(x) = \frac{x_3}{3} + \frac{x^2}{2} - \frac{8}{3} - \frac{4}{2}$$
$$\Leftrightarrow I_2(x) = \frac{x^3}{3} + \frac{x^2}{2} - \frac{14}{3}$$

Wie man an dem Beispiel erkennen kann, ist die Integralfunktion I eine Stammfunktion von f. Dies gilt jedoch nur, wenn die Funktion f stetig und auch integrierbar ist:

Hauptsatz der Differenzial- und Integralrechnung

Die Funktion f sei auf einer Menge M definiert, stetig und integrierbar. Dann ist die mit einer beliebigen Zahl $a \in M$ gebildete Integralfunktion

$$I: x \mapsto I(x) \text{ mit } I(x) = \int_a^x f(z) \cdot \mathrm{d}z$$

an jeder Stelle $x_0 \in M$ differenzierbar, und es gilt:

$$I'(x_0) = f(x_0)$$

Jede Integralfunktion I ist dann also eine Stammfunktion von f.

Dieser Satz ist nicht umkehrbar, denn nicht jede Stammfunktion von f ist auch eine Integralfunktion.

Beweis

$x \mapsto F(x)$ mit $F(x) = 2x^2 + 2$ ist eine Stammfunktion von $x \mapsto f(x)$ mit $f(x) = 4x$ auf der Menge $M = \mathbb{R}$, denn es gilt $F'(x) = f(x)$.
F ist jedoch keine Integralfunktion:

$$I: \quad I(x) = \int_a^x 4z \cdot \mathrm{d}z$$

$$\Leftrightarrow I(x) = 2x^2 - 2a^2$$

Der Vergleich mit $x \mapsto 2x^2 + 2$ zeigt, dass $-2a^2 = 2 \Leftrightarrow a^2 = -1$ gelten müsste. $a^2 = -1$ hat aber in $\mathbb{R}$ keine Lösung.

AUFGABEN

Bilden Sie die Integralfunktion I zu f mit der unteren Integrationsgrenze a auf der Menge $M = \mathbb{R}$.

a) $f(x) = x + 1$; $a = 0$, $a = 1$, $a = 2$
b) $f(x) = x^2 + 1$; $a = 0$, $a = 3$, $a = 5$
c) $f(x) = x^2 + x$; $a = 1$, $a = -1$, $a = 2$
d) $f(x) = 3x^2 + 2x + 1$; $a = 1$, $a = -1$, $a = -2$

9.4 Integrationsregeln

Im Zusammenhang mit der Differenzialrechnung wurden verschiedene Regeln eingeführt, um zusammengesetzte Funktionen ableiten zu können. Insbesondere wurden die Kettenregel und die Produktregel eingeführt, um zusammengesetzte (verkettete) bzw. Produktfunktionen abzuleiten. Auch für die Integralrechnung existieren entsprechende Regeln, die im Folgenden dargestellt werden.

9.4.1 Die Substitution

Aus der Kettenregel lässt sich ein Integrationsverfahren herleiten (vgl. Kap. 8.3.1.2).

Integration durch Substitution[1)]

Die Funktion f mit $f(x) = g'(v(x)) \cdot v'(x)$ hat eine Stammfunktion F mit $F(x) = g(v(x))$

Also gilt: $\int_a^b g'(v(x)) \cdot v'(x)\,\mathrm{d}x = [g(v(x))]_a^b$

Wird die innere Funktion $g(x)$ durch die Variable z ***substituiert***, so erhalten wir:

$$\int_a^b g'(v(x)) \cdot v'(x)\,\mathrm{d}x = \int_{v(a)}^{v(b)} g'(z)\,\mathrm{d}z \qquad \begin{array}{ll} \text{obere Grenze:} & z_2 = v(b) \\ \text{untere Grenze:} & z_1 = v(a) \end{array}$$

Für zusammengesetzte Funktionen, die mithilfe der Substitutionsregel integriert werden sollen, muss gelten:
Die Funktion g sei stetig im Intervall I_1 und die differenzierbare Funktion v sei definiert im Intervall I_2, wobei $v(x) \in I_1$ für alle $x \in I_2$. Ferner seien $a, b \in I_2$.

Dann gilt: $\int_a^b g'(v(x)) \cdot v'(x)\,\mathrm{d}x = [g(z)]_{v(a)}^{v(b)}$

Die innere Funktion *v* der zusammengesetzten Funktion ist linear.

Allgemein gilt für ein bestimmtes Integral mit der äußeren stetigen Funktion g und der **inneren linearen** Funktion v mit $v(x) = a \cdot x + b$:

Mit $z = a \cdot x + b$; $\frac{\mathrm{d}z}{\mathrm{d}x} = a$; $\Rightarrow \mathrm{d}x = \frac{1}{a}\mathrm{d}z$ gilt: $\int f(a \cdot x + b)\,\mathrm{d}x = \frac{1}{a} \cdot \int f(z)\,\mathrm{d}z$

$$\int f(a \cdot x + b)\,\mathrm{d}x = \frac{1}{a} \cdot F(a \cdot x + b) + C$$

Beispiel 1 für eine Potenzfunktion mit einer inneren linearen Funktion

$\int (6 \cdot x + 4)^5\,\mathrm{d}x$ müssen wir so umformen, dass wir die Stammfunktion angeben können.

$g(z) = z^5$ und mit $z = 6x + 4$ ist die innere Ableitung $z'(x) = \frac{\mathrm{d}z}{\mathrm{d}x} = 6 \Rightarrow \mathrm{d}x = \frac{1}{6}\mathrm{d}z$

$\frac{1}{6} \cdot \int z^5\,\mathrm{d}z = \frac{1}{36} \cdot z^6 + C$, also ist $\int (6 \cdot x + 4)^5\,\mathrm{d}x = \frac{1}{36} \cdot (6 \cdot x + 4)^6 + C$

---

1) *Die Substitution ist nur dann anwendbar, wenn der Integrand nach der Substitution ausschließlich die Variable z enthält.*

Beispiel 2 für eine e-Funktion mit einer inneren linearen Funktion

$\int_a^b e^{2 \cdot x} dx$ Mit $z = 2 \cdot x$; $\Rightarrow \frac{dz}{dx} = 2 \Rightarrow dx = \frac{1}{2} dz$

der unteren Grenze $z_1 = 2 \cdot a$ und der oberen Grenze $z_2 = 2 \cdot b$ wird:

$$\frac{1}{2} \cdot \int_{2 \cdot a}^{2 \cdot b} e^z dz = \frac{1}{2} \cdot [e^z]_{2 \cdot a}^{2 \cdot b} \text{ also ist } \int_a^b e^{2 \cdot x} dx = \frac{e^{2 \cdot b} - e^{2 \cdot a}}{2}$$

Beispiel 3 für eine Sinusfunktion mit einer inneren linearen Funktion

$\int_a^b \sin\left(5 \cdot x + \frac{\pi}{4}\right) dx$ Mit $z = 5x + \frac{\pi}{4}$, $z_1 = 5 \cdot a + \frac{\pi}{4}$ und $z_2 = 5 \cdot b + \frac{\pi}{4}$ erhält man:

$$\frac{1}{5} \cdot \int_{5 \cdot a + \frac{\pi}{4}}^{5 \cdot b + \frac{\pi}{4}} \sin(z) dz = \frac{1}{5} \cdot [-\cos z]_{5 \cdot a + \frac{\pi}{4}}^{5 \cdot b + \frac{\pi}{4}}$$

$$\int_a^b \sin\left(5 \cdot x + \frac{\pi}{4}\right) dx = \frac{1}{5} \cdot \left(-\cos\left(5 \cdot b + \frac{\pi}{4}\right) + \cos\left(5 \cdot a + \frac{\pi}{4}\right)\right)$$

AUFGABEN

1 Geben Sie eine Stammfunktion an für:

a) $\int (6 \cdot x + 5)^2 dx$

b) $\int (2 - 4 \cdot x)^5 dx$

c) $\int \sqrt{4 \cdot x - 2}\, dx$

d) $\int \frac{7}{3 - 4 \cdot x} dx$

e) $\int \frac{1}{\sqrt{6 - 4 \cdot x}} dx$

f) $\int \frac{10}{(3 \cdot x + 2)^2} dx$

2 Errechnen Sie den Integralwert für:

a) $\int_0^2 \frac{3}{6 - 2 \cdot x} dx$

b) $\int_1^3 \frac{5}{\sqrt{2 \cdot x + 3}} dx$

c) $\int_{\frac{\pi}{6}}^{\pi} \sin\left(\frac{\pi}{10} \cdot x + \frac{\pi}{2}\right) dx$

d) $\int_{\frac{\pi}{3}}^{\pi} \cos\left(4 \cdot x - \frac{\pi}{6}\right) dx$

e) $\int_0^2 e^{-10 \cdot x} dx$

f) $\int_0^4 5 \cdot (1 - e^{-\frac{x}{2}}) dx$

Die innere Funktion v einer zusammengesetzten Funktion ist nicht linear.

Die Integration ist nur dann anwendbar, wenn nach Substitution der Integrand ausschließlich die Variable z enthält.

Beispiel 1 für eine e-Funktion mit einer inneren nicht linearen Funktion

Bestimmt werden soll der Wert des Integrals $\int_2^4 e^{x^2} \cdot x \, dx$

$g(z) = e^z;\ z = x^2 \Rightarrow \frac{dz}{dx} = 2 \cdot x \Rightarrow dx = \frac{1}{2 \cdot x} dz;\ z_1 = 4$ und $z_2 = 16$

$\int_4^{16} e^z \cdot x \cdot \frac{1}{2 \cdot x} dz = \left[\frac{1}{2} \cdot e^z\right]_4^{16}$ also ist $\int_2^4 e^{x^2} \cdot x \, dx = 4{,}443 \cdot 10^6$

Beispiel 2 für eine Wurzelfunktion mit einer inneren nicht linearen Funktion

Bestimmt werden soll der Wert des Integrals $\int_1^6 2 \cdot x \cdot \sqrt{x^2 + 3} \, dx$

$g(z) = \sqrt{z};\ z = x^2 + 3 \Rightarrow \frac{dz}{dx} = 2x \Rightarrow dx = \frac{1}{2 \cdot x} dz;\ z_1 = 4$ und $z_2 = 39$

$\int_4^{39} 2 \cdot x \cdot \sqrt{z} \cdot \frac{1}{2 \cdot x} dz = \left[\frac{2 \cdot \sqrt{z^3}}{3}\right]_4^{39}$ also ist $\int_1^6 2 \cdot x \cdot \sqrt{x^2 + 3} \, dx = 157{,}037$

Beispiel 3 für eine gebrochenrationale Funktion

Bestimmt werden soll der Wert des Integrals $\int_4^{12} \frac{8 \cdot x}{x^2 + 5} dx$

$g(z) = \frac{1}{z};\ z = x^2 + 5 \Rightarrow \frac{dz}{dx} = 2 \cdot x \Rightarrow dx = \frac{1}{2 \cdot x} dz;\ z_1 = 21$ und $z_2 = 149$

$\int_{21}^{149} 8 \cdot x \cdot \frac{1}{z} \cdot \frac{1}{2 \cdot x} dz = 4 \cdot [\ln z]_{21}^{149}$ also ist $\int_4^{12} \frac{8 \cdot x}{x^2 + 5} dx = 7{,}8377$

AUFGABEN

1 Bestimmen Sie eine Stammfunktion zu f:

a) $f(x) = 2x \cdot e^{2 \cdot x^2 + 3}$

b) $f(x) = \frac{1}{x} \cdot \ln x$

c) $f(x) = \sqrt{x^3 + 2 \cdot x} \cdot (3 \cdot x^2 + 2)$

d) $f(x) = 7 \cdot x \cdot \sin(2 \cdot x^2 + \pi)$

e) $f(x) = (1{,}5 \cdot x + 2) \cdot e^{1{,}5 \cdot x^2 + 4 \cdot x}$

f) $f(x) = 6 \cdot x \cdot e^{5 - x^2}$

g) $f(x) = 2 \cdot x^2 \cdot \cos(4 \cdot x^3 - 3 \cdot \pi)$

h) $f(x) = \frac{5}{x} \cdot \ln(x^2)$

i) $f(x) = \pi \cdot x \cdot \sqrt[3]{x^2 + 2}$

2 Errechnen Sie den Integralwert für:

a) $\int_1^e \frac{2}{x} \cdot \ln(x^2)\,dx$

b) $\int_1^4 (x+2) \cdot \sin(2 \cdot x^2 + 8 \cdot x)\,dx$

c) $\int_4^9 \frac{e^{\sqrt{x}}}{\sqrt{x}}\,dx$

d) $\int_1^e \frac{\ln x}{x}\,dx$

e) $\int_\pi^{2\pi} 2 \cdot x \cdot \cos(3 \cdot x^2 + 2)\,dx$

f) $\int_2^4 3 \cdot x \cdot \sqrt[5]{3 \cdot x^2 + 5}\,dx$

g) $\int_1^e \frac{(\ln x)^{16}}{x}\,dx$

h) $\int_1^e \frac{\ln x}{x}\,dx$

i) $\int_a^b \frac{1}{x \cdot \sqrt{\ln x}}\,dx$

9.4.2 Die partielle Integration

Die Regel der partiellen Integration ist sozusagen die Produktregel der Integralrechnung, die sich auf die Produktregel der Differenzialrechnung zurückführen lässt (vgl. Kap. 8.2.1.5). Für differenzierbare Funktionen u und v lautet diese Produktregel der Differenzialrechnung:

$(u(x) \cdot v(x))' = u'(x) \cdot v(x) + u(x) \cdot v'(x)$ mit $f(x) = u(x) \cdot v(x)$

Sind u' und v' stetig, kann auf beiden Seiten integriert werden:

$$\int (u(x) \cdot v(x))'\,dx = \int [u'(x) \cdot v(x) + u(x) \cdot v'(x)]\,dx$$

$$\Leftrightarrow u(x) \cdot v(x) = \int u'(x) \cdot v(x)\,dx + \int u(x) \cdot v'(x)\,dx$$

$$\Leftrightarrow \int u(x) \cdot v'(x)\,dx = u(x) \cdot v(x) - \int u'(x) \cdot v(x)\,dx$$

Regel der partiellen Integration

Es seien u und v differenzierbare Funktionen und ihre Ableitungen stetig. Dann gilt:

$\int u(x) \cdot v'(x)\,dx = u(x) \cdot v(x) - \int u'(x) \cdot v(x)\,dx$ In Kurzform: $\int u \cdot v' = u \cdot v - \int u' \cdot v$

Beispiel 1 für eine partielle Integration

Zu bestimmen ist die Stammfunktion: $\int x \cdot e^x\,dx$.

Mit $u = x \Rightarrow u' = 1$ und
$v = e^x \Rightarrow v' = e^x$ erhält man: $\int x \cdot e^x\,dx = x \cdot e^x - \int 1 \cdot e^x\,dx$

$$\int x \cdot e^x\,dx = x \cdot e^x - e^x + C$$

Beispiel 2 für eine partielle Integration

Es soll der Wert von $\int\limits_2^6 x \cdot \ln(x)\,\mathrm{d}x$ bestimmt werden.

$$u = \ln(x) \quad \Rightarrow \quad u' = \frac{1}{x}$$

$$v = \frac{1}{2} \cdot x^2 \quad \Rightarrow \quad v' = x$$

$$\int\limits_2^6 x \cdot \ln(x)\,\mathrm{d}x = \left[\frac{1}{2} \cdot x^2 \cdot \ln(x)\right]_2^6 - \int\limits_2^6 \frac{1}{x} \cdot \frac{1}{2} \cdot x^2\,\mathrm{d}x$$

$$\int\limits_2^6 x \cdot \ln(x)\,\mathrm{d}x = \left[\frac{1}{2} \cdot x^2 \cdot \ln(x)\right]_2^6 - \left[\frac{1}{4} \cdot x^2\right]_2^6$$

$$\int\limits_2^6 x \cdot \ln(x)\,\mathrm{d}x = 22{,}865$$

Nicht jede stetige Produktfunktion lässt sich mithilfe der Regel der partiellen Integration integrieren. In vielen Fällen kommt es zudem darauf an, zur „richtigen" der beiden gegebenen Funktionen die Stammfunktion bzw. die Ableitungsfunktion zu bilden. In Beispiel 2 ist zur Logarithmusfunktion die Ableitung gebildet worden. Die Alternative – zur Logarithmusfunktion wird die Stammfunktion gebildet – hätte nicht zum Ziel geführt.

AUFGABEN

1 Bestimmen Sie das Integral durch partielle Integration:

a) $\int x \cdot e^x\,\mathrm{d}x$

b) $\int (0{,}5x + 8) \cdot \sqrt[3]{x}\,\mathrm{d}x$

c) $\int 1 \cdot \ln(x)\,\mathrm{d}x$

d) $\int x^2 \cdot e^x\,\mathrm{d}x$

e) $\int e^x \cdot e^x\,\mathrm{d}x$

f) $\int [\ln x]^2\,\mathrm{d}x$

g) $\int x \cdot \sin(x)\,\mathrm{d}x$

h) $\int \sqrt{x} \cdot \ln(x^2)\,\mathrm{d}x$

i) $\int x \cdot \ln\sqrt{x}\,\mathrm{d}x$

2 Errechnen Sie den Integralwert für:

a) $\int\limits_1^x 1 \cdot \ln(t)\,\mathrm{d}t$

b) $\int\limits_1^3 x^2 \cdot \ln(x)\,\mathrm{d}x$

c) $\int\limits_2^x t^2 \cdot e^t\,\mathrm{d}t$

d) $\int\limits_1^x 3 \cdot t \cdot \cos(5 \cdot t^2)\,\mathrm{d}t$

e) $\int\limits_1^4 \ln(x) \cdot \sqrt{x}\,\mathrm{d}x$

f) $\int\limits_1^2 (\ln x)^3\,\mathrm{d}x$

3 Errechnen Sie den Wert des bestimmten Integrals:

a) $\int\limits_0^1 x^2 \cdot e^{-2 \cdot x}\,\mathrm{d}x$

b) $\int\limits_0^{0{,}5\pi} [\cos x]^2\,\mathrm{d}x$

c) $\int\limits_0^1 x^2 \cdot e^{-x^3 - 1}\,\mathrm{d}x$

d) $\int\limits_0^{0{,}5\pi} e^x \cdot \cos(x)\,\mathrm{d}x$

e) $\int\limits_0^1 x \cdot (x+1)^5\,\mathrm{d}x$

f) $\int\limits_{-1}^{-2} \frac{5x}{x^2+1}\,\mathrm{d}x$

g) $\int\limits_0^{2\pi} x \cdot \sin(x)\,\mathrm{d}x$

h) $\int\limits_1^{0{,}5\pi} \sin(x) \cdot \ln(\cos x)\,\mathrm{d}x$

9.5 Anwendungen der Integralrechnung

9.5.1 Rotationsvolumina

In Abb. 9.23 ist der Graph einer Funktion f dargestellt. Die Funktion sei im Intervall $[a; b]$ stetig und monoton. Die Fläche unter der Kurve im Intervall $[a; b]$ ist grau unterlegt.

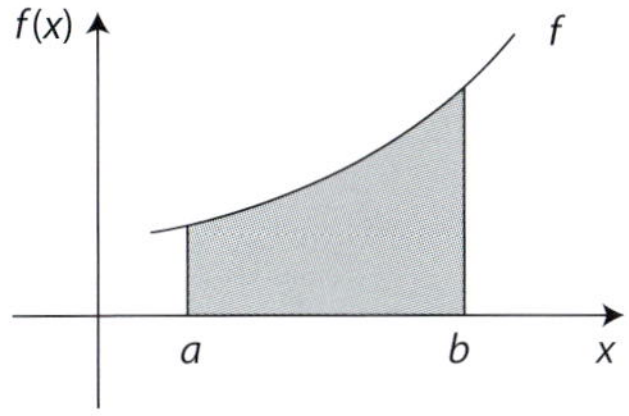

Abb. 9.23

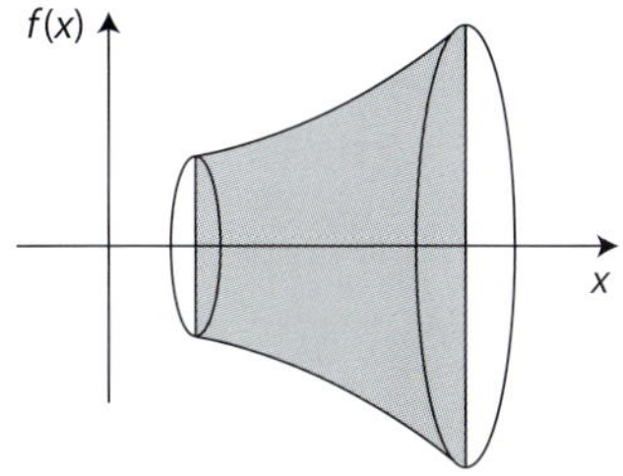

Abb. 9.24

Stellt man sich nun vor, dass diese Fläche um die x-Achse rotiert, so entsteht ein Drehkörper (Abb. 9.24).

Der Rauminhalt V dieses Körpers soll berechnet werden. Dazu stellen wir uns vor, dass der Körper in zylindrische Scheiben der Dicke Δx zerlegt wird. Die Summe der im Körper liegenden Scheiben ist die Untersumme V_u und die Summe der den Körper umschließenden Scheiben ist die Obersumme V_o.

Eine Scheibe hat das Volumen

$$V_i = \pi \cdot [f(x_i)]^2 \cdot \Delta x$$

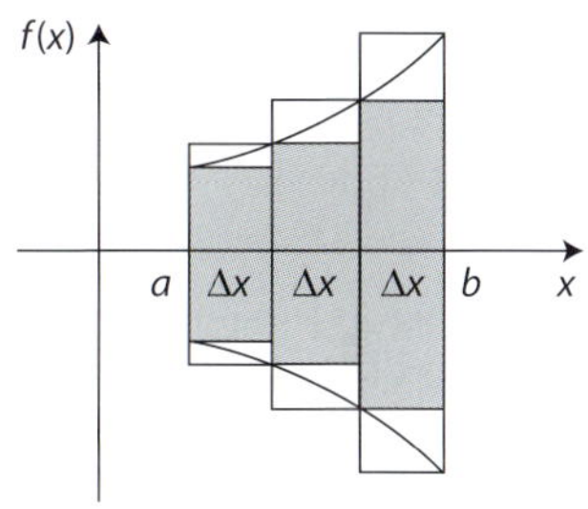

Abb. 9.25

Damit ergibt sich:

$$V_u = \sum_{i=1}^{n-1} \pi \cdot [f(x_i)]^2 \cdot \Delta x \quad \text{und} \quad V_o = \sum_{i=1}^{n} \pi \cdot [f(x_i)]^2 \cdot \Delta x$$

Nach 9.2 führt der Grenzwert der beiden Summen für $n \to \infty$ zum Integral:

$$V_x = \int_a^b \pi \cdot [f(x)]^2 \cdot \mathrm{d}x$$

Berücksichtigt man, dass π als konstanter Faktor vor das Integralzeichen geschrieben werden kann, so erhält man

Rotation um die x-Achse

$$V_x = \pi \cdot \int_a^b [f(x)]^2 \cdot \mathrm{d}x$$

und mit $y = f(x)$ ergibt sich die kurze Form:

$$V_x = \pi \cdot \int_a^b y^2 \, \mathrm{d}x$$

In Abb. 9.26 ist der Graph einer stetigen, monotonen Funktion f dargestellt. Wir stellen uns nun vor, dass die grau unterlegte Fläche zwischen Kurve und y-Achse im Intervall $[c; d]$ um die y-Achse rotiert.

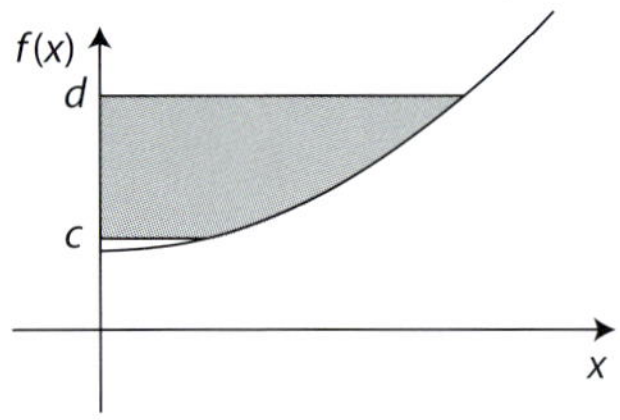

Abb. 9.26

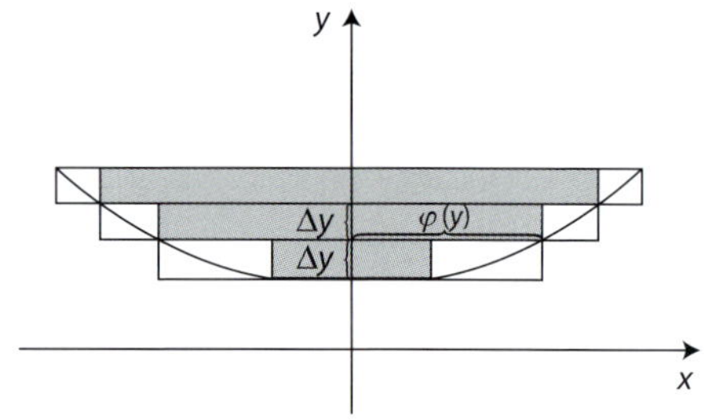

Abb. 9.27

Wird die Funktionsgleichung $y = f(x)$ nach x aufgelöst, so erhält man die Gleichung $x = \varphi(y)$. Das Volumen des Drehkörpers wird angenähert von zwei Summen von zylindrischen Scheiben der Dicke Δy, wobei eine Scheibe das Volumen hat:

$V_i = \pi \cdot [\varphi(y_i)]^2 \cdot \Delta y.$

Untersumme: $V_u = \sum_{i=1}^{n-1} \pi \cdot [\varphi(y_i)]^2 \cdot \Delta y$ Obersumme: $V_o = \sum_{i=1}^{x} \pi \cdot [\varphi(y_i)]^2 \cdot \Delta y$

Der Grenzwert der beiden Summen für $n \to \infty$ führt zum Integral:

Rotation um die y-Achse

$$V_y = \int_c^d \pi \cdot [\varphi(y_i)]^2 \cdot \mathrm{d}y$$

Nach geeigneter Umformung (s. o.):

$$V_y = \pi \cdot \int_c^d x^2 \mathrm{d}y$$

Beispiel 1 für die Berechnung des Volumens eines Drehkörpers

Es soll das Volumen des Drehkörpers berechnet werden, der durch Drehung der Fläche unter der Geraden mit der Gleichung $y = \frac{1}{2}x$ um die x-Achse entsteht im Intervall [0; 6] (Abb. 9.28).

$$V_x = \pi \cdot \int_0^6 y^2 \mathrm{d}x = \pi \cdot \int_0^6 \frac{1}{4}x^2 \mathrm{d}x$$

$$V_x = \pi \cdot \left[\frac{1}{3} \cdot \frac{1}{4} \cdot x^3\right]_0^6 = \pi \cdot \frac{216}{12}$$

$$V_x = 18\pi$$

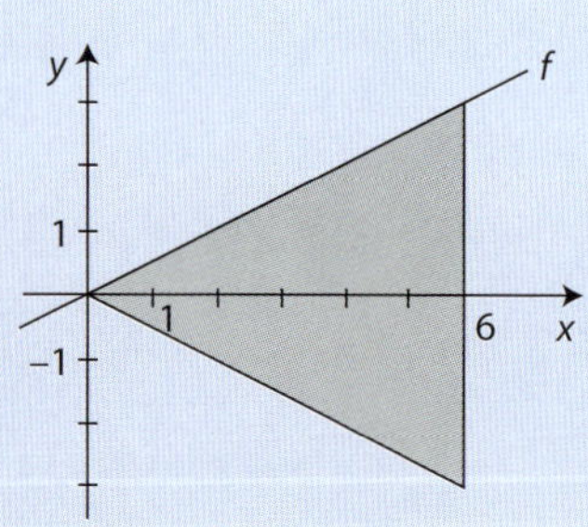

Abb. 9.28

Der entstandene Drehkörper ist ein Kegel mit der Höhe $h = 6$ und dem Radius $r = 3$, dessen Volumen

$V_k = \frac{1}{3}\pi r^2 h = \frac{1}{3}\pi \cdot 9 \cdot 6 \Leftrightarrow \boldsymbol{V_K = 18\pi}$ **(V. E.)** beträgt.

Es lässt sich die Gleichung für das Volumen eines Kegels mittels Integration berechnen. Zur Vereinfachung der Rechnung liege die Spitze des Kegels im Nullpunkt des Koordinatensystems. Das Integrationsintervall ist dann $[0; h]$. An der Stelle h soll der Funktionswert r (Grundkreisradius) sein.

Damit ergibt sich die Funktionsgleichung: $y = \frac{r}{h} \cdot x$.

$$V_x = \pi \cdot \int_0^h \frac{r^2}{h^2} \cdot x^2 \, \mathrm{d}x = \pi \cdot \left[\frac{r^2}{h^2} \cdot \frac{1}{3} x^3\right]_0^h = \pi \cdot \frac{r^2}{h^2} \cdot \frac{1}{3} h^3$$

$$\mathbf{V}_x = \frac{\mathbf{1}}{\mathbf{3}}\pi = \mathbf{r^2}\boldsymbol{h}$$

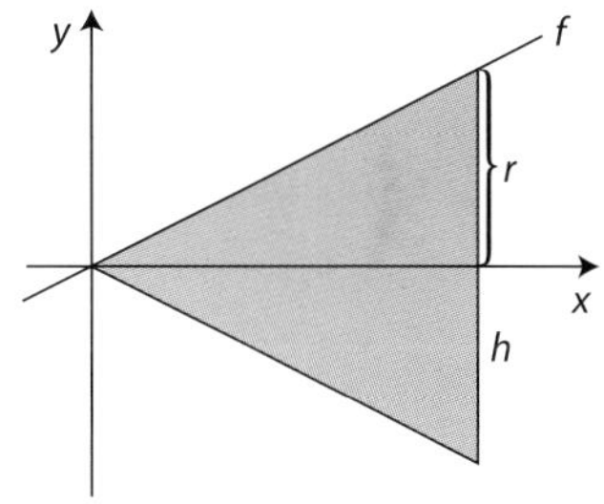

Abb. 9.29

Beispiel 2 für die Drehung um die x-Achse und die y-Achse

Die Funktion mit der Gleichung $y = -x^2 + 4$ ist im Intervall $[0; 2]$ stetig und monoton. Die Fläche, die vom Funktionsgraphen und den bei den positiven Achsen umschlossen wird, soll um die x-Achse rotieren. Das Volumen des Drehkörpers ist dann:

$$V_x = \pi \cdot \int_0^2 y^2 \, \mathrm{d}x = \pi \cdot \int_0^2 (-x^2 + 4)^2 \, \mathrm{d}x$$

$$V_x = \pi \cdot \int_0^2 (x^4 - 8x^2 + 16) \cdot \mathrm{d}x$$

$$V_x = \pi \cdot \left[\frac{1}{5}x^5 - \frac{8}{3}x^3 + 16x\right]_0^2 = \pi \cdot \left[\frac{32}{5} - \frac{64}{3} + 32\right]$$

$$\boldsymbol{V_x = \frac{256}{15}\pi} \textbf{ (V. E.)}$$

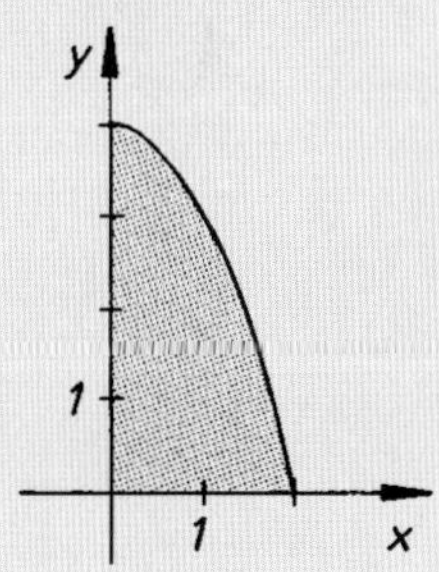

Abb. 9.30

Soll die oben beschriebene Fläche um die y-Achse rotieren, müssen zunächst die Integrationsgrenzen gesucht werden. Sie sind hier 0 und 4 (s. Abb. 9.30).
Das Volumen des Drehkörpers ist dann:

$$V_y = \pi \cdot \int_0^4 x^2 \cdot \mathrm{d}y.$$

Aus $y = -x^2 + 4$ folgt $x^2 = -y + 4$

$$V_y = \pi \cdot \int_0^4 (-y + 4) \cdot \mathrm{d}y = \pi \cdot \left[-\frac{1}{2}y^2 + 4y\right]_0^4 = \pi \cdot [-8 + 16]$$

$$\boldsymbol{V_y = 8\pi} \textbf{ (V. E.)}$$

Beispiel 3 mit einer Integrationsgrenze die gegen Unendlich geht

Die Fläche zwischen der Kurve mit der Gleichung $y = \frac{1}{x^2}$ und der x-Achse im Intervall [1; 5] rotiere um die x-Achse. Das Volumen des Drehkörpers soll berechnet werden.

$$V_x = \pi \cdot \int_1^5 y^2 \mathrm{d}x = \pi \cdot \int_1^5 \frac{1}{x^4} \cdot \mathrm{d}x.$$

$$V_x = \pi \cdot \int_1^5 x^{-4} \mathrm{d}x = \pi \cdot \left[-\frac{1}{3x^3}\right]_1^5$$

$$V_x = \pi \cdot \left[-\frac{1}{3 \cdot 125} + \frac{1}{3}\right]$$

$$V_x = \frac{124}{375}\pi \text{ (VE)} \approx 1{,}0388 \text{ (VE)}$$

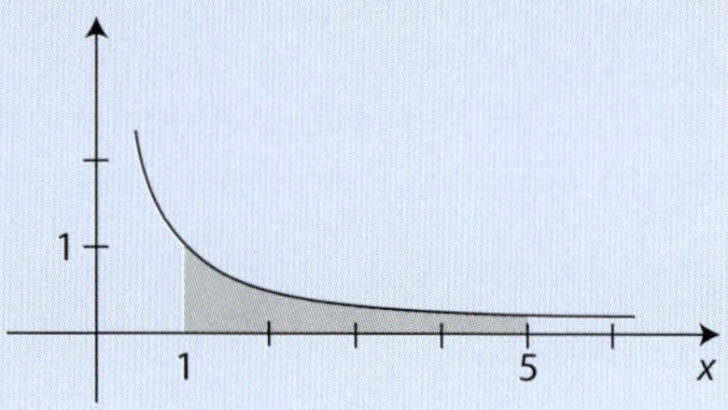

Abb. 9.31

Soll die obere Integrationsgrenze n gegen Unendlich gehen, so gilt:

$$V_x = \lim_{n \to \infty} \pi \cdot \int_1^n \frac{1}{x^4} \cdot \mathrm{d}x \quad \text{(uneigentliches Integral)}$$

$$V_x = \lim_{n \to \infty} \pi \cdot \left[-\frac{1}{3n^3} + \frac{1}{3}\right] = \frac{1}{3}\pi \text{ (VE)} \approx 1{,}0472 \text{ (VE)}$$

AUFGABEN

1 Berechnen Sie das Volumen des Drehkörpers, der durch Drehung der Fläche zwischen der Kurve mit der Gleichung $y = f(x)$ und der x-Achse im Intervall $[a; b]$ um die x-Achse entsteht:

a) $y = x^2$, [0; 3]

b) $y = x^2$, [3; 6]

c) $y = x^2 - 4$, [2; 3]

d) $y = \frac{1}{3}x^3 + 1$, [0; 2]

e) $y = \frac{1}{x^2}$, $\left[\frac{1}{4}; 1\right]$

f) $y = \frac{1}{x} + 1$, [1; 2]

2 Berechnen Sie das Volumen des Drehkörpers, der durch Drehung der Fläche zwischen der Kurve mit der Gleichung $y = f(x)$ und der y-Achse im Intervall $[a; b]$ um die y-Achse entsteht:

a) $y = x^2$, [0; 3]

b) $y = x^2$, [3; 6]

c) $y = x^2 - 4$, [2; 3]

d) $y = \frac{1}{x}$; [1; 2]

e) $y = \frac{1}{x^2}$; [1; 3]

f) $y = \frac{1}{x^2}$; $\left[\frac{1}{3}; 1\right]$

3 Vom Graphen der Funktion f mit der Funktionsgleichung $y = f(x)$ und den beiden positiven Koordinatenachsen wird eine Fläche umschlossen. Berechnen Sie die Volumina der Drehkörper, die durch Drehung dieser Fläche um die x-Achse und um die y-Achse entstehen:

a) $y = -\frac{1}{2}x + 2$ c) $y = -x^2 + 9$

b) $y = -2x + \frac{1}{2}$ d) $y = -\frac{1}{2}x^2 + 2$

9.5.2 Physikalische Größen

Nur in Sonderfällen lassen sich physikalische Größen, wie die Arbeit W, der Weg s oder die Ladung Q durch Produktbildung ($W = F \cdot s$, $s = v \cdot t$ oder $Q = I \cdot t$) ermitteln. Im Folgenden soll gezeigt werden, wie auch bei nichtlinearen Zusammenhängen physikalischer Größen mithilfe der Integralrechnung Probleme gelöst werden können. Wird z. B. ein Körper mit einer konstanten Kraft F von s_1 um ein Wegstück Δs weiterbewegt nach s_2, so muss Arbeit verrichtet werden.

Im F-s-Diagramm stellt sich die Arbeit dar als Fläche unter der Geraden $f(s) = \text{const.}$

$$W = F \cdot (s_2 - s_1)$$

$$W = F \cdot \Delta s$$

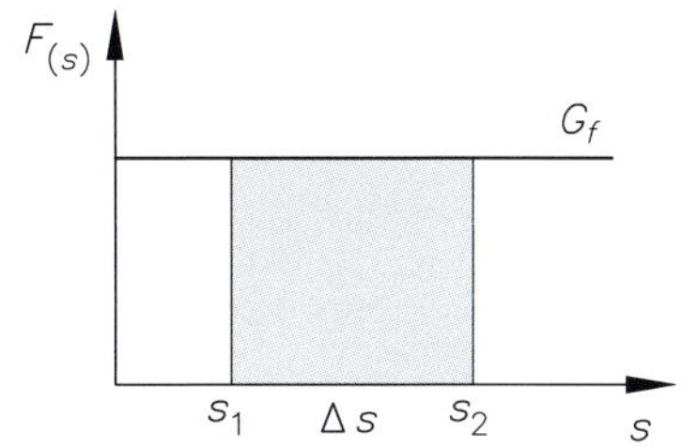

Abb. 9.32

Ist die Kraft entlang des Weges jedoch nicht konstant, muss eine allgemeine Definition von der Arbeit gefunden werden. Dazu wird die Fläche unter der Kurve G_F in Rechtecke der Breite Δs zerlegt, deren Summe gebildet wird:

$$W_u = \sum_{i=0}^{n-1} f(s_i) \cdot \Delta s$$

$$W_0 = \sum_{i=1}^{x} f(s_i) \cdot \Delta s \qquad i = 1; 2; \ldots n; i, n \in \mathbb{N}$$

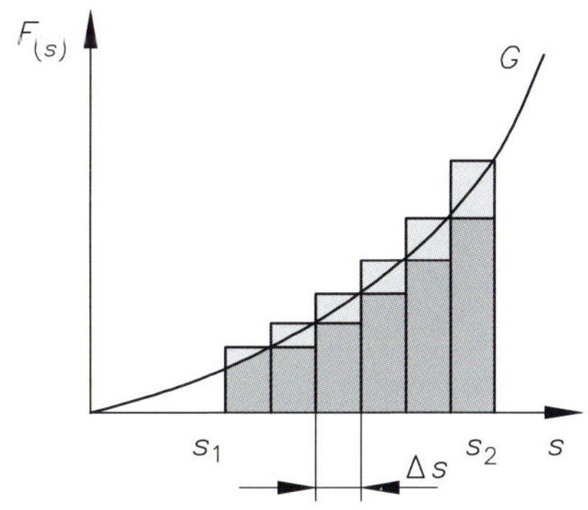

Abb. 9.33

Nach 9.2 führt der Grenzwert der beiden Summen für $n \to \infty$ zum Integral:

$$W = \int_{s_1}^{s_2} F(s)\,\mathrm{d}s$$ **Das bestimmte Integral als Arbeit**

Beispiel für die Berechnung der Arbeit einer Feder

Für eine Schraubenfeder gilt innerhalb der Elastizitätsgrenze die Proportionalität: $F \sim s$. Mit der Richtgröße D ergibt sich der Zusammenhang: $F(s) = D \cdot s$. Zum Dehnen der Feder von s_1 nach s_2 muss demnach die Arbeit aufgewendet werden:

$$W = \int_{s_1}^{s_2} F(s)\,\mathrm{d}s = \int_{s_1}^{s_2} D \cdot s\,\mathrm{d}s = \left[\frac{D \cdot s^2}{2}\right]_{s_1}^{s_2} = \frac{D}{2} \cdot (s_2^2 - s_1^2)$$

Bei einer ungespannten Feder ist $s_1 = 0$. Ist die obere Grenze der Auslenkung variabel, so gilt für die Spannarbeit bzw. für die Energie der gespannten Feder:

$$W = \int_0^s D \cdot s\,\mathrm{d}s = \frac{1}{2} \cdot D \cdot s^2$$

Beispiel für die aufzubringende Arbeit, um aus dem Erdanziehungsbereich zu kommen

Im Gravitationsfeld der Erde erfährt ein Körper der Masse m eine Gravitationskraft $F = \mathrm{f} \cdot \frac{\mathrm{m_E} \cdot m}{r^2}$, wobei $\mathrm{f} = 6{,}67 \cdot 10^{-11}\,\frac{\mathrm{m}^3}{\mathrm{kg\,s}^2}$ die Gravitationskonstante, $\mathrm{m_E}$ die Masse der Erde und r der Abstand der Massenschwerpunkte bedeutet.

Gleichung (1)

Um eine Masse m gegen die Gravitationskraft der Erde von einer Entfernung r_1 auf eine Entfernung r_2 ($r_2 > r_1$) zu bringen, muss Arbeit verrichtet werden:.

$$W = \int_{r_1}^{r_2} F(r)\,\mathrm{d}r = \int_{r_1}^{r_2} \mathrm{f} \cdot \mathrm{m_E} \cdot m \cdot \frac{1}{r^2}\mathrm{d}r$$

$$W = \mathrm{f} \cdot \mathrm{m_E} \cdot m \cdot \int_{r_1}^{r_2} r^{-2}\,\mathrm{d}r \Leftrightarrow W = \mathrm{f} \cdot \mathrm{m_E} \cdot m \cdot \left[\frac{r^{-1}}{-1}\right]_{r_1}^{r_2}$$

$$W = \mathrm{f} \cdot \mathrm{m_E} \cdot m \cdot \left(\frac{1}{r_1} - \frac{1}{r_2}\right)$$

Gleichung (2)

Eine Masse hat auf der Erdoberfläche (R = Radius vom Mittelpunkt der Erde bis zur Oberfläche) die Gewichtskraft $F = m \cdot \mathrm{g}$. Es wird nun in der Gleichung (1) die Gravitationskraft F durch $m \cdot \mathrm{g}$ ersetzt:

$$m \cdot \mathrm{g} = \mathrm{f} \cdot \frac{\mathrm{m_E} \cdot m}{\mathrm{R}^2} \Leftrightarrow \mathrm{R}^2 \cdot \mathrm{g} = \mathrm{f} \cdot \mathrm{m_E}$$

Damit erhält die Gleichung (2) die Form: $W = \mathrm{R}^2 \cdot \mathrm{g} \cdot m \cdot \left(\frac{1}{r_1} - \frac{1}{r_2}\right)$

Soll eine Masse $m = 1$ kg von der Erdoberfläche auf die dreifache Entfernung vom Erdmittelpunkt gebracht werden, wird folgende Arbeit benötigt:

$$W = \mathrm{R}^2 \cdot \mathrm{g} \cdot m \cdot \left(\frac{1}{\mathrm{R}} - \frac{1}{3 \cdot \mathrm{R}}\right) = \frac{2}{3} \cdot \mathrm{R} \cdot \mathrm{g} \cdot m \text{ mit } \mathrm{R} = 6{,}37 \cdot 10^6 \text{ m und } \mathrm{g} = 9{,}81 \, \frac{\mathrm{m}}{\mathrm{s}^2} \text{ wird:}$$

$$W = \frac{2}{3} \cdot 6{,}37 \cdot 10^6 \cdot 9{,}81 \cdot 1 \, \frac{\mathrm{m \cdot m \cdot kg}}{\mathrm{s}^2} \Leftrightarrow \boldsymbol{W = 4{,}166 \cdot 10^7 \,\mathrm{Nm}}$$

Die Berechnung der Arbeit, die erforderlich ist, um die Masse $m = 1$ kg aus dem Schwerebereich der Erde herauszubringen, erfolgt ähnlich:

$$W = \mathrm{R}^2 \cdot \mathrm{g} \cdot m \cdot \int_{\mathrm{R}}^{r_2} \frac{1}{r^2} \mathrm{d}r = \mathrm{R}^2 \cdot \mathrm{g} \cdot m \cdot \left(\frac{1}{\mathrm{R}} - \frac{1}{r_2}\right)$$

Hier muss r_2 unendlich groß werden. Das führt zu einer Grenzwertbildung für W:

$$W = \lim_{r_2 \to \infty} \mathrm{R}^2 \cdot \mathrm{g} \cdot m \cdot \left(\frac{1}{\mathrm{R}} - \frac{1}{r_2}\right) = \mathrm{R}^2 \cdot \mathrm{g} \cdot m \cdot \frac{1}{\mathrm{R}}$$

$$W = \mathrm{R} \cdot \mathrm{g} \cdot m = 6{,}37 \cdot 10^6 \cdot 9{,}81 \cdot 1 \, \frac{\mathrm{m \cdot m \cdot kg}}{\mathrm{s}^2} \Leftrightarrow \boldsymbol{W = 6{,}249 \cdot 10^7 \,\mathrm{Nm}}$$

Geht eine Integrationsgrenze gegen Unendlich, spricht man von einem **uneigentlichen Integral**.

AUFGABEN

1 Ein Wanderer geht mit einer konstanten Geschwindigkeit seines Weges.

a) Geben Sie die Funktionsgleichung für $v(t)$ an.

b) Geben Sie die Funktionsgleichung für $s(t)$ an. Tragen Sie vom obigen Schaubild ausgehend die Strecke, die der Wanderer seit seinem Aufbruch zurückgelegt hat, in ein Diagramm ein.

c) Bestimmen Sie mithilfe der Integralrechnung die Wegstrecke, die der Wanderer in der Zeit von $t_1 = 0$ h bis $t_2 = 5$ h zurückgelegt hat.

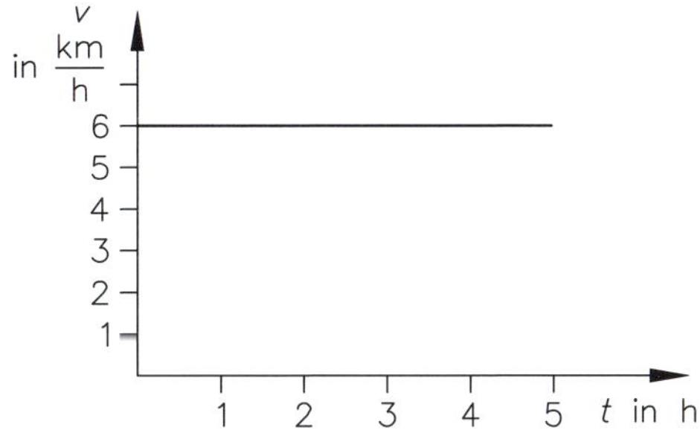

2 Ein anderer Wanderer kann seine Geschwindigkeit nicht konstant halten. Das Schaubild zeigt, dass seine Wandergeschwindigkeit linear abnimmt. Bestimmen Sie, wie bei der Aufgabe 1, die Aufgaben a), b) und c).

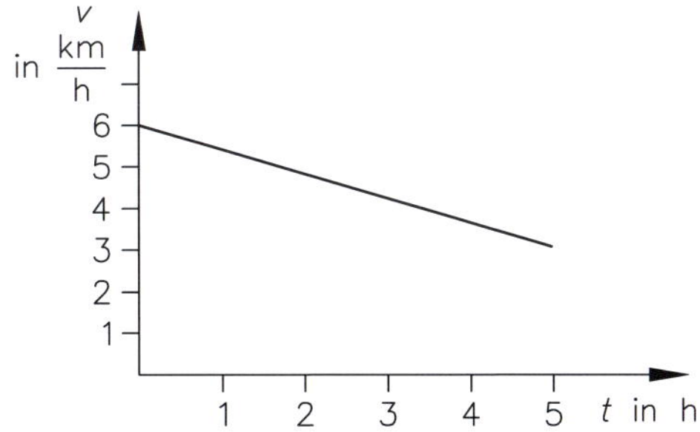

3 Bei einem dritten Wanderer verhält sich die Wandergeschwindigkeit in Abhängigkeit von der Zeit wie bei einer Parabel zweiter Ordnung. Beantworten Sie auch hier die Aufgaben a), b) und c) aus Aufgabe 1.

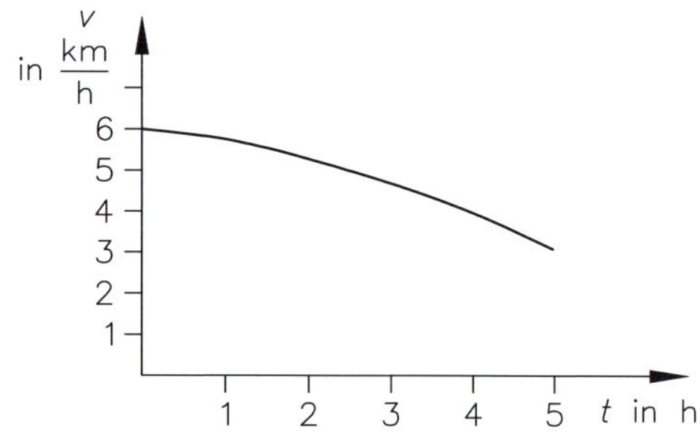

4 Ein Fahrzeug wird konstant aus dem Stand heraus mit $a = 5\ \mathrm{m/s^2}$ beschleunigt.

a) Bestimmen Sie die Endgeschwindigkeit des Fahrzeugs nach $t = 10$ s.

b) Welche Wegstrecke s hat das Fahrzeug nach dieser Zeit zurückgelegt?

5 Ein 144 km/h schnell fahrender Pkw muss vor einem Stauende abgebremst werden.

a) Wie lang ist der Bremsweg, wenn das Fahrzeug mit $a = -4\ \mathrm{m/s^2}$ verzögert wird?

b) Wie groß ist noch die Geschwindigkeit des Pkws 5 s nach Bremsbeginn?

6 Ein Pkw-Fahrer hat seine konstante Reisegeschwindigkeit von ca. 120 km/h nach 2 min erreicht. Für den Startbeginn bis zur Zeit t_1 gilt die Funktionsgleichung:

$$v(t) = 120\,\frac{\mathrm{km}}{\mathrm{h}} \cdot \left(1 - \mathrm{e}^{-\frac{2{,}5}{\mathrm{min}}t}\right)$$

a) Welche Wegstrecke legt das Fahrzeug bei einer konstanten Geschwindigkeit von 120 km/h innerhalb von 2 Minuten zurück?

b) Wie groß ist die Wegstrecke innerhalb der ersten 2 Minuten nach Fahrtbeginn?

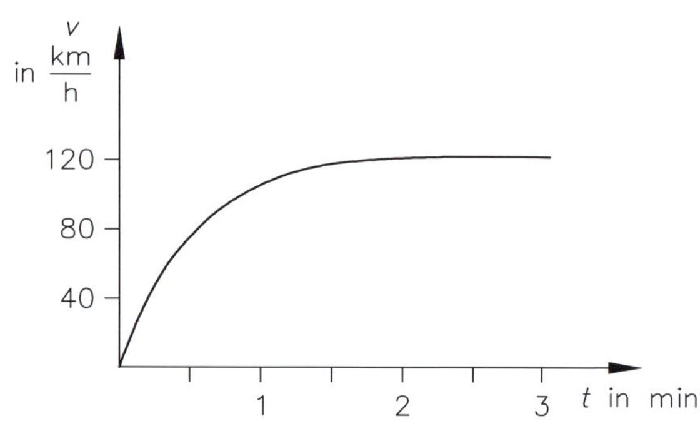

7 Eine Feder mit $D = 2\,000$ N/m soll aus entspannter Lage um 12 cm gedehnt werden. Welche Arbeit ist dazu erforderlich?

8 Eine Feder mit $D = 5\,000$ N/m, die bereits um 40 cm gespannt ist, soll um weitere 10 cm gespannt werden.

a) Welche Arbeit ist hierzu erforderlich?

b) Welche Energie hat dann die Feder?

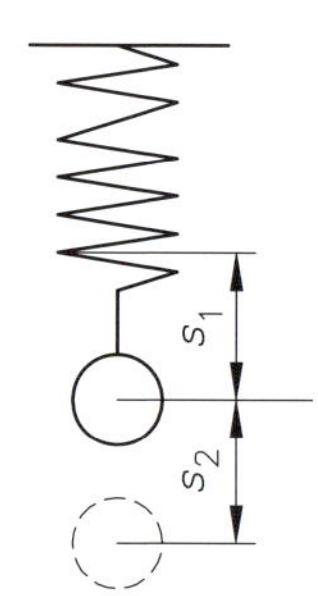

9 Eine Rakete mit der Masse $m = 1\,500$ kg soll von der Erde aus in eine Höhe von 600 km gebracht werden.

a) Welche Arbeit wird dazu benötigt?

b) Mit welcher Anfangsgeschwindigkeit müsste die Rakete aufsteigen, wenn die gesamte Arbeit von der kinetischen Energie verrichtet werden soll?

10 Eine Masse $m = 5$ kg soll von der Erdoberfläche aus dem Gravitationsbereich der Erde gebracht werden.

a) Welche Arbeit muss dazu verrichtet werden?

b) Mit welcher Anfangsgeschwindigkeit müsste diese Masse aufsteigen, wenn die gesamte Arbeit von der kinetischen Energie verrichtet werden soll (= Fluchtgeschwindigkeit)?

c) Zeigen Sie, dass die Fluchtgeschwindigkeit von der Masse unabhängig ist.

11 Berechnen Sie (wie in Aufgabe 10) die Fluchtgeschwindigkeit einer Masse vom Mond (Mondbeschleunigung an der Mondoberfläche = 1,62 m/s^2, Mondradius $r_M = 1\,470$ km).

12

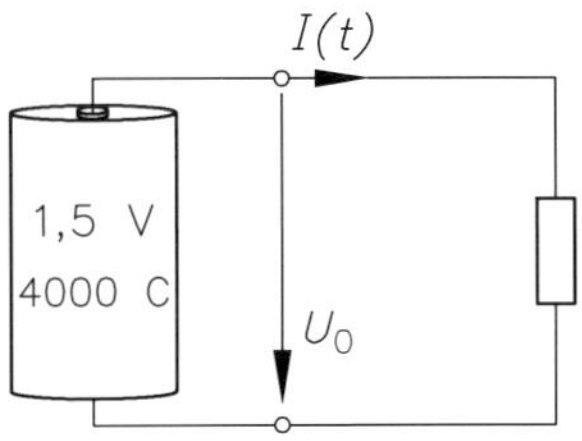

Eine Batterie speichert bei einer Spannung von $U = 1{,}5$ V eine Ladung von $Q = 4\,000$ C.
Wird ein Verbraucher angeschlossen, fließt ein Strom $i(t)$ und die Ladung nimmt ab, denn:

$$q(t) = \int_{t_1}^{t_2} i(t)\,\mathrm{d}t$$

Das Diagramm zeigt den Verlauf des Stromes durch einen ohmschen Verbraucher mit dem Widerstandswert $R = 200\,\Omega$

a) Berechnen Sie die Ladungsmenge $q(t)$ nach $t = 2$ ms.

b) Nach wie vielen Tagen ist die Ladungsmenge der Batterie aufgebraucht, wenn $i(t)$ konstant bleibt?

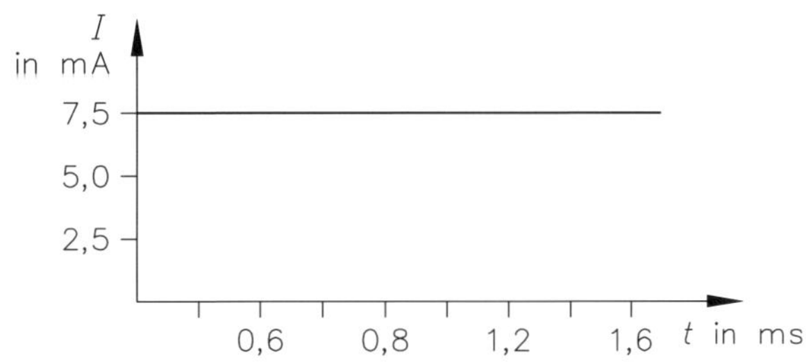

13

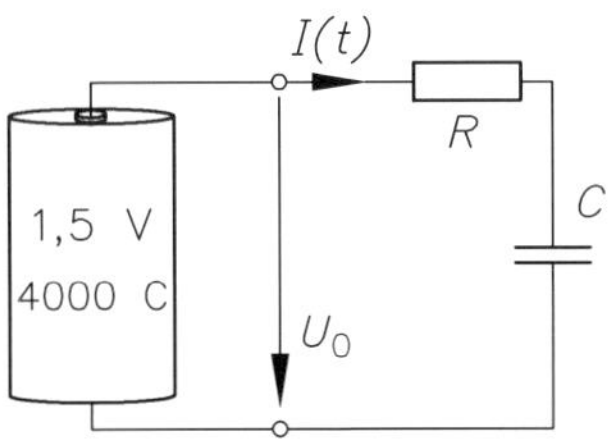

$R = 100\,\Omega$
$C = 10\,\mu\text{F}$
$\tau = R \cdot C$ (Zeitkonstante)
$U_0 = 1{,}5$ V

Das Oszillogramm zeigt den Stromverlauf beim Aufladen des Kondensators:

$$i(t) = \frac{U_0}{R} \cdot \mathrm{e}^{-\frac{1}{\tau}}$$

a) Berechnen Sie die Ladungsmenge, die der Kondensator nach $t = 2$ ms aufgenommen hat, wenn er völlig entleert war.

b) Welche Ladungsmenge nimmt er auf, wenn $t \to \infty$ geht?

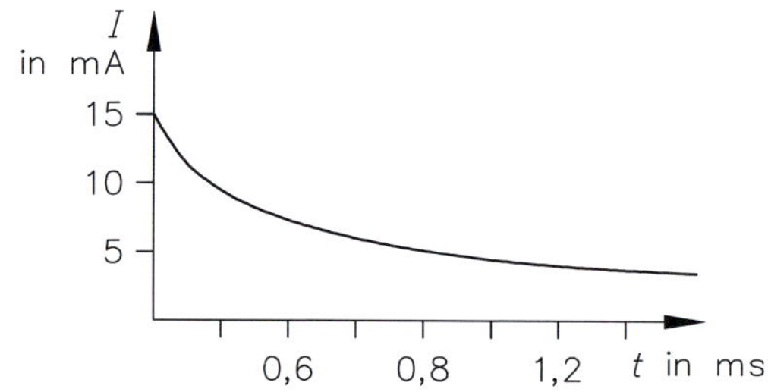

14 Das Coloumb'sche Gesetz gibt den Zusammenhang zwischen der Kraft F zweier Ladungen, dem Abstand r der Ladungen und der Größe der Ladungen Q_1 und Q_2 an:

$$F = \mathrm{f_e} \cdot \frac{Q_1 \cdot Q_2}{r^2}$$

Naturkonstante: $\mathrm{f_e} = 9 \cdot 10^9\ \mathrm{Nm^2/C^2}$
Bestimmen Sie die Arbeit, die erforderlich ist, um zwei verschiedene Ladungen $Q_1 = 10^{-5}$ C und $Q_2 = 10^{-6}$ C von $r_1 = 1$ cm auf $r_2 = 5$ cm auseinanderzubringen.

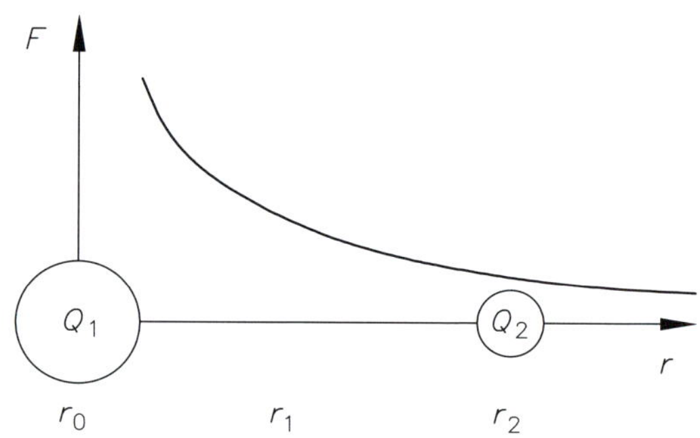

15 Für elektrische Ströme (Spannungen) werden Gleich- oder Effektivwerte angegeben. Das Vermögen eines periodischen Stromes $I(t)$, der die gleiche Ladungsmenge in der Periodenzeit T speichert wie ein konstanter Strom I, wird Gleichwert I_{AV} genannt.

$$I_{\mathrm{AV}} \cdot T = \int_0^T i(t)\,\mathrm{d}t \Leftrightarrow I_{\mathrm{AV}} = \frac{1}{T} \cdot \int_0^T i(t)\,\mathrm{d}t$$

Das Vermögen eines periodischen Stromes $I(t)$, der die gleiche Arbeit in der Periodenzeit T verrichtet, wie ein konstanter Strom I, wird Effektivwert I_{RMS} genannt.

$$I_{\mathrm{RMS}} \cdot R \cdot T = \int_0^T i^2(t) \cdot R\,\mathrm{d}t \Leftrightarrow I_{\mathrm{RMS}} = \sqrt{\frac{1}{T} \cdot \int_0^T i^2(t)\,\mathrm{d}t}$$

Bestimmen Sie für die folgenden Stromformen den Gleichricht- und den Effektivwert!

a)
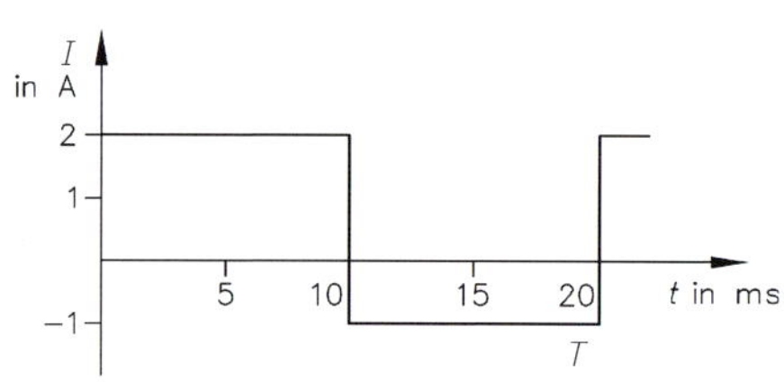

f)
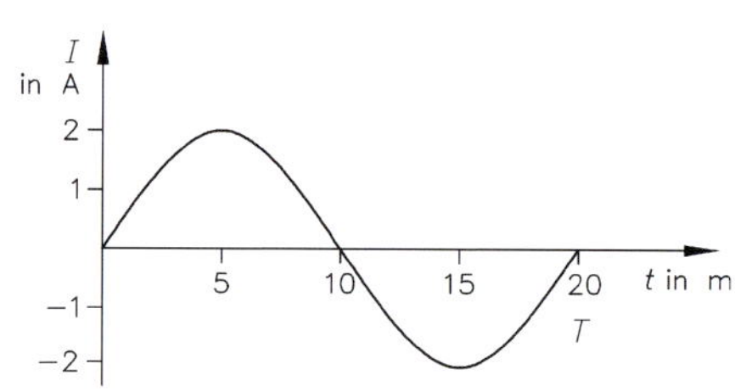

b)
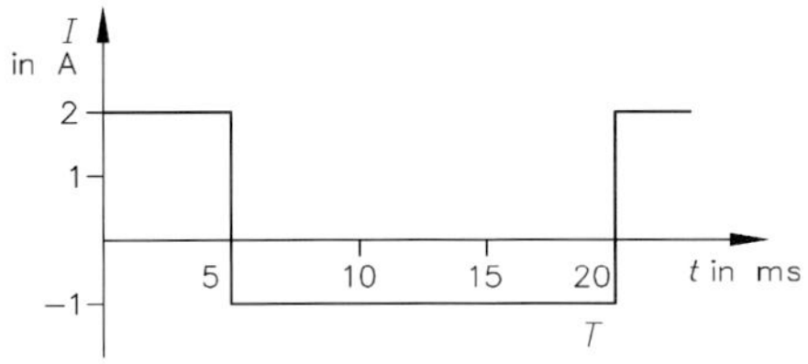

c)
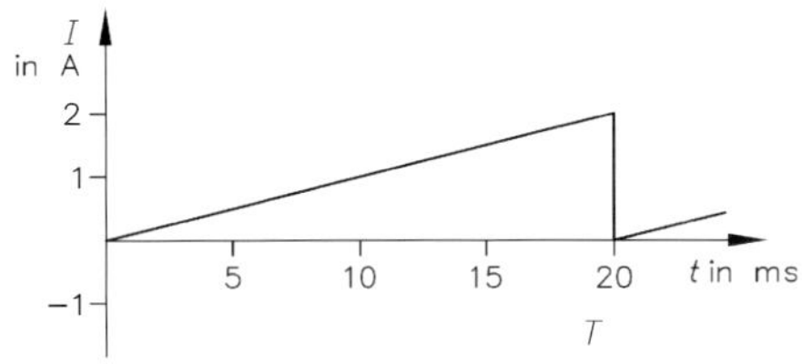

d)
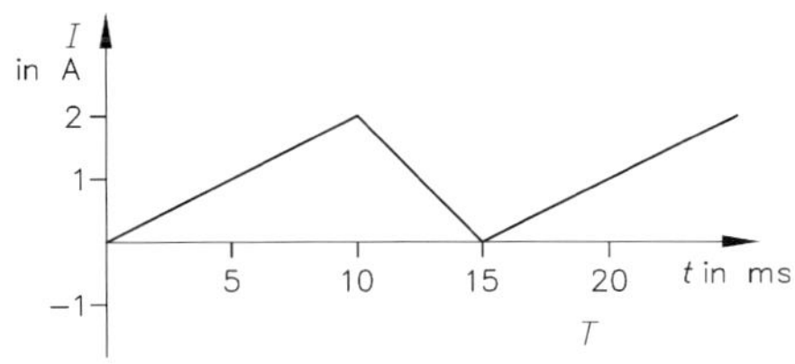

e)
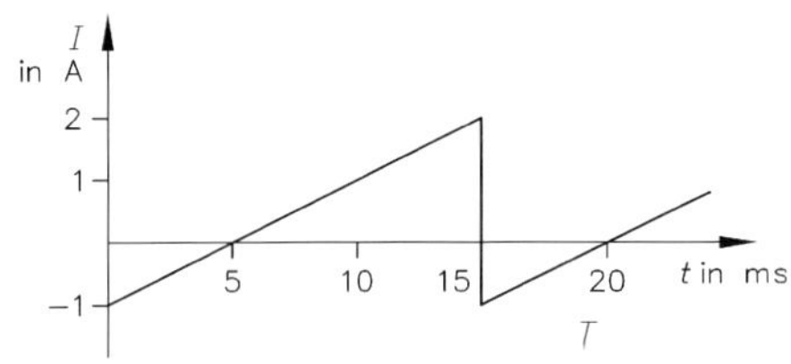

g)
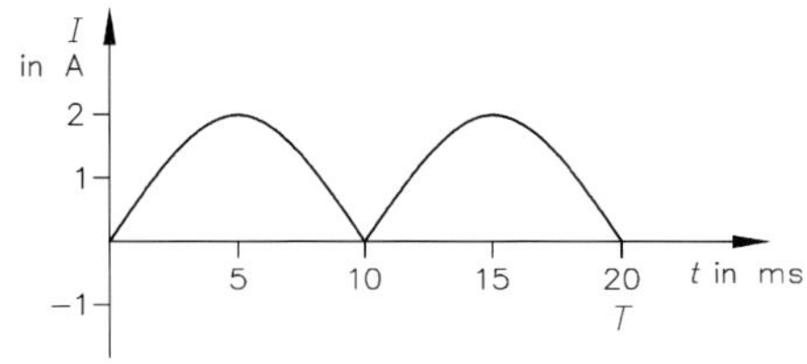

h)
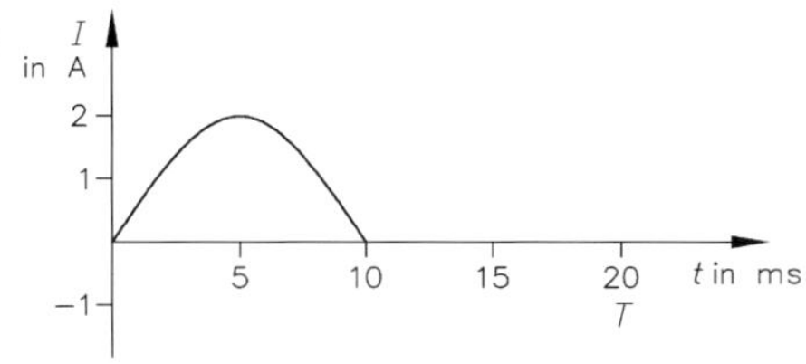

i)
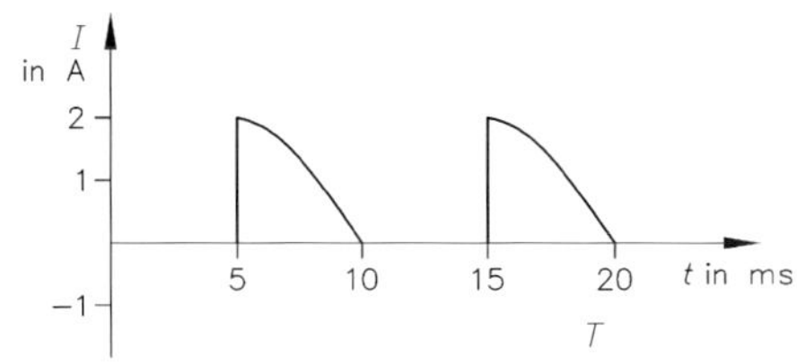

k)
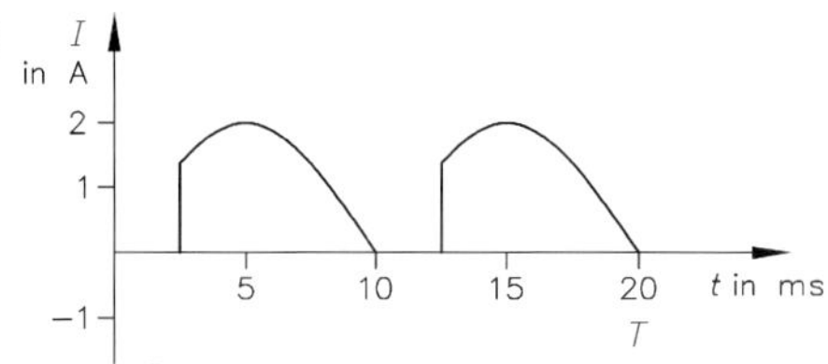

Phasenanschnittswinkel $\alpha = 45°$ $(\alpha = 60°)$

16 Die Abbildung zeigt die Magnetisierungskennlinie eines Eisenwerkstoffes.
Sie wird näherungsweise, bis zur Eisensättigung, durch ein Polynom 4. Ordnung nachgebildet:

$$f(x) = \frac{1}{1\,000} \cdot x^4 - \frac{24}{1\,000} \cdot x^3 + \frac{144}{1\,000} \cdot x^2$$

$f(x) \triangleq B;\ x \triangleq H$

Die Fläche A ist ein Maß für die Energie, die zum Magnetisieren des Eisens erforderlich ist. Wie viel Energie wird benötigt, wenn eine Feldliniendichte von $B = 1$ T erreicht werden soll ($H \approx 4$ A/cm)?

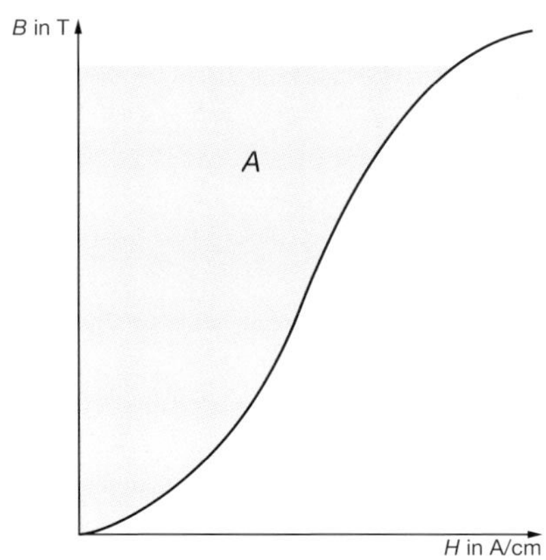

10 Weiterführende Anwendungen der Differenzial- und Integralrechnung

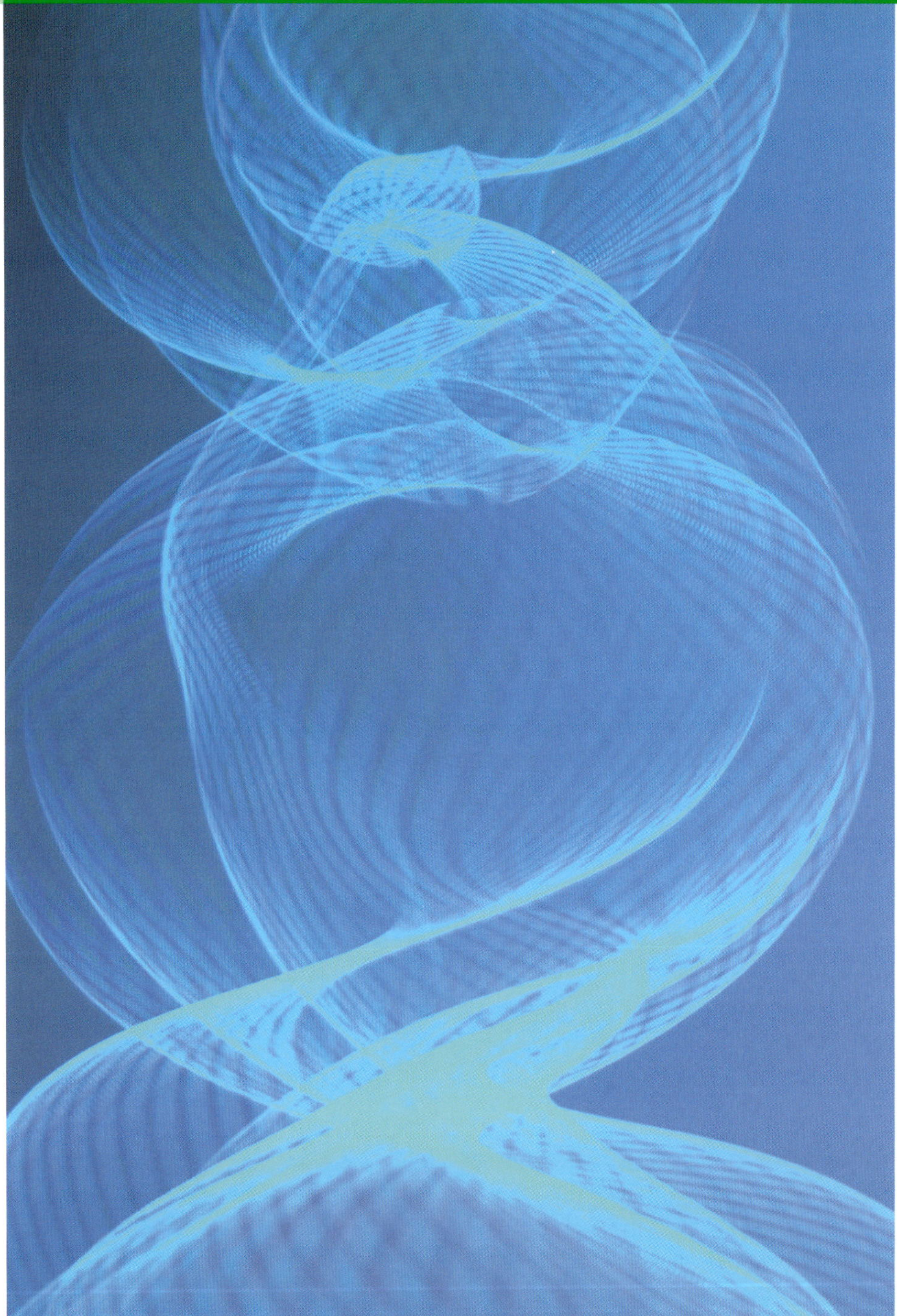

10.1 Anwendungen für alle Fachrichtungen: Funktionenschar

Enthält der Term einer Funktion (Funktionenschar) neben der Variablen x auch eine Formvariable (einen Parameter), so wird statt von einer Funktion von einer Funktionenschar gesprochen. Differenziert und integriert wird ausschließlich nach der Variablen x.

Beispiel für eine Funktionenschar

$$f_a(x) = -\frac{1}{a} \cdot x^3 + a \cdot x \quad \text{mit } a \neq 0$$

Der Begriff Funktionenschar wird verständlich, wenn man bedenkt, dass es sich um eine ganze Schar von Funktionen, nämlich um unendlich viele Funktionen handelt, deren Terme sich jedoch nur im konkreten Wert des Parameters a unterscheiden.
So gehört z. B. die Funktion

$$f_{-2} \text{ mit } f_{-2}(x) = \frac{1}{2} \cdot x^3 - 2 \cdot x$$

ebenso zur Funktionenschar wie etwa

f_{-1} mit $f_{-1}(x) = x^3 - x$

f_{-1} mit $f_1(x) = -x^3 + x$ oder

f_{-1} mit $f_2(x) = -\frac{1}{2} \cdot x^3 + 2 \cdot x$

Die Graphen dieser Funktionen sind nachfolgend dargestellt.

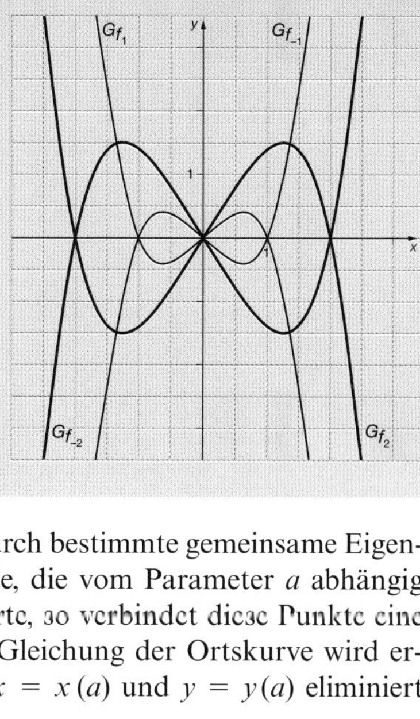

Abb. 10.1

Die Funktionen einer Funktionenschar zeichnen sich durch bestimmte gemeinsame Eigenschaften aus. So z. B. durch Extrem- und Wendepunkte, die vom Parameter a abhängig sind. Durchläuft der Parameter a alle zugelassenen Werte, so verbindet diese Punkte eine Kurve, die so genannte Ortskurve oder Ortslinie. Die Gleichung der Ortskurve wird ermittelt, indem der Parameter a aus den Gleichungen $x = x(a)$ und $y = y(a)$ eliminiert wird.

Beispiel für die Ortskurve aller Hochpunkte

mit $f_a(x) = -\frac{1}{a} \cdot x^3 + a \cdot x$ mit $a \neq 0$

Mithilfe der Differenzialrechnung werden die Hochpunkte der Kurvenschar ermittelt:

$$HP\left(\sqrt{\frac{1}{3}} \cdot a \,\middle|\, \frac{2}{3 \cdot \sqrt{3}} \cdot a^2\right) \Leftrightarrow x = \sqrt{\frac{1}{3}} \cdot a \Leftrightarrow a = \sqrt{3} \cdot x \Leftrightarrow y_{HP} = \frac{2}{3 \cdot \sqrt{3}} \cdot (\sqrt{3} \cdot x)^2$$

$y_{HP} = \frac{2}{\sqrt{3}} \cdot x^2$ auf dieser Parabel liegen alle Hochpunkte der Kurvenschar.

z. B. für $a = -2$; $HP(-1{,}155 \,|\, 1{,}540)$; für $a = 1$; $HP(0{,}577 \,|\, 0{,}385)$

Beispiel für die Diskussion einer Schar von Wurzelfunktionen

Gegeben sei die Funktionenschar f_t mit der Gleichung $f_t(x) = x - t \cdot \sqrt{x}$; $t \in \mathbb{R}$ mit $t \neq 0$.

a) Bestimmen Sie D_{f_t} und untersuchen Sie die Graphen von f_t auf Schnittpunkte mit den Achsen und asymptotisches Verhalten.

b) Untersuchen Sie die Graphen auf Extrem- und Wendepunkte.

c) Zeichnen Sie die Graphen für $a = 3$ und $a = -3$ in ein Koordinatensystem.

d) Der Punkt S des Graphen von f_t im 4. Quadranten mit $t > 0$ bildet die Spitze eines gleichschenkligen Dreiecks, dessen Grundseite auf der x-Achse liegt. Wie ist S zu wählen (Bestimmung der Koordinaten), damit der Flächeninhalt dieses Dreiecks maximal ist?

e) Für welches t mit $t > 1$ hat die Fläche, die von G_{f_t} und der x-Achse im Intervall $[0; t]$ umschlossen wird, die gleiche Inhaltsmaßzahl wie die Fläche, die von der Normalparabel $y = x^2$ und der x-Achse im Intervall $[0; t]$ umschlossen wird?

Lösungen:

a) $D = \mathbb{R}_0^+$; $N_1(0|0)$; $N_2(a^2|0)$; für $a > 0$; $\lim\limits_{x \to \infty} f_t(x) = \lim\limits_{x \to \infty} \sqrt{x} \cdot (\sqrt{x} - t) = \infty$

b) $f_t'(x) = 1 - \dfrac{t}{2 \cdot \sqrt{x}}$; $f_t''(x) = \dfrac{t}{4 \cdot x \cdot \sqrt{x}}$; Tiefpunkt für $t > 0$: $T(0{,}25 \cdot t^2 | -0{,}25 \cdot t^2)$ keine Wendepunkte, da $f_t''(x) \neq 0$

c) Darstellung der Graphen

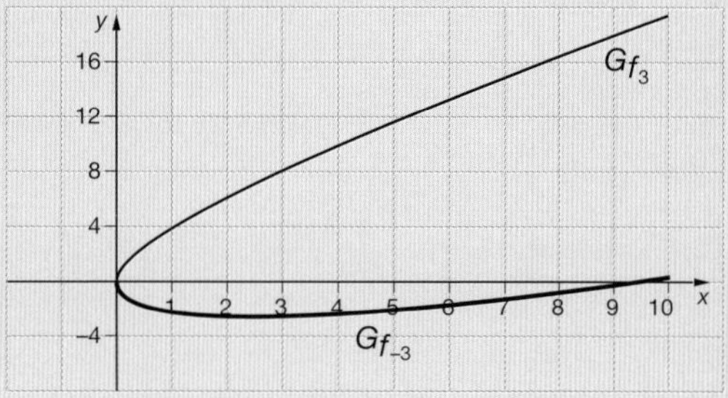

Abb. 10.2

d) Es sei $S(x_0 | x_0 - t \cdot \sqrt{x_0})$. Dann gilt für die Maßzahl A des Inhalts des gesuchten Dreiecks: $A(x_0) = -x_0 \cdot (x_0 - t \cdot \sqrt{x})$; zu beachten: negatives Vorzeichen, da S im 4. Quadranten; $A'(x_0) = -2 \cdot x_0 + 1{,}5 \cdot t \cdot \sqrt{x_0}$ und $A''(x_0) = -2 + \dfrac{0{,}75 \cdot t}{\sqrt{x_0}}$

daraus folgt: $A'(x_0) = 0 \Leftrightarrow x_0 = 0 \vee x_0 = \dfrac{9 \cdot t^2}{16}$;

$A''\left(\dfrac{9 \cdot t^2}{16}\right) = -1$; $x_{\max} = \dfrac{9 \cdot t^2}{16}$; $S\left(\dfrac{9 \cdot t^2}{16} \middle| -\dfrac{3 \cdot t^2}{16}\right)$

e) Es sei A die Maßzahl der gesuchten umschlossenen Fläche. Dann gilt für A:

$$A = \int_0^{t^2} f_t(x)\,\mathrm{d}x \Leftrightarrow A = \left[\frac{1}{2} \cdot x^2 - \frac{2}{3} \cdot t \cdot x^{1,5}\right]_0^{t^2} \Leftrightarrow \mathrm{A} = \frac{1}{6} \cdot t^4.$$

Für die Maßzahl B der zweiten Fläche gilt: $B = \displaystyle\int_0^t x^2\,\mathrm{d}x \Leftrightarrow B = \frac{1}{3} \cdot t^3$

Man erhält: $A = B \Leftrightarrow \dfrac{1}{6} \cdot t^4 = \dfrac{1}{3} \cdot t^3 \Leftrightarrow t = 2$

Beispiel für die Diskussion einer Schar gebrochen-rationaler Funktionen

Gegeben sei die Funktionenschar f_a mit $f_a(x) = \frac{x^3 + a}{x^2}$; $x \in \mathbb{R}\backslash\{0\}$. G_a sei der Graph.

a) Bestimmen Sie die Nullstelle von G_a und untersuchen Sie das asymptotische Verhalten von G_a (ggf. Asymptoten bestimmen).

b) Es sei nun $a = 1$. Zeigen Sie: G_1 verläuft stets oberhalb der Geraden g mit $g(x) = x$. Für welche x-Werte ist der Abstand der Funktionswerte von f_1 und g kleiner als 0,5?

c) Es sei nun $a > 0$. Bestimmen Sie die Koordinaten und die Art des Extrempunktes $E(x_E | f_a(x_E))$ von G_a. Zeigen Sie, dass G_a keine Wendepunkte besitzt.

d) Zeichnen Sie G_1 und die Asymptote(n) für $x \in [-4; 3]$

e) Der Graph G_1, die Gerade g mit $g(x) = x$ und die Parallelen zur y-Achse mit den Gleichungen $x = 1$ und $x = u$ $(u > 0)$ begrenzen ein Flächenstück. Berechnen Sie die Maßzahl seines Inhalts $A(u)$. Für welche Werte von u hat das Flächenstück die Inhaltsmaßzahl 1,5?

Lösungen:

a) $f_a(x) = 0; \frac{x^3 + a}{x^2} = 0 \wedge x \neq 0 \Leftrightarrow x = -\sqrt[3]{a} \wedge a \geq 0 \vee x = \sqrt[3]{-a} \wedge a < 0$

Zum asymptotischen Verhalten: $f(x) = x + f(x) = f(x) = a + \frac{a}{x^2}$;

schiefe Asymptote: $A(x) = x$

Senkrechte Asymptote ist die y-Asymptote, also $x = 0$. Dabei gilt:

$\lim\limits_{x \to 0} f(x) = +\infty$ für $a > 0$ und $\lim\limits_{x \to 0} f(x) = -\infty$ für $a < 0$

b) zu zeigen: $\frac{x^3 + 1}{x^2} > x$: $\frac{x^3 + 1}{x^2} > x \Leftrightarrow x + \frac{1}{x^2} > x \Leftrightarrow \frac{1}{x^2} > 0 \Leftrightarrow 1 > 0$ q.e.d. $(x \neq 0)$

$\left| x + \frac{1}{x^2 - x} < 0{,}5 \right| \Leftrightarrow \frac{1}{x^2} < 0{,}5 \Leftrightarrow x > \sqrt{2} \vee x < -\sqrt{2}$

c) für $a > 0$; $f_a'(x) = 1 - \frac{2 \cdot a}{x^3}$; $f_a'(x) = 0 \Leftrightarrow x = \sqrt[3]{2 \cdot a}$; $f_a''(\sqrt[3]{2 \cdot a}) > 0$

$T\left(\sqrt[3]{2 \cdot a} \,\middle|\, \frac{3 \cdot a}{\sqrt[3]{4 \cdot a}}\right)$ Wegen $f_a''(x) \neq 0$ für alle $x \in \mathbb{R}$ gibt es keine Wendepunkte.

d) Graph für $a = 1$:

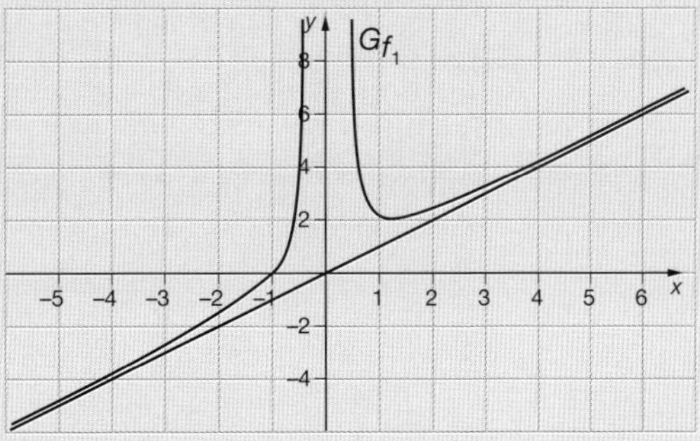

Abb. 10.3

e) $A(u) = \left|\int\limits_1^u (f_1(x) - g(x))\,\mathrm{d}x\right| = \left|\int\limits_1^u x^{-2}\,\mathrm{d}x\right| = \left|[-x^{-1}]_1^u\right| = |1 - u^{-1}| \Leftrightarrow A(u) = 1{,}5$

1. Fall: $u < 1\ |1 - u^{-1}| = 1{,}5 \Leftrightarrow u^{-1} - 1 = 1{,}5 \Leftrightarrow u^{-1} = 2{,}5 \Leftrightarrow u = 0{,}4$
2. Fall: $u > 1\ |1 - u^{-1}| = 1{,}5 \Leftrightarrow -u^{-1} + 1 = 1{,}5 \Leftrightarrow -u^{-1} = 0{,}5$
nicht lösbar für $u > 1$

Beispiel für die Diskussion einer Schar von Exponentialfunktionen

Gegeben sei die Funktionenschar f_t mit $f_t = t^2 \cdot x \cdot \mathrm{e}^{-t \cdot x}$; $t \neq 0$.

a) Untersuchen Sie die Funktionenschar bzw. ihre Graphen auf Nullstellen, Extrem- und Wendepunkte.

b) Zeichnen Sie den Graphen für $t = 1$ in ein Koordinatensystem.

c) Die Graphen zu f_t, die x-Achse, die y-Achse und die Gerade $x = c$ $(c > 0)$ umschließen eine Fläche $A_t(c)$. Berechnen Sie die Maßzahl der Fläche $A_t(c)$.

Lösungen:

a) Nullstellen: $t^2 \cdot x \cdot \mathrm{e}^{-t \cdot x} = 0 \Leftrightarrow x = 0;\ N(0|0)$

Ableitungen:

$f_t'(x) = t^2 \cdot \mathrm{e}^{-t \cdot x} + t^2 \cdot x \cdot (-t) \cdot \mathrm{e}^{-t \cdot x} \Leftrightarrow f_t'(x) = (1 - t \cdot x) \cdot t^2 \cdot \mathrm{e}^{-t \cdot x}$

$f_t''(x) = (-t) \cdot t^2 \cdot \mathrm{e}^{-t \cdot x} + (1 - t \cdot x)(t^3) \cdot \mathrm{e}^{-t \cdot x} \Leftrightarrow f_t''(x) = (t \cdot x - 2) \cdot t^3 \cdot \mathrm{e}^{-t \cdot x}$

$f_t'''(x) = t^3 \cdot (t \cdot \mathrm{e}^{-t \cdot x} + (t \cdot x - 2)(-t) \cdot \mathrm{e}^{-t \cdot x}) \Leftrightarrow f_t'''(x) = t^3 \cdot \mathrm{e}^{-t \cdot x}(3 \cdot t^4 - t^5 \cdot x)$

Extrempunkte: $f_t'(x) = 0 \Leftrightarrow x = t^{-t};\ f_t''(t^{-t}) = -t^3 \cdot \mathrm{e}^{-t}$ $\quad -t^3 \cdot \mathrm{e}^{-t} < 0$ für $t > 0$
$\quad -t^3 \cdot \mathrm{e}^{-t} > 0$ für $t < 0$

$H(t^{-1}|t \cdot \mathrm{e}^{-t})$ für $t > 0$; $T(t^{-1}|t \cdot \mathrm{e}^{-t})$ für $t < 0$

Wendepunkte: $f_t''(x) = 0 \Leftrightarrow (t \cdot x - 2) \cdot t^3 \cdot \mathrm{e}^{-t \cdot x} = 0 \Leftrightarrow x = 2 \cdot t^{-1}$

$f_t'''(2 \cdot t^{-1}) = t^4 \cdot \mathrm{e}^{-2}$ $\quad W(2 \cdot t^{-1}|2 \cdot t \cdot \mathrm{e}^{-t})$
mit Rechts-Links-Krümmung

b) Graph für den Parameter $t = 1$:

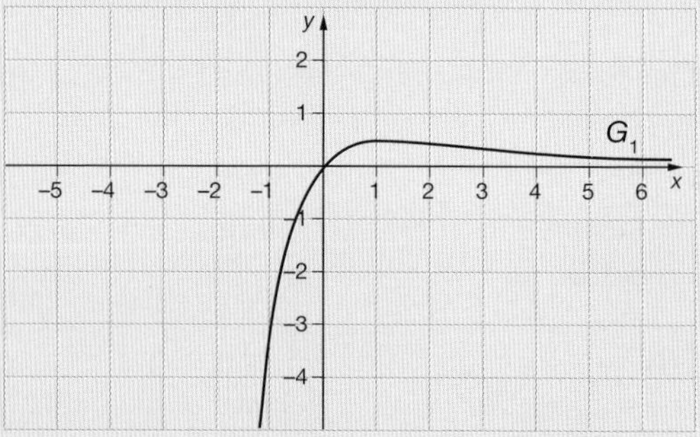

Abb. 10.4

c) Da die Funktion in $[0; c]$ keinen Vorzeichenwechsel hat, folgt mit partieller Integration:

$A_t(c) = \left|\int\limits_0^c t^2 \cdot x \cdot \mathrm{e}^{-t \cdot x}\mathrm{d}x\right| = \left|[t^2 \cdot x \cdot (-t^{-1}) \cdot \mathrm{e}^{-t \cdot x}]_0^c - t^2 \cdot \int\limits_0^c - t^{-1} \cdot \mathrm{e}^{-t \cdot x}\mathrm{d}x\right|$

$A_t(c) = \left|[-t \cdot x \cdot \mathrm{e}^{-t \cdot x} + t \cdot (-t^{-1}) \cdot \mathrm{e}^{-t \cdot x}]_0^c\right| = |-(t \cdot c + 1) \cdot \mathrm{e}^{-t \cdot c} + 1|$ für $t \neq 0$

AUFGABEN

1 Gegeben sei die Funktionenschar f_k mit $f_k(x) = \frac{1}{\sqrt{x}} - \frac{k}{x}$. Der Graph werde G_k genannt.

a) Untersuchen Sie f_k auf Nullstellen, hebbare Lücken und Polstellen.

b) Untersuchen Sie G_k auf Extrem- und Wendepunkte.

c) Der Schnittpunkt von G_k mit der x-Achse und der Extrempunkt von G_k seien Ecken eines Rechtecks mit achsenparallelen Seiten. Für welche k ist der Umfang dieses Rechtecks extremal?

2 Gegeben ist die Funktionenschar f_t mit $f_t(x) = t \cdot x^3 - 8 \cdot t \cdot x$

a) Berechnen Sie die Maßzahl des Inhalts der Fläche zwischen G_{f_2} und $G_{f_{-1}}$.

b) Der Punkt $O(0|0)$, der Schnittpunkt $P(x_0|0)$ von $G_{f_{-1}}$ mit der x-Achse im 1. Quadranten und der Punkt $Q(x_1|f_{-1}(x_1))$ mit $0 < x_1 < x_0$ bilden ein Dreieck. Bestimmen Sie x_1 so, dass der Inhalt des Dreiecks extremal wird.

3 Gegeben ist die Funktionenschar f_a mit $f_a(x) = (3 \cdot a \cdot x + 6) \cdot e^{-0,5 \cdot a \cdot x}$; $a \in \mathbb{R}^+$.

a) Untersuchen Sie die Graphen auf Achsenschnittpunkte.

b) Berechnen Sie die Koordinaten der Extrem- und Wendepunkte und bestimmen Sie die Art der Punkte (Tiefpunkt/Hochpunkt; Krümmungsverhalten in der Umgebung des Wendepunktes).
[zur Kontrolle: $f_a''(x) = 0,75 \cdot a^2 \cdot (a \cdot x - 2) \cdot e^{-0,5 \cdot a \cdot x}$]

c) Zeichnen Sie den Graphen für $a = 1$ im Intervall $[-2,5; 7]$.

d) Die Gerade mit der Gleichung $x = u$ mit $u > 0$ schneidet den Graphen von f_1 im Punkt $P(u|f_1(u))$ und die x-Achse im Punkt $Q(u|0)$. Die Punkte P, Q und $R(-0,5|f_1(-0,5))$ bilden ein Dreieck.
Für welchen Wert von u wird der Flächeninhalt dieses Dreiecks maximal?

4 Gegeben sind die Funktionen f_a und g_a mit $f_a(x) = x^3 - 2 \cdot a \cdot x^2 + a^2 \cdot x$ und $g_a(x) = x^3 - a^2 \cdot x$, wobei $a > 0$.

a) Bestimmen Sie die Maßzahl der Fläche $A(a)$, die von G_{f_a} und G_{g_a} begrenzt wird.

b) Bestimmen Sie die Steigung m der Geraden $y = m \cdot x$ so, dass diese die Fläche $A(a)$ halbiert.

5 Der Graph der Funktion f mit $f(x) = a_3 \cdot x^3 + a_2 \cdot x^2 + a_1 \cdot x$ soll bei $x_1 = 0$ und $x_2 = 2$ Extrempunkte haben und mit der x-Achse eine Fläche mit dem Inhalt 9 FE einschließen. Bestimmen Sie die beiden Funktionen, die diese Bedingungen erfüllen.

6 Gegeben sei die Funktion f_k mit $f_k(x) = \ln(x^2 + k)$.

a) Untersuchen Sie den Graphen von f_1 auf Symmetrieverhalten, Schnittpunkte mit den Achsen und asymptotisches Verhalten.

b) Untersuchen Sie den Graphen von f_1 auf Extrem- und Wendepunkte.

c) Prüfen Sie, ob die Graphen zweier Funktionen f_{k_1} und f_{k_2} für $k_1 \neq k_2$ gemeinsame Punkte besitzen können.

7 Gegeben ist Ihnen die Funktionenschar f_k mit $f_k(x) = \frac{4 \cdot x}{x^2 + k^2}$; $k \in \mathbb{R}^+$.

a) Untersuchen Sie die Kurvenschar K_k auf Symmetrie, Schnitt-, Extrem- und Wendepunkte und bestimmen Sie die Asymptote.

b) Zeichnen Sie die Graphen K_1 und K_2 x-Achse: $[-4; 4]$; $1 \triangleq 1$ cm
y-Achse: $[-3; 3]$; $1 \triangleq 2$ cm

c) Geben Sie die Ortskurven der Extrem- und Wendepunkte an.

d) Auf der Kurve K_k im 1. Quadranten sei $P(u|v)$ ein beliebiger Punkt. Das Dreieck mit den Punkten $O(0|0)$, $Q(u|0)$ und $P(u|v)$ erzeugt bei Rotation um die x-Achse einen Kegel.
Bestimmen Sie den Punkt P so, dass das Volumen des Kegels maximal wird.

8 Gegeben ist Ihnen die gebrochen-rationale Funktionenschar f_k mit
$f_k(x) = \frac{x^3 - k^2 \cdot x}{x^2 + k^2}$; $k \in \mathbb{R}^+$; $x \in \mathbb{R}$

a) Untersuchen Sie die Kurvenschar K_k auf Symmetrie, Schnitt-, Extrem- und Wendepunkte und bestimmen Sie die Asymptote.

b) Zeichnen Sie den Graphen K_3 x-Achse: $[-4; 4]$; $1 \triangleq 1$ cm
y-Achse: $[-3; 3]$; $1 \triangleq 4$ cm

c) Geben Sie die Ortskurven der Extrem- und Wendepunkte an.

d) $P(u|v)$ ist ein beliebiger Punkt von K_3. Die y-Achse, die Winkelhalbierende des 1. Quadranten sowie deren Parallelen durch P bilden ein Parallelogramm. Bestimmen Sie den Flächenwert des Parallelogramms $A(u)$.

9 Gegeben ist Ihnen die Funktionenschar f_t mit $f_t(x) = x \cdot (t \cdot x - 2)^2$; $t > 0$.

a) Untersuchen Sie die Kurvenschar K_t auf Schnittpunkte mit der x-Achse, Extrem- und Wendepunkte und zeichnen Sie K_1 für $-1 \leq x \leq 3$.

b) K_t begrenzt mit der x-Achse eine Fläche. Ermitteln Sie die Maßzahl des Flächeninhalts $A(t)$.

c) Die Tangente im Hochpunkt begrenzt mit K_1 eine Fläche A_1. Errechnen Sie diesen Flächenwert.

10 Gegeben sind Ihnen die Funktionenscharen f_k und h_t mit den Gleichungen:

$h_t(x) = \frac{e^x}{(x - t)^2}$; $t \in \mathbb{R}^+$ und $f_k(x) = \frac{x^3}{(x - k)^2}$; $k \in \mathbb{R}^+$

a) Ermitteln Sie die ersten beiden Ableitungen der Funktionen.

b) Errechnen Sie die Nullstellen, die Asymptoten und die Extremwertpunkte der Kurven.

c) Bestimmen Sie die Ortskurven der Extremwertpunkte.

d) Zeichnen Sie die Graphen der beiden Funktionen für $k = 1$ und $t = 1$. Zeichnen Sie zusätzlich die Asymptoten und Ortskurven ein.
x-Achse: $[-4; 8]$; $1 \triangleq 1$ cm y-Achse: $[-3; 10]$; $1 \triangleq 1$ cm

e) Ermitteln Sie die Parameter k und t, für die beide Kurven den gleichen Tiefpunkt haben.

f) Errechnen Sie den Flächenwert, den die Kurve der Funktion von f_1 mit der Geraden g mit $g(x) = 8$ einschließt.

11 K_t ist das Schaubild von f_t mit $f_t(x) = \frac{1}{t} \cdot e^{-t \cdot x}$ mit $t > 0$.

a) Zeichnen Sie die Kurve von $f_{0,5}$ für $-1{,}5 \leq x \leq 3$

b) P sei ein Punkt auf der Kurve von f_t im 1. Quadranten. Die Parallelen zu den Koordinatenachsen durch den Punkt P bilden mit den Koordinatenachsen ein Rechteck. Wie muss P gewählt werden, damit der Rechteckinhalt extremal wird?

12 Gegeben sei Ihnen die Funktion f mit $f(x) = \sin(\pi \cdot x) \cdot e^{-x}$.

a) Untersuchen Sie die Funktion und zeichnen Sie den Graphen für $0 \leq x \leq 3$.

b) Errechnen Sie die Maßzahl des Inhalts der Fläche, die vom Graphen mit der x-Achse im Intervall [0; 1] eingeschlossen wird.

10.2 Aufgaben für die Fachrichtung Technik

Die folgenden Aufgaben sollen anregen, Zusammenhänge in der Technik zu finden und mathematisch zu beschreiben.

1 Drehmoment M und Stromaufnahme I eines Asynchronmotors mit Kurzschlussläufer sind abhängig von der Drehzahl n bzw. dem Schlupf s.
Vereinfacht gelten folgende Funktionsgleichungen:

$$I(s) = \frac{U \cdot s}{\sqrt{R^2 + X^2 \cdot s^2}}$$

$$M(s) = K \cdot \frac{R \cdot U \cdot s}{R^2 + X^2 \cdot s^2}$$

s = Schlupf $\qquad s = \frac{n_0 - n}{n_0}$

n_0 = synchrone Drehzahl
n = tatsächliche Drehzahl
U = Läuferstillstandsspannung
X = induktiver Widerstand bei Läuferstillstand
R = Wirkwiderstand der Maschine
K = Motorkonstante

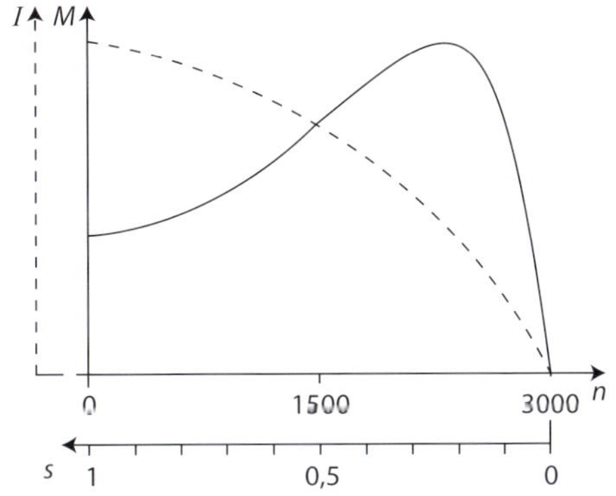

Bearbeiten Sie die Aufgabe mit folgenden vorgegebenen Werten:

$$I(s) = \frac{100 \cdot s}{\sqrt{4 + 100 \cdot s^2}} \qquad M(s) = \frac{400 \cdot s}{4 + 100 \cdot s^2} \qquad n_0 = 3000;\; s = \frac{3000 - n}{3000}$$

a) Zeigen Sie,

$$I'(s) = \frac{400}{\sqrt{(4 + 100 \cdot s^2)^3}}; \quad M'(s) = 100 \cdot \frac{1 - 25 \cdot s^2}{(1 + 25 \cdot s^2)^2} \text{ und } M''(s) = 5000 \cdot \frac{25 \cdot s^3 - 3 \cdot s}{(1 + 25 \cdot s^2)^3}$$

und ermitteln Sie die Extrem- und Wendepunkte der Funktion M.

b) Erstellen Sie ein Diagramm nach obigem Vorbild mit der x-Achse: 0,1 ≙ 1 cm (für s)
y-Achse: 1 ≙ 1 cm
Zeichnen Sie die Graphen der Funktionen I und M ein.

c) Bestimmen Sie den mittleren Strom I_m für den Drehzahlbereich von 0 bis 3000.

$$I_m = \int_0^1 I(s)\,ds$$

2 Um z. B. bei einem Brennofen die Temperatur konstant zu halten, muss eine Regelung vorgenommen werden. Ein Brennofen, der elektrische Energie in Wärmeenergie umwandelt, heißt in der Regelungstechnik „Strecke". Damit die „Regler" optimal eingestellt werden können, muss das Zeitverhalten der Strecke ermittelt werden. Bei einer sogenannten „PT2-Strecke" werden die Verzugs- und Ausgleichszeit bestimmt, nachdem im Wendepunkt der Kurve die Tangente angelegt wurde.
Gegeben ist Ihnen eine PT2-Strecke mit dem Zeitverhalten $f(t) = 10 \cdot \left(1 - e^{-\frac{t}{2}}\right)^2$.

a) Zeichnen Sie den Graphen im Bereich $0 \leq t \leq 10$ mit dem Maßstab: 1 cm $\triangleq$ 1.

b) Weisen Sie rechnerisch nach, dass der Wendepunkt bei $t_W \approx 1{,}39$ liegt.

c) Ermitteln Sie die Tangente und zeichnen Sie diese in das obige Diagramm mit ein.

d) Die Energie, die der Brennofen aufnimmt, kann aus der Fläche unter der Kurve ermittelt werden.
Errechnen Sie den Flächenwert unter der Kurve von $t = 0$ bis $t = 10$.

3 Ein Kondensator mit einer Kapazität C wird über einen Widerstand R an einer Batterie mit der Spannung U_0 aufgeladen. Für den Stromverlauf beim Aufladen des Kondensators gilt die Funktionsgleichung: $i(t) = \frac{U_0}{R} \cdot e^{-\frac{t}{\tau}}$; $\tau = R \cdot C$

für die Ladungsmenge: $q(t) = \int_{t_1}^{t_2} i(t)\,dt$.

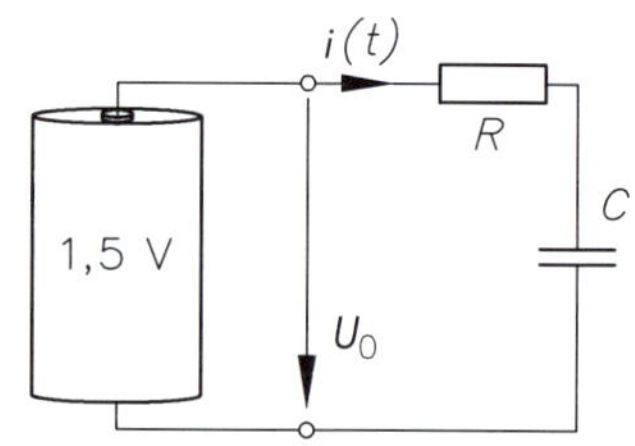

a) Zeichnen Sie die Stromverläufe in Abhängigkeit der Zeit für die Widerstände $R = 10\,\Omega$; $R = 20\,\Omega$ und $R = 30\,\Omega$, wenn $U_0 = 1{,}5$ V und $C = 100\,\mu$F sind.

$$\left(1\,\Omega = 1\,\frac{\text{V}}{\text{A}} \text{ und } 1\,\text{F} = 1\,\frac{\text{As}}{\text{V}}\right)$$

Abszisse: $0\text{ ms} \leq t \leq 6\text{ ms}$; 1 ms $\triangleq$ 2 cm
Ordinate: $i(t)$ 20 mA $\triangleq$ 1 cm

b) Errechnen Sie die Stromsteilheit $\frac{di}{dt}$ der Kurve für $R = 10\,\Omega$ bei $t = 0$ ms.

c) Ermitteln Sie die allgemeine Funktionsgleichung $q(t) = \int_0^t I(t)\,dt$ und zeichnen Sie die Kurven für $R = 20\,\Omega$ und $R = 30\,\Omega$, wenn $U_0 = 1{,}5$ V und $C = 100\,\mu$F sind.
Abszisse: $0\text{ ms} \leq t \leq 6\text{ ms}$; 1 ms $\triangleq$ 2 cm
Ordinate: $q(t)$

d) Errechnen Sie die Ladungsmenge, die der Kondensator nach 3 ms aufgenommen hat, wenn er über den Widerstand $R = 20\,\Omega$ aufgeladen wird. Bei Ladungsbeginn ist er vollständig entladen.

e) Bei welchem Widerstand R hat der Kondensator nach 2 ms eine Ladungsmenge von $Q = 0{,}1$ mAs aufgenommen?

4 Die Abbildung zeigt die Magnetisierungskennlinie eines Eisenwerkstoffes (Die Induktion B ist abhängig von der magnetischen Feldstärke H). Die Kennlinie kann näherungsweise, bis zur Eisensättigung, durch ein Polynom 4. Ordnung nachgebildet werden. Die Ableitungsfunktion der Kennlinie stellt die Permeabilität μ dar. Die Fläche A gibt an, wie viel Energie zur Magnetisierung des Eisens erforderlich ist. Rechnen Sie ohne Einheiten mit $x = H$ und $y = B$.

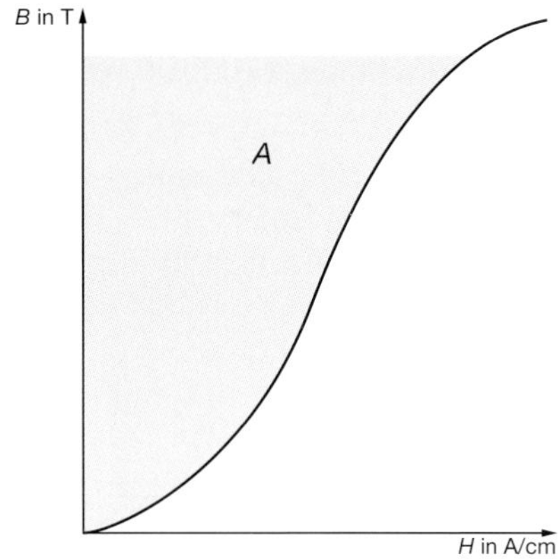

a) Der Funktionsgraph verläuft durch die Punkte $P_1(0|0)$; $P_2(2|0{,}4)$ und $P_3(5|1{,}225)$. Der Steigungswert an der Stelle $x = 1$ beträgt 0,22 und 0,14 an der Stelle $x = 5$.

Zeigen Sie, dass die Funktionsgleichung $f(x) = \frac{1}{1000} \cdot x^2 \cdot (x - 12)^2$ sein muss.

Errechnen Sie die Koordinaten des Hochpunktes des Graphen der Funktion f im Bereich $0 \leq x \leq 7$ und zeichnen Sie die Kennlinie bis zum Hochpunkt:
x-Achse: 0,5 $\triangleq$ 1 cm; y-Achse: 0,1 $\triangleq$ 1 cm

b) Ermitteln Sie die Ableitungsfunktion von f; errechnen Sie den Extremwert im Bereich $0 \leq x \leq 7$ und zeichnen Sie den Graphen in ein zweites Diagramm ein:
x-Achse: 0,5 $\triangleq$ 1 cm; y-Achse: 0,05 $\triangleq$ 1 cm

c) Errechnen Sie mithilfe des Newton-Verfahrens den Wert x, für den $y = 1{,}1$ wird.

d) Welche Magnetisierungsenergie wird benötigt, um eine Feldliniendichte von $B = 1{,}0$ T zu erreichen?
Geben Sie den Flächenwert A in FE an.

e) Für welchen x-Wert wird der Flächenwert 2 FE?

5 In der Elektrotechnik kommen häufig „Mischspannungen" vor. Für diese Mischspannungen kann ein Effektivwert U_{RMS} (entspricht einem Gleichspannungswert) angegeben werden, der in einer Zeit T die gleiche Arbeit verrichtet.

$$U_{\text{RMS}} = \sqrt{\frac{1}{T} \cdot \int_0^T (u(t))^2 \cdot \mathrm{d}t}$$

a) Mischspannung U_1 mit der Gleichung: $u_1(t) = k + (10 - k) \cdot \sin\left(\frac{\pi}{10} \cdot t\right)$ $0 \leq k \leq 10$

Zeichnen Sie die Grafen für $k = 0$, $k = 2$ und $k = 8$ in drei separate Diagramme und errechnen Sie jeweils die Effektivwerte.
x-Achse: [0; 20]; 1 cm = 2 y-Achse: [−10; 10]; 1 cm = 2,5

b) Errechnen Sie die Effektivwerte der Mischspannung U_1 für alle ganzzahligen Werte von k im Bereich $0 \leq k \leq 10$ und erstellen Sie ein Diagramm, in dem in Abhängigkeit von k dargestellt wird.

c) Die Abhängigkeit von dem Parameter k kann durch eine ganzrationale Funktion beschrieben werden.
Ermitteln Sie die Funktionsgleichung aus den errechneten Werten der Aufgabe b).

d) Ermitteln Sie mithilfe der Analysis den Parameter k, für den der Effektivwert von U_1 ein Minimum wird.

6 a) Geben Sie die Gleichung der Mischspannung u_2 an.
Es handelt sich hier um die Überlagerung (Addition) einer e-Funktion mit einer Sinusfunktion.
Errechnen Sie den Effektivwert von u_2 für t von 0 bis 100.

b) Zeigen Sie, dass für $t \to \infty$ der Effektivwert den Wert $U_{2\mathrm{RMS}} = 3{,}5355$ annimmt.

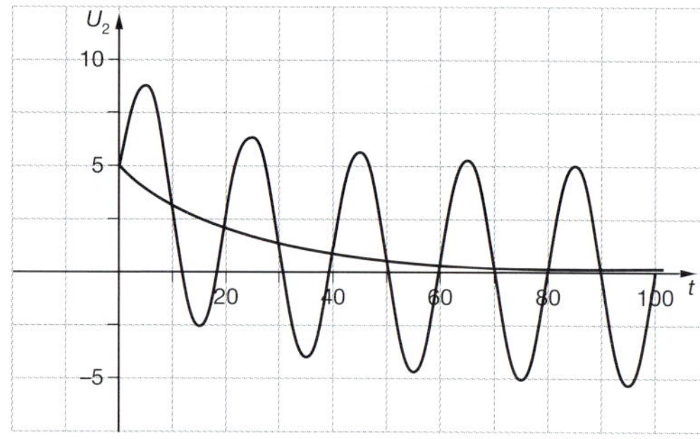

7 80 cm hohe Betonpoller der wurden wie abgebildet gefertigt und müssen an ihre Bestimmungsorte transportiert werden. Die Dichte ρ des Betons ist bekannt und somit kann die Masse der Poller der bestimmt werden.
Die Mantellinie des Körpers setzt sich aus einem Kreis, einer Geraden und einer Parabel dritten Grades zusammen.

a) Ermitteln Sie die Gleichung der Geraden, die durch den Punkt P verläuft und zugleich Tangente des Kreises ist. Für weitere Berechnungen verwenden Sie den Steigungswert $a_1 = 0{,}1$ und bestimmen Sie damit die Gleichung der Geraden.

b) Für die Parabel gilt: Der Übergang zur Geraden ist glatt und zur Bodenfläche 90°,

c) Errechnen Sie das Volumen des Rundkörpers. Setzen Sie für das 20 cm hohe Fußteil den schon errechneten Volumenwert von 52 228 VE ein.

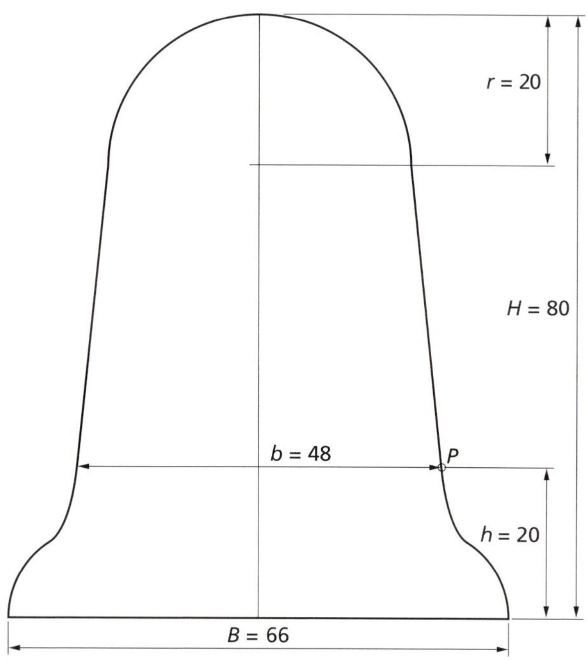

8 Wie groß ist die Masse des abgebildeten Rundkörpers, der aus Grauguss hergestellt wurde und eine Dichte von $\rho = 7{,}3\,\frac{\text{kg}}{\text{dm}^3}$ hat?

Die Mantellinie des Rundkörpers ist aus einem Parabelstück und einem Kreisbogen zusammengesetzt (Maßangaben in dm).

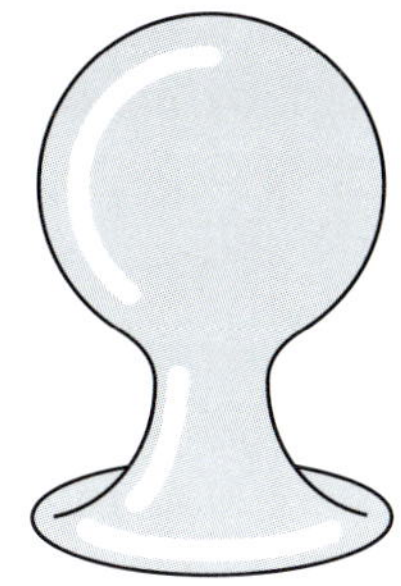

Erstellen Sie ein geeignetes Koordinatensystem, ermitteln Sie aus den angegebenen Maßen der Abb. die Funktionsgleichungen und zeichnen Sie diese in Ihr Koordinatensystem ein. Errechnen Sie die Schnittpunkte der Parabel mit dem Kreis. Entnehmen Sie eventuell die Grenzen für das Rotationsintegral aus der Zeichnung.

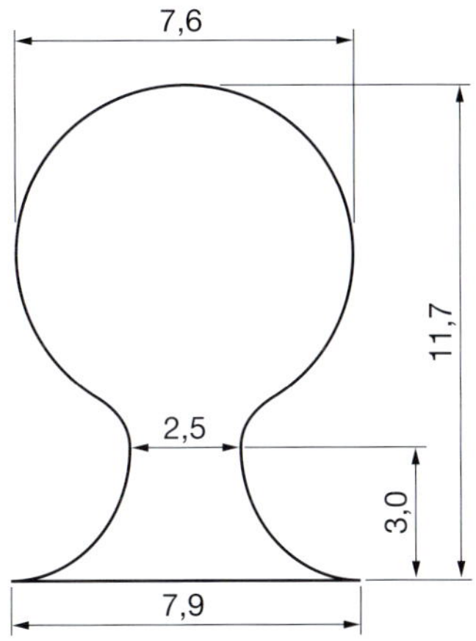

10.3 Anwendungen für die Fachrichtung Wirtschaft und Verwaltung

Zahlreiche ökonomische Prozesse und Zusammenhänge lassen sich mithilfe von Funktionen beschreiben und analysieren. Ökonomische Anwendungen für ganzrationale Funktionen wurden bereits in Abschnitt 8.2 behandelt. Weiterführende Anwendungen werden im Folgenden dargestellt.

Beispiel Optimale Bestellmenge

Ein Handelsunternehmen rechnet für ein Produkt mit einem Absatz von 200 000 ME im Jahr. Der Bezugspreis für 1 ME beträgt 15 GE. Die sog. Handlungskosten (für Lagerung, Wartung, Versicherung, Miete usw.) betragen pro Jahr 1 GE je ME.
Es wird davon ausgegangen, dass der Absatz (= Lagerabgang) gleichmäßig (konstante Lagerabgangsraten in einem festen Zeitraum) erfolgt.
Pro Bestellung fallen fixe Kosten in Höhe von 1 000 GE an.

Die Möglichkeiten des Unternehmens:

Das Unternehmen hat die Möglichkeit, die gesamte Absatzmenge zu Beginn des Jahres zu bestellen oder die Gesamtbestellmenge auf gleich große Zeitabschnitte zu verteilen.

Die Aufgabe:
Wie viele Bestellungen sind aufzugeben, damit die Gesamtkosten minimal werden?

Lösung:
Es sei x die jeweilige Bestellmenge. Dann beträgt die Anzahl der Bestellungen $\frac{200\,000}{x}$.

Für jede Bestellung fallen Fixkosten von 1 000 GE an, also insgesamt $\frac{200\,000}{x} \cdot 1\,000$ [GE].

Da maximal x ME vorrätig sind (Bestellmenge) und der Lagerabgang gleichmäßig bis zur Anzahl 0 erfolgt, sind durchschnittlich $0{,}5x$ ME auf Lager, für die $1 \cdot 0{,}5x$ und damit $0{,}5x$ [GE] anfallen. Schließlich ist der Bezugspreis mit 15 GE je ME zu berücksichtigen, was bei 200 000 ME den Betrag von 3 000 000 GE ergibt.

Damit ist die Gesamtkostenfunktion K gegeben durch: $K(x) = \frac{200\,000}{x} + 0{,}5x + 300\,000$.

Gesucht ist somit die Minimalstelle von K. Die hinreichende Bedingung für eine Minimalstelle x_{min} von K ist: $K'(x_{min}) = 0 = 0 \wedge K''(x_{min}) > 0$.

Mit $K'(x) = \frac{-200\,000\,000}{x^2} + 0{,}5$ und $K''(x) = \frac{400\,000\,000}{x^3}$ erhält man:

$K'(x) = 0 \Leftrightarrow x = 20000$ sowie $K''(20\,000) > 0$, so dass $x = 20\,000$ die Minimalstelle und somit die optimale Bestellmenge ist. Damit sind 10 Bestellungen vorzunehmen, die Gesamtkosten betragen $K(20\,000) = 3\,020\,000$ [GE].

Beispiel Optimale Losgröße

In einem Industrieunternehmen werden auf einer maschinellen Anlage mit Mehrzweckcharakter verschiedene Produkte hergestellt, die wegen ihrer unterschiedlichen Konstruktion unterschiedliche Fertigungsgänge erfordern.
Bei der Umrüstung der Maschine zur Herstellung eines anderen Produktes entstehen sog. Rüstkosten.
In einer Planperiode sollen nun 1 000 Fertigungseinheiten des Produktes P1 hergestellt werden.
Folgende Aspekte sind bei der Fertigungsplanung zu berücksichtigen:
- Rüstkosten: 125 GE pro Fertigungsgang
- jährliche Handlungskosten (Lagerung, Miete usw.) in Höhe von 25 GE je ME
- gleichmäßiger Lagerabgang in der Planungsperiode

Bestimmen Sie die (optimale) Losgröße (Anzahl der ME je Fertigungsgang), bei der die speziellen Fertigungskosten für das Produkt minimal sind.

Lösung:
Es sei x die Losgröße, also die Anzahl der ME je Fertigungsgang. Dann beträgt die Anzahl der Lose (Fertigungsgänge zur Herstellung des Produkts) $\frac{1\,000}{x}$. Für jeden Fertigungsgang fallen Rüstkosten in Höhe von 125 GE an, also insgesamt $\frac{1\,000}{x} \cdot 125$ GE. Da

maximal x ME vorrätig sind (Losgröße) und der Abgang gleichmäßig bis zur Anzahl 0 erfolgt, sind durchschnittlich $0{,}5x$ ME auf Lager, für die $25 \cdot 0{,}5x$ und damit $12{,}5x$ [GE] anfallen. Damit ist die Funktion für die speziellen Fertigungskosten K gegeben durch:
$K(x) = \frac{1000}{x} \cdot 125 + 12{,}5x \Leftrightarrow K(x) = \frac{125000}{x} + 12{,}5x$. Zu bestimmen ist die Losgröße, bei der die Gesamtkosten minimal sind. Gesucht ist somit die Minimalstelle von K. Die hinreichende Bedingung für eine Minimalstelle $x_{\min}$ von K ist:
$K'(x_{\min}) = 0 \wedge K''(x_{\min}) > 0$.

Mit $K''(x) = \frac{-125000}{x^2} + 12{,}5$ und $K''(x) = \frac{250000}{x^3}$ erhält man:
$K'(x) = 0 \Leftrightarrow x = 100$ sowie $K''(100) > 0$, so dass $x = 100$ die Minimalstelle und somit die optimale Losgröße ist.
Die speziellen Fertigungskosten für die 1 000 ME betragen bei dieser Losgröße
$K(100) = 2500$ [GE].

Beispiel Minimalkostenkombination

Zur Herstellung eines Produkts setzt ein Industriebetrieb die beiden Produktionsfaktoren P1 und P2 ein. Dabei sind verschiedene Kombinationen der Einsatzmengen von P1 und P2 möglich, um eine bestimmte vorgegebene Menge des Produkts zu erzeugen.
Einige dieser Kombinationen der Produktionsfaktoren, deren Mengenangaben jeweils in einem umgekehrt proportionalen Verhältnis stehen, gehen aus folgender Tabelle hervor:

Menge von P1	8	4	2	1
Menge von P2	1	2	4	8

a) Bestimmen Sie den funktionalen Zusammenhang zwischen diesen Einsatzmengen, indem Sie eine entsprechende Funktionsvorschrift aufstellen und den Graphen (sog. Isoquante) in ein Koordinatensystem zeichnen. Zeichnen Sie auch den Graphen der Kostenfunktion.

b) Die Kosten je ME eines Produktionsfaktors betragen: P1: 2 GE, P2: 9 GE. In welchem Mengenverhältnis müssen P1 und P2 eingesetzt werden, damit die Kosten minimal sind?

Lösung:

a) Es sei x die Menge von P1 und y die Menge von P2. Dann gilt wegen des umgekehrt proportionalen Verhältnisses zwischen den beiden Mengen:

$x \cdot y = 8$ und damit $y = \frac{8}{x}$ als Gleichung für die Isoquante. Die Kostenfunktion K hat die Gleichung $K(x, y) = 2x + 9y$.

Abbildung der Isoquante und der Kostenfunktion:

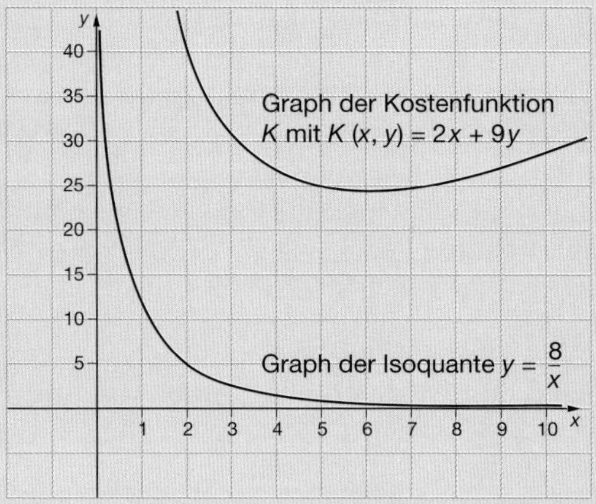

Abb. 10.5

b) Mit $K(x, y) = 2x + 9y$ und Substitution $y = \frac{8}{x}$ folgt für die Kostenfunktion:
$K(x) = 2x + \frac{9 \cdot 8}{x} \Leftrightarrow K(x) = 2x + \frac{72}{x}$.

Gesucht ist die Minimalkostenkombination und damit die Minimalstelle von K.
Die hinreichende Bedingung für eine Minimalstelle $x_{\min}$ von K ist:
$K'(x_{\min}) = 0 \wedge K''(x_{\min}) > 0$.

Mit $K'(x) = \frac{-72}{x^2} + 2$ und $K''(x) = \frac{144}{x^3}$ erhält man:

$K'(x) = 0 \Leftrightarrow x = 6 \vee x = -6$ und damit wegen $x \geq 0$ als einzige Lösung $x = 6$ sowie $K''(6) > 0$.

Wegen $y = \frac{8}{x}$ und $x = 6$ ist $y = \frac{4}{3}$.

Die minimalen Gesamtkosten betragen hier $K(6) = 24$ [GE].

Beispiel Optimale Lagerauffüllung bei Preiserhöhung

Ein Betrieb verbraucht von einem Rohprodukt pro Woche $m = 10\,000$ kg. Der Lieferant beabsichtigt, den bisherigen Preis von 5 EUR je kg auf 5,50 EUR zu erhöhen.
Für den Einkäufer stellt sich damit folgende Frage:
Welche Menge soll der Betrieb noch kurzfristig zum alten Preis einkaufen, um von einer Preiserhöhung möglichst wenig betroffen zu werden?
Die kalkulatorischen Zinsen auf den wertmäßigen Lagerbestand sind mit 0,25 % je Woche anzusetzen.
Bestimmen Sie die günstigste Bestellmenge und den hierbei auftretenden Nettovorteil in EUR.

Lösung:

Es sei x die Anzahl der Wochen, für die der Betrieb das Rohprodukt noch zum alten Preis von 5 EUR einkauft. Hieraus ergibt sich ein wertmäßiger Vorteil in Höhe von

$10000 \cdot x \cdot 0{,}5$ und damit $5000x$ [GE]. Diesem Vorteil stehen kalkulatorische Zinsen für das im Lager gebundene Sachkapital (Rohprodukt) in Höhe von 0,25 % vom Sachkapital je Woche gegenüber. Zu Beginn der ersten Woche sind dies $50000x$ [GE], am Ende der letzten Woche noch 0 [GE] und damit durchschnittlich $25000x$ [GE] je Woche. Bei x Wochen ergibt sich so ein Lagersachwert in Höhe von $25000x^2$ [GE] und damit Zinsen in Höhe von $0{,}0025 \cdot 25000x^2$, also $62{,}5x^2$ [GE] als Nachteil. Die Funktion V, die den geldwerten Vorteil bzw. Nachteil der vorzeitigen Bestellung in Abhängigkeit von der Wochenzahl x angibt, lautet demnach:
$V(x) = -62{,}5x^2 + 5000x$.
Von V ist die Maximalstelle $x_{\max}$ zu bestimmen.

Dabei gilt: $V'(x_{\max}) = 0 \wedge V''(x_{\max}) < 0 \Rightarrow x_{\max}$ ist lokale Maximalstelle.
Mit $V'(x) = -125x + 5000$ und $V''(x) = -125$ erhält man:
$-125x + 5000 = 0 \Leftrightarrow x = 40$.
Wegen $V''(40) < 0$ ist $x_{\max} = 40$
Der Betrieb sollte demnach für 40 Wochen im Voraus und damit 400000 ME bestellen, um einen maximalen Vorteil in Höhe von $V(40) = 100000$ [GE] zu erzielen.

Beispiel Preisdifferenzierung bei Produzenten- und Konsumentenrente

Für einen Monopolisten sei der Zusammenhang zwischen der Angebotsmenge x und dem Preis $p_A(x)$ durch folgende Gleichung gegeben: $p_A(x) = 0{,}15x^2 + 2$. Die Preisnachfragefunktion p_N sei dagegen durch die Gleichung festgelegt:
$p_N(x) = -0{,}2x^2 + 7{,}6$

a) Stellen Sie beide Funktionen graphisch dar und berechnen Sie den Gleichgewichtspreis (= Marktpreis).

b) Bestimmen Sie die Konsumenten- und Produzentenrente. Durch eine zeitliche einfache Preisdifferenzierung möchte der Anbieter den Umsatz maximieren. Hierzu bietet er die Ware zunächst zu einem (höheren) Einführungspreis und später – nach Abschöpfung der Nachfrage – zum Marktpreis an.
Wie hoch muss der Einführungspreis sein?

Lösung:

Die Koordinaten des Schnittpunktes $S(x_0|y_0)$ der Graphen von p_A und p_N entsprechen dem Marktpreis y_0 und dem Marktgleichgewicht x_0 (vgl. Abb. 10.6). Alle Konsumenten, die auch einen höheren Preis als den Marktpreis gezahlt hätten, haben Geld gespart. Dieser Gesamtsparbetrag wird Konsumentenrente (vgl. K in Abb. 10.6) genannt. Alle Produzenten, die die Ware. auch zu einem niedrigeren Preis als dem Marktpreis angeboten hätten, erzielen bei Verkauf zum Marktpreis einen zusätzlichen Erlös, die Produzentenrente (vgl. P in Abb. 10.6).

a) $0{,}15x^2 + 2 = -0{,}2x^2 + 7{,}6 \Leftrightarrow 0{,}35x^2 = 5{,}6 \Leftrightarrow x = 4 \vee x = -4;\ x = 4;$
$p_A(4) = 4{,}4$
Bei 4 ME wird der Gleichgewichtspreis von 4,4 GE erreicht.

Graphen der Preis p_N und der Preisnachfragefunktion p_A

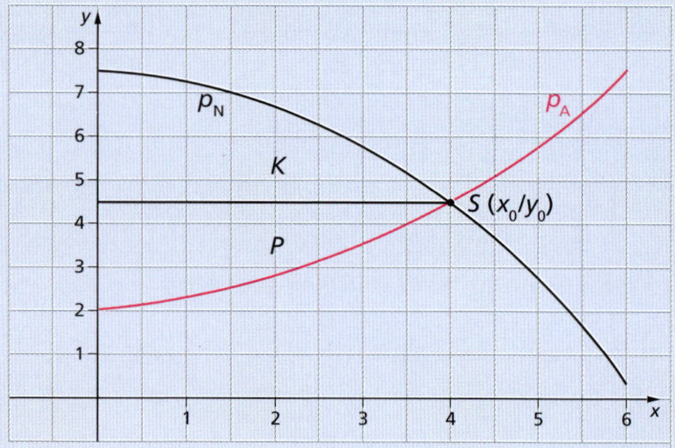

Abb. 10.6

b) $P = \int_0^4 (4{,}4 - (0{,}15x^2 + 2))\,\mathrm{d}x \Leftrightarrow P = [2{,}4x - 0{,}05x^3]_0^4 \Leftrightarrow P = 6{,}4$

Die Produzentenrente beträgt 6,4 GE.

$K = \int_0^4 (-0{,}2x^2 + 7{,}6 - 4{,}4)\,\mathrm{d}x \Leftrightarrow K = \left[3{,}2x - \frac{1}{15}x^3\right]_0^4 \Leftrightarrow K = 8{,}53$

Die Konsumentenrente beträgt etwa 8,53 GE.

Die Werte des Einführungspreises und der zugehörigen Nachfrage sind die zu bestimmen den Koordinaten eines Punktes auf dem Graphen der Nachfragefunktion p_N. Der maximale Umsatz bei einmaliger Preisdifferenzierung ergibt sich aus der Summe der Produkte von Einführungspreis und entsprechender Nachfrage einerseits sowie Marktpreis und Restnachfrage andererseits:

$U(x) = (-0{,}2x^2 + 7{,}6)x + 4{,}4(4 - x) \Leftrightarrow U(x) = -0{,}2x^3 + 3{,}2x + 17{,}6;$
$U'(x) = -0{,}6x^2 + 3{,}2;$

$U''(x) = -1{,}2x;$ $U'(x) = 0$ liefert $-0{,}6x^2 + 3{,}2 = 0 \Leftrightarrow x = \frac{4}{\sqrt{3}} \vee x = -\frac{4}{\sqrt{3}}.$

Mit $U''\left(\frac{4}{\sqrt{3}}\right) < 0$ folgt $x_{\max} = \frac{4}{\sqrt{3}}$ ($\approx 2{,}30944$). Der Maximalumsatz beträgt demnach $U(2{,}30944) = 22{,}5267233$ [GE]. Da der Umsatz ohne Preisdifferenzierung sich aus dem Produkt der Werte für das Marktgleichgewicht [4 ME] und den Gleichgewichtspreis [4,4 GE] ergibt, also bei 18 GE liegt, beträgt der zusätzliche Umsatz 4,5267223 GE.

Beispiel Optimale Nutzungsdauer

Eine Maschine mit einem Anschaffungswert von $A = 15\,000$ GE hat eine technische Nutzungsdauer von 15 Jahren. Die laufenden Ausgaben in einer beliebig kleinen Zeiteinheit t sind in GE bestimmt durch den Term $B(t) = 500 + 300t$.

a) Wie lange ist die Anlage zu nutzen, damit die durchschnittlichen Gesamtkosten (bezogen auf ein Jahr) minimal werden (optimale Nutzungsdauer)?

b) Wie hoch sind die Durchschnittskosten und die Gesamtkosten bei der optimalen Nutzungsdauer?

Lösung:

a) Die Gesamtkostenfunktion K ist in Abhängigkeit von der gesuchten Nutzungsdauer x bestimmt durch:

$$K(x) = 15\,000 + \int_0^x (300\,t + 500)\,\mathrm{d}t.$$

Integration ergibt $K(x) = 150x^2 + 500x + 15\,000$.

Für die Funktion der durchschnittlichen Gesamtkosten (Stückkosten) k gilt damit:

$$k(x) = 150x + 500 + \frac{15\,000}{x}.$$

Die Minimalstelle von k wird mithilfe von k' und k'' bestimmt.

Mit $k'(x) = 150 - \frac{15\,000}{x^2}$ und $k''(x) = \frac{30\,000}{x^3}$ ergibt sich:

$$k'(x) = 0 \Leftrightarrow 150 - \frac{15\,000}{x^2} = 0 \Leftrightarrow x = 10 \vee x = -10.$$

Da zudem $k''(10) > 0$, ist $x_{\min} = 10$ Minimalstelle.
Die Anlage ist demnach 10 Jahre zu nutzen.

b) Bei einer Nutzungsdauer von 10 Jahren liegen die Durchschnittskosten bei $k(10) = 3\,500$ [GE], die Gesamtkosten bei $K(10) = 35\,000$ [GE].

AUFGABEN

1 Der Jahresbedarf für ein bestimmtes Produkt beträgt 120 000 ME; der Bezugspreis liegt bei 3 GE. Die bestellfixen Kosten betragen 180 GE. Zudem sind Kosten in Höhe von 10 % des durchschnittlich im Lager gebundenen (Sach-)Kapitals zu berücksichtigen. Bestimmen Sie die optimale Bestellmenge.

2 In einem Industrieunternehmen werden auf einer maschinellen Anlage mit Mehrzweckcharakter verschiedene Produkte hergestellt, die wegen ihrer unterschiedlichen Konstruktion unterschiedliche Fertigungsgänge erfordern.
Bei der Umrüstung der Maschine zur Herstellung eines anderen Produktes entstehen sog, Rüstkosten.
In einer Pianperiode sollen nun 375 Fertigungseinheiten des Produktes P1 hergestellt werden.
Folgende Aspekte sind bei der Fertigungsplanung zu berücksichtigen:
- Rüstkosten: 100 EUR
- jährliche Lagerkosten je ME: 30 EUR
- gleichmäßiger Lagerabgang in der Planungsperiode

Bestimmen Sie die (optimale) Losgröße, bei der die Gesamtkosten minimal sind.

3 Zur Herstellung eines Produkts setzt ein Industriebetrieb die beiden Produktionsfaktoren P1 und P2 ein. Dabei sind verschiedene antiproportionale Kombinationen der Einsatzmengen von P1 und P2 möglich, um eine bestimmte Menge des Produkts zu erzeugen. Einige dieser Kombinationen gehen aus folgender Tabelle hervor:

Menge von P1	7,5	5	3	2,5
Menge von P2	4	6	10	12

a) Bestimmen Sie den funktionalen Zusammenhang zwischen diesen Einsatzmengen, indem Sie eine entsprechende Funktionsvorschrift aufstellen und den Graphen (sog. Isoquante) in ein Koordinatensystem zeichnen.

b) Die Kosten je ME eines Produktionsfaktors betragen: P1: 3 GE, P2: 6,4 GE. In welchem Mengenverhältnis müssen P1 und P2 eingesetzt werden, damit die Kosten minimal sind?

4 Gegeben seien folgende Preisangebotsfunktion und Preisnachfragefunktion:
$p_A(x) = 0{,}25x^2 + 1{,}75 \quad p_N(x) = -0{,}25x^2 + 6{,}25$

a) Zeichnen Sie die Graphen beider Funktionen und ermitteln Sie den Gleichgewichtspreis rechnerisch.

b) Berechnen Sie die Produzenten- und Konsumentenrente. Kennzeichnen Sie die Produzenten- und Konsumentenrente in der Zeichnung zu a).

c) Bestimmen Sie den optimalen Einführungspreis, wenn eine einfache zeitliche Preisdifferenzierung durchgeführt wird.

5 Beim Konsum zweier Güter G1 und G2 treten verschiedene Mengenkombinationen auf, die für den Konsumenten gleichwertig sind. Um einen bestimmten Nutzen zu erzielen, sind u.a. folgende Kombinationen möglich:

Menge von G1	10	5	4	2
Menge von G2	2	4	5	10

Eine ME von G1 kostet 5 GE, eine ME von G2 kostet 4 GE.

a) Bestimmen Sie die Funktionsvorschrift für die Einsatzkombinationen und zeichnen Sie den Graphen (sog. Indifferenzkurve) in ein Koordinatensystem.

b) Berechnen Sie unter Beachtung des gegebenen Nutzens die kostengünstigste Mengenkombination für den Konsumenten.

6 Angesichts einer Preiserhöhung von 1 GE auf 1,1 GE für 1 l Benzin beabsichtigt eine Tankstelle, 200000 Liter auf Vorrat zu kaufen. Die kalkulatorischen Zinsen sind mit 6 % p.a. anzusetzen. Wie groß muss der wöchentliche Absatz sein, damit die Bestellung optimal ist?
Allgemeiner Hinweis: Es wird von 48 Jahreswochen ausgegangen.

Lösungen

Soweit sich die Lösungen der Aufgaben rechnerisch ermitteln lassen, werden sie nachfolgend aufgeführt. Grafen und Beweise werden hier nicht dargestellt.

1.4.2

1 a) $2^1 \neq 1^2$ b) $2^3 \neq 3^2$ c) $0^4 \neq 4^0$ d) $2^{10} \neq 10^2$

2 a) 1, 2, 4, 8, 16, 32, 64, 128, 256, 512, 1024, 2048, 4096
b) 0, 1, 4, 9, 16, 25, 36, 49, 64, 81, 100, 121, 144, 169, 196, 225, 256, 289, 324, 361, 400

3 a) -11 b) $16a^2 + 27a^3$ c) $225x^2 - 125x^3$ d) $-32a^5 - 27a^3$ e) $7a^3b^3 - a^2b^2$ f) $4096(a^4 - a^3)$

4 a) $6a^3$ b) $9a^2b + 5n^2x^2$ c) $5b^3$ d) $5m^2x$ e) 0 f) $-x^2y$ g) $3ab^2c^3 + a^2bc^3 - 7a^3b^2c$

5 a) 6^3 b) 20^3 c) $\left(\frac{1}{3}\right)^3$ d) 2^8 e) $\left(\frac{1}{2}\right)^4$ f) 2^3 g) 3^3 h) $(ab)^4$ i) a^6 k) $(2ab)^5$ l) 1 m) $(xy)^n$ n) $\left(\frac{a}{b}\right)^{t+v}$ o) $\left(\frac{a}{b}\right)^4$ p) 4^4 q) 2^5 r) 3^3 s) $\left(\frac{a+b}{a-b}\right)^5$ t) $1 + \frac{2xy + y^2}{x^2}$ u) 3^n v) 1

6 a) 2^5 b) a^9 c) a^4 d) b^6 e) x^{5+n} f) u^{n+m+3} g) v^t h) y^{n+3} i) b^{2n} k) 1 l) r^{3a-1} m) x^2 n) a^{8x-2y} o) b^{2x-2z} p) $8a^5$ q) $6a^5b^5$ r) $(a+b)^{1-n}$ s) $(a-b)^{3m-1}$ t) $(u+v)^{u+v}$ u) $360x^7y^8$

7 a) y^2 b) a^2 c) $1\frac{1}{2}ab$ d) $(bx)^x$ e) $(a+b)^2$ f) $3x^2n^2$ g) $\frac{3}{5}ab^{-1}c^{-1}$ h) $\frac{1}{2}ab^{-1}c^{-3}$ i) $\frac{7}{12}a^3b^{-2}x^{-1}$ k) $a^3b^{-2} + a^2b^{-1}$ l) $\frac{x}{a-b}$ m) $4^2a^{-1} \cdot (a+3b)^{-3}$

8 a) $\frac{1}{3}$ b) $\frac{1}{16}$ c) $\frac{1}{16}$ d) $\frac{1}{81}$ e) $\frac{1}{49}$ f) $\frac{1}{1000}$ g) $\frac{1}{1000000}$ h) $\frac{1}{9}$ i) 4 k) 9 l) $\frac{1}{16}$ m) $\frac{1}{1000000000}$ n) 8 o) 9 p) 1000000 q) 625 r) 32 s) 100 t) $\frac{1}{36}$ u) $\frac{1}{1000}$ v) $\frac{1}{9}$ w) 32 x) $\frac{1}{1000}$ y) $\frac{49}{a^2}$

9 a) 16 b) 64 c) 64 d) 4096 e) 81

f) 729 g) 4096 h) 1 i) n^{2x} k) a^{3b}

l) b^{3x-3} m) a^{2x+2} n) $2^{a^2-b^2}$ o) 3^{8+4x} p) $81x^8$

q) $8x^6y^9$ r) $\frac{1}{4096}$ s) 9 t) 15625 u) -15625

v) $\frac{1}{8}a^{-12}$ w) $\frac{1}{4096}a^{-12}$ x) $\frac{b^{12}}{81a^8}$ y) $\frac{3a^2}{5c^2b^8}$

10 a) $4x^2 + 16xy + 16y^2$
b) $36x^2 - 60xy + 25y^2$
c) $6\frac{1}{4}a^2 + 5ab + b^2$
d) $\frac{1}{9}a^2b^2 - \frac{1}{2}abmn + \frac{9}{16}m^2n^2$
e) $6\frac{1}{4}x^4y^2 - 7\frac{1}{2}x^2yab^2 + 2\frac{1}{4}a^2b^4$
f) $9a^4b^6 - 12a^2b^3xy^3 + 4x^2y^6$
g) $8x^3 + 36x^2y + 54xy^2 + 27y^3$
h) $x^6 - 6x^4y^2 + 12y^2x^4 - 8y^6$
i) $8a^9 + 36a^6b^2 + 54a^3b^4 + 27b^6$
k) $\frac{1}{9a^2 + 42ab + 49b^2}$
l) $\frac{1}{x^4 - 6x^2 \cdot \frac{1}{y^2} + 9 \cdot \frac{1}{y^4}}$
m) $\frac{1}{9x^{-8} - 12x^{-4}a^{-2} + 4a^{-4}}$
n) 1521
o) 9604
p) $\frac{1}{998001}$

11 a) $\frac{y^9 \cdot z^6}{x^2}$ b) $\frac{b^{7x-10}}{a^6c^{5x+2}}$ c) $u^{4y+6}v^{4y-4}w^{2-6y}$ d) $\frac{z^3k}{x^{15k}y^3}$ e) $a^{10n-30}b^{6n+3}c^{19-10n}$

12 a) $11 \cdot 2^{2n}$ b) 0 c) $12 \cdot 5^{3x} = 12 \cdot 125^x$

1.5.2

1 a) [0; 2] b) [1; 2] c)]−1; +1[d)]3; 5]

2 b) [−1; 1] b)]3; 7[c)]−1; 4] d) [4,9; 5,1] e) [1,5; 2,5] f) [5,3; $7,\overline{3}$[

1.5.5

1 a) $4\sqrt{a}$ b) $-\sqrt[3]{b} + 3\sqrt{b}$ c) $2\sqrt{x} + 4\sqrt[3]{x}$ d) $3\sqrt[a]{b} + 4\sqrt[a]{b^2}$ e) $(m+n)\sqrt{x^3}$ f) $(a+b)\sqrt[x]{y} - c\sqrt[y]{x}$

2 a) 4 b) 3 c) 50 d) 4 e) 4 f) $6a$ g) $15x^2$ h) $\frac{1}{2}$ i) 80 k) 1 l) 1 m) 14 n) $\frac{abc}{d}$ o) $\frac{x^2yza}{c^2 \cdot \sqrt[3]{b^2}}$

3 a) $3\sqrt{2}$ b) $4\sqrt{2}$ c) $2\sqrt{5}$ d) $5\sqrt{6}$ e) $6\sqrt{2}$ f) $10\sqrt{2}$ g) $2\sqrt{2}$ h) $3\sqrt{2}$ i) $5a\sqrt[3]{2a}$ k) $4ab\sqrt[3]{2ab^2}$ l) $2x\sqrt[4]{2x}$ m) $2xyz^2\sqrt[5]{2xy^3z}$

4 a) $\frac{\sqrt{3}}{3}$ b) $\frac{\sqrt{5}}{5}$ c) $\sqrt{2}$ d) $\sqrt{3}$ e) $\sqrt{x}$ f) $\frac{\sqrt[3]{4}}{2}$ g) $\frac{\sqrt{6}}{3}$ h) $\frac{\sqrt{15}}{5}$ i) $\frac{\sqrt[3]{18}}{3}$ k) $\frac{\sqrt[3]{6}}{2}$ l) $\frac{\sqrt{ab}}{b}$ m) $\frac{\sqrt[3]{xy}}{y}$ n) $1-\frac{1}{2}\sqrt{2}$ o) $1\frac{1}{2}-\frac{1}{2}\sqrt{5}$ p) $2\sqrt{3}+3$ q) $1-\frac{1}{2}\sqrt{2}$ r) $2+\sqrt{6}$ s) $4+\sqrt{15}$

5 a) $2^{\frac{5}{6}}$ b) $2^{\frac{7}{6}}$ c) $a^{\frac{8}{15}}$ d) $x^{\frac{5}{12}}$ e) $a^{\frac{3}{10}}$ f) $b^{\frac{4}{9}}$ g) $2^{\frac{7}{6}}$ h) $2^{\frac{13}{12}}$ i) $a^{\frac{19}{15}}$ k) $x^{\frac{23}{12}}$ l) $a^{\frac{21}{12}}$ m) $y^{\frac{29}{18}}$ n) $a^{\frac{n+6(n+m)}{20}}$ o) $b^{\frac{17}{4x}}$

6 a) $x^{-\frac{5}{3}}$ b) $\frac{25}{4}$ c) $\sqrt{a\cdot b}$ d) $\left(\frac{x^2y}{z^3}\right)^a$ e) $x^{1+\frac{2}{a}}$ f) x^{a-b} g) x^{2a-2b} h) $b^{\frac{n+5}{5}}$ i) y^3 k) a l) $b^{-\frac{1}{2}}$ m) x^{-2}

7 a) 2 b) $2^{\frac{1}{2}}$ c) $x^{\frac{1}{2}}$ d) $a^{\frac{2}{x}}$ e) $a^{\frac{1}{4}}b^{\frac{1}{2}}c^{\frac{3}{4}}$ f) $a^{\frac{9}{8}}$ g) $a^{\frac{11}{4}}$ h) $x^{\frac{3n+2}{2n}}$ i) $3^{\frac{7}{8}}$ k) $2^{\frac{13}{27}}$ l) 2

1.5.6

1 a) 6 b) 5 c) 12 d) 2 e) 1 f) 0 g) -1 h) -2 i) -9 k) -7 l) 4 m) 2 n) -3 o) -1 p) -2 q) -4 r) 1 s) 0 t) -2 u) -3

2 a) $\frac{1}{2}$ b) 2 c) $\frac{5}{2}$ d) 2 e) $-\frac{1}{2}$ f) $-\frac{5}{2}$ g) 1 h) 3 i) -2 k) $\frac{1}{2}$ l) $\frac{5}{2}$ m) $-\frac{1}{2}$ n) $\frac{3}{2}$ o) $-\frac{3}{2}$ o) $-\frac{3}{2}$ p) $-\frac{3}{2}$ q) $\frac{3}{2}$

3 a) 16 b) 21 c) 10 d) 17 e) 69 f) 39 g) 28 h) -12 i) -4

2.1

a) $L = \{1\}$
b) $L = \{0; 1; 2; 3\}$
c) $L = \{\}$ unerfüllbar
d) $L = \{1; -1\}$
e) $L = \{2; 3; 4\}$
f) $L = \{\}$ unerfüllbar

2.2

a) Term
b) Term
c) Term
d) kein Term
e) kein Term
f) Term
g) Term
h) Term
i) kein Term
k) Term

2.3

1 a) $L = \{3\}$
b) $L = \{4\}$
c) $L = \{x \in \mathbb{R} | x < 6{,}5\}$
d) $L = \{-3{,}375\}$
e) $L = \left\{y \in \mathbb{R} \middle| y > \frac{40}{63}\right\}$
f) $L = \left\{x \in \mathbb{R} \middle| x > -\frac{1}{13}\right\}$
g) $L = \{2\}$
h) $L = \{x \in \mathbb{R} | x > 7\}$
i) $L = \left\{x \in \mathbb{R} \middle| x > -\frac{11}{17}\right\}$
k) $L = \left\{x \in \mathbb{R} \middle| x < -\frac{13}{8}\right\}$
l) $L = \{\,\}$
m) $L = \mathbb{R}$

2 a) 3,5 cm · 6,5 cm b) 7 cm · 3 cm

3 A: 1450 EUR; B: 650 EUR; C: 2900 EUR

4 Anton: 15750 EUR; Erna: 42000 EUR

5 A: 324,67 EUR B: 220,78 EUR C: 454,55 EUR **6** 720 N **7** 20,0096 m

8 4,418 m^3/h **9** 64000 EUR **10** 3425,40 EUR **11** 210,22 EUR/100 kg

12 24995 EUR **13** 6,5 % **14** $D = 33600$ EUR; $Z = 2105{,}60$ EUR

2.4

1 a) $L = \left\{-\frac{4}{5}\right\}$
b) $L = \{-1\}$
c) $L = \left\{\frac{17}{4}\right\}$
d) $L = \{1{,}5\}$
e) $L = \{2{,}25\}$
f) $L = \{\,\}$
g) $L = \{11\}$
h) $L = \{2\}$
i) $L = \{-2{,}1\}$
k) $L = \{-0{,}25\}$
l) $L = \left\{\frac{1}{3}\right\}$
m) $L = \{\,\}$
n) $L = \mathbb{R}$
o) $L = \{1\}$
p) $L = \{7\}$

2 a) $L = \left\{x \in \mathbb{R} \middle| 0 < x < \frac{1}{3}\right\}$
b) $L = \left\{x \in \mathbb{R} \middle| x > 0 \vee x < -\frac{1}{2}\right\}$
c) $L = \{x \in \mathbb{R} | x > 0{,}5 \vee x < -2\}$
d) $L = \{x \in \mathbb{R} | -2 < x < 0\}$
e) $L = \{x \in \mathbb{R} | -4 < x < 2\}$
f) $L = \left\{x \in \mathbb{R} \middle| x > 4 \vee x < \frac{4}{3}\right\}$
g) $L = \{x \in \mathbb{R} | x > 4{,}25 \vee x < 2\}$
h) $L = \left\{x \in \mathbb{R} \middle| -1 < x < -\frac{1}{3}\right\}$
i) $L = \{x \in \mathbb{R} | x < -1 \vee 1 < x < 3\}$
k) $L = \left\{x \in \mathbb{R} \middle| x > -\frac{2}{3} \vee x < -\frac{3}{2}\right\}$
l) $L = \left\{x \in \mathbb{R} \middle| x < -2 \vee -\frac{10}{7} < x < -1\right\}$
m) $L = \{x \in \mathbb{R} | x > 3 \vee -3 < x < 2{,}4\}$

4 $A = 2{,}5\ \text{mm}^2$

5 a) $t = 4{,}11\ \text{h}$
b) $p = 75{,}4\,\%$

6 $t = 24\ \text{min}$

7 $t = 2{,}22\ \text{h}$

8 a) $t = 3\ \text{h}$
b) $t = 45\ \text{min}$

9 $R = 1{,}455\ \Omega$

2.5

1 a) $L = \{2{,}8; -2\}$ b) $L = \{-3; 17\}$ c) $L = \{\}$ d) $L = \{\}$
e) $L = \{0{,}2; -1\}$ f) $L = \left\{\frac{23}{6}; \frac{19}{8}\right\}$ g) $L = \{-2{,}5\}$ h) $L = \left\{-\frac{3}{2}; -\frac{2}{3}\right\}$

2 a) $L = \{x \in \mathbb{R} \mid x < -10 \vee x > 2\}$ b) $L = \{x \in \mathbb{R} \mid x < -3 \vee x > 7\}$
c) $L = \{x \in \mathbb{R} \mid -1 \leq x \leq 7\}$ d) $L = \{x \in \mathbb{R} \mid x \leq -11 \vee x \geq 5\}$

2.6.1

1 a) $L = \{25; -25\}$
b) $L = \{\sqrt{57}; -\sqrt{57}\}$
c) $L = \{\}$
d) $L = \{0; -12\}$
e) $L = \{0; 3\}$
f) $L = \left\{0; \frac{19}{7}\right\}$
g) $L = \{-6{,}32; 0{,}32\}$
h) $L = \{\}$
i) $L = \{3{,}123; -5{,}123\}$
k) $L = \{-1{,}5\}$
l) $L = \{2{,}5\}$
m) $L = \{\}$
n) $L = \{2; 6\}$
o) $L = \{\}$
p) $L = \left\{\frac{1}{3}; -3\right\}$
q) $L = \{\}$
r) $L = \{13; 0{,}625\}$
s) $L = \{4; 65{,}5\}$
t) $L = \{7{,}405; -0{,}405\}$
u) $L = \left\{\frac{1}{2}; -\frac{1}{3}\right\}$
v) $L = \{0{,}885; -1{,}255\}$
w) $L = \{-0{,}634; -2{,}366\}$
x) $L = \{2{,}414; -0{,}414\}$
y) $L = \{3; -4\}$

2 $l = 45\ \text{m};\ b = 15\ \text{m}$

3 $a = 46\ \text{m};\ b = 22\ \text{m}$

4 $b = 8{,}38\ \text{mm}$

5 a) 176,6 m
b) 150,7 m

6 $v_F = 343{,}3\ \text{km/h}$

7 $t_1 = 23{,}866\ \text{s};\ t_2 = 33{,}866\ \text{s}$

8 $t_1 = 350{,}3\ \text{min};\ t_2 = 370{,}3\ \text{min}$

9 $I = 0{,}4\ \text{A}$

10 a) $R_1 = 1\ \Omega;\ R_2 = 1{,}5\ \Omega$
b) $R_1 = R_2 = 4\ \Omega$

11 $t_1 = 16\ \text{h}\ 37\ \text{min};\ t_2 = 19\ \text{h}\ 37\ \text{min}$

12 4,5 %, danach 4 %

13 $p = 8$

14 um 4,5 %

15 um 10 %

16 6 %

2.6.2

a) $L = \{x \in \mathbb{R} | x > 5 \vee x < -5\}$
b) $L = \mathbb{R}$
c) $L = \{x \in \mathbb{R} | -3 < x < 0\}$
d) $L = \{x \in \mathbb{R} | x > 2 \vee x < -1\}$
e) $L = \{x \in \mathbb{R} | -1 < x < 3\}$
f) $L = \{x \in \mathbb{R} | x > 3 \vee x < 2\}$
g) $L = \mathbb{R} \setminus \{-2{,}5\}$
h) $L = \mathbb{R}$
i) $L = \{\}$

2.7

1 a) $L = \{625\}$
b) $L = \{225\}$
c) $L = \{4\}$
d) $L = \{10\}$
e) $L = \{31\}$
f) $L = \{9\}$
g) $L = \{1{,}25\}$
h) $L = \{3\}$
i) $L = \{9\}$
k) $L = \{4\}$
l) $L = \{7\}$
m) $L = \{3\}$
n) $L = \{6\}$
o) $L = \{2{,}5\}$
p) $L = \{\}$

3 $l = 1$ m (0,994 m)

4 $L = 0{,}996$ mH

2.8

1 a) $L = \{3{,}912\}$
b) $L = \{-0{,}246\}$
c) $L = \{22{,}08\}$
d) $L = \{3{,}017\}$
e) $L = \{1\}$
f) $L = \{-7{,}329\}$
g) $L = \{17\}$
h) $L = \{7\}$
i) $L = \{13\}$
k) $L = \{17\}$
l) $L = \{6\}$
m) $L = \{7\}$
n) $L = \{20\}$
o) $L = \{8\}$
p) $L = \{13\}$

2 a) $T = 2{,}31$ min
b) $t = 23{,}03$ min

3 a) $\lambda = 4{,}444 \cdot 10^{-4} a^{-1}$
b) $t = 5181$ Jahre

4 $\tau = 2{,}885$ s

2.9.2

1 a) $\{(1|3)\}$
b) $\{\}$
c) $\{(-48|12)\}$
d) $\{(-21|13)\}$
e) $\{(1|-1{,}5)\}$
f) $\{(3|-12)\}$
g) $\{(2|1)\}$
h) $\{(0{,}3|-0{,}2)\}$
i) $\left\{\left(-\frac{1}{7}\middle|\frac{2}{7}\right)\right\}$
k) $\{(-2|-7)\}$
l) $\{(2{,}5|3{,}4)\}$
m) $\{(0{,}375|0{,}625)\}$
n) $\{(24|18)\}$
o) $\{(2{,}4|4{,}2)\}$
p) $\{(-3|-5)\}$

2 15 und 10 **3** 56 und 112 **4** A: 99 048 B: 74 280

5 239 zu 5,00 EUR und 120 zu 6,00 EUR

6 Fluss: 2,5 km/h; Schiff: 12,5 km/h

7 15 cm × 20 cm

8 25 cm × 20 cm (23 cm × 22 cm)

9 $l_1 = 41{,}54$ cm; $l_2 = 78{,}46$ cm

10 96 l 20 %ig; 24 l 70 %ig

11 Cu: 18,603 kg; Sn: 5,397 kg

12 Cu: 15,264 kg; Zn: 2,736 kg

13 20 Zähne/36 Zähne

14 62,34 l

15 600 zu 3,75 EUR/Stck und 150 zu 5,– EUR/Stck

16 395,– EUR/Stck; 17 800,– EUR

17 192 km/Tag; 182,40 EUR/Tag

18 600 kWh/Monat; 72 EUR/Monat

19 Radio: 248,– EUR; CD-Spieler: 198,– EUR

20 A: 24,50 EUR; B: 32,50 EUR

21 Sorte 1: 10,20 EUR/kg; Sorte 2: 12,60 EUR/kg

3.1

1 ja

2 a) ja b) ja c) nein d) ja e) nein f) nein

3 a) ja c) ja e) nein g) nein i) nein
b) ja d) ja f) nein h) nein

4 a) $W = \mathbb{R}$ b) $W = \{y \mid 0 < y \leq 5\}_{\mathbb{R}}$ c) $W = \mathbb{R}^+$ d) $W = \{-1; 1\}$

3.2

1 a) $f^{-1}(x) = \dfrac{x+1}{3}$

b) $f^{-1}(x) = \dfrac{5-x}{2}$

c) $f^{-1}(x) = \dfrac{1}{2}\sqrt{x-1}$

d) $f^{-1}(x) = \sqrt[3]{3(x-2)}$

2 a) $f^{-1}(x) = \dfrac{1}{x-4}$

b) $f^{-1}(x) = \dfrac{1}{\sqrt{5-x}}$

c) $f^{-1}(x) = \dfrac{1}{3}x^2 - 2$

d) $f^{-1}(x) = \dfrac{1}{2}x^4 - \dfrac{3}{2}$

3 Funktion: $F(s) = D \cdot s$ mit $D = 1{,}25\,\frac{\text{N}}{\text{cm}}$

Umkehrfunktion: $s(F) = 0{,}8\,\frac{\text{cm}}{\text{N}} \cdot \text{F}$

Mithilfe der Umkehrfunktion wird die Skaleneinteilung der Federwaage festgelegt.

4 A) a) $D = [0;\ 50]$ V

b) der elektrische Leitwert G und daraus der ohmsche Widerstand R, mit $R = \frac{1}{G}$.

c) ja

d) $I(U) = \frac{1}{60} \cdot U;\ \ U(I) = 60 \cdot I$

B) a), b) und c) wie bei A)

d) $I(U) = \frac{1}{22} \cdot U$

C) a), b) und c) wie bei A)

d) nicht linear, aber $I(U) = 0{,}06\sqrt{U};\ \ U(I) = 0{,}0036 \cdot I^2$

3.3.1

2 a) $f(x) = \frac{3}{2}x$ c) $f(x) = \frac{9}{4}x^2$ e) $f(x) = \frac{32}{25}x^2$ g) $f(x) = -\frac{1}{25}x^3$ i) $f(x) = \frac{1}{128}x^4$

b) $f(x) = -\frac{5}{3}x$ d) $f(x) = \frac{4}{3}x^2$ f) $f(x) = -\frac{14}{9}x^3$ h) $f(x) = -\frac{1}{16}x^4$ k) $f(x) = -2x^5$

3 a) $D = \mathbb{R}^+$ d) $D = \mathbb{R}^+$ g) $D = \mathbb{R}^+$ k) $D = \mathbb{R}^-$

b) $D = \mathbb{R}^-$ e) $D = \mathbb{R}$ h) $D = \mathbb{R}^+$ o) $D = \mathbb{R}$

c) $D = \mathbb{R}^+$ f) $D = \mathbb{R}$ i) $D = \mathbb{R}$ p) $D = \mathbb{R}$

3.3.2

2 a) $m = \frac{1}{2};\ S_x(4|0);\ S_y(0|-2)$

b) $m = \frac{1}{2};\ S_x(-2|0);\ S_y(0|1)$

c) $m = \frac{1}{2};\ S_x(-6|0);\ S_y(0|3)$

d) $m = 2;\ S_x\left(-\frac{3}{2}\middle|0\right);\ S_y(0|3)$

e) $m = -\frac{3}{2};\ S_x\left(-\frac{1}{3}\middle|0\right);\ S_y\left(0\middle|-\frac{1}{2}\right)$

f) $m = -\frac{2}{5};\ S_x(3{,}75|0);\ S_y\left(0\middle|\frac{3}{2}\right)$

g) $m = -0{,}8;\ S_x(-3{,}125|0);\ S_y(0|-2{,}5)$

h) $m = 1{,}25;\ S_x(2{,}4|0);\ S_y(0|-3)$

3 a) $f(x) = 2x + 1$ d) $f(x) = -2x - 10$ g) $f(x) = \frac{12}{5}x - \frac{6}{5}$

b) $f(x) = -5x - 4$ e) $f(x) = \frac{13}{2}x + 60$ h) $f(x) = \frac{22}{19}x - \frac{53}{19}$

c) $f(x) = \frac{2}{3}x + \frac{1}{3}$ f) $f(x) = 6x$ i) $f(x) = \frac{21}{20}x + \frac{19}{20}$

4 a) $f(x) = 2x + 1$ c) $f(x) = -\frac{3}{2}x - \frac{1}{2}$ e) $f(x) = \frac{1}{2}x + 6$

b) $f(x) = \frac{1}{8}x + \frac{1}{2}$ d) $f(x) = -5x + 2$ f) $f(x) = 3x - 2$

5 a) $S(0|1)$ c) $S\left(-\frac{3}{5}\middle|\frac{2}{5}\right)$ e) $S(10|11)$

b) $S\left(-\frac{4}{7}\middle|\frac{3}{7}\right)$ d) $S\left(\frac{1}{6}\middle|\frac{7}{6}\right)$ f) $S\left(\frac{3}{2}\middle|\frac{5}{2}\right)$

6 a) $f_1(x) = \frac{7}{9}x + \frac{10}{9}$ $S\left(\frac{52}{41}\middle|\frac{86}{41}\right)$ b) $f_1(x) = -5x + 15$ $S\left(\frac{19}{7}\middle|\frac{10}{7}\right)$

7 a) $s_1(t) = 45\,\frac{\text{km}}{\text{h}} \cdot t$; $s_2(t) = 60\,\frac{\text{km}}{\text{h}} \cdot t - 75\text{ km}$

c) 14.00 Uhr, 225 km vom Abfahrtsort entfernt.

8 a) $s_1(t) = 60\,\frac{\text{km}}{\text{h}} \cdot t$; $s_2(t) = -75\,\frac{\text{km}}{\text{h}} \cdot t + 150\text{ km}$

c) 66,67 km vom Ort entfernt, von dem der langsamere Fahrer abgefahren war.

9 a) Nach 24,3 km wird der langsamste Fahrer der Gruppe A eingeholt.

b) Nein! Wenn der schnellste Fahrer der Gruppe A die Ziellinie überquert, ist der schnellste der Gruppe B noch ca. 5 km vom Ziel entfernt.

10 $y = 11{,}5x$; 250 km → 28,75 l; 69 l → 600 km

11 a) $\alpha = 0{,}005\,\frac{1}{\text{K}}$ (Eisen) b) $R_{240} = 1\,210{,}56\ \Omega$ c) $R_{80} = 76{,}64\ \Omega$

12 a) $R_2 = 75\text{ k}\Omega$; $R_1 = 60\text{ k}\Omega$

b) $I_1(U) = \frac{1}{60} \cdot U$; $I_2(U) = -\frac{1}{75} \cdot U + 1{,}2$; $\Rightarrow S(40|0{,}67)$

13 a) $F(s) = D \cdot s$; $D = \{s | s \geq 0\}_{\mathbb{R}}$ b) $D = \frac{25\text{ N}}{6\text{ cm}}$

14 b) $l_2 = l_1(1 + \alpha \cdot \Delta\vartheta)$ c) $\Delta l = 5{,}71\text{ mm}$

15 a) $K(s) = 0{,}12\,\frac{\text{EUR}}{\text{km}} \cdot s + 86\ \text{EUR}$ b) $K = 168{,}20\ \text{EUR}$

c) $K_2 = 191{,}80\ \text{EUR}$; Anbieter 1 ist preiswerter.

16 a) $E(U) = 0{,}0125 \cdot U + 2800\ \text{EUR}$ c) $E = 4400\ \text{EUR}$ bei 128000 EUR Umsatz.

17 a) $Z(t) = 6000\ \text{EUR}\left(1 + \frac{7{,}5}{100 \cdot 365} \cdot t\right)$ c) $t = 142$ Tage

18 $t = 507$ Tage **19** $K = 48000\ \text{EUR}$

20 a) 258260 EUR b) $K(x) = 258260 + 5{,}61\,x$ **21** 4 % **22** $x = 5$

23 a) 42306,25 EUR b) 12,5 % c) 126918,75 EUR

24 a) 300000 EUR b) 6,5 % c) $y = 300000 - 19500\,x$

25 a) 56000 EUR/5600 EUR b) 6 Jahre

26 b) Die Investitionsgerade ist eine Parallele zur Abszissenachse. c) $g = l$

27 $B = \frac{1}{5}x - 20;\ 165 \le x \le 185$

28 a) $s_t = s \cdot E_t$ b) $W_{E,\,b} = 0{,}1;\ s_{t-1} = 20;\ J_{t-1} = 20$

c) $s_{t-1} = 20;\ J_{t-1} = 8;\ W_E = \frac{1}{25};\ \frac{1}{25} < \frac{1}{10}$

3.3.3

2
a) $y_1 = +\sqrt{x-1} \quad \vee\ y_2 = -\sqrt{x-1} \quad D = \{x \mid x \ge 1\}_{\mathbb{R}}$
b) $y_1 = +\sqrt{x+3} \quad \vee\ y_2 = -\sqrt{x+3} \quad D = \{x \mid x \ge -3\}_{\mathbb{R}}$
c) $y_1 = +\sqrt{2-x} \quad \vee\ y_2 = -\sqrt{2-x} \quad D = \{x \mid x \le 2\}_{\mathbb{R}}$
d) $y_1 = +\sqrt{0{,}5 \cdot x - 1} \quad \vee\ y_2 = -\sqrt{0{,}5 \cdot x - 1} \quad D = \{x \mid x \ge 2\}_{\mathbb{R}}$
e) $y_1 = +\sqrt{x} + 2 \quad \vee\ y_2 = -\sqrt{x} + 2 \quad D = \{x \mid x \ge 0\}_{\mathbb{R}}$
f) $y_1 = +\sqrt{x} - 3 \quad \vee\ y_2 = -\sqrt{x} - 3 \quad D = \{x \mid x \ge 0\}_{\mathbb{R}}$
g) $y_1 = +\sqrt{-0{,}5 \cdot x} + 1 \quad \vee\ y_2 = -\sqrt{-0{,}5 \cdot x} + 1 \quad D = \{x \mid x \le 0\}_{\mathbb{R}}$
h) $y_1 = +\sqrt{-2 \cdot x} - 2 \quad \vee\ y_2 = -\sqrt{-2 \cdot x} - 2 \quad D = \{x \mid x \le 0\}_{\mathbb{R}}$
i) $y_1 = +2\sqrt{-x} + 3 \quad \vee\ y_2 = -2\sqrt{-x} + 3 \quad D = \{x \mid x \le 0\}_{\mathbb{R}}$
k) $y_1 = +\sqrt{x+1} + 1 \quad \vee\ y_2 = -\sqrt{x+1} + 1 \quad D = \{x \mid x \ge -1\}_{\mathbb{R}}$
l) $y_1 = +\sqrt{-2x+6} - 2 \quad \vee\ y_2 = -\sqrt{-2x+6} - 2 \quad D = \{x \mid x \le 3\}_{\mathbb{R}}$
m) $y_1 = +\sqrt{-0{,}5x-1} - 3 \quad \vee\ y_2 = -\sqrt{-0{,}5x-1} - 3 \quad D = \{x \mid x \le -2\}_{\mathbb{R}}$

3 a) $y = (x - 3)^2 - 1$; $S(3|-1)$; $x_{01} = 2$; $x_{02} = 4$
b) $y = (x - 2)^2 + 5$; $S(2|5)$; keine Nullstelle
c) $y = (x + 1)^2 + 2$; $S(-1|2)$; keine Nullstelle
d) $y = (x + 3)^2 - 5$; $S(-3|-5)$; $x_{01} = -5{,}236$; $x_{02} = -0{,}764$
e) $y = 2(x - 2)^2 + 1$; $S(2|1)$; keine Nullstelle
f) $y = -3(x - 2)^2 + 3$; $S(2|3)$; $x_{01} = 1$; $x_{02} = 3$
g) $y = 4(x - 0{,}25)^2 - 6{,}25$; $S(0{,}25|-6{,}25)$; $x_{01} = -1$; $x_{02} = 1{,}5$
h) $y = 6{,}5(x - 1{,}25)^2 - \frac{325}{32}$; $S\left(\frac{5}{4}\middle|-\frac{325}{32}\right)$; $x_{01} = 0$; $x_{02} = 2{,}5$
i) $y = 0{,}4(x - 2)^2 - 4{,}9$; $S(2|-4{,}9)$; $x_{01} = -1{,}5$; $x_{02} = 5{,}5$
k) $y = 0{,}35(x + 1)^2 + 0{,}7$; $S(-1|0{,}7)$; keine Nullstelle
l) $y = 12{,}5(x + 3)^2 - 50$; $S(-3|-50)$; $x_{01} = -5$; $x_{02} = -1$
m) $y = 0{,}5(x - 0{,}8)^2$; $S(0{,}8|0)$; $x_{01} = 0{,}8$ Berührungspunkt

4 a) $y = 2x^2 - 16x + 28$
b) $y = x^2 + 3x - 4$
c) $y = \frac{1}{4}x^2 - x + 4$
d) $y = -0{,}2x^2 - 1{,}6x - 1{,}2$
e) $y = \frac{1}{3}x^2 + 2x - 6$
f) $y = x^2 - 12x + 30$

5 a) $S_1(-5{,}372|-2{,}686)$; $S_2(0{,}372|0{,}186)$
b) $S_1(-1|6)$; $S_2(4|1)$
c) $S_1(-2{,}289|2{,}458)$; $S_2(5{,}789|0{,}842)$
d) $S_1(-4{,}38|-3{,}095)$; $S_2(-1{,}37|-2{,}343)$
e) kein Schnittpunkt
f) kein Schnittpunkt

6 a) $c^2 = f(x) = 2x^2 - 2x + l^2$ c) $x = 5$ cm

7 a) $A = f(a) = -\frac{2}{\pi}a^2 + \frac{U}{\pi}a$ $D = \left\{a \,\middle|\, 0 \leq a \leq \frac{U}{2}\right\}_{\mathbb{R}}$ c) $a = 100$ m

8 a) $A = f(x) = -\frac{1}{2}x^2 + \frac{1}{2}x$ c) $x = 10$ m

9 a) $A = f(x) = -\frac{b}{a}x^2 + bx$ c) $x = 10$ cm

10 a) $f(x) = \frac{4H}{B^2}x^2 + H$ $h = 7{,}68$ m
b) $f(x) = \frac{h}{B^2 - b^2}(-4x^2 + B^2)$ $H = 6{,}667$ m
c) $f(x) = -\frac{4(H - h)}{b^2}x^2 + H$ $B = 7{,}348$ m

11 a) $B = 2{,}966$ m b) $t = 1{,}58$ m

12 a) $f_1(x) = -\frac{1}{144}x^2 + 1$; $f_2(x) = -\frac{1}{72}x^2 + 2$ b) $b = 0{,}75$ m

13 a) $f(x) = \frac{1}{500}x^2$ Koordinatenursprung in S

b) S ist 33,36 m vom Punkt A entfernt.

14 a) $E = f(d) = 0{,}002d^2 + 0{,}026d + 0{,}6$ b) $f(2\text{ cm}) = 1{,}92$ kWh/24 h

15 nach $t = 16{,}67$ s

16 a) $s(t) = h - v_0 t - \frac{1}{2}gt^2$ b) nach $t = 2{,}5$ s

17 a) $f(x) = -0{,}08x^2 + 1{,}6x + 18$ b) $w = 28{,}03$ m

18 a) $P(I) = I^2 \cdot R$ b) $D = \{I \mid 0 \leq I \leq 0{,}67\}_{\mathbb{R}}$

19 a) Der Betrag der Spannung darf nicht größer als 10 V werden, da die Leistung den Wert 1 W nicht übersteigen darf.

b) $U = f(I) = 1000I^2 \Rightarrow I = \sqrt{\frac{U}{1000}}$ d) $P = 525$ mW e) $P = 916$ mW

20 a) 125 GE bei 25 ME b) $G(x) = -0{,}2x^2 + 8{,}8x - 68$ c) $GZ =]10;\, 34[$ d) $H(22 \mid 28{,}8)$

21 a) $E(x) = -0{,}2x^2 + 4{,}2x$ c) Maximalerlös 22,05 Ge bei 10,5 ME d) $GZ =]4;\, 14[$
e) $GZ =]4{,}0938;\, 14{,}656[$

22 a) $K(x) = 0{,}02x^2 + 9$; $E(x) = -0{,}5x^2 + 6x$; $G(x) = -0{,}5x^2 + 5{,}98x - 9$
c) Maximalerlös 18 GE bei 6 ME
d) $GZ =]1{,}7657;\, 10{,}194[$
e) $x_{\text{max}} = 5{,}98$ ME

23 b) Marktgleichgewicht bei 6 ME (7,3 GE)
c) 5,542 ME
d) 3,446 ME

24 b) bei 10 ME c) bei 3 GE: 10,24 ME Nachfrageüberhang
bei 6 GE: 4,74 ME Angebotsüberhang

3.3.4

1 a) $L = \{-11;\, 1\}$ c) $L = \{\,\}$ e) $L = \left\{-\frac{3}{4}\right\}$ g) $L = \left\{\frac{1}{2};\, 2\right\}$ i) $L = \left\{\frac{12}{7};\, 10\right\}$

b) $L = \{-2;\, 1\}$ d) $L = \left\{\frac{4}{5}\right\}$ f) $L = \{-1;\, 6\}$ h) $L = \{1;\, 19\}$

2 a) $f(x) = x^2 - 2x - 8$ c) $f(x) = x^2 - 5{,}2x$ e) $f(x) = x^2 + 2x + 1$

b) $f(x) = x^2 - 169$ d) $f(x) = x^2 + 6x + 5$ f) $f(x) = x^2 + \frac{2}{3}x - \frac{1}{9}$

3 a) $0 = (x - 6)(x - 11)$ c) $0 = (x + 20)(x - 16)$ e) $0 = 0{,}25(x + 4{,}16)(x - 8{,}16)$

b) $0 = (x + 3)(x - 8)$ d) $0 = 3(x - 3)(x - 6)$ f) $0 = \left(x - \frac{5}{2}\right)\left(x - \frac{5}{2}\right)$

4 a) $f(x) = (x-2)(x^4 + 2x^3 + 4x^2 + 8x + 16)$
b) $f(x) = (x-2)(x+2)(x^6 + 4x^4 + 16x^2 + 64)$
c) $f(x) = (x-3)(x+3)(x^4 + 9x^2 + 81)$
d) $f(x) = (x-5)(x+5)(x^2 + 25)$

5 a) $f(x) = x^3 + 2x^2 - x + 4$
b) $f(x) = x^4 + 6x^3 - x^2 + 10$
c) $f(x) = \frac{1}{2}x^4 - 2x^2 - \frac{3}{2}$
d) $f(x) = \frac{1}{4}x^5 - \frac{1}{16}x^3 + x$
e) $f(x) = x^2 + 3 \cdot x + 6 - \frac{2}{x}$

6 a) $f(x) = (x-1)(x+2)(x-4)$
b) $f(x) = 3(x-1)(x+2)(x-4)$
c) $f(x) = (x-1)(x-3)(x+4)$
d) $f(x) = \frac{1}{2}(x-1)(x-3)(x+2)$
e) $f(x) = (x-3)\left(x - \frac{1}{2}\right)(x+1)$
f) $f(x) = (x+5)(x+3)(x+1)$
g) $f(x) = (x-2)(x+3)(x+1)$
h) $f(x) = x(x+20)(x-16)$
i) $f(x) = (x+4)(x-2)(x+2)(x-4)$
k) $f(x) = (x-2)(x+2)(x^2+2)$
l) $f(x) = x(x-1)(x-2)(x-2)$
m) $f(x) = -2x(x-1)(x+1)(x-2)(x+2)$

7 a) $f(x) = 5x^3 - 10x^2 - 25x + 30$
b) $f(x) = -x^3 + x^2 + 4x - 4$
c) $f(x) = -\frac{1}{10}x^3 + x^2 - \frac{31}{10}x + 3$
d) $f(x) = -\frac{1}{4}x^3 + x^2 + x - 4$
e) $f(x) = -x^3 - 6x^2 + x + 30$
f) $f(x) = -\frac{2}{15}x^3 + \frac{6}{5}x^2 - \frac{46}{15}x + 2$
g) $f(x) = \frac{2}{43}x^4 - \frac{32}{43}x^3 + 4x^2 - \frac{352}{43}x + \frac{210}{43}$
h) $f(x) = -\frac{1}{4}x^5 + 3x^4 - 7x^3 - 12x^2 + 32x$
i) $f(x) = \frac{1}{10}x^3 - \frac{1}{5}x^2 - \frac{1}{2}x + \frac{3}{5}$

8 a) $f(x) = x^3 - 6x^2 + 13x - 5$
b) $f(x) = x^3 + 3x^2 + \frac{5}{2}x - 2$
c) $f(x) = x^3 - \frac{11}{2}x^2 + \frac{11}{2}x - \frac{5}{3}$

3.3.5

1 a) $x_{01} = -2$; $x_{02} = 1$; $x_{03} = 3$
b) $x_{01} = 1$; $x_{02} = 5$; $x_{03} = 6$
c) $x_{01} = 1$; $x_{02} = 2$; $x_{03} = 3$
d) $x_{01} = -1$; $x_{02} = 0$; $x_{03} = 1$
e) $x_{01} = -\frac{1}{2}\sqrt{13} - 1$; $x_{02} = \frac{1}{2}\sqrt{13} - 1$; $x_{03} = 2$
f) $x_{01} = -2$; $x_{02} = -1$; $x_{03} = 1$

2 a) $f(x) = x^3 - 2x^2 - 5x + 6$

b) $f(x) = x^3 - 4x^2 - 4x + 16$

c) $f(x) = x^3 + 6x^2 - x - 30$

d) $f(x) = x^3 - 3x^2 - 3x + 9$

e) $f(x) = x^3 + \frac{23}{6}x^2 - \frac{5}{6}x - \frac{2}{3}$

f) $f(x) = x^3 + \left(\sqrt{2} - \frac{3}{2}\right)x^2 - \left(\frac{3}{2}\sqrt{2} + 1\right)x - \sqrt{2}$

g) $f(x) = x^3 - 4x^2 + 2x$

h) $f(x) = x^3 - 9x^2 + 23x - 15$

i) $f(x) = x^3 - 36x$

3 a)

−5	**−4**	**−3**	**−2**	**−1**	**0**	**1**	**2**	**3**	**4**	**5**
−200	−96	−36	−8	0	0	4	24	72	160	300

$x_{01} = -1;\ x_{02} = 0$

b)

−5	**−4**	**−3**	**−2**	**−1**	**0**	**1**	**2**	**3**	**4**	**5**
−270	−120	−36	0	6	0	0	24	90	216	420

$x_{01} = -2;\ x_{02} = 0;\ x_{03} = 1$

c)

−5	**−4**	**−3**	**−2**	**−1**	**0**	**1**	**2**	**3**	**4**	**5**
−182	−102	−50	−20	−6	−2	−2	0	10	34	78

$x_{01} = 2$

d)

−5	**−4**	**−3**	**−2**	**−1**	**0**	**1**	**2**	**3**	**4**	**5**
−92	−42	−14	−2	0	−2	−2	6	28	70	138

$x_{01} = \sqrt{2};\ x_{02} = -1;\ x_{03} = \sqrt{2}$

e)

−5	**−4**	**−3**	**−2**	**−1**	**0**	**1**	**2**	**3**	**4**	**5**
−130	−68	−30	−10	−2	0	2	10	30	68	130

$x_{01} = 0$

f)

−5	**−4**	**−3**	**−2**	**−1**	**0**	**1**	**2**	**3**	**4**	**5**
325	176	81	28	5	0	1	−4	−27	−80	−175

$x_{01} = 0;\ x_{02} = 1{,}5$

4 $f(x) = x^3 - 3x^2 + 4$

5 $f(x) = x^3 - 3x$

6 $f(x) = \frac{3}{16}x^3 - \frac{9}{4}x + 3$

7 a) $V = f(h) = \frac{\pi}{3}\left(-h^3 + s^2 h\right)$

c) $h \approx 1{,}15$ m

8 a) $V = f(x) = 4x^3 - 2(a+b)x^2 + abx$ c) $x \approx 2{,}43$ cm

9 a) $A = f(h) = -\frac{1}{a}h^3 + \frac{a}{4}h$ c) $h \approx 0{,}58$ m

10 a) $V = f(h) = \frac{2}{3}\left(-h^3 + s^2 h\right)$ c) $h \approx 2{,}89$ m

11 a) $f(x) = 6x^3 + 90x^2$ b) $f(x) = -10x^3 + 150x^2$

12 a) $f(d) = -2{,}5 \cdot 10^{-5} d^3 + 0{,}0022 d^2 + 0{,}0258 d + 0{,}6$

13 a) $E(x) = 1032{,}5x$; $G(x) = -0{,}5x^3 + 40x^2 - 567{,}5x - 3000$ d) Gewinnzone]25; 59,06[

14 a) $E(x) = 312x$; $G(x) = -0{,}3x^3 + 4{,}2x^2 + 301x - 5300$ d) Gewinnzone]20; 26,87[

3.3.6

1 a) $S_y(0|4)$; $S_{x_1}(1|0)$; $S_{x_2}(2|0)$; $S_{x_3}(-2|0)$; $S_{x_4}(-1|0)$;
b) $S_y(0|-8)$; $S_{x_1}(2|0)$; $S_{x_2}(-2|0)$;
c) $S_y(0|0)$; $S_{x_1}(0|0)$; $S_{x_2}(1|0)$; $S_{x_3}(2|0)$; $S_{x_4}(2|0)$;
d) $S_y(0|64)$; $S_{x_1}(-4|0)$; $S_{x_2}(2|0)$; $S_{x_3}(-2|0)$; $S_{x_4}(4|0)$;
e) $S_y(0|32)$; $S_{x_1}(1|0)$; $S_{x_2}(4|0)$; $S_{x_3}(-4|0)$; $S_{x_4}(-2|0)$;
f) $S_y(0|6)$; $S_{x_1}(1|0)$; $S_{x_2}(2|0)$; $S_{x_3}(-3|0)$; $S_{x_4}(-1|0)$;
g) $S_y(0|-24)$; $S_{x_1}(1|0)$; $S_{x_2}(3|0)$; $S_{x_3}(-4|0)$; $S_{x_4}(8|0)$;
h) $S_y(0|0)$; $S_{x_1}(1|0)$; $S_{x_2}(3|0)$; $S_{x_3}(-2|0)$;

2 a) $f(x) = x^4 - 5x^2 + 4$ c) $f(x) = x^4 - 2x^3 - 21x^2 + 22x + 40$
b) $f(x) = x^4 - 16x^3 + 86x^2 - 176x + 105$ d) $f(x) = x^4 - 2x^3 - 11x^2 + 12x + 36$

3 a) $S_1(-1|-34)$; $S_2(3|382)$
b) $S_1(-4|-138)$; $S_2(-2|-74)$; $S_3(1|22)$; $S_4(4|118)$
c) $S_1(-2|463)$; $S_2(8-|60973)$; $S_3(0|5)$
d) $S_1(-6|-144)$; $S_2(-4|-112)$; $S_3(2|-16)$; $S_4(4|16)$

5 $f(x) = x^4 - 4x^2$

6 $f(x) = x^4 - 3x^2 - 4$

7 a) $A = f(x) = \frac{1}{4}x^2\sqrt{4s^2 - x^2}$ b) $f^2(x) = \frac{1}{16}x^4(4s^2 - x^2)$ c) $x \approx 28{,}3$ cm

8 a) $A = f(x) = x\sqrt{d^2 - x^2}$ b) $f^2(x) = x^2(d^2 - x^2)$ c) $x \approx 11{,}3$ cm

3.3.8

a) $1 + 5a + 10a^2 + 10a^3 + 5a^4 + a^5$

b) $32 + 80b + 80b^2 + 40b^3 + 10b^4 + b^5$

c) $32 + 240a + 720a^2 + 1\,080a^3 + 810a^4 + 243a^5$

d) $32 - 80x + 80x^2 - 40x^3 + 10x^4 - x^5$

e) $x^6 + 3x^5 + \frac{15}{4}x^4 + \frac{5}{2}x^3 + \frac{15}{16}x^2 + \frac{3}{16}x + \frac{1}{64}$

f) $\frac{1}{16}x^4 - \frac{1}{2}x^5 + \frac{3}{2}x^6 - 2x^7 + x^8$

g) $32x^5 + 40x^4 + 20x^3 + 5x^2 + \frac{5}{8}x + \frac{1}{32}$

h) $64x^6 + 384x^4 + 960x^2 + 1\,280 + \frac{960}{x^2} + \frac{384}{x^4} + \frac{64}{x^6}$

i) $1 - 3x + 3a + 3x^2 - 6xa + 3a^2 - x^3 + 3x^2a - 3xa^2 + a^3$

k) $\frac{1}{8}x^3 + \frac{9}{8}x^2 + \frac{27}{8}x + \frac{27}{8}$

l) $\frac{625}{1\,296} - \frac{125}{162}x + \frac{25}{54}x^2 - \frac{10}{81}x^3 + \frac{1}{81}x^4$

m) $32x^5 + 40x^3 + 20x + \frac{5}{x} + \frac{5}{8x^3} + \frac{1}{32x^5}$

n) $x^8 + 12\frac{x^6}{y^2} + 54\frac{x^4}{y^4} + 108\frac{x^2}{y^6} + \frac{81}{y^8}$

o) $32x^5 - 160x^3 + 320x - \frac{320}{x} + \frac{160}{x^3} - \frac{32}{x^5}$

p) $81a^2 - 216a^6b^3 + 216a^4b^6 - 96a^2b^9 + 16b^{12}$

q) $64x^6 + 144x^5 + 108x^4 + 27x^3$

3.4.2

1 a) $S_y\left(0\,\middle|\,-\frac{5}{3}\right)$; $y_A = x + 3$; P: 3

b) $S_y\left(0\,\middle|\,\frac{9}{5}\right)$; $y_A = x + 5$; N: −3; 3; P: 5

c) $S_y\left(0\,\middle|\,\frac{36}{7}\right)$; $y_A = x + 7$; N: −6; 6; P: 7

d) $S_y(0|1)$; $y_A = x - 1$; P: −1

	e) $S_y\left(0\,\middle|\,\frac{1}{2}\right)$;	$y_A = x - 1$;		P: -2
	f) $S_y\left(0\,\middle|\,\frac{4}{3}\right)$;	$y_A = x + 2$;	N: -4; -1;	P: -3
	g) $S_y(0\,|\,3)$;	$y_A = x - 1$;	N: -1; 3;	P: 1
	h) $S_y(0\,|\,3)$;	$y_A = x - 4)$;		P: -1
	i) $S_y\left(0\,\middle|\,\frac{5}{9}\right)$;	$y_A = 0$;	N: 5;	P: -3; 3
	k) $S_y(0\,|\,1)$;	$y_A = 0$;	N: -1	
	l) $S_y\left(0\,\middle|\,\frac{1}{2}\right)$;	$y_A = 0$;	N: -2;	P: -4; -1
	m) $S_y\left(0\,\middle|\,-\frac{1}{3}\right)$;	$y_A = 0$;	N: 1	

2	a) $y_A = \frac{1}{4}x^2$;	N: $\sqrt[3]{8}$;	P: 0
	b) $y_A = \frac{1}{2}x$;	N: 1;	P: 0
	c) $y_A = x - 3$;	N: -1; 1; 3;	P: -2; 2
	d) $y_A = x - 1$;		P: -2
	e) $y_A = \frac{2}{3}x - \frac{2}{9}$;	N: -3; 1; 2	
	f) $y_A = \frac{1}{2}x^2$;	N: -2; -1; -1; 2;	P: -3; 1

3	a) $y_A = 2$;	N: -1;	P: -2;	$L\left(1\,\middle|\,\frac{4}{3}\right)$
	b) $y_A = 1$;	N: 2;	P: -2;	$L\left(-5\,\middle|\,\frac{7}{3}\right)$
	c) $y_A = \frac{1}{3}x - \frac{4}{3}$;	N: 1; 2;	P: -1;	$L\left(-3\,\middle|\,\frac{10}{3}\right)$
	d) $y_A = \frac{2}{3}x - \frac{8}{3}$;	N: -1; 2;	P: -3;	$L\left(3\,\middle|\,\frac{4}{9}\right)$
	e) $y_A = \frac{1}{8}x$;	N: -5; 4;	P: -1;	$L\left(7\,\middle|\,\frac{9}{16}\right)$
	f) $y_A = 1$;	N: -1; 4;	P: -3; 5;	$L_1\left(-2\,\middle|\,\frac{8}{3}\right)$; $L_2\left(1\,\middle|\,-\frac{6}{7}\right)$

4 a) $y = \dfrac{2x^2 - 10x + 12}{x - 4}$

b) $y = \dfrac{x^2 + x - 2}{2x^2 - 2x - 4}$

c) $y = \dfrac{x^3 - 2x^2 - 9x + 18}{3x^3 - 6x^2 - 3x + 6}$

d) $y = \dfrac{2x^4 - 6x^3 - 14x^2 + 54x - 36}{x^3 + 6x^2 + 11x + 6}$

e) $y = \dfrac{-4x^4 + 12x^3 + 4x^2 - 12x}{x^3 - 4x}$

5 a) $t(n) = \dfrac{30 \text{ Tage}}{n}$ b) $D = \mathbb{N}$

6 a) $y = \dfrac{126}{x}$ b) z. B. $D = \{x \mid 1 \leq x \leq 14\}_{\mathbb{N}}$

7 a) $A = f(x) = \dfrac{a \cdot x^2}{2(x - a)}$ b) $D = \{x \mid a < x < \infty\}_{\mathbb{R}}$ c) $x = 20$ cm

8 a) $U = f(a) = a\left(1 + \dfrac{1}{4}\pi\right) + \dfrac{2A}{a}$ b) $D = \{a \mid 0 < x < 1{,}6\}_{\mathbb{R}}$ c) $x = 1{,}058$ m

9 a) $D = \{b \in \mathbb{R} \mid b > 0\}$; $U = \dfrac{2A}{b} + b$

c) $b = 2$ m; $h = 1$ m

10 a) $O = \dfrac{20}{r} + \pi r^2$; $D = \{r \in \mathbb{R} \mid r > 0\}$

c) $r = 1{,}471$ dm; $h = 1{,}471$ dm

11 a) $F = \dfrac{75 \text{ Nm}}{\text{l}}$ b) $D = \mathbb{R}^+$

12 c) Mit größer werdender Spanbreite wird die Hauptzeit kleiner.
Für $s = 2$ mm: $t_h = 0{,}69$ min; $s_2 = 1$ mm; $t_h = 1{,}39$ min; $s_3 = 2{,}5$ mm; $t_h = 0{,}56$ min

e) Bei höherer Drehzahl wird die Hauptzeit kleiner.
Für $n = 400 \text{ min}^{-1}$; $t_h = 0{,}69$ min; $n_2 = 100 \text{ min}^{-1}$; $t_h = 2{,}78$ min; $n_2 = 600 \text{ min}^{-1}$; $t_h = 0{,}46$ min

13 $R = f(d) = \dfrac{4 \cdot p \cdot l}{d^2 \cdot \pi}$

14 a) $U = 9{,}95$ V b) $U = 7{,}07$ V und $U = 15{,}81$ V

15 a) $U \approx 7{,}1$ V b) $U \approx 4{,}5$ V

16 a) $P = \dfrac{U_0^2 \cdot R_L}{(R_i + R_L)^2}$ b) $R_L = 12\ \Omega$

17 200 ME

18 a) $x = 10$ b) ≈ 4 c) $\approx 4{,}4$

3.5

2 a) $D = \{x \mid x \geq 2\}_{\mathbb{R}}$
b) $D = \{x \mid x \geq -3\}_{\mathbb{R}}$
c) $D = \{x \mid x \geq -1{,}5\}_{\mathbb{R}}$
d) $D = \{x \mid x \leq 4\}_{\mathbb{R}}$
e) $D = \mathbb{R}$
f) $D = \{x \mid x \geq 1 \vee d{-}1\}_{\mathbb{R}}$
g) $D = \{x \mid -1 \leq x \leq 1\}_{\mathbb{R}}$
h) $D = \{x \mid -1 \leq x \leq 1\}_{\mathbb{R}}$
i) $D = \{x \mid -2 \leq x \leq 2\}_{\mathbb{R}}$
k) $D = \{x \mid -2 \leq x \leq 2\}_{\mathbb{R}}$
l) $D = \{x \mid -1 \leq x \leq 3\}_{\mathbb{R}}$
m) $D = \{x \mid -3 \leq x \leq 3\}_{\mathbb{R}}$

3 a) $U = f(a) = 2a + 2\sqrt{4r^2 - a^2}$ $\quad D = \{a \mid 0 \leq a \leq 2r\}_{\mathbb{R}}$ $\quad$ b) $a \approx 14{,}14$ cm

4 a) $A = f(x) = \frac{x}{4}\sqrt{4s^2 - x^2}$ $\quad D = \{x \mid 0 \leq x \leq 2s\}_{\mathbb{R}}$ $\quad$ b) $x = 42{,}43$ cm

5 a) $A = f(x) = \frac{x}{2}\sqrt{l^2 - x^2}$ $\quad$ b) $x = 14{,}14$ m

6 a) $t = f(x) = \dfrac{400 - x}{v} + \dfrac{\sqrt{100^2 + x^2}}{\frac{1}{2}v}$ $\quad D = \{x \mid 0 \leq x \leq 400\}_{\mathbb{R}}$ $\quad$ b) $x = 57{,}74$ m

7 a) $I(U) = 0{,}316\sqrt{U}$ $\quad$ c) $S(4{,}96\text{ V} \mid 0{,}71\text{ A})$ $\quad$ e) $S(7{,}11\text{ V} \mid 0{,}84\text{ A})$

3.6.2

2 a) $f(x) = 6 \cdot e^{-0{,}2x}$ $\quad$ b) $f(x) = 9 \cdot e^{-0{,}2x}$ $\quad$ c) $f(x) = 12 \cdot (1 - e^{-3x})$

3 a) $F(t) = 2 \cdot 10^6(1 + 0{,}03)^t$ $\quad$ b) $t = 13{,}71$ Jahre $\quad$ c) $t = 23{,}45$ Jahre

4 a) $I(t) = \frac{U_0}{R} \cdot e^{-t/\tau}$ b) $I_0 = 75\ \mu\text{A}$ c) $I = 0{,}36 I_0$ d) $U_c = U_0(1 - e^{-t/\tau})$ e) $t \approx 22$ ms

5 a) $C = 80\,°\text{C}$ b) $k = 0{,}0693\,\frac{1}{\text{min}}$ c) $\vartheta(15\text{ min}) = 30{,}61\,°\text{C}$ d) $\vartheta(15\text{ min}) = 24{,}15\,°\text{C}$

e) zu c) G_1: $\vartheta_1(t) = 30\,°\text{C} \cdot e^{-k \cdot t} + 20\,°\text{C}$
zu d) G_2: $\vartheta_2(t) = 80\,°\text{C} \cdot e^{-k \cdot t} + 20\,°\text{C}$ und G_3: $\vartheta_3(t) = 24{,}15\,°\text{C} \cdot e^{-k \cdot t} + 20\,°\text{C}$

6 $B = f(t) = B_0(1 + 0{,}018)^t$

7 a) $K_n = f(n) = K_0\left(1 + \frac{p}{100}\right)^n$ $\quad$ c) 14,2 Jahre

8 a) $W = 13\,107$ EUR $\quad$ b) $t = 3{,}72$ Jahre

3.6.3

2 Nein! $y = \log_2 x$ ist streng monoton steigend.

3 Es gilt: $y = \log_a x \Leftrightarrow a^y = x$ Für $a > 0 \wedge x \leq 0$ ist die Gleichung $a^y = x$ nicht lösbar.

4 a) $y = 2{,}828$ b) $y = 0{,}012$ c) $y = 0{,}395$ d) $y = -1{,}897$ e) $y = -1{,}315$

5 a) $y = 0{,}172$ b) $y = 0{,}562$ c) $y = 40$

3.7

1

α in °	22°	108° 12′	432°	**171° 53′**	**−114° 35′**	**68° 45′**	80°35′	**1 403° 45′**
α in rad	**0,38397**	**1,88845**	**7,53982**	3	−2	1,2	**1,40644**	24,5

3

α in °	29°	**61,879°**	**40,542°**	**107,46°**	743°	**1 145,92°**	**81,89°**	**163,74°**
α in rad	**0,50614**	1,08	**0,70758**	**1,87549**	**12,9678**	20	**1,42926**	**2,85780**
$\sin\alpha$	**0,48481**	**0,88196**	0,65	**0,95394**	**0,39073**	**0,91295**	0,99	**0,2800**
$\cos\alpha$	**0,87462**	**0,47133**	**0,75993**	−0,3	**0,92050**	**0,40808**	**0,14107**	−0,96

5 a) $y = 0{,}75471$ c) $y = -0{,}18920$ e) $y = 10{,}55316$ g) $y = 1{,}744359$
b) $y = -3{,}97938$ d) $y = 2{,}34730$ f) $y = -0{,}291927$ h) $y = -0{,}18920$

7 a) $x_{01} = -4{,}712$; $x_{03} = -1{,}571$; $x_{05} = 1{,}571$; $x_{07} = 4{,}712$; $x_{09} = 7{,}854$
$x_{02} = -3{,}142$; $x_{04} = 0$; $x_{06} = 3{,}142$; $x_{08} = 6{,}283$; $x_{010} = 9{,}425$
b) $x_{01} = -2{,}498$; $x_{02} = -0{,}644$; $x_{03} = 3{,}785$; $x_{04} = 5{,}640$
c) $x_{01} = -0{,}615$; $x_{02} = 0{,}615$; $x_{03} = 5{,}386$; $x_{04} = 6{,}615$
d) $x_{01} = -3{,}819$; $x_{02} = 1{,}819$; $x_{03} = 4{,}181$; $x_{04} = 9{,}819$
e) $x_{01} = -2{,}652$; $x_{02} = 3{,}632$; $x_{03} = 9{,}915$
f) $x_{01} = 7{,}294$

10 a) $f(x) = 4\sin\left(\frac{\pi}{3}x\right)$

11 a) $f_1(x) = 2\sin\left(\frac{\pi}{15}x\right)$; $f_2(x) = 2\sin\left(\frac{\pi}{15}x + 30°\right)$ d) $f(x) = 1{,}732 - 2\cos\left(\frac{2\pi}{15}x + 30°\right)$

12 a) $x_{01} = 0$; $x_{02} = \pi$; $x_{03} = 2\pi$; $x_{04} = \frac{2}{3}\pi$; $x_{05} = \frac{4}{3}\pi$
b) $x_{01} = 0$; $x_{02} = \pi$; $x_{03} = 2\pi$; $x_{04} = \pi$;
c) $x_{01} = 1{,}57$; $x_{02} = 0{,}942$; $x_{03} = 2{,}2$; $x_{04} = 3{,}46$;
d) $x_{01} = 1{,}57$; $x_{02} = 4{,}71$; $x_{03} = 4{,}71$;

13 a) $l = 3{,}486$ cm b) $u = 97{,}815$ V c) $i = 1{,}199$ A d) $u = -55{,}642$ V

14 a) $T = \frac{5}{6}$ s; $f = 1{,}2$ Hz b) $l(t) = -2{,}5 \text{ cm} \cos\left(\frac{12\pi}{5 \cdot s} t\right)$ c) $l = -0{,}77$ cm d) $t = 0{,}331$ s

15 a) $T = 0{,}6$ s; $L = 40$ mm

b) $l(t) = 40 \text{ mm} \cdot \sin\left(\frac{10\pi}{3 \cdot \text{s}} t\right)$ c) $l(0{,}1 \text{ s}) = 34{,}64$ mm; $l(4 \text{ s}) = -34{,}64$ mm

16 a) $T = 1{,}42$ s b) $I = 24{,}85$ dm

c) $x_a(t) = 2{,}5 \text{ cm} \sin\left(\frac{1{,}41\pi}{\text{s}} t\right)$; $x_b(t) = 2{,}5 \text{ cm} \sin\left(\frac{2\pi}{\text{s}} t\right)$

17 a) $u(t) = 400 \text{ V} \sin\left(\frac{\pi}{10 \text{ ms}} t\right)$; $i(t) = 1 \text{ A} \sin\left(\frac{\pi}{10 \text{ ms}} t\right)$ b) $p(t) = 200 \text{ W}\left[1 - \cos\left(\frac{\pi}{5 \text{ ms}} t\right)\right]$

18 a) $u(t) = 400 \text{ V} \sin\left(\frac{\pi}{10 \text{ ms}} t\right)$; $i(t) = 2 \text{ A} \sin\left(\frac{\pi}{10 \text{ ms}} t + 60°\right)$

d) $p(t) = 400 \text{ W}\left[\frac{1}{2} - \cos\left(\frac{\pi}{5 \text{ ms}} t + 60°\right)\right]$

19 b) $p(t) = 80 \text{ W}\left[0{,}433 - \frac{1}{2}\cos\left(\frac{\pi}{5 \text{ ms}} t - 30°\right)\right]$

20 a) $V = 36$

21 a) $t_1 = [0; 11{,}67]$ ms; $t_2 = [18{,}33; 31{,}67]$ ms; $t_1 = [38{,}33; 40]$ ms
b) $t_1 = [0; 5{,}65]$ ms; $t_2 = [9{,}35; 15{,}66]$ ms; $t_1 = [19{,}35; 20]$ ms
c) $t_1 = [0; 56{,}84]$ ms; $t_2 = [93{,}16; 156{,}84]$ ms; $t_1 = [193{,}15; 200]$ ms

3.8

2 Dreieckspannung

4.2.3

1

Summe	Betrag der Differenz	Vektorprodukt	Winkel	Richtungsvektor
a) $(-4; 1; 3)$	$\sqrt{46}$	$(-3; -15; 11)$	99,05°	$(-6; -1; -3)$
b) $(15{,}3; -1{,}1; -8{,}5)$	$\sqrt{32{,}75}$	$(-0{,}52; -0{,}65; 0{,}09)$	20,13°	$(-4{,}7; 2{,}9; 1{,}5)$
c) $(-0{,}77; 0{,}71; 0{,}73)$	$\sqrt{3{,}4146}$	$(11{,}5; 8{,}5; 19{,}6)$	118,2°	$(-1{,}44; 1{,}11; -0{,}33)$
d) $(5{,}3; 3{,}4; -7)$	$\sqrt{1{,}996}$	$(-5{,}6; -18{,}55; -13{,}25)$	58,3°	$(5{,}3; -1{,}6; 0)$

2 a) $|\vec{F}_1| = |\vec{F}_2| = 1\,666{,}67$ N b) $|\vec{F}_1| = |\vec{F}_2| \approx 2\,959$ N

3

Richtungsvektoren	$\vec{v}_1 = \overrightarrow{AB}$	$\vec{v}_2 = \overrightarrow{BC}$	$\vec{v}_3 = \overrightarrow{CA}$	Skalarprodukt
a)	(5; 0)	(0; 4)	(−5; −4)	$(\vec{v}_1; \vec{v}_2) = 0$
b)	(12; −9)	(12; 16)	(−24; −7)	$(\vec{v}_1; \vec{v}_2) = 0$
c)	(5; 13; 29)	(−14; −8; 6)	(9; −5; −35)	$(\vec{v}_1; \vec{v}_2) = 0$

4 $W(\overrightarrow{PQ}; \overrightarrow{PS}) = W(\overrightarrow{RQ}; \overrightarrow{RS}) = 96{,}33°$ $\quad W(\overrightarrow{QP}; \overrightarrow{QR}) = W(\overrightarrow{SR}; \overrightarrow{SP}) = 83{,}67°$

5 $2 \cdot 4 - 3 \cdot y = 0 \Leftrightarrow y = 8/3$

6 $|\overrightarrow{PQ}| = 5{,}1$ $\quad |\overrightarrow{QR}| = 8{,}19$ $\quad |\overrightarrow{RP}| = 11{,}18$

7 Diagonalen
$|\overrightarrow{DB}| = |\overrightarrow{DA} + \overrightarrow{AB}| = 7{,}14$ $\quad |\overrightarrow{AC}| = |\overrightarrow{AB} + \overrightarrow{BC}| = 5{,}1$
Winkel
$W(\overrightarrow{AD}; \overrightarrow{AB}) = \alpha = 109{,}05°$; $W(\overrightarrow{BA}; \overrightarrow{BC}) = \beta = 50{,}62°$;
$W(\overrightarrow{CB}; \overrightarrow{CD}) = \gamma = 63{,}88°$; $W(\overrightarrow{DC}; \overrightarrow{DA}) = \delta = 47{,}21°$

8 Diagonalen:
$\overrightarrow{AC} = 6{,}403$; $\overrightarrow{DB} = 7{,}81$; Winkel: $\alpha = 43{,}96°$ $\quad \beta = 73{,}19°$ $\quad \gamma = 51{,}26°$ $\quad \delta = 65{,}46°$

10 $\vec{a} = (0; 3; 5)$; $\vec{b} = (4; 0; 8)$

11 $\vec{a} = (7; 3; -2)$; $\vec{b} = (3; -5; 10)$

12 Es seien $\vec{F}_1 = a\vec{F}_1^\circ$; $\vec{F}_2 = b\vec{F}_2^\circ$; $\vec{F}_3 = c\vec{F}_3^\circ$; zu lösen ist dann das System folgender Gleichungen $a\vec{F}_1^\circ + b\vec{F}_2^\circ; + c\vec{F}_3^\circ = \vec{F}$; Lösung liefert $a = 1\,487{,}5$ $\; b = 1\,897{,}9$, $c = -2\,120$ und damit
$\vec{F}_1 = (377{,}825; 566{,}7385; 1\,322{,}3875)$; $\vec{F}_2 = (188{,}841; 1\,133{,}0463; 1\,510{,}73)$
$\vec{F}_3 = (-566{,}676; -1\,699{,}82; -1\,133{,}14)$

13 $\vec{F}_1 = (-120; 40)\,N$; $\quad |\vec{F}_1| = 126{,}49\,N$; $\quad \vec{F}_2 = (120; 60)\,N$; $\quad |\vec{F}_2| = 134{,}16$ N

14 $\vec{F}_1 = (-1\,091; 45{,}45)\,N$; $|\vec{F}_1| = 1\,091{,}86\,N$; $\vec{F}_2 = (1\,091; 54{,}55)\,N$; $|\vec{F}_2| = 1\,092{,}28$ N

15 $\vec{S}_1 = (-6; 1; 0{,}5)$ m; $\quad \vec{S}_2 = (4; 2; 1)$ m; $\quad \vec{S}_3 = (4; 2; -1{,}4)$ m
$|\vec{F}_1| = 305{,}16\,N$; $\quad \vec{F}_1 = (-300; 50; 25)$ N
$|\vec{F}_2| = 152{,}75\,N$; $\quad \vec{F}_2 = (133{,}33; 66{,}67; 33{,}33)$ N
$|\vec{F}_3| = 195{,}2\,N$; $\quad \vec{F}_3 = (166{,}67; 83{,}33; -58{,}33)$ N

16 $\vec{S}_1 = (-6; 0; 0{,}5)$ m; $\quad \vec{S}_2 = (4; 2; 1)$ m; $\quad \vec{S}_3 = (4; 2; -1{,}4)$ m
$|\vec{F}_1| = 401{,}39\,N$; $\quad \vec{F}_1 = (-400; 0; 33{,}33)$ N
$|\vec{F}_2| = 203{,}67\,N$; $\quad \vec{F}_2 = (177{,}78; 88{,}89; 44{,}45)$ N
$|\vec{F}_3| = 260{,}3\,N$; $\quad \vec{F}_3 = (222{,}22; 111{,}11; -77{,}78)$ N

17

Vektorprodukt	Betrag von c
a) (16; 13; 14)	24,91987
b) (80; 50; −8)	94,67840
c) (42; −25; −65)	81,3265
d) (−13; 34; −12)	38,327536

18 a) ja, $t = 1$ b) nein c) ja, $t = -2{,}5$ d) nein

19 Ansatz: zu untersuchen: $R \in P + a \cdot \overrightarrow{PQ}$

	a	x-Koordinate	y-Koordinate	z-Koordinate von R
a)	-2	10	-10	12
b)	3	4	8	14
c)	8/3	-1	-17	-20

20 a) $\begin{pmatrix}2\\5\end{pmatrix} + t \cdot \begin{pmatrix}0\\6\end{pmatrix}$ b) $\begin{pmatrix}0\\1\end{pmatrix} + t \cdot \begin{pmatrix}2\\2\end{pmatrix}$ c) $\begin{pmatrix}-3\\6\end{pmatrix} + t \cdot \begin{pmatrix}2\\4\end{pmatrix}$

d) $\begin{pmatrix}2\\4\\5\end{pmatrix} + t \cdot \begin{pmatrix}4\\8\\4\end{pmatrix}$ e) $\begin{pmatrix}5\\2\\-1\end{pmatrix} + t \cdot \begin{pmatrix}-1\\-2{,}5\\-10{,}6\end{pmatrix}$

21 a) $y = a;\ x + 2a - 6 = 0 \Leftrightarrow x = -2a + 6;\ (6; 0) + a(-2; 1)$ b) $(-5; 0) + a(1{,}5; 1)$
c) $(-0{,}25; 0) + a(0{,}75; 1)$ d) $(-14; 0) + a(0{,}5; 1)$

22 $x = 2 - a \Leftrightarrow a = 2 - x;\ y = 3 + 4a$ bzw. $y = 3 + 4(2 - x) \Leftrightarrow y = 11 - 4x \Leftrightarrow y + 4x = 11$

23 a) $(1; 2; 3) + \mathrm{a}(1; 0; -1) + \mathrm{b}(3; 1; -2)$ b) $(-5; 2; -9) + \mathrm{a}(6; -2; -7) + \mathrm{b}(5; -2; 8)$
c) $(-1; -5; -3) + \mathrm{a}(3; 5; 0) + \mathrm{b}(3; -6; 4)$ d) $(1; 1; 2) + \mathrm{a}(1; 2; 2) + \mathrm{b}(0; 1; 5)$

24 $O = 63{,}5$ FE; $V = 77{,}33$ VE

25 $O = 80$ FE; $V = 46{,}67$ VE

26 Koordinatengleichung: $x + 2y + 3z = 6;\ A \notin E;\ B \in E$

27 $11 + 15 + 6z = 20 \Leftrightarrow z = -1$

28 $(2; 0; 3) + \mathrm{a}(0; 3; 1) + \mathrm{b}(2; 1; -4)$; E: $13x - 2y + 6z = 44$ bzw.
$E = (2; 0; 3) + a(0; 3; 1) + b(2; 1; -4)$

29 $E_1 = 8x + 5y + 10z = 40$ bzw. $E = (5, 0, 0) + a(5; -8; 0) + b(5; 0; -4)$;
$48a + 15a + 50a = 40 \Leftrightarrow a = \frac{40}{113}$; $P(\frac{240}{113}, \frac{120}{113}, \frac{200}{113})$; E_2: $3x - 5y = -15$;
Schnittgerade: $\vec{x} = (-5; 0; 8) + a(10; 6; -11)$
Winkel $\alpha = 90{,}71477°$

30 Koordinatengleichungen: F_1: $x - z = 2$; Gleichung von F_2: $12x - 3y + 7z = 95$
Schnittpunkte von E_1: $S_x(2|0|0)$ S_y existiert nicht $S_z(0|0|-2)$
Schnittpunkte von E_2: $S_x(\frac{95}{12}|0|0)$ $S_y(0|\frac{-95}{3}|0)$ $S_z(0|0|\frac{95}{7})$
Schnittgerade $\vec{x} = (3; -\frac{52}{3}; 1) + a(3; 19; 3)$; Schnittwinkel: 75,6°

31 Allgemeines Lösungsverfahren: r und s durch Terme in x_2 und x_3 ersetzen und in 1. Gleichung mit x_1 einsetzen.

a) $x_1 = 4 - 5r + 3s;\ x_2 = r;\ x_3 = s$ und damit $x_1 + 5x_2 - 3x_3 = 4$

b) $25x_1 + 11x_2 - 15x_3 = 103$ c) $18x_1 + 9x_2 - 36x_3 = 58{,}5$

d) $6x_1 - 16x_2 + 11x_3 = 48$

32 Lösung wie in Aufgabe 31

a) $2x + 5y + 3z = 21$ b) $29x + 106y - 6z = 76$ c) $155x - 56y + 34z = -503$

33 a) g: (0; 0; 0) + a(1; 5; −3) b) g: (0; $\frac{2}{3}$; 0) + a(3; −20; −9)

c) g: (0; $\frac{7}{6}$; $\frac{-2}{3}$) + a(12; 5; 4)

34 a) $U = 20{,}35\alpha = 76{,}7°$; $\beta = 56{,}7°$; $\gamma = 46{,}6°$ b) $A = 1$ FE c) $d = 6{,}07$ LE

35 b) $I = 54{,}4$ LE c) $A = 40{,}27$ FE; $V = 11$ VE

d) $\alpha = 47{,}81°$; $\beta = 61{,}35°$ und $\gamma = 70{,}84°$

36 a) $\vec{x} = \begin{pmatrix} 5 \\ 0 \\ 0 \end{pmatrix} + r \cdot \begin{pmatrix} -5 \\ 8 \\ 0 \end{pmatrix} + s \cdot \begin{pmatrix} -5 \\ 0 \\ 4 \end{pmatrix}$ b) $8x_1 + 5x_2 + 10x_3 = 40$

c) $S_1(0|3|2{,}5)$; $S_2(2{,}27|4{,}36|0)$ d) $\alpha = 90{,}71°$ e) $d_1 = 5{,}45$ LE; $d_2 = 0{,}86$ LE

37 b) $\alpha = 46{,}6°$ c) $A = 78{,}4$ FE d) $V = 34$ VE e) $d = 4{,}59$ LE

38 a) $\vec{x} = \begin{pmatrix} 4 \\ 0 \\ 0 \end{pmatrix} + r_1 \cdot \begin{pmatrix} 4 \\ 6 \\ 0 \end{pmatrix} + s_1 \cdot \begin{pmatrix} 4 \\ 0 \\ -5 \end{pmatrix}$; $\left[\vec{x} - \begin{pmatrix} 4 \\ 0 \\ 0 \end{pmatrix}\right] \cdot \begin{pmatrix} 15 \\ -10 \\ 12 \end{pmatrix} = 0$; $15x_1 + 10x_2 - 12x_3 = 60$

$\vec{x} = \begin{pmatrix} 4 \\ 0 \\ 0 \end{pmatrix} + r_2 \cdot \begin{pmatrix} 4 \\ 3 \\ 0 \end{pmatrix} + s_2 \cdot \begin{pmatrix} 4 \\ 0 \\ 2 \end{pmatrix}$; $\left[\vec{x} - \begin{pmatrix} 4 \\ 0 \\ 0 \end{pmatrix}\right] \cdot \begin{pmatrix} 3 \\ 4 \\ 6 \end{pmatrix} = 0$; $3x_1 + 4x_2 + 6x_3 = 12$

b) $\alpha = 62{,}92°$ c) g_s: $\vec{x} = \begin{pmatrix} -4/3 \\ 4 \\ 0 \end{pmatrix} + t \cdot \begin{pmatrix} -6 \\ -3 \\ 5 \end{pmatrix}$

d) $R_1(-\frac{4}{3}|4|0)$; $(0|\frac{14}{3}|-\frac{1}{9})$ e) $A = 7{,}82$ FE und $d = 1{,}39$ LE

39 b) $E_1 : 4x_2 + 3x_2 = 63$ c) $\alpha = 124{,}4°$ und $\beta = 62{,}1$

d) $A = 107{,}766$ FE e) $d = 1{,}6$ LE

4.3.2.3

1

	Filiale 1	Filiale 2	Filiale 3
Eiche	210	147	194
Esche	216,5	204,6	207,4
Pinie	245,9	215,3	307,2
Fichte	206,2	226,5	276,6

2 Umsätze: 1. Tag: 220,00 EUR 2. Tag: 260,00 EUR 3. Tag: 216,00 EUR

Ansatz: $\begin{pmatrix} 30 & 40 & 20 \\ 35 & 45 & 25 \\ 25 & 50 & 22 \end{pmatrix} \cdot \begin{pmatrix} 4 \\ 1 \\ 3 \end{pmatrix}$

3

	Vertreter	Generalvertreter
G1	49 200,00 EUR	24 400,00 EUR
G2	38 500,00 EUR	19 000,00 EUR
G3	49 900,00 EUR	24 550,00 EUR

Ansatz: $\begin{pmatrix} 400\,000 & 800\,000 & 400\,000 \\ 300\,000 & 700\,000 & 500\,000 \\ 400\,000 & 750\,000 & 800\,000 \end{pmatrix} \cdot \begin{pmatrix} 0{,}1 & 0{,}05 \\ 0{,}01 & 0{,}005 \\ 0{,}003 & 0{,}001 \end{pmatrix}$

4 $A \cdot B = \begin{pmatrix} 57 & 49 & 81 \\ 34 & 44{,}5 & 70 \\ 44 & 44 & 56 \end{pmatrix}$ $B \cdot A = \begin{pmatrix} 24 & 42 & 14 & 45 \\ 30 & 24 & 3 & 58 \\ 33 & 42 & 24{,}5 & 75 \\ 36 & 42 & 28 & 85 \end{pmatrix}$

5 $a = -2{,}5$ $b = 3$

Nach Matrizenmultiplikation $A \cdot B$ erhält man u. a.:

(1) $21 + ab = 13{,}5$ (2) $44 + 2a = 39$

6 a) $(4\ \ 3\ \ 2) \cdot \begin{pmatrix} 2 & 4 & 10 \\ 3 & 0 & 5 \\ 6 & 4 & 5 \end{pmatrix} = (29\ \ 24\ \ 65)$; M1: 29 Std.; M2: 24 Std.; M3: 65 Std.

b) $(29\ \ 24\ \ 65) \cdot \begin{pmatrix} 40 \\ 50 \\ 60 \end{pmatrix} = 6\,260$

7 a) Ansatz: $\begin{pmatrix} 2 & 3 \\ 1 & 4 \\ 5 & 3 \end{pmatrix} \cdot \begin{pmatrix} 4 & 5 \\ 1 & 3 \end{pmatrix} = \begin{pmatrix} 11 & 19 \\ 8 & 17 \\ 23 & 34 \end{pmatrix}$

benötigte Rohstoffmengen:

	E1	E2
R1	11	19
R2	8	17
R3	23	34

b) benötigte Rohstoffmengen:

Ansatz: $\begin{pmatrix} 11 & 19 \\ 8 & 17 \\ 23 & 34 \end{pmatrix} \cdot \begin{pmatrix} 4 \\ 5 \end{pmatrix} = \begin{pmatrix} 139 \\ 117 \\ 262 \end{pmatrix}$

R1	R2	R3
139	117	262

c) 1 839 400,00 EUR

8 Ansatz: $(120\ \ 300\ \ 800\ \ 250) \cdot \begin{pmatrix} 20 & 10 & 10 & 15 \\ 20 & 12 & 12 & 15 \\ 10 & 5 & 6 & 10 \\ 15 & 5 & 5 & 10 \end{pmatrix} = (20\,150\ \ 10\,050\ \ 10\,850\ \ 16\,800)$

Nach Abzug der Rabatte gilt für die Zieleinkaufspreise:

Ahrens: 14 105,00 EUR Büller: 9 045,00 EUR

Cremer: 9 765,00 EUR Deter: 13 440,00 EUR

9 Ansatz: $\begin{pmatrix} 2 & 3 \\ 2 & 4 \end{pmatrix} \cdot \begin{pmatrix} a & b \\ c & d \end{pmatrix} = \begin{pmatrix} 1 & 0 \\ 0 & 1 \end{pmatrix}$; $a = 2$; $b = -1{,}5$; $c = -1$; $d = 1$

10 a) Gesamtproduktion von A: 20 ME; B: 40 ME; C: 60 ME. Die Produktionsanteile von A, Bund C an der jeweiligen Gesamtproduktion der Abteilungen geht dann aus folgender Matrix hervor:

$$P = \begin{pmatrix} 0{,}1 & 0{,}1 & 0{,}2 \\ 0{,}3 & 0{,}2 & 0{,}1 \\ 0{,}4 & 0{,}1 & 0{,}3 \end{pmatrix}$$

b) Für den Endverbrauch y gilt: $y = (E - P) \cdot \begin{pmatrix} 160 \\ 100 \\ 200 \end{pmatrix} = \begin{pmatrix} 94 \\ 12 \\ 66 \end{pmatrix}$

11 a) $P = \begin{pmatrix} 0{,}5 & 0{,}25 \\ 0{,}2 & 0{,}2 \end{pmatrix}$

b) $(E_2 - P) \cdot \begin{pmatrix} 140 \\ 180 \end{pmatrix} = \begin{pmatrix} 25 \\ 116 \end{pmatrix}$

12 $\begin{pmatrix} 2 & 3 & 4 \\ 3 & 7 & 2 \end{pmatrix} \cdot \begin{pmatrix} 5 & 4 \\ 4 & 3 \\ 3 & 4 \end{pmatrix} \cdot \begin{pmatrix} 10 \\ 12 \end{pmatrix} = \begin{matrix} \text{R1} & \text{R2} \\ (760 & 1018) \end{matrix}$

4.4.3

1 $x_1 = 2;\ x_2 = 3;\ x_3 = 5$

2 a) $L = \{-1; 2; 3\}$
b) $L = \{-2{,}9; 0; 4{,}3\}$
c) $L = \{6; -1; 2{,}5\}$
d) $L = \{1; 2; 3\}$
e) $L = \{2 + 5x_3; 1 - 2x_3; x_3\}$
f) $L = \{1; 0; -2\}$
g) $L = \{2; -3; 1\}$
h) $L = \{7; -2; 3\}$
i) $L = \{1; -5; 0\}$
k) $L = \{4; 9; 10\}$
l) $L = \{1; 0; -2\}$
m) $L = \{2; -4; 3\}$
n) $L = \{8; 21; -2; 3\}$
o) $L = \{-1; 3; 0; 2\}$
p) $L = \{15 - 11x_4; 1 + x_4; -5 + 5x_4; x_4\}$
q) $L = \{\}$
r) $L = \{2; 1; 4; 3\}$
s) $L = \{1; 0; 0; 1\}$

3 Ansatz:
$$\begin{aligned} 0{,}8x_1 + 0{,}7x_2 + 0{,}4x_3 &= 15{,}6 \\ 0{,}1x_1 + 0{,}2x_2 + 0{,}3x_3 &= 5{,}8 \\ 0{,}1x_1 + 0{,}1x_2 + 0{,}3x_3 &= 4{,}6 \end{aligned}$$
$L = \{4; 12; 10\}$

4 Ansatz: $50 \cdot \begin{pmatrix} 70 & 35 & 60 \\ 50 & 40 & 30 \\ 60 & 30 & 40 \end{pmatrix} \cdot \begin{pmatrix} x \\ y \\ z \end{pmatrix} = \begin{pmatrix} 4720 \\ 3410 \\ 3680 \end{pmatrix}$

$L = \{0{,}5; 0{,}6; 0{,}64\}$

5 Ansatz: $(x \ \ y \ \ z) \cdot \begin{pmatrix} 8 & 1 & 0{,}5 \\ 10 & 1{,}5 & 1 \\ 15 & 21{,}5 & 1{,}5 \end{pmatrix} = \{218 \ \ 29{,}5 \ \ 20\}$

$L = \{6; 5; 8\}$

6 a) $L = \{-r; -r; r; r\}$ mit reellwertigem r b) $L = \{3{,}5; 2; -3{,}5; -1{,}5\}$

7 Die gegeb. Matrizen werden in Matrizen in Dreiecksform umgeformt. Die Anzahl der von Null verschiedenen Zeilen gibt dann den Rang an.

a) Rang $A = 4$ b) Rang $A = 3$ c) Rang $A = 3$

8 Für $a = 9$; $L = \{1; 2; 3\}$. Es sei A die zugehörige Koeffizientenmatrix. Dann muss gelten: Rang $A = 3$.

9 Es sei A die zugehörige Koeffizientenmatrix.

a) Für $a = -3$; $L = \{6 - 3z; -3 + 2z : z\}$ mit reellwertigem z. Es muss gelten: Rang $A < 3$.

b) Für $a = -3$; $L = \{3; -1; 1\}$ Es muss geiten: Rang $A = 3$

10 **Ansatz:**

$$\begin{pmatrix} 2400 & 5000 & 25000 \\ 1600 & 10000 & 30000 \\ 3200 & 7500 & 20000 \end{pmatrix} \cdot \begin{pmatrix} x \\ y \\ z \end{pmatrix} = \begin{pmatrix} 28030 \\ 36020 \\ 26790 \end{pmatrix}$$

(Gesamtpreise ohne Rabatt) $x = 0{,}95$; $y = 0{,}9$; $z = 0{,}85$

Rabattsätze: 5 %; 10 %; 15 %

11 Preise: 30,00 EUR (Hemd); 100,00 EUR (Hose); 150,00 EUR (Jacke)

12 Lkw 1: 20 Liter; Lkw 2: 25 Liter; Lkw 3: 28 Liter

13 a) $G(x) = ax^2 + bx + c$; $G(1) = -6 \Rightarrow a + b + c = -6$;
$G(4) = 1{,}5 \Rightarrow 16a + 4b + c = 1{,}5$
$G(8) = -2{,}5 \Rightarrow 64a + 8b + c = -2{,}5$
$G(x) = -0{,}5x^2 + 5x - 10{,}5$

b) Maximalgewinn 2 GE bei einer Ausbringungsmenge von 5 ME

4.5.2

1 a) $A^{-1} = \begin{pmatrix} 0{,}5 & -1{,}5 & 0{,}5 \\ 1 & -0{,}5 & -0{,}5 \\ -0{,}5 & 1 & 0 \end{pmatrix}$

b) $A^{-1} = \begin{pmatrix} 0{,}4 & 0{,}6 & 0 \\ 0{,}2 & -0{,}2 & 0 \\ -1{,}6 & -1{,}4 & 1 \end{pmatrix}$

c) $A^{-1} = \begin{pmatrix} -4 & 2 & -1 \\ -3 & 1 & 0 \\ -5 & 2 & -1 \end{pmatrix}$

2 Ansatz: $\begin{pmatrix} 1 & 2 & 1 \\ 1 & 0 & 2 \\ 2 & 1 & 1 \end{pmatrix} \cdot \begin{pmatrix} 1 & 2 & 2 \\ 1 & 1 & 4 \\ 2 & 2 & 1 \end{pmatrix} \cdot \begin{pmatrix} x \\ y \\ z \end{pmatrix} = \begin{pmatrix} 130 \\ 88 \\ 22 \end{pmatrix}$

$x = 8$; $y = 4$; $z = 6$

3 Nach Umformung von A in eine Matrix in Dreiecksform erkennt man: Rang $A = 3$ für jedes a, so dass A stets regulär ist.

4 Ansatz: $\begin{pmatrix} 10 & 5 & 6 & 8 \\ 15 & 8 & 6 & 4 \\ 20 & 10 & 5 & 5 \\ 12 & 10 & 6 & 6 \end{pmatrix} \cdot \begin{pmatrix} x \\ y \\ z \\ t \end{pmatrix} = \begin{pmatrix} 1620 \\ 1715 \\ 2050 \\ 1820 \end{pmatrix}$

$x = 45$; $y = 50$; $z = 60$; $t = 70$

5 a) $A^{-1} = \begin{pmatrix} 0 & 0{,}2857 & 0{,}1429 \\ -0{,}5 & -0{,}0714 & -0{,}2143 \\ 0{,}5 & 0{,}5 & -0{,}5 \end{pmatrix}$ $X = \begin{pmatrix} 1 & 2 \\ 2 & 3 \\ 3 & 2 \end{pmatrix}$

b) $A^{-1} = \begin{pmatrix} 1 & 0 & -1 \\ 3 & 1 & -3 \\ 1 & 2 & -2 \end{pmatrix}$ $X = \begin{pmatrix} 2 & 3 & 1 \\ 1 & 4 & 2 \\ 3 & 5 & 2 \end{pmatrix}$

c) $A^{-1} = \begin{pmatrix} 1 & 4 & 3 \\ 2 & 5 & 4 \\ 1 & -3 & -2 \end{pmatrix}$ $X = \begin{pmatrix} 15 & 15 & 44 \\ 21 & 22 & 59 \\ -7 & -4 & -26 \end{pmatrix}$

d) $A^{-1} = \begin{pmatrix} 0{,}25 & 0{,}25 & -0{,}25 \\ 0{,}35 & -0{,}05 & 0{,}25 \\ -0{,}05 & 0{,}15 & 0{,}25 \end{pmatrix}$ $X = \begin{pmatrix} 7{,}5 & 3{,}75 & 5 \\ -0{,}5 & 3{,}25 & 10 \\ 1{,}5 & 0{,}25 & 10 \end{pmatrix}$

6 Für die Produktionskoeffizientenmatrix A gilt:
$A = \begin{pmatrix} 1/2 & 3/13 \\ 1/5 & 12/65 \end{pmatrix}$

Für den Endverbrauch Y gilt: $Y = \begin{pmatrix} 280 \\ 168 \end{pmatrix}$

Es sei $M = \begin{pmatrix} X \\ Z \end{pmatrix}$ die Produktionsmatrix. Dann gilt:

$(E_2 - A) \cdot M = Y$ und damit $\begin{pmatrix} 1/2 & -3/13 \\ -1/5 & 53/65 \end{pmatrix} \cdot \begin{pmatrix} X \\ Z \end{pmatrix} = \begin{pmatrix} 280 \\ 168 \end{pmatrix}$

$X = 738{,}72$ und $Z = 387{,}23$

7 $A = \begin{pmatrix} 0{,}1 & 0{,}1 & 0{,}2 \\ 0{,}3 & 0{,}2 & 0{,}1 \\ 0{,}4 & 0{,}1 & 0{,}3 \end{pmatrix}$ $(E_3 - A)^{-1} = \begin{pmatrix} 1{,}375 & 0{,}225 & 0{,}425 \\ 0{,}625 & 1{,}375 & 0{,}375 \\ 0{,}875 & 0{,}325 & 1{,}725 \end{pmatrix}$

Gesuchte Produktionsmengen: 697,5 ME (Sektor 1) 862,5 ME (Sektor 2) 1 307,5 ME (Sektor 3)

5.3

1 a) $x = 3 + \mathrm{i} \vee x = 3 - \mathrm{i}$

b) $x = 1 + 3\mathrm{i} \vee x = 1 - 3\mathrm{i}$

c) $x = 5 + \sqrt{5}\mathrm{i} \vee x = 5 - \sqrt{5}\mathrm{i}$

d) $x = 2 + 2 \cdot \sqrt{\frac{3}{5}}\mathrm{i} \vee x = 2 - 2\sqrt{\frac{3}{5}}\mathrm{i}$

2 a) $z_1 = 4 - 3\mathrm{i};\ z_2 = -2 + 4\mathrm{i}$ c) $z = -6 + 7\mathrm{i}$ e) $z = -4$
b) $z = 2 + \mathrm{i}$ d) $z = 3 + 4\mathrm{i}$

3 a) $z = 4$ c) $z = 24 + 11\sqrt{2}\mathrm{i}$ e) $z = -1 + 11\sqrt{2}\mathrm{i}$
b) $z = -3 - 6\sqrt{2}\mathrm{i}$ d) $z = -\frac{7}{3} + \frac{4}{3}\sqrt{2}\mathrm{i}$ f) $z = -\frac{3}{4} - \frac{3}{2}\sqrt{2}\mathrm{i}$

4 a) $z = -11 + 2\mathrm{i}$ d) $z = 3{,}23 + 1{,}55\mathrm{i} \vee z = -3{,}23 - 1{,}55\mathrm{i}$
b) $z = 6 + 8\mathrm{i}$ e) $z = 12{,}93 + 7{,}46\mathrm{i}$
c) $z = \mathrm{i} \vee z = -0{,}87 - 0{,}5\mathrm{i} \vee z = 0{,}87 - 0{,}5\mathrm{i}$ f) $z = -\mathrm{i}$

5 a) $z = -0{,}172 - 6{,}828\mathrm{i}$ f) $z = 2 - 15\mathrm{i} \vee z = -2 - 15\mathrm{i}$
b) $z = 2500\,\mathrm{e}^{\mathrm{i}\,167{,}52°}$ g) $z = 1{,}77\,\mathrm{e}^{\mathrm{i}\,14{,}6°}$
c) $z = 0{,}093\,\mathrm{e}^{\mathrm{i}\,146{,}37°}$ h) $z = 8{,}19\,\mathrm{e}^{-\mathrm{i}\,24{,}4°}$
d) $z = 2\mathrm{e}^{-\mathrm{i}22{,}5°} \vee z = 2\mathrm{e}^{\mathrm{i}\,157{,}5°}$
e) $z = 1{,}71\,\mathrm{e}^{\mathrm{i}\,17{,}71°} \vee z = 1{,}71\,\mathrm{e}^{\mathrm{i}\,137{,}71°} \vee z = 1{,}71\,\mathrm{e}^{\mathrm{i}\,257{,}71°}$
i) $z = 3{,}34\,\mathrm{e}^{\mathrm{i}\,39{,}85°} \vee z = 3{,}34\,\mathrm{e}^{\mathrm{i}\,129{,}85°} \vee z = 3{,}34\,\mathrm{e}^{\mathrm{i}\,219{,}85°} \vee z = 3{,}34^{\mathrm{i}\,309{,}85°}$

5.4

1 a) $U_2 = 82{,}27\ V\,\mathrm{e}^{-\mathrm{j}\,34{,}65°}$ b) $U_2 = 47{,}26\ V\,\mathrm{e}^{-\mathrm{j}\,19{,}06°}$

2 a) $U_3 = 14{,}14\ V\,\mathrm{e}^{-\mathrm{j}\,45°}$ b) $U_2 = 30\ V\,\mathrm{e}^{-\mathrm{j}\,90°}$
c) $U_1 = 64{,}03\ V\,\mathrm{e}^{-\mathrm{j}\,128{,}66°}$

3 a) $RP = \frac{R_\mathrm{r}^2 + x_{L\mathrm{r}}^2}{R_\mathrm{r}};\ X_{L\mathrm{r}} = \frac{R_\mathrm{r}^2 + X_{L\mathrm{r}}^2}{X_{L\mathrm{r}}}$ b) $R_\mathrm{p} = 650\ \Omega;\ X_{L\mathrm{r}} = 81{,}25\ \Omega$

4 a) $R_\mathrm{r} = \frac{Rp\,X_{L\mathrm{p}}^2}{R_\mathrm{p}^2 + X_\mathrm{p}^2};\ X_{L\mathrm{p}} = \frac{R_\mathrm{p}^2 X_{L\mathrm{p}}}{R_\mathrm{p}^2 + X_{L\mathrm{p}}^2}$ b) $R_\mathrm{r} = 0{,}144\ \Omega;\ X_{L\mathrm{p}} = 120\ \Omega$

5 a) $Z = R_2 + \frac{R_1 X_C^2}{R_1^2 + X_C^2} - \mathrm{j}\frac{R_1^2 X_C}{R_1^2 + X_C^2}$ e) $Z = \frac{R(X_L - X_C)^2}{R^2 + (X_L - X_C)^2} + \mathrm{j}\frac{R^2(X_L - X_C)}{R^2 + (X_L - X_C)^2}$
b) $Z = R - \mathrm{j}\frac{X_L X_C}{X_L - X_C}$ f) $Z = -\mathrm{j}\left(\frac{X_L X_{C1}}{X_L - X_C^1} + X_{C2}\right)$
c) $Z = \frac{RX_{C1}^2}{R^2 + X_{C1}2} - \mathrm{j}\left(X_{C2} + \frac{R^2 X_{C1}}{R^2 + X_{C1}^2}\right)$
d) $Z = \frac{R_1 R_2 (R_1 + R_2) + X_L^2 R_2}{(R_1 + R_2)^2 + X_L^2} + \mathrm{j}\frac{R_2^2 X_L}{(R_1 + R_2)^2 + X_L^2}$

6 a) $Z_{12} = 20\ \Omega;\ Z_{23} = -\mathrm{j}20\ \Omega;\ Z_{13} = \mathrm{j}20\ \Omega$
b) $Z_{12} = (28{,}28 + \mathrm{j}2{,}69)\ \Omega;\ Z_{23} = (22{,}08 - \mathrm{j}16{,}16)\ \Omega;\ Z_{13} = (9{,}76 + \mathrm{j}21{,}8)\ \Omega$
c) $Z_{12} = (25{,}49 - \mathrm{j}7{,}51)\ \Omega;\ Z_{23} = (25{,}83 + \mathrm{j}6{,}24)\ \Omega;\ Z_{13} = (-3{,}32 + \mathrm{j}53{,}03)\ \Omega$
Keine Stern-Dreieck-Umwandlung möglich!

d) $Z_1 = (24{,}67 - \mathrm{j}\,27{,}34)\ \Omega$; $Z_2 = (28{,}67 + \mathrm{j}\,34)\ \Omega$; $Z_3 = (34{,}2 + \mathrm{j}\,6{,}06)\ \Omega$
e) $Z_1 = (13{,}14 + \mathrm{j}\,5{,}61)\ \Omega$; $Z_2 = (15{,}55 - \mathrm{j}\,7{,}22)\ \Omega$; $Z_3 = (21{,}11 - \mathrm{j}\,3{,}68)\ \Omega$
f) $Z_1 = -\mathrm{j}\,20\ \Omega$; $Z_2 = -\mathrm{j}\,13{,}33\ \Omega$; $Z_3 = -\mathrm{j}\,40\ \Omega$

7 a) $Z_{ers} = (2{,}99 - \mathrm{j}\,0{,}48)\ \Omega$ b) $I = 5{,}54\,\mathrm{A\,e}^{-\mathrm{j}\,15{,}55°}$

8 a) $IN = 3{,}341\,\mathrm{A\,e}^{-\mathrm{j}\,83{,}4°}$ c) $IN = 8{,}068\,\mathrm{A\,e}^{-\mathrm{j}\,74°}$
b) $IN = 2{,}003\,\mathrm{A\,e}j^{134{,}11°}$ d) $IN = 4{,}325\,\mathrm{A\,e}^{-\mathrm{j}\,137{,}9°}$

9 a) $|U_{Z_1}| = 267{,}2\ V$; $|U_{Z_2}| = 249\ V$; $|U_{Z_3}| = 183{,}8\ \mathrm{V}$
b) $|U_{Z_1}| = 772{,}8\ V$; $|U_{Z_2}| = 400\ V$; $|U_{Z_3}| = 772{,}8\ \mathrm{V}$
c) $|U_{Z_1}| = 346\ V$; $|U_{Z_2}| = 93\ V$; $|U_{Zs_3}| = 310\ \mathrm{V}$

10 a) $P \approx 881\ \mathrm{W}$ $U_{R_1} = 202{,}8\,\mathrm{V\,e}j^{19{,}1°}$; $U_{R_2} = 202{,}8\,\mathrm{V\,e}j^{139{,}1°}$; $U_{R_3} = 76{,}7\,\mathrm{V\,e}j^{60°}$

6.1

2 a) $\langle 4n - 3\rangle_7$
b) $\langle 26 - 3n\rangle_7$
c) $\left\langle \frac{n}{n+1}\right\rangle_6$
d) $\left\langle \frac{3n+2}{n+1}\right\rangle_5$
e) $\langle n^2\rangle_6$
f) $\langle (n+2)^2\rangle_6$
g) $\langle (2n)^2\rangle_6$
h) $\langle n^2 + 3\rangle_7$
i) $\langle 3^n\rangle_5$
k) $\left\langle \left(\frac{1}{2}\right)^n\right\rangle_6$

3 andere Darstellungsweise, wie z. B.

a) $37(61;\ 241)$
b) $30(70;\ 164)$
c) $-101(-181;\ -353)$
d) $\frac{51}{50}\left(\frac{95}{94};\ \frac{117}{116}\right)$
e) $O\left(\frac{25}{18};\ \frac{121}{24}\right)$
f) $-512(1024;\ -2048)$
g) $-\frac{1}{37}\left(\frac{1}{59};\ \frac{1}{175}\right)$

4 a) 35 b) 9 c) 36 d) 55 e) 91 f) 220 g) $\frac{49}{20}$ h) 126 i) $\frac{77}{60}$ k) $\frac{39}{17}$ l) -22 m) $\frac{13}{60}$

6.2

1 a) 151 b) 262 c) -28 d) -994 e) 238 f) 704

2 a) $a_n = 39; s_n = 115$
b) $d = 3; s_n = 2046$
c) $n = 12; s_n = 1167$
d) $n = 16; d = 3$
e) $a_n = -38; d = -5$
f) $a_1 = -100; s_n = -330$
g) $a_1 = 218; d = -8$
h) $a_1 = -5; a_n = -14$
i) $n = 26; a_n = 157$
k) $n = 32; a_1 = 3{,}5$ oder $n = 17; a_1 = -4$

3 550 **4** 10000 **5** 137500

6 21528 [17081] **7** 82350 [114114]

8 8640 [18000; 129639] **9** $a_{20} = 43; s_{35} = 1365$

10 $s_{12} = 6$ **11** $a_1 = 3; d = -1{,}5$ **12** 468 Schläge

13 396 Schläge **14** 905250 EUR [1267350 EUR]

15 924 m; am Abend des 18. Tages **16** 48 °C

17 2272 Ziegel **18** a) $(10n - 5)$ b) 1125 m

19 210 m **20** 5145 m/s **21** a) 35 mm b) 129,59 m

6.3

geometr. Folgen

1 a) $a_6 = 121{,}5$ c) $a_1 = -16$ e) $q = 1{,}5$ g) $n = 6$
b) $a_1 = \frac{81}{4}$ d) $q = 2$ f) $n = 9$ h) $n = 8$

2 26,79 %; 12 mal wiederholen

3 25,17 %; 9 mal wiederholen bzw. 10 mal durchführen

4 $5 \cdot 10^{-17}$ g **5** a) 40960000 b) nach 40 Stunden

6 67195,8 m³; nach 14 Jahren **7** nach ca. 917 Tagen

8 a) 120 u/min b) 130 u/min

geometr. Reihen

1 a) $a_n = -1215; s_n = -910$
b) $q = -0{,}5; s_n = -\frac{1705}{8}$
c) $a_1 = \frac{2}{3}; s_n = \frac{6560}{3}$
d) $n = 9; s_n = 4599$
e) $a_1 = 0{,}5; a_n = 512$
f) $n = 6; a_n = -\frac{243}{16}$
g) $q = -2; n = 10$
h) $a_1 = -0{,}1; n = 8$

2 ca. 1 Std. 16,8 min **3** $q = \frac{3}{2}; a_1 = 16; s_5 = 211$

4 $q = 3$ **5** $a_1 = 17;\ q = 2$

6 $A_8 = \frac{6375}{32}\,\text{FE}\left[A_{10} = \frac{25575}{128}\,\text{FE}\right]$

$U_8 = 128{,}033$ LE [$U_{10} = 132{,}301$ LE]

7 14 Kolbenbewegungen

8 a) 47,2 % von I_0 b) 15 Glasplatten

6.4.1

1 a) 1,025 b) 1,0175 c) 1,0275 d) 1,0375 e) 1,105

2 a) 3,5 b) 2,25 c) 4,75 d) 8,125 e) 10

3 a) 24 333,06 EUR; 29 604,88 EUR; 36 018,88 EUR; 43 822,46 EUR
b) 26 764,52 EUR; 35 816,96 EUR; 47 931,16 EUR; 64 142,70 EUR
c) 29 386,56 EUR; 43 178,50 EUR; 63 443,38 EUR; 93 219,14 EUR

4 a) 40 533,86 EUR b) 6 200,65 EUR c) 16 960,02 EUR d) 4 775,12 EUR

5 a) 11 Jahre b) 10 Jahre c) 17 Jahre d) 18 Jahre

6 a) 8 % b) 5 % c) 4,5 % d) 7 %

7 a) 23,45 Jahre c) 14,21 Jahre e) 10,24 Jahre g) 8,04 Jahre
b) 17,67 Jahre d) 11,90 Jahre f) 9,01 Jahre h) 7,27 Jahre

8 29 440,96 EUR [52 724,28 EUR; 94 421,16 EUR]

9 29 564,08 EUR **10** a) Käufer C b) Käufer C

11 a) Käufer B b) Käufer D **12** 2 Jahre

13 5,28 % **14** 16 Jahre **15** nach insgesamt 11 Jahren

16 a) 86 940,90 EUR b) nach insgesamt 7 Jahren c) 7 %

17 7,215 % **18** 6,67 % **19** nach 4 Jahren

20 a) A: 153 153,56 EUR B: 154 861,15 EUR
b) A: 154 381,01 EUR B: 156 222,60 EUR
c) 149 451,63 EUR (bei 6 %); 156 705,23 EUR (bei 5 %)

6.4.2

1 a) 4 295 EUR b) 3 504 EUR c) 10 679 EUR
d) 5 294 EUR e) 12 158 EUR

2 a) 16,4 % b) 12,83 % c) 10,26 % d) 12,55 % e) 14,23 %

3 a) 12 J. b) 10 J. c) 8 J. d) 15 J. e) 12 J.

4 23 141,15 EUR **5** a) 131 072,00 EUR b) 20 971,52 EUR c) 27 487,79 EUR

6 a) 23,62 % b) 9,67 J.

7 a) 31,61 % b) 261 249,80 EUR/178 668,74 EUR
c) 120 750,20 EUR/82 581,06 EUR d) 40 831,98 EUR e) 22 161,35 EUR

8 a) 27,55 J. (28 Jahre) b) 5 550,00 EUR/652,95 EUR/109,74 EUR

9 a) 23,29 % b) 21,49 %

10 a) Buchwerte: 123 000,00 EUR/50 267,10 EUR/26 527,55 EUR
Abschr.-Beträge: 14 760,00 EUR/6 032,05 EUR/3 183,31 EUR
b) 29,05 J. (29 Jahre)
c) 13,8 %

11 a) 13 Jahre b) 8 223,5 EUR c) 995,31 EUR

12 28 082,08 EUR **13** Nach 14 Jahren **14** 18 %

15 11 %/15 % **16** 24 Jahre

17 a) 14,866 % b) 6 022,65 EUR

18 a) 7,5 % b) 35 560,44 EUR c) 13 187,70 EUR d) 11 547,90 EUR

6.4.3.1

1 a) 11 762,53 EUR b) 16 659,62 EUR c) 36 504,90 EUR
d) 7 667,84 EUR e) 40 305,56 EUR

2 a) 846,90 EUR b) 1 657,15 EUR c) 1 200,51 EUR
d) 2 362,32 EUR e) 2 991,69 EUR

3 a) 16 J. b) 11 J. c) 12 J. d) 14 J. e) 11 J.

4 a) 15 387,25 EUR b) 16 002,74 EUR

5 20 291,12 EUR [19 463,90 EUR]

6 16 217,16 EUR [15 595,88 EUR]

7 a) 35 652,17 EUR b) 897,56 EUR c) 34 701,29 EUR d) 43 301,03 EUR

8 a) 1 679,09 EUR b) 1 614,51 EUR c) 1 706,24 EUR d) 1 625,15 EUR

9 27 Jahre ($n > 26,704$) **10** 13 Jahre ($n = 12,96$)

11 a) 66 107,62 EUR b) 9 Jahre ($n > 8,96$) c) 16 673,56 EUR

12 Mit $r = 2400$ folgt $R_{12} = 35082,70$ EUR

13 a) 38 201,10 EUR b) 10 Jahre ($n > 9,95$)

6.4.3.2

1 a) 11 369,92 EUR b) 13 342,07 EUR c) 8 116,95 EUR d) 16 260,43 EUR

2 a) 213 186,00 EUR (195 119,10 EUR; 172 048,80 EUR)
b) 65 849,66 EUR (118 690,77 EUR; 161 093,25 EUR)

3 128 310,81 EUR (135 049,96 EUR)

4 a) 15 975,08 EUR (16 432,01 EUR; 16 893,54 EUR) b) 16 Jahre

5 a) 4 502,36 EUR b) 4 507,10 EUR

6 a) 5 471,54 EUR b) 5 398,96 EUR c) 5 545,07 EUR

7 a) 22 428,67 EUR b) 13 Jahre ($n > 12{,}85$)

8 a) 32 044,33 EUR b) 38 165,31 EUR c) 11 Jahre

9 17 Jahre **10** 7 153,58 EUR **11** 12 419,87 EUR

12 13 Jahre ($n > 12{,}919$) **13** 499 852,20 EUR/636 000,98 EUR

14 a) 24 981,33 EUR b) 24 960,18 EUR c) 24 998,02 EUR

15 15 378,17 EUR

16 a) 160 000,– EUR/161 883,72 EUR/169 879,08 EUR
b) 160 000,– EUR/152 580,97 EUR/155 777,63 EUR

17 a) 17 932,20 EUR b) 17 812,22 EUR

18 a) I: 404 631,23 EUR/II: 404 873,46 EUR
b) I; 368 564,07 EUR/II: 378 808,63 EUR

19 18 Jahre **20** 19 Jahre

6.4.4

1 56 288,95 EUR (50 000,00 EUR; 33 467,02 EUR)

2 Endwert 46 806,48 EUR; Barwert: 37 559,91 EUR

3 31 Jahre/1 500 m^3

4 a) 196 053,59 EUR b) 260 789,28 EUR c) 24 085,57 EUR
d) 21 768,46 EUR e) Nach 10 Jahren ($n > 9{,}633$)

5 a) Nach 28 Jahren ($n > 27{,}277$) b) Nach 24 Jahren ($n > 23{,}8896$)
c) nach 23 Jahren d) 116 927,07 EUR

6 a) 127 385,11 EUR b) Nach 13 Jahren ($n > 12{,}96$) c) Nach 3 Jahren

7 221 979,56 **8** 85 225,14 EUR/256 138,52 EUR

9 ca. 25 Jahre **10** a) 4473,87 EUR b) ca. 9 Jahre

11 32163,27 EUR **12** 3418,64 EUR **13** 8429,01 EUR

14 892,82 EUR **15** 21867,56 EUR **16** 60699,57 EUR

6.4.5

1 a) 10488,24 EUR b) 11211,74 EUR

2 a) 12957,83 EUR/1407,83 EUR b) 12981,02 EUR c) 6098,27 EUR

3 a) 2402147,40 EUR b) 356445,90 EUR/2045701,50 EUR
c) ca. 7,5 Jahre d) 426516,60 EUR/1573483,40 EUR

4 a) 21167,81 EUR b) 4635,52 EUR/9553,95 EUR
c) 14512,92 EUR/7451,88 EUR

5 a) 29210,46 EUR b) 31640,20 EUR c) 32000,12 EUR

6 a) 10790,14 EUR b) 13862,91 EUR c) 105802,80 EUR/112717,23 EUR

7 60000,– EUR **8** 94926,69 EUR (88271,20 EUR; 83042,37 EUR)

9 21 Jahre (25,64 Jahre; 36,81 Jahre) **10** 24,775 Jahre

11 a) 29700,– EUR/30,15 Jahre b) 28561,67 EUR
c) 38719,81 EUR d) 493655,37 EUR

12 17,79 Jahre **13** 14,21 Jahre **14** 16 Jahre (15,99)

15 a) 159574,47 EUR b) 13164,89 EUR c) 30,15 Jahre
d) 13420,04 EUR

16 a) 162162,16 EUR b) 12972,97 EUR c) 30,73 Jahre d) 13495,41 EUR

17 17128,99 EUR (24205,07 EUR; 30443,76 EUR)

18 a) ca. 13 Jahre b) 7,84 Jahre c) 22,2 %

19 a) Nach 13 Jahren (12,67 J.) b) Nach 17 Jahren (16,92 J.)

20 a) 23,255 Jahre b) Nach 22,64 Jahren c) 1389258,90 EUR
d) 66380,33 EUR/138859,19 EUR e) 326657,53 EUR f) 3153315,06 EUR

7.2

Aufgaben zur Beschränktheit von unendlichen Folgen

1 a) z.B. $S = 4$; $s = 3$ b) z.B. $S = 3$; $s = -0{,}4$ c) z.B. $S = 1$; $s = -3$

2 a) $S = 2$ b) $S = 2$ c) $S = 3{,}5$

3 a) S: nein s: nein b) S: ja s: nein c) S: ja s: nein
d) S: nein s: nein e) S: ja s: ja f) S: nein s: nein

Aufgaben zur Konvergenz von unendlichen Folgen

1 a) 14 b) 668 c) 41 d) 298

2 a) ja b) nein c) nein d) ja e) ja f) nein

3 a) 0,5 b) 0,375 c) 0,6 d) 4 e) 0,25 f) −1 g) ∞
h) 3 i) 1,25 k) 0

7.4

Aufgaben zu Grenzwerten von Funktionen

1 a) 1; 1 b) 1; 1 c) 1; −1 d) 0; 0 e) 0,5; −0,5 f) ∞; 0
g) 0; ∞ h) ∞; ∞

2 a) 0 b) −1; 1 c) 0,5 d) 1,5 e) 2 f) ∞; −∞ g) 1 h) −30

Aufgaben zur Stetigkeit von Funktionen

1 a) ja b) ja c) ja d) nein e) ja f) nein g) nein h) ja

2 a) $a = 2$ b) $a = -1{,}5$ oder $a = +2$ c) $b = 9$; a beliebig
d) $a = 14 + 0{,}25b$ e) $a = 2 - 2b$ f) $a = 8$

3 a) ja b) nein c) nein d) ja e) ja f) nein

8.1.2

1 a) $f(x) = \frac{1}{5}x + \frac{14}{5}$ c) $f(x) = -6x - \frac{5}{2}$ e) $f(x) = -\frac{3}{4}x + 3$ g) $f(x) = -\frac{1}{5}x + \frac{16}{5}$
b) $f(x) = \frac{7}{3}x - \frac{1}{3}$ d) $f(x) = -6x + 17$ f) $f(x) = x - 7$ h) $f(x) = -\frac{2}{3}x$

2 a) $f(x) = -5x + 8$ c) $f(x) = \frac{1}{6}x - \frac{23}{24}$ e) $f(x) = \frac{4}{3}x + \frac{34}{3}$ g) $f(x) = 5x + 24$
b) $f(x) = -\frac{3}{7}x - \frac{41}{7}$ d) $f(x) = \frac{1}{6}x - \frac{3}{2}$ f) $f(x) = -x - 3$ h) $f(x) = \frac{3}{2}x - \frac{13}{2}$

3 a) $m = -\frac{3}{2}$ b) $m = 3$ c) $m = 2$ d) $m = \frac{27}{4}$ e) $m = -\frac{2}{5}$ f) $m = -\frac{6}{5}$

4 a) $m_1 = 4$; $m_2 = -4$; $m_3 = \frac{20}{3}$ d) $m_1 = \frac{7}{4}$; $m_2 = \frac{95}{4}$; $m_3 = 56$
b) $m_1 = -2$; $m_2 = -6$; $m_3 = 4$ e) $m_1 = -1$; $m_2 = -40$; $m_3 = -96$
c) $m_1 = 6$; $m_2 = 0$; $m_3 = 6$ f) $m_1 = 32$; $m_2 = 0$; $m_3 = -108$

5 a) $g(x) = -2x + 16$ c) $g(x) = 1 \cdot x - \frac{16}{3}$ e) $g(x) = -\frac{4}{9}x + \frac{8}{3}$

b) $g(x) = -\frac{3}{2}x + \frac{21}{4}$ d) $g(x) = -x + \frac{11}{2}$

6 Keine eindeutige Tangente bei:

a) $x = 0$ c) $x = 0$ e) $x_1 = -1;\ x_2 = 1$ g) $x_1 = 1;\ x_2 = 2$

b) $x = 1$ d) $x_1 = -2;\ x_2 = 2$ f) $x = 0$

7 a) $K'(2) = 4{,}5$ b) $K'(2) = 7{,}5$ c) $K'(2) = 3$ d) $K'(2) = 6{,}2$

8 b) $\mu = \frac{\Delta K}{\Delta P}$ c) $\mu = \frac{\Delta K}{\Delta P} = \tan\beta$ d) $\mu = \mu_0$ (bei $K = \mu_0 \cdot P$)

8.1.3

1 a) $x = -1$ nicht differenzierbar

b) $x_1 = 1$ unstetig, nicht differenzierbar nicht definiert; $x_2 = -1$ unstetig (nicht definiert)

c) $a = 3$ unstetig, nicht differenzierbar (nicht definiert)

d) $x = 1$ unstetig, nicht differenzierbar (nicht definiert)

e) $t = 0$ nicht differenzierbar

f) $x_1 = 0$, $x_2 = 3$ unstetig, nicht differenzierbar (nicht definiert)

g) $p = 0$ unstetig, nicht differenzierbar (nicht definiert)

h) $b = 0$ nicht differenzierbar

i) $t = -1$ unstetig, nicht differenzierbar (nicht definiert)

k) $x = 0$ unstetig (nicht definiert)

l) $p_1 = 0$ unstetig, nicht differenzierbar (nicht definiert); $p_2 = -1$ nicht differenzierbar

m) unstetig, nicht differenzierbar an allen ganzzahligen Stellen von a

n) $x = 2$ unstetig, nicht differenzierbar

2 a) $f'(x) = 2 \quad D = \mathbb{R}$

b) $f'(t) = -2t + 2 \quad D = \mathbb{R}$

c) $f'(x) = 3x^2 - 3 \quad D = \mathbb{R}$

d) $f'(x) = -\frac{1}{2}x \quad D = \mathbb{R}$

e) $f'(b) = \frac{1}{2\sqrt{b}} \quad D = \mathbb{R}_0^+$

f) $f'(x) = \frac{1}{2\sqrt{x+2}} \quad D = \{x \mid x \geq -2\}_\mathbb{R}$

g) $f'(a) = \frac{-1}{(a+2)^2} \quad D = \mathbb{R}\setminus\{-2\}$

h) $f'(x) = \frac{3}{2}\sqrt{x} \quad D = \mathbb{R}_0^+$

i) $f'(t) = 1 - \frac{1}{t^2} \quad D = \mathbb{R}\setminus\{0\}$

k) $f'(x) = 4x^3 \quad D = \mathbb{R}$

l) $f'(b) = \frac{-3}{(b-5)^2} \quad D = \mathbb{R}\setminus\{5\}$

m) $f'(b) = \frac{-1}{(x-1)^2} \quad D = \mathbb{R}\setminus\{1\}$

3 a) $x = 0{,}144$ c) $x = 0{,}433$ e) $x = -0{,}433$
b) $x = 0{,}25$ d) $x = -1{,}418$ f) $x = -0{,}044$

4 a) $\varphi_1 = 33{,}69°$; $\varphi_2 = 19{,}44°$ d) $\varphi = 129{,}29°$
b) $\varphi_1 = 115{,}12°$; $\varphi_2 = 15{,}82°$ e) $\varphi = 155{,}23°$
c) $\varphi_1 = 101{,}72°$; $\varphi_2 = 51{,}59°$ f) $\varphi_1 = 36{,}49°$; $\varphi_2 = 88{,}94°$

5 $g_1(x) = 11{,}656x - 33{,}968$; $g_2(x) = 0{,}344x - 0{,}032$

6 a) $x = 1$ c) $x = -\frac{7}{8}$ e) $x = 0{,}397$
b) $x_1 = 1{,}18$; $x_2 = -0{,}85$ d) $x = 1$; $x_2 = 3$ f) $x = 1{,}077$

7 $P(3 | \sqrt{3})$

8 a) $t(x) = -2x - \frac{3}{2}$ c) $t(x) = -16x + 16$ e) $t(x) = \frac{5}{4}x - 1$
b) $t(x) = 12x + 17$ d) $t(x) = 0{,}289x + 1{,}44$ f) $t(x) = 3x - 2$

9 bei $l = 2{,}5$ m und $h = 1{,}25$ m; bei $l = 3$ m und $h = 1{,}5$ m

10 $v(1\text{ s}) = 5\,\frac{\text{m}}{\text{s}}$ Aufwärtsbewegung $v(3\text{ s}) = -15\,\frac{\text{m}}{\text{s}}$ Abwärtsbewegung nach $t = 1{,}5$ s

11 a) $v_1(t) = 5{,}4\,\frac{\text{km}}{\text{h}}$ b) $v_2(t) = 5{,}4\,\frac{\text{km}}{\text{h}} - 0{,}5\,\frac{\text{km}}{\text{h}^2}t$; c) $v_3(t) = 5{,}4\,\frac{\text{km}}{\text{h}} - 0{,}15\,\frac{\text{km}}{\text{h}^3}t^2$

12 $f'(x) = \frac{1}{1000}(4x^3 - 72x^2 + 288x)$

13 a) $M'(x) = 6x + 4^1$ $P_1 = 22$; $P_2 = 64$; $P_3 = 304$
b) $M'(x) = 4x - 30$ $P_1 = -10$; $P_2 = 30$; $P_3 = 130$

14 $\tan\varphi = \frac{di}{dg} = \frac{S_G - S_L}{1}$; $\alpha = \frac{1}{\tan\varphi} = \frac{dg}{di} = \frac{1}{S_G - S_L}$;

α spielt die Rolle eines Sensitivitätskoeffizienten, d. h. α gibt an, wie stark die Verteilung auf Änderungen der Investitionsquote i reagiert.

$$\beta = \frac{1}{1 - \frac{S_L}{i}}$$

8.2.1.6

1 a) $f'(x) = 48x^3 - 9x^2 + 12$
b) $f'(x) = 42x^6 + 144x^5 - 24x^2 - 64x$
c) $f'(x) = -75x^{-7}$
d) $f'(x) = -48x^5 - 400x^{-5}$
e) $f'(x) = 16x^3 + 3 + 12x^{-2}$
k) $f'(x) = 24x^5 - 48x^2$
l) $f'(x) = -100x^4 + 188x^3 - 63x^2 - 48x + 42$
m) $f'(x) = -176x^{10} - 240x^5 + 200x^4$
n) $f'(x) = 3{,}5x^6 + 8x^3 - 2 + 16x^{-3}$

f) $f'(x) 10x + 12 + 5x^{-2}$

g) $f'(x) = \overline{0,6}x + 4x^{-2} - \overline{1,3}x^{-3}$

h) $f'(x) = 1 + 4x^{-3} + 18x^{-4}$

i) $f'(x) = -7,2x^2 + 12 \cdot x^{-2} - 24x^{-5}$

o) $f'(x) = -0,75x^{-4} - 1,\overline{6}x^{-5}$

p) $f'(x) = 192x^7 - 56x^6 - 264x^5 + 60x^4 - 272x^3 + 60x^2$

q) $f'(x) = -240x^3 + 123x^2 - 256x + 75$

3 a) $g(x) + x \cdot g'(x)$; $2 \cdot g'(x) + x \cdot g''(x)$

b) $g'(x)x^{-1} - g(x)x^{-2}$; $g''(x)x^{-1} - 2g'(x)x^{-2} + 2g(x)x^{-3}$

c) $g''(x)g(x) + 2g'(x)$; $g'''(x)g(x) + 3g''(x)g'(x)$

d) $xg''(x) + xg'(x) + g'(x) + g(x)$; $xg'''(x) + 2g''(x) + g''(x)x + 2g'(x)$

e) $g'(x)(g'(x) - x^3) + g(x)(g''(x) - 3x^2)$;
$g''(x)(g'(x) - x^3) + g'(x)(g''(x) - 3x^2) + g'(x)(g''(x) - 3x^2) + g(x)(g'''(x) - 6x)$

4 a) $v = 1,2\ \text{ms}^{-1}$ b) $v = 0,4(\text{ms}^{-2})t$ c) $v' = 0,4(\text{ms}^{-2})$

5 a) $s = 0,5at^2 + v_0t + s_0$; $s' = at + v_0$ b) $s'' = a$

6 a) $v_0 = 25\ \text{ms}^{-1}$; $h(t) = 25(\text{ms}^{-1})t - 5(\text{ms}^{-2})t^2$ b) 31,25 m c) $t = 2,5$ s

8.2.2.2

1 G_f s. m. s. in $I_1 =]-\infty; 1[$ und $I_3 =]7; \infty[$; G_f s. m. f. in $I_2 =]1; 7[$

2 a) G_f s. m. f. in $I_1 =]-\infty; -1[$
G_f s. m. s. in $I_2 =]-1; \infty[$

b) G_f s. m. s. in $I_2 =]-1,5; 2[$ und s. m. f. in $I_1 =]-\infty; -1,5[$ und $I_3 =]2; \infty[$

c) G_f s. m. s. in$]-\infty; -2[$ und $]-1; 2[$; G_f s. m. f. in $]-2; -1[$ und $]2; [$

d) G_f s. m. s. in $]-1,5; 2[$; G_f s. m. f. in $]-\infty; -1,5[$ und $]2; \infty[$

3 a) G_f s. m. s. in $I_1 =]-\infty; -1[$ und $I_3 =]0,\overline{3}; \infty[$;
G_f s. m. f. in $I_2 =]-1; 0,\overline{3}[$

b) G_f s. m. s. in $I_2 =]-1; 0[$ und $I_4 = [1; \infty[$;
G_f s. m. f. in $I_1 =]-\infty; -1[$ und $I_3 =]0; 1[$

c) G_f s. m. s. in $I_2 =]0; \infty[$ und G_f s. m. f. in $I_1 =]-\infty; 0[$

d) G_f s. m. s. in $I =]-\infty; \infty[$

4 a) $H(-1,1547|-6,46)$; $T(1,1547|-9,5396)$

b) $T_1(0|0)$; $T_2(5,64575|-74,04)$; $H(0,3542|0,0405183)$

c) $H(-1|4)$; $T(1|0)$

d) $H(1|0)$; $T(1,\overline{6}|-0,\overline{2})$

e) $H(2|0,8)$; $T(0|0)$

f) $H(-4|11,\overline{6})$; $T(0,5|-3,52083)$

5 a) $T_1(-2,309|-37,93)$; $H(0|0)$; $T_2(2,309|-37,93)$

b) $T(1|-1)$ c) $H(-1|2)$, $T(1|-2)$ d) $H(-0,577|-2,309)$, $T(0,5774|2,2094)$

6 a) $a < b^2$ b) $a^2 > b$ c) $b < 0$; $a >$ d) $\frac{b}{a} > 0$

8 a) $O(x) = -x^2 + 3$ b) $O(x) = 4x + 4$ c) $O(x) = 2x^{-1}$ d) $O(x) = 2$ bzw. $O(x) = -2$

8.2.2.4

1 a) $N_1(0|0)$; $N_2(1|0)$; $T(0|0)$; $H(0{,}\overline{6}|0{,}\overline{148})$; $W(0{,}\overline{3}|0{,}\overline{074})$
b) $N_1(-2|0)$; $N_2(1|0)$; $H(-1|4)$; $T(1|0)$; $W(0|2)$
c) $N_1(0|0)$; $N_2(1{,}1547|0)$; $N_3(-1{,}1547|0)$; $T(-0{,}\overline{6}|-0{,}\overline{2})$; $H(0{,}\overline{6}|0{,}\overline{2})$; $W(0|0)$
d) $N_1(-1|0)$; $N_2(5|0)$; $H(2|9)$
e) $N_1(0|0)$; $N_2(2|0)$; $T(0{,}5|-0{,}84375)$; $W_1(2|0)$; $W_2(1|-0{,}5)$
f) $N_1(0|0)$; $N_2(3|0)$; $H(1|1{,}\overline{3})$; $T(3|0)$; $W(2|0{,}\overline{6})$

2 a) $H(-3|7)$; $T(-1|3)$; $W(-2|5)$
b) $H(-0{,}5|2{,}5)$; $T(1{,}5|-13{,}5)$; $W(0{,}5|-5{,}5)$
c) $H(4|34)$; $T(0|2)$; $W(2|18)$
d) $H(4|5{,}\overline{3})$; $T(0|0)$; $W(2|2{,}\overline{6})$

3 $W_1(0|0)$ $t(x) = 0$; $W_2(2|4)$ $t(x) = 4x - 4$

4 $W(0|0)$

5 a) $a < 0$ b) $a < 0$

6 $O(x) = 0{,}25x^3$

8.2.3

1 $f(x) = ax^3 + bx^2 + cx + d$; $f'(x) = 3ax^2 + 2bx + c$; $f''(x) = 6ax + 2b$
Gleichungen: $f(-1) = -2$; $f(-2) = 0$; $f''(-1) = 0$; $f'(-2) = 0$
$f(x) = x^3 + 3x^2 - 4$

2 $f(x) = ax^4 + bx^3 + cx^2 + dx + e$; $f(x) = 4ax^3 + 3bx^2 + 2cx + d$
Gleichungen: $f(-1) = 11$; $f(1) = -1$; $f'(0) = 0$; $f''(1) = 0$; $f''(0) = 0$
$f(x) = 3x^4 - 6x^3 + 2$

3 $f(x) = ax^3 + bx^2 + cx + d$; $f'(x) = 3ax^2 + 2bx + c$; $f''(x) = 6ax + 2b$
Gleichungen: $f(1) = 9$; $f'(1) = 0$; $f(3) = 1$; $f''(3) = 0$
$f(x) = 0{,}5x^3 - 4{,}5x^2 + 7{,}5x + 5{,}5$

4 $f(x) = ax^4 + bx^2 + c$; $f'(x) = 4ax^3 + 2bx$;
Gleichungen: $f(0) = 4$; $f(4) = 0$; $f'(4) = 0$
$f(x) = \frac{1}{64}x^4 - 0{,}5x^2 + 4$

5 $f(x) = ax^4 + bx^2 + c$; $f'(x) = 4ax^3 + 2bx$: $f''(x) = 12ax^2 + 2b$
Gleichungen: $f(2) = 0$; $f''(2) = 0$; $f'(2) = -2$
$f(x) = \frac{1}{32}x^4 - 0{,}75x^2 + 2{,}5$

6 $f(x) = ax^3 + bx$; $f'(x) = 3ax^2 + b$
Gleichungen: $f(-1) = 4$; $f'(-1) = 0$;
$f(x) = 2x^3 - 6x$

7 $f(x) = ax^4 + bx^2 + c$; $f'(x) = 4ax^3 + 2bx$; $f''(x) = 12ax^2 + 2b$
Gleichungen: $f(1) = 2$; $f''(1) = 0$; $f'(1) = \frac{2-0}{1-0} \Leftrightarrow f'(1) = 2$
$f(x) = -0{,}25x^4 + 1{,}5x^2 + 0{,}75$

8 $f(x) = ax^3 + bx^2 + cx + d$;
Gleichungen: $f(0) = 0 \Rightarrow d = 0$; $f(-4) = 4 \Rightarrow -64a + 16b - 4c = 4$
$f'(0) = 0 \Rightarrow c = 0$; $f'(-4) = 0 \Rightarrow 48a - 8b = 0$
$f(x) = 0{,}125x^3 + 0{,}75x^2$

9 $f(x) = ax^4 + bx^3 + cx^2 + \mathrm{d}x + e$;
Gleichungen: $f(0) = -3 \Rightarrow \mathrm{e} = -3$; $f'(0) = 0 \Rightarrow d = 0$; $f''(0) = 0 \Rightarrow c = 0$
$f(3) = 0 \Rightarrow 81a + 27b - 3 = 0$; $f'(3) = 0 \Rightarrow 108a + 27b = 0$
$f(x) = -\frac{1}{9}x^4 + \frac{4}{9}x^3 - 3$

10 $f(x) = ax^3 + bx^2 + cx + d$;
Gleichungen: $f(3) = 6 \Rightarrow 27a + 9b + 3c + d = 6$; $f'(3) = 11 \Rightarrow 27a + 6b + c = 11$;
$f(1) = 0 \Rightarrow a + b + c + d = 0$; $f''(1) = 0 \Rightarrow 6a + 2b = 0$
$f(x) = x^3 - 3x^2 + 2x$

11 $f(x) = ax^4 + bx^3 + cx^2 + \mathrm{d}x + e$;
Gleichungen: $f(2) = 0 \Rightarrow 16a + 8b + 4c + 2d + e = 0$;
$f'(2) = 0 \Rightarrow 32a + 12b + 4c + d = 0$; $f(0) = 0 \Rightarrow e = 0$;
$f''(0) = 0 \Rightarrow c = 0$; $f'(0) = 1 \Rightarrow d = 1$
$f(x) = 0{,}25x^4 - 0{,}75x^3 + x$

8.2.4

1 a) $x_0 \approx 1{,}22727$
b) $x_{01} \approx -0{,}61803$; $x_{02} \approx 1{,}61803$
c) $x_0 \approx 0{,}52489$
d) $x_0 \approx 0{,}20557$

2 a) $S_1(-2{,}89511 \mid -2{,}68533)$; $S_2(0{,}60271 \mid 7{,}80813)$; $S_3(2{,}29243 \mid 12{,}87729)$
b) $S_1(-1{,}87653 \mid 1{,}52136)$; $S_2(1{,}87653 \mid 1{,}52136)$
c) $S(2{,}66308 \mid 0{,}5460)$
d) $S(1{,}29745 \mid 1{,}81589)$

3 $r \approx 4{,}619$ cm; $h \approx 29{,}835$ cm

4 $x \approx 4{,}3166$

5 $D \approx 22{,}37$ dm

6 $d \approx 0{,}92$ cm

8.2.5

1 Nebenbedingung: $2x + 2y = 60$; Hauptbedingung: xy maximal
$f(x) = x(30 - x)$: Lösung: $x = 15$; $y = 15$

2 a) Nebenbedingung: $8x + 4y = 120$; Hauptbedingung: $x^2 \cdot y$ maximal
$f(x) = x^2(30 - 2x)$; Lösung: $x = 10$; $y = 10$

b) Nebenbedingung: $16x + 4y = 120$; Hauptbedingung: $3x^2y$ maximal
$f(x) = 3x^2(30 - 4x)$; Lösung: $x = 5$; $y = 10$

3 Nebenbedingung: $y = -0{,}25x^2 + 6$; Hauptbedingung: $2xy$ maximal
$f(x) = 2x(-0{,}25x^2 + 6)$; Lösung: $x = 8^{0{,}5}$; $y = 4$; $A_{max} = 22{,}627\ldots$

4 Höhe: $h = 16 - 2x$; Radius: $r = [64 - (8 - x)^2]^{0{,}5}$
$V(x) = \pi(-x^2 + 16x)(16 - 2x)$; Lösung: $x = 3{,}381197\ldots$; $r = \sqrt{128/3}$
maximales Volumen: $394{,}13767\pi$ ($\approx 1\,238{,}22$)

5 a) $f(h) = 0{,}\overline{3}\pi(s^2 - h^2)h$; c) $V(h) = 0{,}\overline{3}\pi(-h^3 + 4h)$; $h_{max} = \sqrt{4/3}$

6 a) $f(x) = (20 - 2x)(12 - 2x)x$ c) $f(x) = 4x^3 - 64x^2 + 240x$; $x_{max} = 2{,}4274$

7 a) $f(x) = \sqrt{0{,}25a^2 - 0{,}5ax} \cdot 0{,}5x$

c) $f(x) = \sqrt{0{,}25x^2 - 0{,}25x^3}$; maximal, wenn Radikand maximal;
$(0{,}25x^2 - 0{,}25x^3)' = 0{,}5x - 0{,}75x^2$; $0{,}5x - 0{,}75x^2 = 0 \Leftrightarrow x = 0 \vee x = 0{,}\overline{6}$; $x_{max} = 0{,}\overline{6}$

8 a) $f(h) = 0{,}\overline{6}(s^2 - h^2)h$ c) $f(h) = 0{,}\overline{6}(25h - h^3)$; $x_{max} = 2{,}88676$

9 a) $f(x) = 0{,}5x\sqrt{s^2 - 0{,}25x^2}$ c) $f(x) = (100x^2 - 0{,}0625x^4)^{0{,}5}$; maximal, falls Radikand maximal
$(-0{,}0625x^4 + 100x^2)' = -0{,}25x^3 + 200x$; $-0{,}25x^3 + 200x = 0 \Leftrightarrow x = 0 \vee x^2 - 800 = 0$;
$x_{max} = \sqrt{200}$

10 a) $f(x) = x\sqrt{d^2 - x^2}$; c) $f(x) = (256x^2 - x^4)^{0{,}5}$; Radikand maximal für $x = \sqrt{128}$

11 Nebenbedingung: $360 = \pi x^2 y$; Hauptbedingung: $2\pi xy + \pi x^2$ minimal mit x als Radius, y als Höhe
$f(x) = \dfrac{720}{x} + \pi x^2$; Lösung: $x = 4{,}8571801$; $y = 4{,}8571801$ (also Höhe gleich Radius)

12 x: Abstand der beiden parallelen Strecken;
y: Länge einer Strecke
Nebenbedingung: $400 = \pi x + 2y$; Hauptbedingung: xy maximal
$f(x) = x(200 - 0{,}5\pi x)$; $x = \dfrac{200}{\pi}$; $y = 100$

13 Nebenbedingung: $y = -0{,}1x^4 - 0{,}8x^2 + 15{,}3$; Hauptbedingung: $2xy$ maximal
$f(x) = -0{,}2x^5 - 1{,}6x^3 + 30{,}6x$; Lösung: $x = 1{,}905$; $F_{max} = 42{,}21403$ (Werte gerundet)

14 Nebenbedingung (Fläche): $x \cdot y = 5000$; $y = \frac{5000}{x}$;

Hauptbedingung (Umfang): $U(x, y) = 2x + y$ minimal;

$U(x) = 2x + \frac{5000}{x}$; $U'(x) = 0 \Leftrightarrow x = 50 \vee x = -50$

$U''(50) < 0$; $x = 50$; $y = 100$

15 Für die Oberfläche der Dose gilt: $O(r, h) = 2\pi rh + \pi r^2 + 2\pi r^2$ mit dem Radius r und der Höhe (Zylinder) h.

Für das Volumen der Dose gilt: $V(r, h) = \pi hr^2 + \frac{2}{3}\pi r^2$.

Für h ergibt sich aus der Nebenbedingung: $h = \frac{1000}{\pi r} - 1{,}5r$.

$V(t) = 1000r - \frac{5}{6} - \pi r^3$; $V'(r) = -2{,}5\pi r^2 + 1000$; $V''(r) = -5\pi r$.

$V'(t) = 0 \Leftrightarrow r = \frac{20}{\pi^{0,5}} \vee r = -\frac{20}{\pi^{0,5}}$; $r_{\max} = \frac{20}{\pi^{0,5}}$

gesuchte Höhe: $\frac{20}{\pi^{0,5}}$; gesuchtes Volumen: $V_{\max} = \frac{13333{,}3}{\pi^{0,5}}$

Das maximale Volumen beträgt etwa 7 522,528 cm^3.

16 x ist die Höhe, y die Unterseite des Rechtecks; Umfang in cm

Hauptbedingung:

$A(x, y) = x \cdot y + \frac{1}{2} \cdot \left(\frac{y}{2}\right)^2 \cdot \pi$

Nebenbedingung:

$2 \cdot x + y + \frac{1}{2} \cdot \pi \cdot y = 200 \Leftrightarrow x = 100 - \frac{1}{2} \cdot y - \frac{1}{4} \cdot \pi \cdot y$

$A(y) = 100 \cdot y - \frac{1}{2} \cdot y^2 - \frac{1}{8} \cdot \pi \cdot y^2$

$A'(y) = 100 - y - \frac{1}{4} \cdot \pi \cdot y$

$0 = 100 - y - \left(1 + \frac{1}{4} \cdot \pi\right) \cdot y$

y = **56 cm**; x = **28 cm**; $A_{\max} = 2800$ cm^2

17 Hauptbedingung:

$A(a, h) = 2 \cdot a \cdot h$

$A(a) = -a^3 + 28 \cdot a$

$A'(a) = -3 \cdot a^2 + 28$

$0 = -3 \cdot a^2 + 28$

Nebenbedingung:

$h = f(a) - g(a)$

$h = -\frac{1}{2} \cdot a^2 + 14$

$a = 3{,}055$; $A_{\max}$ = **57,028 FE**

$S_1(-3{,}06|8{,}89)$ und **$S_2(3{,}06|8{,}89)$**
$S_3(-3{,}06|-0{,}44)$ und **$S_4(3{,}06|-0{,}44)$**

18 Nebenbedingung: $y = \frac{20}{x}$; Kostenfunktion $K(x) = 5x + \frac{20}{x} \cdot 4$

$K'(x) = 5 - 80x^{-2}$; $K''(x) = 160x^{-3}$; $K'(x) = 0$; $x_{\min} = 4$;

4 ME von Gut 1 und 5 ME von Gut 2.

8.2.6.3

1 $k(x) = 15x^2 - 120x + 250 + \frac{200}{x}$; $K'(x) = 15x^2 - 120x + 250$; bei etwa 6,48 ME

2 a) $k(x) = 0{,}004x^2 - 0{,}04x + \frac{4}{3}$; $k'(x) = 0{,}008x - 0{,}04$; Minimum bei 5 ME

b) $K'(x) = 0{,}012x^2 - 0{,}08x + \frac{4}{3}$; $K''(x) = 0{,}024x - 0{,}08$; Minimum bei $3{,}\overline{3}$ ME

3 $K'(x) = 1{,}5x^2 - 12x + 25$; $K''(x) = 3x - 12$; $K'''(x) = 3$

$k(x) = 0{,}5x^2 - 6x + 25 + \frac{400}{x}$; $k'(x) = x - 6 - \frac{400}{x^2}$; $k'''(x) = 1 + \frac{800}{x^3}$

$k_v(x) = 0{,}5x^2 - 6x + 25$; $k_v'(x) = x - 6$; $k_v''(x) = 1$

zu K: Wendepunkt $W(4|436)$; zu k: $T(10|55)$; zu k_v $T(6|7)$ zu K': $T(4|1)$

4 a) $G(x) = -x^3 + 3x^2 + 12x - 10$

b) $GZ = (0{,}73; 5)$;

c) $G_{max} = 26{,}36$ GE bei 3,24 ME

e) $C(3{,}24|22{,}56)$

5 $E(x) = 3{,}25x : G(x) = E(x) - K(x)$; $G(x) = -0{,}1x^3 + 0{,}9x^2 + 0{,}25x - 9$

GZ = (4;7,86); $G_{max} = 6{,}14$ GE bei 3,32 ME $C(3{,}32|3{,}25)$

6 a) $K(x) = ax^3 + bx^2 + cx + d$

Gleichungen: $K(20) = 60000$; $K(60) = 72000$; $K(100) = 180000$; $K(0) = 30000$

$K(x) = 0{,}5x^3 - 60x^2 + 2500x + 30000$

b) $G(x) = -0{,}5x^3 + 60x^2 - 456x - 30000$; $G_{max} = 62416$ GE bei 76 ME

7 a) $G(x) = -2x^3 + 18x^2 - 12x - 32$; $GZ = (2; 8)$

b) $G(x) = -2x^3 + 18x^2 - 12x - 32$; $G'(x) = -6x^2 + 36x - 12$; $G''(x) = -12x + 36$

$G_{max} = 114{,}08$ GE bei 5,64575 ME

8 $k(x) = ax^2 + bx + c$; Gleichungen: $k(10) = 15$; $k(20) = 10$; $k(30) = 7$

$k(x) = 0{,}01x^2 - 0{,}8x + 22$; BO bei 40 ME

$K(x) = 0{,}01x^3 - 0{,}8x^2 + 22x$;

$G(x) = -0{,}01x^3 + 0{,}8x^2 - 4x$; $GZ =]5{,}36; 74{,}6[$; $G_{max} = 550$ GE bei 50,7 ME

9 $G(x) = -x^3 + 150x^2 - 7400x + 120000$; $GZ = (50; 60)$; $K'(x) = 3x^2 - 300x + 7500$;

$G_{max} = 385$ GE bei 55,8 ME.

10 $K(x) = 0{,}1x^3 - 6x^2 + 120x$; $K'(x) = 0{,}3x^2 - 12x + 120$; $G(x) = -0{,}1x^3 + 6x^2 - 80x$

GZ = (20; 40)

a) $G'(x) = -0{,}3x^2 + 12x - 80$; $G_{max} = 307{,}92$ GE bei 31,547 ME

b) $k(x) = 0{,}1x^2 - 6x + 120$; $k'(x) = 0{,}2x - 6$; $k''(x) = 0{,}2$

BO bei 30 ME

11 $G(x) = -x^2 + 40x - 300$; $G'(x) = -2x + 40$; $G''(x) = -2$

$G_{max} = 100$ GE bei 20 ME; $C(20|60)$

12 $K(x) = ax^3 + bx^2 + cx + d$; $K'(x) = 3ax^2 + 2bx + c$;
Gleichungen: $8a + 4b + 2c = 88$
$64a + 16b + 4c = 120$
$48a + 8b + c = 18$

a) $K(x) = 2x^3 - 19x^2 + 74x + 40$

b) $k(x) = 2x^2 - 19x + 74 + \frac{40}{x}$; $K'(x) = 6x^2 - 38x + 74$

c) $G(x) = -2x^3 + 19x^2 - 19x - 40$; $G'(x) = -6x^2 + 38x - 19$;
$G''(x) = -12x + 38$; $GZ =]2{,}5;\ 8[$; $G_{max} = 98{,}7$ GE bei etwa 5,79 ME

13 $G(x) = ax^3 + bx^2 + cx + d$; $d = -176$; $x_{max} = 10 \Rightarrow 300a + 20b + c = 0$; $x = 5$
Wendestelle $\Rightarrow 30a + 2b = 0$;
$G(4) = 0 \Rightarrow 64a + 16b + 4c + d = 0$
$G(x) = -x^3 + 15x^2 - 176$

14 $x_{min} = 10$ (Bestellungen)

15 $x_{min} = 30$ (Bestellungen)

16 Bei 200 ME ist der Stückgewinn maximal

17 a) $G(x) = -0{,}025x^3 + 0{,}375x^2 - 0{,}8x - 1{,}2$

b) $GZ =]4;\ 12[$

c) $G_{max} = 3{,}763$ GE bei $x_{max} = 8{,}7859$ ME

d) $k(x) = 0{,}025x^2 - 0{,}375x + 1{,}95 + \frac{1{,}2}{x}$; $k_v(x) = 0{,}025x^2 - 0{,}375x + 1{,}95$

e) BM = 7,5 ME

18 a) $E(x) = -8x^2 + 100x$; $G(x) = -0{,}5x^3 + 52x - 100$; $k(x) = 0{,}5x^2 - 8x + 48 + 100x^{-1}$

b) $x_{max} = 6{,}25$ ME; $E_{max} = 312{,}5$ GE c) $GZ =]2,\ 9{,}05[$

d) $x_{max} = 5{,}8878$ ME; $G_{max} = 104{,}11$ GE

19 a) $K(x) = 3{,}25x^3 - 31{,}5x^2 + 114x$; $E(x) = 55x$ b) $GZ =]2{,}5372;\ 7{,}155[$

c) $x_{max} = 5{,}3252$ ME; $G_{max} = 88{,}298$ GE

20 a) $E(x) = -3x^2 + 45x$;
$x_{max} = 7{,}5$; $E_{max} = 168{,}75$ GE

b) $G(x) = -x^3 + 9x^2 - 6x - 16$;
$K'(x) = 3x^2 - 24x + 51$;
$k(x) = x^2 - 12x + 51 + 16x^{-1}$;
$k_v(x) = x^2 - 12x + 51$

c) BM bei 6 ME; $k'(6{,}2077) = 0$

d) $GZ =]2;\ 8[$

e) $G_{max} = 57$ GE bei 5,65 ME

f) $C(5{,}65\,|\,28{,}05)$

8.3.2

1 a) $f'(x) = \frac{2x(x-2)}{(1-x)^2}$ e) $f'(x) = \frac{-2(x^2+1)}{(x^2-1)^2}$ i) $f'(x) = \frac{-4x^2 - 12x + 9}{(2x^2 - 3x)^2}$

b) $f'(x) = \frac{1}{2} \cdot \frac{7x^2 + 6}{x^2}$

c) $f'(x) = \frac{1}{(x+1)^2}$

d) $f'(x) = \frac{-4(x-1)}{(x^2 - 2x + 4)^2}$

f) $f'(x) = \frac{52x}{(3x^2 + 2)^2}$

g) $f'(x) = \frac{-6x^2}{(x^3 - 1)^2}$

h) $f'(x) = \frac{8x^4}{(2x^2 - x^3)^2}$

k) $f'(x) = \frac{6x^2 - 16x - 26}{(x^2 + 4x - 1)^2}$

l) $f'(x) = \frac{-3x(x^3 + 9x - 12)}{(x^3 - 9x + 6)^2}$

m) $f'(x) = \frac{x^3 + 9x - 12}{3x^3}$

2 a) $m = -1$

b) $m = \frac{3}{2}$

c) $m = \frac{5}{3}$

d) $m = -5\frac{1}{8}$

e) $m = -\frac{4}{25}$

f) $m = \frac{7}{9}$

3 a) $x_1 = 1;\ x_2 = -3$
t_1: $f(x) = \frac{3}{2}x - \frac{1}{2}$
t_2: $f(x) = +\frac{3}{2}x + \frac{27}{2}$

b) $x_1 = 1$
t: $f(x) = 2x - 2$

c) $x_1 = 1;\ x_2 = -3$
t_1: $f(x) = \frac{1}{2}x - \frac{1}{2}$
t_2: $f(x) = \frac{1}{2}x + \frac{7}{2}$

d) $x_1 = 0$
t: $f(x) = -1$

4 a) N: -1; P: 1; $f_A(x) = 1$

b) N: 0; Ma: 2; Mi: -2; W: 0; $+3{,}46$; $-3{,}46$; $f_A(x) = 0$

c) N: 0; P: -2; $+2$; W: 0; $f_A(x) = 0$

d) N: $\sqrt{2}$; $-\sqrt{2}$; P: 1; -1; Ma: 0; $f_A(x) = -1$

e) N: 0; P $\sqrt{2}$; $-\sqrt{2}$; W: 0; $f_A(x) = 0$

f) N: 0; P: 1; Mi: -1; W: -2; $f_A(x) = 0$

g) N: 0; P: 1; Ma: 2; Mi: 0; $f_A(x) = -x - 1$

h) N: -2; P: 0 (doppelt); Mi: -4; $f_A(x) = 0$

i) N: -2; 3; P: 2; $f_A(x) = x + 1$

k) N: 6; -6; Mi: 0; W: $\frac{1}{3}\sqrt{6}$; $-\frac{1}{3}\sqrt{6}$; $f_A(x) = 1$

l) P: 1; Ma: $-2{,}317$; Mi: $4{,}317$; $f_A(x) = x + 2$

m) N: 0; P: 1; Mi: 3; Sa: 0; W: 0; $f_A(x) = 2x + 4$

5 a) P: 2; -2; Mi: 0; $f_A(x) = 0$

b) N: $\sqrt{2}$; $-\sqrt{2}$; P: 1; -1; Ma: 0; $f_A(x) = -1$

c) N: 0; -1; Ma: $10{,}5$; Mi: $-0{,}5$; W: $\approx 0{,}902$ (Näherungsverfahren); $f_A(x) = 2$

d) P: 0; 2; Ma: 1; $f_A(x) = 2$

e) N: -1; 1; P: 0; $f_A(x) = x$

f) N: −1; 1; P: −2; 2; Mi: 0; $f_A(x) = -1$

g) Ma: −1,638; Mi: 0,305; W: −2,475; −0,381; 0,855 (Näherungsverfahren); $f_A(x) = \frac{1}{3}$

h) P: 1; Ma: −0,7i3; Mi: 2,73; $f_A(x) = x + 2$

i) N: 0; P: 1; Mi: 3; W: 0 (Sattelpunkt); $f_A(x) = 2x + 4$

6 a) $P_1(1|-1)$; $P_2\left(\frac{5}{3}\middle|1\right)$;

b) $P(-1|1)$

c) $P_1(4{,}116|5{,}388)$; $P_2(-4{,}116|5{,}388)$

d) $P_1(2|0)$; $P_2(-2|0)$

e) $P_1(-2{,}10|-0{,}39)$; $P_2(-0{,}21|-3{,}97)$; $P_3(0{,}20|-4{,}03)$; $P_4(2{,}31|0{,}35)$

f) kein positiver Steigungswert

7 N: 0; 2; P: −1; Mi: $\frac{1}{2}$; W: $\frac{5}{4}$; $f_A(x) = 1$; Tangente: $f(x) = -2x$; Schnittpunkt: $(-2{,}5|5)$

8 b) $P_1(2|2)$; $P_2(-2|2)$

9 P: 0; Mi: −2; 2; $f_A(x) = \frac{1}{8}x^2$; $g(x) = -\frac{15}{8}x^2 + 4$

10 a) $a = 1$; N: 0; Ma: 1; Mi: −1; W: $\sqrt{3}$; 0; $-\sqrt{3}$; $f_A(x) = 0$

b) $f(x) = -\frac{2x}{1 + x^2}$

c) $S(0|0)$

8.3.3

1 $g(x) = \frac{U}{V} \cdot x + 2 \cdot v$

2 $A_{\min} = 2ab$

3 $x_{\min} = \sqrt{\frac{4V}{3I}}$; $h_{\min} = \sqrt{\frac{3V}{4I}}$

4 $O_{\text{Zyl}} < O_{\text{pris}}$, weil $\sqrt{\pi} < 2$

5 $V_{\min} = \frac{8}{3}\pi r^3$

6 a) $V(x) = \frac{a^2}{3} \cdot \frac{x^3}{(x - 2a)^2}$

b) $x_{\min} = 6a$; $b_{\min} = \frac{3}{2}a$

7 a) $A = f(x) = \dfrac{ax^2}{2(x - a)}$

b) $f(x) = \dfrac{10x^2}{2(x - 10)}$; $D = \mathbb{R}^+ \setminus \{0\}$

c) $x_{\min} = 20$

8 a) $U = f(a) = \left(1 + \dfrac{\pi}{4}\right)a + 2\dfrac{A}{a}$; $D = \mathbb{R}^+ \setminus \{0\}$

b) $f(a) = 1{,}7854\,a + \dfrac{2}{a}$

c) $a_{\min} = 1{,}0584$

9 a) $U = f(b) = b + \dfrac{2A}{b}$; $D = \mathbb{R}^+ \setminus \{0\}$

b) $U = f(b) = b + \dfrac{4}{b}$;

c) $b_{\min} = 2$

10 a) $O = f(r) = r^2\pi + 2r\pi h$, $D = \mathbb{R}^+$

b) $O = f(r) = r^2\pi + \dfrac{20}{r}$

c) $r_{\min} = 1{,}471$

11 a) $D(50\text{ km/h}) \approx 1\,114$ Autos/h; $D(80\text{ km/h}) \approx 867$ Autos/h; $D(120\text{ km/h}) \approx 655$ Autos/h

b) $D_{\max} \approx 1\,303$ Autos/h bei $v \approx 24{,}5$ km/h

12 a) $P = \dfrac{U_0^2 \cdot R_L}{(R_i + R_L)^2}$

c) $R_L = 12\ \Omega$

13 a) $L(r) = \dfrac{\pi_0 \cdot \pi \cdot h - 4r^3 + 4r^2(R + \delta) - r(4R\delta + \delta^2)}{R + r}$

b) $L_{\max} = 0{,}8$ mH bei $r \approx 2{,}48$ cm

14 b) $n_K = 2400\ \text{min}^{-1}$

c) $n_K = 1200\ \text{min}^{-1}$

15 $h = 2{,}688$ cm

8.4.1

1 a) $\frac{1}{\sqrt{x}}$

b) $\frac{1}{6 \cdot \sqrt[3]{x^2}}$

c) $\frac{1}{2n\sqrt{\frac{x}{n}}}$

d) $-\frac{1}{x^2 \cdot \sqrt{\frac{2}{x}}}$

e) $\frac{2x}{3 \cdot \sqrt[3]{(x^2+1)^2}}$

f) $\frac{2}{3} \cdot \frac{x+2}{(x+1)^2} \cdot \sqrt{\frac{(x+1)^2}{x}}$

g) $\frac{-\frac{a}{2}x + a}{(x+2)^2 \cdot \sqrt{x}}$

h) $\frac{3}{2} \cdot \sqrt{x}$

i) $\frac{3x^5 + 2x^3 - x}{\sqrt{(x^2+1)(x^4-1)}}$

k) $\frac{7}{3}x \cdot \sqrt[3]{x} - \frac{\sqrt{x}}{x^2}$

l) $\frac{-4}{3 \cdot \sqrt[3]{2x}}$

m) $\frac{\sqrt{x}}{2x} + \frac{x^2}{\sqrt[3]{(3-x^3)^2}}$

2 a) $t(x) = 0{,}866x + 3{,}47$ $\quad n(x) = -1{,}15x + 11{,}53$

b) $t(x) = -3{,}58x + 5{,}68$ $\quad n(x) = 0{,}27x - 2{,}02$

c) $t(x) = 7{,}5x - 13{,}5$ $\quad n(x) = -\frac{2}{15}x + 9{,}4$

3 a) $t(x) = 0{,}408x + 2{,}05$

b) $t(x) = 10{,}87x - 6{,}14$

c) $t(x) = -\frac{1}{72}x + \frac{31}{72}$

d) $t(x) = -2{,}12x - 4{,}95$

e) $t(x) = -1{,}56x + 4{,}79$

f) $t(x) = -0{,}39x + 1{,}75$

4 $P(-2\sqrt{5}|\sqrt{5})$

5 a) $D = \{x \in \mathbb{R} | x \leq 4\}$; $x_{01} = 0$; $y_{02} = 4$; $H(2{,}67|3{,}08)$

b) $D = \{x \in \mathbb{R} | -4 \leq x \leq 0 \vee x \geq 4\}$; $x_{01} = -4$; $y_{02} = 0$; $x_{03} = 4$
$H(-2{,}31|4{,}96)$ $W(5{,}87|10{,}41)$

c) $D = \left\{x \in \mathbb{R} \middle| x \geq -\frac{1}{6}\right\}$ $x_0 = -\frac{1}{6}$

d) $D = \{x \in \mathbb{R} | -4 \leq x \leq 4\}$ $x_{01} = -4$; $x_{02} = 0$; $x_{03} = 4$
$H(-2{,}828|8)$ $T(2{,}828|-8)$ $W(0|0)$

e) $D = \{x \in \mathbb{R} | x \geq -1\}$ $x_{01} = -1$; $x_{02} = 0$
$H(0|0)$; $T(-0{,}8|-0{,}286)$ $W(-0{,}4734|-0{,}1626)$

f) $D = \{x \in \mathbb{R} | x \geq 1\}$ $x_{01} = 1$; $x_{02} = 2$; $T(1{,}333|-0{,}376)$

6 $f(x) = \sqrt{\frac{2}{3}x^3 - \frac{4}{3}}$; $D = \{x \in \mathbb{R} \mid x \geq \sqrt[3]{2}\}$
$x_0 = 1{,}26$; $W(2 \mid 2)$

7 $D = \{x \in \mathbb{R} \mid 0 \leq x < 2\}$; $x_0 = 0$; keine Extrema und keine Wendepunkte; $P_0(1 \mid 1)$; $t(x) = 2x - 1$; keine Schnittpunkte mit Graph

8 $a = b = \frac{u}{4} (a = b = \sqrt{A})$

9 $g = s = 2r \cdot \sqrt{3}$ **10** $x = 1{,}84776a$ **11** $\omega = \sqrt{\frac{1}{LC}}$

12 a) $U(a) = 2a + 2\sqrt{4r^2 - a^2}$; $D = \{a \in \mathbb{R} \mid 0 \leq a \leq 2\}$ c) $a \approx 14{,}14$ cm

13 a) $t(x) = \frac{400 - x}{\mu} + \sqrt{\frac{100^2 + x^2}{0{,}5\mu}}$; $D = \{x \in \mathbb{R} \mid 0 \leq x \leq 400\}$ b) $x = 57{,}74$ m

8.4.2

1 a) $f'(x) = 2 \cdot e^x$
b) $f'(x) = 4 \cdot e^{2x}$
c) $f'(x) = -e^{-x}$
d) $f'(x) = -a \cdot e^{-3x}$
e) $f'(x) = -3 \cdot e^{-3x}$
f) $f'(x) = 12 \cdot e^{-4x}$
g) $f'(x) = 7{,}5 \cdot e^{-2{,}5x}$
h) $f'(x) = 4 \cdot e^{4x - 1}$
i) $f'(x) = (3 - 2x) \cdot e^{3x - x^2}$
k) $f'(x) = -x^{-2} \cdot e^{1/x}$

2 a) $f(x) = 2e^x - e^{-x}$ $f'(x) = 2e^x + e^{-x}$
b) $f'(x) = 0{,}25e^{0{,}25x} + 0{,}25 \cdot e^{-0{,}25}$ $f''(x) = \frac{1}{16}e^{0{,}25x} - \frac{1}{16}e^{-0{,}25x}$
c) $f'(x) = e^x(1 + x)$ $f''(x) = e^x(2 + x)$
d) $f'(x) = 6 \cdot e^{2x} + 6 \cdot e^{-3x}$ $f''(x) = 12 \cdot e^{2x} - 18 \cdot e^{-3x}$
e) $f'(x) = e^{2x}(3x^2 + 2x^3)$ $f''(x) = e^{2x}(4x^3 + 12x^2 + 6x)$
f) $f'(x) = e^{-x}(4x^3 - x^4)$ $f''(x) = e^{-x}(12x^2 - 8x^3 - x^4)$
g) $f'(x) = 0{,}5 \cdot e^{3x - 1}(3x + 1)$ $f''(x) = 1{,}5 \cdot e^{3x - 1}(3x + 2)$

3 a) $H(0 \mid 1)$; $W_1\left(\frac{1}{2} \cdot \sqrt{2} \,\middle|\, e^{-0{,}5}\right)$; $W_2\left(-\frac{1}{2} \cdot \sqrt{2} \,\middle|\, e^{-0{,}5}\right)$
b) $H(0 \mid 1)$; $W_1(1 \mid e^{-0{,}5})$; $W_2(-1 \mid e^{-0{,}5})$
c) $H(0 \mid 0{,}5)$; $W_1(\sqrt{2} \mid 0{,}5e^{-0{,}5})$; $W_2(-\sqrt{2} \mid 0{,}5e^{-0{,}5})$

4 a) $x_0 = -0{,}35$; keine Extrema und keine Wendepunkte
b) $T(-0{,}347 \mid 2{,}82)$; keine Nullstellen und keine Wendepunkte
c) $x_{01} = -1{,}68$; $x_{02} = 0{,}835$; $T(-0{,}352 \mid -2{,}17)$; keine Wendepunkte
d) $x_0 = 0$; $W_1(-0{,}586 \mid -0{,}981)$; $W_2(-3{,}414 \mid -6{,}444)$; keine Extrema
e) $T(0 \mid 1)$; keine Nullstellen und keine Wendepunkte

5 a) $f'(x) = \frac{1}{x+1}$ e) $f'(x) = 1 + \ln x$

b) $f'(x) = \frac{1}{x-4}$ f) $f'(x) = \frac{1-\ln x}{x^2}$

c) $f'(x) = \frac{2}{x}$ g) $f'(x) = \frac{1}{x^2+x} - \frac{\ln x}{(1+x)^2}$

d) $f'(x) = 2 \cdot \frac{\ln x}{x}$ h) $f'(x) = \frac{1}{x^2-1} - \frac{\ln(x+1)}{(x-1)^2}$

6 a) $f'(x) = \frac{3}{3x+1}$ $f''(x) = \frac{-9}{(3x+1)^2}$

b) $f'(x) = \frac{2}{x+2}$ $f''(x) = \frac{-2}{(x+2)^2}$

c) $f'(x) = \frac{-1}{x(x+1)}$ $f''(x) = \frac{2x+2}{x^2(x+1)^2}$

d) $f'(x) = \frac{2x}{3(x^2+1)}$ $f''(x) = \frac{-6x^2+6}{9(x^2+1)^2}$

e) $f'(x) = \frac{-x}{x^2-1}$ $f'(x) = \frac{x^2+1}{(x^2-1)^2}$

7 f: $Sy(0|2)$ g: $Sy(0|3)$ $x_0 = -0{,}92$
Schnittpunkt: $S\left(\ln\frac{5}{4}\middle|\frac{5}{2}\right)$

8 f: $Sy(0|2)$ g: $Sy(0|0)$; $x_0 = 0$; $T\left(1\middle|-\frac{2}{e}\right)$; $W\left(2\middle|-\frac{4}{e^2}\right)$
Maximale Differenz $d_{max} = 2$ für $x = 0$

9 $a = 2$; $b = 1$; $f(x) = (x+1)^2 \cdot e^{-x}$

10 $D = \mathbb{R}_0^+ \setminus \{1\}$; $x_0 = 0$; $T(e|e)$; $W(e^2|0{,}5e^2)$

11 $D = \mathbb{R}^+$; $x_0 = 1$; $H\left(e\middle|\frac{2}{e}\right)$; $W\left(e^{1,5}\middle|\frac{3}{\sqrt{e^3}}\right)$

12 $D = \mathbb{R}^+$; $x_{01} = 0$; $x_{02} = e^{-1}$; $T(e^{-2}|-e^{-2})$; kein Wendepunkt; $t(x) = 2x - 1$

13 a) $x = 9{,}57565 \vee x = -2{,}87447$ b) $x = 0{,}137935 \vee x = 1{,}56446$ c) $x = 8{,}70987$

14 Gerade: $g(x) = -0{,}176 + 8{,}245$; Übergangsstelle bei $x = 17{,}41$ (cm); Länge: 38,25 cm

8.4.3

1 a) $g = 2$ c) $g = 0$ e) $g = 1$ g) $g = 0$ i) $g = 0{,}519$

b) $g = 2$ d) kein Grenzwert f) $g = \frac{3}{2}$ h) $g = 1$

2 a) $f'(a) = -3a\sin(ax + b)$ c) $f'(x) = \frac{-2a}{\sin^2(at + b)}$ e) $f'(t) = 3\cos t \cdot \sin^2 t$

b) $f'(t) = \frac{-2a}{\cos^2(at + b)}$ d) $f'(a) = a + 2\cos a$ f) $f'(x) = -\cos x + x \cdot \sin x$

3 a) $f'(x) = 2\cos x$ e) $f'(x) = -2k\sin kx$ i) $f'(x) = \frac{\cos x}{x} - \frac{\sin x}{x^2}$

b) $f'(t) = 4\cos 2t$ f) $f'(x) = -2\cot x(1 + \cot^2 x)$ k) $f'(a) = -\frac{1\sin a}{2a^2} - \frac{\cos a}{a^3}$

c) $f'(x) = 4\sin x \cdot \cos x$ g) $f'(x) = \sin x + x\cos x$ l) $f'(x) = \frac{na^{n-1}}{\cos x} - \frac{x^n \tan x}{\cos x}$

d) $f'(t) = a\omega\cos\left(\omega t + \frac{\pi}{2}\right)$ h) $f'(b) = 3b^2 - 4b\cos b^2$ m) $f'(x) = 4\frac{\tan 2x}{\cos^2 2x}$

4 a) $f'(x) = 2\cos x - 2$; $f''(x) = -2\sin x$

b) $f'(t) = -3\sin t + 3\cos 3t$; $f''(t) = -3\cos t - 9\sin 3t$

c) $f'(x) = \frac{1}{\cos^2 x} - 4x\cos x^2$; $f''(x) = \frac{2\sin x}{\cos^3 x} + 8x^2\sin x^2 - 4\cos x^2$

d) $f'(x) = \frac{1}{\cos^2 x} - \frac{2}{\sin^2 x}$; $f''(x) = \frac{2\sin x}{\cos^3 x} + \frac{4\cos x}{\sin^3 x}$

e) $f'(t) = 2\cos t - 2\sin t - \cos t$; $f''(t) = -2\sin t - 2(\cos^2 t - \sin^2 t)$

f) $f'(x) = 2\cos 2x - \frac{1}{\cos^2 x}$ $f''(x) = -4\sin 2x - \frac{2\sin x}{\cos^3 x}$

g) $f'(x) = \sin x + x\cos x$ $f''(x) = 2\cos x - x\sin x$

h) $f'(t) = e^t(\cos t - \sin t)$ $f''(t) = -2e^t \sin t$

i) $f'(x) = 2\cos x + 2\sin x \cdot \cos x$ $f''(x) = 2 - 2\sin x(1 + 2\sin x)$

k) $f'(x) = \cos 2x - 2x\sin 2x$ $f''(x) = -4\sin 2x - 4x\cos 2x$

l) $f'(x) = -\frac{1}{2} - \frac{1}{2}\cot^2\left(\frac{x}{2}\right)$ $f''(x) = -\cot\left(\frac{x}{2}\right) \cdot \left[-\frac{1}{2} - \frac{1}{2}\cot^2\left(\frac{x}{2}\right)\right]$

m) $f'(x) = \cos 2x - \sin x$ $f''(x) = -2\sin x - \cos x$

5 a) $f'(x) = 2\cos x$; $f''(x) = -2\sin x$

$N_1(3{,}39|0)$; $N_2(6{,}03|0)$; $H\left(\frac{\pi}{2}\middle|2{,}5\right)$; $T\left(\frac{3}{2}\pi\middle|-1{,}5\right)$;

$W_1(0|0{,}5)$; $W_2(\pi|0{,}5)$; $W_3(2\pi|0{,}5)$

b) $f'(x) = \cos x - 2\sin 2x$; $f''(x) = -\sin x - 4\cos 2x$

$N_1(3{,}67|0)$; $N_2\left(\frac{\pi}{2}\middle|0\right)$; $N_3(5{,}76|0)$; $H_1(0{,}25|1{,}13)$; $H_2(2{,}89|1{,}13)$;

$T_1\left(\frac{\pi}{2}\middle|0\right)$; $T_2\left(\frac{3}{2}\pi\middle|-2\right)$; $W_1(0{,}88|0{,}58)$; $W_2(2{,}26|0{,}58)$; $W_3(3{,}85|-0{,}49)$;

$W_4(5{,}59|-0{,}49)$

c) $f'(x) = -6\sin\left(2x - \frac{\pi}{2}\right)$; $f'(x) = -12\cos\left(2x - \frac{\pi}{2}\right)$

$N_1(0|0)$; $N_2\left(\frac{\pi}{2}\middle|0\right)$; $N_3(\pi|0)$; $H\left(\frac{\pi}{4}\middle|3\right)$; $T\left(\frac{3}{4}\pi\middle|-3\right)$; $W_1(0|0)$; $W_2\left(\frac{\pi}{2}\middle|0\right)$; $W_3(\pi|0)$

d) $f'(t) = \sin 2t - \cos t$; $f''(t) = 2\cos 2t + \sin t$

$N_1(0|0)$; $N_2(\pi|0)$; $N_3(2\pi|0)$; $H_1\left(\frac{\pi}{2}\middle|0\right)$; $H_2\left(\frac{3}{2}\pi\middle|2\right)$; $T_1\left(\frac{\pi}{6}\middle|-0{,}25\right)$; $T_2\left(\frac{5}{6}\pi\middle|-0{,}25\right)$;

$W_1(1|-0{,}13)$; $W_2(2{,}14|-0{,}13)$; $W_3(3{,}78|0{,}94)$; $W_4(5{,}65|0{,}94)$

e) $f'(x) = 2\cos x - 3\sin x$; $f''(t) = -2\sin x - 3\cos x$

$N_1\left(\frac{\pi}{2}\middle|0\right)$; $N_2(5{,}89|0)$; $H(0{,}59|1{,}61)$; $T(3{,}73|-5{,}61)$; $W_1(2{,}16|-2)$; $W_2(5{,}20|-2)$

f) $f'(x) = \frac{1}{2}\cos x + 8\cos 2x$; $f''(t) = -\frac{1}{2}\sin x - 16\sin 2x$

$N_1(0|0)$; $N_2(1{,}63|0)$; $N_3(\pi|0)$; $N_4(4{,}65|0)$; $N_5(2\pi|0)$;
$H_1(0{,}81|4{,}36)$; $H_2(3{,}90|3{,}65)$; $T_1(2{,}38|-3{,}65)$; $T_2(5{,}48|-4{,}36)$;
$W_1(0|0)$; $W_2(1{,}58|0{,}38)$; $W_3(\pi|0)$; $W_4(4{,}70|-0{,}38)$; $W_5(2\pi|0)$

g) $f'(x) = \sin 2x + 2\sin x$; $f''(t) = 2\cos 2x + 2\cos x$
$N_1(1{,}14|0)$; $N_2(5{,}14|0)$; $H(\pi|2)$; $T_1(0|-2)$; $T_2(2\pi|-2)$;

$W_1\left(\frac{\pi}{3}\middle|-0{,}25\right)$; $W_2\left(\frac{5}{3}\pi\middle|-0{,}25\right)$

h) $f'(x) = -2\sin x + 2\cos 2x$; $f''(t) = -2\cos x(1 + 4\sin x)$

$N_1\left(\frac{\pi}{2}\middle|0\right)$; $N_2\left(\frac{3}{2}\pi\middle|0\right)$; $H\left(\frac{\pi}{6}\middle|\frac{3}{2}\sqrt{3}\right)$; $T\left(\frac{5}{6}\pi\middle|-\frac{3}{2}\sqrt{3}\right)$;

$W_1\left(\frac{\pi}{2}\middle|0\right)$; $W_2(3{,}39|-1{,}45)$; $W_3\left(\frac{3}{2}\pi\middle|0\right)$; $W_4(6{,}03|1{,}45)$

i) $f'(a) = 1 - \cos a$; $f''(a) = \sin a$
$N_1(0|0)$; keine Extremwertpunkte; $W_1(0|0)$; $W_2(\pi|\pi)$; $W_3(2\pi|2\pi)$

6 Tiefpunkte: $T_1(0{,}0117|0)$; $T_2(0{,}0183|0)$
Hochpunkte: $H_1(0{,}005|36)$; $H_2(0{,}015|4)$
Wendepunkte: $W_1(0{,}008|19{,}117)$; $W_2(0{,}0132|1{,}8832)$; $W_3(0{,}0168|1{,}8832)$ …

7 Nullstellen: $N_1(0|0)$; $N_2(\pi|0)$; $N_3(2\pi|0)$; $N_4(3\pi|0)$
Tiefpunkte: $T_1(4{,}515|-1{,}987)$; $T_2(10{,}789|-0{,}566)$
Hochpunkte: $H_1(1{,}3734|3{,}7253)$; $H_2(7{,}6566|1{,}0603)$
Wendepunkte: $W_1(2{,}7468|1{,}1102)$; $W_2(5{,}8884|-0{,}592)$; $W_3(9{,}03/0{,}316)$

8 a) $x_0 = 1{,}4096$
b) $x_{01} = 0$; $x_{02} = 1{,}1656$; $x_{03} = 4{,}6042$
c) $x_{01} = 1{,}1142$; $x_{02} = 2{,}7726$; $x_{03} = 6{,}4391$
d) $x_{01} = 0{,}8603$; $x_{02} = 3{,}4256$; $x_{03} = 6{,}4373$; $x_{04} = 9{,}5293$
e) $t_{01} = -1$; $t_{02} = 0$; $t_{03} = 3{,}1416$
f) $x_{01} = 4{,}730$; $x_{02} = 7{,}8532$; $x_{03} = 10{,}996$; $x_{04} = 14{,}137$
g) $x_{01} = 0$; $x_{02} = 2{,}2789$
h) $x_{01} = 0$; $x_{02} = 2{,}2848$

9 $N_1(0|0)$; $N_2(\pi|0)$; $N_3(2\pi|0)$; $H(2{,}03|1{,}82)$; $T_1(0|0)$; $T_2(4{,}91|-4{,}81)$; $W_1(1{,}08|0{,}95)$; $W_2(3{,}64|-1{,}77)$; $W_3(6{,}58|1{,}91)$

10 $A = f(\alpha) = a^2 \cos\alpha \sin\alpha$ Max. bei $\alpha = 45°$

11 Schenkel $s = f(\alpha) = r(\cot\alpha + \tan 2\alpha)$ Max. bei $\alpha = 25{,}92°$; $s = 3{,}3302\,r$

12 $A = f(n) = \frac{r}{2} U \cos\frac{180°}{n}$ Max., wenn $n \to \infty$; Min., wenn $n = 3$

13 Max. $l = 19{,}7$ m

14 $A = f(\alpha) = \left(\frac{1}{2}b\right)^2 \sin\frac{\alpha}{2}\cos\frac{\alpha}{2}$ Max. $\alpha = 90°$

15 $\alpha = 2{,}0282$ $h = 23{,}58$ cm

16 $v_x(\alpha) = \sqrt{2gl} \cdot \sqrt{\sin\alpha} \cdot \cos\alpha$ Max. $\alpha = 35{,}27°$

17 $\alpha_1 = 79{,}27°$ und $\alpha_2 = 100{,}44°$ Max. $v = 101{,}37\,\frac{\text{m}}{\text{s}}$

9.1.4

1 a) $F(x) = x^2 + C$
b) $F(x) = 1{,}5x^2 - 4x + C$
c) $F(x) = \frac{1}{3}x^3 - x^2 + 4x + C$
d) $F(x) = x + C$
e) $F(x) = \frac{2}{3}x^3 - \frac{3}{2}x^2 - 4x + C$
f) $F(x) = x^4 - \frac{1}{2}x^2 + C$
g) $F(x) = \frac{1}{4}x^4 + x^3 - x + C$
h) $F(x) = \frac{3}{5}x^5 - x^4 + x^3 - 2x^2 + 5x + C$
i) $F(x) = \frac{\sqrt{2}}{2}x^2 + C$
k) $F(x) = \frac{2}{3}x^3 + \frac{7}{2}x^2 - x + C$
l) $F(x) = \frac{1}{5}x^5 + \frac{2}{3}x^3 + C$
m) $F(x) = \frac{1}{6}x^2 - \sqrt{3x} + C$
n) $F(x) = \sin x + C$
o) $F(x) = -2\cos x + C$
p) $F(x) = a \cdot \sin x + C$
q) $F(x) = -2\cos x + \sin x + C$
r) $F(x) = 3 \cdot e^x + C$
s) $F(x) = 3 \cdot \ln|x| + C$

2 a) $x + C$ e) $\frac{1}{4}x^4 - \frac{1}{2}x^2 + C$ i) $t^3 + \frac{1}{2}t^2 + C$

b) $x \cdot y + C$ f) $\frac{1}{3}x^3 + x^2 - 3x + C$ k) $\sin\alpha - \cos\alpha + C$

c) $\frac{1}{3}x^3 + C$ g) $\frac{1}{4}x^4 - \frac{2}{3}x^3 + \frac{1}{2}x^2 - x + C$ l) $2 \cdot \ln|x| + C$

d) $\frac{1}{3}x^3 - x^2 + C$ h) $\frac{1}{2}x^4 + x^3 + x^2 - 3x + C$

4 $f(x) = x^3 - 3x^2 - 6x + 8$

5 $f(x) = \frac{1}{2}x^3 - 2x^2 + 3x - 4$

6 $K(x) = \frac{1}{6}x^3 - \frac{5}{2}x^2 + \frac{25}{2}x + 8$

7 $K(x) = \frac{1}{12}x^3 + \frac{1}{4}x^2 + \frac{3}{4}x$

8 a) $K(x) = 6x^3 - 108x^2 + 864x + 1200$ b) 10 M.E.

9.2.1

1 a) $A = 14$ d) $A = 15$ g) $A = \ln 10$ k) $A = 11012{,}7$ n) $A = 1$

b) $A = \frac{5}{3}$ e) $A = \frac{197}{6}$ h) $A = 51{,}8026$ l) $A = 8{,}389$ o) $A = 2$

c) $A = 102$ f) $A = \frac{137}{12}$ i) $A = 0{,}99996$ m) $A = 3{,}8639$

2 a) $A = 36$ d) $A = \frac{64}{3}$ g) $A = \frac{253}{12}$ k) $A = \frac{4096}{15}$

b) $A = \frac{64}{3}$ e) $A = 8$ h) $A = \frac{863}{6}$ l) $A = 208{,}8$

c) $A = \frac{343}{6}$ f) $A = \frac{2521}{12}$ i) $A = 258{,}5$ m) $A = \frac{1436}{15}$

3 a) $x_{01} = -1$; $x_{02/03} = 5$; $H\left(1\,\middle|\,\frac{32}{3}\right)$; $T(5|0)$; $W\left(3\,\middle|\,\frac{16}{3}\right)$ c) $A = 36$

4 a) $x_{01} = -3$; $x_{02} = -1$; $x_{03} = 1$; $x_{04} = 3$; $H(0|9)$; $T_1(-\sqrt{5}|-16)$; $T_2(\sqrt{5}|-16)$

$W_1\left(-\sqrt{\frac{5}{3}}\,\middle|\,-\frac{44}{9}\right)$; $W_2\left(\sqrt{\frac{5}{3}}\,\middle|\,-\frac{44}{9}\right)$ c) $A = \frac{784}{15}$

5 a) $f(x) = \frac{1}{3}x^3 - 3x^2 + 5x + \frac{25}{3}$ b) $x_{01} = -1$; $x_{02/03} = 5$; $H\left(1\,\middle|\,\frac{32}{3}\right)$; $T(5|0)$; $W\left(3\,\middle|\,\frac{16}{3}\right)$

c) $A = 36$

6 a) $f(x) = \frac{1}{4}x^3 + \frac{3}{2}x^2 - 8$

b) $x_{01/01} = -4$; $x_{03} = 2$; $H(-4|0)$; $T(0|-8)$; $W(-2|-4)$

c) $t(x) = -3x - 10$ e) $A = 27$

9.2.2

1 a) $A = 72$ c) $A = \frac{9}{2}$ e) $A = \frac{37}{12}$ g) $A = 50$ i) $A = \frac{10\,244}{15}$

b) $A = \frac{9}{2}$ d) $A = \frac{125}{3}$ f) $A = \frac{1}{2}$ h) $A = 72$ k) $A = \frac{293}{30}$

2 a) $x_{01/02} = 1$; $x_{03} = 7$; $H(1|0)$; $T(5|-32)$; $W(3|-16)$

b) $t(x) = -12x + 20$ c) $A = 108$ d) $A = \frac{1\,741}{12}$

3 a) $x_{01} = -4$; $x_{02} = 0$; $x_{03} = 4$; $T(-2{,}3094|-61\,584)$
$H(2{,}3094|6{,}1584)$ $W(0|0)$

b) $A = 32$ c) $g(x) = -x^2 + 4x$ d) $A = \frac{16}{3}$

4 a) $(7|10{,}2)$ c) $K = 45{,}73$; $P = 22{,}05$

5 a) $(10|5)$ b) $K = 56{,}67$; $P = 14$

6 a) $(9|14{,}4)$ c) $K = 48{,}6$; $P = 72{,}9$

7 a) $(6|7{,}3)$ c) $K = 24{,}3$; $P = 26{,}1$

9.3

a) $I(x) = \frac{1}{2}x^2 + x$; $f(x) = \frac{1}{2}x^2 + x - \frac{3}{2}$; $f(x) = \frac{1}{2}x^2 + x - 4$

b) $I(x) = \frac{1}{3}x^3 + x$; $I(x) = \frac{1}{3}x^3 + x - 12$; $I(x) = \frac{1}{3}x^3 + x - \frac{140}{3}$

c) $I(x) = \frac{1}{3}x^3 + \frac{1}{2}x^2 - \frac{5}{6}$; $I(x) = \frac{1}{3}x^3 + \frac{1}{2}x^2 - \frac{1}{6}$; $I(x) = \frac{1}{3}x^3 + \frac{1}{2}x^2 - \frac{14}{3}$

d) $I(x) = x^3 + x^2 + x - 3$; $I(x) = x^3 + x^2 + x + 1$; $I(x) = x^3 + x^2 + x + 6$

9.4.1

Lineare Substitution

1 a) $F(x) = \frac{1}{18}(6x + 5)^3$ c) $F(x) = \frac{1}{6}\sqrt{(4x - 2)^3}$ e) $F(x) = -\frac{1}{2}\sqrt{6 - 4x}$

b) $F(x) = -\frac{1}{24}(2 - 4x)^6$ d) $F(x) = -\frac{7}{4}\ln(3 - 4x)$ f) $F(x) = -\frac{10}{3(3x + 2)^2}$

2 a) $A = 1{,}65$ FE c) $A = 2{,}13$ FE e) $A = 0{,}1$ FE

b) $A = 3{,}82$ FE d) $A = 0$ FE f) $A = 11{,}35$ FE

Nichtlineare Substitution

1 a) $F(x) = 0{,}5\,e^{2x^2 + 3}$ d) $F(x) = -\frac{7}{4}\cos(2x^2 + \pi)$ g) $F(x) = \frac{1}{6} \cdot \sin(4x^3 - 3\pi)$

b) $F(x) = 0{,}5(\ln|x|)^2$ e) $F(x) = 0{,}5\,e^{1{,}5x^2 + 4x}$ h) $F(x) = -3\,e^{5 - x^2}$

c) $F(x) = \frac{2}{3}\sqrt{(x^3 + 2x)^3}$ f) $F(x) = \frac{6}{10}e^{5x^2}$ i) $F(x) = \frac{3\pi}{8}\sqrt[3]{(x^2 + 2)^4}$

2 a) 2 c) 25,393 e) $\approx 0{,}226$ g) $\frac{1}{17}$ i) $2 \cdot \sqrt{\ln b} - 2 \cdot \sqrt{\ln a}$

b) $\approx -0{,}308$ d) 0,5 f) 36,373 h) 0,5

9.4.2

1 a) $F(x) = (x - 1) \cdot e^x$

b) $F(x) = \frac{3}{4} \cdot \sqrt[3]{x^4}\left(\frac{1}{2x} + 8\right) - \frac{9}{56} \cdot \sqrt[3]{x^7}$

c) $F(x) = x \cdot \ln x - x$

d) $F(x) = (x^2 - 2x + 2) \cdot e^x$

e) $F(x) = 0{,}5 \cdot e^{2x}$

f) $F(x) = x[(\ln x)^2 - 2\ln x + 2]$

g) $F(x) = \sin(x) - x \cdot \cos(x)$

h) $F(x) = \frac{2}{3} \cdot \sqrt{x^3} \cdot \ln(x^2) - \frac{8}{9} \cdot \sqrt{x^3}$

i) $0{,}25x^2 \cdot \ln x - 0{,}125x^2$

2 a) $F(x) = x \cdot \ln x - x + 1$ c) $e^x(x^2 - 2x + 2) - 2e^2$ e) 4,282

b) 6,9986 d) $0{,}3 \cdot \sin(5x^2) - 0{,}3 \cdot \sin 5$ f) 0,101097

3 a) $\approx 0{,}08$ c) $\approx 0{,}8$ e) $\frac{107}{14}$ g) -2π

b) $0{,}25\pi$ d) $\approx 1{,}91$ f) $2{,}5 \cdot \ln 2{,}5$ h) $\approx -0{,}87$

9.5.1

1 a) $V_x = 48{,}6\pi$ c) $V_x = \frac{113}{15}\pi$ e) $V_x = 21\pi$

b) $V_x = 1\,506{,}6\pi$ d) $V_x = \frac{422}{63}\pi$ f) $V_x = 2{,}8863\pi$

2 a) $V_y = 40{,}5\pi$ b) $V_y = 607{,}5\pi$ c) $V_y = 32{,}5\pi$ d) $V_y = \pi$ e) $V_y = \pi \cdot \ln 9$ f) $V_y = \pi \cdot \ln 9$

3 a) $V_x = \frac{16}{3}\pi;\ V_y = \frac{32}{3}\pi$ b) $V_x = \frac{1}{48}\pi;\ V_y = \frac{1}{96}\pi$ c) $V_x = 129{,}6\pi;\ V_y = 40{,}5\pi$ d) $V_x = \frac{64}{15}\pi;\ V_y = 4\pi$

9.5.2

1 a) $v(t) = 6\,\frac{\text{km}}{\text{h}}$ b) $s(t) = -0{,}3\,\frac{\text{km}}{\text{h}^2}t^2 + 6\,\frac{\text{km}}{\text{h}} \cdot t$ c) $s(5\text{ h}) = 30\text{ km}$

2 a) $v(t) = -0{,}6\,\frac{\text{km}}{\text{h}^2} \cdot t + 6\,\frac{\text{km}}{\text{h}}$ b) $s(t) = -0{,}3\text{ km}^2 \cdot t^2 + 6\,\frac{\text{km}}{\text{h}} \cdot t$ c) $s(5\text{ h}) = 22{,}5\text{ km}$

3 a) $v(t) = -\frac{3\text{ km}}{25\text{ h}^3} \cdot t^2 + 6\,\frac{\text{km}}{\text{h}}$ b) $s(t) = -\frac{1}{25}\,\frac{\text{km}}{\text{h}^3} \cdot t^3 + 6\,\frac{\text{km}}{\text{h}} \cdot t$ c) $s(5\text{ h}) = 25\text{ km}$

4 a) $v = 180\,\frac{\text{km}}{\text{h}}$ b) $s = 250\text{ m}$

5 a) $s = 200\text{ m}$ b) $v = 72\,\frac{\text{km}}{\text{h}}$

6 a) $s = 4\text{ km}$ b) $s = 3{,}2\text{ km}$

7 $W = 14{,}4\text{ Nm}$

8 a) $W = 225\text{ Nm}$ b) $W = 625\text{ Nm}$

9 a) $W = 8{,}069 \cdot 10^9\text{ Nm}$ b) $v = 11\,808\,\frac{\text{km}}{\text{h}}$

10 a) $W = 3{,}1245 \cdot 10^8\text{ Nm}$ b) $v = 40\,244{,}4\,\frac{\text{km}}{\text{h}}$ c) $\sqrt{2\,Rg}$

11 a) $W = 11{,}907 \cdot 10^6\text{ Nm}$ b) $v = 7855\,\frac{\text{km}}{\text{h}}$

12 a) $Q = 15\ \mu\text{C}$ b) $t = 6{,}173$ Tage

13 a) $Q = 12{,}97\ \mu\text{C}$ b) $Q = 15\ \mu\text{C}$

14 $W = 7{,}2\text{ Nm}$

15 a) $I_{AV} = 1\text{ A};\ I_{RMS} = 1{,}58\text{ A}$
b) $I_{AV} = -0{,}25\text{ A};\ I_{RMS} = 1{,}323\text{ A}$
c) $I_{AV} = 1\text{ A};\ I_{RMS} = 1{,}333\text{ A}$
d) $I_{AV} = 1\text{ A};\ I_{RMS} = 1{,}155\text{ A}$
e) $I_{AV} = 0{,}5\text{ A};\ I_{RMS} = 1\text{ A}$
f) $I_{AV} = 0\text{ A};\ I_{RMS} = 1{,}414\text{ A}$
g) $I_{AV} = 1{,}273\text{ A};\ I_{RMS} = 1{,}414\text{ A}$
h) $I_{AV} = 0{,}637\text{ A};\ I_{RMS} = 1\text{ A}$
i) $I_{AV} = 0{,}637\text{ A};\ I_{RMS} = 1\text{ A}$
k) $I_{AV} = 1{,}087\text{ A};\ I_{RMS} = 1{,}348\text{ A}$

16 $A \approx 2{,}26$ FE; $W = 226\,\frac{\text{Ws}}{\text{m}^3}$ (Energie pro Volumeneinheit)

10.1

1 a) $N(k^2|0)$; $x_p = 0$ b) $H\left(4k^2 \middle| \frac{1}{4}\right)$ für $k > 0$; $W\left(\frac{64}{9}k^2 \middle| \frac{15}{64k}\right)$

c) $k_e = \sqrt[3]{\frac{1}{24}} = 0{,}347$

2 a) $A = 96$ FE b) $x_1 = 1{,}633$ $A = 12{,}32$ FE

3 a) $S_y(0|6)$; $S_x(-2a^{-1}|0)$ b) $H(0|6)$; $W(2a^{-1}|12e^{-1})$ mit RLK d) $u_{\max} = 2{,}886$

4 a) $A = \frac{1}{3} \cdot a^4$ b) $m = -a^2\left(1 \pm \frac{1}{3}\sqrt{6}\right)$

5 a) $y = \frac{4}{3}x^3 - 4x^2$ und $y = -\frac{4}{3}x^3 + 4x^2$

6 a) $N(0|0)$; G_f ist achsensymmetrisch b) $T(0|0)$; $W_1(1|\ln 2)$; $W_2(-1|\ln 2)$
c) keine gemeinsamen Punkte

7 a) Punktsymmetrie: $f_k(x) = f_k(-x)$; $S_x(0|0)$; $S_y(0|0)$;

$TP\left(-k \middle| -\frac{2}{k}\right)$; $HP\left(k \middle| \frac{2}{k}\right)$; $W_1(0|0)$; $W_2\left(-\sqrt{3} \middle| -\frac{\sqrt{3}}{k}\right)$; $W_3\left(\sqrt{3} \cdot k \middle| \frac{\sqrt{3}}{k}\right)$

c) $y_{TP} = \frac{2}{x}$; $y_{HP} = \frac{2}{x}$; $y_W = \frac{3}{x}$ d) $P\left(\sqrt{3} \cdot k \middle| \frac{\sqrt{3}}{4 \cdot k^3}\right)$

8 a) Punktsymmetrie: $f_k(x) = f_k(-x)$; $S_{x_1}(0|0)$
$S_{x_2}(-k|0)$; $S_{x_3}(k|0)$; $S_y(0|0)$;

$TP\left(k \cdot \sqrt{\sqrt{5} - 2} \middle| -\frac{1}{2} \cdot k \cdot \sqrt{\sqrt{5} - 2} \cdot k \cdot (\sqrt{5} - 2)\right)$

$HP\left(-k \cdot \sqrt{\sqrt{5} - 2} \middle| \frac{1}{2} \cdot k \cdot \sqrt{\sqrt{5} - 2} \cdot k \cdot (\sqrt{5} - 2)\right)$

$W_1(0|0)$; $W_2\left(\sqrt{3} \cdot k \middle| \frac{\sqrt{3} \cdot k}{2}\right)$; $W_2\left(-\sqrt{3} \cdot k \middle| -\frac{\sqrt{3} \cdot k}{2}\right)$

c) Ortskurven $y_E = -\frac{1}{2} \cdot (\sqrt{5} - 1) \cdot x$; $y_W = \frac{x}{2}$

d) $A(u) = u^2 - \frac{u^4 - k^2 \cdot u^2}{u^2 + k^2}$

9 a) $x_{01} = 0$; $x_{02} = \frac{2}{t}$; $TP\left(\frac{2}{t} \middle| 0\right)$; $HP\left(\frac{2}{3 \cdot t} \middle| \frac{32}{27 \cdot t}\right)$; $W\left(\frac{4}{3 \cdot t} \middle| \frac{16}{27 \cdot t}\right)$

b) $A_t = \frac{4}{3 \cdot t^2}$ c) $A_1 = \frac{4}{3}$

10 a) $f_k'(x) = \frac{x^2 \cdot (x - 3 \cdot k)}{(x - k)^3}$; $f_k''(x) = \frac{6 \cdot k^2 \cdot x}{(x - k)^4}$

$h_t'(x) = \frac{(x - t - 2) \cdot e^x}{(x - t)^3}$; $h_t''(x) = \frac{(x^2 - 2 \cdot (t + 2) \cdot x + t^2 + 4 \cdot t + 6) \cdot e^x}{(x - t)^4}$

b) f_k: $x_{01} = 0$; $y_A = x + 2 \cdot k$; $TP\left(3 \cdot k \,\middle|\, \frac{27 \cdot k}{4}\right)$

h_t: keine Nullstelle; $TP\left(t + 2 \,\middle|\, \frac{e^{t+2}}{4}\right)$

c) $y_{TP} = \frac{e^x}{4}$

e) $k \approx 1{,}143$ und $t \approx 1{,}430$ f) $A = 2{,}61$ FE

11 $P\left(\frac{1}{t} \,\middle|\, \frac{1}{t \cdot e}\right)$

12 a) $x_{01} = 0$; $x_{02} = 1$; $x_{03} = 2$; $x_{04} = 3$; $HP_1(0{,}402 \mid 0{,}638)$; $HP_2(2{,}402 \mid 0{,}086)$
b) $A = 0{,}395$ FE $TP(1{,}402 \mid -0{,}235)$

10.2

1 a) $HP\left(\frac{1}{5} \,\middle|\, 10\right)$; $W_1(0 \mid 0)$; $W_2(0{,}346 \mid 8{,}66)$ c) $I_m = 8{,}2$

2 c) $t(t) = 2{,}5 \cdot t - 0{,}965$ d) $A = 70{,}27$ FE

3 b) $\frac{di}{dt} = -0{,}15 \frac{mA}{s}$ c) $q(t) = U_0 \cdot C \cdot (1 - e^{\frac{-t}{R \cdot C}})$ d) $q(3\text{ ms}) = 0{,}117$ mAs e) $R = 18{,}2\,\Omega$

4 a) $HP(6 \mid 1{,}296)$ b) $HP(2{,}536 \mid 0{,}332)$ c) $x \approx 4{,}317$ d) $A \approx 2{,}671$ FE e) $x \approx 3{,}65$

5 a) für $k = 0$: $U_{RMS} = 7{,}071$; für $k = 2$: $U_{RMS} = 6$ und für $k = 8$: $U_{RMS} = 8{,}124$
b) $U_{RMS} = \sqrt{\frac{3}{2} \cdot k^2 - 10 \cdot k + 50}$ c) $U_{RMSmin} = 5{,}7735$ d) $k = \frac{10}{3}$

6 $u_2 = 5 \cdot e^{-\frac{t}{20}} + 5 \cdot \sin\left(\frac{\pi}{10} \cdot t\right)$; $U_{RMS} = 4{,}067$

7 a) $g(x) = 0{,}0976 \cdot x + 20{,}095$ b) $p(x) = -0{,}002 \cdot x^3 + 0{,}2975 \cdot x^2 - 14{,}1 \cdot x + 240$
c) $V = 129\,956$ VE

8 Ursprung: Kreismittelpunkt $k(x) = \sqrt{14{,}44 - x^2}$; $p(x) = 0{,}3 \cdot x_2 - 2{,}94 \cdot x + 8{,}453$
$V = 288{,}3\text{ dm}^3$; $m \approx 2105$ kg $x_s \approx 2{,}9$

10.3

1 10 Bestellungen je 12 000 ME **2** 50 ME

3 a) $xy = 30$ b) $y = 3{,}75$; $x = 8$

4 a) $\boldsymbol{P_G} = 4$ GE bei 3 ME b) $P = K = 4{,}5$ GE
c) E$P = 5{,}5$ GE bei $\sqrt{3}$ ME; zusätzlicher Umsatz: $\sqrt{6{,}75}$ GE

5 a) $y = \frac{20}{x}$ b) 4 ME von Gut 1 und 5 ME von Gut 2

6 2 500 Liter

Stichwortverzeichnis

A

B

C

D

E

L

M

N

O

P

Q

R

Bildquellenverzeichnis

Fotolia Deutschland GmbH, Berlin:

9 (Kalus Radermaker), 29 (Jörg Lantelme), 51 (playstuff), 143 (natrot), 204 (3dsculptor), 261 (serkat Photography), 347 (chones), 384 (Berchtesgaden)